黑土地玉米可持续高产高效栽培理论与技术

王立春 等 著

科学出版社
北 京

内 容 简 介

本书聚焦东北玉米带长期连作生产现状及主要问题，从栽培学、耕作学、土壤学和植物营养学角度详细阐述了玉米种植技术科研进展。书中深入分析了东北玉米带长期连作土壤物理、化学和生物学性状的变化规律，系统总结了黑土农田耕层与玉米生长发育的关系，提出了土壤结构性障碍消减技术、土壤功能性障碍消减技术和养分综合管理技术，构建了适于东北黑土地三大生态类型区的玉米高产高效栽培技术模式，并对技术模式进行了集成示范与实证。

本书兼具理论创新性与技术实用性，可供作物栽培学、耕作学、土壤学、植物营养学、生态学等领域的高校师生、科研工作者，以及农业技术人员阅读参考。

图书在版编目（CIP）数据

黑土地玉米可持续高产高效栽培理论与技术 / 王立春等著. -- 北京 : 科学出版社, 2025. 3

ISBN 978-7-03-075760-9

Ⅰ. ①黑… Ⅱ. ①王… Ⅲ. ①玉米-高产栽培-栽培技术 Ⅳ. ①S513

中国国家版本馆 CIP 数据核字（2023）第 102010 号

责任编辑：王海光　田明霞 / 责任校对：郑金红
责任印制：肖　兴 / 封面设计：无极书装

科学出版社 出版
北京东黄城根北街 16 号
邮政编码: 100717
http://www.sciencep.com

北京华宇信诺印刷有限公司印刷
科学出版社发行　各地新华书店经销
*
2025 年 3 月第　一　版　开本：787×1092 1/16
2025 年 3 月第一次印刷　印张：21 1/4
字数：502 000

定价：228.00 元

（如有印装质量问题，我社负责调换）

《黑土地玉米可持续高产高效栽培理论与技术》
著者名单

王立春	王永军	王　蒙	边少锋	任　军
刘剑钊	刘慧涛	李　前	吴海燕	陈帅民
陈宝玉	武俊男	郑金玉	赵洪祥	侯云鹏
姚凡云	袁静超	耿玉辉	徐文华	徐　晨
高玉山	高纪超	高洪军	曹玉军	梁　尧
隋鹏祥	蔡红光			

序

玉米在全世界 100 多个国家和地区广泛种植，是种植面积最大、总产量最高的作物。玉米生物量大，增产潜力高，经济效益好，且兼具食用、饲用和工业用等多种用途，在全球范围内迅猛发展，对于保障粮食安全和社会经济发展具有重要作用。

1950 年，中国玉米种植面积为 1295.3 万 hm^2，占粮食作物总种植面积的 11.3%，玉米产量占粮食总产量的 10.7%。到 1979 年，中国玉米种植面积达 2013.3 万 hm^2，玉米产量占粮食总产量的 18.1%，这不仅得益于家庭联产承包责任制的实施和一批优良高产杂交种的广泛应用，科学的施肥技术、病虫害防治技术的推广对玉米单产水平的提高也发挥了重要的支撑作用。1990 年后，畜牧养殖业和加工业的快速发展使得玉米需求量逐步增大，良种、农药、化肥等生产资料投入加大，高产抗病品种、地膜覆盖、育苗移栽及病虫草害防治技术的推广促进了玉米产业大发展。2000～2003 年，玉米生产相对过剩，价格降低，农民种植玉米的积极性下降，其种植面积、单产和总产均大幅下降。但从 2004 年起，国家相继出台了一系列支农惠农政策，且因玉米市场需求强劲，价格持续走高，充分调动了农民种植玉米的积极性，玉米生产开始恢复性增长。到 2008 年，中国玉米种植面积达到 2986.4 万 hm^2，占粮食作物总种植面积的 27.9%，玉米产量占粮食总产量的 31.4%，玉米在种植面积上超过水稻和小麦，位居第一。至此，玉米成为中国种植面积和总产量第一大作物，在农业生产中占有重要地位。

东北平原是中国的粮食主产区，具有黑土地肥沃、雨热同期等得天独厚的资源禀赋，以及优良的生态环境和雄厚的科教人力资源等优势，尤其在中国黄金玉米带，该优势更加凸显。东北玉米种植面积大、单产高，是重要的商品粮基地，但黑土地长期重用轻养，造成耕地质量退化，作物产能下降，所以，依靠现代科学技术保育黑土地，提高玉米产量与资源利用效率已成为保障我国粮食安全的不二之选。

王立春研究员领衔撰写的《黑土地玉米可持续高产高效栽培理论与技术》一书，全面论述了东北玉米带长期连作生产现状及其对国家粮食安全的作用，详细阐述了东北玉米带长期连作土壤物理性状、化学性状和生物学性状的变化规律，系统总结了黑土农田耕层与玉米生长发育的关系，创新性地提出了土壤结构性障碍消减技术、土壤功能性障碍消减技术和养分综合管理技术，在玉米带不同生态类型区构建了玉米可持续高产高效技术模式，并对技术模式进行集成创新和大面积示范，为保障国家对玉米的需求及粮食安全提供了有力的科技支撑。与国内已有相关著作相比，该书在玉米秸秆全量深翻还田技术、半干旱区水肥一体化减肥增效技术、雨养区化肥减施增效技术等方面均有突破性创新。基于东北玉米带不同生态类型区特点，在湿润区集成抗逆增碳栽培技术，在半湿润区集成节本增效技术，在半干旱区集成保苗丰产增效技术，突出关键技术攻关与集成创新，着眼土壤-作物系统，兼顾高产、高效、优质、生态、安全，构建了适于东北不同生态类型区玉米可持续高产高效栽培技术模式。

该书对东北玉米带玉米生产现状、产能提升问题、土壤演变规律、土壤结构和功能障碍消减技术及养分管理进行系统梳理与凝练，结合长期定位试验与生产实践，以“机理研究—技术攻关—产品研发—装备研制—场景应用”为链条，构建了适配不同生态类型区的玉米高产高效技术模式。全书在内容编排上注重学科体系的系统性和完整性，在撰写风格上重点突出，图文并茂，深入浅出。

该书可作为从事农业科学研究的高校教师、科研人员的业务参考书，各级农业管理、教育和培训人员拓宽知识领域的科技参考书，各高校及科研单位涉农专业本科生、研究生的学习参考书，还可作为农业技术推广工作者的实用技术参考书。

期待该书对促进我国玉米产业发展、保障我国粮食安全起到积极作用。

在该书即将出版之际，乐为作序，并表示祝贺。

张佳宝

中国工程院院士

2024年12月于南京

前　言

粮食安全是实现经济发展、社会稳定、国家安全的重要基础，粮食主产区对实施国家粮食安全战略起到决定性作用。东北黑土区是世界三大著名玉米带之一，是我国最大的粮食生产基地和商品粮基地，需要在利用中保护、在保护中利用。然而，长期高强度的利用和不合理的耕作方式导致东北黑土出现了结构和功能障碍，严重制约了玉米增产潜力和产量稳定性。如何实现耕地保育和粮食产能协同提升，是我们长期以来一直思考并探索解决的问题，这对于在更高水平上扛稳扛牢国家粮食安全生产重任具有重要意义。

本书共分为6章，是对黑土地玉米可持续高产高效栽培理论与技术的系统总结和创新发展，由多位长期从事玉米科技工作的科研人员合作完成。全书系统描述了东北玉米带长期连作生产现状及主要问题；结合黑土长期定位平台和多因子控制试验，深入分析了东北玉米带长期连作土壤物理性状、化学性状和生物学性状的变化规律，系统总结了黑土农田耕层与玉米生长发育的关系；在多年科技攻关的基础上，对土壤结构性障碍消减技术、土壤功能性障碍消减技术和养分综合管理技术进行了研究探索与集成创新；针对东北黑土地三大生态类型区特点，以耕地保育和粮食产能协同提升为目标，构建了东北黑土不同生态类型区玉米可持续高产高效技术模式。全书内容涵盖了栽培学、耕作学、土壤学、植物营养学、生态学等领域，并吸收了国内外同行专家的研究成果与理念，突出理论创新性与技术集成实用性。期待本书的出版能对东北黑土地乃至全国的玉米生产起到促进作用，为保障国家粮食安全提供科技支撑。

本书撰写分工如下。第一章由姚凡云、徐文华、王立春、王永军撰写；第二章由郑金玉、高洪军、吴海燕、陈帅民、高纪超撰写；第三章由王立春、隋鹏祥、武俊男撰写；第四章由隋鹏祥、蔡红光、袁静超、王立春撰写；第五章由侯云鹏、曹玉军、王蒙、李前撰写；第六章由赵洪祥、袁静超、高玉山、徐晨撰写；全书由王立春统稿。

本书相关研究工作得到了国家重点研发计划项目“东北中部春玉米、粳稻改土抗逆丰产增效关键技术研究与模式构建”（2017YFD0300600）、“吉林半干旱半湿润区雨养玉米、灌溉粳稻集约规模化丰产增效技术集成与示范”（2018YFD0300200）的支持。团队全体研究人员付出了艰辛和努力，诸多专家给予了支持和帮助，在此一并表示感谢。

本书虽经多次修改和反复讨论，但限于作者水平，书中难免有疏漏之处，敬请广大读者批评指正。

王立春

2024年1月

目　　录

第一章　黑土地玉米生产与国家粮食安全

第一节　黑土地在保障国家粮食安全中的作用

粮食安全关系国计民生和国家经济安全，在确保国家粮食安全战略实施过程中，粮食主产区起决定性作用。东北黑土地是我国最大的粮食生产基地和商品粮基地，是保障国家粮食安全的“压舱石”，对保障国家粮食安全具有不可替代的作用。

一、地理位置及资源条件

（一）地理位置

东北平原是我国粮食主产区，具有农业资源丰富、生态环境优良、基础设施完备和科教人力资源雄厚等优势。东北平原位于北纬 40°25′～48°40′，东经 118°40′～128°00′，主要包括黑龙江、吉林、辽宁三省和内蒙古东部的赤峰、通辽、呼伦贝尔和兴安盟（以下简称“内蒙古东四盟市”），北起嫩江中游，南至辽东湾，由松嫩平原、辽河平原和三江平原组成，南北长约 1000 km，东西宽约 400 km，面积 35 万 km^2，是中国最大的平原。

（二）土壤情况

东北平原土壤肥沃，以草甸土、黑钙土和黑土为主，黑土是区内重要的土壤资源。有机质含量平均为 3%～6%，部分地区高达 10%，有“捏把黑土冒油花，插双筷子也发芽”的美称，十分有利于玉米生长，是全球仅有的四大黑土区域之一。根据第二次全国土地调查数据和县域耕地质量调查评价成果，东北典型黑土区耕地面积约 2.78 亿亩[①]。其中，内蒙古自治区 0.25 亿亩，辽宁省 0.28 亿亩，吉林省 0.69 亿亩，黑龙江省 1.56 亿亩。

（三）气候特征

东北平原处于温带和暖温带，属于温带大陆性季风气候，夏季温热多雨，冬季寒冷干燥。7 月平均温度 21～26℃，1 月平均温度–24～–9℃。年降水量为 350～700 mm，由东南向西北递减。85%～90%的年降水量集中于 5～10 月，雨量的高峰在 7～9 月。年降水变率不大，为 20%左右，适合玉米、水稻、大豆等农作物生长。东北平原是我国最大的玉米产区。

近年来，东北平原呈现出逐渐变暖的现象。研究发现，东北平原是全国气候变

① 1 亩≈666.7 m^2。

化最快的地区之一，气温升高在一定程度上促进了农作物生长，使得东北平原农作物种植面积相应扩大。东北平原由南向北依次为暖温带、温带和寒温带，年均光照时间和温度由南向北、自西向东逐渐减少。东北平原作为全国最北的区域，也是气温最低的地区，加上其独特的地貌特征，东北各地区气温呈现很强的规律性，整体来说，气温随着纬度和海拔而变化。三江平原、松嫩平原和辽河平原等地区，温度变化基本上与纬度变化保持平行。大兴安岭、小兴安岭和长白山地区，等温线与海拔、山体走势保持一致。

二、东北平原粮食生产情况

（一）粮食种植面积和产量持续上升，成为最大粮食生产基地和商品粮基地

确保国家粮食安全是实现经济发展、社会稳定、国家安全的重要基础。根据国家统计局数据和《内蒙古统计年鉴》数据（表 1-1），2020 年我国粮食种植面积为 11 676.82 万 hm^2，较 2001 年的 10 608.00 万 hm^2 增加了 10.08%。2020 年东北平原粮食种植面积较 2001 年的 2028.18 万 hm^2 增加了 50.28%，达到 3048.05 万 hm^2，东北平原粮食种植面积占全国粮食种植面积的比例也由 2001 年的 19.12%提升到 2020 年的 26.10%。

表 1-1　2001～2020 年全国与东北平原粮食种植面积及东北平原占全国粮食总种植面积的比例

年份	全国（万 hm^2）	东北平原（万 hm^2）	占比（%）	年份	全国（万 hm^2）	东北平原（万 hm^2）	占比（%）
2001	10 608.00	2 028.18	19.12	2011	11 298.04	2 684.55	23.76
2002	10 389.08	1 951.77	18.79	2012	11 436.80	2 758.71	24.12
2003	9 941.04	1 892.32	19.04	2013	11 590.75	2 837.31	24.48
2004	10 160.60	1 985.79	19.54	2014	11 745.52	2 924.90	24.90
2005	10 427.84	2 037.09	19.54	2015	11 896.28	3 000.24	25.22
2006	10 495.77	2 278.88	21.71	2016	11 923.01	3 006.26	25.21
2007	10 599.86	2 382.23	22.47	2017	11 798.91	2 994.67	25.38
2008	10 754.45	2 437.09	22.66	2018	11 703.82	3 008.81	25.71
2009	11 025.51	2 547.42	23.10	2019	11 606.36	3 029.93	26.11
2010	11 169.54	2 621.08	23.47	2020	11 676.82	3 048.05	26.10

数据来源：国家统计局（https://data.stats.gov.cn/easyquery.htm?cn=E0103）、《内蒙古统计年鉴》（http://tj.nmg.gov.cn/datashow/pubmgr/publishmanage.htm?m=queryPubData&procode=0003）。

从粮食总产量来看（表 1-2），我国粮食总产量由 2001 年的 45 263.67 万 t 增加到 2020 年的 66 949.15 万 t，东北平原粮食总产量也由 2001 年的 6758.98 万 t 增加到 2020 年的 16 398.61 万 t。2001 年东北平原粮食总产量占全国粮食总产量的比例为 14.93%，到 2020 年已达 24.49%，近 20 年东北平原粮食总产量占全国粮食总产量的平均比例为 21.17%，成为我国最大的粮食生产基地和商品粮基地。

表 1-2　2001～2020 年全国与东北平原粮食总产量及东北平原占全国粮食总产量的比例

年份	全国（万 t）	东北平原（万 t）	占比（%）	年份	全国（万 t）	东北平原（万 t）	占比（%）
2001	45 263.67	6 758.98	14.93	2011	58 849.33	13 372.83	22.72
2002	45 705.75	7 565.43	16.55	2012	61 222.62	14 238.05	23.26
2003	43 069.53	7 074.02	16.42	2013	63 048.20	15 360.42	24.36
2004	46 946.95	8 211.95	17.49	2014	63 964.83	15 275.73	23.88
2005	48 402.19	8 654.52	17.88	2015	66 060.27	16 039.04	24.28
2006	49 804.23	9 606.24	19.29	2016	66 043.51	16 135.68	24.43
2007	50 413.85	9 383.91	18.61	2017	66 160.73	16 350.42	24.71
2008	53 434.29	10 923.24	20.44	2018	65 789.22	16 022.16	24.35
2009	53 940.86	10 318.49	19.13	2019	66 384.34	16 542.85	24.92
2010	55 911.31	11 873.65	21.24	2020	66 949.15	16 398.61	24.49

数据来源：国家统计局（https://data.stats.gov.cn/easyquery.htm?cn=E0103）、《内蒙古统计年鉴》（http://tj.nmg.gov.cn/datashow/pubmgr/publishmanage.htm?m=queryPubData&procode=0003）。

（二）粮食生产结构变化显著，高产作物占比突出

国家统计局数据显示，2007 年全国玉米种植面积达 3002.37 万 hm^2，超过水稻 105.09 万 hm^2，成为我国种植面积最大的粮食作物（图 1-1）。2011 年，全国玉米年产量 21 131.60 万 t，超过水稻 843.35 万 t，2012 年全国玉米年产量 22 955.90 万 t，超过水稻 2302.67 万 t，成为我国第一大粮食作物（图 1-2），玉米的科学生产得到全面发展。2015 年，全面推进农业供给侧结构性改革后，玉米价格下跌，适宜当地特色的经济作物种植量上升，致使玉米种植面积减少，但其产量仍呈现平稳增长态势，主要原因是玉米生产机械的大量应用和科学生产的普及。数据显示，2019 年，我国玉米产量达到 26 077.89 万 t，占我国粮食总产量的 39.3%，占全球玉米总产量的 23.5%，仅次于美国，我国成为第二大玉米生产国。

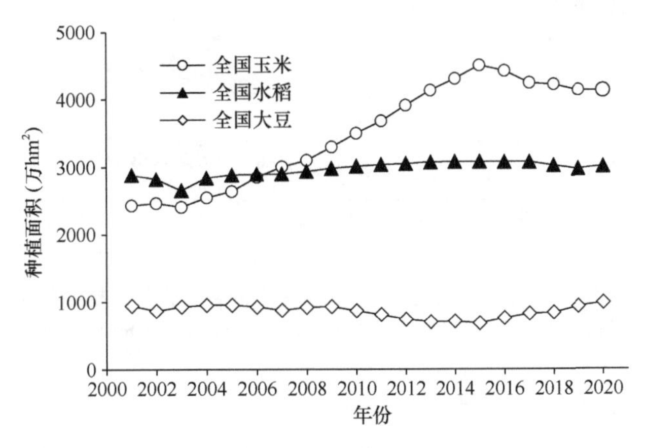

图 1-1　2001～2020 年我国玉米、水稻和大豆种植面积

数据来源：国家统计局（https://data.stats.gov.cn/easyquery.htm?cn=C01）

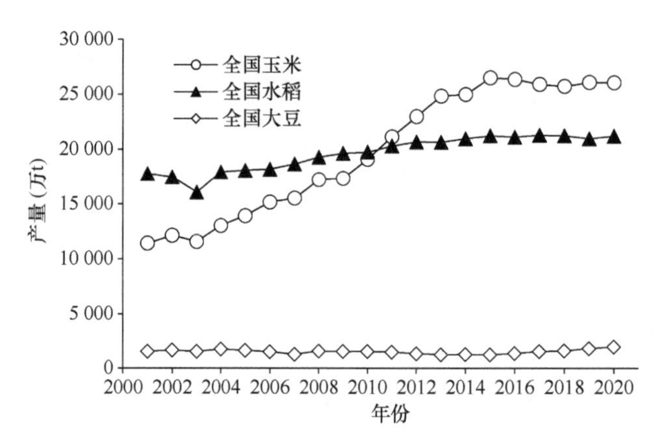

图 1-2　2001～2020 年我国玉米、水稻和大豆总产量

数据来源：国家统计局（https://data.stats.gov.cn/easyquery.htm?cn=C01）

改革开放初期，东北平原粮食作物以玉米、大豆、小麦和水稻为主。其中，玉米种植面积占粮食种植面积的 35%，是第一大粮食作物。改革开放后，随着国家对东北平原粮食生产要求不断提高，该地区粮食作物种植结构经历了较大调整，产量较低的小麦和杂粮的种植面积逐步缩减，代之以单产水平更高的玉米和水稻；同时，新增种植面积中，也以玉米和水稻为主（李保国等，2021）。2001 年中国加入世界贸易组织后，东北大豆受到严重冲击，种植面积下滑严重。在大豆补贴等政策支持下，2016 年以后大豆种植面积逐渐恢复，种植面积开始超过水稻。2020 年，东北平原玉米、水稻和大豆种植面积分别为 1519.73 万 hm^2、538.13 万 hm^2 和 808.96 万 hm^2，占粮食作物种植面积的比例分别为 42.82%、15.16%和 22.80%（图 1-3）。东北平原粮食种植面积在空间上形成了玉米比重最大、大豆恢复性增长、水稻局部占优的种植结构。

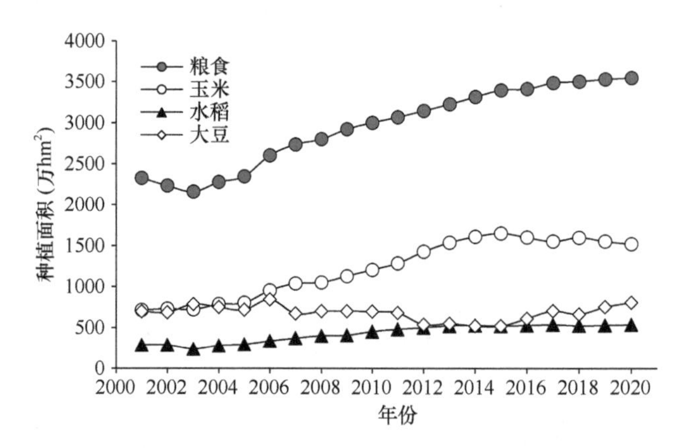

图 1-3　2001～2020 年东北平原不同粮食作物种植面积

数据来源：国家统计局（https://data.stats.gov.cn/easyquery.htm?cn=C01）

（三）粮食生产能力分化明显

东北平原粮食生产区域差异明显（图 1-4，图 1-5）。2001～2020 年东北平原的粮食种植面积均呈增长趋势，东北平原总种植面积受黑龙江省种植面积变化影响大。辽宁省

粮食种植面积由 2001 年的 316.29 万 hm^2 提高到 2020 年的 352.72 万 hm^2，产量由 2001 年的 1394.40 万 t 提高到 2020 年的 2338.83 万 t。20 年间种植面积和产量分别增加了 11.52%和 67.73%。黑龙江省粮食种植面积从 2001 年的 853.40 万 hm^2 发展到 2020 年的 1443.84 万 hm^2，产量由 2651.70 万 t 上升到 7540.78 万 t，分别增长了 69.19%和 184.38%，是东北平原粮食种植面积和产量提升最多的省份。吉林省粮食种植面积由 2001 年的 420.16 万 hm^2 提高到 2020 年的 568.18 万 hm^2，产量由 1953.40 万 t 提升到 3803.17 万 t，近 20 年种植面积和产量分别增加了 35.23%和 94.69%。内蒙古东四盟市粮食种植面积由 2001 年的 300.49 万 hm^2 提高到 2020 年的 500.72 万 hm^2，产量由 759.48 万 t 提升到 2715.83 万 t，近 20 年种植面积和产量分别增加了 66.63%和 257.59%。

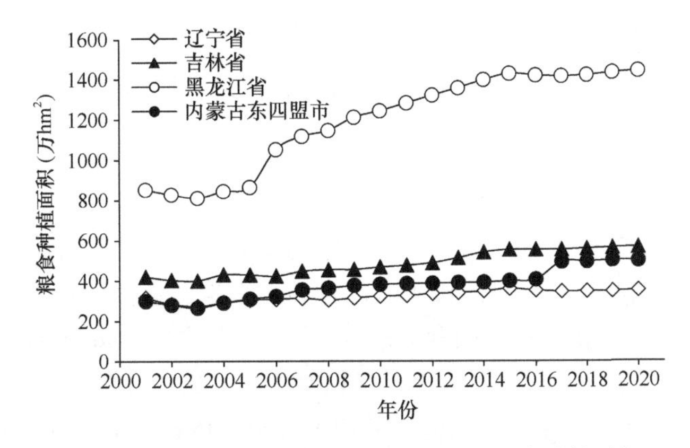

图 1-4　2001～2020 年东北平原不同地区粮食种植面积

数据来源：国家统计局（https://data.stats.gov.cn/easyquery.htm?cn=E0103）、《内蒙古统计年鉴》（http://tj.nmg.gov.cn/datashow/pubmgr/publishmanage.htm?m=queryPubData&procode=0003）

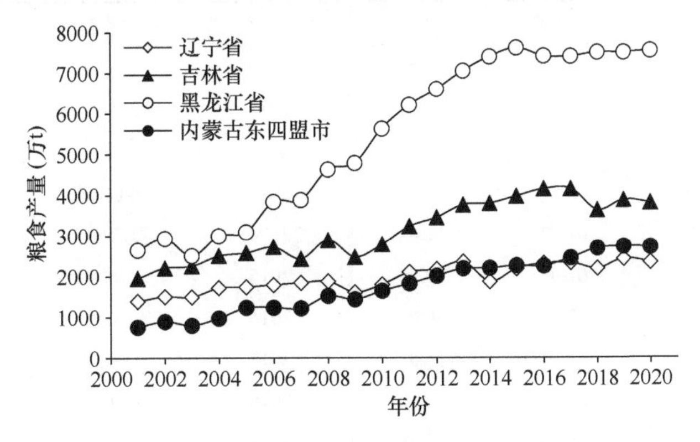

图 1-5　2001～2020 年东北平原不同地区粮食产量

数据来源：国家统计局（https://data.stats.gov.cn/easyquery.htm?cn=E0103）、《内蒙古统计年鉴》（http://tj.nmg.gov.cn/datashow/pubmgr/publishmanage.htm?m=queryPubData&procode=0003）

三、东北平原对国家粮食安全贡献度的分析

一个地区的粮食安全贡献度是指其在保证自身粮食需求的基础上还能满足其他地区的粮食需求，为全国粮食安全提供保障。贡献度越小，对国家粮食安全的压力越大；

相反，其值越大，对国家粮食安全的贡献则越大。胡亚玲（2020）使用区域粮食安全贡献度（FSP）（即用地区粮食调出量占当年粮食调出区域的总调出量的比重来衡量地区粮食安全贡献度）测算了东北三省对我国粮食安全的保障能力。粮食安全贡献度计算公式如下：

$$\text{粮食安全贡献度（\%）}=\frac{i\text{地区}j\text{年末的粮食调出量}}{j\text{年末全国粮食调出地区的总调出量}}\times 100$$
$$=\frac{i\text{地区}j\text{年末的粮食总产量}-i\text{地区}j\text{年末粮食总消费量}}{\sum(i\text{地区}j\text{年末粮食总产量}-i\text{地区}j\text{年末粮食总消费量})}\times 100$$

假定全国当年生产的粮食扣除种子、工业用粮和战略储备用粮后，全部消耗完，即将全国人均粮食占有量作为人均粮食消费量，则某地区粮食总消费量按下式计算：

$$\text{粮食总消费量（万t）}=\frac{j\text{年末全国粮食总产量}}{j\text{年末全国总人口数}}\times i\text{ 地区 }j\text{ 年末人口数}$$

（一）粮食调出率

东北三省粮食供需始终保持供大于求的态势。国家统计局官网数据显示，2019 年黑龙江省的玉米和水稻产量均位列全国第 1；吉林省玉米产量位列全国第 2。根据粮食安全贡献度的测算过程，利用公式：粮食调出率=本省粮食调出数量/本省粮食产量×100%，计算出东北三省的粮食调出率。由表 1-3 可以看出，辽宁省粮食调出率在 2000 年、2001 年、2009 年、2010 年、2014 年为负值，黑龙江省和吉林省的粮食调出率均在 40%以上，甚至在近十年一直维持在 60%以上，对保障我国粮食安全发挥了巨大作用。

表 1-3 东北三省粮食调出率（%）（胡亚玲，2020）

年份	黑龙江省	吉林省	辽宁省	年份	黑龙江省	吉林省	辽宁省
2000	45.46	40.29	−33.83	2010	71.63	58.96	−1.12
2001	49.03	51.14	−6.67	2011	73.04	62.85	9.01
2002	53.87	56.64	0.99	2012	73.73	63.96	8.76
2003	49.39	60.12	6.35	2013	74.81	66.13	13.57
2004	54.06	61.02	11.45	2014	75.79	66.13	−9.62
2005	54.27	61.05	10.50	2015	75.95	66.71	3.69
2006	62.31	62.15	9.95	2016	75.53	68.55	9.70
2007	62.41	57.27	11.07	2017	75.66	68.87	10.78
2008	66.74	62.02	7.62	2018	76.30	64.91	6.26
2009	67.71	55.33	−8.78	2019	76.30	67.10	15.08

胡亚玲（2020）利用 FSP 测算了东北三省 2000～2019 年对国家粮食安全的贡献度（图 1-6）。东北三省粮食总产量基本保持增长趋势。2010 年过亿吨大关，2013 年后年产量均维持在 13 000 万 t 以上，2019 年粮食产量达 13 810.89 万 t，较 2000 年增长 159.4%。从粮食消费量来看，东北三省粮食总消费量缓慢稳定上升，自 2013 年后均稳定在 5000 万 t 左右，整体增幅明显小于粮食总产量增幅；2019 年较 2000 年增长了 31.5%。粮食总产量与总消费量之差为粮食总调出量，由于粮食产量总体增幅远高于消

费量增幅，二者差距越来越明显，粮食调出量总体也呈波动式上涨趋势（图 1-6）。经计算，2019 年东北三省粮食总调出量较 2000 年上涨 507.2%。整体来看，东北三省粮食安全贡献度的变化趋势基本与粮食总产量和总调出量保持一致。2000～2003 年，东北三省的粮食安全贡献度经历了快速攀升阶段，从 26.5%上涨到 51.0%；自 2010 年后，粮食安全贡献度维持在 50%～60%，在我国粮食安全保障体系中持续发挥“压舱石”的作用。

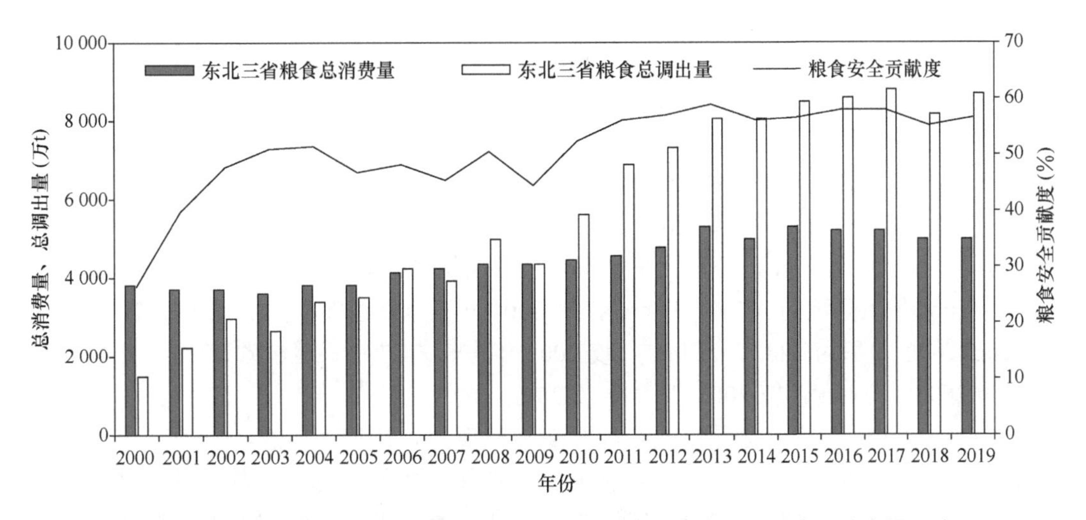

图 1-6　东北三省 2000～2019 年粮食总消费量、总调出量及粮食安全贡献度（改自胡亚玲，2020）

（二）玉米外运现状

东北平原地广人稀，粮食生产资源禀赋高，耕地面积占全国耕地面积的 1/4，人均耕地面积是全国人均耕地面积的 2.5 倍，是世界三大黑土带和黄金玉米生产带之一，玉米生产条件好、产量基数大、增产潜力大、商品率高、外运外销渠道多。在 2016 年推进玉米收储制度改革、调减玉米种植面积的背景下，2018 年黑龙江、吉林、辽宁、内蒙古四省区玉米总产量仍高达 2229 亿斤[①]，占全国玉米总产量的 43%。东北平原是全国最大的玉米主产区和输出地，玉米外运量一度达 1 亿 t 以上。但 2020 年东北平原玉米市场整体呈现以下局面：一是临储库存清空，市场预期未来供应有缺口；二是国内外新冠疫情等再次引发粮食市场恐慌；三是投资市场资本炒作助推贸易商囤粮，因此，多主体提前入市抢粮，特别是随着大量粮企和贸易商的加入，深加工企业持续打响粮源保卫战，积极提价收购玉米。东北平原玉米收购价从 2020 年 10 月初的 2146 元/t 涨至 2021 年初的 2769 元/t，上涨 623 元/t。2020 年东北玉米价格一路高升，多因素导致东北平原玉米外运量大幅减少。

第二节　黑土地玉米生产现状

东北平原是世界三大著名玉米带之一。据《盖平县志》记载，东北平原种植玉米最

① 1 斤=0.5kg。

早记载是1682年（辽宁）。东北平原种植玉米历史较短，但由于东北平原的土壤、气候等农业自然条件特别适合玉米生长发育，在东北平原种植玉米既高产稳产又品质上乘，为此，几十年来，玉米成为东北平原的优质产业。

一、玉米种植面积

国家统计局及东北各地区统计局数据显示（表1-4），2020年我国玉米种植面积为4126.43万hm^2，较2001年的2428.21万hm^2增长69.94%，东北平原2020年玉米种植面积为1519.73万hm^2，是2001年玉米种植面积的2.13倍。东北平原玉米种植面积占全国玉米种植面积的比例也由2001年的29.37%增长到2020年的36.83%。但东北平原各省份玉米生产区域差异明显，2020年黑龙江省玉米种植面积为548.07万hm^2，较2001年增加了334.80万hm^2，是东北平原玉米种植面积增长最大的省份。内蒙古东四盟市2020年玉米种植面积为273.01万hm^2，是2001年玉米种植面积的3.32倍，2020年吉林省玉米种植面积为428.72万hm^2，较2001年增长64.29%，辽宁省2020年玉米种植面积为269.93万hm^2，较2001年增长72.28%。

2001～2005年，东北平原玉米种植面积表现为吉林省＞黑龙江省＞辽宁省＞内蒙古东四盟市，2006～2016年，东北平原玉米种植面积表现为黑龙江省＞吉林省＞辽宁省＞内蒙古东四盟市，2017年以来，东北平原玉米种植面积表现为黑龙江省＞吉林省＞内蒙古东四盟市＞辽宁省。近10年（2011～2020年）黑龙江省、吉林省、辽宁省和内蒙古东四盟市平均玉米种植面积分别为619.85万hm^2、401.41万hm^2、267.30万hm^2和244.95万hm^2，分别占东北平原玉米总种植面积的40.42%、26.18%、17.43%和15.97%。近10年（2011～2020年）我国玉米平均种植面积为4163.95万hm^2，东北平原玉米平均种植面积为1533.50万hm^2，占全国玉米总种植面积的36.83%。

表1-4　2001～2020年东北平原玉米种植面积（万hm^2）及其占比（%）

年份	黑龙江省	占东北平原的比例	吉林省	占东北平原的比例	辽宁省	占东北平原的比例	内蒙古东四盟市	占东北平原的比例	全国	东北平原占全国的比例
2001	213.27	29.91	260.95	36.60	156.68	21.97	82.16	11.52	2428.21	29.37
2002	228.56	31.28	257.95	35.30	143.16	19.59	101.00	13.82	2463.37	29.66
2003	205.38	28.48	262.72	36.43	143.49	19.90	109.64	15.20	2406.82	29.97
2004	217.95	27.79	290.15	37.00	159.88	20.39	116.28	14.83	2544.57	30.82
2005	222.02	27.69	277.52	34.62	179.25	22.36	122.93	15.33	2635.83	30.42
2006	330.51	34.70	288.07	30.24	198.31	20.82	135.72	14.25	2846.30	33.47
2007	405.54	39.05	288.54	27.78	204.12	19.65	140.39	13.52	3002.37	34.59
2008	384.94	36.61	298.76	28.41	196.62	18.70	171.10	16.27	3098.07	33.94
2009	436.16	38.65	302.95	26.85	209.25	18.54	180.12	15.96	3294.83	34.25
2010	475.62	39.40	321.50	26.63	227.74	18.87	182.24	15.10	3497.67	34.51
2011	517.97	40.25	334.02	25.96	237.22	18.43	197.65	15.36	3676.65	35.00
2012	610.05	42.73	353.42	24.76	250.46	17.54	213.72	14.97	3910.92	36.50

续表

年份	黑龙江省	占东北平原的比例	吉林省	占东北平原的比例	辽宁省	占东北平原的比例	内蒙古东四盟市	占东北平原的比例	全国	东北平原占全国的比例
2013	657.12	42.74	380.82	24.77	260.31	16.93	239.32	15.56	4129.92	37.23
2014	670.78	41.69	406.26	25.25	275.87	17.14	256.15	15.92	4299.68	37.42
2015	736.12	44.58	425.11	25.74	292.24	17.70	197.79	11.98	4496.84	36.72
2016	652.84	40.79	424.20	26.50	278.98	17.43	244.63	15.28	4417.76	36.23
2017	586.28	37.78	416.40	26.83	269.20	17.35	279.86	18.04	4239.90	36.60
2018	631.78	39.51	423.15	26.46	271.30	16.96	273.00	17.07	4213.01	37.96
2019	587.46	37.87	421.96	27.20	267.50	17.24	274.32	17.68	4128.41	37.57
2020	548.07	36.06	428.72	28.21	269.93	17.76	273.01	17.96	4126.43	36.83

数据来源：国家统计局（https://data.stats.gov.cn/easyquery.htm?cn=E0103）、《内蒙古统计年鉴》（http://tj.nmg.gov.cn/datashow/pubmgr/publishmanage.htm?m=queryPubData&procode=0003）。

二、玉米总产量

随着优良高产玉米品种的培育、农民管理水平的提高、高效农药和化肥的投入、科学高效的玉米种植，玉米总产量不断增加。国家统计局及内蒙古东四盟市统计年鉴数据显示（表 1-5），2020 年黑龙江省的玉米产量位列全国第 1，吉林省玉米产量位列全国第 2。2020 年我国玉米总产量为 26 066.52 万 t，是 2001 年的 2.28 倍。2020 年东北平原玉米总产量为 10 421.67 万 t，是 2001 年的 3.05 倍，2020 年黑龙江、吉林、辽宁和内蒙古东四盟市玉米产量分别为 3646.61 万 t、2973.44 万 t、1793.85 万 t 和 2007.77 万 t，分别是 2001 年玉米产量的 4.45 倍、2.24 倍、2.19 倍和 4.45 倍。

东北平原玉米总产量受单产和种植面积影响大。近 10 年（2011～2020 年）全国玉米平均总产量为 25 053.87 万 t，东北平原玉米平均总产量为 10 140.51 万 t，占全国玉米总产量的平均比例为 40.47%，为国家粮食安全提供了重要保障。2001～2008 年，东北平原玉米平均总产量表现为吉林省＞黑龙江省＞辽宁省＞内蒙古东四盟市（除了 2003 年、2004 年、2005 年辽宁省＞黑龙江省），吉林省 2007 年玉米总产量的骤降是由于遭遇了有历史记录以来最严重的干旱。2009～2013 年，东北平原玉米平均总产量表现为黑龙江省＞吉林省＞辽宁省＞内蒙古东四盟市。2014～2020 年，东北平原玉米平均总产量表现为黑龙江省＞吉林省＞内蒙古东四盟市＞辽宁省（除了 2016 年辽宁省＞内蒙古东四盟市）。近 10 年（2011～2020 年）玉米平均总产量黑龙江省为 3734.01 万 t，吉林省为 2958.73 万 t，辽宁省为 1696.30 万 t，内蒙古东四盟市为 1751.47 万 t，分别占东北平原玉米总产量的 36.81%、29.21%、16.79%和 17.19%。2015 年国家调减“镰刀弯”地区玉米非优势产区面积，并取消玉米临时收储政策，导致东北平原玉米种植面积有所下降，但东北平原依然是全国玉米产量占比最高的地区。

表 1-5 2001～2020 年东北平原玉米总产量（万 t）及其占比（%）

年份	黑龙江省	占东北平原的比例	吉林省	占东北平原的比例	辽宁省	占东北平原的比例	内蒙古东四盟市	占东北平原的比例	全国	东北平原占全国的比例
2001	819.50	23.98	1 328.40	38.87	818.68	23.96	450.98	13.20	11 408.77	29.96
2002	1 070.50	26.70	1 540.00	38.41	858.00	21.40	540.95	13.49	12 130.76	33.05
2003	830.90	21.27	1 615.30	41.36	907.20	23.23	552.32	14.14	11 583.02	33.72
2004	939.50	20.94	1 810.00	40.34	1 079.70	24.06	657.65	14.66	13 028.71	34.44
2005	1 042.90	22.00	1 800.72	37.99	1 135.50	23.96	760.37	16.04	13 936.54	34.01
2006	1 517.00	27.26	2 037.10	36.61	1 211.51	21.77	798.53	14.35	15 160.30	36.70
2007	1 590.13	29.78	1 779.98	33.34	1 192.70	22.34	776.49	14.54	15 512.25	34.42
2008	1 915.51	30.61	2 129.39	34.03	1 240.27	19.82	972.7	15.54	17 211.95	36.36
2009	2 012.60	34.56	1 804.22	30.98	1 026.06	17.62	980.33	16.83	17 325.86	33.61
2010	2 513.71	36.72	1 994.67	29.14	1 251.85	18.29	1 085.6	15.86	19 075.18	35.89
2011	2 927.62	36.35	2 392.76	29.71	1 511.71	18.77	1 222.08	15.17	21 131.60	38.11
2012	3 283.83	36.73	2 714.99	30.36	1 615.66	18.07	1 326.97	14.84	22 955.90	38.95
2013	3 734.84	36.68	2 980.93	29.27	1 812.07	17.79	1 655.7	16.26	24 845.32	40.99
2014	3 929.14	38.96	3 004.17	29.79	1 385.81	13.74	1 764.65	17.50	24 976.44	40.37
2015	4 280.19	39.14	3 138.77	28.70	1 697.12	15.52	1 819.29	16.64	26 499.22	41.27
2016	3 912.81	36.48	3 286.28	30.63	1 810.07	16.87	1 718.09	16.02	26 361.31	40.69
2017	3 703.11	34.77	3 250.78	30.53	1 789.44	16.80	1 905.67	17.90	25 907.07	41.10
2018	3 982.16	37.91	2 799.88	26.65	1 662.79	15.83	2 059.75	19.61	25 717.39	40.85
2019	3 939.82	36.13	3 045.30	27.93	1 884.43	17.28	2 034.77	18.66	26 077.89	41.81
2020	3 646.61	34.99	2 973.44	28.53	1 793.85	17.21	2 007.77	19.27	26 066.52	39.98

数据来源：国家统计局（https://data.stats.gov.cn/easyquery.htm?cn=E0103）、《内蒙古统计年鉴》（http://tj.nmg.gov.cn/datashow/pubmgr/publishmanage.htm?m=queryPubData&procode=0003）。

三、玉米单产

从单产水平来看（图 1-7），近 10 年（2011～2020 年）我国玉米平均单产为 401.00 kg/亩，东北平原玉米平均单产为 448.76 kg/亩，较全国平均单产高 11.91%。东北平原近 10 年玉米平均单产大体表现为吉林省＞内蒙古东四盟市＞辽宁省＞黑龙江省。其中，吉林省近 10 年玉米平均单产为 491.83 kg/亩，较全国平均单产高 22.65%，并且 2011～2020 年吉林省的粮食单位面积产量始终高于全国平均水平，主要是由于吉林省具有独特的地理环境、充足的水资源及东北特有的黑土地，在玉米生产中具有得天独厚的优势，因此被称为“黄金玉米带”。内蒙古东四盟市玉米平均单产为 476.98 kg/亩，较全国平均单产高 18.95%，辽宁省玉米平均单产为 423.80 kg/亩，较全国平均单产高 5.69%，黑龙江省玉米平均单产为 402.42 kg/亩，与全国玉米平均单产接近。截至目前，吉林省桦甸市民隆村、松原市乾安县赞字乡父字村百亩连片玉米全程机械化超高产田平均亩产分别达到了 1216.6 kg 和 1136.1 kg，分别创造了雨养条件下我国玉米亩产超吨粮的最高产量纪录和吉林省西部半干旱区玉米亩产超吨粮的新纪录。

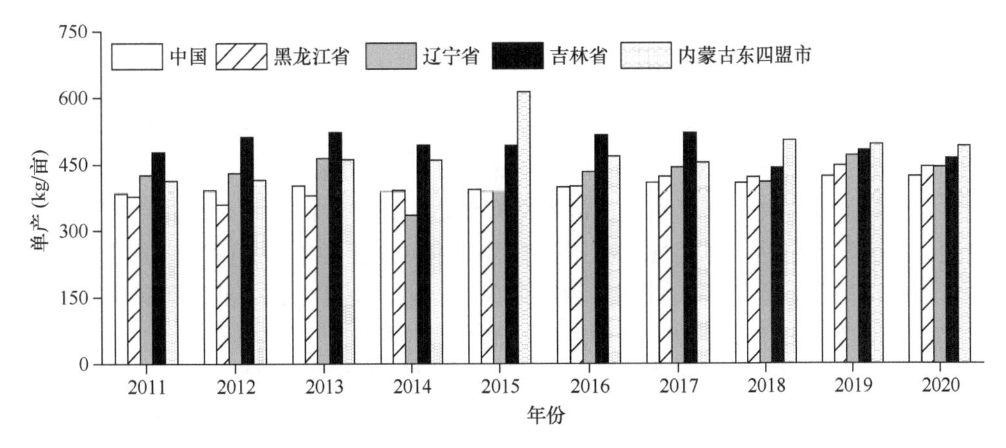

图 1-7　2011～2020 年全国玉米平均单产及东北平原玉米单产

数据来源：国家统计局（https://data.stats.gov.cn/easyquery.htm?cn=E0103）、《内蒙古统计年鉴》（http://tj.nmg.gov.cn/datashow/pubmgr/publishmanage.htm?m=queryPubData&procode=0003）

第三节　黑土地玉米产能提升面临的问题

1998 年，玉米的全球产量首次突破 6000 亿 kg，成为世界第一大粮食作物。全球玉米主要产地是美国、中国、巴西和欧盟，美国和中国的玉米产量分别占全球总产量的 40%和 20%。2020 年，美国玉米种植面积 3682.6 万 hm^2，总产量 3859.8 亿 kg，亩产 698.7 kg。与之相比，我国玉米种植面积为 4126.4 万 hm^2，总产量 2606.7 亿 kg，亩产 421.1 kg（国家统计局，2021）。我国玉米的种植面积已超过美国，但亩产比美国少 277.6 kg，导致总产量比美国低 32.4%。近 40 年来，东北平原的玉米生产发展迅速，种植面积增加了 61.7%，单产水平提高了 41.8%，总产量增加了 129.2%，2020 年东北平原的玉米总产量约占全国玉米总产量的 40%，为保障国家粮食安全做出了重要贡献。未来人口持续增长和人民生活水平不断提高，对粮食供给的数量和品质安全、提质增效和绿色发展等需求更加多元化，需要在玉米生产技术、黑土地保护与利用、灾害灾情应对及机械化和规模化经营等诸多方面协同发展，为黑土地玉米产能提升和玉米产业的绿色可持续发展提供有力的科技支撑。

一、玉米生产技术

2022 年 3 月，农业农村部发布《农业农村部关于落实党中央国务院 2022 年全面推进乡村振兴重点工作部署的实施意见》，要求积极恢复东北大豆种植面积。东北平原玉米种植面积已达 1500 万 hm^2，通过扩大种植面积而提高玉米总产量的潜力已经被充分挖掘，未来玉米总产量增加将主要依靠单产水平的提高。然而，我国玉米单产明显低于美国和西班牙等产量高水平国家。

（一）玉米品种单一，质量不高

合理密植是提高玉米单产的重要途径。目前，我国玉米种植密度为 45 000～62 000 株/hm^2，比美国的 67 500～90 000 株/hm^2 约低 30%，与两国玉米总产量的百分比差异大致相同。因此，选育和种植区域适宜的耐密抗逆性品种对于玉米产能的提升意义重大。与美国等发达国家相比，我国的育种技术创新明显落后，限制因素主要包括农业科研管理体制的双轨制不仅割裂了育种研发和产业，而且导致企业和国家科研单位在商业育种上竞争失衡，以企业为主体的现代商业育种机制一直难以形成。另外，不完善的知识产权保护也影响了育种企业的研发投入，不利于培育能够较好适应中国生产实际需求的新品种。除了玉米品种质量不高，我国玉米品种的种类也不够丰富。目前，我国生产的基本都是普通玉米，适合食品加工和工业加工的特用玉米较少。我国玉米专用化选育和加工利用方面刚刚起步，食用玉米品质较差，农村普遍用玉米原粮作饲料，深加工玉米比例不到 10%，造成了浪费。另外，与美国等玉米大国相比，我国玉米商品品质的稳定性和一致性不高，1/3 的玉米籽粒容重不合格，收获期含水量高，且在收储、运输的过程中会有颗粒混杂等问题，从而造成玉米质量下降。

东北玉米区面临的玉米品种问题主要有以下几个。一是栽培品种混杂。栽培品种达 300 多种，种植面积最大的玉米品种占东北平原所有玉米总种植面积的比例低于 10%，基本上无主栽品种。二是品种抗性较差。由于种植品种对水分与养分胁迫及病害的抗性不高，东北平原玉米的稳产性较差。三是品种生育期偏长。东北平原无霜期较短、波动性大，而种植品种的生育期相对偏长，籽粒的成熟度较差。四是品种增产潜力有限。东北平原自育品种产量达到或超过 13 500 kg/hm^2 的比较少。虽然栽培技术水平的不断提升增加了玉米产量，但由于耐密型品种较少，增产潜力有限，玉米产量再提高的难度较大。

（二）玉米高产高效栽培技术滞后

玉米高产高效栽培技术是玉米增产稳产的基础（李少昆等，2017）。针对东北平原的玉米生产现状和玉米产能提升的科技需求，在现有玉米栽培技术的基础上，尚有几个领域需要进一步开展理论研究和技术研发（王永军等，2019）。一是农机农艺融合方面。应当围绕以绿色防控、两减、秸秆还田为重点的玉米密植高产绿色生产技术，实现高产高效与绿色生产的协同，进一步推进规模化、机械化栽培，实现农机农艺融合。二是保障玉米可持续绿色生产方面。在秸秆还田和施用有机肥等可持续利用技术和周年统筹耕作种植技术、面向不同生态区提出适于区域玉米全程机械化绿色高效节水灌溉技术、玉米绿色高效施肥技术和面源污染综合防控技术等方面进行研究，推动玉米绿色生产。三是加强农田智能化管理研究方面。基于大数据的现代信息技术，实时监测玉米生长、水分和养分状况，建立基于大数据的高产和水分、养分资源高效的玉米生产过程管理模式，研发基于机械化、信息化和物联网的玉米生产作业装备，建立面向规模化、机械化和现代化的“简化、适时、适量、绿色”玉米生产技术模式。

（三）玉米生产技术模式区域适应性不强

中国大多数玉米生产管理粗放，缺乏具有规模化、专业化、集约化和标准化等农业现代化特征的栽培技术体系。中国传统的耕作栽培方式是建立在小农户经营、自给自足、手工劳动或小型机械生产基础之上的，缺乏规范标准的技术体系。而美国在品种、栽培技术、病虫害防治等方面具备较高的科技水平，如美国转基因品种占主导地位，玉米抗病、抗虫水平明显提高，从而保证了较高的产量水平。因此，需要针对东北各地的区域特异性，加强玉米高产栽培技术模式的集成、优化和推广应用。在 2020 年东北黑土地保护性耕作行动计划顺利实施的基础上，农业农村部农业机械化管理司发布了《2021 年东北黑土地保护性耕作行动计划技术指引》，对玉米生产技术模式和配套机具选择方案进一步优化，应用面积已超过 460 万 hm^2，成为东北平原推广应用最快的新技术，为本区域的玉米产能提升打下了坚实基础。

二、黑土地保护与利用

我国东北平原的黑土地面积约有 1.1 亿 hm^2，约占全球黑土区总面积的 12%，位列北美洲中南部黑土区和俄罗斯–乌克兰大平原黑土区之后，排名全球第三（Liu et al., 2012）。东北黑土区主要分布在呼伦贝尔草原、大小兴安岭地区、三江平原、松嫩平原、松辽平原部分地区和长白山地区，涉及黑龙江省和吉林省全部、辽宁省东北部及内蒙古东四盟市。其中，典型黑土耕地面积约为 1800 万 hm^2，是我国最重要的粮食生产基地和商品粮输出基地。东北黑土区的年粮食产量占全国的 1/4，优势作物玉米、水稻、大豆产量分别占全国的 41%、19%、56%，商品粮占全国的 1/4，粮食调出量占全国的 1/3。因此，东北黑土地是我国粮食生产的“稳压器”和“压舱石”，为国家粮食安全提供了重要保障。

（一）黑土地退化严重

长期以来，由于不合理垦殖和耕作以及全球气候变化等因素的影响，东北黑土地出现了严重退化问题，主要表现在以下几方面。一是黑土层变薄，土壤养分含量下降。富含腐殖质的黑土层厚度由 20 世纪 50 年代的 50～90 cm 下降至当前的 20～50 cm，且仍以 2 mm/年的速度在减少，甚至有 3%的农田黑土层完全消失成为“破皮黄”。近 60 年来，土壤有机质、氮和磷含量分别下降了 30%～50%、30%～60%和 16%～24%（韩晓增和李娜，2018）。二是土壤侵蚀加剧。黑土区 20%的耕地属于坡耕地，坡地开垦导致东北黑土地水土流失面积达 2190 万 hm^2，占黑土地总面积的 20.1%，表层黑土每年流失 0.3～1.0 cm（张兴义和刘晓冰，2020）。土壤侵蚀严重破坏了黑土区土壤肥力，坡耕地（坡度为 3°）的氮和磷年均流失量为 1.8～2.4 kg/hm^2，钾的年均流失量可达 3.6～4.8 kg/hm^2。玉米产量随黑土层厚度减小呈显著下降趋势，每侵蚀 1 cm 黑土层，玉米减产 123.7 kg/hm^2，20 cm 是维持玉米产量的最小黑土层厚度。另外，侵蚀沟发展已造成耕地破碎化。东北黑土分布长度百米以上的侵蚀沟 29.17 万条，主要分布在漫川漫岗和低山丘陵地区，其中 88.7%的侵蚀沟处于发展状态。东北黑土地侵蚀沟已累计损毁耕地 33.3 万 hm^2，侵蚀沟造成的粮食损失达 28 亿 kg/年（张兴义和刘晓冰，2020）。三是土壤结构改变，蓄水能力下降。黑土是比较容易形成紧实层的土壤类型，不合理的耕作方式加剧了土壤压实，使得土壤耕作层逐渐变薄。农业机械单次压实能导致 20～25 cm 土层的土壤贯穿阻力达到 4.02 MPa，而当贯穿阻力为 2.00 MPa 时，可穿透土壤的作物根系急剧减少，这严重影响了作物根系生长。另外，与自然黑土相比，开垦 20 年、40 年和 80 年的耕地土壤 0～30 cm 土层的土壤容重分别增加 7.6%、34.2%和 59.5%，总孔隙度分别下降 1.9%、13.3%和 22.7%，而田间持水量分别下降 10.7%、27.4%和 53.9%，显著降低了黑土耕地的蓄水和供肥能力（Zou et al.，2011）。四是土壤板结、污染问题严重。为了促使本已“变瘦、变薄、变硬”的黑土增产稳产，过量使用化肥、农药进一步引发了土壤板结、变酸、水体污染和温室气体排放等问题，加剧了黑土地退化（梁爱珍等，2021）。因此，长期的不合理耕作和高强度利用导致黑土面临着“量减质退”的窘境，东北黑土区正由“生态功能区”逐渐向“生态脆弱区”演变，严重威胁着国家粮食安全和区域生态安全。

（二）黑土地保护与利用不协同

随着黑土地退化问题凸显和科学研究深化，黑土地问题已引起社会各界的广泛关注。习近平总书记 2020 年 7 月来到吉林梨树考察粮食生产，做出了“采取有效措施切实把黑土地这个‘耕地中的大熊猫’保护好、利用好，使之永远造福人民”的重要指示。为深入贯彻落实习近平总书记视察吉林重要讲话精神和重要指示精神，农业农村部等七部委印发了《国家黑土地保护工程实施方案（2021—2025 年）》，吉林省委、省政府也先后制定和发布了《中共吉林省委吉林省人民政府关于全面加强黑土地保护的实施意见》和《吉林省黑土地保护工程实施方案（2021—2025 年）》。科技创新是“用好养好”黑土地的根本途径，“十四五”伊始，科技部启动了国家重点研发计划“黑土地保护与利用科技创新”重点专项，中国科学院启动了 A 类战略性先导科技专项“黑土地保护与利用科技创新工程”，吉林省科学技术厅也启动了“吉林省黑土地保护与高效利用科技创新”重大科技专项，多方联动开展黑土地保护与利用关键科学问题研究，进行核心技术攻关和产品装备研发，为健全“用好养好”黑土地长效机制、保护好“耕地中的大熊猫”提供科技支撑，为夯实“黑土粮仓”的国家粮食安全“压舱石”提供整体解决方案。

东北黑土区土壤类型多样，地形地势复杂。为更好地实现“黑土地保护与利用”科技目标，应当以“在利用中保护，在保护中提升”为方针，紧密结合区域生产现状，确保科研成果能够落地实施。东北平原作为我国最重要的粮食生产基地，粮食高产导致秸秆量增加，肉蛋奶需求导致畜禽粪便量增加，耕地高强度利用导致土壤质量退化，因此出现了农作物秸秆综合利用率低、养殖业畜禽粪便无害化利用率低、大面积耕地耕层恶化等产业问题。因此，针对东北黑土地不同生态类型区存在的特异性问题，需要优化集成保护性耕作、秸秆综合利用、畜禽粪便无害化利用、水肥综合管理等技术体系，实现粮食产业区域协调发展，推动吉林不同区域的黑土耕地保育和粮食产能协同提升，为在更多区域、更大范围、更高标准上开展黑土地保护与利用，实现“藏粮于地、藏粮于技”的国家战略目标，夯实国家粮食安全根基提供技术支撑。

三、灾害灾情应对

东北平原位于我国中高纬度的季风气候区，气候变化（温度和降水）最为剧烈。作为我国玉米的主要种植区，东北玉米生育期面临的气象灾害主要有干旱、洪涝、大风和低温冷害等，病害和虫害分别以玉米大斑病和玉米螟为主。由 1995～2014 年 20 年间全国玉米主产省的灾害灾情分析发现，东北平原玉米的减产率（–10.0%）是全国玉米平均减产率（–3.5%）的 2.9 倍（吴祖葵等，2018）。因此，积极主动采取管理和栽培措施应对东北玉米的防灾减灾工作，对于玉米增产稳产具有重要意义。

（一）气象灾害严重

1. 旱灾

如果土壤水分供应无法满足玉米生长对水分的需求，则会引起干旱灾害。近 50 年来，东北平原土壤在 1970 年前后处于显著干旱阶段，随后有所缓和，1990 年后再呈现逐渐干旱的趋势，进入 2000 年以来，旱灾几乎连年发生（郑新利，2014）。在空间地域上，东北平原玉米生育期内的干旱危险性呈现出由东向西或由东南向西北逐渐增加的带状分布特点（高晓容等，2014）。黑龙江省西部的干旱农业区经常出现春旱和夏旱现象。吉林省西部的乾安县、前郭尔罗斯蒙古族自治县、长岭县和白城市等半干旱农业区的春季降水量仅占年降水量的 8%，且同时期风速较大，蒸发量远大于降水量，素有“十年九春旱”之说。辽宁省西部地区年均降水量为 500 mm，玉米播种期降水量仅占年降水量的 13%～16%，春旱频繁发生。

2. 涝灾

玉米在生育期内需水量较大，但耐涝性较差。土壤含水量在短时间的强降水后如果超过田间持水量的 80%，土壤养分会遭到破坏，从而无法被玉米植株吸收利用，在苗期表现得尤为明显。在玉米生育后期，高温多雨天气会导致根系严重缺氧，土壤无法提供玉米生长所需的氧气和其他营养元素，会导致玉米大面积死亡。涝灾与暴雨天数有密切的关系，东北平原的暴雨天数由北向南逐渐增多，涝害危险性具有明显的区域差异，辽宁省东南部为涝害易发区（高晓容等，2014）。

3. 风灾

狂风暴雨天气还会造成玉米倒伏或茎折。2020 年，“巴威”“美莎克”“海神”三场台风接踵而至，导致吉林省玉米大面积倒伏。玉米倒伏除了影响产量，还会让机械化收获变得困难重重。台风是造成严重倒伏的主要原因，但玉米品种、种植密度、肥料施用和耕作制度等因素也会影响玉米倒伏。在同等灾害天气下，种植抗倒伏品种，以及采用秸秆全量还田保护性耕作、宽窄行种植、优化施肥技术等合理的耕作栽培技术完全可以减轻倒伏损失。

4. 低温冷害

东北平原气温偏低且降水和温度变化较大，低温冷害是当地玉米生长发育面临的主要农业气象灾害之一，也是导致玉米产量不稳、品质不高的主要原因（马树庆等，2008）。在整个生育期内，玉米生育前期发生低温冷害的频率和强度均高于生育后期，尤其是苗期更容易遭受低温冷害。低温冷害在东北各地区没有表现出明显的空间分布，全域均较容易发生，但黑龙江省北部、吉林省西部和东部长白山地区及辽宁省西部和东北部冷害最为频繁。

（二）病虫害频发

玉米病虫害一直是制约东北玉米产量提升的重要因素，常见病害主要有大斑病、丝黑穗病、瘤黑粉病、顶腐病、纹枯病、弯孢菌叶斑病和小斑病，常见虫害主要有玉米螟、黏虫、蚜虫和红蜘蛛。

玉米大斑病是东北平原发生最为广泛、危害最为严重的病害，它的特点是流行时间短、发生频率高、为害面积大。玉米大斑病通过为害玉米叶片、叶鞘和苞叶，从而影响植株光合作用，造成籽粒灌浆不足，可导致产量降低40%甚至绝产。其他比较常见的玉米病害在东北平原也均有不同程度的发生，且表现出一定的地域性。其中，瘤黑粉病和顶腐病在黑龙江省最为严重，纹枯病和弯孢菌叶斑病在辽宁省最为严重，小斑病在黑龙江省和辽宁省都有较大面积的发生。

东北平原冷湿的气候特点非常适宜玉米螟的生长，吉林省多发玉米螟为亚洲玉米螟，其幼虫寄生在玉米茎内，从而影响玉米穗部营养成分的输送，造成产量降低。被蛀后的玉米秸秆易折断，造成巨大的经济损失。蚜虫是吉林省影响玉米产量的第二大害虫，其群居于玉米心叶，通过快速繁殖和生长，吸收玉米植株的汁液，影响雄穗散粉，进而影响玉米产量。黏虫对玉米生产的危害也很大。2012 年 8 月，东北部分地区发生了几十年一遇的玉米黏虫灾害，导致 4.2 万 hm^2 玉米绝收，经济损失达 20 亿元。

（三）灾害灾情的应对措施不足

在玉米生产过程中，某种农业灾害常常与其他灾害同时或先后发生，对玉米生长和最终产量的影响表现出交互效应或叠加效应。因此，面对频繁发生的气象灾害和病虫害，为了提高防灾减灾效果，需要综合考虑各种灾害对农田生态系统的影响，具体可从以下几个关键方面着手。第一，看重品种的区域适应性，忽略了品种对气象灾害和病虫草害的抗逆性和耐逆性。品种选育要坚持熟期适中、抗逆性强和适应性广的选育方向，从而有利于抵御气象灾害。在北部和东部低温冷凉区，面对低温冷害，可以适度减少晚熟玉米品种的比例。第二，缺乏灾害防御长效机制，应急预防意识较为落后。随着我国现代化农业的发展，现阶段的灾害防御机制已经无法与农业发展相适应，气象灾害预警能力有待提高。当前的灾害防御机制以各个部门为主，没有系统联动功能，一旦发生灾情，在短时间内无法调动所需人力、物力进行救灾抢险工作。灾害防御机制的执行需要农田基础设施作为保障，而农田水利基础设施建设也需要加强。另外，种植户对气象灾害和病虫害的应急防范意识不足，在日常的管理中仅依靠经验进行玉米种植，不能提前做好应急预防措施。第三，农田生态系统建设滞后，绿色防控技术存在短板。应当加强农田生态系统建设，发展生物防治、微生物制剂治病和治虫等绿色防控技术，推广实施秸秆还田、保护性耕作和水肥一体化等高产栽培技术，实现农业绿色可持续发展。

四、机械化和规模化经营

农业机械化和规模化经营作为农业现代化的重要标志，能够提高农业生产效率、节约农业生产成本、提高农产品质量、促进农民增产增收。党的十九大报告在“三农”工作重要论述中将乡村振兴提升到战略高度，而农业机械化和农机装备是实施乡村振兴战略的重要支撑。《中华人民共和国国民经济和社会发展第十四个五年规划和2035年远景目标纲要》也提出“实施黑土地保护工程，加强东北黑土地保护和地力恢复”和“加强大中型、智能化、复合型农业机械研发应用”。因此，加快先进加工装备研发和产业化，开发智能大马力拖拉机、精量（免耕）播种机、高秆喷雾机、开沟施肥机等先进适用农业机械，推广玉米精准播种、精量施肥施药、精准收获等农机农艺融合技术，对于东北平原的现代化农业生产具有重要的推动作用。

（一）机械化水平有待提升

农业机械化在玉米生产中占有重要地位，东北平原的农业综合生产力水平和农业机械化水平均处于全国前列，有较为明显的规模化和机械化生产优势。2000年，辽宁省、吉林省和黑龙江省的农业机械总动力分别为1401.3万kW、1096.5万kW和1648.29万kW。2018年，辽宁省、吉林省和黑龙江省的农业机械总动力分别为2243.7万kW、3466.0万kW和6084.7万kW。2000～2018年，辽宁省、吉林省和黑龙江省的农业机械总动力年均增长率分别为2.5%、6.6%和7.1%。2019年，东北三省农业机械总动力约占全国的12.0%，辽宁省、吉林省和黑龙江省的综合机械化率分别达到了85%、81%和97%。东北三省大型拖拉机数量、配套农机具和农业机械化服务组织分别占全国总量的24.7%、15.7%和20.1%，均位居全国前列（国家统计局，2020）。农业机械化的发展为东北三省深化农业生产的社会化、规模化分工奠定了重要基础，但其机械化水平和农机技术等与发达国家尚有一定差距。

美国的玉米品种、农艺农技、机械设施均适合籽粒机械直收，实现了玉米全生育期耕种收的全程机械化，可以在田间一次性完成玉米摘穗、脱粒、初步清选和秸秆粉碎等作业，显著提升了生产效率。与之相比，我国东北平原玉米生产的主要薄弱环节在于播种和收获。在播种环节，机械单粒精量播种漏播和重播的概率较高，田间保苗率不足85%，而高速精量免耕播种机具研发处于起步阶段，作业效率与国外先进水平还有较大差距。在收获环节，多为人工收获或机械化收获果穗，玉米籽粒机械化收获技术在全国的应用面积仅占5%，尚不足200万hm^2（王超等，2022）。另外，我国目前玉米机收时籽粒含水量平均为26.8%，其中东北大部地区玉米收获时籽粒含水量在29%以上，收获时机收脱粒籽粒破损率＞10%，不仅造成产量损失、产品等级降低，也大幅增加了生产成本（张雨寒等，2019）。根据 2020 年发布的《玉米收获机械》（GB/T 21962—2020），果穗收获机总损失率合格指标从 4%提高到 3.5%，籽粒直收损失率合格指标从 5%提高到 4%。因此，东北平原现有籽粒收获机具作业质量不稳定，发展空间较大。

在东北平原玉米生产过程中，虽然大中型机械数量较多，但其分布不均。吉林省大中型机械所占比例已达 60.9%，其中长春市已达 75.4%，而吉林市仅为 19.4%。因此，在实际种植过程中，仍以中小型机械化为主，大型机械的数量和普及率仍然较低（张雨寒等，2019）。

随着玉米生产机械化的应用，适当增加群体密度是提高产量的首要途径，而我国目前宜机收耐密品种缺乏，且生育期过长。玉米品种生育期偏长，籽粒含水量较高，会导致后期脱水慢，站秆晾晒期间易出现倒伏，直接影响籽粒收获作业效果。2017 年国家玉米产业技术体系开展的适宜品种筛选试验结果表明，吉林省、辽宁省及内蒙古自治区除个别品种外，表现优良的玉米品种的适宜种植密度均在 60 000 株/hm^2 以下，而美国玉米的种植密度平均为 82 500 株/hm^2。另外，生育期在 125 d 以上的玉米品种比例高达 80%，除黑龙江省外，吉林省、辽宁省及内蒙古自治区的玉米品种生育期均在 125 d 以上（张雨寒等，2019）。

由于农艺、栽培和品种的区域多样性，东北平原的玉米收获尚存在栽培品种或技术不宜机现象，导致收割机难以标准化应用。与我国相比，美国对玉米生产的科技投入力度较大，进行了技术研发、良种选育和机具研制等，为玉米生产全过程的农业机械化提供了有效保障。我国东北平原的玉米机械化耕种收均亟须加强。

（二）生产高度分散，经营规模较小

由于我国人多地少，每个农业人口人均耕地面积只有 0.14 hm^2，在玉米产区，平均每个农户只能提供 1000 kg 左右商品玉米；而美国每个农业劳动力平均播种玉米面积约 175 hm^2，收获玉米达 150 万 kg（仇焕广等，2021）。与欧美等土地资源丰富的国家和地区相比，我国户均玉米经营面积较少，粗放分散的小规模生产经营方式落后、商品率低，无法形成规模优势。随着我国工业化和城镇化进程的发展，传统分散式小农户经营模式已经不能满足农业现代化发展的需求，而规模化经营是农业机械化发展的前提、是实现农业现代化发展的关键。规模化玉米生产可采取大型农机具作业，作业标准高、统一规范，而分散、小规模的生产经营模式只能采取小型农机具和人工作业，生产效率低，作业标准难以规范，作业标准低，制约着东北平原玉米生产机械化的发展。

家庭农场作为新型农业经营主体的重要组成部分，是促进土地规模经营和转变农业发展方式的重要支撑力量。从世界范围来看，对 105 个国家的普查结果显示，家庭农场占所有农场数量的 98%，4.83 亿个样本农场中有 4.75 亿个为家庭农场，农业生产占比至少为 53%（Benjamin and Hannah，2016）。2013 年的中央一号文件明确鼓励和支持承包土地向专业大户、家庭农场、农民合作社流转，发展多种形式的适度规模经营。自此以来，逐渐确立了家庭农场在我国农业规模经营中的主体地位。随着近期我国土地流转和农业社会化服务的发展，我国玉米的规模经营面积开始呈现上升趋势，东北平原家庭农场等新型农业经营主体得以不断发展。截至 2018 年，全国家庭农场数量超过 87.7 万

户，其中通过农业部门认定的家庭农场达 48.5 万户。2018 年底，辽宁省认定家庭农场数量达到 7887 户，其中以粮食生产为主的家庭农场有 5805 户，平均土地经营规模达到 229.2 亩；吉林省家庭农场总数达到 2.68 万户，县级以上示范农场为 2141 户，场均土地经营面积 15 hm^2，其中 80%以上的家庭农场人均收入比普通农户收入高近 20%；黑龙江省认定家庭农场数量达到 1.95 万户，场均土地经营面积 25.2 hm^2，其中 85%的家庭农场从事粮食经营生产（中国社会科学院农村发展研究所，2020）。然而，东北三省农村土地规模经营现状仍以分散经营为主，土地规模化程度不高，但农户规模经营意愿较强；农业合作社初具规模，经营形式多样，但呈现出省际间发展不均衡的态势。主要特点为以尊重农民意愿发展新型农业合作化为主要形式，以多部门资金和政策扶持、机械化引领为农村土地规模经营的主要推动力。主要问题是农村土地规模经营前提条件不充分、政府服务与管理不到位、农村土地规模经营的配套改革滞后等。另外，高度分散、小规模生产经营既不利于玉米单产水平提高，还导致了采用新技术增加的效益总量有限，在技术上严重影响中国玉米生产农艺标准的统一和农业机械化的推进，影响整体农业生产水平提升。

（三）生产组织化和集约化程度低

玉米生产组织化程度与规模化种植有关，但二者又不等同。美国农场一般以家庭经营为主，但其玉米带的区域专业化、经营专业化及现代化程度均较高。目前，我国通过土地流转使得规模化经营取得了一定进展，但是现实中很多经营主体依旧各自独立，玉米生产的组织化程度依然不高。由于缺乏有效的协调和组织，区域内社会化服务难以满足经营主体产前、产中和产后的各种服务需求，难以实现更大规模的玉米生产田间作业和管理。另外，粗放经营和生产组织化程度低，不仅导致农业新技术大面积推广难度加大，许多技术的集成应用也受到影响，生产的集约化程度因此受到严重制约。

对于农业机械而言，随着《中华人民共和国农业机械化促进法》的实施，我国农机社会化服务组织取得快速发展，呈现服务主体多元化、服务模式多样化、服务手段专业化、服务内容综合化、服务机制市场化、服务对象稳固化、农资农机服务一体化、社社联合、社企联合、村社联合等新特征和新趋势。目前，各类农机社会化服务主体已成为农业生产主力军，在推动农业机械化全程全面高质高效发展、推进生产要素集聚及先进装备技术普及、推动多种形式适度规模经营、示范带动小农户应用现代生产方式、承接农机化（农业）公益性服务等方面发挥了非常重要的作用，为保障国家粮食安全和推进农业现代化做出了重要贡献。截至 2020 年底，全国有农机作业服务组织 19.5 万个，这些农机作业服务组织成为当前推动农业机械化发展的中坚力量。其中，拥有农机原值 50 万元（含 50 万元）以上的服务组织 5.9 万个；农机专业合作社 7.5 万个，入社成员 145.8 万人；农机维修厂及维修点 15.5 万个，维修人员 90 万人（中国农业机械化协会，2022）。其中，吉林省拥有农机原值 50 万元（含 50 万元）以上的服务组织 4537 个、农机专业合作社 6382 个、农机维修厂及维修点 6820 个、维修人员 15 926 人（吉林省农业农村厅，2020）。然而，吉林省内各地区分布极不平均，长春市的农机作业服务组织明显多于其他地市。东北平原玉米生产组织化和集约化程度均有待进一步提高。

参 考 文 献

高晓容, 王春乙, 张继权, 等. 2014. 东北地区玉米主要气象灾害风险评价与区划. 中国农业科学, 47: 4805-4820.

国家统计局. 2020. 2020 中国统计年鉴. 北京: 中国统计出版社.

国家统计局. 2021. 2021 中国统计年鉴. 北京: 中国统计出版社.

韩晓增, 李娜. 2018. 中国东北黑土地研究进展与展望. 地理科学, 38: 1032-1041.

胡亚玲. 2020. 双循环发展格局下东北三省对国家粮食安全的贡献问题研究. 投资与创业, 31(23): 153-156.

吉林省农业农村厅. 2020. 吉林 2020 年国民经济和社会发展统计公报. 长春: 吉林省农业农村厅.

李保国, 刘忠, 黄峰, 等. 2021. 巩固黑土地粮仓保障国家粮食安全. 中国科学院院刊, 36(10): 1184-1193.

李少昆, 赵久然, 董树亭, 等. 2017. 中国玉米栽培研究进展与展望. 中国农业科学, 50: 1941-1959.

梁爱珍, 李禄军, 祝惠. 2021. 科技创新推进黑土地保护与利用, 齐力维护国家粮食安全. 中国科学院院刊, 36: 557-564.

马树庆, 王琪, 王春乙, 等. 2008. 东北地区玉米低温冷害气候和经济损失风险分区. 地理研究, 27: 1169-1177.

仇焕广, 李新海, 余嘉玲. 2021. 中国玉米产业: 发展趋势与政策建议. 农业经济问题, 7: 4-16.

王超, 周靖博, 张树阁. 2022. 2021 年粮食作物机械化水平发展评述. 农机质量与监督, 1: 4-6, 8.

王永军, 吕艳杰, 刘慧涛, 等. 2019. 东北春玉米高产与养分高效综合管理. 中国农业科学, 52: 3533-3535.

王涛, 潘升. 2020. 东北地区玉米外运现状及问题研究. 中国粮食经济, (4): 74-75.

吴祖葵, 杨敬华, 刘勍. 2018. 我国玉米主产省自然灾害灾情分析. 中国农业资源与区划, 39: 9-17.

张兴义, 刘晓冰. 2020. 中国黑土研究的热点问题及水土流失防治对策. 水土保持通报, 40: 340-344.

张雨寒, 李楠, 刘攀, 等. 2019. 东北春玉米密植高产和机械化收获关键限制因素分析. 玉米科学, 27: 104-111.

郑新利. 2014. 东北地区玉米生产主要气象灾害及应对措施. 农业开发与装备, 4: 48.

中国社会科学院农村发展研究所. 2020. 中国家庭农场发展报告. 北京: 中国社会科学出版社.

中国农业机械化协会. 2022. 中国农业机械化发展白皮书 2021. http://www.cama.org.cn/secondPage/getDetails/47/1907[2022-04-22].

Benjamin E, Hannah W. 2016. The state of family farms in the world. World Development, 87: 1-15.

Liu X B, Burras C L, Kravchenko Y S, et al. 2012. Overview of Mollisols in the world: Distribution, land use and management. Canadian Journal of Soil Science, 92: 383-402.

Zou W, Han X, Jiang H. 2011. Effects of land use on soil water dynamics in the black soil zone of Northeast China. Arid Land Research and Management, 25: 368-371.

第二章　黑土地玉米长期连作土壤性状演变

第一节　黑土地玉米长期连作土壤物理性状变化

20 世纪 80 年代以来，生产方式粗放，土地过度经营，过度追求农产品的高产出，以牺牲资源为代价，导致东北地区土壤及水资源退化严重，农业环境持续恶化，土地产出能力降低，地力衰退已成为限制东北地区农业生产水平进一步提高的主要因素，主要表现在：土壤有机质减少，地力下降；土壤有效耕层变浅，犁底层加厚，耕层有效土壤量明显减少，土壤风蚀、水蚀严重；耕层土壤的理化性状趋于恶化，玉米生产受到严重影响（王立春等，2008）。土壤物理性状影响作物生长发育，土壤物理性状是评价和衡量土壤质量的重要指标，通常包括土壤容重、硬度、含水量、温度、孔隙度、三相（固相、液相、气相）比及团聚体等指标（李潮海等，2002）。大量研究表明，耕作方式影响土壤物理特性，进而影响土壤质量（杨晓娟和李春俭，2008；焦彩强等，2009；陈学文等，2012），因此，通过耕作措施提高土壤环境质量，对于促进农业可持续发展具有重要意义。

本节内容基于吉林省农业科学院黑土区长期耕法定位试验（始于 1983 年），试验地点位于吉林省公主岭市吉林省农业科学院。试验设 4 个处理，分别为宽窄行留茬深松（ST）、免耕（NT）、翻耕（PT）和传统灭茬起垄耕作（CT），3 次重复，随机区组试验设计，小区面积为 150 m×8 m=1200 m^2。种植制度为多年玉米连作，一年一熟制。

一、玉米长期连作不同耕作方式下土壤容重的变化

（一）土壤容重的季节性变化特征

不同耕作方式下土壤容重的季节性变化特征如图 2-1 所示，在 0～10 cm 土层，免耕（NT）和翻耕（PT）处理土壤容重随季节变化呈双峰曲线变化，而宽窄行留茬深松（ST）和传统灭茬起垄耕作（CT）处理土壤容重随季节变化有增加趋势，但变化不明显；在 10～30 cm 土层，不同处理土壤容重均呈先增加后降低再增加的变化趋势；在 30～60 cm 土层，各处理土壤容重均呈先增加后降低的变化趋势，而 0～60 cm 土层平均土壤容重变化与 30～60 cm 土层变化趋势基本一致，说明 NT 和 PT 处理土壤容重对季节变化反应敏感。

（二）土壤容重的剖面变化特征

不同耕作方式下土壤容重的剖面变化特征如图 2-2 所示。播种前（4 月 18 日），0～60 cm 土层土壤容重均随土层深度的增加而急剧增加，但不同处理间差异不显著；玉米抽雄期（7 月 24 日），0～50 cm 土层不同处理间土壤容重差异不明显，但大都随土层深度增加而增加，而 50 cm 以下土壤容重有降低趋势，并且 NT 和 ST 处理土壤容重明显

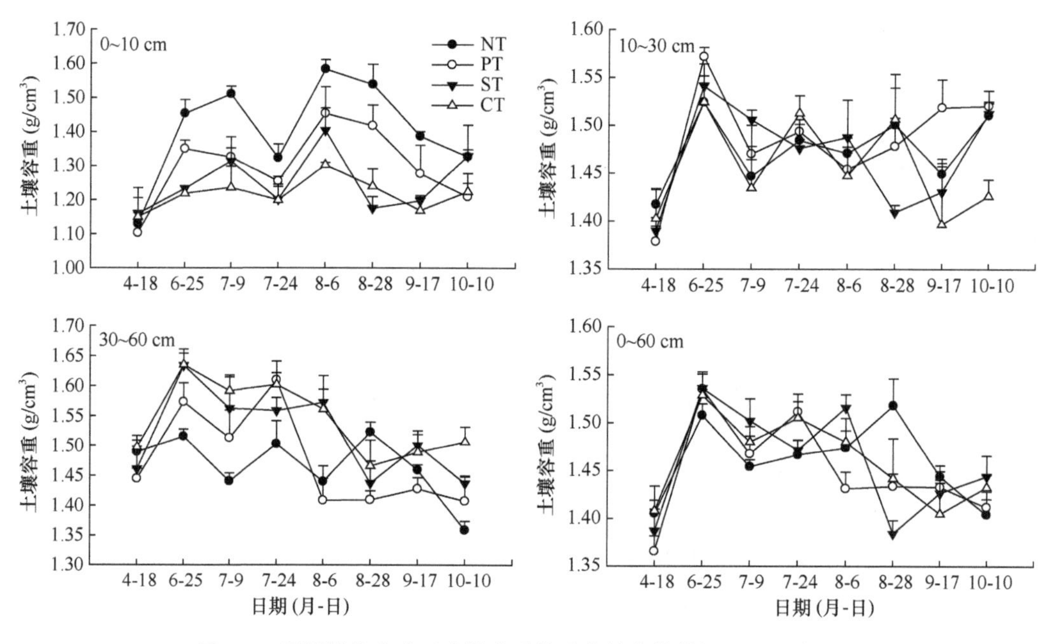

图 2-1 不同耕作方式下土壤容重的季节性变化特征（2014 年）

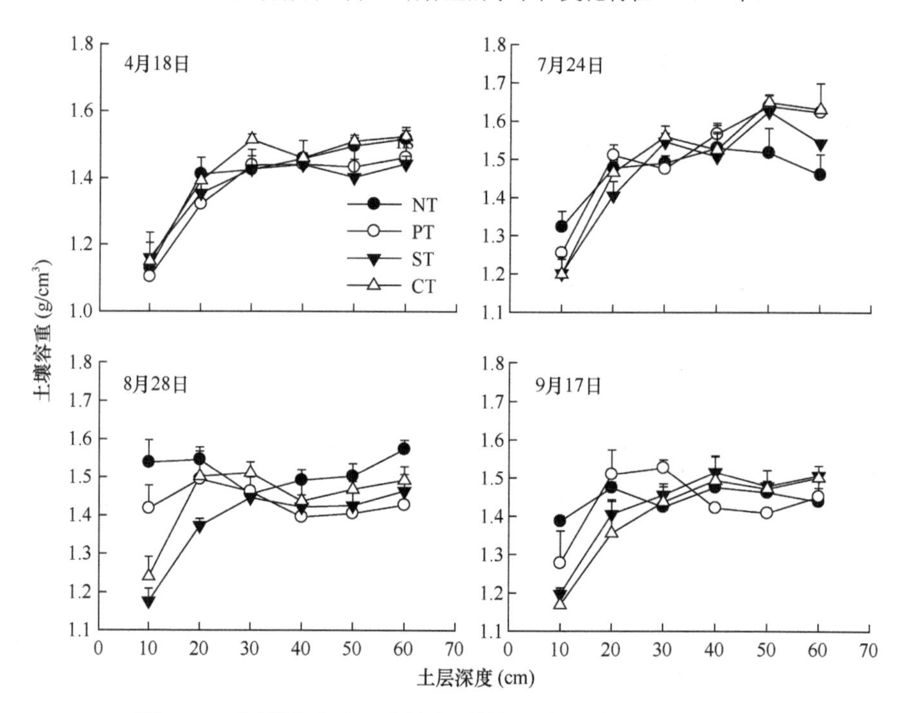

图 2-2 不同耕作方式下土壤容重的剖面变化特征（2014 年）

低于 PT 和 CT 处理；在玉米灌浆期（8 月 28 日），除 NT 处理外，其他处理土壤容重随着土壤深度增加呈先增加后降低再增加的变化趋势，在 20 cm 或 30 cm 处达最高值，其中 CT 处理土壤容重增幅明显高于其他处理；玉米成熟期（9 月 17 日），0～20 cm 土层各处理土壤容重均随土层深度增加而增加，在 20 cm 土层以下，各处理均随土层深度增加呈波动下降趋势，在 20～30 cm 土层 PT 处理高于其他处理，而在 40～50 cm 土层 PT 处理低于其他处理。

（三）冻融作用对不同耕作方式下土壤容重的影响

冻融作用可较为强烈地影响土壤物理性质，改变土壤结构及土体构造，进而影响土壤容重的变化。由表 2-1 可见，冻融后土壤容重均小于冻融前（40～50 cm 土层 NT 处理除外）。NT、PT、ST 和 CT 处理冻融后土壤容重平均降幅分别为 7.2%、9.9%、9.2% 和 10.8%，以 CT 处理冻融后土壤容重减小最为显著，说明冻融作用对长期连续灭茬起垄管理引发的耕层土壤容重增大问题可以起到一定的减缓作用。

表 2-1　冻融前后不同耕作方式下土壤容重的变化特征　（单位：g/cm^3）

处理	时期	土层深度（cm）						平均值
		0～10	10～20	20～30	30～40	40～50	50～60	
NT	冻融前	1.51a	1.57ab	1.51ab	1.49ab	1.46ab	1.58abc	1.52a
	冻融后	1.13b	1.41cde	1.42b	1.46ab	1.49ab	1.52cd	1.40b
PT	冻融前	1.44a	1.51bc	1.49ab	1.46ab	1.56ab	1.64ab	1.52a
	冻融后	1.10b	1.32e	1.44b	1.44b	1.43ab	1.46d	1.37b
ST	冻融前	1.39a	1.48bcd	1.52ab	1.56a	1.58a	1.63ab	1.53a
	冻融后	1.16b	1.35de	1.43b	1.44b	1.40b	1.54abcd	1.39b
CT	冻融前	1.50a	1.68a	1.55a	1.55ab	1.58a	1.64a	1.58a
	冻融后	1.15b	1.29e	1.51ab	1.46ab	1.51ab	1.52bcd	1.43b

注：不同小写字母表示处理间差异达 0.05 显著水平。

二、玉米长期连作不同耕作方式下土壤硬度的变化

（一）不同耕作方式下土壤硬度的比较

土壤硬度是表征土壤质量的指标之一，是影响作物生长的重要因素，合理的耕作管理是调控土壤硬度的有效手段。不同耕作方式显著影响土壤硬度，且年际间存在干旱年份（2011 年）土壤硬度高于湿润年份的规律（图 2-3）。在 0～25 cm 土层，PT、ST 和 CT 处理与 NT 处理相比，土壤硬度分别降低 11.1%～53.8%、52.4%～146.8%和 16.5%～54.6%。在 25～45 cm 土层，土壤硬度受耕作方式的影响没有 0～25 cm 土层明显，总体来看各处理间差异较小，而且 NT 处理土壤硬度有所下降，CT 处理土壤硬度有增加趋势，PT 和 ST 处理间土壤硬度差异不明显。

（二）土壤硬度的季节性变化特征

土壤硬度的季节性变化特征受降水量影响较大，降水量增多，土壤含水量增大，土壤硬度降低，反之则增加（图 2-4）。在 0～25 cm 土层，各处理土壤硬度均随季节变化而呈双峰曲线变化，大部分在 7 月初和 8 月末达到两个峰值，不同耕作方式整个生育期土壤硬度的平均值：NT 处理（1.12 MPa）＞CT 处理（1.09 MPa）＞PT 处理（1.01 MPa）＞ST 处理（0.91 MPa）。在 25～45 cm 土层，各处理土壤硬度的季节性变化趋势与 0～25 cm 土层一致，

但不同耕作方式整个生育期土壤硬度的平均值呈不同排列，为 CT 处理（1.38 MPa）>PT 处理（1.34 MPa）=ST 处理（1.34 MPa）>NT 处理（1.28 MPa）。由此可见，随土层深度的增加，NT 处理土壤硬度有所增加，而 CT 处理土壤硬度明显增加。

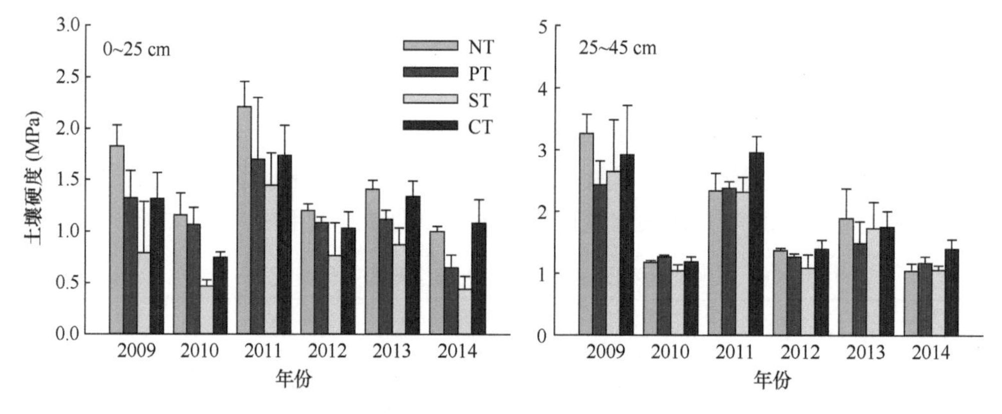

图 2-3　不同耕作方式下土壤硬度的比较

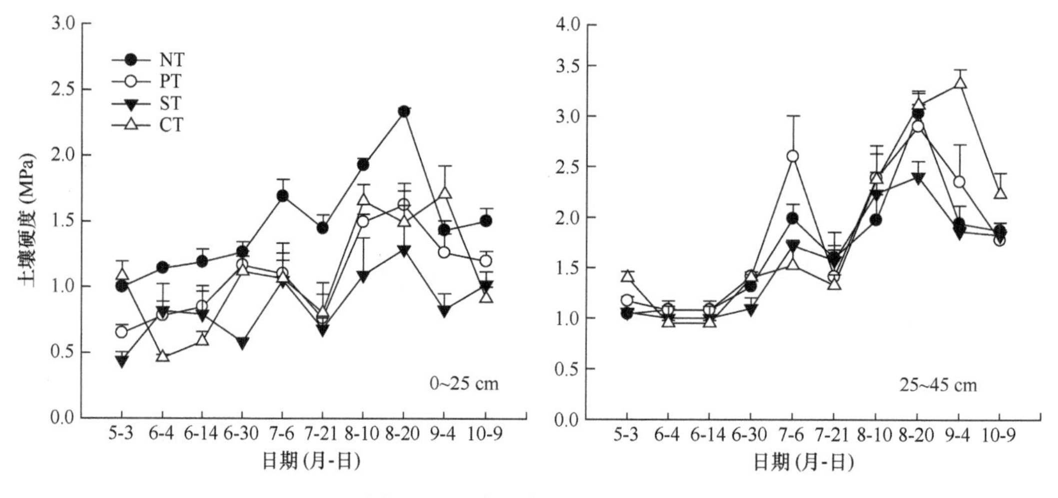

图 2-4　土壤硬度的季节性变化

（三）土壤硬度的剖面变化特征

不同耕作方式下土壤硬度的垂直变化特征表现出明显不同的规律性（图 2-5）。播种前（5 月 3 日），CT 和 NT 处理土壤硬度随土层深度增加呈现先增加后降低的趋势，ST 和 PT 处理土壤硬度随土层深度增加呈波动增加趋势，大部分在 10～20 cm 土层达到最大值，与 CT 处理相比，NT、ST 和 PT 处理的土壤硬度均显著降低；苗期（6 月 4 日），在 0～7.5 cm 土层，CT 处理土壤硬度显著低于其他处理，而 15～20 cm 土层趋势相反，在 20～45 cm 土层，各处理间土壤硬度差异不显著；抽雄期（7 月 21 日），在 2.5～17.5 cm 土层，NT 和 PT 处理土壤硬度均高于 ST 和 CT 处理；灌浆期（8 月 10 日），在 5～10 cm 土层，NT 和 PT 处理土壤硬度显著高于其他处理；成熟期（9 月 24 日），在 10～35 cm 土层，ST 处理土壤硬度显著低于其他处理；收获后（10 月 9 日），在 10～20 cm 土层，

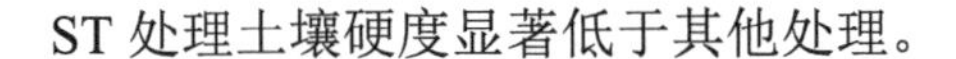

ST 处理土壤硬度显著低于其他处理。

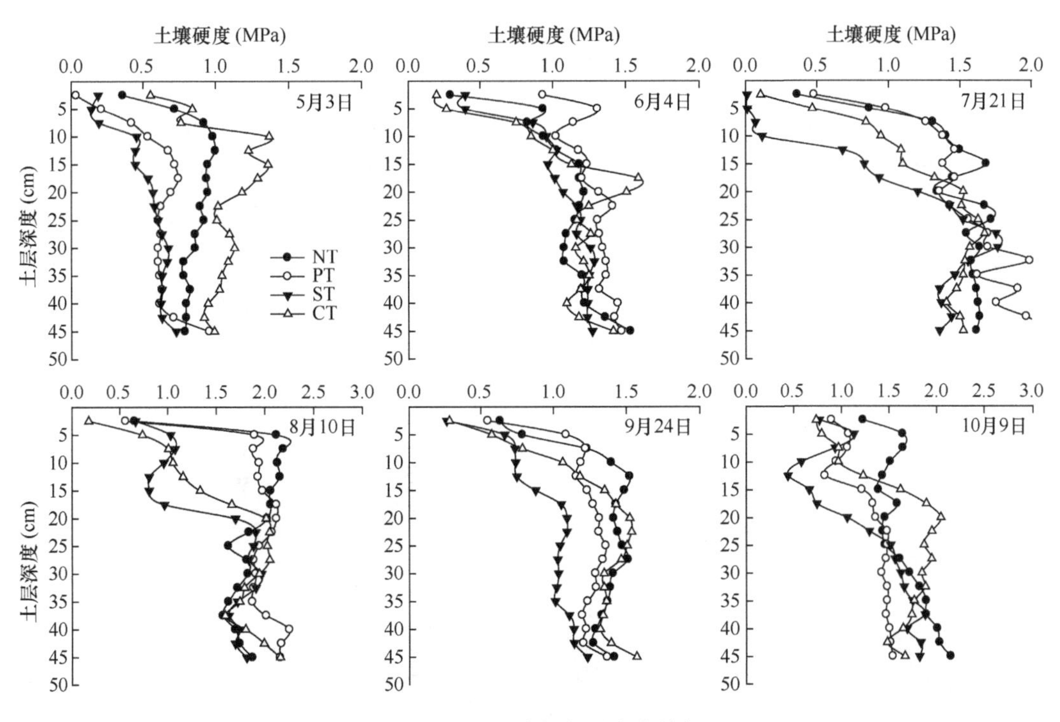

图 2-5　土壤硬度的剖面变化特征

（四）冻融作用对不同耕作方式下土壤硬度的影响

不同耕作方式下冻融前后土壤硬度变化不同（表 2-2），各处理各土层冻融后土壤硬度大部分小于冻融前。NT、PT、ST 和 CT 处理冻融后土壤硬度分别降低了 41.9%、58.4%、148.9%和 3.38%。冻融作用会改变土壤容重和孔隙度，降低土壤密度，起到缓解土壤紧实性的作用，不同耕作处理中 ST 处理降幅最大，其次为 PT 和 NT 处理，CT 处理降幅最小。冻融作用使压实区 0～15 cm 土层土壤硬度降低，有利于减轻土壤压实。冻融后 ST 处理土壤硬度降幅最大的原因可能是深松后土壤蓄水保墒能力增强、土壤含水量提高。

表 2-2　冻融作用对土壤硬度的影响　（单位：MPa）

处理	时期	土层深度（cm）											
		2.5	5.0	7.5	10.0	12.5	15.0	17.5	20.0	22.5	30.0	37.5	45.0
NT	冻融前	1.21a	1.72a	1.72a	1.74a	1.53a	1.44a	1.42abc	1.59bc	1.46bc	1.44bc	1.72ab	2.15a
	冻融后	0.54cde	1.23b	1.41ab	1.42ab	1.34ab	1.23ab	1.24bcd	1.13de	1.05efg	0.92f	0.96e	1.23de
PT	冻融前	0.90ab	1.14bc	1.13bc	1.13bc	0.86cde	0.84c	1.20bcd	1.33cd	1.36cd	1.48bc	1.42bc	1.54bcd
	冻融后	0.13f	0.13f	0.89c	0.44fg	0.62ef	0.92bc	1.03de	0.98ef	0.99efg	1.04f	1.20de	1.18de
ST	冻融前	0.82bcd	1.11bc	0.88c	1.01cd	0.59ef	0.44d	0.67ef	0.74fg	1.06efg	1.29cd	1.62ab	1.82ab
	冻融后	0.14f	0.14f	0.12e	0.13g	0.21g	0.43d	0.57f	0.57g	0.79g	1.05ef	1.01e	1.10e
CT	冻融前	0.71bcd	0.80cd	1.02 c	1.02cd	1.01cde	1.24ab	1.62a	1.89a	2.05a	1.95a	1.85a	1.67bc
	冻融后	0.22ef	0.71de	1.21bc	1.23bc	1.33abc	1.32a	1.35ab	1.37bcd	1.44cd	1.43cd	1.47cd	1.31cde

注：不同小写字母表示处理间差异达 0.05 显著水平。

三、玉米长期连作不同耕作方式下土壤总孔隙度的变化

（一）土壤总孔隙度的季节性变化特征

不同耕作方式下土壤总孔隙度的季节性变化特征如图 2-6 所示，在 0～10 cm 土层，各处理土壤总孔隙度随季节变化表现不同，NT 和 PT 处理呈“W”形曲线变化，而 ST 和 CT 处理随季节推移总体呈降低趋势；在 10～30 cm 土层，各处理土壤总孔隙度随季节变化呈先降低后增加再降低的变化趋势，玉米 6 展叶期（V6）最低；在 30～60 cm 土层，NT 处理呈先降低再增加的变化趋势，PT、ST、CT 处理呈先降低后增加再降低的变化趋势；而 0～60 cm 土层各处理变化趋势与 30～60 cm 土层基本一致。

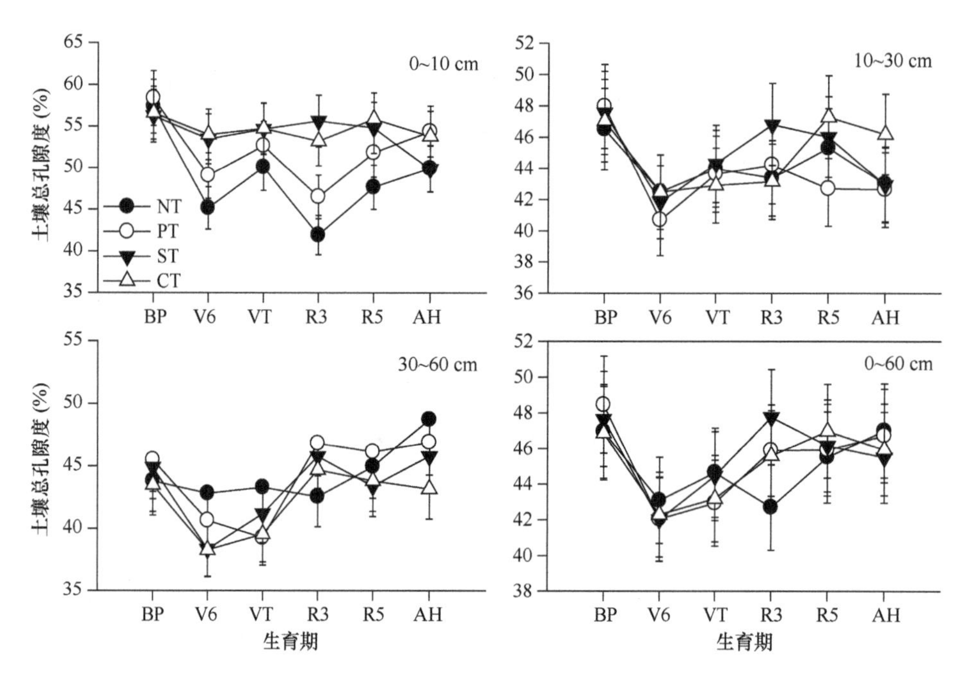

图 2-6 不同耕作方式下土壤总孔隙度的季节性变化特征（2014 年）

BP 代表播种前；V6 代表玉米 6 展叶期；VT 代表抽雄期；R3 代表乳熟期；R5 代表蜡熟期；AH 代表收获后

（二）土壤总孔隙度的剖面变化特征

不同耕作方式下土壤总孔隙度的剖面变化特征如图 2-7 所示。播种前（BP），各处理土壤总孔隙度均随土层深度的增加而呈降低趋势，上层明显高于下层；玉米 6 展叶期（V6），在 0～30 cm 土层，土壤总孔隙度随土层深度增加而降低，在 30 cm 土层以下，土壤总孔隙度降低不明显，NT 和 PT 处理明显高于 ST 和 CT 处理；抽雄期（VT），0～50 cm 土层各处理土壤总孔隙度均随土层深度的增加而呈降低趋势，50 cm 土层以下有增加趋势；乳熟期（R3），0～10 cm 土层各处理间差异显著，30 cm 土层以下呈垂直变化；蜡熟期（R5），0～40 cm 土层各处理土壤总孔隙度随土层深度增加而呈降低趋势，40 cm 土层以下呈垂直变化；收获后（AH），0～20 cm 土层各处理土壤总孔隙度随土层深度增加而降低，20 cm 土层以下 NT 和 ST 处理呈先增加后降低趋势，PT 处理呈增加趋势，而 CT 处理呈降低趋势。

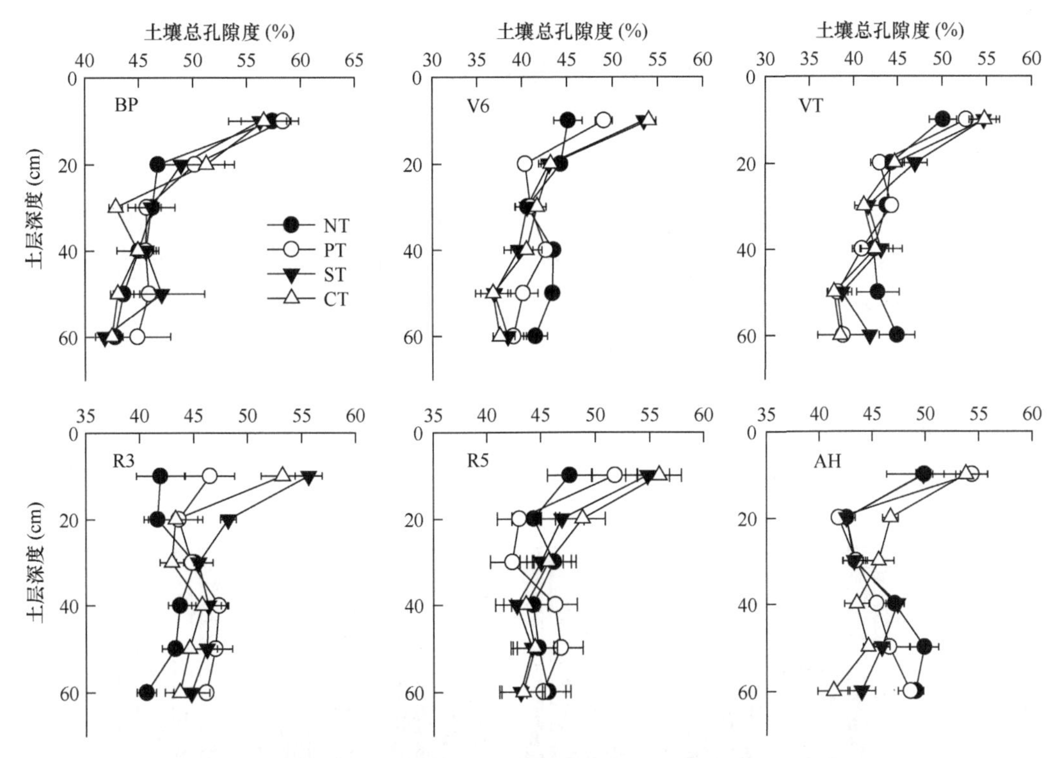

图 2-7　不同耕作方式下土壤总孔隙度的剖面变化特征（2014 年）

（三）冻融作用对不同耕作方式下土壤总孔隙度的影响

冻融作用对土壤总孔隙度的影响是一个复杂的过程，不同耕作方式冻融前后土壤总孔隙度变化不同，且冻融后较冻融前均有所增加（NT 处理 50 cm 土层除外）（表 2-3），NT、PT、ST 和 CT 处理冻融后土壤总孔隙度增幅分别为 4.40 个百分点、5.69 个百分点、5.31 个百分点和 6.63 个百分点。综合来看，冻融作用增加了土壤总孔隙度，但该趋势随土层深度的增加而逐渐减小。

表 2-3　冻融前后不同耕作方式下土壤总孔隙度的变化特征（%）

处理	时期	土层深度（cm）						
		10	20	30	40	50	60	平均值
NT	冻融前	42.86b	40.71de	42.84ab	43.87ab	44.88ab	40.23bcd	42.57b
	冻融后	57.39a	46.77abc	46.25a	45.01ab	43.59ab	42.78ab	46.97a
PT	冻融前	45.73b	43.16cd	43.66ab	44.81ab	40.96ab	38.27cd	42.77b
	冻融后	58.37a	50.18a	45.75a	45.65b	45.94ab	44.87a	48.46a
ST	冻融前	47.53b	44.10bcd	42.67ab	41.14a	40.27b	38.41cd	42.35b
	冻融后	56.24a	48.92ab	46.18a	45.68b	47.11a	41.83abcd	47.66a
CT	冻融前	43.44b	36.58e	41.55b	41.55ab	40.20b	38.12d	40.24b
	冻融后	56.61a	51.25a	42.87ab	44.92ab	43.06ab	42.51abc	46.87a

注：不同小写字母表示处理间差异达 0.05 显著水平。

四、玉米长期连作不同耕作方式下土壤三相的变化

（一）土壤三相的季节性变化特征

土壤三相是依时而变的数值，不同时期会表现不同。对不同时期土壤三相的测定结果表明（图 2-8），两年土壤固相、液相和气相从播种前到玉米抽雄期比较稳定，均表现为固相所占比例最大，液相次之，气相最少。然而在玉米抽雄期以后表现不同，2013 年乳熟期固相增加，液相减少，而气相有大幅增加，到玉米蜡熟期和收获后三相又趋于稳定，三相比例与抽雄前基本一致；2014 年乳熟期固相增加，液相减少，而气相有大幅增加，玉米进入蜡熟期固相降低，液相增加，气相也有所增加，至玉米收获后土壤三相比例趋于稳定，与前期趋势基本一致。

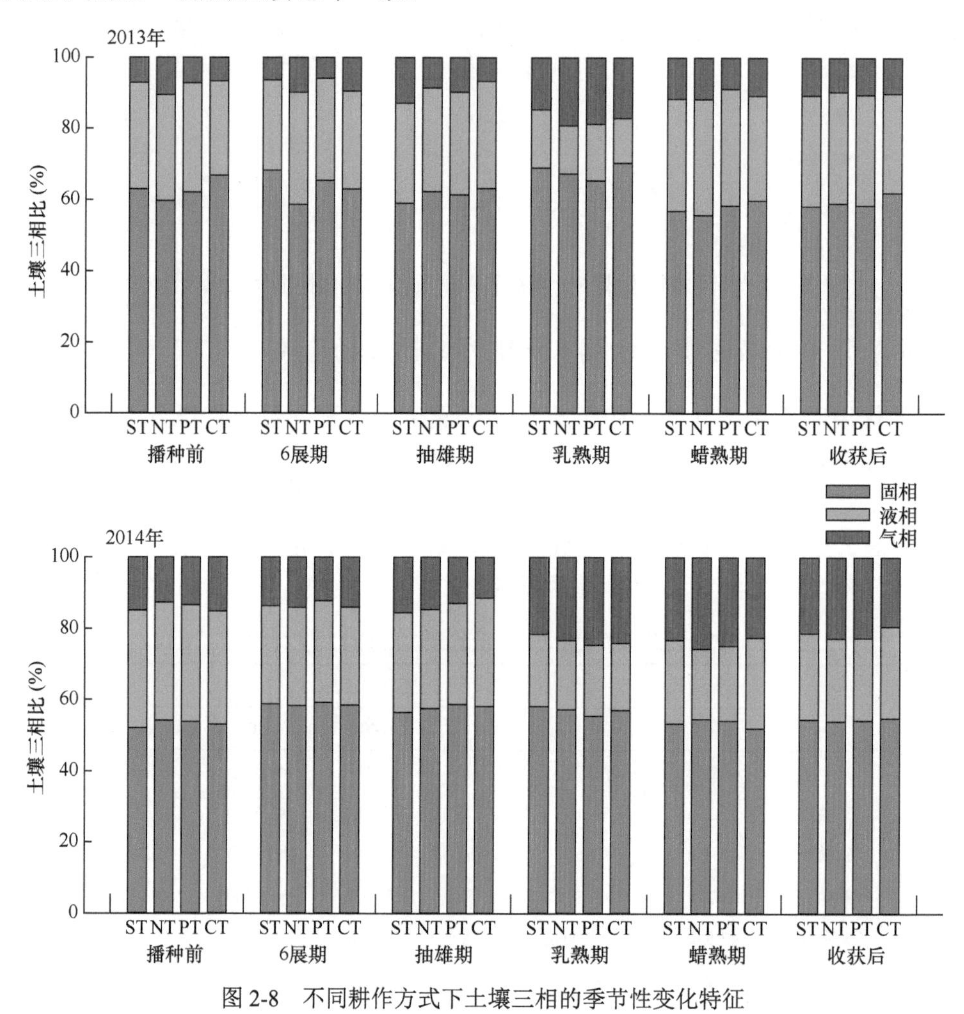

图 2-8　不同耕作方式下土壤三相的季节性变化特征

（二）土壤三相的剖面变化特征

由图 2-9 可见，两年土壤固相比例均随土层深度的增加而呈增加趋势，2013 年和

2014 年 10～60 cm 土层土壤固相比例较 0～10 cm 土层分别增加 4.5%～9.6%和 13.5%～18.2%；液相亦均随土层深度增加而呈增加趋势，2013 年和 2014 年 10～60 cm 土层土壤液相比例较 0～10 cm 土层分别增加 10.0%～12.1%和 17.3%～23.4%；而气相比例却随土层的加深而呈减少趋势，2013 年和 2014 年 10～60 cm 土层土壤气相比例较 0～10 cm 土层分别降低 43.8%～104.7%和 60.3%～83.7%。说明随土层深度的增加，土壤固相和液相比例有增加趋势，而气相比例却显著减少，下层土壤通气性明显不如上层土壤。

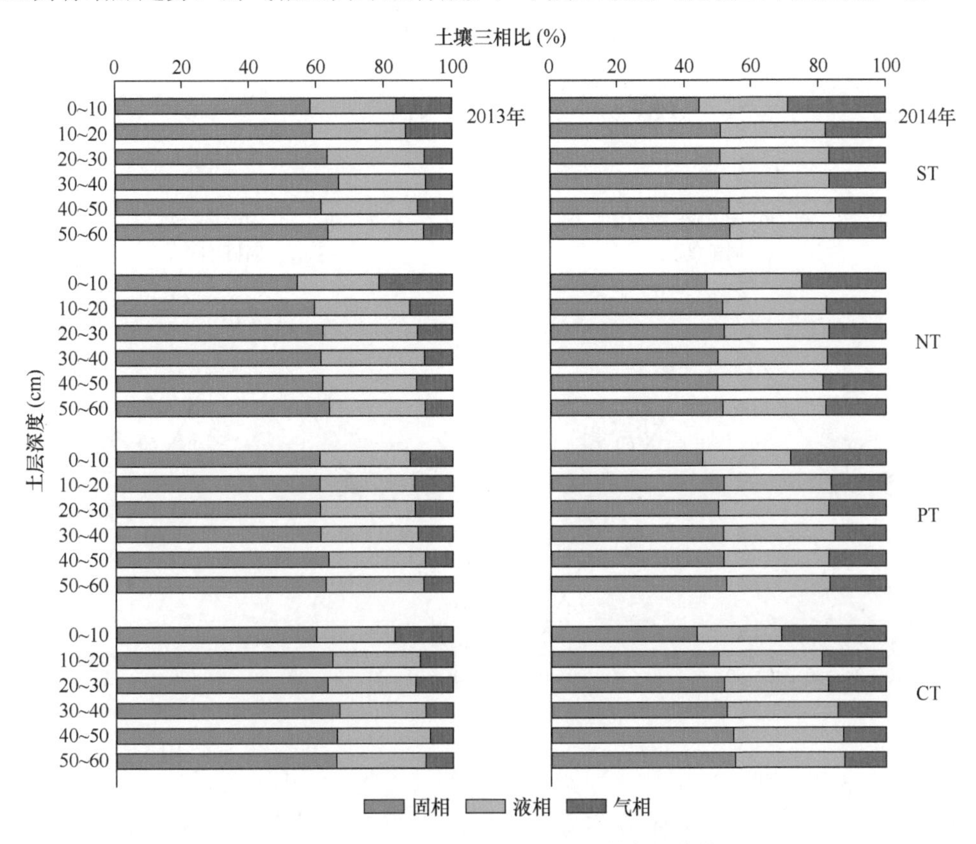

图 2-9　不同耕作方式下土壤三相的剖面变化

（三）冻融作用对不同耕作方式下土壤三相比的影响

由图 2-10 可见，不同耕作方式下季节性冻融对不同土层土壤三相影响不同，由土壤三相的二维三系图可以直观地看出，在 0～10 cm 土层，各处理冻融前土壤固相所占比例较高，气相所占比例较低，而冻融后固相所占比例降低 37.5%～73.5%，液相所占比例增加 8.5%～30.0%，但气相所占比例冻融前较冻融后有小幅降低；在 10～20 cm 土层，各处理土壤固相所占比例冻融后较冻融前均有所降低，液相所占比例有所增加，气相所占比例变化不明显，三相比趋势理想值为 1∶0.5∶0.5，说明冻融对该土层具有明显的改善作用；在 20～60 cm 土层，各处理冻融前后土壤三相比无明显变化，并且随土层深度的增加，土壤固相所占比例增高，气相所占比例减少，到 50 cm 土层以下固相所占比例达 90%以上，而气相所占比例不到 10%，说明冻融对耕层以下土壤三相比无明显影响和改善作用。

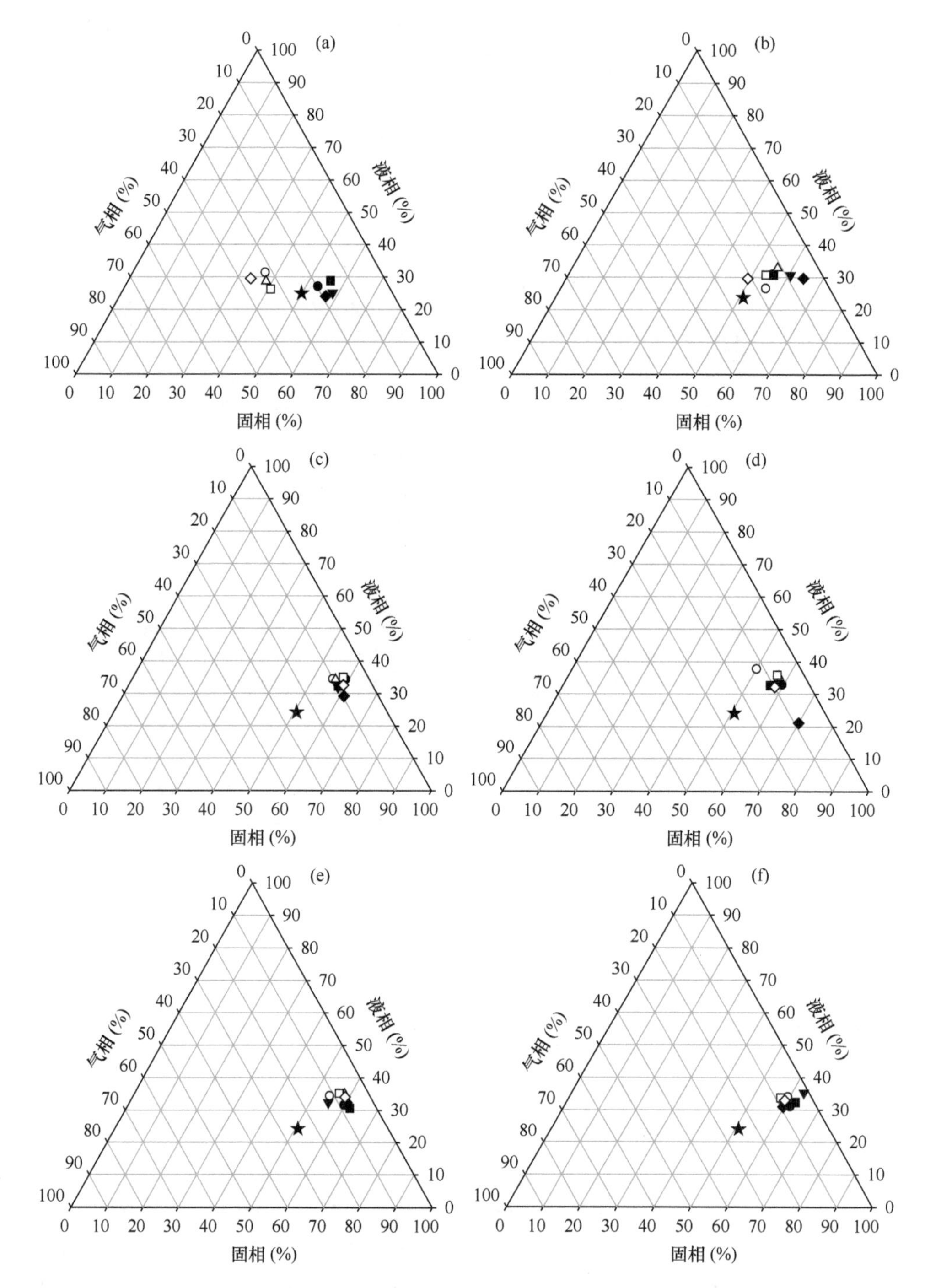

图 2-10 季节性冻融前后土壤三相的变化

★理想三相，●留茬深松冻融前，○留茬深松冻融后，▼免耕冻融前，△免耕冻融后，■翻耕冻融前，□翻耕冻融后，◆传统灭茬起垄耕作冻融前，◇传统灭茬起垄耕作冻融后。

（a）0～10 cm 土层；（b）10～20 cm 土层；（c）20～30 cm 土层；（d）30～40 cm 土层；（e）40～50 cm 土层；（f）50～60 cm 土层

五、玉米长期连作不同耕作方式下土壤含水量的变化

（一）土壤含水量的年度差异

2007～2014 年播种前不同耕作方式 0～10 cm 和 10～20 cm 土层土壤含水量差异如图 2-11 所示，在 0～10 cm 土层，除 2009 年外，ST 处理较其他处理土壤含水量提高 4.6%～11.0%，在 2008 年、2010 年、2012 年、2013 年和 2014 年土壤含水量差异达到显著水平。在 10～20 cm 土层，除 2010 年外，ST 处理较其他处理土壤含水量提高 6.1%～22.0%，在 2008 年、2010 年、2013 年和 2014 年土壤含水量差异达到显著水平。综上分析，ST 处理播种前土壤含水量明显优于翻耕和传统耕作，其主要原因：一是 ST 处理减少了土壤扰动和土壤水分蒸发；二是玉米拔节期行间宽幅深松打破犁底层，增加了降雨入渗，扩增了深层土壤水库，同时“苗带紧行间松”耕层构造兼具蓄水和提墒功能。

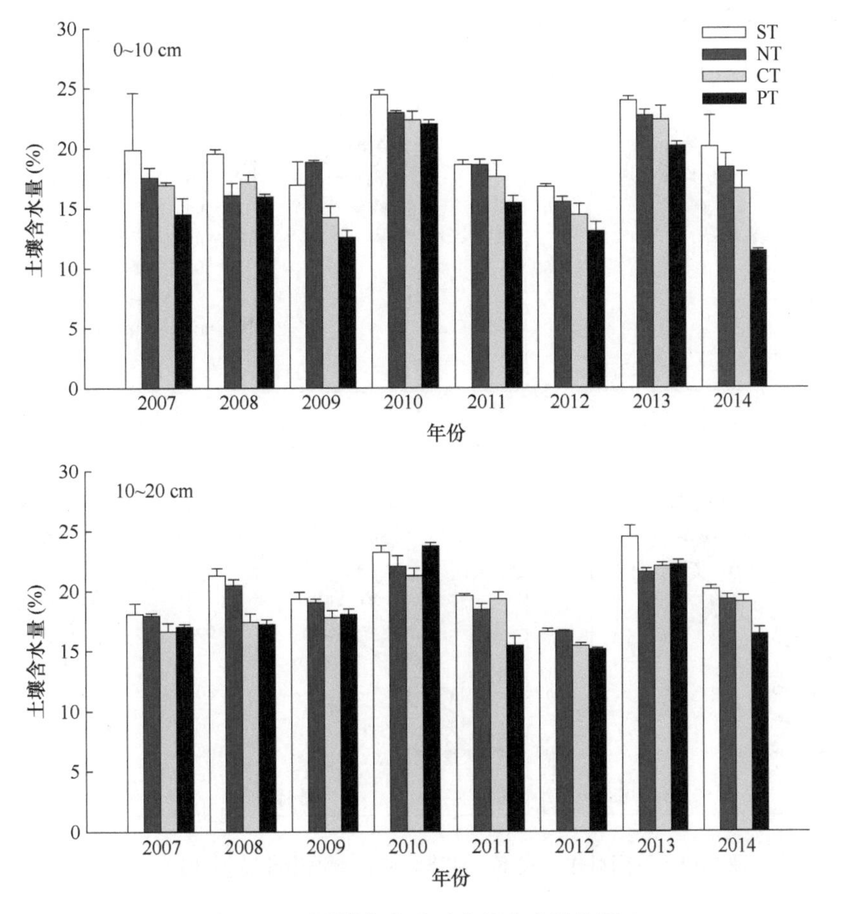

图 2-11　不同耕作方式对土壤含水量的影响

（二）土壤含水量的剖面变化特征

由图 2-12 可见，播种前（4 月 22 日），各处理 0～50 cm 土层土壤含水量随土层深

度增加呈增加趋势，并且 ST 处理明显高于其他处理，50 cm 以下各处理土壤含水量均随土层深度增加而迅速减少，且各处理间差异不显著；苗期（6 月 7 日），各处理土壤含水量剖面变化规律与播种前基本一致；抽雄期（7 月 21 日），0～40 cm 土层 NT、ST 和 PT 处理土壤含水量随土层深度增加呈先降低后增加的变化趋势，CT 处理土壤含水量随土层深度增加呈先增加后降低再增加的变化趋势，40 cm 以下土壤含水量呈下降趋势；乳熟期（8 月 10 日），0～40 cm 土层 ST、CT 和 PT 处理土壤含水量随土层深度增加而呈减少趋势，但 NT 处理随土层深度增加而增加，40～60 cm 土层各处理土壤含水量均随土层深度增加而呈减少趋势；成熟期（9 月 4 日），土壤含水量随土层深度增加呈先增加后降低的变化趋势，在 40～60 cm 土层达到最高值；收获后（10 月 9 日），0～50 cm 土层 ST 和 PT 处理土壤含水量随土层深度呈波动变化，且 ST 处理土壤含水量明显高于其他处理，50 cm 以下各处理土壤含水量均随土层深度增加而呈减少趋势。

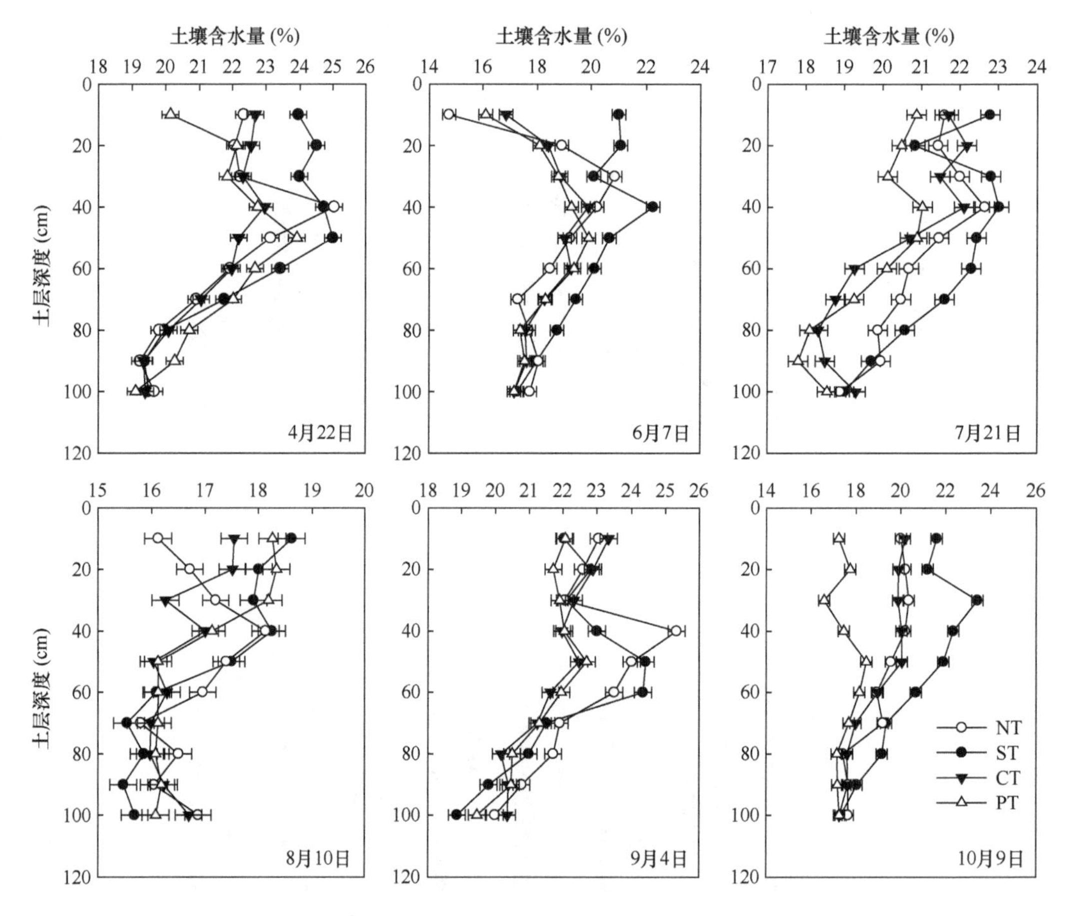

图 2-12　不同耕作方式下土壤含水量的剖面变化特征（2013 年）

（三）土壤含水量的季节性变化特征

不同耕作方式下土壤含水量的季节性变化特征如图 2-13 所示。2013 年各处理 0～100 cm 土壤含水量均值的季节性变化趋势基本一致，随季节推移呈波动性变化，4 个峰值分别出现在 4 月 22 日、6 月 7 日、7 月 6 日和 9 月 4 日；2014 年 0～100 cm 土层各处理土壤含水量均值的季节性变化趋势基本一致，两个峰值分别出现在 6 月 23 日和 7 月 24 日，且抽雄期后各处理土壤含水量随生育期的推移呈下降趋势，变化相对比较平缓，但 9 月 17 日以后土壤含水量有增加趋势。

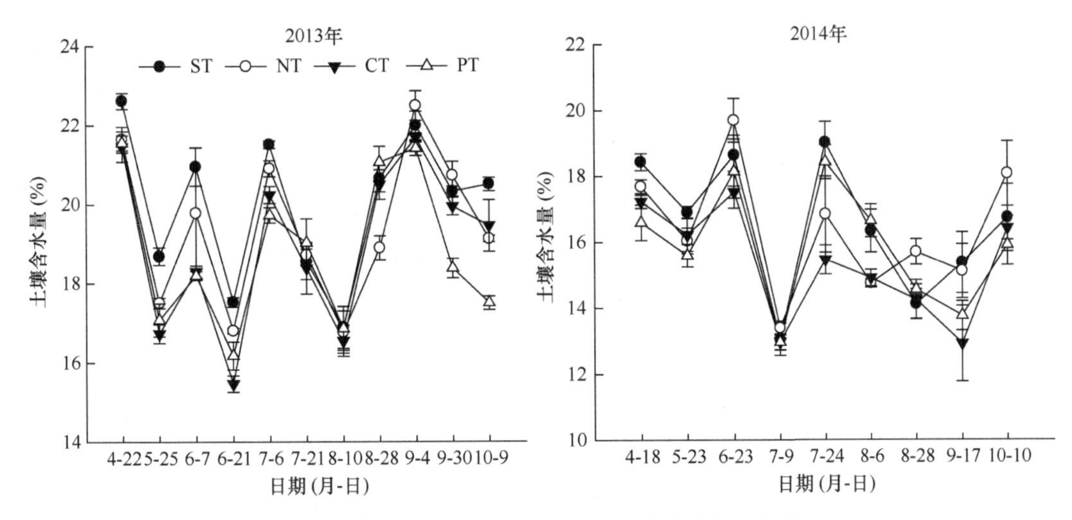

图 2-13　不同耕作方式下土壤含水量的季节性变化特征

（四）冻融作用对不同耕作方式下土壤含水量的影响

冻融对土壤含水量的影响结果表明（表 2-4），冻融作用明显降低了土壤含水量，ST 处理土壤含水量降幅为 5.28%～11.24%；NT 处理土壤含水量降幅为 0.53%～13.35%；CT 处理除 20～30 cm 土层冻融后土壤含水量有所增加外，其他土层土壤含水量均下降，下降幅度为 4.49%～33.43%；PT 处理除 30～40 cm、80～90 cm 和 90～100 cm 土层冻融后土壤含水量有所增加外，其他土层均降低，下降幅度为 0.46%～51.53%。

表 2-4　冻融前后不同耕作方式土壤含水量变化（%）

处理	时期	土层深度（cm）									
		0～10	10～20	20～30	30～40	40～50	50～60	60～70	70～80	80～90	90～100
ST	冻融前	21.59a	21.19a	23.42a	22.34a	21.89a	20.68a	19.36a	19.18a	18.05a	17.35a
	冻融后	20.10abc	20.13ab	20.14ab	20.85b	19.27bc	18.10bc	17.61c	16.42b	16.14bc	15.55a
NT	冻融前	20.00abc	20.20ab	20.37b	20.21b	19.58bc	18.95b	19.22ab	17.43ab	17.67a	17.66a
	冻融后	18.38abc	19.24b	18.72bc	20.10bc	17.85d	17.88bc	16.73cd	16.50b	15.91bc	15.58a
CT	冻融前	20.18ab	19.90ab	19.89bc	20.05b	20.06b	18.99b	18.00bc	17.62ab	17.64a	17.27a
	冻融后	16.57c	19.05bc	20.82bcd	18.86ab	18.75bc	17.09c	15.70d	13.20c	15.42c	16.87a
PT	冻融前	17.24bc	17.75c	16.60d	17.47c	18.47cd	18.17bc	17.69c	17.17b	17.20ab	17.27a
	冻融后	11.38d	16.33d	16.04cd	18.08c	17.69d	17.62bc	16.84cd	17.09b	17.27ab	17.66a

注：不同字母代表不同处理间在 5%水平差异显著。

六、玉米长期连作不同耕作方式下土壤温度的变化

土壤温度是作物生长发育的必需条件，不同耕作方式下土壤温度随季节变化表现不同（图 2-14），4 月 20 日到 5 月 20 日土壤温度相对较低但变化较稳定，5 月 20 日以后土壤温度骤增，5 月 20 日到 8 月 10 日土壤温度较高但变化不大，8 月 10 日土壤温度开始下降，且 5 cm 和 10 cm 土层土壤温度变化趋势相近，总体来看，表现为生育前期较低，然后骤然增加，生育中期土壤温度较高但变化较平缓，生育后期土壤温度开始下降。在 5 cm 土层处，各处理平均土壤温度表现为 PT＞CT＞ST＞NT，在播种前（4 月 22 日），PT、ST 和 CT 较 NT 处理土壤温度提高 2.7～6.7℃，其中以 PT 处理增温效果最好。在 10 cm 土层处，各处理平均土壤温度表现为 PT＞ST＞CT＞NT，在播种前（4 月 22 日）PT 和 ST 处理较 NT 和 CT 处理土壤温度分别提高 3.1～3.6℃和 2.0～2.5℃。

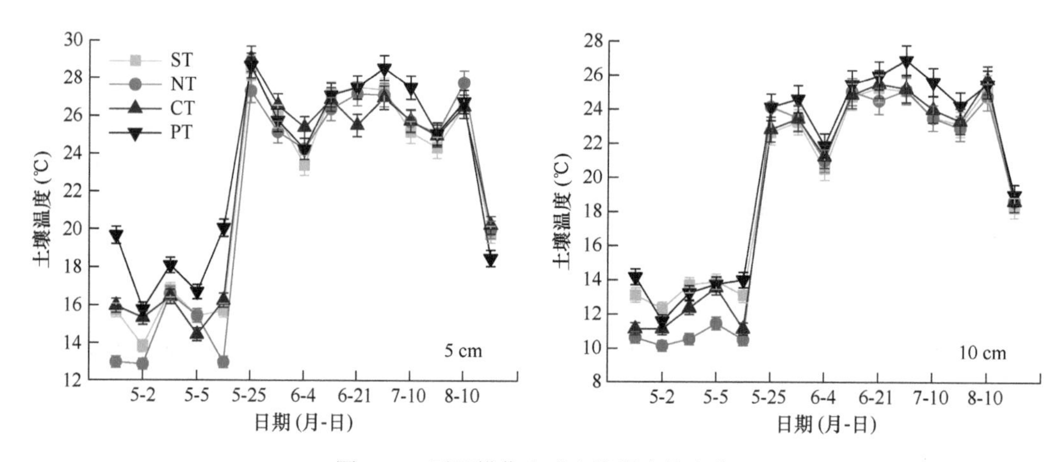

图 2-14 不同耕作方式土壤温度的变化

七、玉米长期连作不同耕作方式下土壤团聚体的变化

（一）不同耕作方式下土壤团聚体的分布特征

团聚体是维持土壤质量的物质基础，对土壤许多理化性质有着重要的影响，其数量和大小也是决定土壤侵蚀等物理过程速度和幅度的关键指标。然而，不同耕作方式对土壤团聚体的组成、数量等都有一定的影响，而且不同土层深度的团聚体特征对不同耕作方式的响应也表现不同。从不同耕作方式下土壤团聚体分布特征（表 2-5）来看，0～60 cm 不同土层团聚体含量基本随粒级的减小呈先增加后减少的变化趋势，且以 0.25mm 和 2～1 mm 粒级为主，分别占团聚体总量的 36.3%～55.4%和 15.0%～35.4%。

在 0～10 cm 土层，ST 和 NT 处理显著提高了＞2 mm 粒级、2～1 mm 粒级和 1～0.25 mm 粒级的团聚体含量，ST 和 NT 处理大团聚体含量（＞0.25 mm 粒级）显著高于 PT 和 CT 处理，增幅为 26.6%～34.3%。在 10～20 m 土层，各处理＞0.25 mm 粒级大团聚体含量（$R_{0.25}$）表现为 ST＞NT＞CT＞PT 的趋势，ST 处理高于其他处理，增幅为

表 2-5　不同耕作方式下各土层团聚体的含量（%）

土层（cm）	处理	大团聚体			小团聚体			$R_{0.25}$
		>2 mm	2～1 mm	1～0.25 mm	0.25～0.053 mm	0.053～0.002 mm	<0.002 mm	
0～10	ST	9.39±0.31a	35.09±1.93a	45.11±1.58ab	7.80±0.76b	1.50±0.13c	1.08±0.33c	89.60±0.70a
	NT	6.93±0.31b	34.72±2.13a	47.84±2.39a	7.67±0.62b	1.43±0.12c	1.38±0.24bc	89.50±0.50a
	PT	2.15±0.07c	30.60±2.22ab	37.94±2.77bc	18.23±0.25a	5.76±0.45b	5.29±0.46a	70.70±0.77b
	CT	2.28±0.18c	28.08±1.41b	36.26±3.00c	18.04±0.68a	12.21±1.63a	3.11±0.99b	66.62±1.53c
10～20	ST	9.26±1.24a	32.85±1.57a	46.97±2.62a	2.43±0.11c	2.43±0.11c	3.58±0.45a	89.10±0.67a
	NT	7.37±0.90ab	28.36±1.14ab	44.55±1.03a	3.59±0.57bc	3.59±0.57bc	3.18±1.01a	80.29±0.75b
	PT	3.67±0.18c	28.05±3.53ab	41.97±4.81a	5.40±0.13a	5.40±0.13a	4.87±1.18a	73.70±1.42c
	CT	5.46±0.46bc	24.63±0.78b	49.46±1.04a	4.40±0.55ab	4.40±0.55ab	2.95±0.56a	79.56±1.60b
20～30	ST	12.89±0.29a	30.69±2.24ab	43.54±0.61a	8.04±2.64a	4.04±1.16bc	0.77±0.40c	87.12±2.02a
	NT	6.88±0.18b	31.81±2.46a	41.62±0.64a	10.75±0.67a	5.87±0.56ab	2.70±0.54b	80.32±1.65b
	PT	9.54±1.18ab	31.50±5.92a	43.78±5.25a	9.93±1.05a	2.88±1.03c	2.34±0.24b	84.83±1.83ab
	CT	10.39±2.28ab	19.23±1.94b	42.41±0.52a	10.28±0.38a	8.20±0.37a	9.45±0.49a	72.04±0.13c
30～40	ST	9.94±0.17a	34.41±3.91a	40.39±3.22a	8.52±1.70b	4.48±1.53a	1.55±0.18a	84.75±1.02a
	NT	8.00±1.89a	32.10±4.25a	39.72±1.46a	10.66±1.24ab	6.67±2.42a	2.81±1.05a	79.83±2.29a
	PT	5.65±2.28a	29.83±2.90a	48.81±3.36a	9.39±0.42ab	4.39±1.06a	1.89±0.76a	84.30±0.96a
	CT	4.83±1.15a	21.04±11.24a	47.67±9.74a	17.99±5.24a	7.73±2.14a	0.72±0.12a	73.54±1.74b
40～50	ST	3.93±1.32a	35.41±9.74a	46.03±5.45ab	8.54±3.75a	3.94±1.37a	2.12±0.44ab	85.38±5.51a
	NT	2.01±0.58a	20.09±2.98a	58.22±5.55a	15.30±3.52a	2.04±0.57a	2.31±0.66ab	80.33±4.62a
	PT	5.32±1.48a	30.44±6.38a	43.87±3.70b	13.25±2.31a	3.31±2.44a	3.78±0.76a	79.64±3.74a
	CT	4.37±1.51a	19.67±2.27a	55.35±0.85ab	15.16±3.23a	3.70±1.25a	1.46±0.59b	79.40±3.27a
50～60	ST	2.37±1.57a	25.76±2.78a	56.27±4.77a	9.74±0.27d	2.14±0.41b	3.82±0.66a	84.75±1.40a
	NT	3.61±0.73a	15.01±0.88b	54.91±2.69a	22.06±1.08a	2.40±0.52b	1.98±0.35a	80.20±6.46a
	PT	3.09±1.08a	27.08±3.32a	44.69±4.87ab	19.30±0.41b	2.85±0.90b	2.95±0.87a	74.87±2.01ab
	CT	2.04±0.56a	27.76±1.42a	38.00±1.39b	16.97±0.26c	11.99±0.72a	3.2±0.48a	67.81±0.88b

注：$R_{0.25}$ 指土壤中>0.25 mm 的团聚体含量。同一土层深度同列后不同字母表示差异达显著水平（$P<0.05$）。

11.0%～20.9%。在 20～30 cm 土层，ST 处理>2 mm 粒级团聚体含量高于其他处理，增幅为 24.1%～87.4%；NT 较 CT 处理 2～1 mm 粒级团聚体含量提高 65.4%，各处理>0.25 mm 粒级团聚体含量（$R_{0.25}$）表现为 ST>PT>NT>CT 的趋势，ST 高于 NT 和 CT 处理，其增幅为 8.5%～20.9%。在 30～40 cm 土层，ST、NT 和 PT 处理>0.25 mm 粒级团聚体含量（$R_{0.25}$）高于 CT 处理。在 40～50 cm 土层，各处理>0.25 mm 粒级团聚体含量（$R_{0.25}$）差异不显著。在 50～60 cm 土层，各处理>0.25 mm 粒级团聚体含量（$R_{0.25}$）表现为 ST>NT>PT>CT 的趋势，其中 ST 和 NT 处理>0.25 mm 粒级团聚体含量（$R_{0.25}$）显著高于 CT 处理。

（二）不同耕作方式对土壤水稳性团聚体结构稳定性的影响

团聚体的大小分布状况与土壤质量关系密切，土壤团聚体平均重量直径（MWD）

和几何平均直径（GMD）是反映土壤团聚体稳定性的重要指标（周虎等，2007）。对不同耕作方式下土壤水稳性团聚体结构稳定性的研究表明（表 2-6），不同处理 GMD 随土层变化表现不同，ST 和 NT 处理 GMD 随土层深度增加而呈减小趋势，而 PT 和 CT 处理 GMD 随土层深度增加呈先增加后减小的变化趋势。各处理 MWD 随土层变化差异不明显，ST 和 NT 处理上层优于下层，而 PT 和 CT 处理变化趋势相反。在 0～10 cm 和 10～20 cm 土层，ST 处理 GMD 显著高于其他处理。从 0～60 cm 平均值来看，各处理间 GMD 表现为 ST＞NT＞PT＞CT，ST 处理明显高于其他处理，增幅为 16.2%～30.7%。不同处理间 MWD 差异与 GMD 相似。

不稳定团聚体指数（E_{LT}）也是表征土壤团聚体稳定性的重要指标，其值越低团聚体结构越稳定。不同处理 E_{LT} 值随土层深度变化表现不同，ST 和 NT 处理 E_{LT} 值随土层深度增加呈增加趋势，而 PT 和 CT 处理 E_{LT} 值随土层深度增加呈先减小后增加的变化趋势。在 0～10 cm 土层，各处理间表现趋势为 CT＞PT＞NT＞ST，在 20～30 cm、30～40 cm 和 50～60 cm 土层，各处理间表现趋势为 CT＞NT＞PT＞ST。从 0～60 cm 土层 E_{LT} 平均值来看，ST 处理 E_{LT} 值显著低于其他处理，降幅为 31.7%～50.8%。

表 2-6　不同耕作方式下土壤水稳性团聚体的结构稳定性

参数	处理	土层深度						平均值
		0～10 cm	10～20 cm	20～30 cm	30～40 cm	40～50 cm	50～60 cm	
GMD（mm）	ST	1.24±0.02a	1.21±0.06a	1.32±0.01a	1.23±0.03a	1.00±0.07a	0.85±0.06a	1.15±0.07a
	NT	1.14±0.01b	1.05±0.03b	1.06±0.02b	1.10±0.07a	0.77±0.05b	0.79±0.06a	0.99±0.07ab
	PT	0.82±0.02c	0.87±0.02c	1.19±0.10ab	1.02±0.07ab	0.99±0.01a	0.85±0.03a	0.96±0.06b
	CT	0.78±0.02c	0.94±0.02bc	1.03±0.07b	0.86±0.09b	0.86±0.07ab	0.77±0.02a	0.87±0.04b
MWD（mm）	ST	0.95±0.03a	0.75±0.02a	0.93±0.04a	0.86±0.08a	0.75±0.08a	0.63±0.00b	0.82±0.05a
	NT	0.89±0.02a	0.73±0.05a	0.71±0.04b	0.71±0.09a	0.69±0.02a	0.68±0.02ab	0.74±0.03a
	PT	0.56±0.01b	0.58±0.02b	0.83±0.07ab	0.74±0.03a	0.69±0.02a	0.71±0.03a	0.69±0.04ab
	CT	0.52±0.05b	0.67±0.03ab	0.40±0.02c	0.70±0.07a	0.72±0.01a	0.51±0.02c	0.59±0.05b
E_{LT}	ST	10.40±0.71c	10.89±0.37c	12.86±2.01c	14.67±0.56c	14.62±5.51a	15.65±1.21c	13.18±0.88c
	NT	10.49±0.50c	19.70±0.75b	19.40±1.65b	20.15±0.45b	19.66±4.62a	26.45±1.26b	19.31±2.08b
	PT	29.29±0.77b	26.29±1.42a	15.16±1.83bc	15.68±0.96c	20.35±3.74a	25.11±2.01b	21.98±2.39ab
	CT	33.37±1.53a	20.43±1.61b	27.95±0.13a	26.44±1.74a	20.39±3.09a	32.18±0.88a	26.79±2.28a

注：相同参数同一列后不同字母表示差异达到显著水平（P＜0.05）（LSD）。

（三）不同耕作方式对团聚体分形维数的影响

土壤团聚体分形维数（D）与团聚体大小分布及稳定性相关，是描述土壤结构几何形体的重要参数，一般认为黏粒含量越高，土壤质地越细，分形维数越高；团粒结构越好、结构越稳定，则分形维数越小。由图 2-15 可见，不同耕作方式下团聚体分形维数随土层深度的增加而表现不同，ST 处理 D 值随土层深度增加呈先增加后降低再增加的变化趋势，NT 处理 D 值随土层深度增加呈线性增加的变化趋势，PT 处理 D 值随土层深度增加呈先降低后增加的变化趋势，而 CT 处理 *D* 值随土壤深度增加呈先降低后增加再降低再增加的变化趋势。在 0～10 cm 土层，ST 和 NT 处理 *D* 值显著低于 PT 和 CT 处理，其降幅为 9.9%～13.6%；在 10～20 cm 土层，各处理间差异不显著；在 20～30 cm 土层，ST 处理 *D* 值分别较 PT 和 CT 处理降低了 7.2%和 15.9%，NT 处理 *D* 值较 CT 处理降低了 5.4%；在 30～40 cm 和 40～50 cm 土层，各处理间差异不显著；在 50～60 cm 土层，CT 处理 *D* 值显著高于 NT 处理。

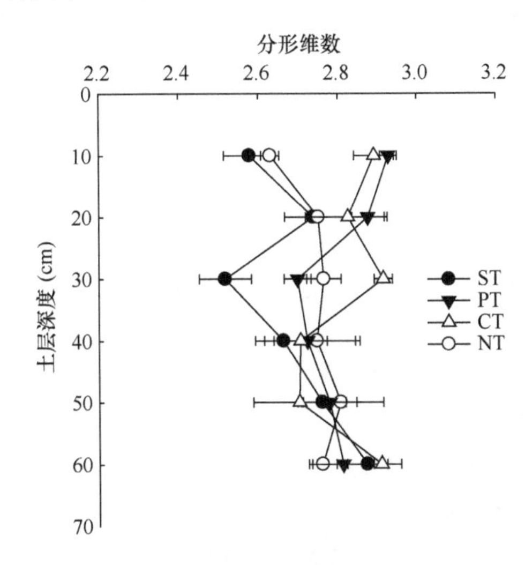

图 2-15　不同耕作方式对土壤团聚体分形维数的影响

第二节　黑土地玉米长期连作土壤化学性状变化

土壤肥力是维持粮食生产和安全的关键前提，也是土壤质量最直接、最核心、最重要的组成因子，土壤肥力极容易发生变化，也具有极大的可改良性。培肥土壤是农业生产中用于维持和提高土壤肥力的重要措施之一。通过合理施肥，不仅能满足作物生长对养分的需求，也能改善土壤结构和理化性状，协调土壤水、肥、气、热等，从而提高土壤肥力，增加作物产量和改善农产品品质。因此，对黑土土壤肥力长期监测与保护利用是保障我国粮食供应与食品安全的重要手段。

黑土土壤肥力演变是黑土资源监测的主要内容之一，也是土壤学研究关注的热点问题之一。国际上关于土壤肥力的监测最早始于 19 世纪中叶，如 1843 年英国 Rothamsted 试验站、1876 年美国伊利诺伊州立大学 Morrow 试验站对土壤肥力的演变规律进行了长达 100 多年的定位监测研究，这些研究对欧洲、美洲乃至全世界农业的发展都起到了积极的推动作用。与国际长期定位试验研究相比，我国土壤肥力演变监测工作开展较晚，吉林省农业科学院于 20 世纪 70 年代末在吉林省中部重点产粮区（公主岭市）的黑土上建立了“国家黑土土壤肥力与肥料效益监测基地”，在该基地开展了黑土资源的保护和利用研究工作，主要包括长期施肥对黑土土壤肥力演变特征、肥料效益及生态环境的影响，并建立了作物生产力演变特征预测模型，明确了高产土壤培肥机理及关键技术。

一、黑土长期定位试验概况

国家黑土土壤肥力与肥料效益监测基地位于吉林省公主岭市吉林省农业科学院试验地内（北纬 43°30′23″，东经 124°48′33.9″），试验地地势平坦，海拔 220 m，年平均气温 4～5℃，年最高气温 34℃，年最低气温-35℃，无霜期 110～140 d，有效积温 2600～3000℃，年降水量 450～650 mm，年蒸发量 1200～1600 mm，年日照时数 2500～2700 h。土壤为中层典型黑土，成土母质为第四纪黄土状沉积物。土壤剖面形态基本特征如下（徐明岗等，2015）。

Aa：0～20 cm，耕作层，暗灰色，壤质黏土，粒状、团粒状结构，多根，湿润，疏松多孔，有铁锰结核。

A：21～40 cm，灰色，壤质黏土，小团块状、团粒结构，较湿，疏松，多铁锰结核。

AB：41～64 cm，灰棕色，粉砂质壤土，小团块结构，根系较少，潮湿，较紧实，多铁锰结核。

B：65～89 cm，黄棕色，黏壤土，块状结构，少量根系，湿，较紧实，有洞穴和铁锰结核。

BC：90～150 cm，暗棕色，黏壤土，棱块状结构，极少量根系，湿，紧实，有锈斑、SiO_2胶膜，通层无盐酸反应。

试验地原始土壤剖面理化性状见表 2-7～表 2-9。

表 2-7　剖面土壤的颗粒组成

发生层次	深度（cm）	各粒径土壤颗粒含量（%）				质地
		2.0～0.2 mm	0.2～0.02 mm	0.02～0.002 mm	<0.002 mm	
Aa	0～20	5.50	32.81	29.87	31.05	壤质黏土
A	21～40	2.91	33.09	37.18	27.15	壤质黏土
AB	41～64	2.75	37.76	45.32	13.00	粉砂质壤土
B	65～89	1.46	38.90	44.18	14.68	黏壤土
BC	90～150	1.41	38.93	44.21	14.45	黏壤土

表 2-8　剖面土壤的物理性状

发生层次	深度（cm）	容重（g/cm^3）	孔隙组成（%）		
			总孔隙度	田间持水孔隙	通气孔隙
Aa	0～20	1.19	53.39	35.83	18.08
A	21～40	1.27	51.23	38.47	12.76
AB	41～64	1.33	49.83	42.08	7.25
B	65～89	1.35	46.53	34.04	12.49
BC	90～150	1.39	45.02	39.30	5.72

表 2-9　剖面土壤的化学性质

发生层次	深度（cm）	有机质（g/kg）	全氮（g/kg）	全磷（g/kg）	全钾（g/kg）	碱解氮（mg/kg）	有效磷（mg/kg）	速效钾（mg/kg）	pH
Aa	0～20	22.8	1.40	0.61	22.1	114	27.0	190	7.6
A	21～40	15.2	1.30	0.59	22.3	98	15.5	181	7.5
AB	41～64	7.1	0.57	0.44	22.0	41	7.2	185	7.5
B	65～89	6.8	0.50	0.43	22.1	39	4.2	189	7.6
BC	90～150	6.3	0.38	0.40	22.2	37	4.1	187	7.6

黑土肥力与肥效试验始于 1990 年，试验共设 12 个处理：①Fallow（休闲、不种植、不耕作）；②CK（不施肥）；③N（氮）；④NP（氮磷）；⑤NK（氮钾）；⑥PK（磷钾）；⑦NPK（氮磷钾）；⑧M1+NPK（M1 为有机肥，即猪粪）；⑨1.5（M1+NPK）；⑩S+NPK（S 为玉米秸秆）；⑪M1+NPK（R）（R 为玉米—大豆轮作，2 年玉米，1 年大豆）；⑫M2+NPK（M2 为有机肥，即猪粪，施用量与 M1 不同）。试验不设重复，田间小区随机排列，小区面积 400 m^2，区间由 2 m 宽过道相连。有机肥每年 11 月施入，并以旋耕形式与土壤混匀。1/3 氮肥和磷、钾肥作底肥于春耕时期施入，其余 2/3 氮肥于拔节前追施在表土下 10 cm 处，秸秆在拔节追肥后撒施土壤表面。氮肥品种为尿素（含 N 46%），磷肥为重过磷酸钙（无 N 区施用，含 P_2O_5 46%）和磷酸二铵（N、P 复合区施用，含 P_2O_5 46%、N 18%）。有机肥（猪粪）的养分含量为 N 0.5%、P_2O_5 0.4%、K_2O 0.49%，玉米秸秆的养分含量为 N 0.7%、P_2O_5 0.16%、K_2O 0.75%。具体施肥量见表 2-10。

表 2-10　不同处理化肥及有机肥施用量

处理	N（kg/hm^2）	P_2O_5（kg/hm^2）	K_2O（kg/hm^2）	有机肥（t/hm^2）
Fallow	—	—	—	—
CK	—	—	—	—
N	165	—	—	—
NP	165	82.5	—	—
NK	165	0	82.5	—
PK	—	82.5	82.5	—
NPK	165	82.5	82.5	—
M1+NPK	50	82.5	82.5	23
1.5（M1+NPK）	75	123.7	123.7	34.6
S+NPK	112	82.5	82.5	7.5
M1+NPK（R）	50	82.5	82.5	23
M2+NPK	165	82.5	82.5	30

注：M1 和 M2 为有机肥（猪粪），S 为玉米秸秆，R 为轮作，“—”代表无该种肥料/物质投入。

供试作物为玉米和大豆，除处理⑪为玉米—大豆 2∶1（2 年玉米，1 年大豆）轮作外，其余处理为玉米连作，一年一季。玉米品种 1990～1993 年为‘丹育 13’，1994～1996 年为‘吉单 222’，1997～2005 年为‘吉单 209’，2006～2013 年为‘郑单 958’，大豆品种 1990～1998 年为‘长农 4 号’，1999～2013 年为‘吉林 20 号’；于 4 月末播种，9 月末收获，按常规进行统一田间管理，10 月采集土壤样品，将小区划分为 3 个取样段，植株样本主要分根、茎叶和籽实 3 部分取样，分别各取 3 株；土壤样品采用“S”形布点取 5～7 点，分层（0～20 cm、21～40 cm）取样，充分混匀后用四分法缩分至 1 kg 左右，风干后进行分析测定和保存。

测定项目与方法如下。采用重铬酸钾法测定土壤有机质含量，采用 $KMnO_4$ 常温氧化-比色法测定活性有机质含量，采用重铬酸钾-硫酸消化法测定全氮含量，采用硫酸-高氯酸-钼锑抗比色法测定全磷含量，采用氢氧化钠碱熔火焰光度法测定全钾含量，采用扩散法测定碱解氮含量，采用碳酸氢钠法测定有效磷含量，采用火焰光度法测定速效钾含量，采用电位法测定土壤 pH。

二、长期不同施肥模式下黑土有机质、氮、磷、钾和 pH 的演变规律

（一）长期不同施肥模式下黑土有机质的演变规律

土壤有机质的含量是衡量农田土壤潜在肥力的主要指标之一，在土壤碳、氮循环及养分固持方面发挥重要作用。根据长期定位试验结果（图 2-16），与 1989 年（22.8 g/kg）相比，长期休耕（Fallow）处理土壤有机质含量上升最为显著，提高了 67.1%，2021 年土壤有机质含量达到 38.1 g/kg。主要是由于休耕处理下，地表在自然演替过程中生长出杂草、树木，枯枝落叶生物量较大，年际有机物质还田量较高，因此导致土壤有机质呈现出显著上升的趋势。与休耕处理相比，施化肥处理土壤有机质提高程度较低，主要是由于种植玉米，地上部玉米秸秆在收获期未还田，仅将地下部根茬还田，年际有机物质还田量有限，因此，土壤有机质提升缓慢。

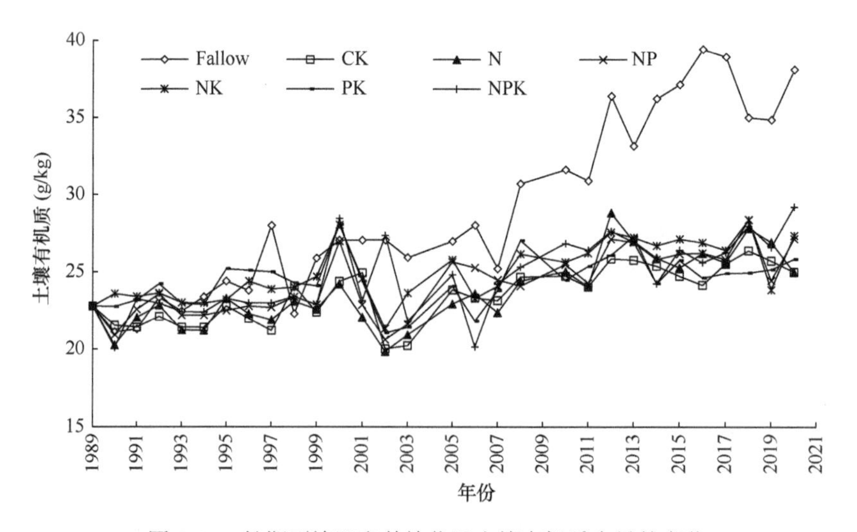

图 2-16 长期不施肥和单施化肥土壤有机质含量的变化

长期不施肥和单施化肥处理土壤有机质含量具有一定的差异性（图 2-16）。与初始土壤（1989 年）相比，2021 年 NPK 处理土壤有机质提升程度最高，达到 28.1%；CK

处理有机质提升最低，为 9.6%。土壤有机质提升与作物产量息息相关，NPK 处理作物产量较高，因此每年根茬还田量较高，有机质提升程度也相应较高。而 CK 处理，无化肥施入，作物产量较低，每年根茬还田量较低，土壤有机质提升程度较低。

为了更有效地提高土壤有机质含量，有机肥配施化肥成为提高土壤有机质含量的重要措施。长期有机无机肥配施试验结果表明（图 2-17），与单独施用化肥相比，有机物料投入可以显著提高土壤有机质含量，其中有机肥与 NPK 配施[1.5（M1+NPK）、M2+NPK、M1+NPK]对土壤有机质的提升效果最为显著，与单施化肥（NPK）处理相比，土壤有机质分别提高 80.8%、78.5%和 58.8%，秸秆还田处理同样提高了土壤有机质含量，但提升程度低于有机肥处理，提升幅度仅为 10.8%。总之，有机无机肥配合施用是有效增加土壤有机质的重要措施。

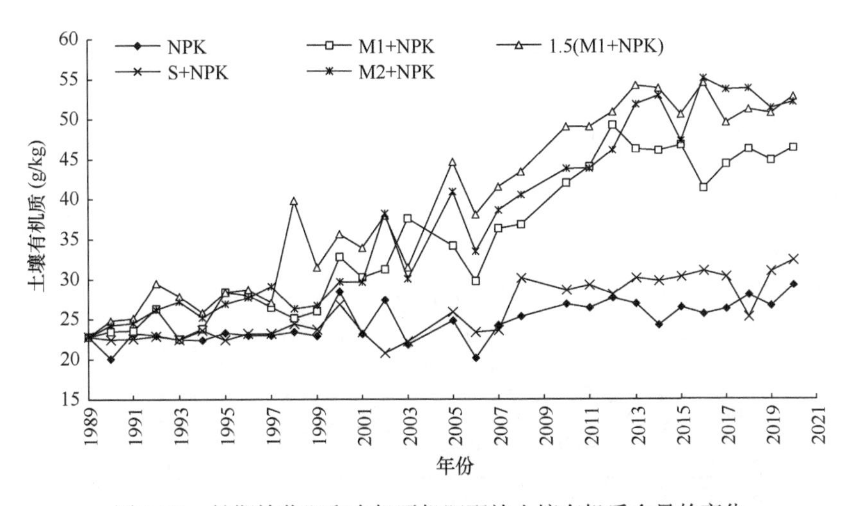

图 2-17　长期施化肥和有机无机肥配施土壤有机质含量的变化

（二）长期不同施肥模式下黑土氮的演变规律

1. 黑土全氮含量的变化

土壤全氮包括所有形式的有机和无机氮素，综合反映了土壤的氮素供应状况。单施化肥和不施肥处理，30 年间耕层土壤（0～20 cm）全氮呈缓慢下降趋势，各处理土壤全氮平均含量（1989～2018 年）为 1.26～1.34 g/kg，与初始值 1.4 g/kg 相比，有所下降，但总体下降不明显（图 2-18）。

有机无机肥配施处理的土壤全氮表现为上升趋势（图 2-19），尤其在后 10 年土壤全氮增加较多。有机无机肥配施处理的土壤全氮平均含量（1989～2018 年）为 1.85～2.11 g/kg，其中高量有机肥配施处理 M2+NPK 增加幅度最大，土壤全氮由 1989 年的 1.40 g/kg 增加到 2.78 g/kg（2016～2018 年三年均值）。秸秆还田处理（S＋NPK）的土壤全氮含量基本稳定。土壤全氮平均含量（1989～2018 年）的大小顺序为 M2+NPK＞1.5（M1+NPK）＞M1+NPK＞Fallow＞S+NPK＞NPK、NP、NK＞PK、N、CK。表明有机无机肥配施土壤全氮平均含量高于单施化肥，施用有机肥可提高和维持土壤氮素供应水平。

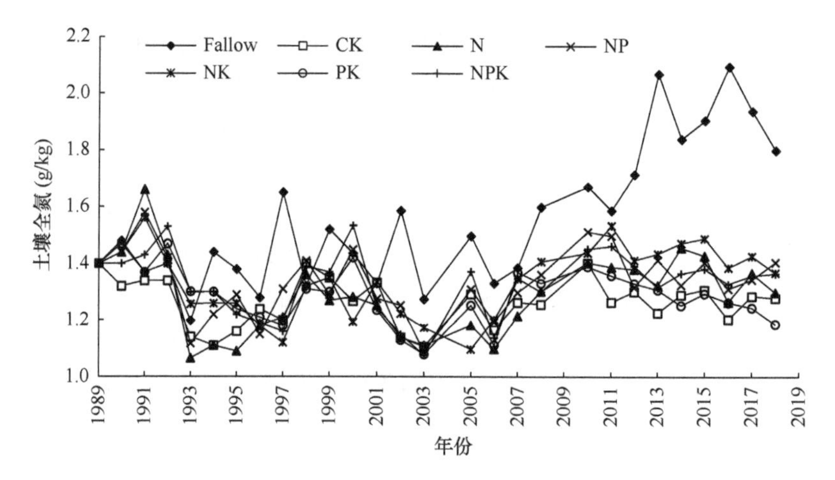

图 2-18 长期不施肥和单施化肥土壤全氮的变化趋势

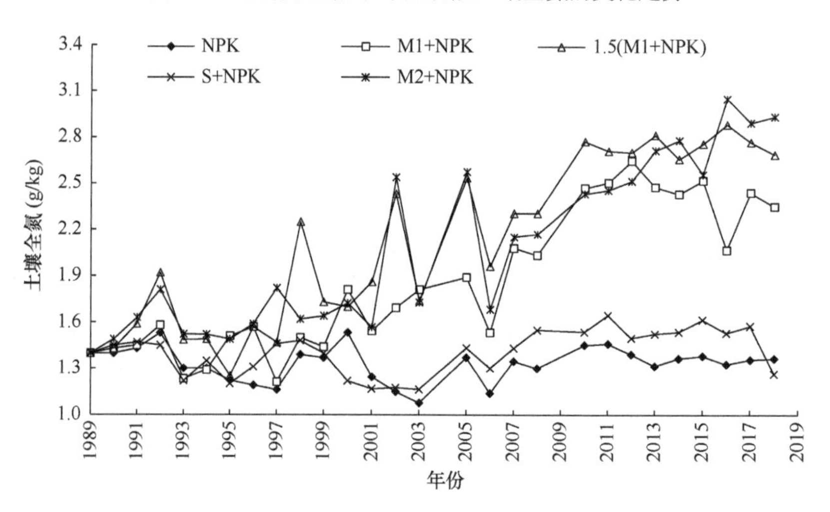

图 2-19 长期施化肥和有机无机肥配施土壤全氮的变化趋势

2. 黑土碱解氮含量的变化

土壤碱解氮主要来源于土壤有机质的矿化和施入的氮肥。连续施肥 23 年后，不同处理耕层（0～20 cm）土壤碱解氮差异明显（图 2-20）。总体来看，不施肥（CK）、单施化肥处理的土壤碱解氮含量均呈下降趋势，其中 PK 和 NPK 处理土壤碱解氮（2012 年）比初始值（1990～1991 年平均值）分别下降了 19.4%和 9.8%。

有机无机肥配施土壤碱解氮含量呈上升趋势，从图 2-21 可以看出，有机无机肥配施处理土壤碱解氮（2012 年）比初始值增加 18.53%～45.55%，其中 1.5（M1+NPK）和 M2+NPK 处理土壤碱解氮增加较多，在 2012 年分别达到 182.3 mg/kg 和 185.5 mg/kg。秸秆还田处理（S＋NPK）土壤碱解氮（2012 年）比初始值下降了 14.9%，下降到 103.9 mg/kg。土壤碱解氮平均含量（1990～2012 年）的大小顺序为 1.5（M1+NPK）＞M2+NPK、M1+NPK＞NPK、NP、NK＞N、PK、S+NPK、Fallow、CK。表明有机肥（粪肥）对提高土壤碱解氮的作用好于秸秆还田和单施化肥。

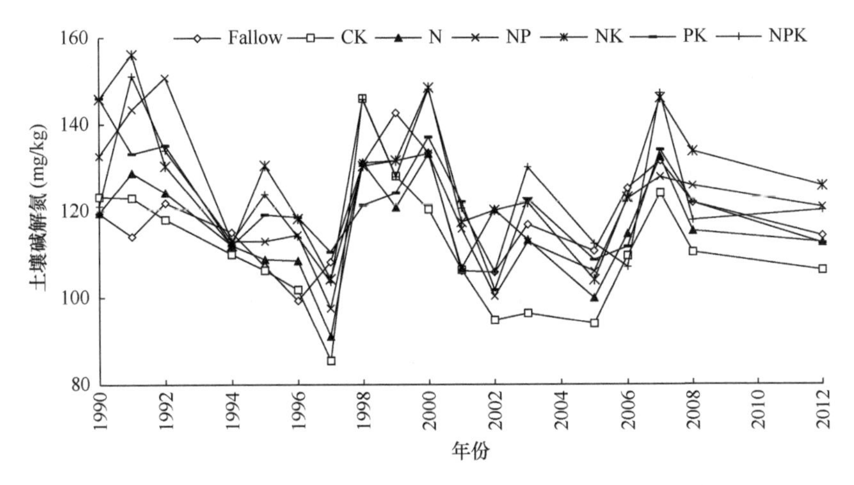

图 2-20　长期不施肥和单施化肥土壤碱解氮的变化趋势

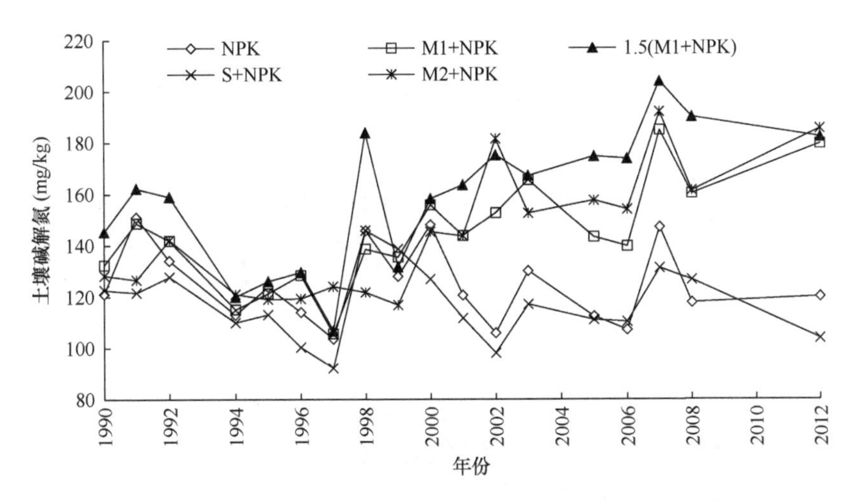

图 2-21　长期施化肥和有机无机肥配施土壤碱解氮的变化趋势

（三）长期不同施肥模式下黑土磷的演变规律

1. 黑土全磷含量的变化

从 0～20 cm 土层土壤全磷的变化（图 2-22）可以看出，CK、N 和 NK 处理土壤全磷含量呈平缓下降趋势，后 3 年（2005～2007 年平均值）与 1989 年的初始值比较分别下降了 7.6%、13.7%和 15.6%；PK 和 NP 处理全磷含量没有下降，后几年还有所提高，后 3 年（2005～2007 年平均值）与初始值比较提高了 10%左右，原因可能是植株带走的磷（由于产量低）少于施入的化肥磷；Fallow 处理土壤全磷含量总体变化很小。各处理的土壤全磷平均含量（1989～2007 年）为 PK＞NP＞Fallow＞CK＞NK＞N。

长期有机无机肥配施处理的土壤全磷含量呈上升趋势（图 2-23），尤其是 1999 年以后土壤全磷富集现象非常明显。其中 1.5（M1+NPK）和 M2+NPK 处理的土壤全磷含量（2005～2007 年三年均值）分别达到 1.727 g/kg 和 1.693 g/kg，分别比试验初始值增加了 185%、179%。S+NPK 处理土壤全磷含量也呈缓慢增加趋势，比试验初始值增加了 18.9%。

NPK 处理的土壤全磷含量总体上略有下降，但不明显。表明有机无机肥配施土壤全磷含量明显高于单施化肥的 NPK 处理，全磷的增加幅度远超过氮和钾等养分。

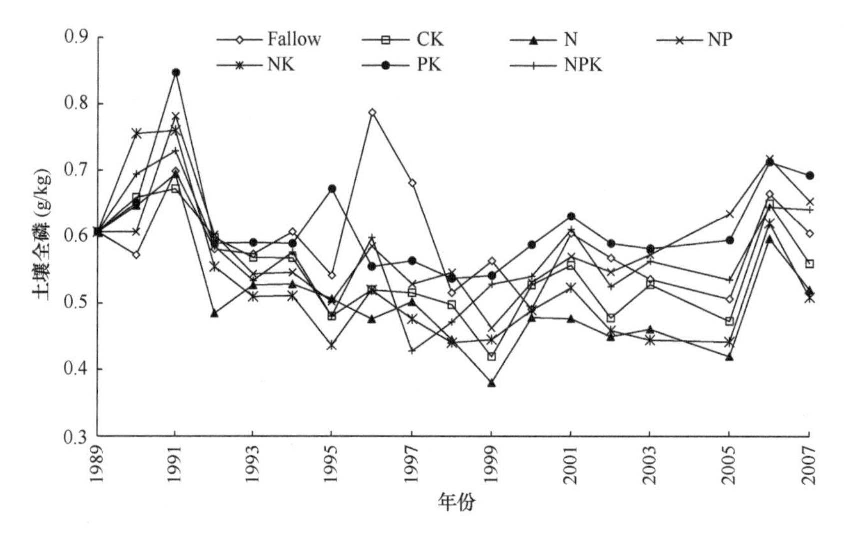

图 2-22　长期不施肥和单施化肥土壤全磷含量的变化

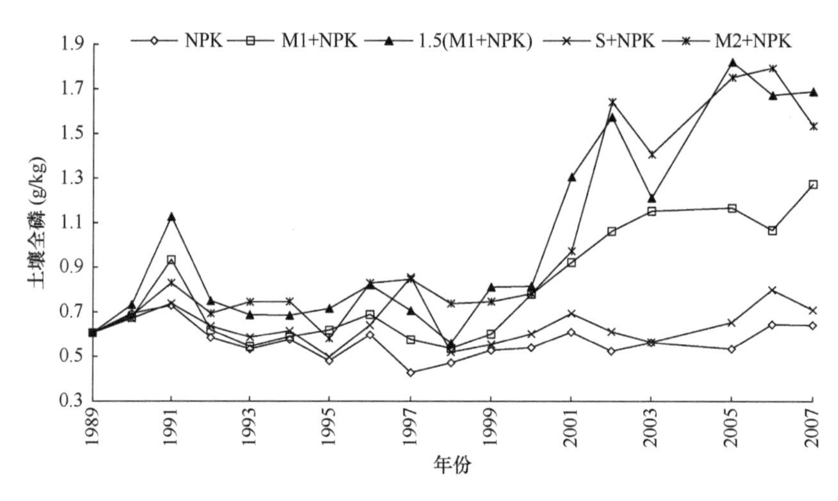

图 2-23　长期施化肥和有机无机肥配施土壤全磷含量的变化

2. 黑土有效磷含量的变化

长期不施肥和单施化肥土壤有效磷的变化趋势与土壤全磷基本一致（图 2-24），但变化幅度较大。PK、NP 和 NPK 处理土壤有效磷含量增加明显，土壤有效磷富集现象较为突出，由试验初始的 11.8 mg/kg 分别增加到 47.9 mg/kg、52.4 mg/kg 和 54.7 mg/kg（2018～2020 年平均值），增加了 4 倍多。CK、N 和 NK 三个处理的土壤有效磷含量均呈下降趋势，下降幅度为 2.69～5.91 mg/kg。表明当前的施磷水平既可提高黑土的有效磷含量，同时也能够满足作物生长的需求。

长期有机无机肥配施处理的土壤有效磷变化趋势与全磷基本一致，但变化幅度较大（图 2-25）。S+NPK 处理土壤有效磷含量呈缓慢上升趋势，由试验初的 11.8 mg/kg 增加到 44.6 mg/kg（2008～2012 年平均值）。有机无机肥配施各处理土壤有效磷含量增加非常显著，其中 1.5（M1+NPK）、M2+NPK 处理（2018～2020 年平均值）比试验初始值分别增加了 185.4 mg/kg、174.4 mg/kg，表明有机无机肥配施是提高土壤有效磷含量的最有效的措施。

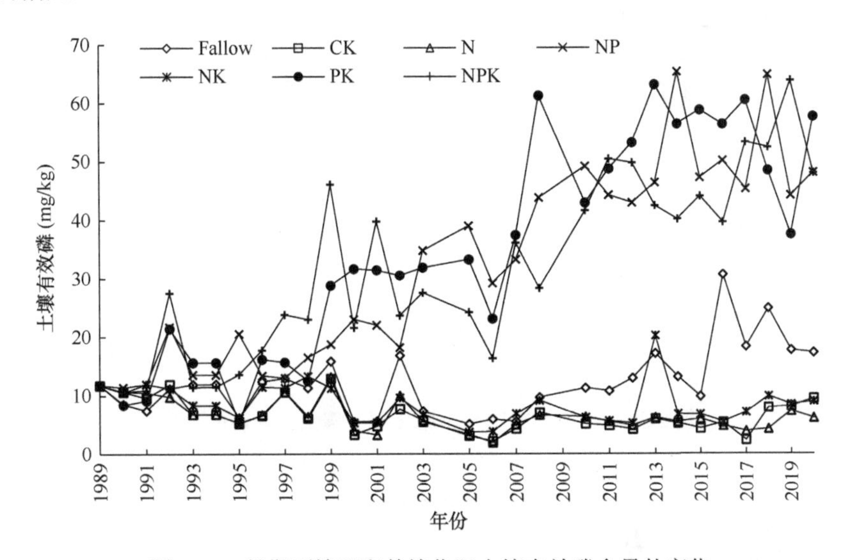

图 2-24　长期不施肥和单施化肥土壤有效磷含量的变化

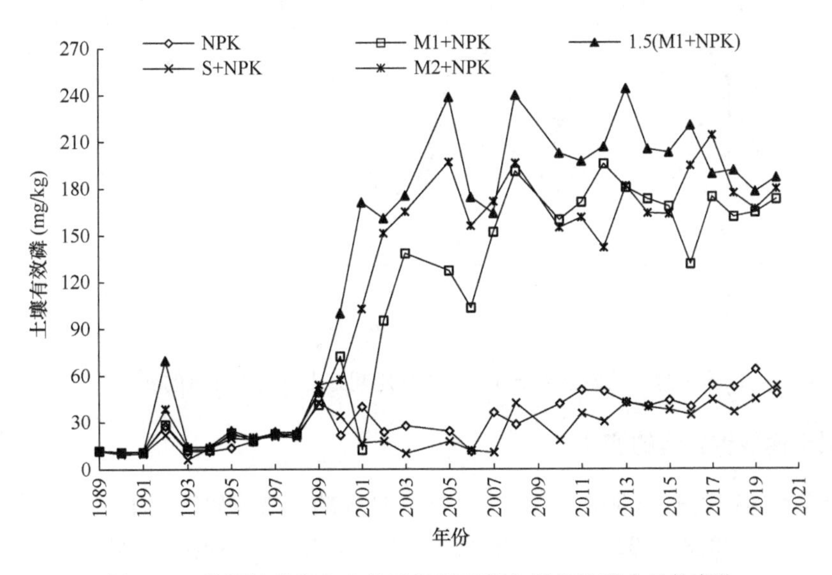

图 2-25　长期施化肥和有机无机肥配施土壤有效磷含量的变化

（四）长期不同施肥模式下黑土钾的演变规律

1. 黑土全钾含量的变化

从图 2-26 和图 2-27 可以看出，单施化肥和有机无机肥配施处理的土壤全钾变化趋势基本一致。各处理土壤全钾平均含量（1989～2009 年）都在 19.0 g/kg 左右，各处理间没有明显差异。表明无论施钾肥还是有机肥，对黑土全钾含量的影响都不明显，这与张会民等（2009）的研究结果一致。

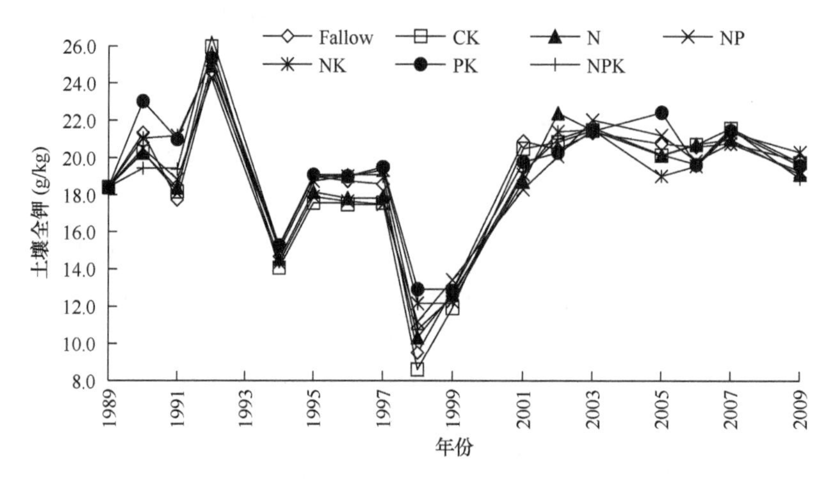

图 2-26　长期不施肥和单施化肥土壤全钾含量的变化

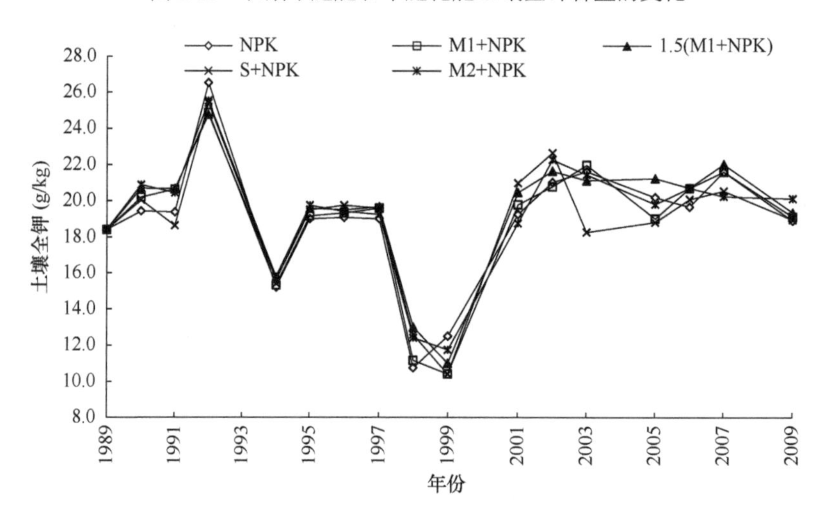

图 2-27　长期施化肥和有机无机肥配施土壤全钾含量的变化

2. 黑土速效钾含量的变化

在长期不施钾肥的处理中，CK、N 和 NP 处理的土壤速效钾含量均呈下降趋势（图 2-28），后 3 年（2018～2020 年）土壤速效钾平均含量比前 3 年（1989～1991 年）平均含量分别降低了 17.1 mg/kg、10.1 mg/kg 和 20.1 mg/kg。在施钾肥的处理中，NK 处理土壤速效钾含量略有提高；PK 处理显著提高，后 3 年（2018～2020 年）土壤速效钾平均含量比前 3 年（1989～1991 年）增加了 38.6 mg/kg，这或许是 PK 处理的作物产量下降的原因；单施化肥 NPK 处理土壤速效钾含量波动不大，保持原有水平。Fallow 处理土壤速效钾含量呈增加趋势，后 3 年比前 3 年平均含量增加了 104.6 mg/kg。

由图 2-29 可以看出，经过 31 年的培肥，S+NPK 处理土壤速效钾含量比 NPK 处理提高 34.6 mg/kg。有机无机肥配施处理土壤速效钾含量增加显著，其中 1.5（M1+NPK）

和 M2+NPK 处理后 3 年（2018～2020 年）土壤速效钾平均含量比前 3 年平均含量（1989～1991 年）分别增加了 203.4 mg/kg 和 192.4 mg/kg。表明有机无机肥配施是提高黑土速效钾含量最有效的途径。

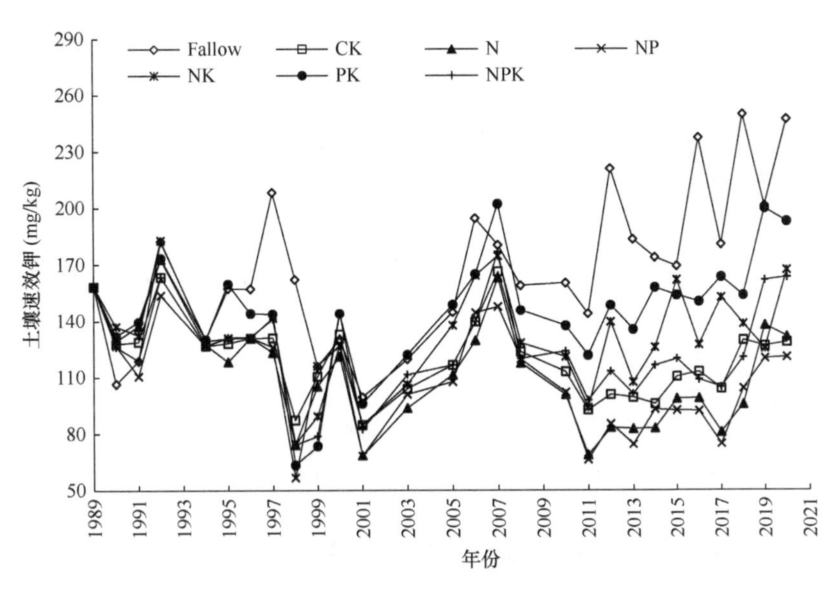

图 2-28　长期不施肥和单施化肥土壤速效钾含量的变化

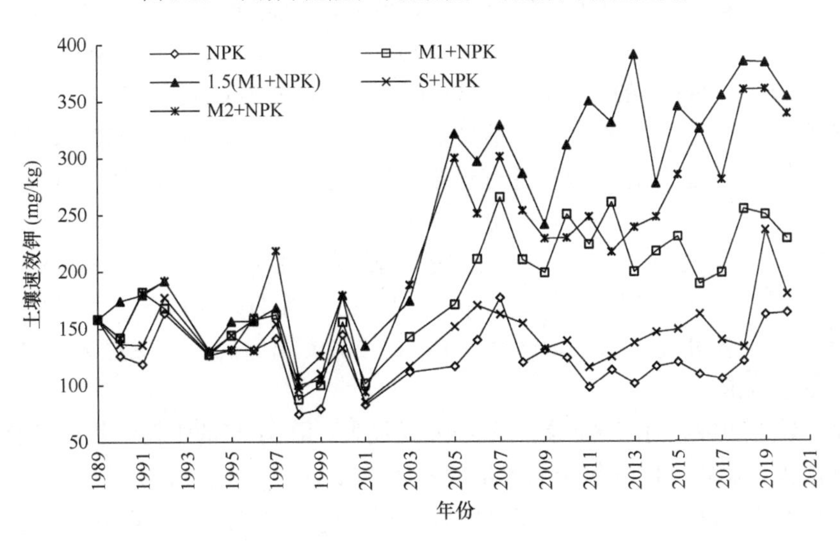

图 2-29　长期施化肥和有机无机肥配施土壤速效钾含量的变化

（五）长期不同施肥模式下黑土土壤 pH 的演变规律

长期定位试验结果表明（图 2-30），不施肥（CK）处理土壤酸度无明显变化，施化肥土壤酸化明显，N、NP、NK 和 NPK 处理 31 年间土壤 pH 下降了 1.39～1.89，但 S+NPK 及有机肥+NPK 处理的土壤 pH 明显高于 NPK，尤其是近几年，M2+NPK 处理的土壤 pH 比 NPK 高 1.4 左右，31 年间有机无机肥配施处理的土壤 pH 几乎没有下降，年际间无明显差异，表明单施化肥可明显导致土壤酸化，有机无机肥配施具有防止土壤酸化的作用，这一结论与多数研究结果相一致。

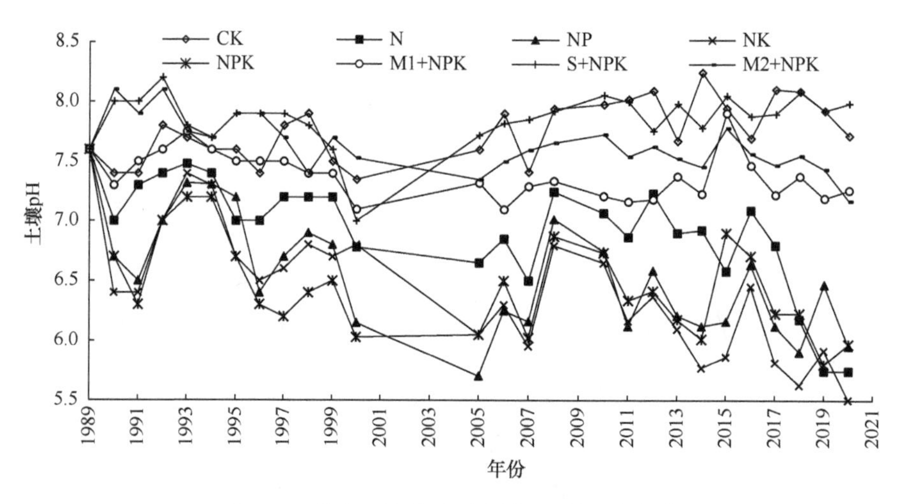

图 2-30　长期不同施肥下土壤 pH 的变化趋势

三、长期不同施肥模式下黑土玉米产量的演变规律及肥料效应

由于玉米产量的波动掩盖了施肥的长期效应，根据滑动平均法计算 3 年的玉米平均产量。图 2-31 中 1991 年的产量是 1990～1992 年 3 年玉米的平均产量，1992 年的产量是 1991～1993 年的平均产量，以此类推。从图 2-31 可以看出，CK 和 PK 处理玉米产量最低，两个处理间差异不显著，PK 处理平均产量（1990～2020 年）为 3735 kg/hm^2，表明氮肥对玉米产量有重要影响。在施化肥的处理中，NPK 处理的玉米产量最高，平均产量（1990～2020 年）达到 9566 kg/hm^2，NPK 处理平均产量较 NP 处理增加 488 kg/hm^2，但两者之间的差异没有达到显著水平，说明施钾对玉米的增产效果不明显。NP 处理玉米平均产量较 NK 处理高 1163 kg/hm^2，两者之间的差异达到显著水平。各处理玉米平均产量（1990～2020 年）的大小顺序为 NPK＞NP＞NK＞N＞PK、CK。

氮肥、磷肥和钾肥对玉米产量的效应差异很大。用 31 年的平均产量计算农学效率，NPK 与 PK 处理比较，1 kg 氮肥的农学效率为 35.3 kg；NPK 与 NK 处理比较，1 kg 磷肥的农学效率为 20.0 kg；NPK 与 NP 处理比较，1 kg 钾肥的农学效率为 5.9 kg；表明在黑土上玉米产量的肥料效应为 N＞P＞K。

从图 2-32 可以看出，经过 31 年的培肥，1.5（M1＋NPK）和 M2＋NPK 处理的玉米产量较高，但两者之间差异不显著，其中 M2＋NPK 处理的玉米平均产量（1990～2020 年）为 10 531 kg/hm^2；等氮量施肥处理 M1+NPK、S+NPK 和 NPK 的玉米产量差异不显著，总体是前 11 年（1990～2000 年）NPK＞S+NPK 和 M1＋NPK 处理，后 20 年（2001～2020 年）S+NPK 和 M1+NPK 处理的玉米产量高于 NPK。

用 23 年的玉米平均产量计算农学效率，M2+NPK 与 NPK 处理比较，1 kg 有机氮肥

（粪肥）的农学效率为 6.44 kg。总体来看，施用有机肥和秸秆还田具有长期的养分累积效应，对培肥土壤和农业可持续发展具有重要意义。

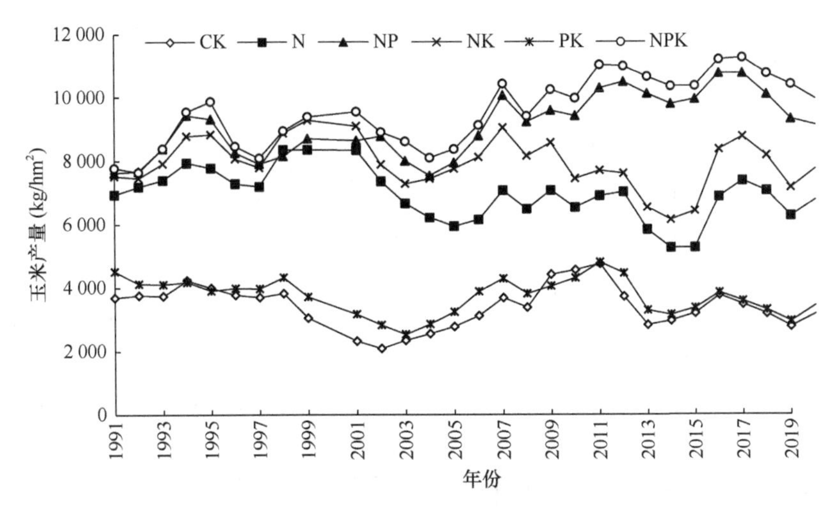

图 2-31　长期不施肥和施化肥玉米产量的变化趋势

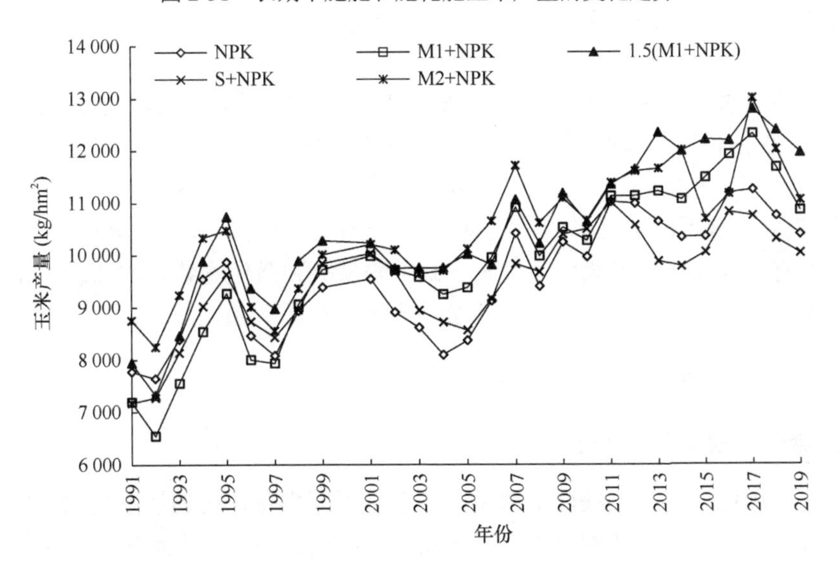

图 2-32　长期施化肥和有机无机肥配施玉米产量的变化趋势

第三节　黑土地玉米长期连作土壤生物学性状变化

土壤生物是土壤生态系统的重要组分，是土壤有机质、土壤养分转化和循环的主要推动力，并参与腐殖质形成等生化过程，在土壤生态系统中起着重要的作用。土壤生物的数量分布，不仅可反映土壤环境质量的变化，而且能体现土壤中的生物活性。土壤生物学肥力指标包括细菌数量、真菌数量、放线菌数量、微生物量碳、微生物量氮、潜在可矿化氮、土壤呼吸量、生物量碳/土壤总有机碳、呼吸量/生物量、土壤酶活性、土壤生物群落组成和多样性等。

土壤微生物参与动植物残体分解、腐殖质合成与土壤养分循环等过程，因此对土壤环境与质量的变化比较敏感。耕作方式可改变土壤的通气性、水热状况、养分状况及有机质含量，从而进一步对土壤微生物产生影响。在不同耕作方式的影响下，土壤微生物的数量及多样性发生明显变化，土壤微生物的群落结构也发生不同程度的改变，进而影响土壤的生态功能，甚至影响粮食生产。土壤酶是植物及土壤中动物、微生物活动的产物，是土壤生物化学反应的重要指标之一，土壤中许多重要的物理、化学和微生物活性都与土壤酶有着密切的相关性，土壤酶活性的高低能反映土壤生物活性和土壤生化反应强度（De La Paz Jimenez et al.，2002），可作为土壤肥力评价的生物指标之一（张成娥，1996；He，1997）。土壤过氧化氢酶、蔗糖酶、磷酸酶、脲酶活性对评价土壤生物肥力水平具有重要意义（ICK，1997）。近年来，分子生物学技术的快速发展，也为土壤生物学的研究提供了新的手段。

本节内容基于黑土地玉米长期连作定位试验结果，系统阐述了东北黑土区不同培肥模式、不同耕作方式及不同种植模式下的土壤生物学性状的变化规律，为玉米高产、稳产营造健康的土壤微生态环境，以及科学合理施肥、实现耕地土壤可持续利用提供了科学依据。

一、不同培肥模式下土壤生物学性状的演变规律

本研究以吉林省公主岭市国家黑土肥力和肥料效益长期定位试验基地为平台，选择单施化肥(NPK)、化肥与有机肥配施(NPK+M)、1.5 倍化肥与有机肥配施[1.5(NPK+M)]、化肥与秸秆还田（NPK+S）、化肥与有机肥配施结合轮作[NPK+M（R）]以及不施肥的空白对照（CK）等不同培肥模式，采集 2014 年耕层土壤样品，探讨长期定位施肥条件下，玉米生育期内黑土土壤微生物量碳、微生物量氮和微生物数量的动态变化，以及土壤微生物量碳、微生物量氮和微生物数量与土壤养分的关系。

（一）土壤微生物量碳、微生物量氮的动态变化

1. 土壤微生物量碳的动态变化

长期定位施肥处理下土壤微生物量碳在玉米不同生育期内的动态变化见图 2-33。土壤微生物量碳含量在玉米苗期至拔节期降低；开花期升高，并达到峰值；开花期至收获期呈下降趋势；拔节期和收获期土壤微生物量碳含量相差不大。不同施肥处理间土壤微生物量碳含量差异较大，1.5（NPK+M1）、NPK+M2、NPK+M1、NPK+M1（R）和 NPK+S 处理土壤微生物量碳含量与 NPK 处理相比均有所提高，提高幅度分别为苗期 93%、86%、56%、55%和 14%，拔节期分别提高 117%、104%、60%、28%和 11%，开花期分别提高 88%、80%、69%、53%和 41%，灌浆期分别提高 66%、60%、56%、48%和 12%，收获期分别提高 103%、88%、68%、47%和 39%。NPK 处理土壤微生物量碳含量与 CK 处理相比，5 个时期提高幅度分别是 38%、38%、37%、35%和 34%。研究结果表明，施肥处理与 CK 相比，均显著提高了土壤微生物量碳含量，有机肥配施化肥高于氮磷钾配施秸秆，氮磷钾配施秸秆高于氮磷钾化肥单施。有机肥配合化肥施用促进效果最明显，秸秆配施化肥效果次之，氮磷钾处理促进作用最小。

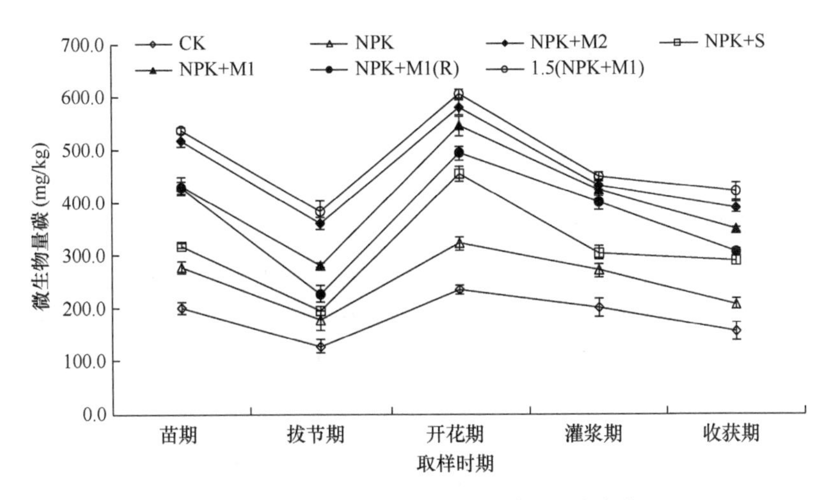

图 2-33　玉米生育期微生物量碳的动态变化

2. 土壤微生物量氮的动态变化

长期定位施肥处理下土壤微生物量氮在玉米不同生育期内的动态变化见图 2-34。土壤微生物量氮含量在玉米苗期至拔节期降低；开花期升高，并达到峰值；开花期至收获期呈下降趋势；拔节期和收获期土壤微生物量氮含量相差不大。

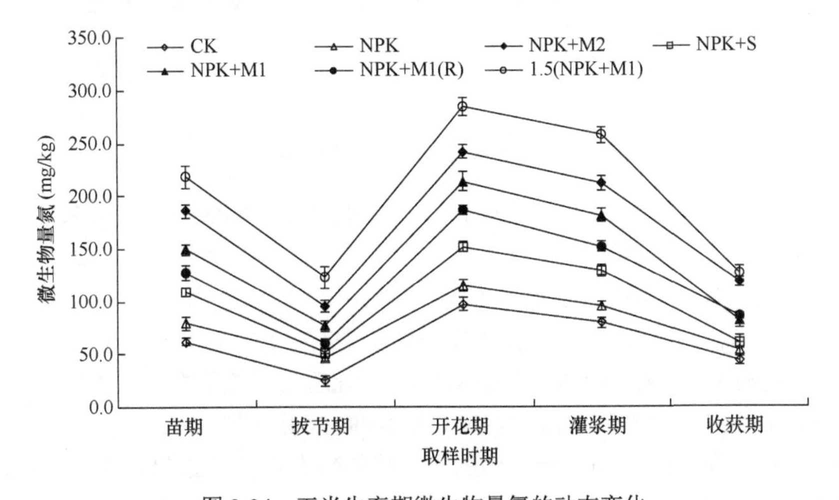

图 2-34　玉米生育期微生物量氮的动态变化

在玉米各关键生育期，1.5（NPK+M1）、NPK+M2、NPK+M1、NPK+M1（R）和NPK+S 处理土壤微生物量氮含量与 NPK 处理相比均有所提高，苗期分别提高 174%、134%、88%、60%和 37%，拔节期分别提高 162%、103%、63%、28%和 9%，开花期分别提高 147%、110%、85%、61%和 32%，灌浆期分别提高 169%、120%、89%、59%和 34%，收获期分别提高 132%、118%、52%、58%和 13%。NPK 单施处理的土壤微生物量氮含量与 CK 相比，5 个时期分别提高 27%、90%、18%、20%和 23%。由此可以看出，施肥处理与 CK 相比，均显著提高了土壤微生物量氮含量，尤其是有机肥配合化肥施用，促进效果最为明显，秸秆配施化肥效果次之，氮磷钾处理促进作用最小。有机无机肥配施可促进土壤微生物量氮含量，可能是因为施用有机肥，可为土壤中微生物提供充足的碳源，微生物活性增加，进一步提高土壤中微生物量氮含量。

（二）土壤微生物数量的动态变化

1. 土壤细菌数量的动态变化

土壤中细菌数量占绝对优势，细菌种类和生理功能也极其复杂，是土壤物质循环和能量转化中必不可少的参与者。在长期定位试验条件下，玉米生育期内土壤细菌数量动态变化见图 2-35。结果表明，苗期至拔节期，细菌数量变化不大；拔节期至开花期急剧上升，在开花期达到峰值；开花期至灌浆期下降；灌浆期至收获期变化不大。

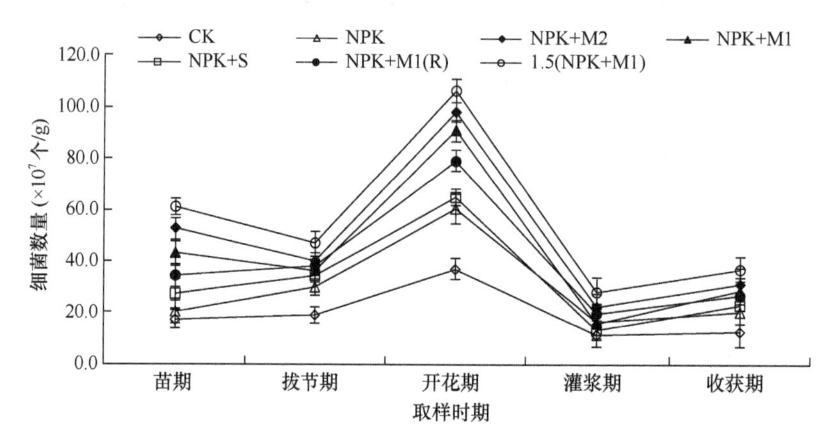

图 2-35　玉米生育期细菌数量的动态变化

在玉米各关键生育期，1.5（NPK+M1）、NPK+M2、NPK+M1、NPK+M1（R）和 NPK+S 处理土壤细菌数量与 NPK 处理相比均有所提高，苗期分别提高 203%、160%、114%、68%和 34%，拔节期分别提高 57%、34%、20%、27%和 15%，开花期分别提高 75%、62%、50%、30%和 7%，收获期分别提高 79%、53%、40%、30%和 10%。灌浆期 1.5（NPK+M1）、NPK+M2 和 NPK+M1（R）处理土壤细菌数量与 NPK 处理相比，分别提高 68%、32%和 18%，而 NPK+M1 和 NPK+S 处理与 NPK 处理相比，土壤细菌数量分别减少 7%和 19%，与其他时期的变化趋势略有不同。施肥处理高于对照，有机肥配施化肥高于氮磷钾配施秸秆，氮磷钾配施秸秆高于氮磷钾化肥单施。

2. 土壤真菌数量的动态变化

在长期定位试验条件下，玉米生育期内土壤真菌数量动态变化见图 2-36。结果表明，苗期至拔节期，土壤真菌数量略微下降；拔节期至开花期真菌数量急剧上升，在开花期达到峰值；开花期至收获期呈下降趋势。在玉米的 4 个关键生育期，1.5（NPK+M1）、NPK+M2、NPK+M1、NPK+M1（R）和 NPK+S 处理土壤中真菌数量与 NPK 处理相比均有所提高，苗期分别提高 59%、34%、22%、17%和 8%，拔节期分别提高 146%、124%、82%、66%和 55%，开花期分别提高 184%、149%、79%、28%和 14%，灌浆期分别提高 193%、222%、157%、122%和 80%。收获期 1.5（NPK+M1）处理与 NPK 处理相比提高了 5%，但 NPK+M2、NPK+M1、NPK+M1（R）和 NPK+S 处理土壤真菌数量与 NPK 处理相比，则分别减少 46%、29%、29%和 21%，与其他时期表现不同的变化趋势。

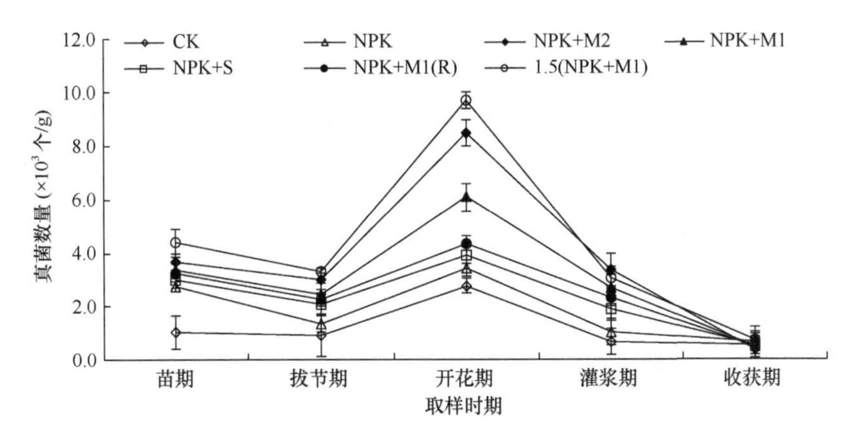

图 2-36　玉米生育期真菌数量的动态变化

3. 土壤放线菌数量的动态变化

在长期定位试验条件下，玉米生育期内土壤放线菌数量动态变化规律见图 2-37。结果表明，苗期至拔节期变化幅度不大；拔节期至开花期土壤放线菌数量急剧上升，在开花期达到峰值；开花期至收获期呈下降趋势。

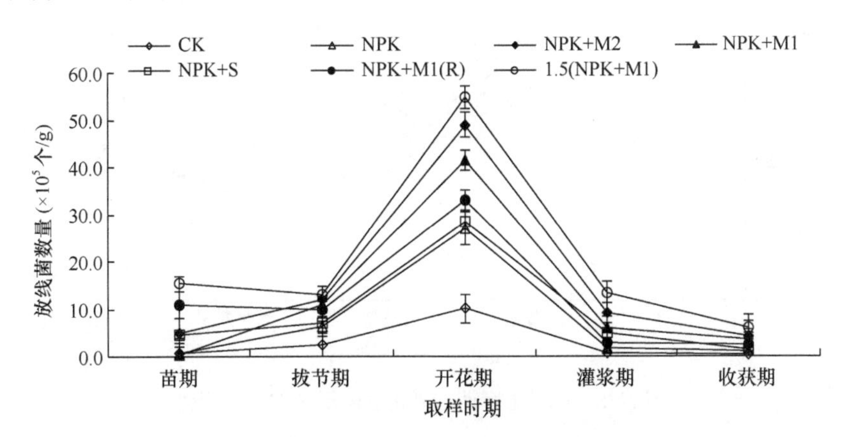

图 2-37　玉米生育期放线菌数量的动态变化

在玉米关键生育期内不同施肥处理间土壤放线菌数量动态变化略有差异。苗期 1.5（NPK+M1）、NPK+M2、NPK+M1（R）和 NPK+S 与 NPK 处理相比，分别提高了 20.95 倍、6.32 倍、14.78 倍和 5.82 倍，而 NPK+M1 处理与 NPK 处理相比则减少了 23.4%。在玉米其他 4 个关键生育期，1.5（NPK+M1）、NPK+M2、NPK+M1、NPK+M1（R）和 NPK+S 处理与 NPK 处理相比均有所提高，拔节期分别提高 1.07 倍、0.90 倍、0.72 倍、0.55 倍和 0.11 倍，开花期分别提高 1.03 倍、0.81 倍、0.53 倍、0.22 倍和 0.05 倍，灌浆期分别提高 6.62 倍、4.20 倍、2.51 倍、0.67 倍和 1.86 倍，收获期分别提高 5.07 倍、3.01 倍、2.45 倍、1.47 倍和 0.53 倍。

（三）土壤主要酶活性的动态变化

1. 土壤过氧化氢酶活性的动态变化

过氧化氢（H_2O_2）广泛存在于植物体和土壤中，是由生物呼吸作用和有机物的氧化反应产生的，对生物和土壤均具有毒害作用。过氧化氢酶又名触酶（catalase，CAT），是一种氧化还原酶，其主要生化作用是氧化过氧化氢为氧气和水，解除其对植物的毒害作用；同时对亚硝酸、甲酸盐、过氧化乙醇进行催化分解。过氧化氢酶活性在一定程度上可以表征土壤生物氧化过程的强弱。

由图 2-38 可以看出，在玉米生育期内不同施肥处理过氧化氢酶活性呈相似的变化趋势，苗期至拔节期上升，在拔节期出现峰值，随后下降；灌浆期活性最低，收获期略有回升。从苗期至拔节期过氧化氢酶活性上升，可能是由于在玉米营养生长阶段，植株代谢旺盛，根系生长加快，根系及土壤生物呼吸作用增强，土壤的氧化还原能力增强，过氧化氢酶活性随之增强；其后，玉米进入生殖生长阶段，代谢活动减慢，对养分吸收相对减少，过氧化氢酶活性呈下降趋势，直至玉米灌浆期出现最低值，与开花期过氧化氢酶活性接近；至收获期过氧化氢酶活性又表现出回升趋势，这种现象可能与玉米根系衰老脱落，归还到土壤中，土壤氧化反应增强有关。

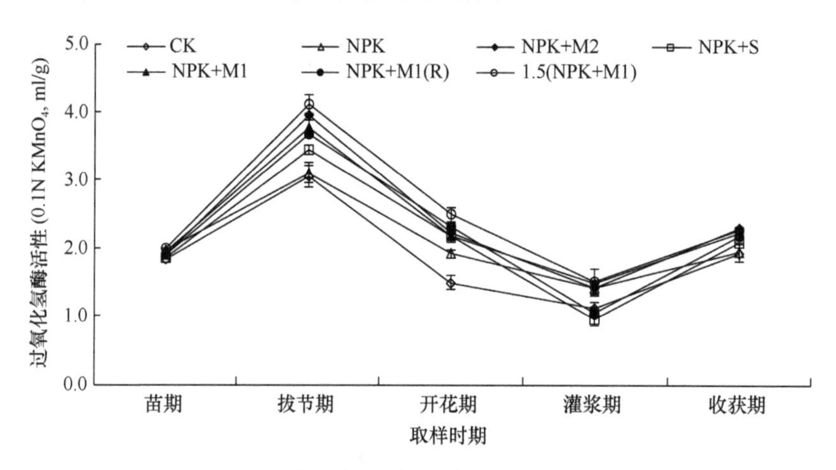

图 2-38 玉米生育期过氧化氢酶活性的动态变化

在玉米关键生育期，不同施肥处理间过氧化氢酶活性表现出不同规律。在拔节期和收获期，有机肥或者秸秆配施化肥处理的过氧化氢酶活性显著高于 CK 和 NPK 处理，CK 处理和 NPK 处理的过氧化氢酶活性差异不显著。在开花期，施肥处理的过氧化氢酶活性显著高于 CK 处理。

2. 土壤脲酶活性的动态变化

在土壤酶中，脲酶是唯一对尿素的转化作用具有重大影响的酶，脲酶的酶促反应产物氨又是植物氮源之一，其活性可以用来表示土壤氮素状况。由图 2-39 可以看出，不同处理的脲酶活性在玉米整个生育期呈规律性动态变化，即从苗期至拔节期升高，拔节期达到峰值，灌浆期最低，收获后升高趋势较为明显。收获期脲酶活性升高，这可能是由于玉米根系归还土壤的有机物质增加，为土壤微生物添加了新的碳源，从而引起脲酶活性的增强。

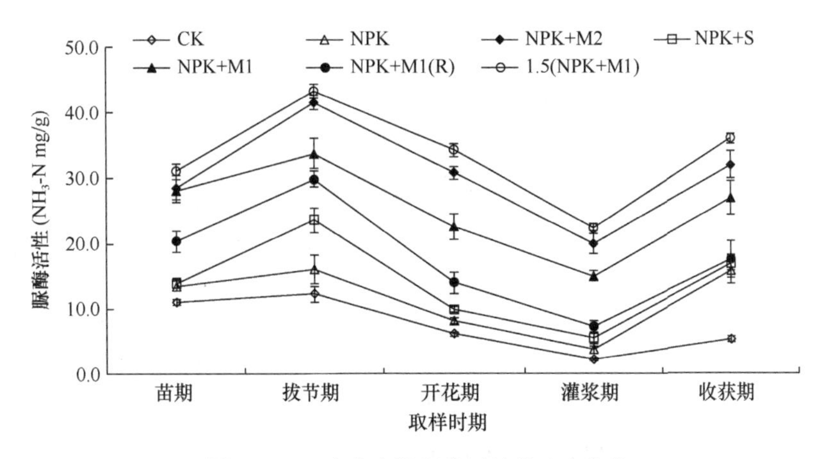

图 2-39　玉米生育期脲酶活性的动态变化

在玉米各个生育期，不同施肥处理间土壤脲酶活性均表现为 1.5（NPK+M1）＞NPK+M2＞NPK+M1＞NPK+M1（R）＞NPK+S＞NPK＞CK。1.5（NPK+M1）、NPK+M2、NPK+M1、NPK+M1（R）和 NPK+S 处理的脲酶活性与 NPK 处理相比，苗期分别提高 130%、112%、108%、51%和 3%，拔节期分别提高 170%、160%、111%、86%和 48%，开花期分别提高 321%、277%、176%、72%和 22%，灌浆期分别提高 499%、431%、300%、91%和 47%，收获期分别提高 127%、102%、69%、11%和 7%。NPK 处理的脲酶活性与 CK 处理相比，5 个时期的提高幅度分别是 23%、31%、33%、66%和 197%。施肥可以促进土壤中脲酶活性提高，有机肥配施化肥处理对脲酶活性的促进效果最明显，秸秆配施化肥处理次之，氮磷钾处理促进作用最小。化肥配施秸秆或者有机肥料均能提高土壤中脲酶活性，这是由于有机肥料或者秸秆与化肥配合施用不仅可以提供丰富的有机碳，而且化肥中的无机氮调节了土壤中的碳氮比，为微生物的活动和酶活性的提高创造了良好的土壤环境。

3. 土壤磷酸酶活性的动态变化

土壤磷酸酶可加速有机磷的脱磷速度，磷酸酶对土壤磷素的有效性具有重要作用。由图 2-40 可以看出，不同处理的土壤磷酸酶活性在玉米整个生育期呈规律性动态变化，苗期至拔节期升高，拔节期达到峰值，拔节期至灌浆期呈下降趋势，收获期升高，收获期和开花期酶活性相近。

在玉米各生育期，不同施肥处理间土壤磷酸酶活性均表现为 1.5（NPK+M1）＞NPK+M2＞NPK+M1＞NPK+M1（R）＞NPK+S＞NPK＞CK。1.5（NPK+M1）、NPK+M2、NPK+M1、NPK+M1（R）和 NPK+S 处理的磷酸酶活性与 NPK 处理相比，苗期分别提高 60%、40%、34%、27%和 21%，拔节期分别提高 46%、35%、33%、32%和 4%，开花期分别提高 55%、48%、45%、41%和 15%，灌浆期分别提高 41%、28%、27%、15%和 7%，收获期分别提高 38%、28%、11%、10%和 6%。NPK 处理的磷酸酶活性与 CK

处理相比，5 个时期的提高幅度分别是 13%、17%、24%、36%和 21%。

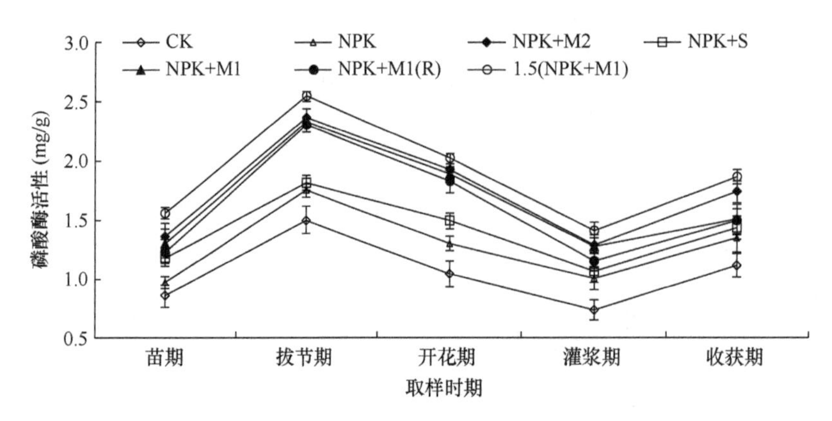

图 2-40　玉米生育期磷酸酶活性的动态变化

研究结果表明，施肥可以提高土壤磷酸酶活性，有机肥配施化肥处理对磷酸酶活性的促进效果最明显，秸秆配施化肥处理次之，氮磷钾处理促进作用最小。

4. 土壤蔗糖酶活性的动态变化

土壤蔗糖酶又名转化酶，参与土壤中碳水化合物的转化，对增加土壤中易溶性营养物质起着重要的作用。蔗糖酶活性在玉米不同生育期内的动态变化情况见图 2-41。蔗糖酶在玉米整个生育期的动态变化呈现一定的规律性，苗期至开花期蔗糖酶活性升高，开花期达到峰值，开花期至收获期呈下降趋势；拔节期、灌浆期和收获期蔗糖酶活性近似。

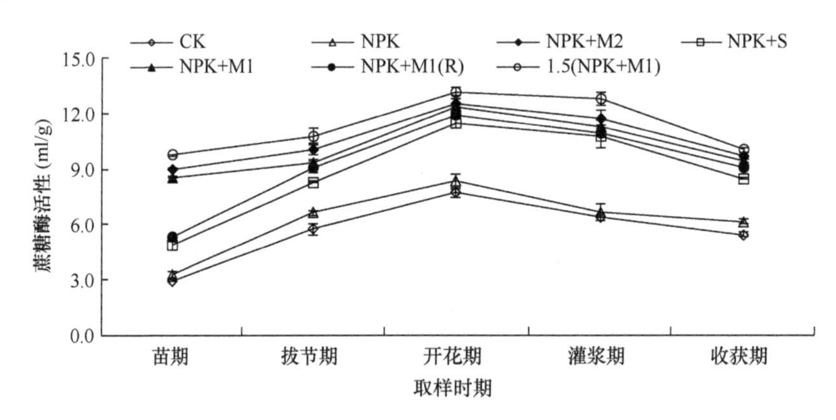

图 2-41　玉米生育期蔗糖酶活性的动态变化

玉米各生育期不同处理间相比，土壤蔗糖酶活性均表现为 1.5（NPK+M1）＞NPK+M2＞NPK+M1＞NPK+M1（R）＞NPK+S＞NPK＞CK。1.5（NPK+M1）、NPK+M2、NPK+M1、NPK+M1（R）和 NPK+S 处理的蔗糖酶活性与 NPK 处理相比，苗期分别提高 198%、175%、162%、63%和 48%，拔节期分别提高 63%、51%、41%、37%和 25%，开花期分别提高 58%、50%、48%、43%和 37%，灌浆期分别提高 93%、76%、71%、65%和 62%，收获期分别提高 63%、58%、53%、48%和 38%。NPK 处理的蔗糖酶活性

与 CK 处理相比，5 个时期的提高幅度分别是 11%、15%、9%、4%和 13%。

研究结果表明，施肥可以促进土壤蔗糖酶活性，有机肥配施化肥处理对酶活性的促进效果最明显，秸秆配施化肥处理次之，氮磷钾处理促进作用最小，与脲酶表现出相同的变化规律。

（四）土壤生物学、化学指标与玉米产量的相关性

1. 土壤微生物量与玉米产量的相关性

玉米各生育期土壤微生物量碳含量、微生物量氮含量、土壤微生物数量和玉米产量的相关关系见表 2-11。从表 2-11 可以看出，土壤微生物量碳含量、微生物量氮含量、土壤微生物数量之间存在极显著正相关关系。土壤微生物量碳含量、微生物量氮含量、细菌数量、真菌数量和放线菌数量与玉米产量之间存在显著正相关关系；固氮菌数量和玉米产量之间存在极显著正相关关系；土壤磷细菌数量和玉米产量之间没有相关性。

表 2-11　土壤微生物量碳含量、微生物量氮含量、微生物数量和玉米产量的相关性

指标	微生物量氮含量	细菌数量	真菌数量	放线菌数量	固氮菌数量	磷细菌数量	玉米产量
微生物量碳含量	0.973**	0.984**	0.978**	0.972**	0.989**	0.897**	0.887*
微生物量氮含量	1	0.984**	0.992**	0.990**	0.969**	0.966**	0.833*
细菌数量		1	0.986**	0.993**	0.986**	0.941**	0.913*
真菌数量			1	0.984**	0.979**	0.947**	0.871*
放线菌数量				1	0.983**	0.971**	0.882*
固氮菌数量					1	0.921**	0.917**
磷细菌数量						1	0.790

注：*表示差异显著（$P<0.05$），**表示差异极显著（$P<0.01$）。下表同。

2. 土壤酶活性与玉米产量的关系

玉米各生育期土壤酶活性与玉米产量的相关关系见表 2-12。从表 2-12 可以看出，土壤酶活性之间存在显著或极显著正相关关系，土壤酶活性与玉米产量之间存在显著或极显著正相关关系。

表 2-12　土壤酶活性和玉米产量之间的相关系数

土壤酶	脲酶	过氧化氢酶	磷酸酶	蔗糖酶	玉米产量
脲酶	1	0.980**	0.982**	0.850*	0.843**
过氧化氢酶		1	0.997**	0.951**	0.917**
磷酸酶			1	0.970	0.912**
蔗糖酶				1	0.834*

综上所述，在长期定位施肥条件下，玉米整个生育期土壤微生物量碳、微生物量氮的变化规律相同，苗期至拔节期微生物量碳、微生物量氮含量降低；拔节期至开花期微

生物量碳、微生物量氮含量升高，开花期达到峰值；开花期至收获期呈下降趋势。

玉米各生育期不同定位施肥处理的土壤微生物量碳、微生物量氮含量差异较为明显，说明长期施肥可提高土壤微生物量碳、微生物量氮含量，其中长期有机无机肥配施促进效果最为明显。Marschner 等（2003）研究结果表明，有机无机肥配施可提高土壤中微生物量碳含量。与单施无机肥相比，长期有机无机肥配施处理的土壤微生物量碳、微生物量氮含量显著提高（Leita et al.，1999；张继光等，2010）。长期秸秆还田或者秸秆还田与化肥配施可以提高土壤中微生物生物量（Witter et al.，1993；王淑平等，2003）。

在长期定位施肥条件下，玉米整个生育期内不同处理黑土中微生物数量的动态变化也呈现出相对一致的变化规律，即苗期至拔节期土壤微生物数量有升高趋势，变化幅度不大；拔节期至开花期土壤微生物数量急剧上升，在开花期达到峰值，开花期到灌浆期下降明显；灌浆期至收获期变化不大。玉米各生育期，不同定位施肥处理间微生物数量也表现出明显差异，说明长期施肥可提高土壤微生物数量，其中，长期有机无机肥配施促进效果最为明显，这一结果与土壤微生物量碳、微生物量氮含量的变化表现出较好的一致性。

在长期定位施肥条件下，各处理土壤微生物量碳、微生物量氮含量和微生物数量在玉米生育期内呈规律性变化。在玉米同一生育期内，施肥处理与 CK 相比，土壤微生物量碳、微生物量氮和微生物数量明显提高；有机肥配施化肥、秸秆配施化肥、秸秆与化肥配施同时结合轮作处理对土壤微生物量碳、微生物量氮和微生物数量的促进作用较氮磷钾处理明显。长期施肥会对土壤微生物数量和土壤微生物量碳含量产生影响，施用有机肥比施用化肥更能增加土壤细菌的数量和微生物量碳、微生物量氮含量，同时长期施肥土壤微生物数量和土壤微生物量碳含量存在显著的季节性变化（罗培宇，2014；韩晓日等，2007）。

长期施肥能够提高土壤中蔗糖酶、脲酶、磷酸酶和过氧化氢酶活性，有机肥配施化肥对酶活性的促进效果最明显。土壤酶活性在玉米生育期内的动态变化趋势相同，即从苗期至拔节期或开花期逐渐上升，灌浆期下降，收获后有所回升。长期不同定位施肥处理间相比，长期有机肥配施化肥、秸秆配施有机肥能够改善土壤环境，影响土壤酶活性，为作物生长创造有利条件。由于土壤类型、种植作物类型、环境条件等不同，土壤酶活性对不同施肥处理的响应也不同。结合产量分析结果，对于黑土区的作物培肥，有机肥配施化肥的增产效果最为明显，酶活性与玉米产量之间存在显著或极显著正相关关系。

二、不同耕作模式下土壤生物学性状的演变规律

土壤微生物及土壤酶活性等土壤生物学性状受耕作、施肥等农业生产方式的影响较为明显，不同的耕作方式会形成不同的土壤微生态环境。研究不同耕作模式下土壤生物学性状的演变规律，目的在于了解耕作方式与微生物区系组成的关系，并通过调节土壤环境条件来调整微生物区系，发挥有益微生物的作用，促进土壤培肥，为玉米高产栽培

营造健康的土壤环境。本研究以保护性耕作试验基地为平台，2007 年选取了吉林省中部地区黑土保护性耕作（宽窄行休闲种植）与常规耕作（均匀原垄、均匀倒垄）方式，分析了保护性耕作土壤微生物区系变化规律。2019 年选择灭茬起垄（CK）、宽窄行休闲种植（WL）、留茬免耕（NT）和翻茬连耕（PT）四种耕作方式，明确了土壤微生物群落组成及多样性对不同耕作方式的响应机制。

（一）保护性耕作条件下土壤微生物区系的变化规律

1. 不同耕作方式下土壤微生物区系在玉米不同生育期的空间变化

玉米播种前不同耕作方式下土壤微生物区系的空间变化结果表明（图 2-42），土壤细菌数量在耕层以下随着土层加深而呈减少趋势，30 cm 以下各处理细菌数量甚微，在 10～20 cm 土层内保护性耕作（宽窄行休闲种植）细菌数量明显高于常规耕作，但差异不显著；土壤真菌数量保护性耕作的窄行苗带在不同土层上与其他处理之间差异显著或极显著，均匀原垄在 20～30 cm 土层内极显著高于其他处理；土壤放线菌数量在不同耕作方式下表现出相同的变化趋势（除宽行苗带外），即随着土层加深逐渐减少，30 cm 土层以下数量很少，但常规耕作放线菌数量在 10～20 cm 土层明显高于宽窄行处理，差异达显著水平。说明播种前土壤中微生物活动主要集中在耕层，进行微生物区系分析时，播种前 30 cm 以下土层不需要采样测定。

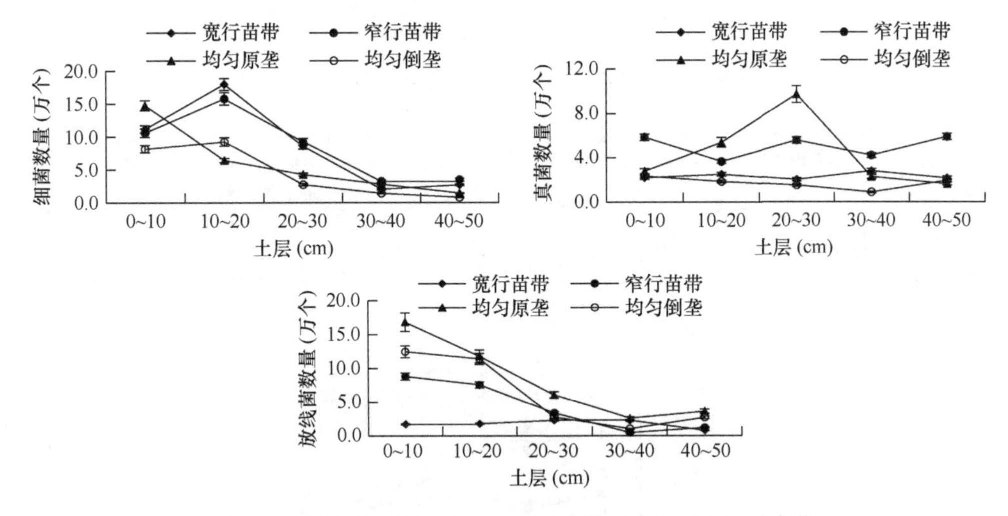

图 2-42　播种前细菌、真菌、放线菌数量在不同土层的变化

玉米苗期至拔节期不同耕作方式下土壤微生物区系空间变化结果表明（图 2-43），除均匀倒垄外各处理 10～30 cm 土层细菌数量较多，其他土层逐渐减少；土壤真菌数量变化常规耕作高于保护性耕作（宽行苗带或窄行苗带），均匀原垄在 40 cm 土层深度真菌数量仍较高；土壤放线菌数量各处理 0～30 cm 土层较高，30 cm 土层以下很少。但这一时期土壤微生物区系各处理间均无明显差异。

玉米在拔节期至开花期各处理土壤微生物区系变化较明显（图 2-44），主要表现在保护性耕作（宽行苗带或窄行苗带）在各土层上土壤细菌数量明显高于常规耕作，而且宽行苗带在 50 cm 深度还含有很高的细菌数量，与其他处理之间差异达到显著水平；土壤真菌和放线菌数量变化恰好与细菌相反，即保护性耕作各层次均明显低于常规耕作，而且真菌数量变化在 0～10 cm 和 10～20 cm 土层内差异显著，放线菌数量在 10～20 cm 和 20～30 cm 土层内差异显著，结果显示了保护性耕作对培育细菌型土壤的作用。

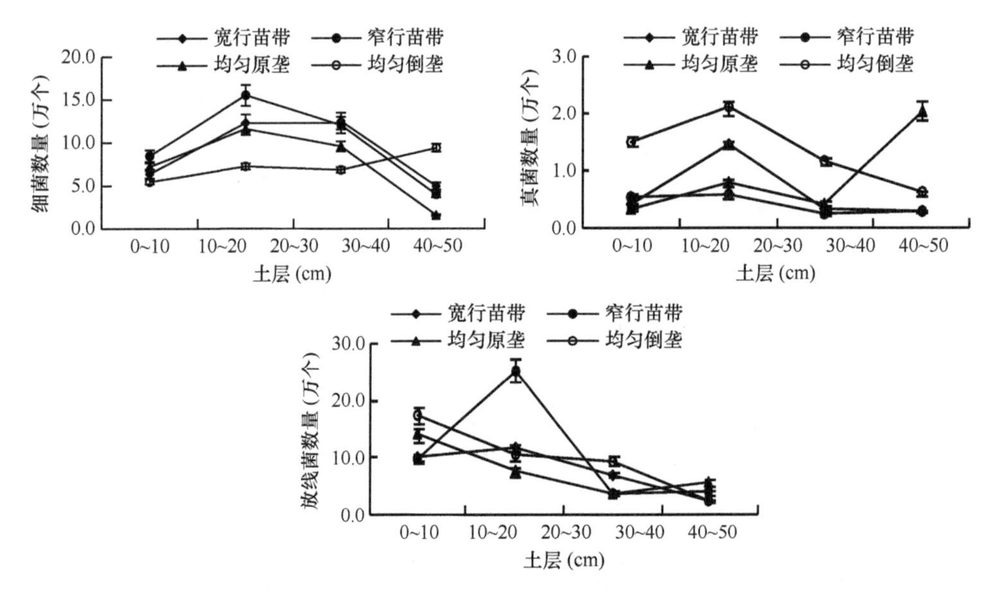

图 2-43　苗期至拔节期细菌、真菌、放线菌数量在不同土层的变化

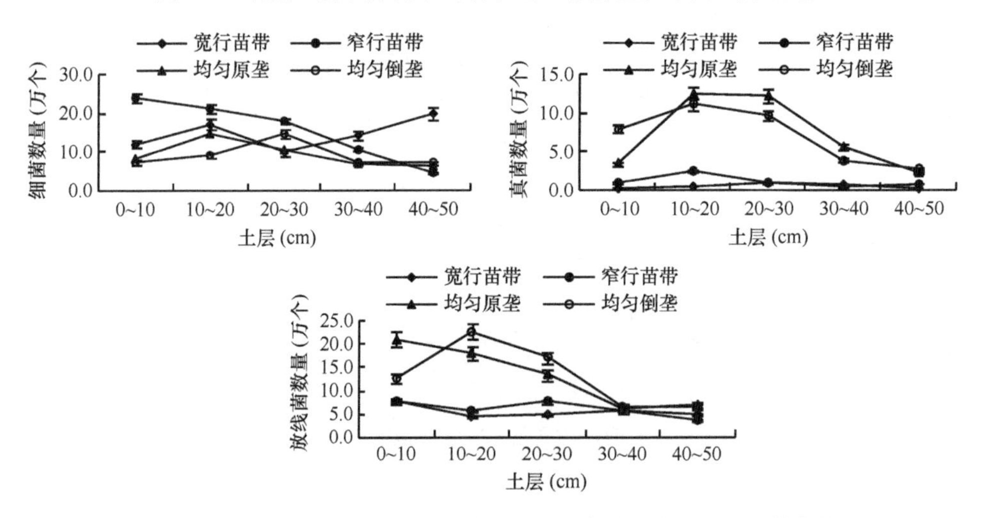

图 2-44　拔节期至开花期细菌、真菌、放线菌数量在不同土层的变化

开花期至蜡熟期宽行苗带细菌数量随土层加深呈增加趋势，而其他三个处理则随土层加深呈减少趋势，真菌数量表层高于其他层次，放线菌数量保护性耕作各土层高于常规耕作（图 2-45）。

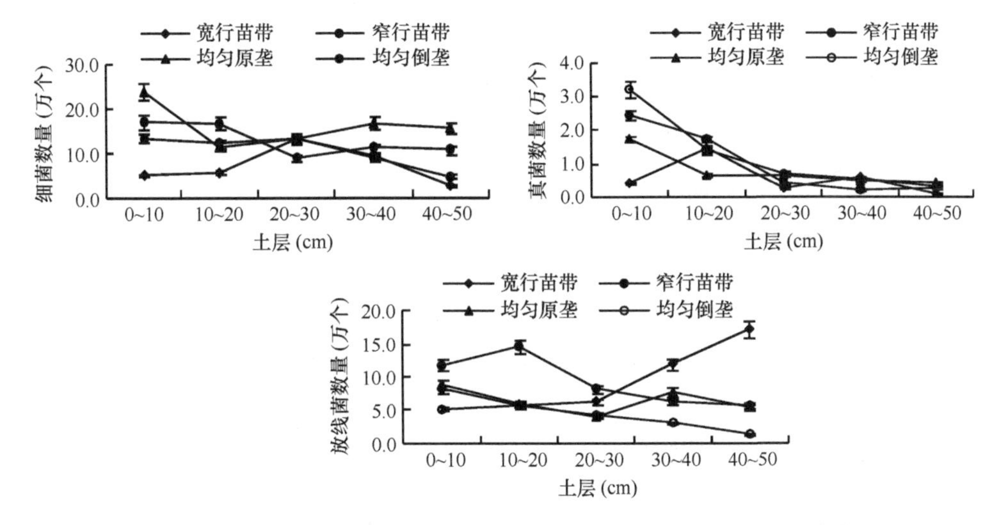

图 2-45　开花期至蜡熟期细菌、真菌、放线菌数量在不同土层的变化

收获后测定结果表明（图 2-46），保护性耕作（宽行苗带或窄行苗带）土壤细菌数量明显高于常规耕作，在 0～30 cm 土层内差异显著或极显著。土壤真菌变化为均匀倒垄（常规耕作）在 0～10 cm 内数量较高，其他处理数量差异较小。土壤放线菌数量随土层深度增加而降低。

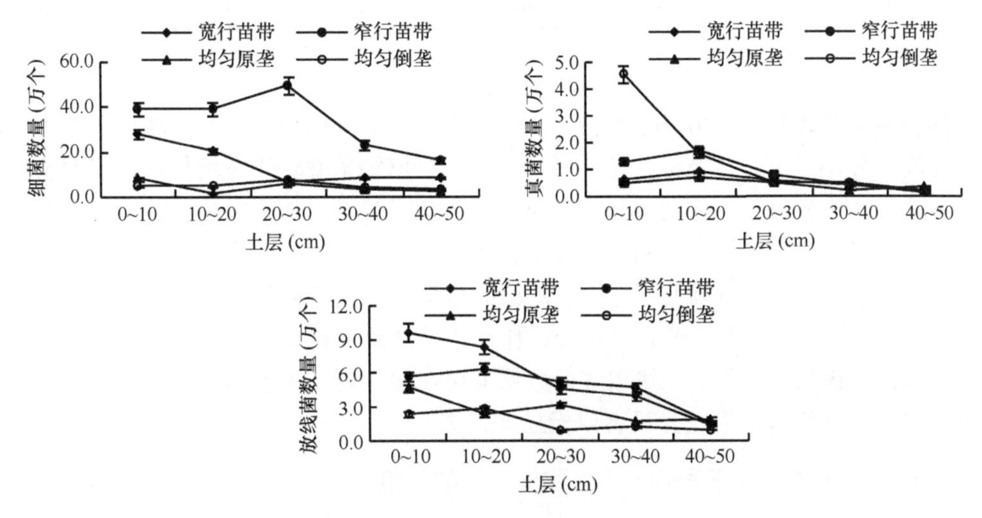

图 2-46　收获后细菌、真菌、放线菌数量在不同土层的变化

2. 不同耕作方式下土壤微生物区系在玉米不同生育期的时间变化

在玉米生长发育的不同阶段，不同耕作方式对土壤细菌数量的影响不同，选取吉林省中部地区黑土保护性耕作（宽窄行休闲种植）与常规耕作（均匀原垄、均匀倒垄）方式，分析玉米播种前、苗期、拔节期、抽雄期、蜡熟期以及收获后 0～40 cm 土层深度土壤微生物区系的变化规律（表 2-13）。

表 2-13 不同耕作方式下玉米不同生育期的微生物区系变化

微生物	处理	播种前（4月23日）	苗期—拔节期（6月18日）	拔节期—抽雄期（7月16日）	抽雄期—蜡熟期（8月27日）	收获后（10月11日）
细菌	宽行苗带	397 886a	360 085a	538 070ab	343 276a	653 110b
	窄行苗带	389 060a	398 730a	740 261a	547 238a	1 527 802a
	均匀原垄	282 823a	298 676a	399 146b	659 040a	212 751b
	均匀倒垄	206 048a	288 607a	384 432b	486 446a	233 024b
真菌	宽行苗带	94 993b（B）	24 721ab	22 620b（B）	28 365a	26 674b
	窄行苗带	192 175a（A）	16 441b	46 880b（B）	48 703a	43 576b
	均匀原垄	201 131a（A）	35 560ab	337 431a（A）	36 520a	20 711b
	均匀倒垄	65 840ba（B）	53 433a	323 476a（A）	59 584a	72 469b
放线菌	宽行苗带	80 249c（C）	312 710a	229 294b	314 791ab	263 929a（A）
	窄行苗带	202 327b（BC）	428 392a	264 854ab	405 679a	221 280a（A）
	均匀原垄	373 240a（A）	312 277a	586 631a	263 505ab	120 364b（B）
	均匀倒垄	277 146ab（AB）	400 737a	592 415a	180 882b	74 121b（B）
总数量	宽行苗带	573 128a	697 516a	789 984a	686 432a	943 713b（AB）
	窄行苗带	783 562a	843 563a	1 051 995a	1 001 620a	1 792 658a（A）
	均匀原垄	857 194a	646 513a	1 323 208a	959 065a	353 826b（B）

注：表中不同小写字母表示 0.05 显著水平，不同大写字母表示 0.01 极显著水平。

播种前各处理在 0～40 cm 土层内，保护性耕作土壤细菌数量明显高于常规耕作，但处理间差异不显著。从苗期开始，保护性耕作土壤细菌数量迅速增加，拔节期至抽雄期和收获后数量较高，窄行苗带与常规耕作之间差异显著，其原因是保护性耕作处理的土壤水分、温度、湿度和部分秸秆残体都适宜细菌的生长。而常规耕作整个生育期变化平稳，收获后下降至播种前水平。土壤真菌数量变化保护性耕作从播种到拔节期有所下降，拔节后一直处于平稳水平，而常规耕作在拔节期至抽雄期真菌数量明显高于保护性耕作，差异达极显著水平。土壤放线菌数量变化在播种前、拔节期至抽雄期和收获后保护性耕作与常规耕作之间差异显著或极显著。

3. 保护性耕作条件下影响土壤生物学性状的环境条件

（1）土壤养分与土壤微生物区系的相关性

在吉林省中部地区黑土宽窄行休闲种植保护性耕作方式下，分别对玉米不同生育期的土壤养分含量和 pH 与微生物数量的相关性进行了分析（表 2-14），结果表明，土壤有机质含量在整个生育期与土壤微生物数量呈显著或极显著正相关关系；土壤全氮和全磷含量在玉米播种前和收获后与土壤微生物数量分别呈极显著和显著正相关关系；土壤 pH 与微生物数量在玉米营养生长阶段表现出显著或极显著正相关关系，但生长后期没有表现出显著相关性；土壤速效养分与土壤微生物数量的相关性没有表现出明显的规律。

表 2-14　土壤微生物数量与土壤养分及 pH 的相关性

土壤养分及 pH	播种前	苗期—拔节期	拔节期—抽雄前	灌浆期—乳熟期	收获后
有机质	0.706**	0.652**	0.446*	0.502*	0.561**
全氮	0.808**		0.430		0.509*
全磷	0.672**		0.312		0.537*
有效磷	0.680**	0.505*	0.258	0.441	0.319
碱解氮	0.401	0.729**	0.146	0.122	0.258
速效钾	0.310	0.097	0.174	0.679**	0.591**
pH	0.840**	0.671**	0.481*	0.275	0.317

注：*表示 0.05 水平下差异显著，**表示 0.01 水平下差异极显著。

（2）土壤酶活性与土壤微生物数量的相关性

在保护性耕作方式下，土壤酶活性与土壤微生物数量的相关分析结果表明（表 2-15），磷酸酶（酸性、碱性和中性）在播种前与土壤微生物数量均达到极显著相关关系，但在玉米生长后期没有表现出有规律的相关性。

表 2-15　土壤微生物数量与土壤酶活性的相关性

土壤酶活性	播种前	苗期—拔节期	拔节期—抽雄期	灌浆期—乳熟期	收获后
酸性磷酸酶	0.651**	0.379	0.535*	0.388	0.058
中性磷酸酶	0.752**	0.532*	0.404	0.360	0.471*
碱性磷酸酶	0.584**	0.232	0.368	0.095	0.196

注：*表示 0.05 水平下差异显著，**表示 0.01 水平下差异极显著。

（3）土壤酶活性与土壤速效养分及 pH 的相关性

在保护性耕作方式下，土壤脲酶活性在播种前、拔节期—抽雄期和收获后与土壤碱解氮含量显著相关，与土壤有效磷和速效钾没有表现出明显的相关性；在灌浆期以后与土壤 pH 极显著相关。土壤酸性磷酸酶在苗期至拔节期和收获后与碱解氮极显著或显著相关，在其他时期没有表现出相关性；与土壤有效磷和速效钾的相关规律基本相似，即从播种前到开花前期相关性均达到极显著水平，在灌浆期无明显相关性，但收获后与有效磷的相关性再次达到极显著水平；与土壤 pH 在整个生育期均极显著相关。土壤中性磷酸酶从播种前到拔节期、收获后与土壤碱解氮显著或极显著相关，在玉米生育中期没有表现出明显的相关性；而与土壤有效磷和速效钾以及 pH 在整个生育期基本上极显著相关（有效磷灌浆期—乳熟期除外）。土壤碱性磷酸酶与碱解氮在苗期至拔节期和收获后显著或极显著相关，其他时期没有表现出相关性；玉米关键生育期与有效磷的相关性基本达极显著水平（灌浆期—乳熟期除外）；与土壤速效钾在苗期—拔节期、拔节期—抽雄期极显著相关，与 pH 基本上显著或极显著相关（灌浆期—乳熟期除外）（表 2-16）。

表 2-16 玉米不同生育期土壤酶活性与土壤速效养分及 pH 的相关性

酶活性	速效养分及 pH	播种前	苗期—拔节期	拔节期—抽雄期	灌浆期—乳熟期	收获后
脲酶	碱解氮	0.499*	0.132	0.471*	0.310	0.540*
	有效磷	0.127	0.117	0.103	0.442	0.562**
	速效钾	0.416	0.010	0.259	0.030	0.279
	pH	0.159	0.173	0.026	0.696**	0.693**
酸性磷酸酶	碱解氮	0.172	0.722**	0.268	0.340	0.557*
	有效磷	0.922**	0.826**	0.593**	0.410	0.745**
	速效钾	0.592**	0.701**	0.582**	0.139	0.164
	pH	0.845**	0.843**	0.728**	0.656**	0.707**
中性磷酸酶	碱解氮	0.461*	0.758**	0.357	0.200	0.589**
	有效磷	0.884**	0.820**	0.800**	0.423	0.815**
	速效钾	0.712**	0.689**	0.806**	0.562**	0.587**
	pH	0.937**	0.874**	0.850**	0.594**	0.772**
碱性磷酸酶	碱解氮	0.222	0.477*	0.240	0.261	0.751**
	有效磷	0.695**	0.588**	0.634**	0.267	0.865**
	速效钾	0.387	0.617**	0.711**	0.073	0.412
	pH	0.644**	0.526*	0.705**	0.172	0.765**

注：*表示相关性达 0.05 显著水平，**表示相关性达 0.01 极显著水平。

（4）土壤酶活性与土壤全量养分与有机质的相关性

在保护性耕作方式下，土壤脲酶活性在收获后与土壤全氮、全磷含量极显著相关，与全钾没有表现出相关性；灌浆期—乳熟期、收获后与土壤有机质含量极显著相关；其他时期与土壤全量养分没有表现出相关性。土壤酸性磷酸酶活性在玉米关键生育期（播种前、拔节期—抽雄期、收获后）与土壤全氮、全磷含量显著或极显著相关，与全钾含量没有表现出相关性；与土壤有机质含量极显著相关（灌浆期—乳熟期除外）。土壤中性磷酸酶活性与土壤全量养分的相关性与酸性磷酸酶相似，即在玉米关键生育期（播种前、拔节期—抽雄期、收获后）与土壤全氮、全磷含量极显著相关，与全钾含量没有表现出相关性；与土壤有机质含量在整个生育期均极显著相关。土壤碱性磷酸酶活性在玉米关键生育期（播种前、拔节期—抽雄期、收获后）与土壤全氮、全磷含量也极显著相关，与全钾含量没有表现出相关性；与土壤有机质含量在播种前、拔节期—抽雄期和收获后极显著相关，在其他两个时期没有表现出明显的相关性（表 2-17）。

表 2-17 玉米不同生育期土壤酶活性与全量养分及有机质的相关性

酶活性	全量养分及有机质	播种前	苗期—拔节期	拔节期—抽雄期	灌浆期—乳熟期	收获后
脲酶	全氮	0.186		0.020		0.717**
	全磷	0.026		0.040		0.636**
	全钾	0.405		0.433		0.039
	有机质	0.120	0.204	0.037	0.650**	0.628**
酸性磷酸酶	全氮	0.819**		0.615**		0.608**
	全磷	0.899**		0.559*		0.562**
	全钾	0.347		0.187		0.380
	有机质	0.876**	0.661**	0.626**	0.431	0.537**

续表

酶活性	全量养分及有机质	播种前	苗期—拔节期	拔节期—抽雄期	灌浆期—乳熟期	收获后
中性磷酸酶	全氮	0.916**		0.790**		0.767**
	全磷	0.866**		0.695**		0.682**
	全钾	0.075		0.207		0.044
	有机质	0.718**	0.725**	0.817**	0.591**	0.809**
碱性磷酸酶	全氮	0.663**		0.690**		0.770**
	全磷	0.698**		0.565**		0.676**
	全钾	0.028		0.159		0.331
	有机质	0.584**	0.367	0.721**	0.014	0.785**

注：*表示 0.05 水平下差异显著，**表示 0.01 水平下差异极显著。

综上所述，不同耕作方式下微生物区系空间变化表现出相同的趋势，即细菌、真菌和放线菌的活动主要集中在 0～30 cm 土层，30 cm 土层以下数量很少。保护性耕作（宽窄行休闲种植）在收获后土壤微生物数量高于常规耕作；而常规耕作（均匀原垄、均匀倒垄）在开花吐丝期土壤微生物数量高于保护性耕作。土壤微生物数量与土壤有机质、全氮和全磷含量呈显著或极显著正相关性，与速效养分的相关性不明显。

土壤酶作为土壤的主要组成部分，其在营养元素转化、土壤肥力提高、污染物的生物修复及监测等方面发挥着十分重要的作用（和文祥等，1997）。脲酶是一种可水解尿素为氨和二氧化碳的土壤酶类。国内外学者研究认为，土壤脲酶活性与土壤理化性质关系密切，可灵敏地反映土壤肥力水平（Schaefer，1963；李双霖，1990）。在保护性耕作下，土壤脲酶与土壤全氮、碱解氮、有机质和 pH 都表现出了一定的相关性，但与土壤磷、钾养分和土壤微生物区系没有表现出明显的相关性。这与脲酶作用底物的专一性有关，说明在不同生态环境中土壤脲酶特征截然不同，只有同一生态区中土壤最大表观脲酶活性值才与土壤肥力因子显著或极显著相关，其可作为土壤肥力的指标之一（和文祥等，2001）。磷酸酶可催化磷酸脂类或磷酸酐的水解，其活性的高低直接影响着土壤有机磷的分解转化及生物有效性。

国外很多学者针对土壤磷酸酶与土壤磷素的关系、磷酸酶活性的动态及磷酸酶活性的影响因素等进行了大量的研究，结果表明，土壤中有机碳、氮含量的高低影响磷酸酶活性的消长变化，土壤磷酸酶活性与土壤有机质及土壤养分具有极好的相关性（Allison et al.，2007；Allison and Vitousek，2005；Olander and Vitousek，2000；Kraemer and Green，2000；耿玉清等，2008）。本研究中的土壤磷酸酶（酸性、碱性和中性）在玉米关键生育期与土壤全氮、全磷、有机质、pH 均显著或极显著相关，土壤全钾含量没有表现出明显的相关性，说明土壤磷酸酶活性受土壤养分状况及 pH 的影响十分明显。磷酸酶在播种前与土壤微生物数量极显著相关，但在玉米生长后期没有表现出规律的相关性。

（二）不同耕作方式对土壤微生物群落组成及多样性的影响

通过 Illumina NovaSeq 测序平台对玉米连作灭茬起垄（CK）、宽窄行休闲种植（WL）、留茬免耕（NT）和翻茬连耕（PT）四种耕作方式下的土壤微生物总 DNA 进行宏基因组测序，基于交互式 De Bruijin 原理，对得到的短序列（reads）进行拼接组装，共获得了 20 810 908 个重叠群（contig），总序列长 20 622 357 299 bp，平均长度为 960 bp。对拼接后的重叠群进行可读框（ORF）预测，并使用 BLASTp 与 NR 数据库进行比对，获得物种注释信息，在属分类水平上分析不同耕作方式对土壤微生物群落组成及多样性的影响。

1. 土壤微生物群落组成

不同耕作方式下土壤微生物在属分类水平的相对丰度见图 2-47，从属的分类水平上看，黑土玉米连作不同耕作方式下土壤微生物共计 2634 个属，且有 28 个属在土壤中的占比超过 1%。在各土层下，灭茬起垄、宽窄行休闲种植、留茬免耕和翻茬连耕处理之间土壤微生物种类的变化差异较大，各处理中均以 norank_p_Acidobacteria、*Rhodanobacter* 和 norank_p__Actinobacteria 占比最高，共达到总测序基因的 24.11%以上。

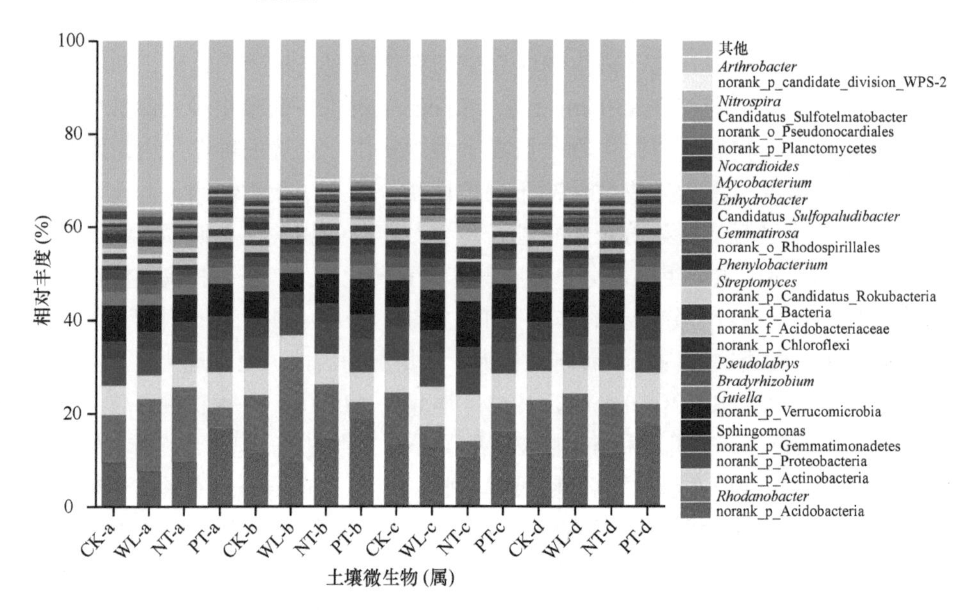

图 2-47　不同耕作方式下土壤微生物属水平的相对丰度

CK 是灭茬起垄处理，WL 是宽窄行休闲种植处理，NT 是留茬免耕处理，PT 是翻茬连耕处理；a 是 0～10 cm 土层，b 是 10～20 cm 土层，c 是 20～30 cm 土层，d 是 0～30 cm 土层

在 0～10 cm 土层下，与对照灭茬起垄相比，翻茬连耕处理的 norank_p_Acidobacteria 显著增加了 75.26%（$P<0.05$），其他处理的 *Rhodanobacter* 和 norank_p_Actinobacteria 与对照处理均无显著差异（$P>0.05$）。在 10～20 cm 土层下，在宽窄行休闲种植处理中，相对丰度最高的是 *Rhodanobacter*，为 22.38%，其次是 norank_p_Acidobacteria 和 norank_p_Actinobacteria，分别为 9.68%和 4.83%；在留茬免耕处理中，相对丰度最高的是 norank_p_Acidobacteria，为 14.63%，其次是 *Rhodanobacter* 和 norank_p_Actinobacteria，分别为 11.61%和 6.64%；在翻茬连耕处理中，相对丰度最高的是 norank_p_ Acidobacteria，为 18.88%，其次是 norank_p_Actinobacteria 和 *Rhodanobacter*，分别为 6.45%和 3.57%，与对照灭茬起垄处理相比，翻茬连耕处理的 norank_p_Acidobacteria 显著增加了 60.27%（$P<0.05$），其他处理的 *Rhodanobacter* 和 norank_p_Actinobacteria 与灭茬起垄对照处理均无显著差异（$P>0.05$）。在 20～30 cm 土层下，在留茬免耕处理中，相对丰度最高的是 norank_p_Acidobacteria，为 10.85%，其次是 norank_p_Actinobacteria 和 *Rhodanobacter*，

分别为 10.01%和 3.25%；在翻茬连耕处理中，相对丰度最高的是 norank_p_Acidobacteria，为 16.43%，其次是 norank_p_Actinobacteria 和 *Rhodanobacter*，分别为 6.50%和 5.72%，与对照灭茬起垄相比，留茬免耕处理的 norank_p_Acidobacteria 显著降低了 20.02%（$P<0.05$），而翻茬连耕处理的 norank_p_Acidobacteria 显著增加了 21.12%（$P<0.05$），宽窄行休闲种植和留茬免耕处理的 *Rhodanobacter* 均显著降低，分别降低了 59.57%（$P<0.05$）和 70.37%（$P<0.05$），宽窄行休闲种植和留茬免耕处理的 norank_p_Actinobacteria 均显著增加，分别增加了 25.06%（$P<0.05$）和 47.08%（$P<0.05$）。

在 0～30 cm 土层下，在宽窄行休闲种植处理中，相对丰度最高的是 *Rhodanobacter*，为 14.09%，其次为 norank_p_Acidobacteria 和 norank_p_Actinobacteria，分别为 10.11%和 6.17%。在留茬免耕处理中，相对丰度最高的是 norank_p_Acidobacteria，为 11.77%，其次为 *Rhodanobacter* 和 norank_p_Actinobacteria，分别为 10.26%和 7.21%。在翻茬连耕处理中，相对丰度最高的是 norank_p_Acidobacteria，为 17.46%，其次为 norank_p_Actinobacteria 和 *Rhodanobacter*，分别为 6.87%和 4.52%。与对照灭茬起垄相比，翻茬连耕处理的 norank_p_Acidobacteria 显著增加了 49.60%（$P<0.05$），其他处理的 *Rhodanobacter* 和 norank_p_Actinobacteria 与灭茬起垄对照均无显著差异（$P>0.05$）。

2. 土壤微生物群落多样性

不同耕作方式下土壤微生物在属分类水平下的群落多样性指数见表 2-18。在 0～10 cm 土层，各处理的香农-维纳多样性指数和辛普森多样性指数均无显著差异（$P>0.05$）。在 10～20 cm 土层，与灭茬起垄对照处理相比，宽窄行休闲种植、留茬免耕和翻茬连耕处理的香农-维纳多样性指数和辛普森多样性指数均降低，其中宽窄行休闲种植处理的香农-维纳多样性指数显著降低了 4.49%（$P<0.05$），辛普森多样性指数显著降低了 2.06%（$P<0.05$）。在 20～30 cm 土层，与对照灭茬起垄处理相比，宽窄行休闲种植、留茬免耕和翻茬连耕处理的香农-维纳多样性指数和辛普森多样性指数均有所增加，其中宽窄行休闲种植和留茬免耕处理的香农-维纳多样性指数分别显著增加了 2.51%（$P<0.05$）和 4.19%（$P<0.05$），宽窄行休闲种植和留茬免耕处理的辛普森多样性指数均显著增加了 1.03%（$P<0.05$）。在 0～30 cm 土层，各处理间的香农-维纳多样性指数和辛普森多样性指数均无显著差异（$P>0.05$）。

表 2-18　不同耕作方式下土壤微生物属水平的多样性指数

多样性指数	处理	土层			
		0～10 cm	10～20 cm	20～30 cm	0～30 cm
香农-维纳多样性指数	CK	6.16±0.010a	6.02±0.053a	5.97±0.14c	2.49±0.063a
	WL	6.16±0.010a	5.75±0.25b	6.12±0.056ab	2.47±0.057a
	NT	6.04±0.23a	5.83±0.25ab	6.22±0.14a	2.49±0.085a
	PT	5.98±0.091a	5.90±0.071ab	6.00±0.089bc	2.51±0.0098a
辛普森多样性指数	CK	0.98±0.0043a	0.97±0.0070a	0.97±0.011b	0.85±0.0093a
	WL	0.97±0.0085a	0.95±0.025b	0.98±0.0014a	0.85±0.010a
	NT	0.97±0.022a	0.96±0.018ab	0.98±0.0031a	0.85±0.013a
	PT	0.97±0.0036a	0.97±0.0024ab	0.97±0.0028ab	0.86±0.0031a

注：CK 是灭茬起垄处理，WL 是宽窄行休闲种植处理，NT 是留茬免耕处理，PT 是翻茬连耕处理，相同字母表示数据无显著差异（$P>0.05$）。

3. 土壤微生物群落相似性

聚类热图是近年来被广泛应用于数据挖掘的方法之一，其原理是在聚合大量试验数据的基础上，以一种渐进的蓝红色带直观地将结果展现出来，由此可以看出数据的疏密和频率高低，以及重点研究对象的差异变化。将不同土层、不同耕法土壤微生物属水平的相对丰度通过欧几里得距离进行聚类分析，结果如图 2-48 所示。相同土层下的不同耕法呈现一定的聚类特征，在 0～10 cm 土层下，与对照灭茬起垄处理相比，宽窄行休闲种植和留茬免耕处理的土壤微生物群落组成最为相似。翻茬连耕处理的微生物群落组成与其他三组处理相比发生了明显的变化。在 10～20 cm 土层下，四组处理中，宽窄行休闲种植和灭茬起垄对照处理的微生物群落组成最为相似。留茬免耕和翻茬连耕处理的土壤微生物群落组成最为相似，但宽窄行休闲种植、灭茬起垄、留茬免耕和翻茬连耕处理的土壤微生物群落组成显著不同。在 20～30 cm 土层下，与翻茬连耕处理相比，灭茬起垄和宽窄行休闲种植处理的土壤微生物群落组成较为相似，留茬免耕处理与其他三组处理相比发生了明显的变化。整体来看，在各土层中，宽窄行休闲种植处理和灭茬起垄处理的土壤微生物群落组成最为相似。与对照灭茬起垄处理相比，留茬免耕和翻茬连耕处理已经显著改变了土壤微生物群落组成。

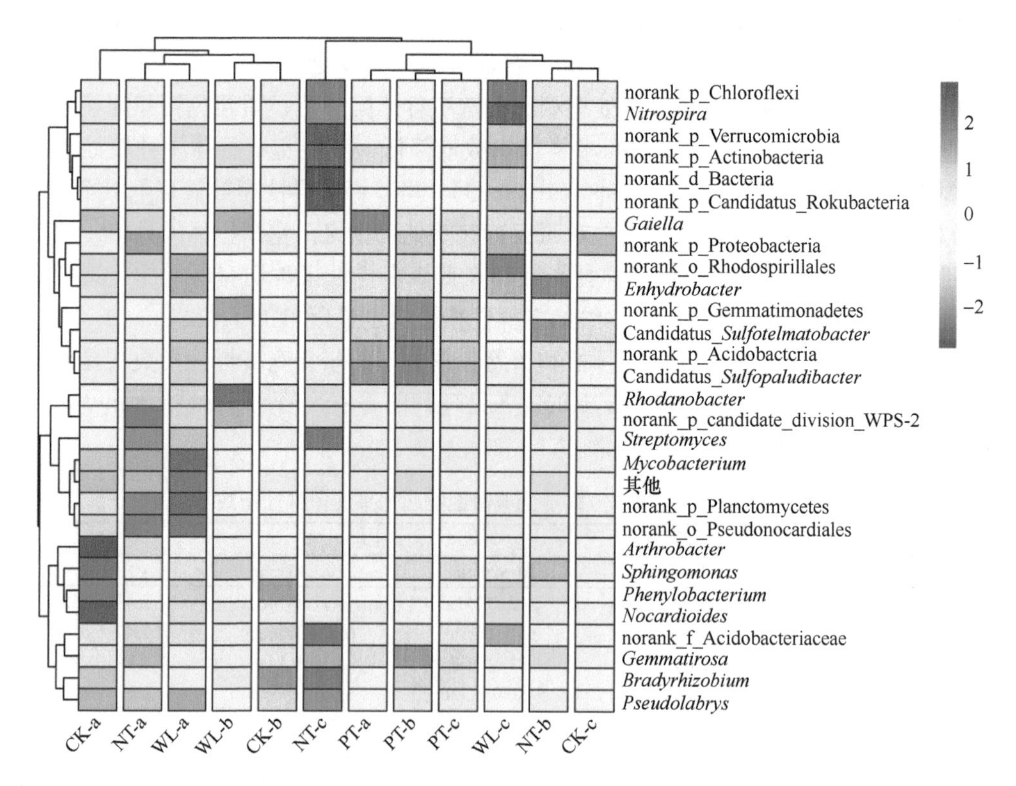

图 2-48 不同耕作方式土壤微生物在属水平下的聚类热图分析

CK 是灭茬起垄处理，WL 是宽窄行休闲种植处理，NT 是留茬免耕处理，PT 是翻茬连耕处理；a 是 0～10 cm 土层，b 是 10～20 cm 土层，c 是 20～30 cm 土层

4. 土壤微生物的关键物种

基于 LEfSe 多级物种差异判别分析，来识别不同耕作方式下土壤微生物在属水平下的差异性物种（图 2-49），以及差异性微生物的 LDA 分值（LDA 阈值为 4）。在 0～10 cm 土层，灭茬起垄对照处理的 *Sphingomonas*，留茬免耕处理的 *Rhodanobacter*，翻茬连耕处理的 norank_p_Acidobacteria、norank_p_Actinobacteria 和 norank_p_Proteobacteria 的 LDA 分值与其他属之间表现出显著差异。在 10～20 cm 土层，宽窄行休闲种植处理的 *Rhodanobacter*，留茬免耕处理的 norank_p_Verrucomicrobia、翻茬连耕处理的 norank_p_Acidobacteria 和 *Sphingomonas* 与其他属相比均表现出显著差异。在 20～30 cm 土层，留茬免耕处理的 norank_p_Actinobacteria 和 norank_p_Verrucomicrobia，翻茬连耕处理的 norank_p_Acidobacteria 与其他属相比均表现出显著差异。在 0～30 cm 全土层下，宽窄行休闲种植处理的 *Rhodanobacter*、留茬免耕处理的 norank_p_Verrucomicrobia、翻茬连耕处理的 norank_p_Acidobacteria 与其他属相比均表现出显著差异。

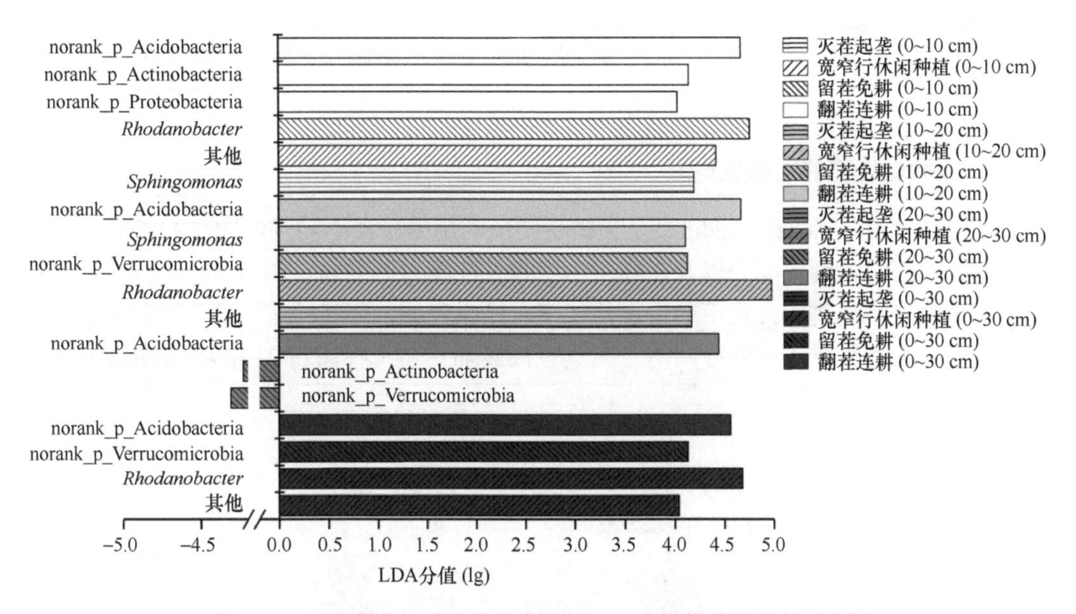

图 2-49　不同耕作方式土壤微生物 LEfSe 多级物种差异判别分析

CK 是灭茬起垄处理，WL 是宽窄行休闲种植处理，NT 是留茬免耕处理，PT 是翻茬连耕处理；a 是 0～10 cm 土层，b 是 10～20 cm 土层，c 是 20～30 cm 土层，d 是 0～30 cm 土层

不同耕作方式下各土层土壤微生物关键属的群落多样性指数变化见表 2-19。在 0～10 cm 土层，与对照灭茬起垄相比，留茬免耕处理的香农-维纳多样性指数和辛普森多样性指数均显著降低，分别降低了 6.67%（$P<0.05$）和 4.23%（$P<0.05$）。在 10～20 cm 土层，各处理间的香农-维纳多样性指数和辛普森多样性指数均无显著差异（$P>0.05$）。在 20～30 cm 土层，与灭茬起垄对照处理相比，宽窄行休闲种植和留茬免耕处理的香农-维纳多样性指数均显著增加，分别增加了 9.68%（$P<0.05$）和 15.05%（$P<0.05$），宽窄行休闲种植和留茬免耕处理的辛普森多样性指数分别显著增加了 10.71%（$P<0.05$）和 16.07%（$P<0.05$），翻茬连耕处理的辛普森多样性指数显著降低了 5.36%（$P<0.05$）。

在 0～30 cm 全土层下，与对照灭茬起垄相比，宽窄行休闲种植和留茬免耕处理的香农-维纳多样性指数分别增加了 3.74%（P＜0.05）和 4.67%（P＜0.05），留茬免耕处理的辛普森多样性指数显著增加了 3.39%（P＜0.05）。

表 2-19　不同耕作方式下土壤微生物关键属的多样性指数

多样性指数	处理	土层			
		0～10 cm	10～20 cm	20～30 cm	0～30 cm
香农-维纳多样性指数	CK	1.50±0.025a	1.22±0.036a	0.93±0.047b	1.07±0.033b
	WL	1.45±0.065ab	1.19±0.094a	1.02±0.028a	1.11±0.019a
	NT	1.40±0.11b	1.24±0.043a	1.07±0.034a	1.12±0.028a
	PT	1.50±0.016a	1.23±0.017a	0.89±0.027b	1.06±0.018b
辛普森多样性指数	CK	0.71±0.014ab	0.64±0.013a	0.56±0.031b	0.59±0.019b
	WL	0.69±0.023bc	0.64±0.031a	0.62±0.019a	0.61±0.0061ab
	NT	0.68±0.032c	0.65±0.0093a	0.65±0.022a	0.61±0.015a
	PT	0.72±0.0057a	0.64±0.0083a	0.53±0.019c	0.59±0.0076b

注：CK 是灭茬起垄处理，WL 是宽窄行休闲种植处理，NT 是留茬免耕处理，PT 是翻茬连耕处理；相同字母表示数据无显著差异（P＞0.05）。

5. 土壤微生物的生态位宽度

生态位宽度（niche breadth）是指被生物所利用的各种不同资源的总和，它代表生物群落对于资源的利用能力以及在环境中生存竞争能力的强弱。图 2-50 中所展示的是土壤微生物在不同耕作方式下的生态位宽度。结果表明，灭茬起垄、宽窄行休闲种植、留茬免耕、翻茬连耕 4 个处理两两之间具有极显著差异（P＜0.0001），这表明玉米连作

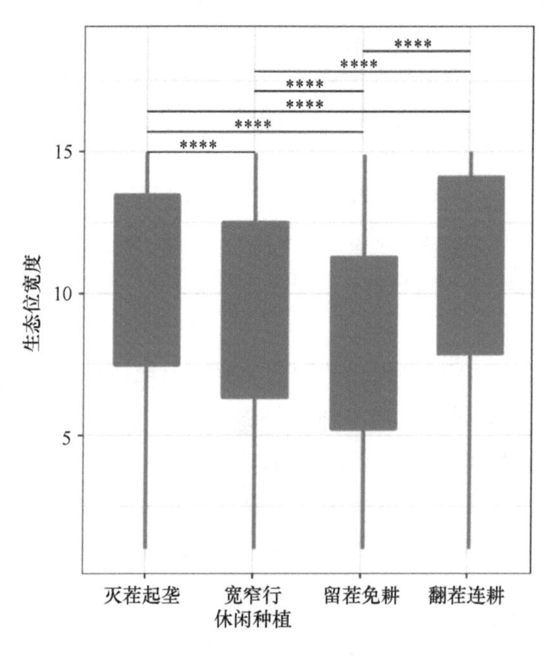

图 2-50　不同耕作方式下土壤微生物在属水平的生态位宽度

下不同耕作方式改变了土壤微生物在生态系统中的地位和角色，翻茬连耕处理土壤微生物生态位宽度最高，留茬免耕处理最低。综合来看，翻茬连耕和宽窄行休闲种植处理与灭茬起垄处理生态位宽度更为接近。这表明翻茬连耕处理的土壤微生物分布更广、数量更多、适应性更强、对外界干扰的耐受度更高。

6. 土壤微生物的分子生态网络

物种之间复杂的相互关系对于生物群落的稳定十分重要，土壤微生物分子生态网络结构可以揭示土壤生态系统的复杂性与稳定性。图 2-51 为玉米连作不同耕作方式下土壤微生物纲水平的分子生态网络分布图。在灭茬起垄、留茬免耕、翻茬连耕、宽窄行休闲种植处理下，土壤微生物群落的分子生态网络之间在节点数、总链结数、平均路径长度、网络直径、同配性、密度、传递性、群落化、模块化方面存在明显差异（表 2-20）。

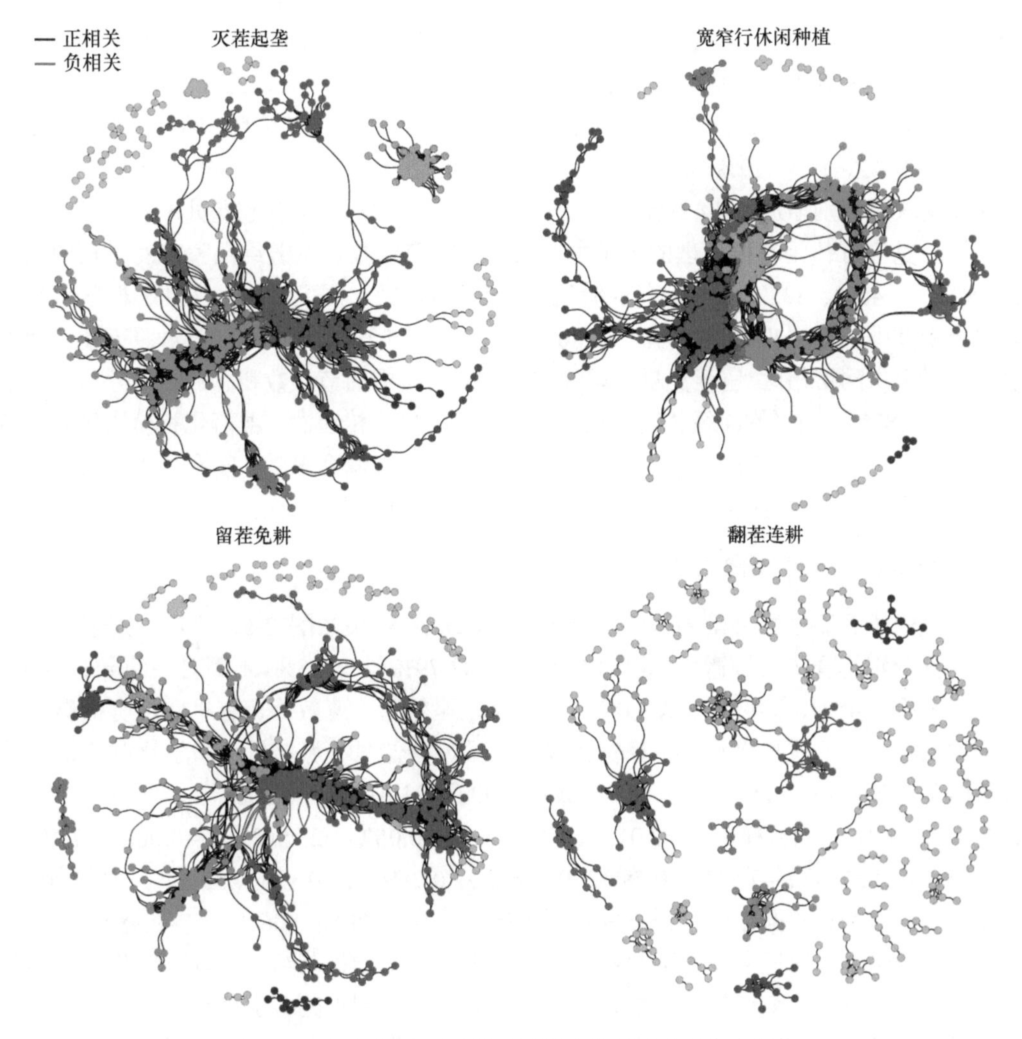

图 2-51　不同耕作方式下土壤微生物群落分子生态网络

表 2-20　不同耕作方式下土壤微生物分子生态网络的主要参数

网络参数	灭茬起垄（CK）	宽窄行休闲种植（WL）	留茬免耕（NT）	翻茬连耕（PT）
节点数	718	804	753	400
总链结数	7 009	13 559	9 518	986
平均路径长度	5.57	4.76	5.55	3.24
网络直径	23	17	19	10
同配性	0.70	0.54	0.68	0.80
密度	0.03	0.04	0.03	0.01
传递性	0.70	0.64	0.68	0.68
群落化	34	22	32	60
模块化	0.70	0.65	0.44	0.85

不同耕作方式下土壤微生物分子生态网络的拓扑结构显示出很大的差异，与对照灭茬起垄相比，翻茬连耕和留茬免耕处理在网络特征上均具有明显的差异，而留茬免耕与对照灭茬起垄处理的分子生态网络特征更为相似。与对照灭茬起垄处理的分子生态网络相比，翻茬连耕处理的分子生态网络中的节点数、总链结数、平均路径长度、网络直径、密度和传递性分别减少了 44.29%、85.93%、41.83%、56.52%、66.67%、2.86%，而同配性、群落化和模块化分别增加了 14.29%、76.47%、21.43%。与对照灭茬起垄处理的分子生态网络相比，宽窄行休闲种植处理的分子生态网络中的节点数、总链结数和密度分别增加了 11.98%、93.45%、33.33%，而平均路径长度、网络直径、同配性、传递性、群落化和模块化分别减少了 14.54%、26.09%、22.86%、8.57%、35.29%、7.14%。与对照灭茬起垄处理的分子生态网络相比，留茬免耕处理的分子生态网络中的节点数和总链结数分别增加了 4.87%、35.80%，而平均路径长度、网络直径、同配性、传递性、群落化和模块化分别减少了 0.36%、17.39%、2.86%、2.86%、5.88%、37.14%。综合来看，宽窄行休闲种植处理土壤微生物分子生态网络结构更为复杂，其生态系统可能更为稳定。

7. 环境因子与土壤微生物群落的相关性

环境因子和微生物群落结构的冗余分析（RDA）结果如图 2-52 所示。冗余分析前两个维度分别解释了土壤微生物群落总变异的 82.79%和 10.35%。土壤对应的 pH、容重、全氮、全磷、全钾、硝态氮、铵态氮、碱解氮、速效磷、速效钾、有机质、有机碳、几何平均直径、平均重量直径、不稳定团聚体指数、碳储量、氮储量与微生物群落结构的相关性分别为 6.13%（P=0.254）、21.89%（P=0.002）、21.61%（P=0.006）、2.64%（P=0.516）、0.37%（P=0.912）、18.71%（P=0.017）、13.14%（P=0.052）、25.90%（P=0.002）、27.04%（P=0.001）、3.57%（P=0.442）、0.78%（P=0.826）、0.78%（P=0.826）、35.64%（P=0.001）、29.55%（P=0.001）、34.12%（P=0.001）、0.75%（P=0.841）、0.069%（P=0.982）。

综上，连续十年玉米连作不同耕作方式对土壤微生物群落组成、多样性及生态功能产生了一定影响。宽窄行休闲种植和翻茬连耕处理均有利于改善土壤环境、增强土壤微生物活性、提高土壤微生物对碳源的利用程度和增加利用种类，进而提高土壤微生物对土壤碳源的综合代谢能力。

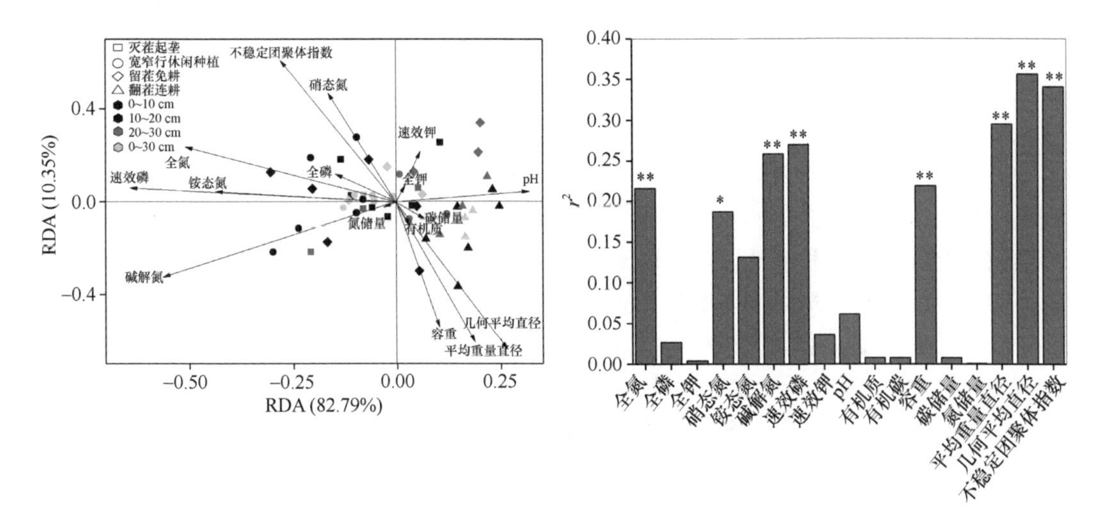

图 2-52　环境因子和土壤微生物群落结构的冗余分析

*为 0.05 显著水平，**为 0.01 显著水平

土壤微生物群落结构和代谢活性受到很多因素的影响，耕作方式是重要的影响因素之一。在土壤微生物属水平上，不同土壤深度各处理中均以 norank_p_Acidobacteria、*Rhodanobacter* 和 norank_p_Actinobacteria 占比最高，共达到总测序基因的 24.11%以上。*Rhodanobacter* 是化能异养型的好氧菌，具有硝酸盐还原作用，属于反硝化细菌（Lee et al.，2007），*Nitrospira* 是一种好氧化能自养的亚硝酸盐氧化菌，在植物硝化过程中起着关键作用（Van Kessel et al.，2015），*Pseudolabrys* 为化能异养型的好氧菌，具有硝酸盐还原作用（Kampfer et al.，2006），*Nocardioides* 也具有硝酸盐还原作用（Yoon et al.，1998），研究发现，宽窄行休闲种植和翻茬连耕处理提高了 *Rhodanobacter* 和 *Nitrospira* 的相对丰度，促进了土壤的反硝化作用和硝化作用，降低了 *Pseudolabrys* 和 *Nocardioides* 的相对丰度，减少了土壤的硝酸盐还原作用。与对照灭茬起垄处理相比，宽窄行休闲种植和翻茬连耕处理的 norank_p_Acidobacteria 显著增加了 49.60%（$P<0.05$），其他处理的 *Rhodanobacter* 和 norank_p_Actinobacteria 与灭茬起垄处理均无显著差异（$P>0.05$），因此，不同耕作方式显著改变了土壤微生物群落组成，并改变了土壤中氮循环功能微生物的相对丰度，结合土壤理化性质的研究结果，在全土层下，宽窄行休闲种植和翻茬连耕处理的有机质含量均增加，其中翻茬连耕处理显著增加，增幅为 14.81%（$P<0.05$），究其原因可能是深耕能够改变耕层土壤结构，有利于土壤有机质的积累，可改善土壤微生物生存的环境，进而影响土壤微生物数量，在一定程度上能对微生物群落组成起到丰富作用（Piovanelli et al.，2006），这对于土壤质量的提升具有重要意义，这也与冯彪的研究结果相一致（冯彪等，2021）。

在不同耕作方式对土壤微生物群落多样性影响的研究中发现，翻茬连耕处理的土壤微生物在属水平多样性最丰富，其香农-维纳多样性指数和辛普森多样性指数均最高，可能是因为翻耕措施改变了土壤通透性，有利于空气在土壤中的迁移，这保证了土壤微生物和根系充足的氧气供应（周枫等，2020），从而提高了土壤微生物的多样性与活性。但在全土层下，宽窄行休闲种植处理的关键属多样性最丰富，其香农-维纳多样性指数和辛普森多样性指数较对照灭茬起垄处理增加了 3.74%（$P<0.05$）和 3.39%，说明宽窄

行休闲种植处理对关键的土壤微生物产生了较大影响，究其原因可能是宽窄行休闲种植处理显著提高了土壤大团聚体的比例，从而为土壤微生物提供了更好的栖息场所（李娜等，2013），这也与宽窄行休闲种植处理显著提高了土壤中大团聚体比例的结果相一致。

不同耕作方式对土壤微生物群落相似性、关键物种的影响，以及不同耕作方式下环境因子与土壤微生物群落的相关性等相关研究发现，土壤环境改变在一定程度上影响了土壤微生物群落结构和多样性。通过土壤理化性质与微生物群落的冗余分析，发现土壤微生物群落结构和土壤团聚体质量相关性较强，与几何平均直径（GMD）、平均重量直径（MWD）、不稳定团聚体指数（E_{LT}）的相关性分别为 35.64%（P=0.001）、29.55%（P=0.001）、34.12%（P=0.001），其原因可能是不同耕作方式对土壤团聚体结构造成不同程度的扰动，从而影响土壤团聚体和土壤有机碳的周转，最终影响耕层土壤微生物的生物量和群落结构（张向前等，2019；潘孝晨等，2019）。

三、不同种植模式下土壤生物学性状的演变规律

中部农区是吉林省玉米获得高产稳产的主要地区。目前，玉米连作使土壤理化性质和生物学性状发生了一定的变化，因此，玉米连作直接影响到土壤的肥力状况。玉米连作土壤微生物区系分析的目的在于了解中部农区土壤环境条件与微生物组成的关系，在一定程度上推断土壤肥力发育的程度和发展趋势，并通过调节土壤环境条件来调整微生物区系，发挥有益微生物的作用，促进土壤培肥，提高作物产量。

（一）连作与非连作土壤微生物数量差异

选择高肥力和低肥力的土壤按照玉米连作与非连作的模式种植，测定土壤细菌、真菌、放线菌，以及与氮循环相关的功能菌的数量（表 2-21）。研究结果表明，无论是高肥力土壤还是低肥力土壤，玉米连作与非连作相比，土壤中三大类群微生物及与氮循环相关的功能菌的数量均无明显的差异，说明作物种植方式对土壤生物学性状的影响效果较小。但是无论是细菌、真菌和放线菌还是与土壤养分循环相关的功能菌的数量，高肥力土壤均明显高于低肥力土壤，说明高肥力土壤同时具有较好的生物学性状，进一步验证了土壤生物学性状能够反映土壤肥力水平，并可以作为评价土壤肥力的指标之一。

表 2-21　不同肥力土壤玉米连作与非连作土壤微生物数量差异　（单位：$\times10^4$ CFU/g 土）

微生物	低肥力		高肥力	
	连作	非连作	连作	非连作
细菌	280.00	314.00	470.00	510.00
放线菌	49.00	45.00	61.00	55.00
真菌	3.20	3.50	4.70	5.20
固氮菌	1.24	1.12	3.20	3.50
氨化细菌	273.00	294.00	434.00	458.00
硝化细菌	0.01	0.06	0.19	0.20
反硝化细菌	162.00	178.00	236.00	258.00

（二）连作与非连作土壤微生物类群组成差异

不同肥力条件下玉米连作与非连作土壤微生物类群组成的测定结果表明（表 2-22），高肥力水平条件下，非连作土壤细菌数量在整个玉米生育期都高于连作区，苗期最明显，细菌数量增加 32.8%；在低肥力土壤中，苗期细菌数量明显增加，而拔节期和成熟期与连作土壤中细菌数量无明显差异。从玉米生育期来看，土壤中细菌数量在苗期较多，拔节期最多，成熟期较少，与连作地区情况基本相同。

表 2-22　不同肥力土壤玉米连作与非连作土壤微生物类群　（单位：$\times10^4$ CFU/g 土）

微生物	土层（cm）	苗期				拔节期				成熟期			
		低肥力		高肥力		低肥力		高肥力		低肥力		高肥力	
		连作	非连作	连作	非连作	连作	非连作	连作	非连作	连作	非连作	连作	非连作
细菌	0～10	384.00	468.00	590.00	837.00	491.00	502.00	740.00	1161.00	337.00	394.00	580.00	763.00
	11～25	410.00	488.00	607.00	753.00	417.00	548.00	806.00	865.00	301.00	330.00	608.00	697.00
	0～25	397.00	478.00	598.00	795.00	454.00	534.00	773.00	1013.00	319.00	362.00	594.00	740.00
放线菌	0～10	65.20	68.60	80.00	98.00	76.80	97.60	101.40	147.40	55.60	80.00	82.00	116.00
	11～25	54.00	67.40	66.60	68.60	70.40	60.00	108.00	80.00	60.00	42.00	86.00	60.00
	0～25	59.60	68.00	73.30	83.30	73.60	78.80	104.70	113.70	57.80	61.00	84.00	88.00
真菌	0～10	4.14	5.16	8.34	10.66	5.86	7.94	10.40	14.00	6.50	10.80	12.40	20.60
	11～25	5.94	5.80	7.26	7.24	5.26	5.66	6.20	6.26	7.54	7.40	10.80	11.50
	0～25	5.04	5.63	7.80	9.00	5.56	6.80	8.30	10.13	7.02	9.10	11.60	16.05
总量	0～25	461.61	551.03	679.60	887.30	533.16	619.60	886.00	1136.83	383.82	432.10	689.60	844.05

土壤放线菌数量的测定结果表明，在玉米整个生育期，连作与非连作相比，不同肥力土壤中放线菌数量均无明显变化，差异不显著。放线菌的垂直分布在苗期不明显，拔节期和成熟期较为明显，例如，在高肥力土壤中，表层放线菌数量分别占耕层放线菌总数的 64.8%和 65.9%，6 月 28 日以后的下层土壤中放线菌数量又低于连作土壤，而连作土壤中的放线菌则均匀地分散于整个耕层土壤中。

玉米连作与非连作区相比，在不同肥力条件下，土壤真菌的数量在苗期和拔节期均无明显差异，在成熟期非连作土壤中真菌数量明显增加，例如，低肥力处理增加 25.6%，高肥力处理增加 38.4%，差异均达显著水平。

玉米连作土壤中各类微生物占微生物总数百分比的变化具有一定的规律（表 2-23）。在玉米整个生育期，非连作土壤中细菌所占的百分比均高于连作区，放线菌所占的百分比低于连作区，真菌所占的百分比在苗期和拔节期（拔节期低肥力除外）低于连作区，在成熟期则高于连作区。

表 2-23　不同肥力土壤玉米连作与非连作土壤微生物组成（%）

微生物	苗期				拔节期				成熟期			
	低肥力		高肥力		低肥力		高肥力		低肥力		高肥力	
	连作	非连作	连作	非连作	连作	非连作	连作	非连作	连作	非连作	连作	非连作
细菌	86.00	86.70	88.10	89.60	85.20	86.20	87.20	89.10	83.10	83.80	86.10	87.70
放线菌	12.90	12.30	10.80	9.40	13.80	12.70	11.80	10.00	15.10	14.00	12.20	10.40
真菌	1.10	1.00	1.10	1.00	1.00	1.10	1.00	0.90	1.80	2.10	1.70	1.90

（三）连作与非连作土壤氮素生理群组成差异

土壤氨化细菌的数量直接反映了氨化作用的强度。土壤中氨化细菌的数量随玉米不同生育期有明显的变化（表 2-24）。苗期数量较少，拔节期增多，而成熟期又减少，这符合一般土壤微生物的季节变化规律。在不同肥力条件下，非连作比连作土壤中氨化细菌都不同程度地增加，低肥力处理增加 23.1%～42.8%，高肥力处理增加 43.6%～65.1%。但总的趋势，因苗期土壤温度相对较低，土壤微生物繁殖较慢，氨化细菌数量上升幅度不如拔节期明显；拔节期土壤温度适宜，水分充足，作物旺盛生长又能提供更多的养分物质，致使氨化细菌大量繁殖；成熟期由于作物旺盛生长消耗了土壤中的大量养分物质，其数量也明显低于拔节期。不同肥力土壤中氨化细菌数量相差很大，这表明土壤中氨化细菌数量与土壤肥力关系密切，可以作为表征土壤肥力的指标之一。

表 2-24　不同肥力土壤玉米连作与非连作土壤氮素生理类群数量（0～25 cm）

（单位：$\times 10^4$ CFU/g 土）

微生物	苗期				拔节期				成熟期			
	低肥力		高肥力		低肥力		高肥力		低肥力		高肥力	
	连作	非连作	连作	非连作	连作	非连作	连作	非连作	连作	非连作	连作	非连作
固氮菌	1.38	1.50	4.47	4.86	1.54	1.43	5.20	4.80	1.21	1.13	3.73	3.52
氨化细菌	346.90	427.00	652.90	937.60	417.40	539.60	817.60	1350.10	302.50	431.90	608.20	956.80
硝化细菌	0.08	0.09	0.30	0.53	0.11	0.19	0.53	1.20	0.12	0.19	0.24	0.54
反硝化细菌	178.70	219.90	281.30	373.70	213.40	267.00	394.20	526.80	149.90	195.50	344.50	466.20
总量	527.06	648.49	938.97	1316.60	632.45	808.22	1217.53	1882.90	453.73	628.72	956.67	1427.06

土壤中的硝酸盐是植物最好的氮素养料，它在土壤中的累积主要是硝化细菌活动的结果，因此，土壤中硝化细菌数量的多少反映了土壤硝态氮的供应状况。表 2-24 表明，非连作土壤中硝化细菌的数量都有增加。低肥力土壤和高肥力土壤硝化细菌的数量分别增加了 21%～25%和 78%～146%。高肥力土壤中增加的幅度更为明显，这主要是由于高肥力土壤每年都施入一定的有机肥料及氮磷化肥，在适宜的条件下必然会促进土壤中氨化细菌的大量繁殖，生成较多的氨态氮，这为硝化细菌提供了更多的养分物质，促进了硝化细菌的生长繁殖。因此，土壤中氨态氮含量也是影响硝化细菌数量的关键因素。土壤中的反硝化细菌在一定条件下会造成土壤中的氮素损失，因此，反硝化细菌数量的多少同样会影响土壤的肥力状况。非连作土壤中反硝化细菌的数量都明显高于连作土壤，其中，低肥力土壤中反硝化细菌的数量增加 23.0%～30.4%，高肥力土壤增加 32.8%～35.3%。另外，土壤中的反硝化细菌都是兼性厌氧性细菌，在有氧时进行有氧呼吸，一般亦为氨化细菌；无氧时才利用 NO_3^-和 NO_2^-作为呼吸作用的最终电子受体，将其还原为 N_2O 和 N_2，导致肥料氮素损失。所以反硝化细菌数量增加并不意味着土壤中的反硝化作用一定会明显加强，这主要取决于土壤的通气状况。从反硝化细菌占细菌总数的百分比来看，连作区为 29.96%～36.01%，非连作区为 28.00%～33.91%（表 2-25），这一结果表明，非连作土壤的通气状况并没有显著变化，也不会造成土壤氮素养分的过多损失。据报道，反硝化细菌能产生大

量维生素和其他刺激性物质，对植物根系发育有良好的作用。

表 2-25　不同肥力土壤玉米连作与非连作土壤氮素生理类群组成（%）

微生物	苗期				拔节期				成熟期			
	低肥力		高肥力		低肥力		高肥力		低肥力		高肥力	
	连作	非连作	连作	非连作	连作	非连作	连作	非连作	连作	非连作	连作	非连作
固氮菌	0.26	0.23	0.48	0.37	0.24	0.18	0.43	0.25	0.27	0.18	0.29	0.25
氨化细菌	65.82	65.85	69.53	71.20	66.04	66.76	67.15	71.68	66.67	68.69	63.57	67.05
硝化细菌	0.01	0.01	0.03	0.04	0.02	0.02	0.04	0.07	0.03	0.03	0.03	0.04
反硝化细菌	33.91	33.91	29.96	28.39	33.70	33.04	32.38	28.00	33.03	31.11	36.11	32.67

土壤中固氮菌数量的多少会影响土壤中氮素养分的含量，但研究发现，不同肥力条件下，玉米连作与非连作土壤中固氮菌数量差异不显著。

综上所述，土壤中的微生物类群与作物种植方式和土壤肥力水平表现出一定的关联性。土壤细菌占微生物总数的 83.10%～89.60%，放线菌占 9.40%～15.10%，真菌占 1.00%～2.00%，这一结果符合土壤微生物区系在土壤中的分布比例。而在高肥力土壤条件下，非连作比连作土壤中细菌数量增加了 24.6%～32.8%，差异达显著水平；非连作土壤中放线菌的数量与连作区差异不显著；真菌数量在成熟期非连作区比连作区有明显提高，低肥力土壤和高肥力土壤分别增加 29.6%和 38.4%，差异达显著水平。高肥力土壤中氨化细菌、硝化细菌和反硝化细菌数量都有明显增加，固氮菌数量差异不显著。

土壤氮素生理群中氨化细菌数量最多，反硝化细菌次之，固氮菌和硝化细菌最少。氨化细菌占生理群总数的 63.57%～71.68%，反硝化细菌占 28.00%～36.01%，固氮菌和硝化细菌分别占 0.18%～0.48%和 0.01%～0.07%。

参考文献

陈学文, 张晓平, 梁爱珍, 等. 2012. 耕作方式对黑土耕层孔隙分布和水分特征的影响. 干旱区资源与环境, 26(6): 114-120.

冯彪, 青格尔, 高聚林, 等. 2021. 不同耕作方式对土壤酶活性及微生物量和群落组成关系的影响. 北方农业学报, 49(3): 64-73.

耿玉清, 白翠霞, 赵广亮, 等. 2008. 土壤磷酸酶活性及其与有机磷组分的相关性. 北京林业大学学报, 30(增刊): 139-143.

韩晓日, 郑国砥, 刘晓燕, 等. 2007. 有机肥与化肥配合施用土壤微生物量氮动态、来源和供氮特征. 中国农业科学, 40(4): 765-772.

和文祥, 刘恩斌, 朱铭莪. 2001. 土壤脲酶活性与底物浓度定量关系研究. 西北农业学报, 10(1): 62-66.

和文祥, 朱铭莪, 童江云, 等. 1997. 有机肥对土壤脲酶活性特征的影响. 西北农业学报, 6(2): 73-75.

吉林省土壤肥料总站. 1998. 吉林土壤. 北京: 中国农业出版社: 145.

蒋和, 翁文钰, 林增泉. 1990. 施肥十年后的水稻土微生物学特性和酶活性的研究. 土壤通报, 21(6): 265-268.

焦彩强, 王益权, 刘军, 等. 2009. 关中地区耕作方法与土壤紧实度时空变异及其效应分析. 干旱地区农业研究, 27(3): 7-12.

李潮海, 王群, 郝四平. 2002. 土壤物理性质对土壤生物活性及作物生长的影响研究进展. 河南农业大学学报, 36(1): 32-37.
李娜, 韩晓增, 尤孟阳, 等. 2013. 土壤团聚体与微生物相互作用研究. 生态环境学报, 22(9): 1625-1632.
李双霖. 1990. 应用聚类-主组元分析检验土壤酶活性作为土壤肥力指标的可能性. 土壤通报, (6): 272-274.
罗培宇. 2014. 轮作条件下长期施肥对棕壤微生物群落的影响. 沈阳: 沈阳农业大学博士学位论文.
潘孝晨, 唐海明, 肖小平, 等. 2019. 不同土壤耕作方式下稻田土壤微生物多样性研究进展. 中国农学通报, 35(23): 51-57.
邱莉萍, 刘军, 和文祥, 等. 2003. 长期培肥对土壤酶活性的影响. 干旱地区农业研究, 21(4): 44-47.
王冬梅, 王春枝, 韩晓日, 等. 2006. 长期施肥对棕壤主要酶活性的影响. 土壤通报, 37(2): 263-267.
王立春, 马虹, 郑金玉. 2008. 东北春玉米耕地合理耕层构造研究. 玉米科学, 16(4): 13-17.
王淑平, 周广胜, 孙长占, 等. 2003. 土壤微生物量氮的动态及其生物有效性研究. 植物营养与肥料学报, 9(1): 87-90.
徐明岗, 张文菊, 黄绍敏. 2015.中国土壤肥力演变. 2 版. 北京: 中国农业科学技术出版社: 102.
杨晓娟, 李春俭. 2008. 机械压实对土壤质量作物生长土壤生物及环境的影响. 中国农业科学, 41(7): 2008-2015.
袁玲, 杨邦俊, 郑兰君, 等. 1997. 长期施肥对土壤酶活性和氮磷养分的影响. 植物营养与肥料学报, 3(4): 300-306.
张成娥. 1996. 植被破坏前后土壤微生物分布与肥力的关系. 土壤侵蚀与水土保持学报, 2(4): 77-83.
张会民, 徐明岗, 吕家珑, 等. 2009. 长期施肥对水稻土和紫色土钾素容量和强度关系的影响. 土壤学报, 46(04): 640-645.
张继光, 秦江涛, 要文倩, 等. 2010. 长期施肥对红壤旱地土壤活性有机碳和酶活性的影响. 土壤, 42(3): 364-371.
张向前, 杨文飞, 徐云姬. 2019. 中国主要耕作方式对旱地土壤结构及养分和微生态环境影响的研究综述. 生态环境学报, 28(12): 2464-2472.
周枫, 罗佳琳, 赵亚慧, 等. 2020. 翻耕和不同泡田方式对土壤微生物生物量及其酶活性的影响. 土壤通报, 51(2): 352-357.
周虎, 吕贻忠, 杨志臣, 等. 2007. 保护性耕作对华北平原土壤团聚体特征的影响. 中国农业科学, 40(9): 1973-1979.
Allison S D, Vitousek P M. 2005. Responses of extracellular enzymes to simple and complex nutrient inputs. Soil Biology and Biochemistry, 37(5): 937-944.
Allison V J, Condron L M, Peltzer D A, et al. 2007. Changes in enzyme activities and soil microbial community composition along carbon and nutrient gradients at the Franz Josef chronosequence, New Zealand. Soil Biological and Biochemistry, 39(7): 1770-1781.
De La Paz Jimenez M, De La Horra A, Pruzzo L, et al. 2002. Soil quality: a new index based on microbiological and biochemical parameters. Biology and Fertility of Soils, 35(4): 302-306.
He W. 1997. Relation between activity and fertility of soils on Shanxi province. Acta Pedologna Sinnet, 34(4): 392-398.
ICK R P. 1997. Soil enzyme activities as integrative indicators of soil health //Pnkrst C, Dube B M, Gupta V V S R. Biological Indicators of Soil Health. Wallingford, Oxon, UK: CAB International: 121-157.
Kampfer P, Young C C, Arun A B, et al. 2006. *Pseudolabrys taiwanensis* gen. nov., sp. nov., an alphaproteobacterium isolated from soil. International Journal of Systematic and Evolutionary Microbiology, 56(10): 2469-2472.
Kraemer S, Green D M. 2000. Acid and alkaline phosphatase dynamic sand their relationship to soil microclimate in a semiarid woodland. Soil Biological and Biochemistry, 32(2): 179-188.
Olander L P, Vitousek P M. 2000. Regulation of soil phosphatase and chitinase activity by N and P availability. Biogeochemistry, 49(2): 175-191.
Lee C S, Kim K K, Aslam Z, et al. 2007. *Rhodanobacter thiooxydans* sp. nov., isolated from a biofilm on

sulfur particles used in an autotrophic denitrification process. International Journal of Systematic and Evolutionary Microbiology, 57(8): 1775-1779.

Leita L, De Nobilli M, Monfini C. 1999. Influence of inorganic and organic fertilization on soil microbial biomass, metabolic quotient and heavy metal bioavailability. Biology and Fertility of Soils, 4: 371-376.

Marschner P, Kandeler E. 2003. Structure and function of the soil microbial community in a long-term fertilizer experiment. Soil Biology & Biochemistry, 35: 453-461.

Piovanelli C, Gamba C, Brandi G, et al. 2006. Tillage choices affect biochemical properties in the soil profile. Soil and Tillage Research, 90(1-2): 84-92.

Saha Supradip P V, Samaresh K, Narendra K. 2008. Soil enzymatic activity as affected by long term application of farm yard manure and mineral fertilizer under a rained soybean-wheat system in N-W Himalaya. European Journal of Soil Biology, 44(3): 309-315.

Schaefer R. 1963. Dehydrogenase activity as an index for total biological activity in soils. Ann Inst Pasteur Pair, 105: 326-331.

Van Kessel M A H J, Speth D R, Albertsen M, et al. 2015. Complete nitrification by a single microorganism. Nature, 528: 555-559.

Witter E, Martnsson A M, Garica F V. 1993. Size of the soil biomass in a long-term experiment as affected by different N-fertilizers and organic manures. Soil Biological and Biochemistry, 25: 659-669.

Yoon H J, Lee S T, Park Y H. 1998. Genetic analyses of the genus *Nocardioides* and related taxa based on 16S-23S rDNA internally transcribed spacer sequences. International Journal of Systematic Bacteriology, 48(3): 641-650.

第三章　东北玉米带土壤结构性障碍消减技术

近年来由于土地的分散经营，大型动力作业及机具在生产上的应用急剧下降，机械化深翻、深松作业面积越来越小。目前东北地区在生产上以小型动力作业为主，小四轮灭茬起垄后垄上播种及小型动力浅旋耕后平播等方式在生产上占据了主导地位。长年采用小型动力作业，耕作层浅，而且由于机械压实，土壤表层容重增加，从而造成了土壤板结，使耕地退化，生态环境恶化，土壤失墒严重，加速了水土流失及土壤肥力下降的进程。玉米是东北地区主要的粮食作物，长期连作的耕作制度导致土壤退化加速，而且玉米连作导致秸秆过剩、利用率低，秸秆还田难度增大。监测不同秸秆还田方式和耕作方式对玉米生长发育的影响，提出玉米农田土壤结构性障碍消减技术，对指导玉米生产和产能提升至关重要。

第一节　黑土地秸秆还田与保护性耕作对玉米生长发育及产量的影响

玉米连作除导致土壤退化外，还可导致秸秆过剩。东北地区秸秆综合利用率仅为63.1%，秸秆还田率仅为28.8%（霍丽丽等，2019）。不同的耕作方式通过改变土壤结构，对土壤水热变化产生影响，进而影响到作物生长发育和产量（Chen et al.，2011；Lal，1974）。国内外一部分学者研究认为，免耕、少耕等保护性耕作由于在蓄水保墒和提高土壤肥力方面具有优势，因而能够提高玉米产量（Li et al.，2013；Sidhu et al.，2007），特别是在干旱地区，少免耕可显著增加玉米产量，连续 10 年以上免耕秸秆覆盖平均增产超过 19.2%，其中丰水年份增产超过 5.2%，而干旱年份增产超过 85.0%（王改玲等，2011）。但在湿润和半湿润冷凉区，免耕秸秆覆盖土壤温度提升慢，玉米出苗较常规耕作晚 3～4 d，导致生育进程延迟，减少了玉米干物质积累和产量形成，使玉米减产 13.0%以上（Drury et al.，1999；董智，2013）。由此可见，保护性耕作对玉米生长发育的影响受气候条件、土壤类型、耕作年限及秸秆还田量等多方面影响。

本节基于吉林省农业科学院秸秆还田和保护性耕作定位试验（始于 2017 年），分析了不同耕作方式和耕层构造土壤特性响应。秸秆还田和保护性耕作定位试验包括 8 个处理，即传统耕作（CT，秸秆不还田）、秸秆深翻还田（PT）、秸秆碎混还田（RT）、免耕（秸秆全量粉碎覆盖）（NT1）、免耕（30%秸秆移除田外）（NT2）、免耕（30%秸秆移除田外）+深松（NT3）、免耕（留高茬全量秸秆覆盖）（NT4）和免耕（秸秆全量条带覆盖）（NT5），每个处理 2500 m^2，大区试验，不设重复。为统计数据方便，根据秸秆还田和保护性耕作定义及内涵，将 8 个处理分为秸秆还田（CT、PT、RT 和 NT1）和保护性耕作（CT、NT1、NT2、NT3、NT4 和 NT5）两组数据进行统计分析。

一、秸秆还田与保护性耕作对玉米生育进程的影响

（一）秸秆还田方式对玉米生育进程的影响

秸秆还田通过改变土壤水热状况进而影响玉米生育进程。三年试验（2018～2020年）结果显示，不同秸秆还田方式之间玉米生育进程的差异主要是VE延迟（表3-1），随着生育进程的推进，不同秸秆还田方式之间的差异有缩小趋势。同一年份，秸秆深翻还田（PT）与传统耕作（CT）生育进程基本一致，秸秆碎混还田（RT）和免耕（秸秆全量粉碎覆盖）（NT1）延迟了各生育阶段时间，其中NT1延迟时间最长。从三年试验结果看出，RT在VE和R6分别延迟1～4 d和1～2 d，NT1在VE和R6分别延迟5～7 d和3～4 d。

表3-1　不同秸秆还田方式玉米生育进程差异　（单位：d）

年份	处理	VE	V6	V12	R1	R3	R6
2018	CT	0	0	0	0	0	0
	PT	0	–1	–1	–1	–1	0
	RT	4	2	2	2	1	1
	NT1	5	4	3	2	2	3
2019	CT	0	0	0	0	0	0
	PT	1	1	1	1	1	1
	RT	1	1	1	2	2	1
	NT1	5	5	3	4	4	4
2020	CT	0	0	0	0	0	0
	PT	0	0	0	0	0	0
	RT	2	2	1	2	2	2
	NT1	7	5	5	5	5	4

注：表中CT、PT、RT和NT1分别代表传统耕作、秸秆深翻还田、秸秆碎混还田和免耕（秸秆全量粉碎覆盖）。VE、V6、V12、R1、R3和R6分别代表出苗期、6展叶期（也称拔节期）、12展叶期（也称大口期）、吐丝期、乳熟期和成熟期。负数表示生育期提前，正数表示生育期延迟。

（二）保护性耕作对玉米生育进程的影响

与CT相比，5种保护性耕作处理整体延迟了玉米生育进程，与不同秸秆还田方式之间差异一致（表3-2），保护性耕作延迟玉米生育进程主要是延迟了VE时间，随着生育进程推进，不同保护性耕作处理玉米生育进程与传统耕作（CT）差异逐渐缩小。三年试验结果显示，免耕（秸秆全量粉碎覆盖）（NT1）在VE和R6分别延迟5～7 d和3～4 d，免耕（30%秸秆移除田外）（NT2）在VE和R6分别延迟2～4 d和1～2 d，免耕（30%秸秆移除田外）+深松（NT3）在VE和R6分别延迟2～4 d和1～2 d，免耕（留高茬全量秸秆覆盖）（NT4）在VE和R6分别延迟4～6 d和2～3 d，免耕（秸秆全量条带覆盖）（NT5）在VE和R6分别延迟2 d和1～2 d。综上分析表明，对于保护性耕作而言，NT2、NT3和NT5玉米生育进程较CT延迟幅度较小，NT1和NT4延迟幅度比较大。

表 3-2　不同保护性耕作处理玉米生育进程差异　　（单位：d）

年份	处理	VE	V6	V12	R1	R3	R6
2018	CT	0	0	0	0	0	0
	NT1	5	4	3	2	2	3
	NT2	2	1	1	1	1	1
	NT3	2	1	0	1	1	1
	NT4	4	3	2	1	1	2
	NT5	2	2	0	0	0	1
2019	CT	0	0	0	0	0	0
	NT1	5	5	4	4	4	4
	NT2	3	3	2	2	2	2
	NT3	4	3	2	2	2	2
	NT4	5	5	4	4	3	3
	NT5	2	2	2	2	2	2
2020	CT	0	0	0	0	0	0
	NT1	7	5	5	5	5	4
	NT2	4	3	2	3	3	2
	NT3	4	3	2	3	3	2
	NT4	6	4	3	3	3	3
	NT5	2	2	2	2	2	2

注：表中 CT、NT1、NT2、NT3、NT4、NT5 分别代表传统耕作、免耕（秸秆全量粉碎覆盖）、免耕（30%秸秆移除田外）、免耕（30%秸秆移除田外）+深松、免耕（留高茬全量秸秆覆盖）和免耕（秸秆全量条带覆盖）。VE、V6、V12、R1、R3 和 R6 分别代表出苗期、6 展叶期、12 展叶期、吐丝期、乳熟期和成熟期。负数表示生育期提前，正数表示生育期延迟

二、秸秆还田与保护性耕作对玉米出苗率的影响

（一）秸秆还田方式对玉米出苗率的影响

玉米出苗率是评价出苗质量的重要指标，三年试验数据显示，虽然同一年份不同秸秆还田方式之间出苗率的差异不显著（表 3-3）。但是，2018 年，与传统耕作（CT）相比，秸秆深翻还田（PT）与 CT 相当，秸秆碎混还田（RT）和免耕（秸秆全量粉碎覆盖）（NT1）出苗率分别降低 1.5 个和 3.8 个百分点，变异系数（CV）PT 最低，NT1 最大；2019 年，PT 和 RT 出苗率较 CT 分别增加 5.4 个和 8.4 个百分点，NT1 降低 1.3 个百分点，CV 大小顺序与 2018 年一致；2020 年，CT、PT 和 RT 出苗率及 CV 差异不大，NT1 出苗率较 CT 降低 5.8 个百分点，CV 达到 8.8。通过多重比较分析变异来源，结果显示，不同年度之间差异达极显著水平（$P<0.01$），不同秸秆还田方式之间差异达显著水平（$P<0.05$），年份与秸秆还田方式之间互作差异不显著（$P>0.05$）。

综合分析表明，三年 NT1 由于均降低了出苗率，而且出苗率变异幅度也最大，这可能与秸秆覆盖影响播种质量有关。在不同年度，CT、PT 和 RT 三者之间出苗率不同，这可能是由于三种处理的耕整地质量不同而影响了出苗率。

表 3-3　不同秸秆还田方式间玉米出苗率差异

		2018 年		2019 年		2020 年	
		出苗率（%）	CV	出苗率（%）	CV	出苗率（%）	CV
秸秆还田方式（T）	CT	92.0±2.8a	3.0	80.1±8.2a	6.3	92.2±2.8a	3.1
	PT	92.0±1.6a	1.8	85.5±5.8a	3.9	92.9±3.3a	3.6
	RT	90.5±3.1a	3.1	88.5±5.1a	7.8	92.1±3.6a	3.9
	NT1	88.2±6.5a	7.4	78.8±4.7a	13.9	86.4±7.1a	8.8
变异来源	年份（Y）			**			
	T			*			
	Y×T			ns			

注：表中 CT、PT、RT 和 NT1 分别代表传统耕作、秸秆深翻还田、秸秆碎混还田和免耕（秸秆全量粉碎覆盖）。不同小写字母表示差异显著（$P<0.05$）。*表示影响显著（$P<0.05$），**表示影响极显著（$P<0.01$），ns 表示影响不显著。

（二）保护性耕作对玉米出苗率的影响

不同保护性耕作处理与 CT 玉米出苗率的差异见表 3-4。2018 年，不同处理出苗率差异不显著（$P>0.05$），但是 NT4 出苗率最低，CV 最大，达到 14.3；2019 年，NT5 出苗率显著高于其他耕作方式（除 NT2 之外），CV 最低，仅为 3.2；2020 年，NT5 与 NT1 和 NT4 的差异达到显著水平（$P<0.05$）。三年平均出苗率大小顺序为 NT5＞CT＞NT3＞NT2＞NT1＞NT4。与 CT 相比，NT5 出苗率增加 2.8 个百分点，NT1、NT2、NT3 和 NT4 出苗率分别降低 3.65 个、0.54 个、0.39 个和 3.95 个百分点。

综合分析认为，除了 NT5 略有提高出苗率的趋势，其他保护性耕作处理都会降低出苗率，但是 NT2 和 NT3 降低幅度较小，而 NT1 和 NT4 降低幅度较大。这可能是由于 NT2 和 NT3 移除了部分秸秆，提高了播种质量，NT1 和 NT4 秸秆全量覆盖影响播种质量，NT5 采用了秸秆归行，提高了播种质量。

表 3-4　不同保护性耕作处理玉米出苗率差异

		2018 年		2019 年		2020 年	
		出苗率（%）	CV	出苗率（%）	CV	出苗率（%）	CV
保护性耕作处理（T）	CT	92.0±2.8a	3.0	80.1±8.2b	6.3	92.2±3.1ab	3.1
	NT1	88.2±6.5a	7.4	78.8±4.7b	13.9	86.4±8.2b	8.2
	NT2	90.1±4.0a	4.4	84.6±4.7ab	7.6	88.0±3.4ab	3.4
	NT3	92.6±2.6a	2.8	81.4±6.3b	4.7	89.8±3.0ab	3.0
	NT4	85.6±12.2a	14.3	80.8±5.4b	6.9	86.1±4.4b	4.4
	NT5	87.0±3.8a	4.4	92.3±5.0a	3.2	93.4±2.9a	2.9
变异来源	年份（Y）			**			
	T			*			
	Y×T			ns			

注：表中 CT、NT1、NT2、NT3、NT4、NT5 分别代表传统耕作、免耕（秸秆全量粉碎覆盖）、免耕（30%秸秆移除田外）、免耕（30%秸秆移除田外）+深松、免耕（留高茬全量秸秆覆盖）和免耕（秸秆全量条带覆盖）。不同小写字母表示差异显著（$P<0.05$）。*表示影响显著（$P<0.05$），**表示影响极显著（$P<0.01$），ns 表示影响不显著。

三、秸秆还田与保护性耕作对玉米苗期株高的影响

（一）秸秆还田方式对玉米苗期株高的影响

玉米株高整齐度是判断出苗状况的重要指标。本研究表明，不同秸秆还田方式会影响玉米苗期株高整齐度（图 3-1）。2018 年株高整齐度高低顺序为秸秆深翻还田（PT）＞传统耕作（CT）＞免耕（秸秆全量粉碎覆盖）（NT1）＞秸秆碎混还田（RT），2019 年株高整齐度高低顺序为 RT＞CT＞PT＞NT1，2020 年株高整齐度高低顺序为 PT＞RT＞CT＞NT1，可以看出，NT1 三年平均株高整齐度最低。与 CT 相比，PT 三年平均株高整齐度增加 31.7%，RT 三年平均株高整齐度增加 12.3%，NT1 三年平均株高整齐度降低 30.2%。

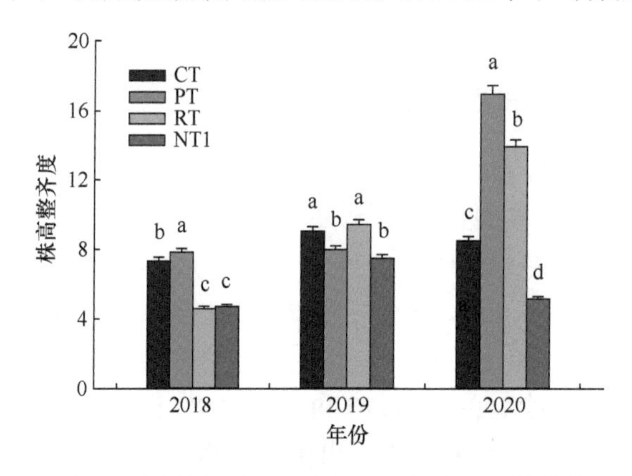

图 3-1　不同秸秆还田方式玉米苗期株高整齐度

图中 CT、PT、RT 和 NT1 分别代表传统耕作、秸秆深翻还田、秸秆碎混还田和免耕（秸秆全量粉碎覆盖）。不同小写字母表示差异显著（$P<0.05$）

（二）保护性耕作对玉米苗期株高的影响

不同保护性耕作处理对玉米苗期株高整齐度产生的影响见图 3-2。三年试验数据表

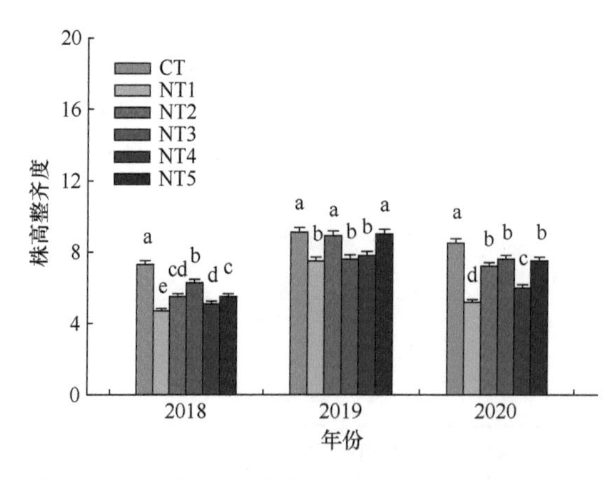

图 3-2　不同保护性耕作处理玉米苗期株高整齐度

图中 CT、NT1、NT2、NT3、NT4、NT5 分别代表传统耕作、免耕（秸秆全量粉碎覆盖）、免耕（30%秸秆移除田外）、免耕（30%秸秆移除田外）+深松、免耕（留高茬全量秸秆覆盖）和免耕（秸秆全量条带覆盖）。不同小写字母表示差异显著（$P<0.05$）

明，传统耕作（CT）玉米株高整齐度均高于所有其他保护性耕作处理，三年平均株高整齐度大小顺序为CT＞免耕（秸秆全量条带覆盖）（NT5）＞免耕（30%秸秆移除田外）（NT2）＞免耕（30%秸秆移除田外）+深松（NT3）＞免耕（留高茬全量秸秆覆盖）（NT4）＞免耕（秸秆全量粉碎覆盖）（NT1）。与CT相比，NT5、NT2、NT3、NT4和NT1三年平均株高整齐度分别降低11.7%、13.4%、13.7%、24.0%和30.2%。

四、秸秆还田与保护性耕作对玉米单株干物质积累量的影响

（一）秸秆还田方式对玉米单株干物质积累量的影响

不同秸秆还田方式对玉米单株干物质积累量具有一定影响（表3-5）。三年试验结果表明，除了2020年R6不同秸秆还田方式之间差异未达到显著水平（$P>0.05$），在其他年份不同生育时期大部分秸秆还田方式之间存在显著差异（$P<0.05$）。

表3-5 不同秸秆还田方式玉米单株干物质积累量 （单位：g/株）

年份	处理	V6	V12	R1	R3	R6
2018	CT	10.4a	79.1a	180.1a	278.8a	385.3ab
	PT	9.3ab	74.2ab	196.4a	290.9a	402.6a
	RT	8.4b	69.7b	180.8a	279.1a	378.3b
	NT1	5.7c	47.6c	156.3b	244.8b	343.4c
2019	CT	16.6a	103.3a	205.7b	306.1a	404.8a
	PT	14.7ab	105.8a	235.7a	313.5a	408.2a
	RT	13.6b	103.3a	227.4a	305.6a	412.3a
	NT1	8.0c	61.4b	159.6c	262.3b	353.4b
2020	CT	6.2b	71.4b	207.3a	319.8a	412.5a
	PT	9.2a	89.7a	220.9a	326.3a	418.6a
	RT	7.4b	71.6b	214.7a	337.8a	426.9a
	NT1	3.2c	43.0c	160.5b	272.2b	389.9a

注：表中CT、PT、RT和NT1分别代表传统耕作、秸秆深翻还田、秸秆碎混还田和免耕（秸秆全量粉碎覆盖）。V6、V12、R1、R3和R6分别代表6展叶期、12展叶期、吐丝期、乳熟期和成熟期。不同小写字母表示差异显著（$P<0.05$）。

三年均表现出随着生育进程推进，不同秸秆还田方式之间单株干物质积累量的差异逐渐缩小。与传统耕作（CT）相比，2018年秸秆深翻还田（PT）在V6单株干物质积累量降低10.6%，R6增加4.5%；秸秆碎混还田（RT）在V6和R6单株干物质积累量分别降低19.2%和1.8%；免耕（秸秆全量粉碎覆盖）（NT1）在V6和R6单株干物质积累量分别降低45.2%和10.9%。与传统耕作（CT）相比，2019年PT在V6单株干物质积累量降低11.4%，R6增加0.8%；RT在V6单株干物质积累量降低18.1%，R6增加1.9%；NT1在V6和R6单株干物质积累量分别降低51.8%和12.7%。与传统耕作（CT）相比，2020年PT在V6和R6单株干物质积累量分别增加48.4%和1.5%；RT在V6和R6单株干物质积累量分别增加19.4%和3.5%；NT1在V6和R6单株干物质积累量分别降低48.4%和5.5%。整体而言，CT玉米单株干物质积累量在苗期更具有优势，随着生育进程

推进，PT 和 RT 与 CT 的差异逐渐缩小，甚至在生育后期单株干物质积累量有所增加，NT1 在各个生育时期均表现出单株干物质积累量最低，这可能与出苗时间延迟有关。

（二）保护性耕作对玉米单株干物质积累量的影响

除 2020 年 R6 之外，不同保护性耕作处理显著影响玉米单株干物质积累量（表 3-6）。2018～2020 年不同生育时期 CT 玉米单株干物质积累量高于其他保护性耕作处理，单株干物质积累量差异在 V6 最大，随着生育进程的推进，不同保护性耕作处理之间的差异逐渐缩小。总体而言，与 CT 相比，免耕（秸秆全量粉碎覆盖）（NT1）和免耕（留高茬全量秸秆覆盖）（NT4）单株干物质积累量降低幅度最大，免耕（30%秸秆移除田外）（NT2）、免耕（30%秸秆移除田外）+深松（NT3）和免耕（秸秆全量条带覆盖）（NT5）降低幅度较小，说明 NT2、NT3 和 NT5 通过秸秆处理等措施改善了土壤温度条件，有利于缩短出苗时间，促进玉米苗期生长发育。

表 3-6　不同保护性耕作处理玉米单株干物质积累量　（单位：g/株）

年份	处理	V6	V12	R1	R3	R6
2018	CT	10.4a	79.1a	180.1a	278.8a	385.3a
	NT1	5.7d	47.6e	156.3b	244.8c	343.8b
	NT2	8.4b	65.7b	171.5ab	267.5bc	381.5a
	NT3	8.6b	59.9bc	179.5a	267.9bc	379.7a
	NT4	7.1c	51.6d	166.9ab	264.4bc	363.5ab
	NT5	8.5b	55.7cd	175.1a	277.3a	376.6a
2019	CT	16.6a	103.3a	205.7a	306.1a	404.8a
	NT1	7.9b	61.4c	159.6c	262.3c	353.4c
	NT2	8.8b	75.9bc	194.2ab	289.1ab	394.2ab
	NT3	7.5b	78.5b	196.7ab	296.9a	387.8ab
	NT4	5.4c	66.4bc	163.7c	273.6bc	364.3bc
	NT5	8.8b	97.7a	177.0bc	286.2ab	405.2a
2020	CT	16.6a	71.4a	207.3a	319.8a	412.5a
	NT1	7.9b	43.0b	160.5b	272.2b	389.9a
	NT2	8.8b	73.6a	196.3ab	299.2ab	399.9a
	NT3	7.5b	69.9a	195.6ab	308.5ab	411.0a
	NT4	5.4c	51.0b	180.6ab	289.0ab	382.1a
	NT5	8.8b	75.5a	203.6a	313.0ab	390.7a

注：表中 CT、NT1、NT2、NT3、NT4、NT5 分别代表传统耕作、免耕（秸秆全量粉碎覆盖）、免耕（30%秸秆移除田外）、免耕（30%秸秆移除田外）+深松、免耕（留高茬全量秸秆覆盖）和免耕（秸秆全量条带覆盖）。V6、V12、R1、R3 和 R6 分别代表 6 展叶期、12 展叶期、吐丝期、乳熟期和成熟期。不同小写字母表示差异显著（$P<0.05$）。

五、秸秆还田与保护性耕作对玉米产量的影响

（一）秸秆还田方式对玉米产量的影响

不同秸秆还田方式对玉米产量具有显著影响（表 3-7）。与传统耕作（CT）相比，

2018 年秸秆深翻还田（PT）增加产量 1.94%，秸秆碎混还田（RT）和免耕（秸秆全量粉碎覆盖）（NT1）分别降低产量 5.35%和 7.50%；2019 年 PT 和 RT 分别增加产量 0.33%和 4.62%，NT1 降低产量 15.56%；2020 年 PT 和 RT 分别增加产量 3.78%和 2.19%，NT1 降低产量 9.73%。产量构成数据显示，2018 年不同秸秆还田方式的玉米有效穗数差异不显著，2019 年除了 NT1 显著低于 CT 和 RT，2020 年除了 NT1 显著低于 CT 之外，其他秸秆还田方式之间差异不显著。2018 年 NT1 穗粒数显著低于 CT 和 PT，2019 年 NT1 显著低于其他三种秸秆还田方式，2020 年 NT1 显著低于 PT。不同秸秆还田方式之间百粒重差异较大，2018 年 PT＞CT＞RT＞NT1，2019 年 RT＞PT＞CT＞NT1，2020 年 PT＞RT＞CT＞NT1，综合分析表明，百粒重 PT＞RT＞CT＞NT1，但是 PT、RT 和 CT 之间差异较小，NT1 2019 年和 2020 年百粒重显著低于其他秸秆还田方式。

表 3-7　不同秸秆还田方式玉米产量及产量构成

年份	处理	有效穗数（$\times10^4$ 穗/hm^2）	穗粒数	百粒重（g）	产量（kg/hm^2）
2018	CT	5.21a	643.1a	37.9ab	11 786.5ab
	PT	5.28a	646.7a	38.7a	12 015.2a
	RT	5.23a	626.7ab	37.0bc	11 155.5ab
	NT1	5.14a	606.1b	36.0c	10 902.2b
2019	CT	5.08a	673.7a	37.4a	11 092.2a
	PT	5.05ab	666.7a	37.8a	11 128.6a
	RT	5.16a	670.1a	38.1a	11 604.9a
	NT1	4.85b	643.6b	34.3b	9 365.8b
2020	CT	5.44a	652.9ab	34.8b	10 854.3a
	PT	5.38ab	670.6a	35.8a	11 264.2a
	RT	5.36ab	654.5ab	35.3ab	11 092.5a
	NT1	5.21b	638.9b	33.2c	9 798.0b
变异来源	年份（Y）	**	**	**	**
	秸秆还田方式（T）	*	**	**	**
	Y×T	ns	ns	**	**

注：表中 CT、PT、RT 和 NT1 分别代表传统耕作、秸秆深翻还田、秸秆碎混还田和免耕（秸秆全量粉碎覆盖）。不同小写字母表示差异显著（P＜0.05）。*表示影响显著（P＜0.05），**表示影响极显著（P＜0.01），ns 表示影响不显著。

通过多重比较分析变异来源，结果显示，年份对有效穗数、穗粒数、百粒重和产量均具有极显著影响（P＜0.01）；秸秆还田方式对有效穗数具有显著影响（P＜0.05），对穗粒数、百粒重和产量均具有极显著影响（P＜0.01）；年份和秸秆还田方式互作对有效穗数和穗粒数的影响未达到显著水平（P＞0.05），对百粒重和产量具有极显著影响（P＜0.01）。

（二）保护性耕作对玉米产量的影响

不同保护性耕作处理对玉米产量及产量构成的影响见表 3-8。与传统耕作（CT）相比，2018 年免耕（秸秆全量粉碎覆盖）（NT1）、免耕（30%秸秆移除田外）（NT2）、免耕（30%秸秆移除田外）+深松（NT3）、免耕（留高茬全量秸秆覆盖）（NT4）和免耕（秸秆全量条带覆盖）（NT5）产量分别降低 7.50%、2.83%、5.39%、5.47%和 4.05%；2019 年 NT1、NT2、NT3 和 NT4 产量分别降低 15.56%、2.84%、3.28%和 12.92%，NT5 增加 2.95%；2020 年 NT1、NT2、NT4 和 NT5 产量分别降低 9.73%、1.45%、11.77%和 0.88%，NT3 与 CT 产量基本持平。产量构成数据显示，不同保护性耕作处理有效穗数 2018 年差异不显著，2019 年和 2020 年差异显著，穗粒数和百粒重差异达到显著水平。

年份对有效穗数、穗粒数、百粒重和产量均具有极显著影响（$P<0.01$）；保护性耕作处理对有效穗数、穗粒数和百粒重均具有显著影响（$P<0.05$），对产量具有极显著影响（$P<0.01$）；年份和保护性耕作处理互作对有效穗数、穗粒数和百粒重无显著影响（$P>0.05$），对产量具有极显著影响（$P<0.01$）。

表 3-8　不同保护性耕作处理玉米产量及产量构成

年份	处理	有效穗数（$\times10^4$ 穗/hm^2）	穗粒数	百粒重（g）	产量（kg/hm^2）
2018	CT	5.21a	643.1a	37.9a	11 786.5a
	NT1	5.14a	606.1c	36.0b	10 902.2b
	NT2	5.26a	613.3bc	36.9ab	11 452.7ab
	NT3	5.19a	615.6bc	36.4b	11 151.6b
	NT4	5.12a	617.8bc	36.2b	11 142.3b
	NT5	5.21a	628.2ab	37.1ab	11 309.0ab
2019	CT	5.08ab	673.7a	37.4a	11 092.2ab
	NT1	4.85c	643.6b	34.3c	9 365.8c
	NT2	5.05bc	665.8ab	36.7ab	10 776.8b
	NT3	4.94bc	670.9a	37.0ab	10 728.9b
	NT4	4.90bc	640.9b	35.8b	9 658.7c
	NT5	5.27a	655.5ab	37.6a	11 419.3a
2020	CT	5.44ab	652.9ab	34.8a	10 854.3a
	NT1	5.21cd	638.9bc	33.2b	9 798.0b
	NT2	5.34abc	651.2abc	34.7a	10 696.4a
	NT3	5.28bcd	660.9a	35.0a	10 857.3a
	NT4	5.13d	636.0c	33.3b	9 577.2b
	NT5	5.46a	640.5bc	34.8a	10 759.3a
变异来源	年份（Y）	**	**	**	**
	保护性耕作处理（T）	*	*	*	**
	Y×T	ns	ns	ns	**

注：表中 CT、NT1、NT2、NT3、NT4、NT5 分别代表传统耕作、免耕（秸秆全量粉碎覆盖）、免耕（30%秸秆移除田外）、免耕（30%秸秆移除田外）+深松、免耕（留高茬全量秸秆覆盖）和免耕（秸秆全量条带覆盖）。不同小写字母表示差异显著（$P<0.05$）。*表示影响显著（$P<0.05$），**表示影响极显著（$P<0.01$），ns 表示影响不显著。

六、影响玉米产量的因素

（一）玉米主要生长性状与产量的相关性

玉米产量受群体和个体综合影响。玉米产量不仅受有效穗数、穗粒数、百粒重的直接影响，还受出苗率、群体整齐度、生育进程差异、单株干物质积累量等的间接影响。玉米出苗率（X_1）、苗期株高整齐度（X_2）、生育进程差异（X_3）、R6 单株干物质积累量（X_4）、有效穗数（X_5）、穗粒数（X_6）、百粒重（X_7）与产量（X_8）的相关性分析见表 3-9。产量与出苗率、苗期株高整齐度、R6 单株干物质积累量、有效穗数、穗粒数和百粒重均呈正相关关系，并且与出苗率和百粒重呈极显著正相关关系（r = 0.595**和 r = 0.797**），对产量的影响效应大小顺序为百粒重＞出苗率＞有效穗数＞R6 单株干物质积累量＞苗期株高整齐度＞穗粒数，说明在不同耕作方式（秸秆还田和保护性耕作）下产量主要受百粒重、出苗率和有效穗数影响；产量与生育进程差异呈极显著负相关关系（r = −0.770**），说明耕作方式延迟玉米生育期越长，产量越低。因此，5 种保护性耕作处理延迟玉米生育期显然对产量是不利的，特别是免耕（秸秆全量粉碎覆盖）（NT1）和免耕（留高茬全量秸秆覆盖）（NT4）。

表 3-9　玉米主要生长性状与产量的相关性分析

指标	X_1	X_2	X_3	X_4	X_5	X_6	X_7	X_8
X_1	1							
X_2	0.230	1						
X_3	−0.448*	−0.496*	1					
X_4	0.516**	0.591**	−0.478*	1				
X_5	0.860**	0.261	−0.405*	0.647**	1			
X_6	−0.204	0.654**	−0.360	0.494*	−0.061	1		
X_7	0.105	0.064	−0.664**	−0.024	−0.112	0.183	1	
X_8	0.595**	0.178	−0.770**	0.325	0.455*	0.056	0.797**	1

注：*表示在 0.05 水平上显著相关，**表示在 0.01 水平上极显著相关。

此外，出苗率（X_1）分别与苗期株高整齐度（X_2）、单株干物质积累量（X_4）、有效穗数（X_5）与百粒重（X_7）呈正相关关系，并且与 X_4 和 X_5 呈极显著正相关关系，与生育进程差异（X_3）和穗粒数（X_6）呈负相关关系，并且与 X_3 呈显著负相关关系；X_2 与 X_3 呈显著负相关关系，与 X_4、X_5、X_6 和 X_7 均呈正相关关系，与 X_4 和 X_6 呈极显著正相关关系；X_3 与 X_4、X_5、X_6 和 X_7 均呈负相关关系，与 X_4 和 X_5 呈显著负相关关系，与 X_7 呈极显著负相关关系；X_4 与 X_5 和 X_6 分别呈极显著正相关关系和显著正相关关系，与 X_7 呈负相关关系；X_5 与 X_6 和 X_7 呈负相关关系；X_6 与 X_7 呈正相关关系。

（二）土壤物理特性与玉米产量的相关性

不同深度土壤容重、孔隙度和三相比 R 值与玉米产量的相关分析表明（表 3-10），除 0～30 cm 土壤三相比 R 值（X_9）与产量（X_{10}）极显著负相关之外，其他指标与 X_{10}

未达到显著相关水平，0～10 cm 土壤容重（X_1）、0～20 cm 土壤容重（X_2）、0～30 cm 土壤容重（X_3）均与产量呈正相关关系；0～10 cm 土壤孔隙度（X_4）、0～20 cm 土壤孔隙度（X_5）、0～30 cm 土壤孔隙度（X_6）、0～10 cm 土壤三相比 R 值（X_7）、0～20 cm 土壤三相比 R 值（X_8）均与产量呈负相关关系。分析结果表明，土壤物理特性对玉米产量没有显著的直接影响。

表 3-10　土壤容重、孔隙度和三相比 R 值与玉米产量的相关性分析

指标	X_1	X_2	X_3	X_4	X_5	X_6	X_7	X_8	X_9	X_{10}
X_1	1									
X_2	0.733**	1								
X_3	0.639**	0.856**	1							
X_4	−0.888**	−0.680**	−0.596**	1						
X_5	−0.614**	−0.821**	−0.817**	0.706**	1					
X_6	−0.632**	−0.781**	−0.882**	0.734**	0.927**	1				
X_7	0.065	0.167	0.099	−0.024	−0.123	−0.077	1			
X_8	−0.067	0.316*	0.195	0.051	−0.277	−0.198	0.538**	1		
X_9	−0.151	0.160	0.129	0.115	−0.188	−0.133	0.456**	0.868**	1	
X_{10}	0.256	0.137	0.144	−0.234	−0.146	−0.108	−0.227	−0.248	−0.406**	1

注：*表示在 0.05 水平上显著相关，**表示在 0.01 水平上极显著相关。

（三）土壤温度和水分与玉米产量的相关性

对玉米全生育期 5 cm 土壤≥10℃积温（X_1）、15 cm 土壤≥10℃积温（X_2）、30 cm 土壤≥10℃积温（X_3），播种至 V12 期 5 cm 土壤温差（X_4）、15 cm 土壤温差（X_5）、30 cm 土壤温差（X_6），玉米全生育期平均 5 cm 土壤含水量（X_7）、15 cm 土壤含水量（X_8）、30 cm 土壤含水量（X_9）和玉米产量（X_{10}）进行相关性分析，结果（表 3-11）显示，X_1、X_2、X_3、X_4、X_5、X_6 和 X_9 均与 X_{10} 呈正相关关系，其中 X_1、X_4、X_5、X_6 与 X_{10} 极显著正相关，X_2 与 X_{10} 显著正相关；X_7 和 X_8 与 X_{10} 呈负相关关系。说明土壤温度对玉米产量的影响呈正效应，5 cm 土壤含水量和 15 cm 土壤含水量对玉米产量的影响呈负效应，而 30 cm 土壤含水量对玉米产量的影响呈正效应。

表 3-11　土壤温度和水分与玉米产量的相关性分析

指标	X_1	X_2	X_3	X_4	X_5	X_6	X_7	X_8	X_9	X_{10}
X_1	1									
X_2	0.701**	1								
X_3	0.510*	0.854**	1							
X_4	0.869**	0.867**	0.695**	1						
X_5	0.817**	0.909**	0.706**	0.900**	1					
X_6	0.775**	0.918**	0.842**	0.884**	0.947**	1				
X_7	−0.577**	−0.656**	−0.537**	−0.683**	−0.800**	−0.773**	1			
X_8	−0.026	−0.412*	−0.473*	−0.310	−0.331	−0.443*	0.394	1		
X_9	0.191	−0.148	−0.179	−0.056	−0.038	−0.069	0.174	0.116	1	
X_{10}	0.732**	0.462*	0.144	0.643**	0.640**	[illegible]**	−0.338	−0.160	0.227	1

注：*表示在 0.05 水平上显著相关，**表示在 0.01 水平上极显著相关。

此外，除了 X_1 与 X_9 呈正相关关系，其他所有温度指标与土壤含水量均呈负相关关系，说明保护性耕作方式虽然提高了土壤含水量，但是降低了土壤温度。

土壤温度与玉米产量的相关性分析显示（表 3-11），玉米全生育期 5 cm 土壤≥10℃积温对玉米产量的影响最大（$r = 0.732^{**}$）。为此，分析玉米不同生育阶段 5 cm 土壤≥10℃积温，即 S～VE（X_1）、VE～V6（X_2）、V6～V12（X_3）、V12～R1（X_4）、R1～R3（X_5）和 R3～R6（X_6）与玉米产量（X_7）的相关性（表 3-12），结果表明，除了 X_4 与 X_7 呈负相关关系，其他各生育阶段 5 cm 土壤≥10℃积温与 X_7 均呈正相关关系，而且 X_5 与 X_7 显著正相关，说明 R1～R3 阶段 5 cm 土壤≥10℃积温对产量影响更大，而在 V12～R1 阶段，由于受气候条件（高温、干旱）影响，5 cm 土壤≥10℃积温对产量的影响表现出负效应。

表 3-12　玉米各生育阶段 5 cm 土壤≥10℃积温与玉米产量的相关性分析

指标	X_1	X_2	X_3	X_4	X_5	X_6	X_7
X_1	1.000						
X_2	0.749**	1.000					
X_3	–0.590**	–0.713**	1.000				
X_4	0.380	–0.184	–0.184	1.000			
X_5	–0.330	0.170	0.339	–0.902**	1.000		
X_6	–0.691**	–0.637**	0.898**	–0.394	0.519**	1.000	
X_7	0.143	0.208	0.365	–0.402	0.506*	0.341	1.000

注：*表示在 0.05 水平上显著相关，**表示在 0.01 水平上极显著相关。

（四）土壤化学特性与玉米产量的相关性

不同深度土壤全氮含量、全磷含量、全钾含量、有机质含量和 pH 与玉米产量的相关性分析表明（表 3-13），土壤全氮含量、全磷含量、全钾含量、有机质含量和 pH 与

表 3-13　土壤全氮、全磷、全钾、有机质含量及 pH 与玉米产量的相关性分析

指标	X_1	X_2	X_3	X_4	X_5	X_6	X_7	X_8	X_9	X_{10}	X_{11}	X_{12}	X_{13}	X_{14}	X_{15}	X_{16}
X_1	1.000															
X_2	0.665**	1.000														
X_3	0.297	0.818**	1.000													
X_4	0.798**	0.367	–0.004	1.000												
X_5	0.653**	0.783**	0.696**	0.624**	1.000											
X_6	0.228	0.680**	0.818**	0.128	0.821**	1.000										
X_7	0.577**	0.463*	0.184	0.675**	0.673**	0.348	1.000									
X_8	0.498*	0.513*	0.329	0.480*	0.631**	0.408*	0.752**	1.000								
X_9	0.477*	0.485*	0.247	0.502*	0.548**	0.378	0.464*	0.604**	1.000							
X_{10}	0.888**	0.487*	0.181	0.752**	0.569**	0.180	0.536**	0.344	0.325	1.000						
X_{11}	0.771**	0.623**	0.410*	0.616**	0.703**	0.432*	0.583**	0.474*	0.403	0.869**	1.000					
X_{12}	0.413*	0.643**	0.783**	0.195	0.751**	0.754**	0.426*	0.394	0.261	0.509*	0.742**	1.000				
X_{13}	–0.721**	–0.208	0.300	–0.830**	–0.226	0.236	–0.460*	–0.303	–0.439*	–0.630**	–0.403	0.184	1.000			
X_{14}	–0.776**	–0.689**	–0.286	–0.710**	–0.597**	–0.283	–0.581**	–0.520**	–0.677**	–0.538**	–0.514*	–0.232	0.730**	1.000		
X_{15}	–0.489*	–0.798**	–0.762**	–0.356	–0.797**	–0.754**	–0.455*	–0.433*	–0.572**	–0.284	–0.396	–0.592**	0.103	0.685**	1.000	
X_{16}	–0.690**	–0.380	–0.145	–0.412*	–0.267	–0.006	–0.270	–0.215	–0.116	–0.781**	–0.708**	–0.389	0.454*	0.411*	0.122	1.000

注：*表示在 0.05 水平上显著相关，**表示在 0.01 水平上极显著相关。

玉米产量的相关性随着土壤深度的增加而逐渐降低，并且土壤全氮含量、全磷含量、全钾含量和有机质含量与玉米产量均呈负相关关系，而 pH 与玉米产量呈正相关关系；0～10 cm 土壤全氮含量（X_1）、0～10 cm 和 0～20 cm 土壤有机质含量（X_{10}和 X_{11}）与玉米产量（X_{16}）极显著负相关，0～10 cm 土壤全磷含量（X_4）与玉米产量显著负相关，0～10 cm 和 0～20 cm 土壤 pH（X_{13}和 X_{14}）与玉米产量显著正相关；0～20 cm 土壤全氮和全磷含量（X_2和 X_3），0～30 cm 土壤全氮和全磷含量（X_5和 X_6），0～10 cm、0～20 cm 和 0～30 cm 土壤全钾含量（X_7、X_8和 X_9），0～30 cm 土壤有机质含量（X_{12}），以及 0～30 cm 土壤 pH（X_{15}）与玉米产量的相关性未达到显著水平。总之，土壤全量养分含量和 pH 与玉米产量的相关性随着土壤深度增加而逐渐降低，土壤有机质含量与玉米产量的相关性更高。

土壤速效养分是评价土壤供肥能力的重要依据。进一步对不同深度土壤碱解氮、有效磷和速效钾含量与玉米产量的相关性进行分析，结果表明（表 3-14），土壤速效养分含量与玉米产量的相关性和土壤全量养分含量与玉米产量的相关性趋势一致，即碱解氮、有效磷和速效钾含量与玉米产量的相关性随着土壤深度增加而降低；0～10 cm 土壤碱解氮含量（X_1）、0～10 cm 和 0～20 cm 土壤有效磷含量（X_4和 X_5）与玉米产量（X_{10}）显著负相关，不同深度土壤速效钾含量（X_7、X_8和 X_9）与玉米产量的相关性均未达到显著水平，此外，0～20 cm 土壤全氮和全磷含量（X_2和 X_3）及 0～30 cm 土壤全磷含量（X_6）与玉米产量的相关性也不显著。总之，土壤速效养分含量与玉米产量的相关性随着土壤深度增加而逐渐降低。

表 3-14 土壤碱解氮、有效磷和速效钾含量与玉米产量的相关性分析

指标	X_1	X_2	X_3	X_4	X_5	X_6	X_7	X_8	X_9	X_{10}
X_1	1.000									
X_2	0.465*	1.000								
X_3	−0.025	0.747**	1.000							
X_4	0.832**	0.438*	0.058	1.000						
X_5	0.684**	0.682**	0.419*	0.902**	1.000					
X_6	0.356	0.656**	0.660**	0.639**	0.887**	1.000				
X_7	0.716**	0.642**	0.348	0.784**	0.873**	0.795**	1.000			
X_8	0.016	0.665**	0.660**	0.059	0.415*	0.649**	0.591**	1.000		
X_9	−0.200	0.616**	0.687**	−0.215	0.169	0.445*	0.312	0.917**	1.000	
X_{10}	−0.415*	−0.319	−0.256	−0.422*	−0.412*	−0.320	−0.396	−0.143	−0.049	1.000

注：*表示在 0.05 水平上显著相关，**表示在 0.01 水平上极显著相关。

（五）秸秆还田方式与保护性耕作影响玉米产量的直接因素和间接因素

图 3-3 揭示了 4 种不同秸秆还田方式影响玉米产量变化的直接和间接因子，秸秆还田方式显著影响了土壤含水量（r = 0.65，P<0.001）、土壤温度（r = 0.35，P<0.001）和土壤有机质含量（r = −0.95，P<0.001）；土壤含水量与土壤温度（r = −1.13，P<0.001）和百粒重（r = −0.63，P<0.01）极显著负相关；土壤温度与出苗时间

差（$r = -0.94$，$P<0.001$）和土壤有机质含量（$r = -0.61$，$P<0.001$）极显著负相关；出苗时间差与有效穗数和百粒重分别极显著负相关（$r = -0.55$，$P<0.01$）和显著负相关（$r = -0.71$，$P<0.05$）；有效穗数和百粒重是影响玉米产量的直接因子，与产量极显著正相关（$r = 0.56$ 和 $r = 0.52$，$P<0.001$），二者对产量的贡献率达到 87%。在间接因子中，土壤容重和土壤有机质含量对玉米产量未产生显著影响，而土壤含水量通过显著影响了百粒重而影响产量，土壤温度则通过影响出苗时间差而影响有效穗数和百粒重，进而影响产量。显然，对于 4 种不同秸秆还田方式而言，影响玉米产量的间接因子中土壤含水量和土壤温度是重要因子。

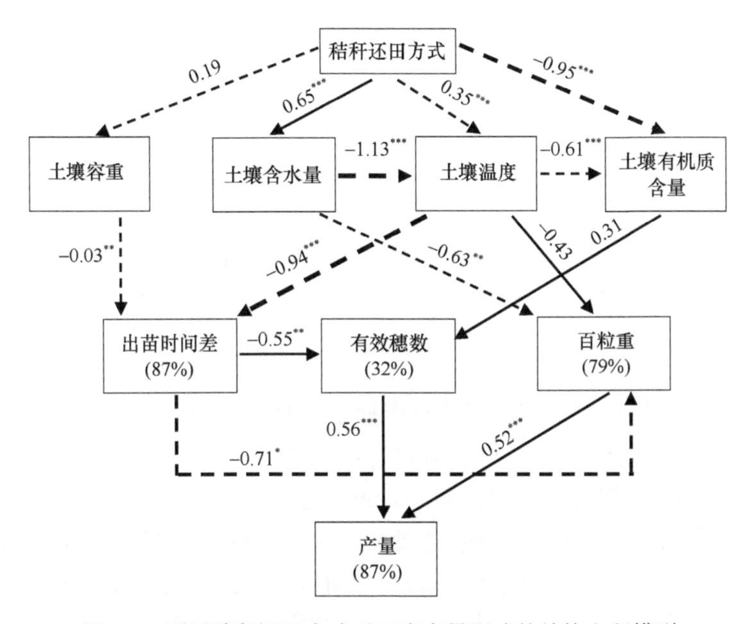

图 3-3　不同秸秆还田方式对玉米产量影响的结构方程模型

土壤容重和有机质含量为 0～20 cm 耕层土壤容重和有机质含量，土壤含水量为播种至成熟期 5 cm 土壤含水量、土壤温度为播种至 6 展叶期 5 cm 土壤日平均温差、出苗时间差为处理与对照出苗相差天数。* $P<0.05$；** $P<0.01$；*** $P<0.001$

图 3-4 揭示了保护性耕作方式影响玉米产量变化的直接和间接因子，保护性耕作方式显著影响了土壤容重（$r = -0.44$，$P<0.01$）、土壤含水量（$r = 0.44$，$P<0.01$）、土壤温度（$r = -0.26$，$P<0.05$）和土壤有机质含量（$r = -1.01$，$P<0.001$）；土壤含水量与土壤温度和出苗时间差均极显著负相关（$r = -0.59$，$P<0.001$；$r = -0.23$，$P<0.01$）；土壤温度与出苗时间差（$r = -1.01$，$P<0.001$）和土壤有机质含量（$r = -0.56$，$P<0.01$）极显著负相关，与百粒重（$r = 0.67$，$P<0.001$）极显著正相关；出苗时间差与有效穗数极显著负相关（$r = -0.47$，$P<0.01$）；有效穗数和百粒重及土壤有机质含量是影响玉米产量最显著的直接因子，与产量极显著正相关，贡献率达到 83%，有效穗数（$r = 0.56$，$P<0.001$）和百粒重（$r = 0.54$，$P<0.001$）对产量贡献更大。在间接因子中，土壤含水量通过显著影响出苗时间差进而影响产量，而土壤温度则通过影响出苗时间差、百粒重和土壤有机质含量进而影响产量；土壤容重通过影响出苗时间差进而影响产量；显然，在保护性耕作条件下，间接因子中土壤温度是影响玉米产量的主要因子。

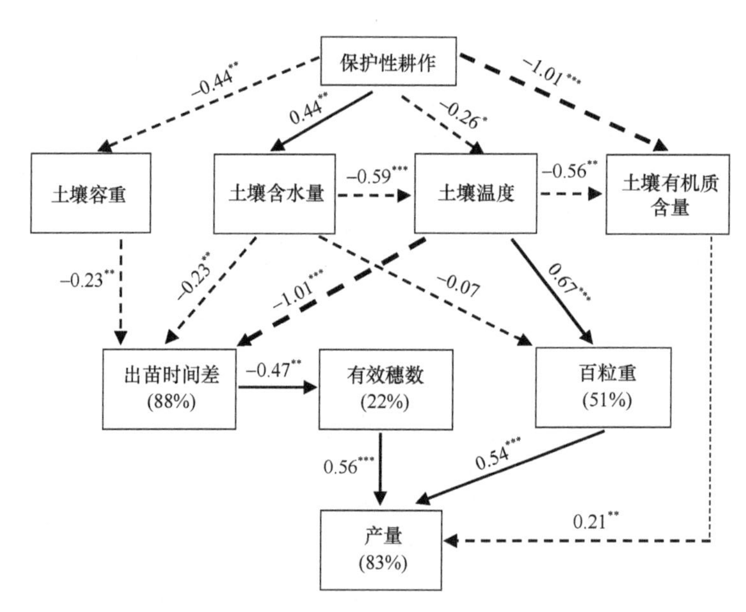

图 3-4　不同保护性耕作方式对玉米产量影响的结构方程模型

土壤容重和有机质含量为 0～20 cm 耕层土壤容重和有机质含量，土壤含水量为播种至成熟期 5 cm 和 15 cm 日平均土壤含水量、土壤温度为播种至 6 展叶期 5 cm 土壤日平均温差、出苗时间差为处理与对照出苗相差天数。* $P<0.05$；** $P<0.01$；*** $P<0.001$

综上所述，秸秆还田方式和保护性耕作处理主要通过调节土壤温度和土壤含水量而影响出苗时间差，进而影响有效穗数和百粒重，最终影响玉米产量。就 4 种不同秸秆还田方式而言，播种至 6 展叶期表层土壤（5 cm）温度和玉米全生育期土壤含水量均对玉米产量形成具有重要贡献；就保护性耕作处理而言，播种至 6 展叶期表层土壤（5 cm）温度和玉米全生育期耕层土壤（5 cm 和 15 cm）含水量对玉米产量形成具有重要贡献，但是前者贡献更大，因此，在保护性耕作条件下，土壤温度是影响玉米产量最主要的因子。

第二节　黑土地耕作方式对玉米生长发育及产量的影响

良好的耕作措施可以改善土壤结构，提高土壤的持水性能，增加作物对水分及养分的吸收，有利于作物的生长发育（孙占祥等，1998）。研究发现，深松 30 cm 和翻耕 25 cm 都能够改善玉米根系生长发育环境，促进玉米根系与植株干物质的协调发展，为高产奠定基础，其中翻耕 25 cm 效果较好（宫亮等，2011）。免耕留茬处理玉米百粒重略有增加，最大叶面积及总根数略有下降，叶片和根的功能期相对延长（常旭虹等，2006）。但也有研究认为免耕条件下玉米生长缓慢，株高降低，特别是苗期株高平均降低 2.0 cm，拔节期降低 11.6 cm，收获期降低 9.3 cm，整体生育期延后和减产（郑德明等，2006）。

本节基于吉林省农业科学院长期耕法定位试验（始于 1983 年），分析了玉米地上形态、地下形态和生理指标，阐明了不同耕作方式下农田耕层对玉米生长发育的影响，揭示了不同耕作方式影响玉米产量的机制。长期耕法定位试验设宽窄行深松（ST）、免耕（NT）、翻耕（PT）和传统耕作（CT，灭茬旋耕起垄）4 个处理。

一、耕作方式对玉米干物质积累的影响

（一）不同耕作方式对玉米地上部干物质积累的影响

不同耕作方式对玉米地上部干物质积累的影响如图 3-5 所示，两年地上部干物质积累量均随生育时期的推进而呈增加趋势，表现趋势基本一致，到成熟期（R6）干物质积累量达到最大值。2013 年和 2014 年不同处理地上部干物质积累量均在成熟期差异不显著，其他时期的差异均达显著水平，而且不同年份处理间比较不同。从不同生育期玉米地上部干物质积累量的均值来看，2013 年宽窄行深松（ST）分别比免耕（NT）、翻耕（PT）和传统耕作（CT）增加 7.28%、11.43%和 4.96%，2014 年宽窄行深松（ST）分别比免耕（NT）、翻耕（PT）和传统耕作（CT）增加 19.27%、13.67%和 15.27%。

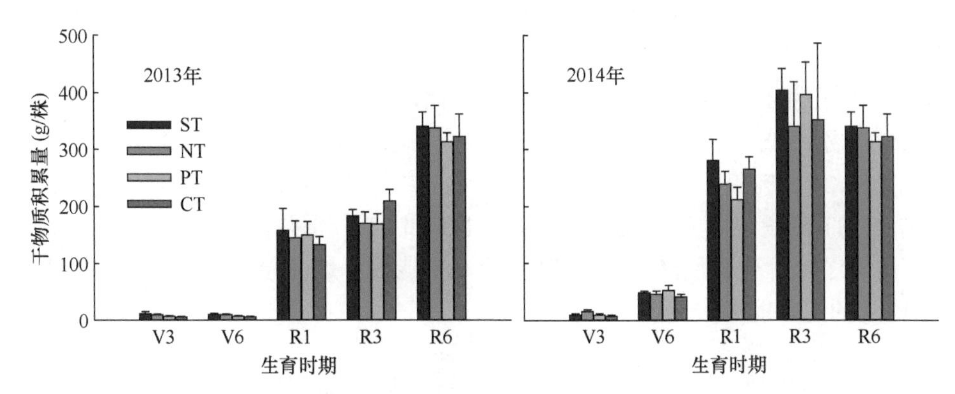

图 3-5 不同耕作方式对玉米地上部干物质积累的影响
V3、V6、R1、R3 和 R6 分别代表 3 展叶期、6 展叶期、吐丝期、乳熟期和成熟期

（二）不同耕作方式对玉米根系干物质积累的影响

不同耕作方式对玉米根系干物质积累的影响如图 3-6 所示，两年根系干物质积累量均随生育期的推进而先增加，至玉米抽雄期达到最高值，然后随生育期的推进呈下降趋势，整个生育期的根系干物质积累量呈先增长后降低的变化趋势，抽雄期根系干物质积

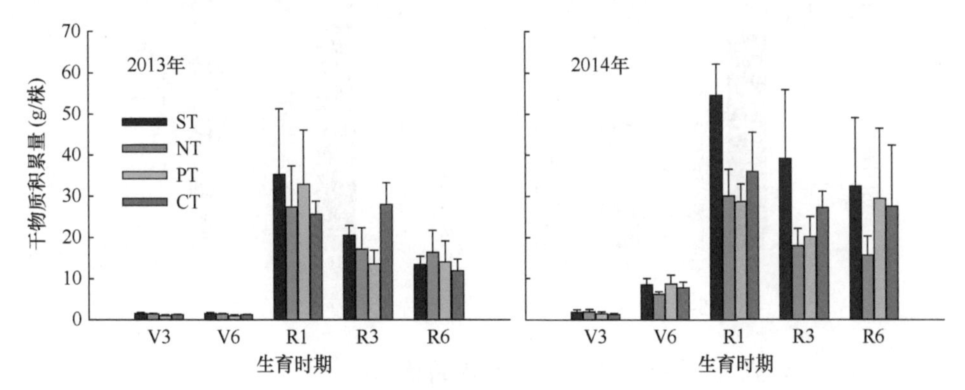

图 3-6 不同耕作方式对玉米根系干物质积累的影响
V3、V6、R1、R3 和 R6 分别代表 3 展叶期、6 展叶期、吐丝期、乳熟期和成熟期

累量明显高于其他时期。2013 年和 2014 年不同处理根系干物质积累量均在成熟期差异不显著，此外 2014 年玉米 3 展叶期处理间差异也不显著，但其他时期差异均达显著水平，而且不同年份处理间表现不同。从生育期玉米根系干物质积累量的均值来看，2013 年宽窄行深松分别比免耕、翻耕和传统耕作增加 22.69%、28.68%和 2.88%，2014 年宽窄行深松分别比免耕、翻耕和传统耕作增加 90.13%、54.05%和 36.63%。

二、耕作方式对玉米叶片光合特性和生理特性的影响

（一）不同耕作方式对玉米叶片光合特性的影响

光合作用是作物维持生命和产量形成的基础生理代谢，因此研究不同耕作方式对光能利用率的影响，对于提高玉米产量和光合效率具有重要意义。对宽窄行深松（ST）、免耕（NT）、翻耕（PT）和传统耕作（CT）条件下玉米叶片光合特性的研究结果表明，不同耕作方式对玉米叶片净光合速率（P_n）、水分利用效率（WUE）、气孔导度（G_s）和蒸腾速率（T_r）产生显著影响（图 3-7）。与 CT 相比，ST 叶片净光合速率（P_n）提高 13.37%，NT 和 PT 分别降低 16.47%和 1.24%；ST 水分利用效率（WUE）提高 37.66%，NT 和 PT 分别降低 24.26%和 3.31%；ST 气孔导度（G_s）提高 27.08%，NT 和 PT 分别降低 7.29%和 16.67%；ST 蒸腾速率（T_r）提高 16.89%，NT 和 PT 分别降低 15.79%和 4.41%。可见，ST 显著改善了叶片光合性能，这可能是由于 ST 能很好地改善冠层通风透光条件，从而提高了叶片的光合能力。

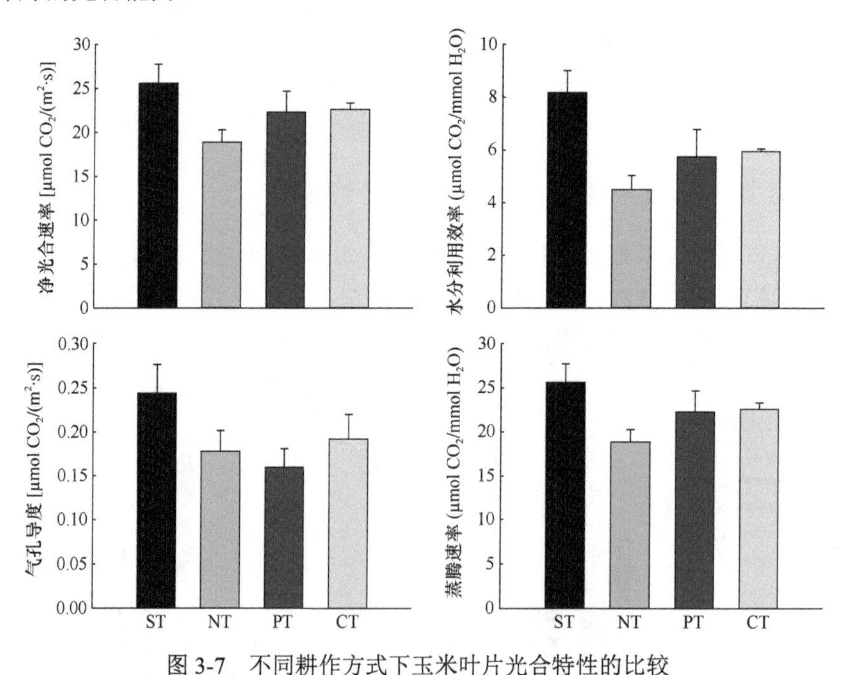

图 3-7 不同耕作方式下玉米叶片光合特性的比较

（二）不同耕作方式对玉米叶片生理特性的影响

比叶重（SLW）是衡量叶片质量与厚度的重要指标。图 3-8a 表明，宽窄行深松（ST）

下玉米叶片的比叶重显著高于免耕（NT）、翻耕（PT）和传统耕作（CT），且差异达到显著水平，但 NT、PT 和 CT 之间的差异不显著。对不同耕作方式下玉米叶片中可溶性糖、可溶性蛋白和丙二醛（MDA）含量的测定结果表明，ST 玉米叶片中可溶性糖含量显著高于 NT、PT 和 CT，分别提高 26.62%、30.12%和 10.02%，PT 叶片中含量最低，为 11.22 mg/g，不同耕作方式之间差异达到显著水平（图 3-8b）；ST 玉米叶片中可溶性蛋白含量与 NT 之间的差异达到显著水平，NT、PT 和 CT 之间差异不显著，NT 玉米叶片中可溶性蛋白含量最低，为 7.83 mg/g（图 3-8c）；MDA 是细胞膜脂质过氧化作用的产物，它的产生能加剧细胞膜的损伤，对不同耕作方式下玉米叶片 MDA 含量的测定结果（图 3-8d）表明，不同耕作方式下玉米叶片中 MDA 含量差异显著，NT 条件下玉米叶片 MDA 含量最高，比 ST、PT 和 CT 分别高出 26.30%、19.84%和 20.83%。

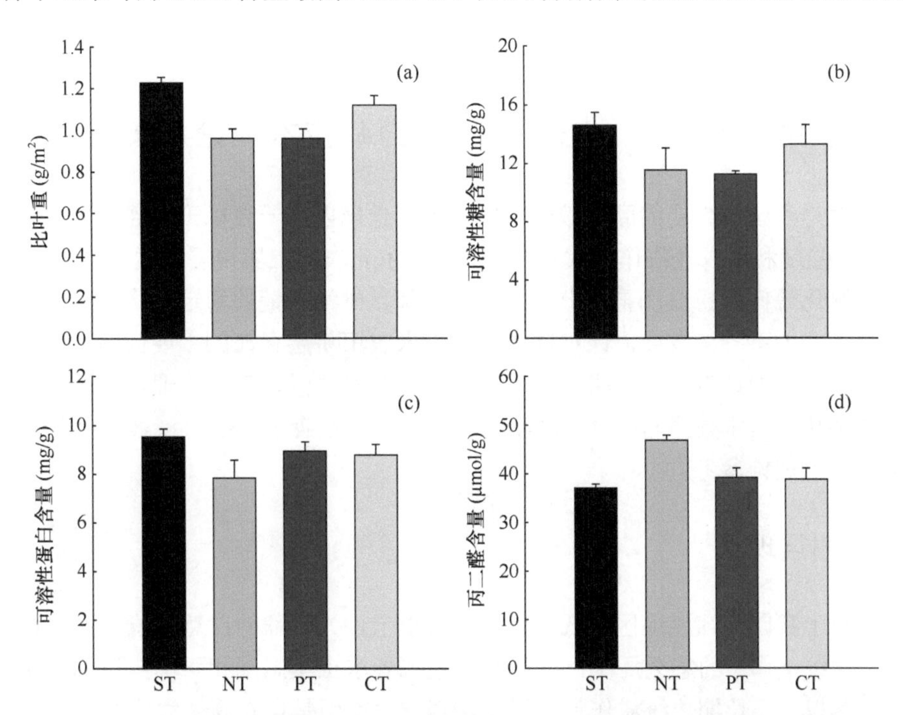

图 3-8　不同耕作方式对玉米叶片比叶重、可溶性糖含量、可溶性蛋白含量和丙二醛含量的影响

三、耕作方式对玉米产量的影响

不同耕作方式下的玉米产量随年限呈波动性变化（图 3-9），与传统耕作（CT）相比，8 年中宽窄行深松（ST）产量有 7 年增产，1 年减产，8 年产量变化幅度为–2.17%～28.77%（平均增产 6.56%）；8 年免耕（NT）产量 5 年增产，3 年减产，产量变化幅度为–9.94%～11.60%（平均增产 1.94%）；8 年翻耕（PT）产量 5 年增产，3 年减产，产量变化幅度为–7.92%～12.95%（平均增产 2.56%）。方差比较分析表明，2007 年、2010 年、2011 年、2013 年和 2014 年不同耕作方式之间玉米产量差异不显著；2008 年 ST 和 CT 均与 NT 之间差异显著；2009 年 ST 和 NT 均与 CT 之间差异显著，2012 年 ST、PT 和 CT 相互之间差异显著。

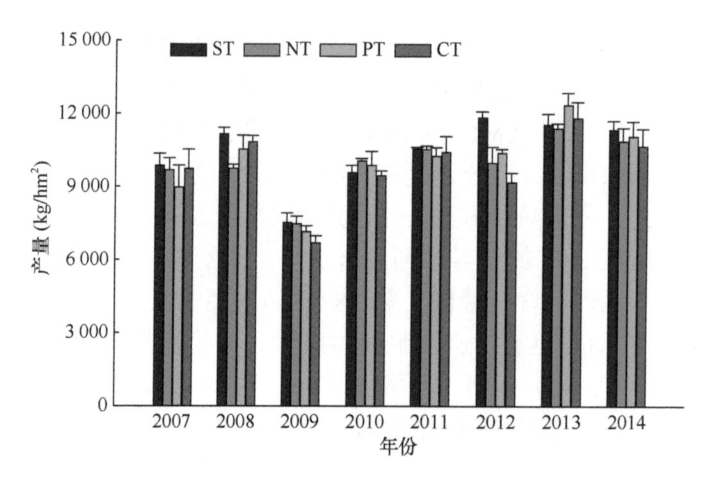

图 3-9 不同耕作方式对玉米产量的影响

第三节 黑土地耕层障碍消减技术理论与实践

黑土地是我国最重要的商品粮生产区之一，长期以来一直以玉米连作为主，重用轻养，长期高强度利用以及耕作方式不合理，导致东北农田土壤耕层变浅、养分含量降低、土壤结构恶化等问题日益严重，土壤生产力下降，作物产量的稳定性降低，严重制约了区域粮食生产的可持续发展。针对目前东北玉米农田耕层存在的主要问题，通过对农田结构及障碍因素的调查研究，明确合理耕层的定义及内涵，确立合理耕层评价指标，提出合理耕层构建技术效果与模式，以期为实现黑土区粮食生产的可持续发展和黑土地保护性利用提供理论参考。

一、农田耕层现状

东北位于我国高纬度地区，低温、多雨（季节性）特殊的自然环境，在农耕文化中形成了“传统垄作”的悠久历史，垄作具有增加春季土壤温度和雨季排涝的作用。东北黑土自开垦以来，长期传统耕作加速了土壤退化，特别是自实施家庭联产承包责任制之后，小四轮作业导致耕层浅、犁底层加厚，使土壤结构变差。此外，传统耕作方式有机物料施用不足，土壤肥力下降，不利于农业可持续发展。

（一）耕层浅、结构差

理想的耕层是作物高产的基础，耕层土壤结构被国内外研究者广泛关注。自实施家庭联产承包责任制以来，土地分散经营，大型动力作业及机具在农业生产上的应用急剧下降，深翻、深松等作业减少，土壤耕作以小型农机具作业为主，导致土壤耕层变浅、耕层有效土壤量减少、犁底层增厚（图 3-10）（史振声等，2013）、土壤保水保肥能力下降、土壤的缓冲性能降低，对土地生产力和国家粮食安全造成严重威胁。

经国家玉米产业技术体系专家调查，东北玉米田平均耕层厚度仅为 13.7 cm，低于全国平均耕层厚度 16.5 cm，与美国土壤耕层厚度 35 cm 相差甚远，常规耕作方式下玉米农田有效耕层土壤量比正常有效耕层土壤量减少 27%（张世煌和李少昆，2009）。常规耕作方式导致犁底层增厚、上移、变硬，比 20 年前上移了 5～6 cm、厚度增加了 8～10 cm；常规耕作方式形成的 12～15 cm 犁底层，土壤容重达到 1.4～1.5 g/cm^3，高于玉米根系生长所需要的理想耕层土壤容重 1.1～1.3 g/cm^3（李少昆和王崇桃，2010）。

图 3-10　小四轮长期作业导致的耕层构型（左）及田间玉米根系生产状况（右）

土壤耕层结构会影响作物产量和土壤肥力状况。土壤耕层结构是决定作物产量高低的重要因素，土壤耕层是玉米大幅度、可持续增产的首要限制因子。耕层厚度、土壤容重、有效耕层土壤量与作物产量有密切关系，具备高产潜力的耕层应具备较高含量的有机质或适当的土壤容重，二者兼备则更易获得高产。土壤耕层结构也会影响土壤肥力状况。

（二）土壤养分含量下降

土壤有机质是判断土壤肥力的重要指标。当前不合理的耕作制度导致松辽平原玉米带农田土壤肥力退化（赵兰坡等，2006），常规耕作方式很少施入有机肥或者采用秸秆还田，土壤产出大于补给，土壤养分供需不平衡。Liu 等（2010）认为，东北黑土有机质已不足开垦前的 50%，且仍以年平均 0.5%的速率下降，部分地区黑土有机质含量由 5%下降到现在的 2%；在黑龙江中部黑土区 1980～2000 年 20 年间 0～20 cm 耕层土壤有机质含量下降了 22.26%（汪景宽等，2007）。韩晓增等（2009）研究表明，玉米连作 21 年后土壤有机质含量下降了 15.6%。可见，长期耕作扰动土壤，导致土壤矿化速率增加，土壤有机质含量降低。

在东北地区，除了土壤有机质较开垦初期下降外，土壤氮素和钾素含量也呈下降趋势。黑龙江省水土保持科学研究院调查结果表明，2010 年黑龙江省耕地土壤有机质含量平均为 2.68%，0～20 cm 耕层土壤全氮含量平均为 1.84 g/kg，土壤速效钾含量平均为 146.8 mg/kg；与 1982 年相比，全氮含量降低了 15%，速效钾含量降低了 49%（马守义等，2018）。可见，东北黑土有机质含量、氮素含量和钾素含量下降为学者所公认。

（三）土壤侵蚀加剧

黑土是珍贵的土壤资源，土壤养分含量高，保水保肥能力强，长期不合理的耕作导致土壤侵蚀加剧。东北东部和北部多为丘陵、漫川漫岗，降雨量相对比较多，土壤侵蚀以水蚀为主，传统的耕作方式长期耕翻、起垄扰动土壤，加速了水土流失；东北东部、西部地区冬季和春季大风频繁，特别是春季沙尘暴常有发生，降雨量少，土壤风蚀比较严重。Liu 等（2010）报道，东北地区土壤侵蚀速率为 1.24～2.41 mm/年，土壤有机质含量平均每年下降 0.5%，东北黑土侵蚀严重的地块黑土层每年以 0.5～4.5 mm 的速度下降，每年黑土流失量达 830 万 t 表土层。按照平均土壤侵蚀速率 1.1 cm/年、黑土层厚度 50 cm 计算，45 年后这部分黑土将全部消失（李瑞平，2021）。水土流失不仅造成土壤结构被破坏，还造成了表层土壤养分流失，导致土壤生产能力下降，不利于农业可持续发展。

二、耕层构造的概念、类型和特征

（一）耕层构造的概念

为了改变现有不合理的耕作方式、保护农田土壤、防止黑土退化、提高土壤缓冲性能和生产能力、创造合理的耕层构造，学者们积极探索和开展了大量相关研究工作。那么，什么样的耕层是合理的耕层构造呢？目前，对这一概念尚没有明确的标准和定论，基本处于探索和研究阶段，但不同学者根据自己的研究结果和认识也给出了一定解释和定义。严长生（1960）认为耕层构造是耕作土壤上下各层的构造状态，它对土壤肥力具有根本的影响，是土壤肥力的综合标志，可以反映耕作土壤各层理化生状况、动态及不同时期的变化，并保证农作物所需水分、养分的供应性能。迟仁立和左淑珍（1998）认为耕层构造由耕作土壤及其覆盖物所组成，是人类耕作加工后形成的犁底层、内部结构、表面形态及覆盖物的总称，耕层构造的状况决定土壤水、肥、气、热能力的高低，良好的耕层构造能最大限度地蓄纳和协调耕层中的水分，从而一方面为作物提供良好的土壤环境，更好地促进耕层中的矿质化作用，加速养分释放，让作物“吃饱、喝足、住好”；另一方面能更好地促进腐殖化作用，保存和积累腐殖质，培肥地力。从经济效益的标准来说，在实现上述标准的同时，良好的耕层构造不仅能最大限度地保持耕作后效，降低耕作成本，还可延长轮耕周期，为建立合理的土壤耕作制度提供依据。

吉林省农业科学院根据多年不同耕作措施下形成的耕层构造进行的人工模拟与田间小区模拟试验，提出了苗带紧行间松的合理耕层构造模式。

研究认为，通过播种后重镇压，在玉米拔节前结合追肥进行行间深松，可形成“苗带紧行间松”虚实并存立体平行的耕层结构，这是良好的耕层构造，因为这种耕层构造通过播种后重镇压可提墒保苗，提高出苗率；行间伏季深松可以打破犁底层，形成土壤“水库”，有效接纳伏季降雨，减少地表径流，提高自然降水利用效率；秋季旋耕整地，可春墒秋保，提高土壤含水量；高茬还田自然腐烂，可提高土壤有机质含量，培肥土壤。另外，苗带紧行间松的合理耕层构造还可以有效提高玉米的抗倒伏性能，提高作物对逆境的适应性，从而有效增加粮食产量（郑洪兵等，2014）。

（二）耕层构造的类型和特征

1. 耕层构造的类型

（1）以灭茬打垄为代表的上虚下实耕层构造

该种耕层构造的总体特点是 10 cm 左右以上土壤过松，而 10～20 cm 形成一层坚硬的犁底层，表现为上虚下实，下部土壤容重达 1.4 g/cm^3 以上；传统的垄作方式在吉林省的玉米生产中占据很大面积。吉林省中部耕地的耕层一般为 30 cm 左右，而采用传统垄作的耕层基本为 8～13 cm，仅为耕层的 1/3。这种耕层构造总体表现为上松下紧（过紧），耕层浅，犁下的生格子及未耕层土壤容重达 1.42～1.47 g/cm^3。土壤过于紧实，根系难以通过，且透水性极差，透水量为 0.71 mm/（cm^2·h），从而导致水土流失的加剧。传统垄作的耕层浅，有效土体利用率低，水肥资源浪费严重，调节功能差，生产力降低。

（2）以翻耕为代表的全虚耕层构造

该耕层构造的特点总体表现为具有 20 cm 左右厚度的松土层，20 cm 以下土壤过于紧实（容重达 1.37 g/cm^3 以上）。耕层的主要特点是耕层深度达 18～23 cm，耕层整体较松，为全虚耕层构造。通过深翻消除过于紧实的耕层，土壤容重由 1.47 g/cm^3 降到 1.00 g/cm^3，孔隙度由 44%增加到 63%，增强了土壤生物活性，提高了土壤肥力，对增产有明显的促进作用。在吉林省中部地区的试验表明，耕深在 10～23 cm 内，在适宜土壤紧实度的条件下，随耕深的增加，产量随之提高。但对吉林省各地区翻耕地的调查结果显示，翻耕地普遍存在以下几方面的问题：土壤表面耙压过细，导致风蚀、水土流失严重，耕层整体过于疏松，导致耕层失墒、季节性干旱、保苗难、作物生长不齐、倒伏等。

（3）以免耕为代表的全实耕层构造

长期免耕耕层，0～40 cm 土壤紧实度相近，构造单一，土壤通透性不良，整体表现为偏紧（土壤容重为 1.28～1.30 g/cm^3）。

（4）以间隔深松（苗带紧行间松）为代表的虚实并存耕层（也称苗带紧行间松耕层）构造

采取宽窄行种植的耕层构造整体表现为纵向松紧兼备的特点，宽行深松带土壤疏松（0～40 cm 土壤容重为 1.10～1.26 g/cm^3），而窄行苗带土壤略偏紧（0～40 cm 土壤容重为 1.27～1.31 g/cm^3）。

2. 不同耕层构造的主要特征

（1）土壤容重

土壤容重是评价土壤物理特性的重要指标，为了准确反映不同耕作方式的耕层构造特点，通过对东北黑土区中等肥力水平的耕地土壤容重的多点调查，吉林省农业科学院提出了松土、紧土和过紧土三个层次的容重指标，即松土容重为（1.05±0.05）g/cm^3、紧土容重为（1.27±0.05）g/cm^3、过紧土容重为＞1.45 g/cm^3。

由图 3-11 可见，不同耕作方式对土壤容重影响明显。常规灭茬打垄处理（上虚下实耕层）由于长期采用小四轮耕整地作业，土壤紧实，下层有坚硬的犁底层；连年翻耕处理（全虚耕层）0～20 cm 土壤容重明显低于其他处理；免耕处理（全实耕层）0～20 cm

土壤容重和 20～40 cm 土壤容重均大于 1.27 g/cm^3，较为紧实，且整体表现为耕层上下容重差异不大；间隔深松处理（苗带紧行间松）的宽行（松带）由于深松作业，其土壤容重较低，而苗带土壤较宽行略为紧实。

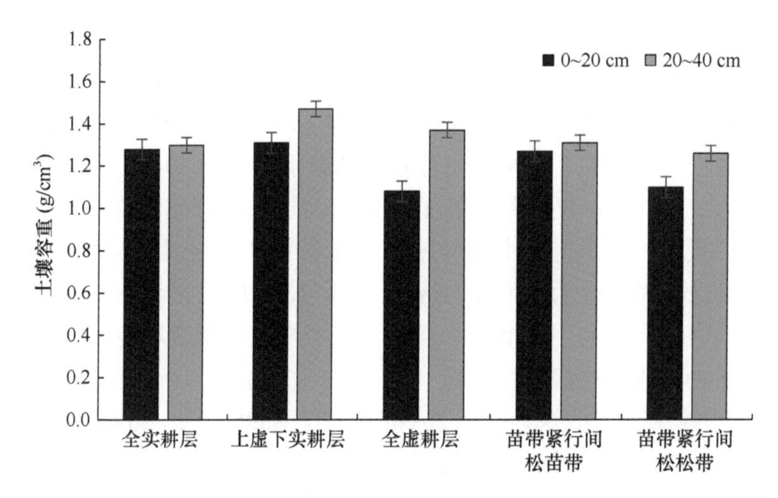

图 3-11　不同耕层构造土壤容重

通过前期的研究，已经基本明确了苗带耕层土壤容重在 1.27 g/cm^3 左右、行间土壤容重在 1.05 g/cm^3 左右的苗带紧行间松的耕层构造模式，该模式能实现苗间提墒、行间蓄水通气的效果，研究结果为创建合理耕层的作业程序提供了参考。

深松、翻、旋等多种耕作方式单独作业或配合作业可得到过松土壤（容重 1.05 g/cm^3 左右）。但是如何实现适宜的紧实度，也是合理耕层创建过程中的关键问题，通过人工模拟试验，基本明确了黑土的适宜镇压强度。

（2）土壤容重与镇压强度的关系

通过人工模拟耕翻深度 20～25 cm，土壤经过筛细、铺平，容重可达到 1.00 g/cm^3 左右，镇压采取模块静压，镇压触板规格为 10 cm×10 cm，处理时土壤含水量保持在 20%左右。从试验结果（表 3-15）可以看出，镇压强度为 600 g/cm^2 时，土壤容重为 1.24～1.28 g/cm^3，镇压强度达到 1200 g/cm^2 时，土壤容重达到 1.37～1.40 g/cm^3。

结合田间机械作业试验结果，条带深松作业选择的镇压器为 1YM-2 型苗带重镇压器，与生产上农户常规镇压器相比，其镇压强度在 600～650 g/cm^2，在耕层土壤含水量 20%左右时进行镇压，镇压后土壤容重可以达到 1.2～1.3 g/cm^3，可达到苗带紧实的目的。

表 3-15　不同镇压强度下土壤容重的变化

镇压强度（g/cm^2）	土壤容重（g/cm^3）
0	1.0
300	1.15～1.18
600	1.24～1.28
1200	1.37～1.40

（3）土壤透水性

不同耕层构造模式土壤透水性差异显著（图 3-12），以全虚耕层透水效果最好，苗带紧行间松耕层优于全实耕层与上虚下实耕层。

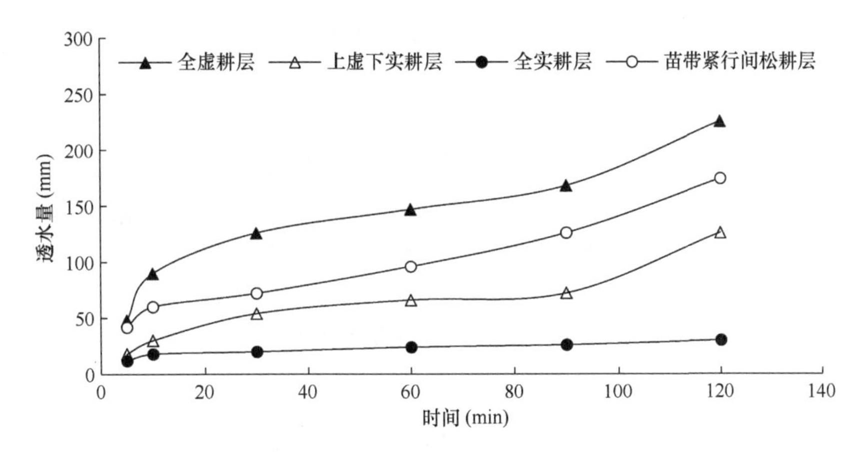

图 3-12　不同耕层构造土壤透水性差异

（4）土壤气相

对不同时期耕层土壤气相的调查结果（表 3-16）表明，全虚耕层在作物生育期可以保持较高的气相；而苗带紧行间松耕层的雨季气相也可满足作物生长的需求；上虚下实耕层与全实耕层的透气性在雨季明显过低，不适宜作物生长发育。

表 3-16　不同耕层构造土壤气相占比

耕层构造	土壤容重（g/cm³）	春季气相（%）	雨季气相（%）
全虚耕层	＜1.11	30～45	20～35
上虚下实耕层	1.25～1.35	20～25	5～15
全实耕层	＞1.4	10～14	0～7
苗带紧行间松耕层	1.18～1.29	30～40	24～27

（5）耕层稳定性

人工模拟三种土壤容重：①1.05 g/cm³，疏松耕层容重；②1.25 g/cm³，适宜耕层容重；③1.45 g/cm³，过紧耕层容重（表 3-17）。结果表明，在无外力的条件下，黑土土壤容重在 1.03～1.48 g/cm³ 内可以基本保持一定的稳定性。创造合理的耕层，可以通过人为的耕作措施来实现，并且在无其他外力压实或松耕的情况下，通过控制其他措施所建立的松、紧耕层可持续一定的时限。

表 3-17　不同耕层构造土壤容重的年度变化

土壤深度（cm）	处理（g/cm³）								
	1.05			1.25			1.45		
	当年	第二年	变化	当年	第二年	变化	当年	第二年	变化
0～5	1.05	1.06	0.01	1.24	1.23	−0.01	1.44	1.45	0.01
5～10	1.06	1.05	−0.01	1.26	1.26	0	1.44	1.46	0.02
10～15	1.05	1.04	−0.01	1.27	1.25	−0.02	1.48	1.45	−0.03
15～20	1.05	1.03	−0.02	1.27	1.25	−0.02	1.47	1.44	−0.03
20～25	1.03	1.04	0.01	1.26	1.26	0	1.48	1.48	0

3. 不同玉米产量水平的耕层特征

通过对吉林省中部不同玉米产量水平耕层的调查，明确了不同产量水平耕层土壤物理特性和化学特性。

（1）土壤物理特性

从表 3-18 可以看出，玉米产量达 13 500 kg/hm^2 的高产土壤黑土层厚度为 34.50 cm，耕层厚度为 24.63 cm，犁底层厚度为 8.00 cm，有效耕层土壤量为 3.49×10^6 kg/hm^2；玉米产量达 10 500 kg/hm^2 的中产土壤黑土层厚度为 30.70 cm，耕层厚度为 19.52 cm，犁底层厚度为 11.00 cm，有效耕层土壤量为 2.92×10^6 kg/hm^2；玉米产量达 7500 kg/hm^2 的低产土壤黑土层厚度为 25.10 cm，耕层厚度为 18.20 cm，犁底层厚度为 13.00 cm，有效耕层土壤量为 2.65×10^6 kg/hm^2。

表 3-18　不同玉米产量水平土壤物理指标参数

物理指标	玉米产量水平		
	13 500 kg/hm^2	10 500 kg/hm^2	7 500 kg/hm^2
黑土层厚度（cm）	34.50	30.70	25.10
耕层厚度（cm）	24.63	19.52	18.20
犁底层厚度（cm）	8.00	11.00	13.00
有效耕层土壤量（×10^6 kg/hm^2）	3.49	2.92	2.65
容重（g/cm^3）	1.27	1.32	1.30
土壤硬度（kg/cm^2）	21.79	22.50	21.50

通过对土壤物理指标分析可以看出，玉米产量达 13 500 kg/hm^2 的土壤具有良好的“体型”，表现为耕层深厚，犁底层较薄，有效耕层土壤量较大，黑土层较厚，土壤硬度和容重适中，固相、液相和气相比例协调，土壤结构合理，土壤缓冲能力强，能为作物根系生长提供良好的环境空间。

（2）土壤化学特性

从表 3-19 可以看出，玉米产量达 13 500 kg/hm^2 的土壤全氮含量为 0.16%，全磷为 0.08%，全钾为 2.65%；玉米产量达 10 500 kg/hm^2 的土壤全氮含量为 0.17%，全磷为 0.07%，全钾为 2.43%；玉米产量达 7500 kg/hm^2 的土壤全氮含量为 0.12%，全磷为 0.05%，全钾为 2.46%。

表 3-19　不同玉米产量水平土壤化学指标参数

化学指标	玉米产量水平		
	13 500 kg/hm^2	10 500 kg/hm^2	7 500 kg/hm^2
全氮（%）	0.16	0.17	0.12
全磷（%）	0.08	0.07	0.05
全钾（%）	2.65	2.43	2.46
碱解氮（mg/kg）	140.65	153.19	129.83
有效磷（mg/kg）	93.63	55.15	36.01
速效钾（mg/kg）	114.81	188.65	144.47
有机质（%）	2.35	2.74	1.77
pH	5.46	5.36	5.46

从速效养分来看，玉米产量达 13 500 kg/hm^2 的土壤碱解氮含量为 140.65 mg/kg，有效磷为 93.63 mg/kg，速效钾为 114.81 mg/kg；玉米产量达 10 500 kg/hm^2 的土壤碱解氮含量为 153.19 mg/kg，有效磷为 55.15 mg/kg，速效钾为 188.65 mg/kg；玉米产量达 7500 kg/hm^2 的土壤碱解氮含量为 129.83 mg/kg，有效磷为 36.01 mg/kg，速效钾为 144.47 mg/kg。

从有机质和 pH 来看，玉米产量达 13 500 kg/hm^2 的土壤有机质含量为 2.35%，pH 为 5.46；玉米产量达 10 500 kg/hm^2 的土壤有机质含量为 2.74%，pH 为 5.36；玉米产量达 7500 kg/hm^2 的土壤有机质含量为 1.77%，pH 为 5.46。

通过对土壤化学指标的分析可以看出，玉米产量达 13 500 kg/hm^2 的土壤具有良好的“体质”，表现为土壤全量养分含量较高，速效养分具有优势，特别是碱解氮和有效磷表现突出，土壤有机质含量达 2%以上，具备高产土壤肥力特征，能为作物生长提供充足的养分。

三、合理耕层构建技术效果

（一）不同耕层构造对土壤理化特性的影响

1. 不同耕层构造对土壤容重的影响

对 4 种不同耕层构造 0～50 cm 土壤容重的调查结果显示，苗带紧行间松耕层（松带）、苗带紧行间松耕层（苗带）、全虚耕层的耕层构造在 7 月 28 日和 10 月 22 日之间的差异达到显著水平（表 3-20）。7 月 28 日，全实耕层和上虚下实耕层均与全虚耕层的差异达到显著水平，苗带紧行间松耕层（苗带）与全虚耕层的差异不显著。10 月 22 日，全实耕层与苗带紧行间松耕层（松带）和全虚耕层的差异达到显著水平，全实耕层与苗带紧行间松耕层（苗带）的差异达到显著水平，苗带紧行间松耕层（松带）与苗带紧行间松耕层（苗带）的差异达到显著水平。

表 3-20　不同耕层构造土壤容重变化（0～50 cm）　　（单位：g/cm^3）

处理	日期		
	6 月 8 日	7 月 28 日	10 月 22 日
苗带紧行间松耕层（松带）	1.24±0.03Aa	1.26±0.00ABab	1.24±0.01BCc
苗带紧行间松耕层（苗带）	1.29±0.02Aa	1.31±0.04ABa	1.31±0.00ABb
全实耕层	1.47±0.01Aa	1.52±0.00Aa	1.52±0.01Aa
全虚耕层	1.19±0.05Aa	1.19±0.01Bb	1.18±0.00Cd
上虚下实耕层	1.43±0.04Aa	1.48±0.02Aa	1.39±0.01Aab

注：不同大写字母表示相同日期下不同耕层构造间土壤容重差异显著（P<0.05）；不同小写字母表示相同耕层构造间不同日期间土壤容重差异显著（P<0.05）。

2. 不同耕层构造对土壤含水量的影响

苗带紧行间松耕层、全实耕层、全虚耕层和上虚下实耕层 4 种耕层构造 6 月、7 月和 8 月土壤含水量的垂直变化均表现为随耕层深度的增加而升高，6 月和 8 月比较明显，7 月 40 cm 处土壤含水量有减少的趋势，9 月和 10 月土壤含水量随耕层深度的增加而减少，50 cm 深处的耕层土壤含水量为 12%～14%，明显低于 10 cm 耕层处的土壤含水量。不同耕层构造间比较，苗带紧行间松耕层和全实耕层土壤含水量高于上虚下实耕层和全虚耕层，6 月、7 月、8 月和 9 月也表现出相同的规律，土壤含水量差异达到显著水平。

春季土壤含水量上层明显低于下层，雨季剖面土壤含水量呈“S”形曲线垂直变化，到秋季上冻后上层土壤含水量明显减少，而下层随土壤深度的增加呈增加的趋势（表 3-21）。苗带紧行间松耕层和全实耕层土壤含水量均高于全虚耕层和上虚下实耕层，说明苗带紧行间松耕层通过伏季深松作业，积蓄降水形成土壤水库，起到伏雨春用、春墒秋保的作用，可提高水分利用效率，有效缓解旱情，保证产量。

表 3-21　不同耕层构造对土壤含水量的影响（%）

土壤深度（cm）	处理		6 月 8 日	7 月 28 日	8 月 18 日	9 月 18 日	10 月 22 日
0～20	苗带紧行间松耕层	松带	12.58±0.58Bc	17.56±0.96Aa	11.40±0.97Aab	21.57±0.16Aa	23.86±0.65Aa
		苗带	16.95±1.93ABab	15.81±0.86Aab	11.17±0.50Aab	21.54±0.30Aa	22.51±0.76ABab
	全实耕层		18.83±0.17Aa	14.39±0.58Ab	9.95±0.03Ab	18.83±2.78Aab	20.48±0.95Bb
	全虚耕层		14.22±0.95ABbc	16.15±0.43Aab	9.70±0.33Ab	16.23±0.32Ab	22.24±0.08ABab
	上虚下实耕层		13.85±0.41Bbc	15.53±0.31Aab	11.75±0.15Aa	19.56±0.03Aab	22.00±0.15ABab
20～40	苗带紧行间松耕层	松带	18.03±0.45ABbc	18.00±0.39Aa	15.15±0.39Aa	15.88±0.35Aa	17.88±0.47ABab
		苗带	19.37±0.05Aa	16.93±0.06Aa	13.08±0.14Bbc	15.12±0.54Aa	16.62±0.56BCbc
	全实耕层		19.01±0.32ABab	16.71±0.45Aa	13.69±0.09Bb	15.21±0.74Aa	16.62±0.56BCbc
	全虚耕层		17.78±0.56ABc	17.30±0.11Aa	13.58±0.36Bbc	15.44±0.38Aa	15.28±0.39Cc
	上虚下实耕层		17.27±0.24Bc	17.40±0.59Aa	12.69±0.23Bc	13.89±0.93Aa	19.47±0.38Aa
0～40	苗带紧行间松耕层	松带	17.30±0.55Bb	17.53±0.03Aa	13.96±0.11Aa	16.22±0.18Aa	18.38±0.28Aa
		苗带	19.66±0.59Aa	16.89±0.10ABab	13.14±0.08Bb	16.26±0.11Aa	17.02±0.07BCc
	全实耕层		19.57±0.33Aa	16.89±0.10Bbc	12.81±0.06Bc	15.61±0.79A	16.57±0.24Ccd
	全虚耕层		17.39±0.08Bb	16.38±0.16ABbc	12.83±0.01Bc	15.06±0.15Aa	16.22±0.16Cd
	上虚下实耕层		17.24±0.33Bb	15.96±0.21Bc	12.72±0.11Bc	14.94±0.34Aa	17.70±0.16ABb

注：不同大写字母表示相同日期下不同耕层构造间土壤容重差异显著（P＜0.05）；不同小写字母表示相同耕层构造间不同日期间土壤容重差异显著（P＜0.05）。

对土壤含水量季节性变化的研究结果表明，苗带紧行间松耕层、全实耕层、全虚耕层和上虚下实耕层土壤含水量的季节性变化趋势基本一致，即进入雨季呈降低的趋势，然后随雨季的来临土壤含水量逐渐增加，进入秋季土壤含水量变化趋于平缓，季节变化规律性较强。

3. 不同耕层构造对土壤团聚体的影响

土壤团聚体结构状况对土壤水分和肥力有着重要影响，具有良好团聚体结构的土壤，不仅具有高度的孔隙性和持水性，而且具有良好的通透性，在植物生长期间能很好地协调水、肥、气、热的供应，以保证作物获得高产稳产。从表 3-22 可以看出，不同耕层构造的土壤中均以＞0.25 mm 的团聚体为主，其含量为 53.63%～85.18%，其中 1～0.25 mm 团聚体所占比例较大。苗带紧行间松耕层＞0.25 mm 团聚体含量明显高于上虚下实耕层，尤其以＞5 mm 的团聚体含量较多。在 0～30 cm 土层，不同处理＞0.25 mm 团聚体含量的均值有明显差异，其平均含量高低顺序为苗带紧行间松苗带（81.07%）＞苗带紧行间松耕层松带（78.67%）＞全虚耕层（77.95%）＞全实耕层（70.51%）＞上虚下实耕层（64.45%），这主要是由于：一方面，上虚下实耕层（传统耕作）搅动了土壤结构，使团聚体被挤压破碎，因而水稳性团聚体含量较低；另一方面，水稳性团聚体大多是由钙、镁及腐殖质胶结起来的，苗带紧行间松耕层使土壤腐殖质含量增加，而且钙离子、镁离子等的含量也会因土壤对其保持能力的增加而有所提高，因而水稳性团聚体含量增高。

表 3-22　不同耕作构造土壤水稳性团聚体组成（%）

耕层构造方式		土层（cm）	粒径						
			＞5 mm	5～2 mm	2～1 mm	1～0.5 mm	0.5～0.25 mm	＜0.25 mm	＞0.25 mm
苗带紧行间松耕层	松带	0～10	31.71	9.51	8.52	18.67	11.58	20.01	79.99
		10～20	31.18	10.91	10.08	20.89	9.54	17.40	82.60
		20～30	15.73	8.05	11.05	23.93	14.67	26.57	73.43
	苗带	0～10	22.47	7.32	12.70	24.37	12.42	20.72	79.28
		10～20	23.75	21.26	13.86	19.35	6.96	14.82	85.18
		20～30	12.49	15.87	13.19	24.12	13.08	21.25	78.75
全实耕层		0～10	11.35	15.02	11.37	18.93	12.60	30.73	69.27
		10～20	16.26	11.58	11.88	22.84	13.22	24.22	75.78
		20～30	3.60	9.50	9.93	23.15	20.31	33.51	66.49
全虚耕层		0～10	22.93	13.61	10.70	20.26	11.80	20.70	79.30
		10～20	22.13	18.60	12.61	19.52	8.11	19.03	80.97
		20～30	14.93	8.55	11.07	23.53	15.49	26.43	73.57
上虚下实耕层		0～10	7.25	9.23	9.58	24.45	17.29	32.20	67.80
		10～20	3.17	5.10	5.08	19.17	21.11	46.37	53.63
		20～30	9.38	9.68	8.97	26.05	17.83	28.09	71.91

4. 不同耕层构造对土壤有机质含量的影响

土壤有机质含量是评价土壤肥力的重要指标，有机质是土壤中各种营养元素的来源，特别是氮、磷的重要来源。不同耕层构造方式下土壤有机质含量均随土层深度的增加而减少，0～40 cm 土层不同处理间存在差异（图 3-13），与全虚耕层和上虚下实耕层相比，苗带紧行间松耕层和全实耕层均显著增加 0～10 cm 和 20～30 cm 土层有机质含量；在 10～20 cm 土层，苗带紧行间松耕层土壤有机质含量显著高于全实耕层、全虚耕层和上虚下实耕层，分别提高了 10.97%、38.84%和 10.76%；在 30～40 cm 土层，苗带紧行间松耕层显著高于其他处理，但全实耕层显著高于全虚耕层，却低于上虚下实耕层；在 40～50 cm 和 50～60 cm 土层，不同耕层构造方式土壤有机质含量差异不显著。

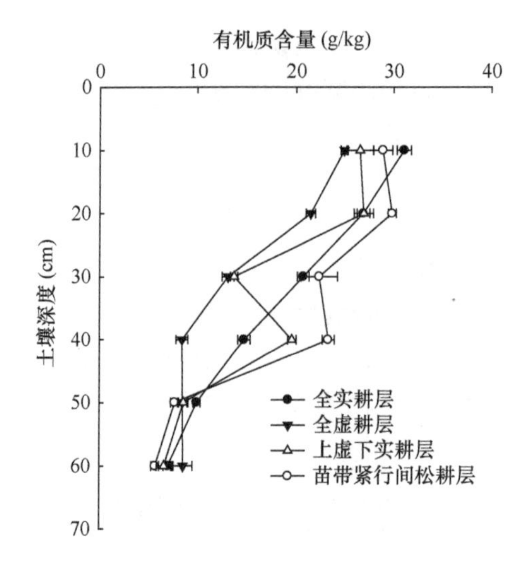

图 3-13　不同耕层构造土壤有机质含量变化特征

5. 不同耕层构造对土壤全氮含量的影响

总体来看，随着土壤深度的增加，土壤全氮含量表现出逐渐降低的趋势。不同耕层构造对土壤各层全氮含量影响不同（图 3-14），与全虚耕层和上虚下实耕层相比，苗带紧行间松耕层和全实耕层显著增加了 0～10 cm 土层全氮含量（$P<0.05$），苗带紧行间松耕层增加了 22.06%和 15.28%，全实耕层增加了 27.94%和 20.83%；在 10～20 cm 土层，苗带紧行间松耕层显著高于全实耕层、全虚耕层和上虚下实耕层，全实耕层和上虚下实耕层处理间差异不显著，全虚耕层最低；在 20～30 cm 土层，与全虚耕层和上虚下实耕层相比，苗带紧行间松耕层显著增加 60.76%和 45.14%，全实耕层显著增加 48.73%和 34.29%；在 30～40 cm 土层，苗带紧行间松耕层和全实耕层显著高于全虚耕层，分别增加了 105.66%和 61.32%，但却显著低于上虚下实耕层，分别降低了 16.97%和 49.12%；在 40～50 cm 和 50～60 cm 土层，不同耕层构造间差异几乎不显著。

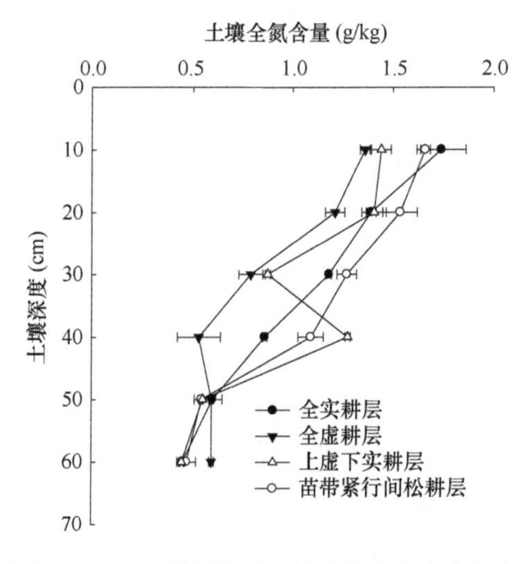

图 3-14　不同耕层构造土壤全氮含量变化特征

（二）不同耕层构造对玉米生长发育的影响

1. 不同耕层构造对玉米出苗率的影响

对不同耕层构造玉米出苗率（表 3-23）的测定结果表明，苗带紧行间松耕层和全实耕层出苗率较高，与全虚耕层相比，分别提高 14.8 个和 12.7 个百分点，与上虚下实耕层相比分别提高 13.4 个和 11.3 个百分点。此外，从长势分级来看，苗带紧行间松耕层均生长良好，说明苗带紧行间松耕层不仅对种子吸水发芽和保苗有利，而且对玉米早期生长有显著的促进作用。

表 3-23　不同耕层构造对玉米出苗率及苗期形态指标的影响

处理	出苗率（%）	分级
苗带紧行间松耕层	94.9	优
全实耕层	92.8	良
全虚耕层	80.1	下
上虚下实耕层	81.5	劣

2. 不同耕层结构对玉米叶面积的影响

不同时期苗带紧行间松耕层、全实耕层和全虚耕层叶面积均高于上虚下实耕层（表 3-24）。8 月 6 日苗带紧行间松耕层、全实耕层和全虚耕层叶面积分别比上虚下实耕层高 4.60%、3.35%和 2.13%，9 月 7 日分别高 14.18%、10.00%和 8.71%。苗带紧行间松耕层叶面积均高于全实耕层和全虚耕层。

表 3-24　不同耕层构造对玉米叶面积的影响

日期	处理	叶面积平均值（cm^2/株）	标准差（cm^2/株）	显著水平	叶面积指数
8 月 6 日	苗带紧行间松耕层	7588.19	1237.26	a	4.55
	全实耕层	7497.41	182.91	a	4.50
	全虚耕层	7409.16	561.41	a	4.45
	上虚下实耕层	7254.73	289.55	a	4.35
9 月 7 日	苗带紧行间松耕层	5900.51	914.03	a	3.54
	全实耕层	5684.21	262.52	b	3.41
	全虚耕层	5617.79	968.54	b	3.37
	上虚下实耕层	5167.65	575.34	c	3.10

注：表中不同小写字母表示差异显著（$P<0.05$）。

3. 不同耕层构造对玉米株高的影响

对不同耕层构造玉米株高的分析结果表明（表 3-25），不同耕层构造对株高有一定的影响，处理间差异显著，苗带紧行间松耕层分别比全实耕层、全虚耕层和上虚下实耕层株高增加 6.73%、4.23%和 9.36%，与上虚下实耕层差异达到显著水平（$P<0.05$）。

表 3-25　不同耕层构造对玉米株高的影响　　（单位：m）

处理	重复					平均值±标准误	显著水平
	Ⅰ	Ⅱ	Ⅲ	Ⅳ	Ⅴ		
苗带紧行间松耕层	2.15	2.20	2.25	2.25	2.29	2.22±0.02	a
全实耕层	2.16	2.14	2.04	2.06	2.03	2.08±0.02	ab
全虚耕层	2.03	2.26	2.28	2.12	1.96	2.13±0.06	ab
上虚下实耕层	2.10	2.12	2.15	2.04	1.76	2.03±0.07	b

4. 不同耕层构造对玉米产量的影响

全实耕层、全虚耕层、苗带紧行间松耕层、上虚下实耕层 4 种不同耕层构造长期定位试验（图 3-15）表明，2010 年、2011 年、2013 年和 2014 年 4 年不同耕层构造玉米产量差异不显著，2009 年、2012 年、2015 年、2016 年、2017 年、2018 年 6 年不同耕层构造玉米产量存在显著差异。10 年中 7 年全实耕层较上虚下实耕层增产，3 年较上虚下实耕层减产；10 年中 6 年全虚耕层较上虚下实耕层增产，4 年较上虚下实耕层减产；10 年中 8 年苗带紧行间松耕层较上虚下实耕层增产，2 年较上虚下实耕层减产。从 10 年玉米平均产量来看，全实耕层、全虚耕层、苗带紧行间松耕层分别较上虚下实耕层增产 7.17%、6.29%、8.39%。

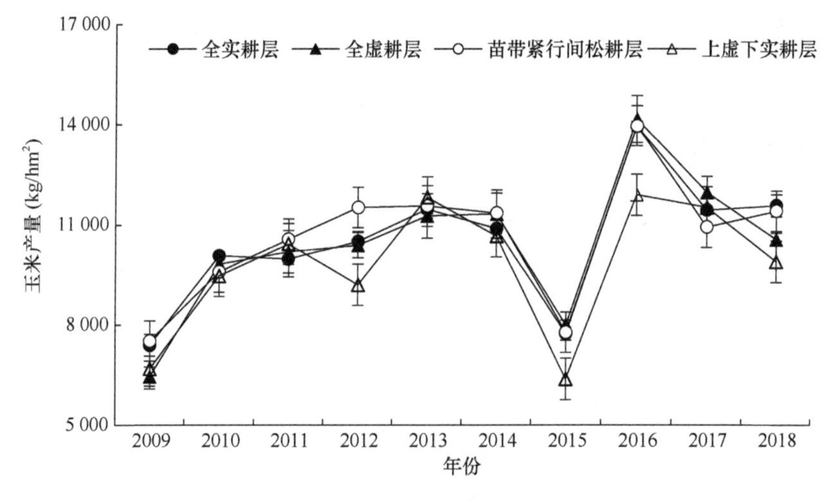

图 3-15　不同耕层构造对玉米产量的影响

参 考 文 献

常旭虹, 赵广才, 张雯, 等. 2006. 保护性耕作及氮肥运筹对玉米生长的影响. 植物营养与肥料学报, 12(2): 273-275.

迟仁立, 左淑珍. 1998. 虚实并存耕作分区技术规范. 农机农艺, 4: 37.

董智. 2013. 秸秆覆盖免耕对土壤有机质转化积累及玉米生长的影响. 沈阳: 沈阳农业大学博士学位论文.

宫亮, 孙文涛, 包红静, 等. 2011. 不同耕作方式对土壤水分及玉米生长发育的影响. 玉米科学, 19(3):

118-120, 125.
韩晓增, 邹文秀, 王凤仙, 等. 2009. 黑土肥沃耕层构建效应. 应用生态学报, 20(12): 2996-3002.
霍丽丽, 赵立欣, 孟海波, 等. 2019. 中国农作物秸秆综合利用潜力研究. 农业工程学报, 35(13): 218-224.
李瑞平. 2021. 吉林省半湿润区不同耕作方式对土壤环境及玉米产量的影响. 哈尔滨: 东北农业大学博士学位论文.
李少昆, 王崇桃. 2010. 玉米高产潜力·途径. 北京: 科学出版社: 161.
马守义, 谢丽华, 朱广石. 2018. 黑土地保护性耕作技术的思考. 玉米科学, 26(1): 116-119.
史振声, 付景昌, 朱敏. 2013. 耕层和土壤质量是玉米大幅度、可持续增产的首要限制因子. 辽宁农业科学, 271(3): 52-54 .
孙占祥. 1998. 辽西风沙干旱区玉米抗旱高产栽培技术措施研究. 玉米科学, (1): 37-39.
汪景宽, 李双异, 张旭东, 等. 2007. 20 年来东北典型黑土地区土壤肥力质量变化. 中国生态农业学报, 57(1): 19-24.
王改玲, 郝明德, 许继光, 等. 2011. 保护性耕作对黄土高原南部地区小麦产量及土壤理化性质的影响. 植物营养与肥料学报, 3: 539-544.
严长生. 1960. 初论土壤耕层构造. 土壤通报, (4): 42-44.
张世煌, 李少昆. 2009. 国内外玉米产业技术发展报告. 北京: 中国农业科学技术出版社: 108.
赵兰坡, 王鸿斌, 刘会青, 等. 2006. 松辽平原玉米带黑土肥力退化机理研究. 土壤学报, 43(1): 78-84.
郑德明, 姜益娟, 柳维杨, 等. 2006. 荒漠绿洲带免耕对复播夏玉米生长发育及产量的影响. 新疆农业科技, 4: 10.
郑洪兵, 齐华, 刘武仁, 等. 2014. 玉米农田耕层现状、存在问题及合理耕层构建探讨. 耕作与栽培, (5): 39-42.
郑洪兵. 2018. 耕作方式对土壤环境及玉米生长发育的影响. 沈阳: 沈阳农业大学博士学位论文.
邹文秀, 韩晓增, 陆欣春, 等. 2020. 肥沃耕层构建对东北黑土区旱地土壤肥力和玉米产量的影响. 应用生态学报, 31(12): 4134-4146.
Chen Y, Liu S, Li H, et al. 2011. Effects of conservation tillage on corn and soybean yield in the humid continental climate region of Northeast China. Soil and Tillage Research, 115-116: 56-61.
Drury C F, Tan C S, Thomas W W, et al. 1999. Red clover and tillage influence on soil temperature, water content, and corn emergence. Agronomy Journal, 99: 101-108.
Lal R. 1974. Soil temperature, soil moisture and maize yield from mulched and unmulched tropical soils. Plant and Soil, 40: 129-143.
Li R, Hou X Q, Jia Z K, et al. 2013. Effects on soil temperature, moisture, and maize yield of cultivation with ridge and furrow mulching in the rainfed area of the Loess Plateau, China. Agricultural Water Management, 116: 101-109.
Liu X B, Zhang X Y, Wang Y X, et al. 2010. Soil degradation: A problem threatening the sustainable development of agriculture in Northeast China. Plant Soil and Environment, 56(2): 87-97.
Sidhu A S, Sekhon N K, Thind S S, et al. 2007. Soil temperature growth and yield of maize (*Zea mays* L.) as affected by wheat straw mulch. Archives of Agronomy and Soil Science, 53: 95-102.

第四章　黑土地土壤功能性障碍消减技术

黑土地被誉为“耕地中的大熊猫”，是保障国家粮食安全的重要资源，然而，长期高强度利用、不合理的耕作方式及气候变化等因素，导致土壤有机质含量下降、土壤结构恶化、土壤养分流失等功能性障碍，严重威胁其可持续利用和粮食安全，因此，如何进行黑土地土壤功能性障碍消减已成为国家、社会以及农业科研人员广泛关注的热点问题。为应对这一挑战，吉林省农业科学院积极探索黑土地玉米农田增碳培肥与玉米生长发育的关系、基于土壤增碳培肥的黑土地玉米秸秆还田技术、黑土地有机肥及其他有机物料高效施用技术的理论探索与场景化应用，为实现黑土地可持续利用、筑牢国家粮食安全根基提供了科学支撑。

第一节　黑土地玉米农田增碳培肥与玉米生长发育的关系

土壤是重要的自然资源，是人类赖以生存和发展的巨大碳氮库和生物库，支撑着作物生产（刘树伟等，2019）。土壤肥力决定着作物产量高低与品质优劣（Frimpong et al.，2017）。施用有机肥是提升土壤肥力的重要途径（杨忠赞等，2019）。中国农业废弃物资源丰富，将农业废弃物转化为土壤肥力和作物所需的养分是循环农业的重要环节，也是农业绿色发展的基础（伍佳等，2019）。当前，以农业废弃物为来源的有机肥在全国有着较大面积的应用，且种类多样，明确施用不同种类有机肥对土壤肥力的提升作用是实现土壤高效培肥的前提与基础。施用有机肥后可显著提升土壤有机碳含量与养分供应能力（张志毅等，2020）。东北黑土土质肥沃、结构良好，为保障区域农业可持续发展提供了得天独厚的自然条件，但多年来不合理利用导致黑土肥力退化趋势明显，已引起全社会的广泛关注。东北地区年均畜禽粪便量近 5 亿 t（申贵男等，2020），同时，东北黑土区作为我国玉米主产区，秸秆资源丰富，年均玉米秸秆量超过 1.7 亿 t（蔡红光等，2019），实施有机培肥是改善黑土肥力退化现状、提升黑土可持续生产力的有效措施（武红亮等，2018）。

一、化肥配施有机肥对黑土肥力与玉米产量的影响

吉林省农业科学院基于多年田间定位试验，探讨了玉米秸秆还田与禽畜粪肥施用等对土壤有机碳、速效养分与酶活性等肥力因子的影响及多年玉米产量的动态变化，为建立东北黑土有机培肥技术体系、提升黑土肥力与土壤健康提供了理论依据。试验起始于 2011 年秋季，共设置 5 个处理，分别为单施化肥（NPK）、化肥配施玉米秸秆（NPK+ST）、化肥配施牛粪（NPK+NF）、化肥配施鸡粪（NPK+JF）和化肥配施猪粪（NPK+ZF），每个处理 3 次重复，各小区面积 104 m^2。各处理年均化肥施用量为 N 200 kg/hm^2、P_2O_5

90 kg/hm^2、K_2O 75 kg/hm^2，40%的氮肥和全部磷、钾肥以基肥施入，60%的氮肥在玉米拔节期追施。配施玉米秸秆处理为小区当年秸秆全部还田，配施畜禽粪肥处理各有机肥年均投入量为 15 000 kg/hm^2，于秋收后撒施于地表，经旋耕混入 0～15 cm 土层，翌年春季使用免耕施肥播种机进行施肥与播种，采用玉米连作-平播耕种方式，品种为‘先玉 335’，种植密度为 6 万株/hm^2。

（一）化肥配施有机肥处理玉米产量的年际变化

化肥配施有机肥对玉米产量的影响如表 4-1 所示，各处理玉米产量年际间呈波动变化。在试验开始后的第 1 年（2012 年）和第 3 年（2014 年），与单施化肥（NPK）处理相比，各配施有机肥处理对玉米产量的影响不显著。5 年玉米产量平均值的高低表现为化肥配施猪粪（NPK+ZF）＞化肥配施玉米秸秆（NPK+ST）＞化肥配施鸡粪（NPK+JF）＞化肥配施牛粪（NPK+NF）＞单施化肥（NPK），与单施化肥（NPK）处理相比，各处理的增幅分别为 9.09%、4.02%、5.36%、10.81%。

表 4-1　化肥配施有机肥处理对玉米产量的影响　　（单位：t/hm^2）

处理	2012 年	2013 年	2014 年	2015 年	2016 年	平均值
NPK	10.87±0.17ab	10.54±0.44b	11.66±0.74a	8.41±0.20b	10.79±0.15c	10.45±1.09a
NPK+ST	12.14±0.67a	11.01±0.13b	12.65±0.12a	9.65±0.14a	11.53±0.69b	11.40±1.20a
NPK+NF	10.56±0.68ab	10.78±0.06b	11.63±0.44a	8.89±0.71b	12.49±0.28ab	10.87±1.34a
NPK+JF	10.54±0.73b	11.04±1.09ab	12.15±0.06a	9.52±1.53ab	11.80±0.85b	11.01±1.04a
NPK+ZF	10.90±0.54ab	12.10±0.49a	12.56±0.08a	9.48±1.17ab	12.88±0.39a	11.58±1.40a

注：不同小写字母代表同一年不同处理间差异显著（$P<0.05$）。

（二）化肥配施有机肥处理土壤有机碳与活性有机碳含量的变化

试验实施 5 年后，2016 年玉米收获后采集土壤样品进行分析。化肥配施不同种类有机肥处理对 0～20 cm 土层土壤有机碳含量有不同程度的影响（图 4-1a），与单施化肥（NPK）处理相比，化肥配施有机肥增加了土壤有机碳含量，其中化肥配施牛粪（NPK+NF）和化肥配施猪粪（NPK+ZF）处理土壤有机碳含量的增加达到显著水平，增幅分别为 11.1%、11.5%。与单施化肥（NPK）处理相比，化肥配施有机肥显著增加了 0～20 cm 土层土壤活性有机碳含量（图 4-1b），化肥配施玉米秸秆（NPK+ST）、化肥配施牛粪（NPK+NF）、化肥配施鸡粪（NPK+JF）和化肥配施猪粪（NPK+ZF）各处理土壤活性有机碳含量的增幅分别为 36.2%、39.2%、18.3%、35.4%。

（三）化肥配施有机肥处理土壤 pH 和速效养分含量的变化

试验实施 5 年后，与单施化肥（NPK）处理相比，化肥配施有机肥处理增加了 0～20 cm、20～40 cm 土层土壤 pH，以化肥配施牛粪（NPK+NF）处理对 2 个土层 pH 的增加显著（表 4-2），增幅分别为 4.95%、4.71%。与单施化肥（NPK）处理相比，化肥配施猪粪（NPK+ZF）处理显著增加了 0～20 cm 土层碱解氮的含量，增幅为 11.11%，化肥配施玉米秸秆（NPK+ST）处理碱解氮含量显著下降了 10.79%。与单施化肥（NPK）处理相比，化肥配施牛粪（NPK+NF）、化肥配施鸡粪（NPK+JF）和化肥配施猪粪（NPK+ZF）处理显著增加了 0～20 cm 土层速效磷含量，增幅分别为 1.19 倍、2.68 倍、3.02 倍；化肥配施鸡粪（NPK+JF）和化肥配施猪粪（NPK+ZF）处理显著增加了 20～40 cm 土层速效磷含量，增幅分别为 1.20 倍、1.73 倍。与单施化肥（NPK）处理相比，化肥配施牛粪（NPK+NF）、化肥配施鸡粪（NPK+JF）和化肥配施猪粪（NPK+ZF）处理显著增加了 0～20 cm 土层速效钾含量，增幅分别为 14.03%、16.17%、19.60%；化肥配施猪粪（NPK+ZF）处理显著增加了 20～40 cm 土层速效钾的含量，增幅为 11.93%。

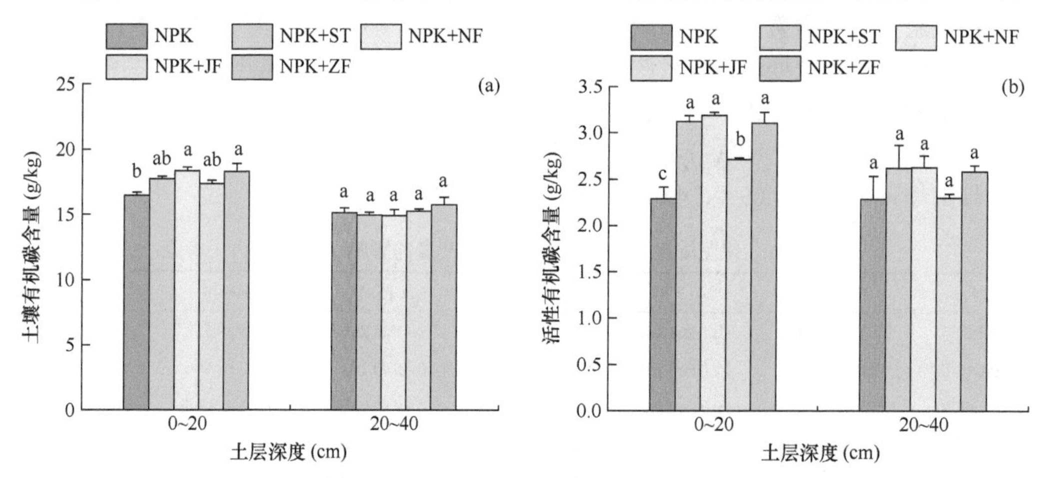

图 4-1　化肥配施有机肥处理对土壤有机碳与活性有机碳含量的影响

不同小写字母代表不同处理间差异显著（$P<0.05$）

表 4-2　化肥配施有机肥处理对土壤 pH 和速效养分含量的影响（2016 年）

土层（cm）	处理	pH	碱解氮（mg/kg）	速效磷（mg/kg）	速效钾（mg/kg）
0～20	NPK	5.86±0.14b	237.48±12.84b	23.44±1.86c	161.14±8.75b
	NPK+ST	5.90±0.04b	211.85±13.30c	31.64±1.82c	163.19±3.63b
	NPK+NF	6.15±0.15a	242.71±6.33b	51.23±13.20b	183.75±4.36a
	NPK+JF	5.92±0.10b	249.70±7.31ab	86.37±6.96a	187.20±7.74a
	NPK+ZF	6.04±0.09ab	263.87±5.14a	94.34±7.25a	192.72±5.28a
20～40	NPK	5.95±0.03b	152.63±5.85b	13.39±1.94c	125.95±4.91b
	NPK+ST	6.12±0.06ab	158.81±5.84b	14.91±1.33c	128.67±1.30ab
	NPK+NF	6.23±0.20a	181.55±8.06a	17.48±3.49c	135.61±5.96ab
	NPK+JF	6.09±0.03ab	163.20±7.66b	29.49±6.64b	134.49±6.23ab
	NPK+ZF	6.12±0.07ab	179.24±7.39a	36.58±2.92a	140.98±11.28a

注：不同小写字母代表不同处理间差异显著（$P<0.05$）。

（四）化肥配施有机肥处理土壤酶活性的变化

土壤酶活性作为评价土壤肥力高低的重要指标，与土壤有机质转化及养分有效性密切相关（Mahajan et al.，2021）。单施化肥对土壤酶活性无显著影响，但配施有机肥后可以显著提高土壤蔗糖酶活性（马忠明等，2016）。玉米秸秆还田后矿化释放的养分，可显著提高土壤纤维素酶和脲酶活性（武晓森等，2015），猪粪、牛粪等畜禽粪肥施用可促进土壤生物活性，提高土壤蔗糖酶、脲酶和磷酸酶活性（Shao and Zheng，2014；孙凯等，2019）。由于土壤类型、有机肥品质等因素的差异，不同种类有机肥施用后土壤酶活性的变化各异。

化肥配施不同种类有机肥对土壤酶活性有不同程度的影响（图 4-2）。试验实施 5 年后，与单施化肥（NPK）处理相比，化肥配施玉米秸秆（NPK+ST）、化肥配施牛粪（NPK+NF）和化肥配施猪粪（NPK+ZF）处理显著增加了 0～20 cm 土层土壤纤维素酶活性，增幅分别为 27.0%、29.3%、15.7%（图 4-2a）。各处理 20～40 cm 土层土壤纤维素酶活性的高低顺序为化肥配施牛粪（NPK+NF）＞化肥配施猪粪（NPK+ZF）＞化肥配施玉米秸秆（NPK+ST）＞化肥配施鸡粪（NPK+JF）＞单施化肥（NPK），与单施化肥（NPK）相比，化肥配施牛粪（NPK+NF）、化肥配施猪粪（NPK+ZF）、化肥配施玉米秸秆（NPK+ST）、化肥配施鸡粪（NPK+JF）处理的增幅分别为 41.7%、33.2%、19.4%、5.42%。

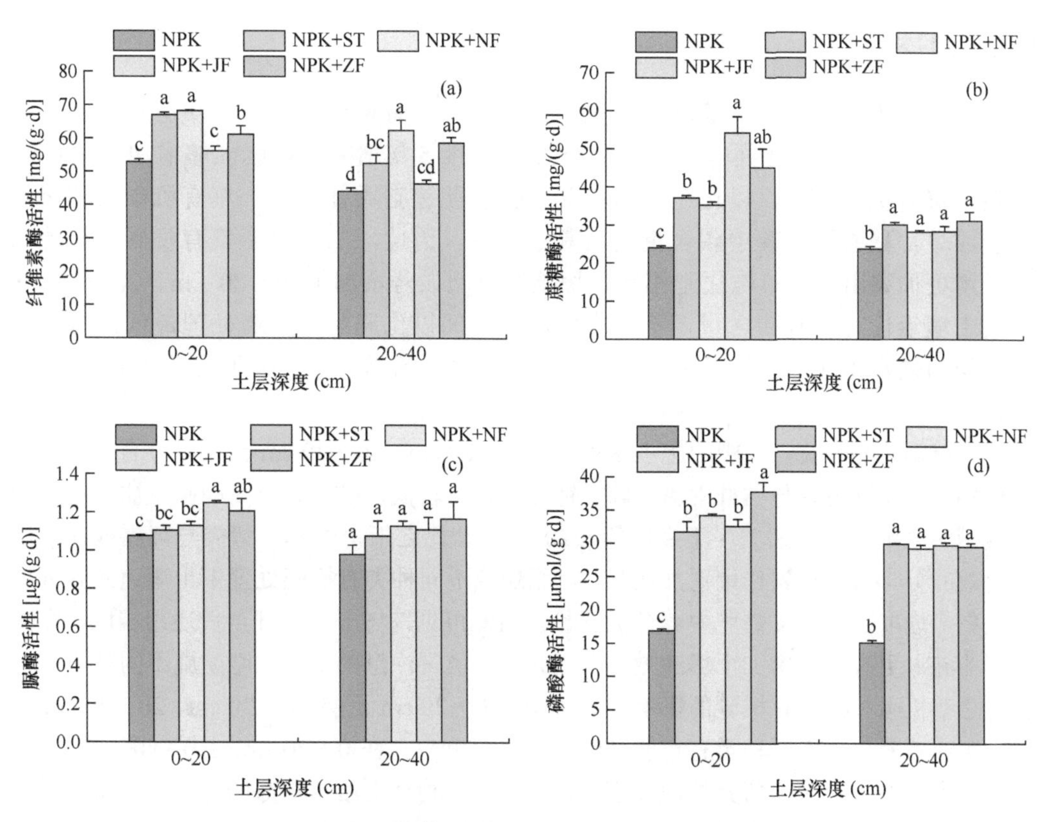

图 4-2　化肥配施有机肥处理对土壤酶活性的影响

不同小写字母代表不同处理间差异显著（$P<0.05$）

化肥配施玉米秸秆（NPK+ST）、化肥配施牛粪（NPK+NF）、化肥配施鸡粪（NPK+JF）

和化肥配施猪粪（NPK+ZF）处理 0～20 cm 土层土壤蔗糖酶活性显著高于 NPK 处理，增幅分别为 54.8%、47.3%、126.0%、88.0%（图 4-2b）。在 20～40 cm 土层，化肥配施玉米秸秆（NPK+ST）、化肥配施牛粪（NPK+NF）、化肥配施鸡粪（NPK+JF）和化肥配施猪粪（NPK+ZF）处理土壤蔗糖酶活性显著高于单施化肥（NPK）处理，增幅分别为 26.8%、19.0%、19.3%、31.4%，配施有机肥处理间无显著差异。

与单施化肥（NPK）处理相比，化肥配施鸡粪（NPK+JF）和化肥配施猪粪（NPK+ZF）处理显著增加了 0～20 cm 土层脲酶活性，增幅分别为 16.0%、12.1%（图 4-2c）。各处理 20～40 cm 土层土壤脲酶活性间无显著差异。

与单施化肥（NPK）处理相比，化肥配施有机肥处理显著增加了 0～20 cm、20～40 cm 土层土壤磷酸酶活性（图 4-2d），在 0～20 cm 土层，化肥配施玉米秸秆（NPK+ST）、化肥配施牛粪（NPK+NF）、化肥配施鸡粪（NPK+JF）和化肥配施猪粪（NPK+ZF）处理土壤磷酸酶活性较单施化肥（NPK）处理分别增加 87.9%、103.0%、92.8%、124.0%；在 20～40 cm 土层，化肥配施玉米秸秆（NPK+ST）、化肥配施牛粪（NPK+NF）、化肥配施鸡粪（NPK+JF）和化肥配施猪粪（NPK+ZF）处理土壤磷酸酶活性较单施化肥（NPK）处理分别增加 99.5%、94.9%、98.4%、96.9%。

（五）结论

土壤有机碳是表征土壤肥力的重要指标。增施有机肥是提升土壤有机碳水平的重要途径。研究结果表明，与单施化肥相比，连续 5 年增施有机肥能够增加 0～20 cm 土层土壤有机碳含量，以化肥配施牛粪和化肥配施猪粪处理对土壤有机碳的积累效果最显著，猪粪和牛粪中碳含量明显高于鸡粪，因此，二者对土壤有机碳含量的积累作用更加突出。与单施化肥相比，增施有机肥显著增加了 0～20 cm、20～40 cm 土层土壤活性有机碳的含量，不同有机肥处理间以化肥配施鸡粪处理最低，这是由于鸡粪的碳氮比低，且其活性有机碳的迁移能力比猪粪、秸秆和牛粪低（王怡雯等，2019）。

与单施化肥相比，化肥配施玉米秸秆对 0～20 cm、20～40 cm 土层养分有效性的影响均不显著，这主要与秸秆中氮、磷、钾养分含量较低，以及其较高的碳氮比所造成的土壤碱解氮消耗密切相关（丁文成等，2016）。相比之下，牛粪、猪粪与鸡粪处理对土壤速效养分含量的积累作用更加明显。化肥配施不同种类有机肥处理下土壤速效养分的变化更多地取决于畜禽粪肥中养分的含量。由此可见，与玉米秸秆全量还田相比，畜禽粪肥的施入更有助于增加土壤速效养分的供应。值得注意的是，化肥配施不同种类有机肥对总有机碳和活性有机碳的影响主要集中于 0～20 cm 土层，0～20 cm、20～40 cm 土层土壤速效养分对不同种类有机肥处理均有显著响应。在 0～20 cm 土层脲酶活性以化肥配施鸡粪和化肥配施猪粪处理较高，表明二者更利于土壤速效氮的释放，从而保证植物的养分供应，化肥配施猪粪处理土壤磷酸酶活性显著高于其他有机肥处理，原因在于配施猪粪处理有更高的磷素输入。2012～2015 年，除个别年份化肥配施玉米秸秆或化肥配施猪粪处理玉米产量显著高于单施化肥处理外，多数年份化肥配施有机肥处理对玉米产量的影响不显著，在有机培肥的第 5 年（2016 年），化肥配施有机肥各处理玉米产量均显著高于单施化肥。

5 年连续培肥后，与单施化肥相比，化肥配施牛粪和化肥配施猪粪处理显著增加了土壤有机碳及其活性组分的含量，而化肥配施玉米秸秆或化肥配施鸡粪对有机碳的提升主要集中于其活性组分；化肥配施猪粪或化肥配施鸡粪对 0～40 cm 土层土壤速效养分的积累作用优于化肥配施牛粪或化肥配施玉米秸秆处理；化肥配施有机肥处理对 0～20 cm、20～40 cm 土层土壤纤维素酶、蔗糖酶、脲酶和磷酸酶活性的提高有积极作用，各种酶活性对不同种类有机肥的响应程度各异。5 年间，各处理玉米产量呈现波动变化，化肥配施有机肥处理的玉米平均产量比单施化肥处理增加 4.02%～10.81%，其中，以化肥配施猪粪处理增幅最高。

二、不同秸秆还田方式对玉米产量、养分累积及土壤肥力的影响

秸秆直接还田是最经济有效的培肥措施。研究表明，玉米秸秆还田可显著提高土壤有机质含量，对土壤物理性状具有明显的改善作用，可促进土壤团聚作用、明显增强土壤的蓄水能力（闫孝贡等，2012；王小彬等，2000；武志杰等，2002）。美国中部玉米主产区形成了以秸秆还田为核心的土壤培肥体系，使土壤肥力维持在较高水平，多年来肥料用量一直维持在氮（N）180～200 kg/hm^2 、磷（P_2O_5）80～90 kg/hm^2、钾（K_2O）100～110 kg/hm^2（数据引自美国农业部），保障了玉米高密度群体的可持续生产。我国东北玉米秸秆十分丰富，约占全国玉米秸秆量的 30%以上（吕开宇等，2013）。秸秆还田多与耕作方式相结合，东北玉米区秸秆还田一般采用覆盖和翻埋两种形式，秸秆还田必须以耕作方式为依托，在生产中基于大型农机具来实现。吉林省农业科学院基于大区长期定位试验，采用全程机械化作业方式，系统评价了不同种植模式下秸秆还田方式对玉米产量、养分累积及土壤肥力的影响。试验区 2013 年、2014 年和 2015 年玉米生育期内降水量分别为 642.9 mm、430.0 mm、352.4 mm，采用裂区设计，其中，主区为种植方式，分别为均匀垄种植模式（CR）和宽窄行种植模式（WNR）；副区为秸秆还田方式，分别为秸秆不还田（CK）、秸秆深翻还田（MBR）、秸秆覆盖还田（SCR）3 个还田处理，每个处理重复 3 次，随机区组排列，每个处理区面积为 702 m^2。秸秆不还田（CK），收获后采用人工方式将秸秆割出，然后采用常规方式灭茬整地，施肥播种。秸秆深翻还田（MBR），玉米进入成熟期后，采用大型玉米收获机进行收获，同时将玉米秸秆粉碎（长度<10 cm），并均匀抛撒于田间；采用翻转犁将秸秆深翻至 20～30 cm 土层，旋耕耙平，达到播种状态；第二年春季平播播种，播种后及时重镇压。秸秆覆盖还田（SCR），玉米进入成熟期后，采用大型玉米收获机进行收获，同时秸秆机械粉碎后平铺于地表，第二年春季采用免耕播种机平播。为使试验效果与大田生产相一致，秸秆还田机具均采用大型动力机械操作，其中机械动力为 150 hp[①]。此外，试验区整地、播种、施肥与除草等所有管理环节均采用机械化作业。各处理均施氮（N）225 kg/hm^2、磷（P_2O_5）90 kg/hm^2、钾（K_2O）90 kg/hm^2。磷肥为磷酸二铵（18-46-0），钾肥为氯化钾（含 K_2O 60%），均一次性基施。氮肥为尿素（含 N 46%），30%作为基肥，10%作为种肥，其余于拔节期开沟追施。

① 1 hp=745.700 W。

供试品种为‘先玉335’，其中，2013年种植密度为62 000株/hm^2，2014年种植密度为75 000株/hm^2，2015年种植密度为64 000株/hm^2。每年均于4月下旬播种，10月上旬收获。其他管理同一般大田。

（一）不同种植方式及秸秆还田方式下玉米产量及其构成因素

对于产量构成因素穗粒数和百粒重，年份、种植方式和秸秆还田方式3个因素间无交互作用，其差异主要表现在年际间（表4-3）。年份、种植方式和秸秆还田方式均对玉米产量有显著影响，其中，年份因素主要来自于种植密度造成的收获穗数的差异；种植方式和秸秆还田方式也对收获穗数产生了显著影响，2013年、2014年和2015年之间的降雨量等气候因子不同，造成了年份和秸秆还田方式交互作用显著影响玉米产量。

表4-3　不同秸秆还田方式下玉米产量及其构成（2013～2015年）

处理	产量（kg/hm^2）	收获穗数（穗/hm^2）	穗粒数	百粒重（g）
种植方式				
均匀垄种植	10 303 b	53 326 b	574 a	33.7 a
宽窄行种植	10 858 a	55 299 a	570 a	34.6 a
秸秆还田方式				
秸秆不还田	10 546 b	54 722 a	564 a	34.4 a
秸秆深翻还田	11 102 a	55 940 a	581 a	34.5 a
秸秆覆盖还田	10 092 b	52 276 b	572 a	33.6 a
年份				
2013年	10 929 b	50 374 b	594 a	36.7 a
2014年	11 660 a	61 282 a	601 a	31.5 c
2015年	9 152 c	51 282 b	521 b	34.3 b
变异来源				
年份	<0.001	<0.001	<0.001	<0.001
种植方式	0.001	0.029	0.634	0.069
秸秆还田方式	0.001	0.001	0.158	0.197
年份×种植方式	0.845	0.412	0.078	0.904
年份×秸秆还田方式	0.046	0.019	0.477	0.812
种植方式×秸秆还田方式	0.241	0.604	0.052	0.952
年份×种植方式×秸秆还田方式	0.400	0.337	0.136	0.570

注：同列数据后不同小写字母表示处理间差异达5%显著水平。

3年定点试验结果表明，产量和收获穗数在不同种植方式间差异显著，宽窄行种植模式下产量和收获穗数显著高于均匀垄种植，增幅分别为5.4%和3.7%；穗粒数和百粒重在种植方式间则差异不显著。与种植方式相似，产量和收获穗数在秸秆还田方式间也差异显著，秸秆深翻还田处理下产量、收获穗数、穗粒数和百粒重均最高，较CK处理分别增加5.3%、2.2%、3.0%、0.3%，较秸秆覆盖还田处理分别增加10.0%、7.0%、1.6%、2.7%。产量及其组分在年际间均呈显著差异，2014年的产量、收获穗数、穗粒数最高，主要是因为 2013 年、2014 年和 2015 年种植密度不同，以 2014 年种植密度最高。

（二）不同秸秆还田方式下玉米出苗率和成穗率

从图 4-3 可以看出，各处理玉米出苗率为 78.9%～89.4%，其中不同秸秆还田方式处理间差异显著。整体上比较，宽窄行种植模式玉米出苗率略高于均匀垄种植模式；年际间以 2014 年出苗率最高，达 85.5%。不同秸秆还田方式间比较，在均匀垄种植模式下，3 年间均以秸秆深翻还田处理出苗率最高，平均为 85.1%，且在 2014 年显著高于其他两个处理，在 2015 年显著高于秸秆覆盖还田处理；秸秆覆盖还田处理出苗率最低，在 2015 年仅为 78.9%。在宽窄行种植模式下，2013 年和 2014 年均以秸秆不还田处理出苗率最高，分别为 89.4%和 88.2%；2015 年以秸秆深翻还田处理出苗率最高，为 88.5%，与秸秆不还田处理无显著差异；秸秆覆盖还田处理出苗率在 2013 年和 2015 年均最低，且显著低于秸秆不还田处理和秸秆深翻还田处理。

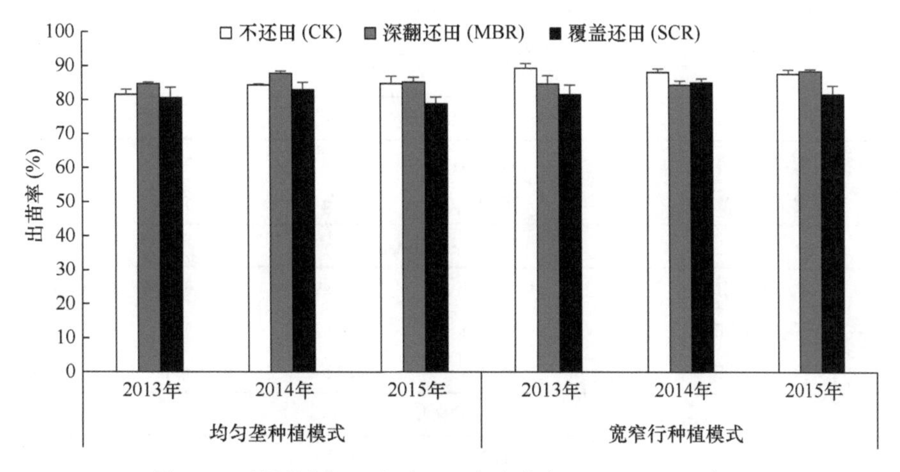

图 4-3　不同秸秆还田方式下玉米出苗率（2013～2015 年）

从图 4-4 可以看出，与出苗率相似，宽窄行种植模式玉米成穗率整体上略高于均匀垄种植模式，二者无显著差异；年际间成穗率变幅在 94.1%～96.1%。秸秆还田方式间

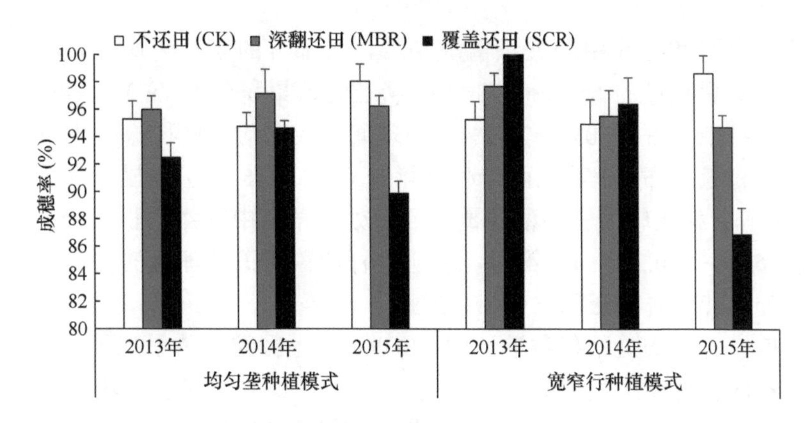

图 4-4　不同秸秆还田方式下玉米成穗率（2013～2015 年）

比较，在均匀垄种植模式下 2013 年和 2014 年均以秸秆深翻还田处理成穗率最高，秸秆覆盖还田处理成穗率最低；2015 年以秸秆不还田处理成穗率最高，且显著高于秸秆覆盖还田处理。在宽窄行种植模式下，2013 年和 2014 年均以秸秆覆盖还田处理成穗率最高，3 个处理间无显著差异；2015 年以秸秆不还田处理成穗率最高，且显著高于秸秆覆盖还田处理，与秸秆深翻还田处理差异不显著。

（三）不同秸秆还田方式下植株养分累积与分配

由表 4-4 可以看出，不同种植方式间植株生物量和氮、磷、钾养分累积量无显著差异。秸秆还田方式间以秸秆深翻还田处理生物量最高，其植株氮累积量和磷累积量也最高，较秸秆覆盖还田增幅分别为 8.9%、8.4%和 20.8%，且处理间差异显著；钾累积量以秸秆不还田处理最高，且显著高于秸秆覆盖还田处理，与秸秆深翻还田处理无显著差异。

表 4-4　不同秸秆还田方式下植株生物量及养分累积特征（2015 年）

处理	生物量（g/株）	养分累积量（g/株）		
		N	P	K
种植方式				
均匀垄种植	365.6 a	3.41 a	0.56 a	2.46 a
宽窄行种植	363.1 a	3.37 a	0.53 a	2.51 a
秸秆还田方式				
秸秆不还田	367.1 ab	3.47 a	0.58 a	2.60 a
秸秆深翻还田	378.4 a	3.49 a	0.58 a	2.54 ab
秸秆覆盖还田	347.5 b	3.22 b	0.48 b	2.32 b
变异来源				
种植方式	0.821	0.671	0.231	0.612
秸秆还田方式	0.091	0.041	0.001	0.084
种植方式×秸秆还田方式	0.790	0.689	0.358	0.943

注：同列数据后不同小写字母表示处理间差异达 5%显著水平。

从养分在秸秆和籽粒中的累积情况来看，大部分的氮和磷均在籽粒中累积，籽粒中的氮占总氮累积量的 66.9%～73.5%，磷占总磷累积量的 79.3%～86.9%；大部分钾则累积在秸秆中，占 65.0%～79.2%。处理间比较，均以秸秆深翻还田（MBR）处理籽粒中氮累积量最高，较其他两个处理增长 0.1%～15.5%，且显著高于秸秆覆盖还田（SCR）处理；相比较而言，秸秆覆盖还田处理秸秆中的氮累积量最高，较其他两个处理增长 6.2%～20.2%（图 4-5），表明秸秆覆盖还田处理氮的转运效率要低于秸秆深翻还田处理和秸秆不还田（CK）处理。

两种种植模式下均是秸秆覆盖还田（SCR）处理籽粒中磷累积量最低。在宽窄行种植模式下不同秸秆还田处理间差异显著（$P<0.05$）。秸秆覆盖还田处理磷累积量最低（图 4-6），可能是该秸秆还田方式下植株总磷累积量较低所造成的。

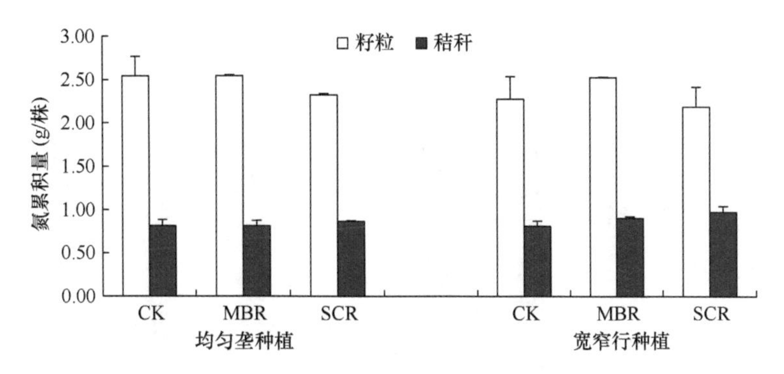

图 4-5　不同秸秆还田方式下植株氮分配特征（2015 年）

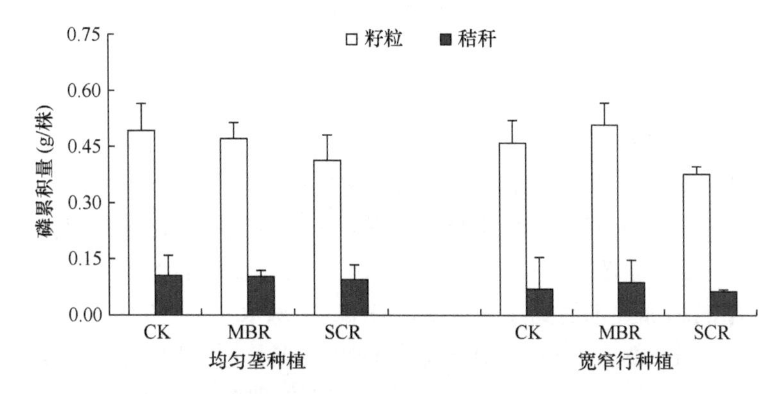

图 4-6　不同秸秆还田方式下植株磷分配特征（2015 年）

两种种植模式下，籽粒中钾累积量均以秸秆覆盖还田（SCR）处理最低（图 4-7），处理间无显著差异。在均匀垄种植模式下，以秸秆覆盖还田处理秸秆中钾累积量最低；在宽窄行种植模式下，以秸秆不还田（CK）处理秸秆中钾累积量最低，处理间均无显著差异。

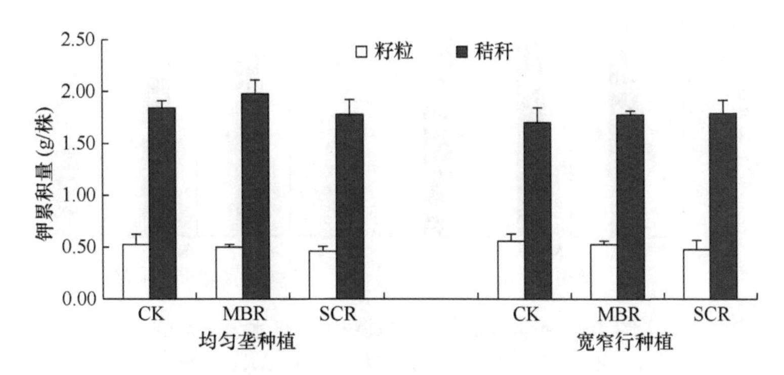

图 4-7　不同秸秆还田方式下植株钾分配特征（2015 年）

（四）不同秸秆还田方式下土壤容重与含水量的变化

不同秸秆还田方式对土壤容重的影响如图 4-8 所示。在均匀垄和宽窄行种植模式下，与 CK 相比，MBR 处理虽然使 0～20 cm 土层土壤容重有所降低，但二者差异并未达到

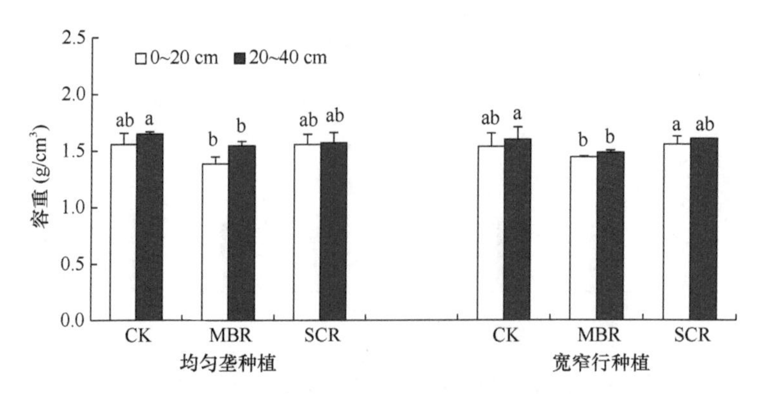

图 4-8　不同秸秆还田方式对土壤容重的影响

不同小写字母表示不同处理间差异达 5%显著水平

显著水平，降低幅度为 6.8%；使 20～40 cm 土层土壤容重显著降低，降低幅度为 10.2%。在两种种植模式下，SCR 处理对 0～20 cm 与 20～40 cm 土层土壤容重的影响均不显著。在同一秸秆还田处理下，两种种植模式土壤容重之间的差异并不显著。

不同秸秆还田处理土壤含水量的变化如图 4-9 所示。在均匀垄种植模式下，与 CK 处理相比，秸秆还田处理增加了 0～20 cm 和 20～40 cm 土层的土壤含水量，但 0～20 cm 土层土壤含水量的增加并未达到显著水平，MBR 与 SCR 处理 20～40 cm 土层土壤含水量的增加幅度分别 11.1%和 10.8%。在宽窄行种植模式下，虽然秸秆还田处理增加了 0～20 cm 和 20～40 cm 土层的土壤含水量，但仅 MBR 处理对 0～20 cm 土层土壤含水量的增加达到显著水平，其他变化并不显著。在同一秸秆还田方式下，两种种植模式土壤含水量的差异未达到显著水平。

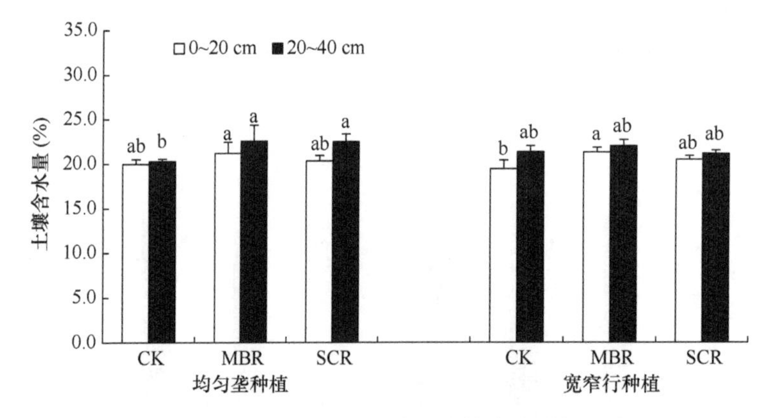

图 4-9　不同秸秆还田方式对土壤含水量的影响

不同小写字母表示不同处理间差异达 5%显著水平

（五）不同秸秆还田方式下土壤有机质和全氮含量的变化

不同秸秆还田方式显著改变了土壤有机质的含量（图 4-10）。在均匀垄种植模式下，与 CK 处理相比，MBR 处理 0～20 cm 土层与 20～40 cm 土层土壤有机质含量均显著增加，增幅分别为 9.5%和 20.1%，SCR 处理仅使 0～20 cm 土层土壤有机质含量显著增加，增幅为 8.8%，SCR 处理对 20～40 cm 土层土壤有机质含量的影响并未达到显著水平。在宽窄行种植模式下，各处理土壤有机质含量的变化趋势与均匀垄种植模式相一致，即 MBR 处理显著增加了 0～20 cm 土层与 20～40 cm 土层土壤有机质含量，增幅分别为 8.5%和 14.2%，SCR 处理仅显著增加了 0～20 cm 土层土壤有机质含量，增幅为 8.9%，对 20～40 cm 土层土壤有机质含量的影响并不显著。无论是均匀垄种植模式还是宽窄行种植模式，MBR 与 SCR 处理土壤有机质含量的差异都未达到显著水平。在同一秸秆还田处理下，两种种植模式之间土壤有机质含量的差异并不显著。

不同秸秆还田方式对 0～40 cm 土层土壤全氮含量的影响如图 4-11 所示。无论是均匀垄种植模式还是宽窄行种植模式，与 CK 相比，秸秆还田处理对 0～20 cm 和 20～40 cm 土层土壤全氮含量的影响均不显著。同样，在同一秸秆还田处理下，两种种植模式之间土壤全氮含量的差异也并不显著。

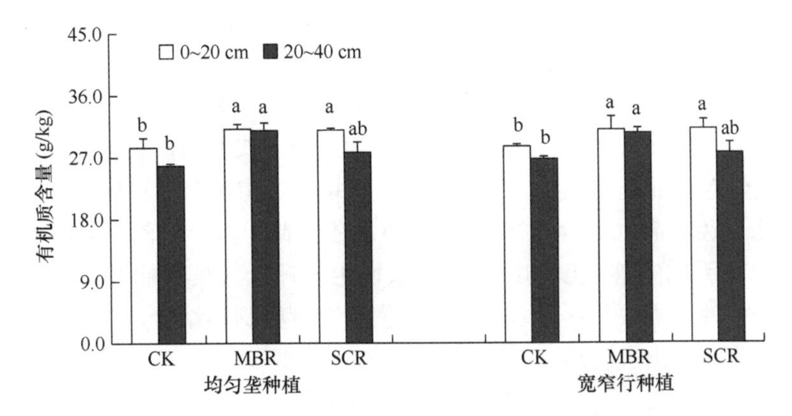

图 4-10　不同秸秆还田方式对土壤有机质含量的影响

不同小写字母表示不同处理间差异达 5%显著水平

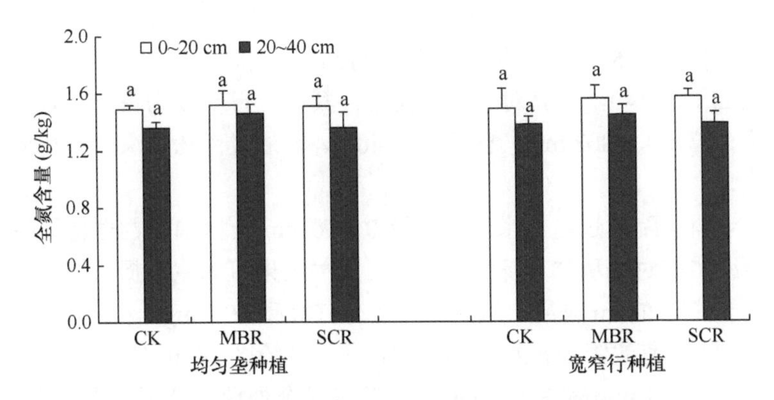

图 4-11　不同秸秆还田方式对土壤全氮含量的影响

不同小写字母表示不同处理间差异达 5%显著水平

（六）结论

欧美等发达国家十分重视农田土壤的有机培肥和可持续发展。在美国农业主产州，秸秆直接还田量约占秸秆总量的 68%（李万良等，2007），已经形成了以秸秆还田为核心的土壤培肥体系和合理的轮作制度，使美国中部玉米主产区土壤长期保持高肥力水平。在我国东北黑土区，农民对秸秆还田培肥地力已达成共识（王如芳等，2011），但土壤条件及生态因子的差异，造成不同秸秆还田方式对植株生长的影响不同。从农业生产和经济收益角度来看，评价秸秆还田效果的核心指标是出苗质量（吕开宇等，2013）。本研究中，秸秆还田方式间的产量差异主要是由收获穗数不同造成的，3 年试验结果表明，秸秆深翻还田处理收获穗数较秸秆覆盖还田高 7.0%；2015 年秸秆深翻还田处理出苗率和成穗率分别较秸秆覆盖还田处理高 8.2%和 8.0%，表明在东北黑土区，秸秆深翻还田是生产中较适宜的还田方式。

本研究中，宽窄行种植模式玉米产量较均匀垄种植模式增加 5.4%，这可能是由于宽窄行种植模式更有利于植株中下部叶片光合作用，使群体结构更加合理（李瑞平等，2013），有利于产量的形成，两种种植模式干物质累积和氮、磷、钾等养分的累积无显著差异。植株养分累积的差异主要反映在不同秸秆还田方式间，秸秆深翻还田显著增加了植株对氮和磷的吸收，并提升了养分向籽粒中的转运效率。

虽然秸秆直接还田可以提高土壤质量，但因还田方式不同，故对于土壤培肥效果亦有差异，尤其针对东北退化黑土，实现深层土壤增碳、构建合理耕层是未来培育高产土壤的重要技术途径（高洪军等，2011），这方面还有待于进一步的研究和熟化。此外，秸秆还田技术体系的完善程度和经济收益权衡也是评价其是否能大面积推广和得到农民认可的重要条件，需要与区域农业生产习惯、政策机制相结合，让秸秆来源于土地，再回归土地，实现黑土层再造。

三、不同培肥措施对玉米产量及土壤理化性状的影响

任军等（2006）认为在高产土壤构建的过程中，应重点加强 20～40 cm 土层综合肥力的提高，即土壤“亚耕层培肥”。崔婷婷等（2014）的研究也表明要重视 20～40 cm 土壤有机培肥。从整个玉米生育期来看，深松后土壤会随着玉米生育进程逐渐恢复至初始状态（Li et al.，2014），尤其对于黑土而言，其成土母质多为黄土状堆积物，质地较为黏重，土壤黏粒（<0.002 mm）含量接近 40%，而通过深松、深追肥和增施有机肥可有效加快其恢复。

吉林省农业科学院通过对玉米产量以及 0～60 cm 土壤剖面物理特征的动态监测，评价了不同培肥措施对土壤物理环境的影响，相关结果可为生产提供技术指导。试验田供试土壤为黑土，0～20 cm 耕层土壤主要性状为有机质 16.2 mg/kg、碱解氮 180.4 mg/kg、速效磷 20.8 mg/kg、速效钾 148.9 mg/kg、pH 5.5。试验区 2010 年及 2011 年玉米生育期总降雨量分别为 628.4 mm 和 320.6 mm。试验设 4 个处理，分别为常规栽培（T1）、深松（T2）、深松+深追肥（T3）、深松+深追肥+有机肥（T4）。其中，T1 处理为农户习惯种植模式；T2 处理采用深松铲于 6 月中下旬结合中耕进行；T3 处理追施氮素随深松铲在垄侧约 15 cm 深处施入；T4 处理在 T3 处理的基础上于每年秋收后施入有机肥，待播种前整地时与耕层土壤混合。每个处理重复 3 次，随机区组排列，小区面积为 70 m^2。

4 个处理均施氮 195 kg/hm^2、磷（P_2O_5）75 kg/hm^2、钾（K_2O）82.5 kg/hm^2。磷肥为磷酸二铵（18-46-0），钾肥为氯化钾（含 K_2O 60%），均一次性基施。氮肥为尿素（含 N 46%），30%基施，70%追施。供试玉米品种为‘郑单 958’，种植密度为 70 000 株/hm^2。2010 年于 4 月 25 日播种，9 月 28 日收获；2011 年于 4 月 28 日播种，9 月 29 日收获。各处理田间管理同一般大田。

（一）不同培肥措施对玉米产量的影响

由图 4-12 可以看出，两年试验结果趋势基本一致，均以深松+深追肥+有机肥（T4）处理玉米产量最高，较常规栽培（T1）分别高 5.7%和 9.2%。但 2010 年 4 个处理间玉米产量差异不显著，这可能与当年大口期降雨较少有关。2011 年 4 个处理间玉米产量差异显著，深松（T2）、深松+深追肥（T3）、深松+深追肥+有机肥（T4）较 T1 增产 4.1%～9.2%。这表明，通过深松、深追肥和增施有机肥等措施可以促进玉米产量提升。

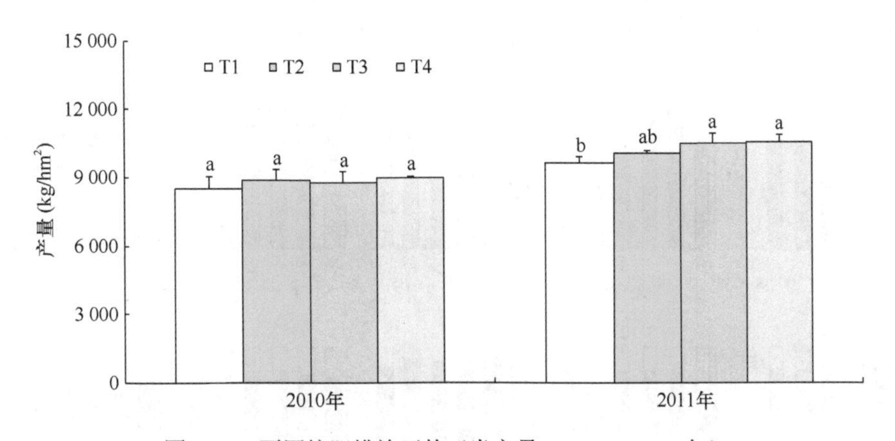

图 4-12　不同培肥措施下的玉米产量（2010～2011 年）

（二）不同培肥措施下土壤三相比的动态变化

土壤三相比是反映土壤物理性状的重要指标之一。旱作土壤理想的三相比是固相 50%，液相和气相各占 25%。从图 4-13 可以看出，4 个处理土壤的三相比均以固相为主，所占比例为 48.0%～66.5%，且随着植株生育进程呈单峰曲线变化；液相比例为 18.5%～34.8%，呈下降—上升—下降的变化趋势；气相比例为 4.0%～29.3%，随生育进程均呈现不规则变化，且处理间差异显著。

在 V6 时期，4 个处理间以常规栽培（T1）处理固相比例最高，0～60 cm 土层平均为 59.6%；液相比例以深松+深追肥（T3）处理最高，表现为 T3＞T4＞T2＞T1；气相比例以常规栽培（T1）处理最低，尤其是在 30～40 cm 和 40～50 cm 土层的气相比例分别为 8.4%和 4.0%，已对作物根系生长造成了影响。

在 V12 时期，处理间以深松+深追肥+有机肥（T4）处理固相比例最低，液相比例最高，土层间最大降幅达 15.7%；4 个处理间的气相比例因土壤层次而有差异，0～10 cm 土层气相比例表现为 T2＞T1＞T3＞T4。

在 VT 时期，与常规栽培（T1）相比，深松（T2）处理增加了 0～40 cm 土层的液相比例；深松+深追肥（T3）处理 10～30 cm、40～60 cm 土层固相比例降低，气相比例增加，0～50 cm 土层液相比例增加；深松+深追肥+有机肥（T4）处理 0～60 cm 土层各层土壤固相比例降低，液相比例增加，0～40 cm 土层液相比例变异较大，最大增幅为 14.4%，10～20 cm、30～60 cm 土层气相比例增加。

在 R3 时期，与常规栽培（T1）相比，深松（T2）、深松+深追肥（T3）处理 20～60 cm 土层土壤固相比例降低，0～50 cm 土层液相比例增加，50～60 cm 土层液相比例降低；0～20 cm 土层气相比例降低，20～60 cm 土层气相比例增加。深松（T2）处理 0～10 cm 土层土壤固相比例变化较小，10～20 cm 土层土壤固相比例增加 4.8%；与常规栽培（T1）、深松（T2）、深松+深追肥（T3）相比，深松+深追肥+有机肥（T4）处理 0～60 cm 土层各层土壤固相比例降低，液相、气相比例增加。

在 R6 时期，深松（T2）、深松+深追肥（T3）、深松+深追肥+有机肥（T4）处理降低了 0～60 cm 土层的固相比例，深松+深追肥（T3）、深松+深追肥+有机肥（T4）处理 0～40 cm、40～60 cm 土层液相比例较常规栽培（T1）增加，20～30 cm 土层增幅较大，

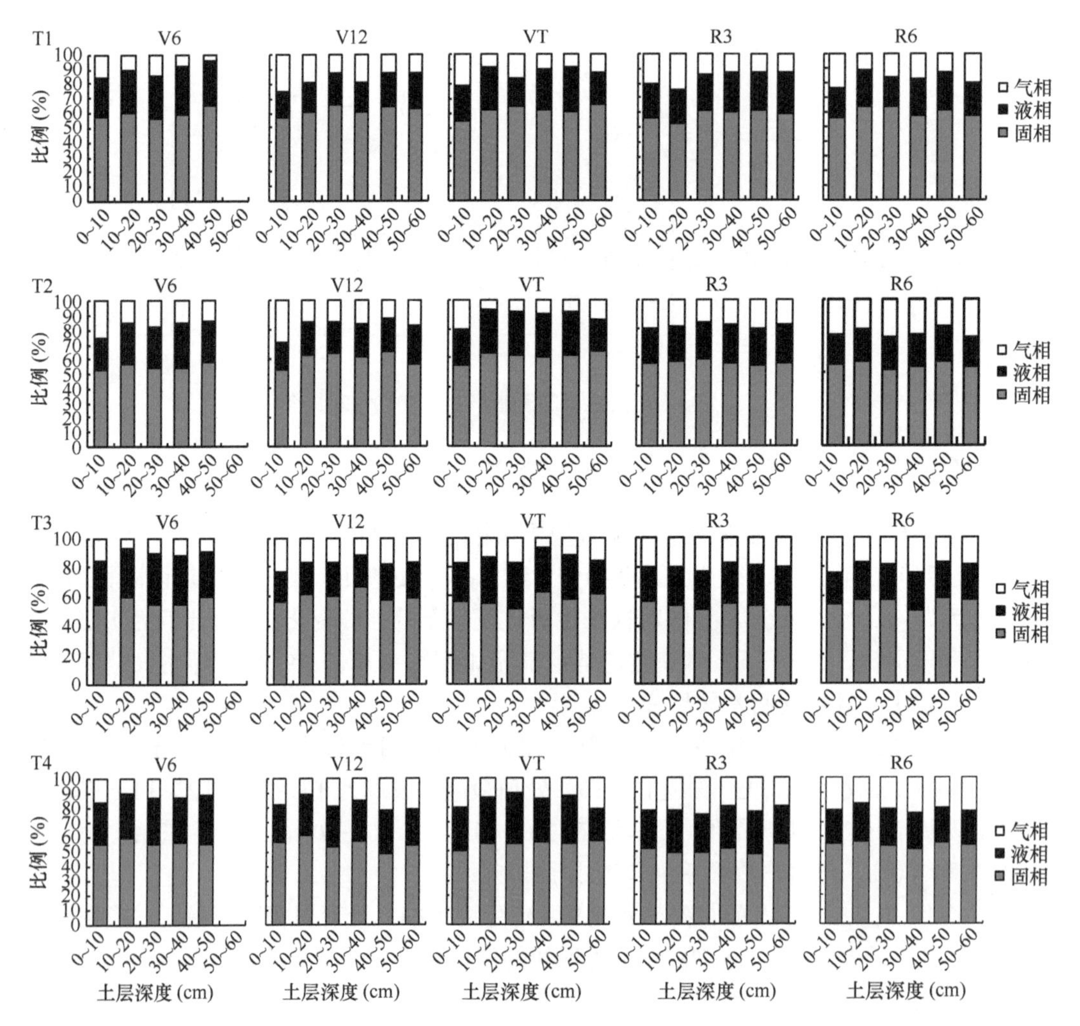

图 4-13　不同培肥措施下土壤固液气三相比的生育期动态

分别增加 3.1%、4.4%；深松（T2）、深松+深追肥+有机肥（T4）处理 0～10 cm 土层气相比例较常规栽培（T1）降低，10～50 cm 土层气相比例增高，深松+深追肥（T3）处理 0～50 cm 土层气相比例较常规栽培（T1）升高，50～60 cm 土层气相比例有所降低，10～50 cm 土层气相比例处理间变异较大。

综上可以看出，深松、深松+深追肥、深松+深追肥+有机肥对土壤三相具有不同程度的改善作用，其中深松+深追肥+有机肥调整效果最为明显。

（三）不同培肥措施下土壤含水量的动态变化

4 个处理土壤含水量随生育期的变化与液相比相似，均是在 V6 时期和 VT 时期较高（表 4-5）。整个生育期各处理 0～60 cm 土层平均土壤含水量的变化趋势一致，不同生育时期的平均土壤含水量表现为深松+深追肥+有机肥（T4）＞深松+深追肥（T3）＞深松（T2）＞常规栽培（T1）。土壤含水量与降雨有关，5 月中旬至 6 月上旬降雨量较多，土壤含水量较大，为 17.8%～23.7%。6 月中旬至 7 月上旬降雨量较小，故在 V12 时期土壤含水量较低，7 月中旬开始降雨量明显增加，各处理土壤含水量均达到生育期的最高值，为 20.2%～26.4%。吐丝期后降雨量减少，玉米生长旺盛，耗水量较大，各处理土壤含水量呈下降趋势。

表 4-5　不同培肥措施下土壤含水量生育期动态

处理	土层（cm）	6 展叶期（V6）	12 展叶期（V12）	抽雄期（VT）	乳熟期（R3）	成熟期（R6）
T1	0～10	17.8±0.79	15.1±0.68	21.8±0.26	16.6±0.38	13.6±0.89
	10～20	19.9±0.34	15.3±0.66	21.2±0.03	17.5±0.22	15.4±0.96
	20～30	20.9±0.15	15.1±0.45	20.2±0.93	17.7±0.80	16.0±0.89
	30～40	20.4±0.63	14.7±0.46	20.4±0.38	17.3±0.74	16.2±0.53
	40～50	20.4±0.01	15.2±1.57	20.5±0.70	17.5±0.87	16.7±0.29
	50～60	—	16.3±0.67	21.8±0.51	17.7±0.66	15.9±0.75
	平均值	19.9±1.21	15.3±0.54	21.0±0.72	17.4±0.39	15.6±1.06
T2	0～10	19.2±0.66	15.7±0.44	21.5±0.01	17.4±0.69	15.5±0.18
	10～20	20.2±0.48	16.8±0.71	21.2±0.17	18.3±0.67	16.8±0.06
	20～30	21.6±0.71	15.2±0.88	21.4±0.45	18.8±0.33	16.6±0.86
	30～40	21.8±0.28	15.3±0.81	21.3±0.49	19.5±0.25	17.2±0.47
	40～50	21.0±0.42	16.0±1.05	22.2±0.34	18.3±0.29	17.4±0.87
	50～60	—	16.2±0.11	21.1±0.25	18.6±0.74	16.2±1.28
	平均值	20.8±1.07	15.9±0.59	21.4±0.41	18.5±0.69	16.6±0.69
T3	0～10	19.4±0.43	16.5±0.37	21.7±0.07	17.7±0.57	16.1±0.45
	10～20	20.2±0.59	16.6±0.76	21.9±0.06	18.8±1.20	16.9±0.29
	20～30	21.7±0.06	15.9±0.31	21.4±1.14	19.1±1.26	16.4±0.17
	30～40	22.9±0.01	15.5±0.83	21.5±0.64	19.8±0.25	17.6±0.88
	40～50	21.7±0.40	16.8±1.12	22.1±0.98	19.7±0.91	17.2±0.31
	50～60	—	17.2±1.47	22.6±1.53	19.1±0.31	17.0±1.38
	平均值	21.2±1.37	16.4±0.65	21.9±0.45	19.0±0.77	16.9±0.54

续表

处理	土层（cm）	6 展叶期（V6）	12 展叶期（V12）	抽雄期（VT）	乳熟期（R3）	成熟期（R6）
T4	0～10	19.7±0.56	18.6±0.39	23.2±0.88	19.3±0.78	16.2±0.03
	10～20	22.1±0.03	18.2±0.06	21.8±0.75	20.0±0.87	16.9±0.36
	20～30	22.6±0.49	18.4±0.79	26.4±0.48	21.1±0.34	17.4±0.59
	30～40	23.7±0.68	19.3±0.38	22.8±0.38	21.2±0.36	17.6±0.83
	40～50	21.9±0.95	19.9±0.15	23.0±0.24	20.0±0.04	17.4±1.02
	50～60	—	19.2±0.78	22.2±0.16	19.1±0.55	17.4±0.01
	平均值	22.0±1.45	18.9±0.64	23.2±1.66	20.1±0.86	17.2±1.52
	$LSD_{0.05}$	2.1	1.6	2.1	1.8	1.7

在 6 展叶期（V6），随着土壤深度的增加，土壤含水量呈先升高后降低的变化趋势。不同土层深松+深追肥+有机肥（T4）处理的土壤含水量均与常规栽培（T1）处理差异最大，增幅为 7.4%～16.2%。深松+深追肥+有机肥（T4）处理在 10～20 cm 土层土壤含水量与深松（T2）、深松+深追肥（T3）处理差异达 9.4%，在 30～40 cm 较深松（T2）高 8.7%。深松（T2）、深松+深追肥（T3）处理在 0～10 cm 土层土壤含水量分别较常规栽培（T1）处理高 7.9%、9.0%，30～40 cm 土层分别低 6.9%、12.3%，40～50 cm 土层分别低 2.9%、6.4%。

在 12 展叶期（V12），深松+深追肥+有机肥（T4）处理比常规栽培（T1）、深松（T2）、深松+深追肥（T3）处理分别增加 17.8%～31.3%、8.3%～26.1%、9.6%～24.5%，最大差异出现在 30～40 cm 土层，其次是 40～50 cm 土层。深松（T2）处理在 10～20 cm、40～50 cm 土层较常规栽培（T1）处理土壤含水量高 9.8%、5.3%。深松+深追肥（T3）处理较常规栽培（T1）处理各土层土壤含水量高 5.3%～10.5%。深松+深追肥（T3）与深松（T2）土壤含水量在 10～20 cm、30～40 cm 差异不大，但相较其他土层高 4.6%～6.2%。

在抽雄期（VT），深松+深追肥+有机肥（T4）处理在 20～30 cm 土层土壤含水量显著高于其他三个处理，较三个处理高 23.4%～30.7%。

在乳熟期（R3），深松（T2）、深松+深追肥（T3）、深松+深追肥+有机肥（T4）处理 0～60 cm 土层土壤含水量较常规栽培（T1）处理分别高 4.6%～12.7%、6.6%～14.5%、7.9%～22.5%，最大差异均出现在 30～40 cm 土层。深松+深追肥+有机肥（T4）土壤含水量在 0～50 cm 土层较深松（T2）处理高 8.7%～12.2%，0～40 cm 土层较深松+深追肥（T3）高 6.4%～10.5%，最大差异均出现在 20～30 cm 土层。

在成熟期（R6），各土层土壤含水量仍以 T1 处理最低，0～10 cm、10～20 cm 土层差异最大，分别达 14.0%～19.1%、9.1%～9.7%。深松（T2）与深松+深追肥（T3）仅在 50～60 cm 土层差异较大，达 4.9%。深松+深追肥（T3）与深松+深追肥+有机肥（T4）处理在 20～30 cm 土层土壤含水量差异较大，达 6.1%。深松+深追肥+有机肥（T4）处理在 0～10 cm、20～30 cm、50～60 cm 土层土壤含水量较深松（T2）处理分别高 4.5%、4.8%、7.4%。

综合来看，与常规栽培相比，深松、深松+深追肥、深松+深追肥+有机肥可有效提高 0～60 cm 土层土壤含水量，尤以深松+深追肥+有机肥效果最好，最大增幅达 31.3%。

（四）不同培肥措施下土壤容重的动态变化

土壤容重是反映土壤松紧度的重要指标。与常规栽培（T1）相比，深松（T2）、深松+深追肥（T3）、深松+深追肥+有机肥（T4）处理显著降低了土壤容重，生育前期土壤容重降低幅度较大，随着生育时期的延长，土壤容重升高，但低于常规栽培（T1）。这说明深松对当季土壤容重的降低有一定的后效作用，深松+深追肥（T3）、深松+深追肥+有机肥（T4）对土壤容重的降低及后效作用大于深松（T2）处理（表 4-6）。

表 4-6　不同培肥措施下土壤容重生育期动态　　（单位：g/cm^3）

处理	土层（cm）	6 展叶期（V6）	12 展叶期（V12）	抽雄期（VT）	乳熟期（R3）	成熟期（R6）
T1	0～10	1.36±0.21	1.26±0.16	1.38±0.01	1.36±0.22	1.34±0.02
	10～20	1.41±0.04	1.36±0.07	1.31±0.06	1.36±0.18	1.46±0.07
	20～30	1.54±0.09	1.52±0.03	1.47±0.04	1.44±0.09	1.45±0.03
	30～40	1.39±0.15	1.33±0.01	1.31±0.08	1.34±0.10	1.36±0.05
	40～50	1.39±0.14	1.32±0.02	1.35±0.02	1.31±0.09	1.33±0.05
	50～60	—	1.47±0.01	1.51±0.02	1.49±0.01	1.41±0.00
	平均值	1.42±0.07	1.38±0.10	1.39±0.08	1.38±0.07	1.39±0.06
T2	0～10	1.34±0.05	1.10±0.00	1.21±0.04	1.23±0.10	1.28±0.17
	10～20	1.38±0.07	1.31±0.08	1.30±0.05	1.25±0.00	1.38±0.13
	20～30	1.37±0.02	1.32±0.03	1.31±0.05	1.19±0.03	1.31±0.12
	30～40	1.39±0.03	1.30±0.02	1.22±0.02	1.28±0.05	1.35±0.02
	40～50	1.37±0.06	1.32±0.04	1.27±0.00	1.29±0.06	1.30±0.06
	50～60	—	1.44±0.04	1.43±0.04	1.44±0.05	1.38±0.01
	平均值	1.37±0.02	1.30±0.11	1.29±0.08	1.28±0.09	1.33±0.04
T3	0～10	1.25±0.03	1.08±0.10	1.16±0.08	1.15±0.23	1.21±0.06
	10～20	1.30±0.03	1.19±0.02	1.26±0.05	1.23±0.22	1.32±0.09
	20～30	1.23±0.01	1.30±0.04	1.26±0.00	1.15±0.26	1.20±0.09
	30～40	1.29±0.02	1.29±0.04	1.21±0.09	1.25±0.03	1.16±0.01
	40～50	1.25±0.08	1.29±0.02	1.22±0.01	1.28±0.00	1.28±0.04
	50～60	—	1.41±0.02	1.46±0.02	1.43±0.07	1.35±0.04
	平均值	1.26±0.03	1.26±0.11	1.26±0.10	1.25±0.10	1.25±0.07
T4	0～10	1.13±0.00	1.07±0.09	1.16±0.10	1.13±0.04	1.21±0.02
	10～20	1.25±0.01	1.17±0.04	1.24±0.02	1.16±0.08	1.25±0.03
	20～30	1.17±0.03	1.23±0.04	1.17±0.02	1.13±0.01	1.17±0.04
	30～40	1.19±0.01	1.20±0.04	1.19±0.01	1.21±0.06	1.29±0.07
	40～50	1.31±0.05	1.24±0.06	1.21±0.01	1.25±0.05	1.25±0.01
	50～60	—	1.37±0.02	1.41±0.05	1.39±0.13	1.31±0.03
	平均值	1.21±0.07	1.21±0.10	1.23±0.09	1.21±0.10	1.25±0.05
	LSD0.05	0.13	0.12	0.12	0.12	0.13

在 6 展叶期（V6），常规栽培（T1）处理土壤容重在 20～30 cm 土层土壤容重最大，达 1.54 g/cm^3，其他土层土壤容重变化不大，变化范围在 1.36～1.41 g/cm^3；深松（T2）处理下土壤容重随土壤深度增加无明显变化，为 1.34～1.39 g/cm^3，深松（T2）处理下土壤容重仅在 20～30 cm 土层显著低于常规栽培（T1）。深松+深追肥（T3）、深松+深追肥+有机肥（T4）处理 0～50 cm 土层土壤深度每增加 10 cm，土壤容重分别较常规栽培（T1）降低 8.1%、7.8%、20.1%、7.2%、10.1%和 16.9%、11.3%、24.0%、14.4%、5.8%。

在 12 展叶期（V12），各层土壤容重的变化趋势相似，随土壤深度的增加，0～30 cm 土壤容重逐渐升高，30～50 cm 土壤容重变化不明显（T1 除外），50～60 cm 土壤容重增加，处理间差异不显著。深松（T2）处理 0～10 cm 土壤容重较常规栽培（T1）显著降低，降低幅度为 12.7%；深松+深追肥（T3）、深松+深追肥+有机肥（T4）处理 10～20 cm 土壤容重分别较常规栽培（T1）降低 12.5%、14.0%，深松（T2）处理土壤容重降低幅度较小；20～30 cm 土层土壤容重常规栽培（T1）分别较深松（T2）、深松+深追肥（T3）、深松+深追肥+有机肥（T4）高 15.2%、16.9%、23.6%；30～60 cm 土层随土壤深度增加各处理土壤容重差异变小，仍以深松+深追肥+有机肥（T4）处理最低，其次是深松+深追肥（T3）、深松（T2），常规栽培（T1）处理最大。

在抽雄期（VT），常规栽培（T1）土壤容重在 0～10 cm、20～50 cm 土层与其他处理差异较大。深松（T2）、深松+深追肥（T3）、深松+深追肥+有机肥（T4）处理 20～30 cm 土层土壤容重差异较大，其他土层差异较小。

在乳熟期（R3），常规栽培（T1）处理 0～40 cm 土层土壤容重明显高于深松（T2）、深松+深追肥（T3）、深松+深追肥+有机肥（T4）处理，变幅分别为 4.7%～21.0%、7.2%～25.2%、10.7%～27.4%，最大差异在 20～30 cm 土层，其次是 0～10 cm 土层；40～60 cm 土层土壤容重差异逐渐减小。

在成熟期（R6），各处理 0～40 cm 土层土壤容重变异较大，处理间差异明显，常规栽培（T1）处理 20～30 cm 土层土壤容重分别较深松（T2）、深松+深追肥（T3）、深松+深追肥+有机肥（T4）处理高 10.7%、20.8%、23.9%；40～60 cm 土层土壤容重常规栽培（T1）与深松（T2）、深松+深追肥（T3）处理差异较小，仍比深松+深追肥+有机肥（T4）高 7.1%。

综合分析，常规栽培 0～40 cm 土层土壤容重较高，尤其是 10～30 cm 土层，土壤较为坚实，远远超出适宜容重 1.1～1.3 g/cm^3 的指标，深松、深松+深追肥、深松+深追肥+有机肥对 0～40 cm 土层土壤容重的降低有一定的促进作用，为作物生长和根系发育创造了一个良好的土壤环境，随着土壤深度的增加，土壤容重变大，逐渐接近常规栽培的土壤容重。

（五）不同培肥措施下土壤无机氮的动态变化

0～60 cm 土壤铵态氮占土壤无机氮的比例为 9.2%～39.1%，平均为 20.9%，所占比例较小，且在不同生育期间无显著差异。处理间比较，除成熟期土壤铵态氮有所下降外，4 个处理 0～60 cm 土壤铵态氮均在 6.58～12.40 mg/kg，变幅仅为 15.6%，且处理间无显著差异（图 4-14）。这表明不同培肥措施对土壤铵态氮的影响较小。

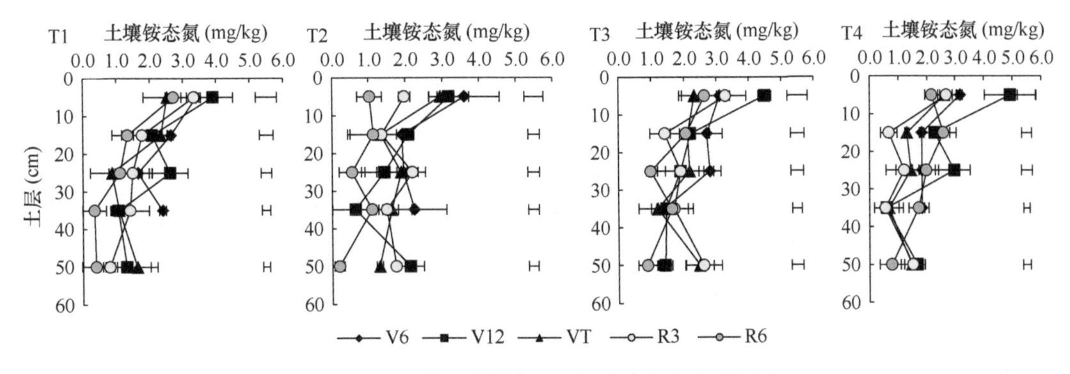

图 4-14　不同培肥措施下土壤铵态氮生育期动态

而 0～60 cm 土壤硝态氮则有所不同。总体来说，各处理 0～10 cm 土层无机氮总量最高，随着土壤深度的增加，各土层无机氮含量逐渐降低（图 4-15）。6 展叶期（V6），0～10 cm 土层土壤硝态氮含量表现为 T4＞T1＞T3＞T2，这是由于深松+深追肥+有机肥（T4）处理增施了有机肥；10～40 cm 土层各处理土壤硝态氮含量无明显差异。12 展叶期（V12），各处理硝态氮含量比 6 展叶期显著升高。深松+深追肥（T3）、深松+深追肥+有机肥（T4）处理 10～20 cm、30～40 cm 土层硝态氮含量显著高于常规栽培（T1）、深松（T2）处理。深松+深追肥+有机肥（T4）处理 20～30 cm 土层硝态氮含量显著高于其他处理，其他处理间无显著差异。

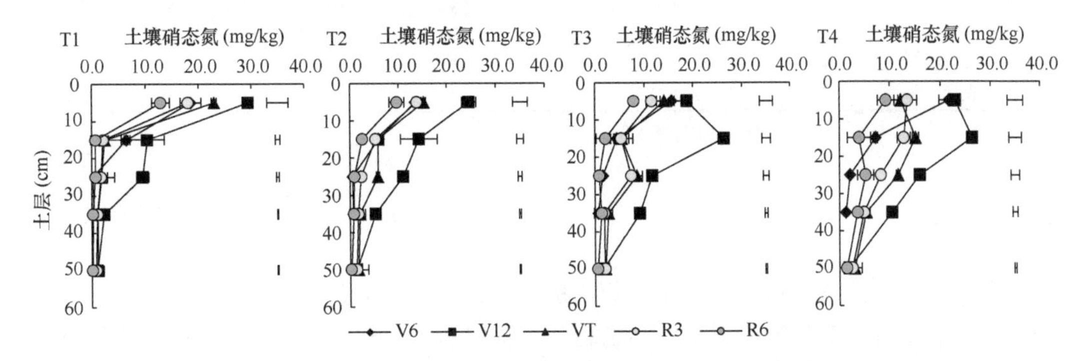

图 4-15　不同培肥措施下土壤硝态氮生育期动态

抽雄期（VT），各处理硝态氮含量较 12 展叶期（V12）明显降低。常规栽培（T1）、深松+深追肥（T3）处理的硝态氮变化趋势与 R3 时期一致。深松+深追肥+有机肥（T4）处理 0～60 cm 土层硝态氮含量随土壤深度增加而缓慢下降，深松（T2）处理 0～20 cm 土层硝态氮含量迅速降低，20～60 cm 土层硝态氮含量下降平缓。常规栽培（T1）处理 0～10 cm 土层硝态氮含量显著高于其他处理，其他处理间差异不显著；深松+深追肥+有机肥（T4）处理 10～20 cm、30～40 cm 土层硝态氮含量显著高于其他处理，20～30 cm、40～60 cm 土层硝态氮含量处理间差异不显著。

成熟期（R6），各处理 0～10 cm 土层硝态氮含量降至生育期的最低值。常规栽培（T1）处理 0～10 cm 土层硝态氮含量最高，显著高于其他三个处理，10～20 cm 土层硝态氮含量降至最低，显著低于其他三个处理，以深松+深追肥+有机肥（T4）处理最高，与其他处理的差异亦达显著水平，深松（T2）、深松+深追肥（T3）差异不明显；20～60 cm 土层，深松+深追肥+有机肥（T4）处理显著高于其他三个处理，其他处理间差异不显著。

（六）土壤相关性状的方差分析

土壤固液气比例、土壤含水量、土壤容重均有显著差异（表 4-7），这表明培肥措施、生育进程和土层均对土壤的物理性状和无机氮含量造成了显著影响。但不同培肥处理间土壤铵态氮、硝态氮无显著差异，这是由于其肥料施用总量较为一致。从各因素交互作用来看，培肥处理与生育期交互作用显著，生育期和土层间的交互作用对土壤固相和气相比例、土壤容重、土壤无机氮等几个性状的影响显著，不同培肥处理与土层间，不同培肥处理、生育期和土层间交互作用的影响不显著，这表明随着作物的生长，作物与土壤间存在互作效应，各培肥处理下的土壤物理性状和硝态氮含量也有差异。

表 4-7 培肥处理、生育期、土层及其互作对土壤固液气、含水量、容重、铵态氮和硝态氮的方差分析

变异来源	自由度	均方						
		固相	液相	气相	土壤含水量	土壤容重	铵态氮	硝态氮
重复	2	42.66	18.90	4.77	5.68	0.00	19.00	0.08
生育期	4	348.01**	493.16**	1276.38**	255.06**	0.03**	63.27**	630.28**
培肥处理	3	173.50**	28.56**	194.36**	19.55**	0.05**	11.47	48.28
土层	4	61.86**	65.28**	240.53**	7.11**	0.06**	90.28**	1177.78**
培肥处理×生育期	12	54.12**	31.83**	115.17**	7.90**	0.03**	15.37	93.38**
生育期×土层	19	32.35**	5.60	52.88*	2.41	0.02**	43.24**	113.07**
培肥处理×土层	15	16.84	1.71	21.08	1.76	0.01	13.95	54.98
培肥处理×生育期×土层	60	9.35	3.31	17.31	1.12	0.00	7.78	36.92
误差	238	14.71	4.81	27.31	1.73	0.01	15.14	36.03

注：*表示 0.05 显著水平，**表示 0.01 显著水平。

（七）结论

常规栽培模式在 6 展叶期土壤气相比例最低，仅为 4.0%，显著抑制了根系的下扎，同时也减缓了好气微生物的活动；与之相比，深松+深追肥（T3）和深松+深追肥+有机肥（T4）处理土壤三相比随玉米生育进程逐渐趋于优化值，二者在乳熟期 20～30 cm 土壤三相比接近理想值，至成熟期时，深松+深追肥（T3）和深松+深追肥+有机肥（T4）处理 30～40 cm 土壤三相比分别为 49.5∶25.7∶24.8 和 50.9∶25.1∶24.0，接近理想值，有效地改善了土壤结构。深松+深追肥（T3）和深松+深追肥+有机肥（T4）处理 20～40 cm 土层至成熟期时仍保持在 1.16～1.29 g/cm^3 适宜土壤容重范围内（吉林省土壤肥料总站，1998），从而消除了犁底层对玉米根系生长的阻碍，增加深层土壤中根系的分布（李晓龙等，2015），促进了植株对养分的吸收，实现了高产（张秀芝等，2014）。从 0～60 cm 土壤铵态氮和硝态氮的动态变化来看，深松促进了土壤硝态氮的下移，增加了 20～40 cm 土层中硝态氮的含量，而这个土层中的根量对于吸收和利用土壤中的养分、水分起着重要的作用，且在生育后期更加明显（朱献玑等，1982）。同时配施有机肥后，更能有效地提高农田基础地力产量和基础地力贡献率（查燕等，2015）。深松+深追肥+有机肥（T4）处理在植株生育后期 20～40 cm 土层中硝态氮的比例超过 30.0%，在成熟期达到 37.5%，显著高于其他三个处理；与之相对应，深松+深追肥+有机肥（T4）处理 20～50 cm 土层土壤含水量也显著增加，在雨季表现得尤为明显。

第二节　黑土地玉米秸秆全量深翻还田技术

资料显示，我国部分地区黑土层已由初垦时的 80～100 cm，下降到目前的 20～30 cm，土壤有机质含量由 5%下降到现在的 2%左右（魏丹等，2016），黑土资源的可持续性面临着严峻挑战！因此，关于如何恢复与提升黑土的肥力、提高作物生产能力、实现黑土资源的可持续利用，已成为国家、社会以及农业科研人员广泛关注的热点问题。

东北黑土区是我国最重要的玉米生产区域，玉米种植面积广阔，秸秆资源丰富，结合东北地区的自然条件与生产实际情况来看，将玉米秸秆归还于土壤是解决东北黑土肥力退化问题的主要途径。因此，吉林省农业科学院基于多年的田间试验研究，建立了玉米秸秆全量深翻还田技术模式，对该模式的效果、效益及适应区域进行了详细分析，提出了合理化建议，推动了东北地区玉米秸秆直接还田技术大面积应用，为实现东北黑土资源的保护与可持续利用提供了技术支撑。

一、玉米秸秆全量深翻还田技术要点

针对东北地区玉米直接还田技术实施过程中存在的技术瓶颈问题，吉林省农业科学院通过多年田间定位试验与技术攻关，形成了全程机械化玉米秸秆全量深翻还田技术体系，该体系以“机械粉碎-深翻还田-平播重镇压”为技术核心，采用液压翻转犁进行土壤深翻作业，将粉碎后的秸秆翻埋至 20～30 cm 土层，玉米秸秆呈簇状等行距条带式分布，田间提水层与渗水层间隔排列，纵向松紧兼备（图 4-16）。根据吉林省玉米种植区域自然降雨量与积温的特征，分别建立了中东部雨养区（玉米生育期降雨量 450 mm 以上的地区）与西部灌溉区（玉米生育期降雨量 450 mm 以下的地区）玉米秸秆全量深翻还田技术体系。

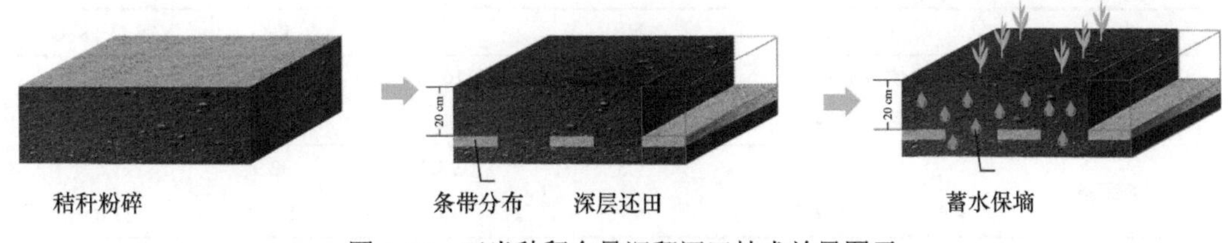

图 4-16　玉米秸秆全量深翻还田技术效果图示

玉米进入成熟期后，采用大型玉米收获机进行收获，同时将玉米秸秆粉碎（长度<10 cm），并均匀抛撒于田间；用栅栏式液压翻转犁进行深翻作业，翻耕深度 30～35 cm，可将秸秆翻埋至 20～30 cm 土层，旋耕耙平，达到播种状态。

二、玉米秸秆全量深翻还田技术对玉米生长发育及土壤的影响

大量研究表明，玉米秸秆还田有助于提升土壤肥力、提高土壤生产力。首先，玉米

秸秆含有丰富的碳、氮、磷、钾及多种微量营养元素，将其归还于土壤能够有效增加土壤有机质含量、补充土壤养分元素（汪可欣等，2016；Kumar et al.，2012）；其次，玉米秸秆进入土壤后有利于土壤团粒结构的形成，使土壤具有良好的结构性、土壤理化性状得以改善、保肥保水能力得以提升（田慎重等，2013；Zuber et al.，2015）；最后，玉米秸秆为土壤微生物提供了丰富的碳源与氮源，能促进更多有益微生物的生长和繁殖，优化土壤微生物区系，提高土壤的生物活性（赵亚丽等，2015；Yang et al.，2016）。从农田生态系统固碳减排的角度来看，将秸秆归还于土壤不仅避免了焚烧所造成的温室气体排放，同时也提高了土壤的碳汇能力（Xia et al.，2014）。

（一）玉米秸秆全量深翻还田技术对玉米产量与肥料效率的影响

2013～2016 年，雨养区玉米秸秆全量深翻还田较常规耕作增产 6.3%～14.3%，表现出较好的增产效益；灌溉区由于常规耕作区仅采用坐水种，玉米生育期间未灌水，故玉米秸秆全量深翻还田处理增产幅度较大，平均达 55.2%（表 4-8）。

表 4-8　玉米秸秆全量深翻还田技术模式对玉米产量的影响　（单位：kg/hm^2）

生态区	耕种模式	年份				平均产量
		2013 年	2014 年	2015 年	2016 年	
雨养区	常规耕作	10 737±437.2	10 794±923.1	8 919±896.2	11 592±152.0	10 511±437.2
	玉米秸秆全量深翻还田	11 416±281.5	12 336±729.2	9 823±733.4	12 737±1 412.2	11 578±281.5
灌溉区	常规耕作	7 942±379.1	7 906±584.7	7 810±324.7	7 940±382.3	7 900±417.7
	玉米秸秆全量深翻还田	11 664±309.3	12 888±357.9	12 265±384.0	12 220.5±638.8	12 259±422.5

实施玉米秸秆全量深翻还田后，氮、磷、钾肥料效率较常规耕作有了大幅提高，雨养区氮、磷、钾肥偏生产力较常规耕作分别提升 32.2%、37.7%、29.6%，灌溉区氮、磷、钾肥偏生产力较常规耕作分别提升 41.1%、46.1%、46.6%。这表明采用玉米秸秆全量深翻还田技术模式可实现玉米高产高效生产（表 4-9）。

表 4-9　玉米秸秆全量深翻还田技术模式对氮、磷、钾肥偏生产力的影响（单位：kg/kg）

生态区	耕种模式	N	P_2O_5	K_2O	$N+P_2O_5+K_2O$
雨养区	常规耕作	43.8	105.1	105.1	23.9
	玉米秸秆全量深翻还田	57.9	144.7	136.2	29.4
灌溉区	常规耕作	39.5	98.7	92.9	21.6
	玉米秸秆全量深翻还田	55.7	144.2	136.2	31.0

注：表中数据为 2013～2016 年 4 年间氮、磷、钾肥偏生产力的平均值。

（二）玉米秸秆全量深翻还田技术模式下土壤“体型”变化

2013～2016 年 4 年田间定位试验研究表明，与常规耕作方式相比，玉米秸秆全量深翻还田技术体系对土壤结构的影响较为明显，使 0～20 cm 土层的土壤固相与液相比例分别降低 22.5%和 17.8%，气相比例增加 134%，使 20～40 cm 土层的土壤固相与液相比例分别降低 20.5%和 4.3%，气相比例增加 479%。土壤容重表现为显著下降，土壤含水量明显增加。土壤耕层厚度由 15～20 cm 增加至 30～35 cm（表 4-10）。这表明玉米秸秆全量深翻还田技术体系的实施能够有效改善土壤结构。

表 4-10　玉米秸秆全量深翻还田技术模式对土壤结构的影响（公主岭）

耕种模式	土层（cm）	三相比（%）			土壤容重（g/cm^3）	土壤含水量（%）	耕层厚度（cm）
		气相	液相	固相			
常规耕作	0～20	13.48±3.74	30.19±2.24	56.34±1.50	1.56±0.10	19.99±0.52	15～20
	20～40	3.01±0.16	33.82±0.85	63.17±0.69	1.66±0.02	20.29±0.24	
玉米秸秆全量深翻还田	0～20	31.54±2.96	24.81±1.50	43.64±4.46	1.39±0.06	21.17±1.28	30～35
	20～40	17.44±10.56	32.38±6.48	50.19±4.08	1.54±0.04	22.55±1.80	

（三）玉米秸秆全量深翻还田技术模式下土壤"体质"变化

玉米秸秆全量深翻还田技术模式在改善土壤结构的同时，也有效补充了土壤的养分，并改善了土壤的酸碱度。经过 4 年玉米秸秆全量深翻还田处理后，0～20 cm 与 20～40 cm 土层土壤有机质、全氮、速效氮、速效磷与速效钾的含量均有所增加，亚耕层（20～40 cm）土壤养分含量的增加幅度更为明显。与常规耕作相比，玉米秸秆全量深翻还田技术模式处理后 20～40 cm 土层土壤有机质含量增加 20.2%、速效氮含量增加 12.2%、速效钾含量增加 20.1%（表 4-11）。

表 4-11　玉米秸秆全量深翻还田技术模式对土壤养分含量的影响（公主岭）

耕种模式	土层（cm）	有机质（g/kg）	全氮（g/kg）	速效氮（mg/kg）	速效磷（mg/kg）	速效钾（mg/kg）
常规耕作	0～20	28.46±1.43	1.49±0.03	175.84±3.56	35.20±1.70	159.22±6.76
	20～40	25.75±0.34	1.36±0.043	164.64±4.50	19.44±2.29	136.26±1.74
玉米秸秆全量深翻还田	0～20	31.15±0.74	1.52±0.10	204.12±15.00	37.41±1.94	173.82±12.73
	20～40	30.95±1.08	1.46±0.064	184.80±9.84	22.62±2.18	163.71±2.63

（四）玉米秸秆全量深翻还田技术模式效益分析

东北地区（黑龙江、吉林、辽宁、内蒙古部分地区）是我国最大的玉米生产区，每年可收集的玉米秸秆量超过 1.7 亿 t，约占全国玉米秸秆资源的 48%，秸秆资源总量较大，可利用潜力巨大。玉米秸秆资源的分布与玉米种植带相对应，以东北中部地区为主，占比超过 60%，西部次之，约为 30%。目前，玉米秸秆资源通过饲料化、基质化、能源化等方式进行利用的比例较为稳定，而将秸秆作为肥料还田仍存在着较大的利用空间，若能将如此大量的废弃秸秆进行还田处理则减少了秸秆资源的极大浪费及其对生态环境所造成的负面影响。参照示范田及技术辐射区三年田间效果，经计算，与农民习惯种植（秸秆不还田）相比，中东部雨养区采用玉米秸秆全量深翻还田技术种植成本增加 160 元/hm^2，产量增加 1010 kg/hm^2，增产 10.1%，增加纯收入 1355 元/hm^2（表 4-12）；西部灌溉区采用玉米秸秆全量深翻还田技术结合膜下滴灌种植成本增加 2425 元/hm^2，产量增加 4800 kg/hm^2，增产 47.1%，增加纯收入 4775 元/hm^2（表 4-13）。

表 4-12　雨养区玉米秸秆全量深翻还田经济效益（2015～2017 年）

耕种模式	类别与项目（元/hm²）		成本（元/hm²）	产量（kg/hm²）	总产值（元/hm²）	纯效益（元/hm²）
农民习惯种植	秸秆清理费用	200	4 900	10 000	15 000	10 100
	整地费用（包括灭茬）	500				
	收获费用	800				
	播种费用	300				
	肥料、种子、农药费用	3 100				
玉米秸秆全量深翻还田	翻地费用	500	5 060	11 010	16 515	11 455
	整地费用（联合整地机）	300				
	镇压费用	150				
	收获费用	800				
	播种费用	300				
	肥料、种子、农药费用	3 010				
	节本增效情况		−160	+1 010	+1 515	+1 355

数据来源：吉林中部公主岭、农安等生产调研。以当地中高产农户为对照；玉米价格按照 1.5 元/公斤计算。下表同。

表 4-13　灌溉区玉米秸秆全量深翻还田经济效益（2015～2017 年）

耕种模式	类别与项目（元/hm²）		成本（元/hm²）	产量（kg/hm²）	总产值（元/hm²）	纯效益（元/hm²）
农民习惯种植	秸秆清理费用	200	6 210	10 200	15 300	9 090
	整地费用（包括灭茬）	500				
	收获费用	900				
	播种费用	300				
	肥料、种子、农药费用	3 110				
	灌溉用水（包括人工）	1 200				
	滴灌设备等	0				
玉米秸秆全量深翻还田	翻地费用	500	8 635	15 000	22 500	13 865
	整地费用（联合整地机）	400				
	镇压费用	150				
	收获费用	900				
	播种费用	300				
	肥料、种子、农药费用	3 010				
	降解地膜	1 050				
	滴灌设备等（包括用水）	2 325				
	节本增效情况		−2 425	+4 800	+7 200	+4 775

数据来源：松原市宁江区、乾安县等地生产调研，秸秆不还田处理采用坐水种及沟灌方式。

三、玉米秸秆全量深翻还田技术的应用展望

（一）充分认识秸秆还田技术的重要性

玉米秸秆还田技术的实施，一方面能够实现农田地力的提升，提高玉米生产效率，增加农民收入，具有良好的社会与经济效益；另一方面，能够减少秸秆资源的浪费及其焚烧对生态环境所造成的负面影响，具有良好的生态效益。因此，应提高人们对实施玉米秸秆还田措施重要性的认识，要充分认识到秸秆还田不仅是对资源的合理高效利用，更重要的是该项措施是提高黑土生产力、实现黑土资源可持续利用的重要途径。

（二）加大政府扶持力度

围绕基础研究、应用技术研究和技术示范推广三个方面，完善秸秆直接还田政策支持体系。将秸秆还田纳入政府工作职责内容。整合现有各类涉农项目和补贴资金，定向统筹分配，围绕秸秆直接还田技术体系，全面实行改单项技术补贴为补贴整个作业链。着重解决秸秆直接还田多重良性效应的滞后与农民眼前利益之间的矛盾。

（三）形成完整的玉米秸秆直接还田技术体系

玉米秸秆全量深翻还田技术体系能有效解决部分生态区域秸秆还田实施过程中秸秆腐解慢、玉米出苗受阻这一问题，同时能够明显改善土壤结构特征、增加土壤养分含量、缓解土壤酸化趋势，因此，从吉林省不同区域玉米生产特点考虑，建议形成覆盖全省玉米种植区域的以“深翻还田为主，多种方式并存”的全程机械化玉米秸秆直接还田技术体系。在吉林省中西部部分地势平坦的区域，可结合当地生产生活实际，采用玉米秸秆高留茬直接还田技术，实现秸秆 1/3 还田或半量还田，同时采用深松及苗带交替休闲种植，达到培肥土壤、保墒蓄水、节约成本的目的（刘武仁等，2004）。在吉林省部分风沙土区域，由于土壤保水性差，可以结合当地生产实际，采用秸秆覆盖还田技术模式，实现秸秆全量还田，增加土壤表层有机质含量，防止风蚀和水蚀，在干旱年份可达到增产的效果，并可减少传统旋耕、整地等农机作业环节，降低生产投入（耿迪，2016）。

第三节　黑土地玉米秸秆全量条带覆盖还田技术

吉林省地处东北黑土地中心，其玉米种植区有着鲜明的生态特征与区域划分。基于前期调研，在吉林省中部和西部选择具有区域代表性、规模较大的新型农业经营主体，开展以玉米秸秆全量条带覆盖还田技术为核心的大面积实证与示范，并结合区域生产特点，兼顾稳产丰产与节本增效，优化集成播种、施肥、除草、病虫害防治、机械收获等生产全过程技术操作，形成标准化技术模式。同时，以传统耕作模式为对照，从生产效率、经济效益与生态效益等方面进行评价，以期为加快推广以玉米秸秆全量还田为核心的新型耕种体系提供技术支撑。

一、玉米秸秆全量条带覆盖还田技术要点

玉米秸秆全量条带覆盖还田技术模式的主要作业环节、时间及配套机具见表 4-14。春季播种前，采用秸秆归行机对覆盖于播种行地表的秸秆进行归行处理，归集到 80～90 cm 的秸秆行，清理出 40 cm 宽的播种带，使其达到待播种状态。在春季 4 月下旬至 5 月上旬适宜播种期内，采用免耕补水播种机在已清理好的播种带上一次性完成播种、补水、施肥、镇压等作业，进行平播种植；依据土壤墒情调节补水用量，一般为 1.2～1.8 t/hm^2。中部土壤墒情较好的地区可不用补水。

表 4-14　玉米秸秆全量条带覆盖还田技术模式的主要作业环节、时间及配套机具

作业名称	作业时间	配套机械	动力（hp）
秸秆归行	4 月中旬	前置或者后置秸秆归行机	＞50
其他耕整地	4 月中旬	联合整地机	＞50
施肥与播种	4 月下旬至 5 月上旬	免耕补水播种机	40～70
除草	5 月上旬出苗前/6 月上旬出苗后	悬挂式喷杆喷雾机	40～70
中耕追肥	6 月中下旬	深松追肥机	140
病虫害防治	7 月下旬至 8 月上旬	无人机携带自走式喷杆喷雾机	28
收获、秸秆粉碎	10 月中上旬	自走式玉米收获机	113～140

二、玉米秸秆全量条带覆盖还田技术丰产增效培肥

当前，在东北地区，以免耕与秸秆覆盖为技术核心，部分地区结合深松的区域保护性耕作技术已初步建立并开始示范与推广（王超等，2019；于猛等，2019；王刚，2019）。由于东北区域生态环境较为复杂，相关保护性技术应用需结合区域立地条件优化示范，从而扩大其影响力（郑铁志等，2018；解宏图等，2020），同时依托新型规模经营主体对以玉米秸秆覆盖还田技术为核心的耕作技术模式实证与综合效益评价仍亟待完善与补充。

（一）秸秆覆盖条件下的干旱阈值

2017 年，吉林省农业科学院在吉林省白城市洮北区青山镇将主栽品种‘翔玉 998’分别种植在同一地块不同整地处理（秸秆覆盖和裸地旋耕起垄）的区域，种植密度为 6.5 万株/hm^2，研究了出苗至拔节、拔节至抽雄、抽雄至乳熟及乳熟至成熟 4 个阶段，连续 6 d、13 d、18 d、27 d 和 32 d 不灌水的情况下，玉米生理和产量指标的干旱阈值，为日后研究补灌技术打下了基础。处理前，土壤含水量均保持在 30%；处理期间不进行任何补水；处理结束后，恢复土壤含水量至 30%，而后在需要补水时，正常补水。

虽然在出苗至拔节和拔节至抽雄期间（5 月初至 6 月末）有过降雨，但都是小雨，月降水量都在 50 mm 以下，并且白城地区五六月 4 级以上大风天气分别高达 16 d 和 11 d，因此，随着不补水处理时间的增加，土壤含水量呈持续下降趋势（图 4-17）。而在抽雄至乳熟期间，白城有过一次集中降雨，雨量较多，导致土壤含水量先降后升。乳熟至成熟期间，白城降水再次减少，加上玉米蒸散量增加，土壤含水量再次呈现下降趋势。所

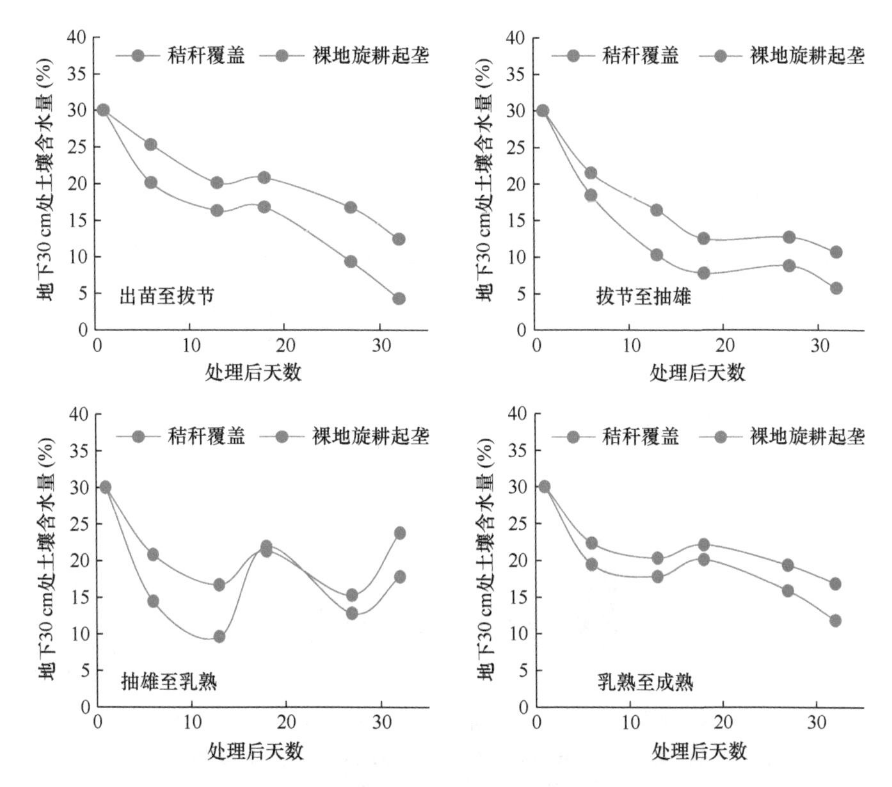

图 4-17　不同生育期不补水处理对苗带土壤含水量的影响

有时期，秸秆覆盖条件下的土壤含水量均高于裸地旋耕起垄模式。

各个时期玉米叶片净光合速率均随着不补水时间的延长均呈下降趋势（图 4-18），其中以乳熟至成熟期间下降最为剧烈，这可能与玉米成熟期间叶片逐渐衰老失去功能有关，并不完全是土壤水分不足所致。

关于净光合速率的阈值，即骤然下降的时间点，出苗至拔节期间，秸秆覆盖和裸地旋耕起垄条件下，阈值出现的时间分别为连续不补水 27 d 和 13 d；而拔节至抽雄期间，则分别出现在连续不补水 18 d 和 13 d；抽雄至乳熟期间，分别是 13 d 和 6 d；乳熟至成熟期，均为 13 d。可见随着玉米植株的生长，净光合速率阈值的出现时间呈提前趋势，而秸秆覆盖条件下，阈值的出现时间普遍晚于裸地旋耕起垄条件下。

不同生育时期不补水处理对玉米产量的影响不尽相同（图 4-19）。出苗至拔节期间，不补水处理虽然对叶片净光合速率造成显著影响，但并未对产量造成严重影响，这可能与苗期玉米复水后，生长恢复较快有关。拔节至抽雄期间不补水处理对产量的影响较大，秸秆覆盖和裸地旋耕起垄条件下，产量明显下降的处理时间分别是 27 d 和 18 d。抽雄至乳熟期间，不补水处理对产量造成的影响最大，秸秆覆盖和裸地旋耕起垄条件下，产量明显下降的处理时间都是 18 d，但裸地旋耕起垄条件下产量的下降幅度更大。乳熟至成熟期间，不补水处理对产量的影响也较为明显，秸秆覆盖和裸地旋耕起垄条件下，产量明显下降的处理时间也都是 18 d，裸地旋耕起垄条件下产量的降幅更大。

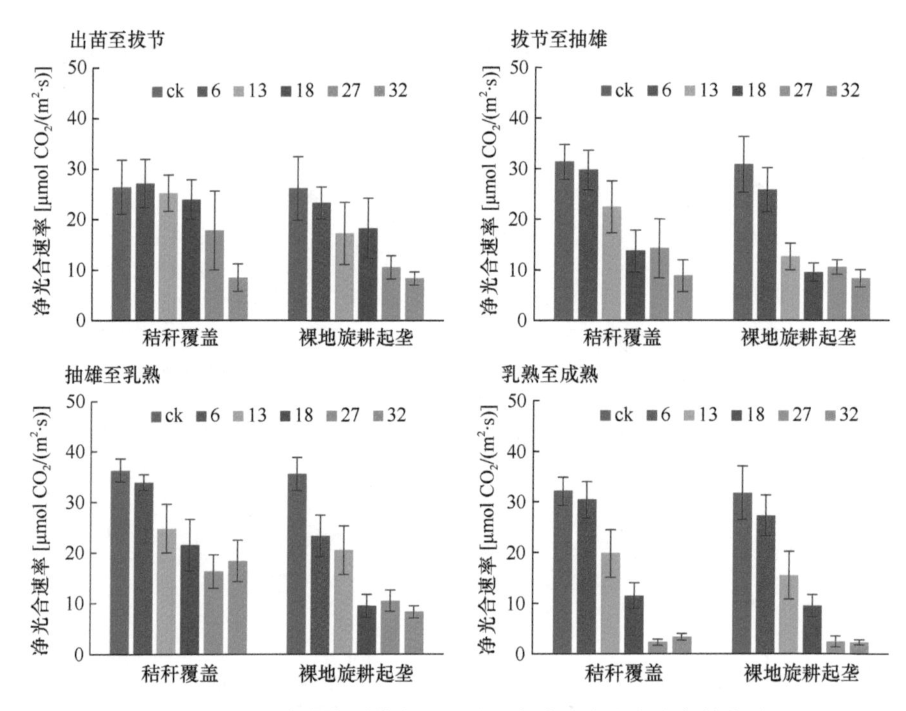

图 4-18 不同生育期不补水处理对玉米叶片净光合速率的影响

图例中的数据表示连续不补水天数，ck 为对照（连续补水处理）

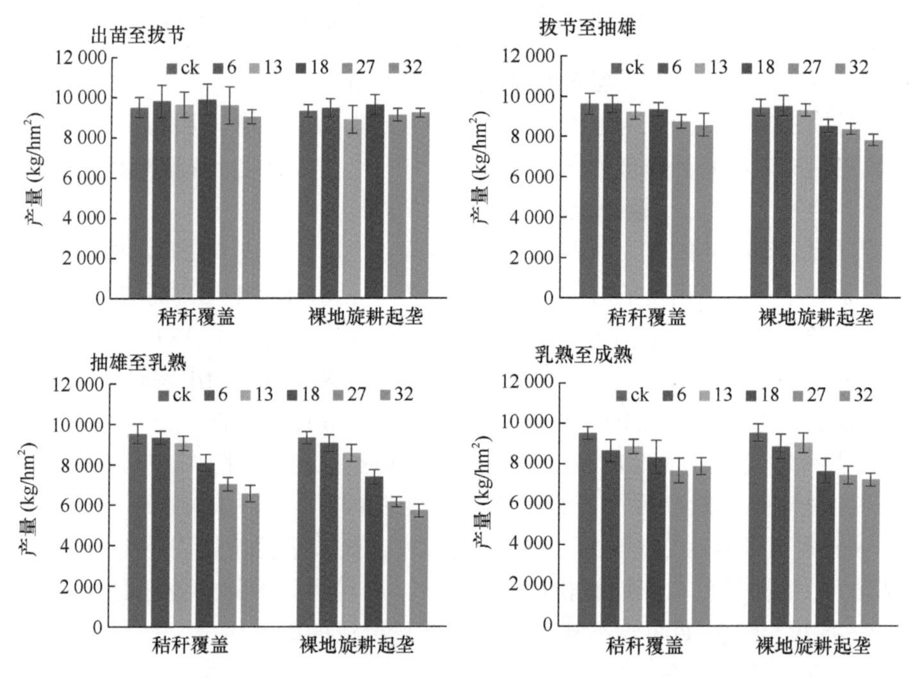

图 4-19 不同生育期不补水处理对玉米产量的影响

图例中的数据表示连续不补水天数，ck 为对照（连续补水处理）

2018 年，吉林省农业科学院在吉林省白城市洮北区青山镇人工遮雨棚内继续开展该研究。试验设秸秆覆盖和裸地 2 个大区，人工铺撒秸秆，宽窄行种植（80 cm×40 cm）。

处理时期为拔节至抽雄、抽雄至乳熟，连续 0～32 d 不补水；处理前和处理后，0～30 cm 土层土壤含水量达到田间持水量；对照全生育期适时补水，确保玉米不受干旱胁迫的影响；相邻处理间，挖沟放隔水挡板。通过计算干旱程度（*D*），确定玉米不同生育期的干旱阈值。干旱程度（*D*）的计算公式如下：

$$D = 1 - \frac{x_1}{x_0} e^{-\sqrt{I}}$$

式中，x_1 表示有效贮水量，即田间实际含水量减去萎蔫含水量；x_0 表示地下 30 cm 处最大有效贮水量，即田间持水量减去萎蔫含水量；*I* 表示干旱强度，计算公式如下：

$$I=1-e^{1+a}$$

式中，*a* 表示干旱期间土壤剩余有效贮水量序列 X（$=x_1, x_2, \cdots, x_n$）和累积相对失水量序列 Y（$=y_1, y_2, \cdots, y_n$）之间的对数方程 $Y=a\ln X+b$ 中的回归系数。

不同处理条件下 *D* 值（*x*）与玉米产量（*y*）的回归方程见表 4-15。

表 4-15　不同处理条件下 *D* 值（*x*）与玉米产量（*y*）的回归方程

处理时期	种植方式	对照产量（kg/hm²）	回归方程	决定系数（R^2）
拔节至抽雄	秸秆覆盖	9034.3	$y=-859.14x+8324.4$	0.7796
拔节至抽雄	裸地	9106.8	$y=-823.13x+8260.0$	0.7964
抽雄至乳熟	秸秆覆盖	9168.7	$y=-1162x+8350.5$	0.7382
抽雄至乳熟	裸地	9013.7	$y=-1570.7x+84167$	0.7131

以减产 5%为临界点，拔节至抽雄期间，秸秆覆盖和裸地条件下的 *D* 值分别达 0.617 和 0.564，但秸秆覆盖条件下 *D* 值达临界值的时间比裸地条件下慢 6.1 d；抽雄至乳熟期间，秸秆覆盖和裸地条件下的 *D* 值分别达 0.508 和 0.512，但秸秆覆盖条件下 *D* 值达临界值的时间比裸地条件下慢 3.6 d。以上结果说明，秸秆覆盖比裸地有更好的土壤保水特性，且土壤失水对玉米产量的影响是抽雄至乳熟期间大于拔节至抽雄期间。

（二）秸秆覆盖条件下的丰产增效培肥

以常规种植、秸秆旋混、秸秆覆盖耕作方式为前提，以前期筛选出的优良品种及适宜种植密度为基础，引入施用有机肥、菌剂等关键技术，开展东北平原西部旱作雨养区丰产增效培肥耕作技术模式验证试验，对农艺性状、产量及其构成因素、土壤指标等进行系统分析。2019 年在吉林省白城市洮北区青山镇进行大区试验，每个处理面积为 666 m²，品种为‘翔玉 998’，种植密度为 6.94 万株/hm²，一次性深施复合肥 750 kg/hm²、有机肥 150 kg/hm²、菌剂 75 kg/hm²。试验设计及具体操作见表 4-16。

1. 不同耕作方式对玉米出苗率的影响

玉米全部出苗后，在 6 月 3 日对不同耕作方式下的出苗率进行调查和统计。由图 4-20 可知，三种耕作方式的出苗率都比较高，主要原因是试验田所在区域播种期间降雨较少，播种后都进行了补灌措施；但不同耕作方式之间也存在差异，出苗率依次为常规种植＞秸秆旋混＞秸秆覆盖，秸秆旋混耕作方式比常规种植方式出苗率降低 0.14%；秸秆覆盖耕作方式比常规种植方式出苗率降低 0.17%，主要原因是秸秆还田影响机械作业质量，常规种植秸秆离田可提升整地质量，所以影响最小，秸秆旋混方式因秸秆得到了有效粉碎并和土壤充分接触，相比于秸秆覆盖种子更容易萌发。

表 4-16 试验设计及具体操作

耕作方式	具体操作	集成处理	代码	有机肥	菌剂
秸秆旋混	用秸秆粉碎机进行细粉碎，对照小区布局图，撒施菌剂及有机肥，然后用旋耕机进行作业，使秸秆完全与土壤掺混，起垄播种	集成模式 1	M1	×	×
		集成模式 2	M2	√	×
		集成模式 3	M3	×	√
		集成模式 4	M4	√	√
常规种植	采用移除离田方式对秸秆进行处理，对照小区布局图，撒施有机肥，旋耕机作业，起垄免耕机（补水）播种	集成模式 5	M5	×	×
		集成模式 6	M6	√	×
		集成模式 7	M7	×	√
		集成模式 8	M8	√	√
秸秆覆盖	用秸秆粉碎机进行粉碎，用秸秆旋扫归行机对秸秆进行归行，对照小区布局图，苗带撒施有机肥后旋耕，免耕机播种，对应菌剂小区在秸秆表面进行菌剂喷施	集成模式 9	M9	×	×
		集成模式 10	M10	√	×
		集成模式 11	M11	×	√
		集成模式 12	M12	√	√

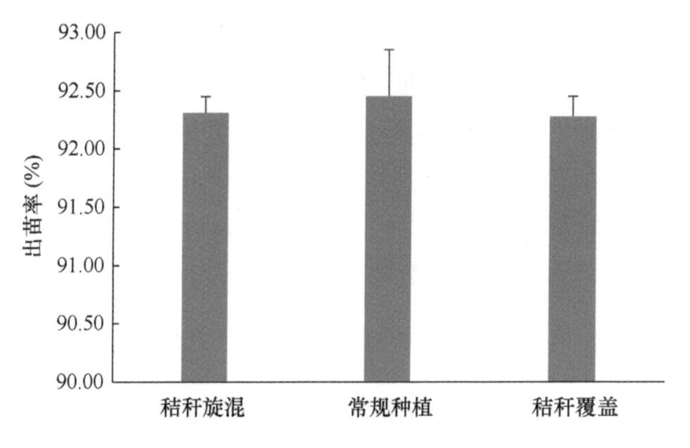

图 4-20 不同耕作方式的玉米出苗率

2. 不同耕作方式下的玉米产量及产量构成因素分析

三种耕作方式的不同模式下玉米产量及产量构成因素互有差异（表 4-17），但总体差异不显著，故将不同耕作方式按照平均值比较，玉米产量依次为秸秆覆盖＞秸秆旋混＞常规种植，秸秆覆盖耕作方式比常规种植方式玉米产量增加 927.25 kg/hm^2，增产幅度达 9.84%；秸秆旋混耕作方式比常规种植方式玉米产量增加 754.62 kg/hm^2，增产幅度达 8.01%，说明两种秸秆还田方式与常规种植方式相比，具有较好的增产效果。

秸秆旋混耕作方式下施用菌剂处理与对照比较显著增产，增产 2853.56 kg/hm^2，增产幅度达 33.05%；秸秆覆盖耕作方式下施用菌剂处理与对照比较有增产但不显著，增产 434.35 kg/hm^2，增产幅度 4.14%，说明施用菌剂与秸秆还田模式有互作效应。在秸秆旋混耕作方式下施用有机肥处理与对照比较有一定的增产效果，增产 2058.10 kg/hm^2，增产幅度达 23.84%；在秸秆旋混耕作方式下混施菌剂和有机肥可达到增产的效果，增产 1264.48 kg/hm^2，增产幅度达 14.63%。

表 4-17　各处理玉米产量及产量构成因素比较

耕作方式	处理	百粒重（g）	出籽率（%）	水分（%）	产量（kg/hm^2）
秸秆旋混	M1	33.10 f	83.37 b	18.47 a	8 634.32 bcde
	M2	35.97 abcde	84.99 b	18.90 a	10 692.42 ab
	M3	34.79 cdef	84.45 b	19.03 a	11 487.88 a
	M4	36.36 abcd	84.24 b	18.70 a	9 897.80 abc
常规种植	M5	37.05 abc	84.08 b	18.47 a	11 098.34 ab
	M6	34.42 def	84.97 b	19.27 a	7 326.18 cde
	M7	37.67 ab	85.14 b	18.57 a	10 771.71 ab
	M8	34.98 cdef	82.90 b	18.27 a	8 497.73 bcde
秸秆覆盖	M9	38.26 a	86.18 b	18.50 a	10 497.28 ab
	M10	35.00 cdef	90.92 a	18.13 a	9 895.67 abcd
	M11	33.69 ef	84.28 b	18.87 a	10 931.63 ab
	M12	35.74 bcde	83.93 b	18.20 a	10 078.39 ab

注：不同小写字母表示不同处理间差异显著（$P<0.05$）。

3. 不同耕作方式对土壤物理及化学性状的影响

通过对三种耕作方式土壤容重的比较（图 4-21），发现土壤容重排序为秸秆覆盖＞常规种植＞秸秆旋混，三者相比，秸秆覆盖耕作方式土壤容重较常规种植高约 4.9%，较秸秆旋混高约 11.1%，这可能是因为秸秆覆盖耕作方式在整地时动土较少，土壤较紧实；秸秆旋混耕作方式整地时粉碎的秸秆旋混在土壤中，土壤容重较低。

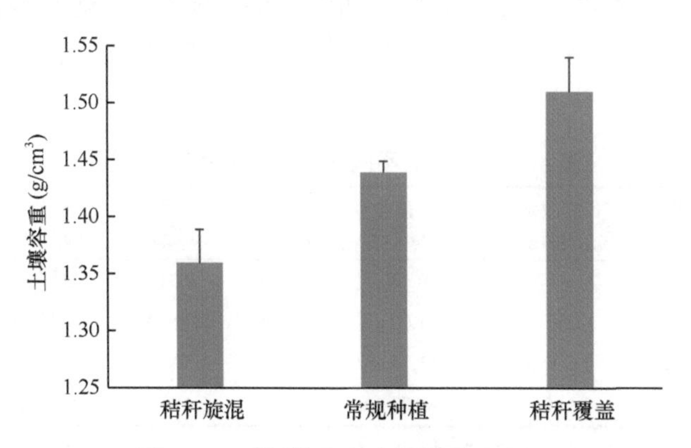

图 4-21　不同耕作方式土壤容重比较

整地施肥前及收获后，选择评价土壤肥力的重要指标，测定、分析、比较不同处理玉米生育期土壤养分变化及土壤肥力提升情况。由表 4-18、表 4-19 可知，通过收获后三种耕作方式土壤养分与背景值的比较，发现各耕作方式经历了一个玉米季后土壤肥力均有提升，但提升的幅度不一，其中有机质为秸秆覆盖＞常规种植＞秸秆旋混。

表 4-18　秋收后各处理土壤养分变化情况

耕作方式	处理	碱解氮（mg/kg）	有效磷（mg/kg）	速效钾（mg/kg）	全氮（g/kg）	全磷（g/kg）	全钾（g/kg）	pH	有机质（g/kg）
秸秆旋混	M1	113.61	23.03	139.00	1.31	0.50	24.58	7.37	21.84
	M2	92.23	16.02	107.00	1.09	0.43	25.56	7.33	16.21
	M3	115.59	15.17	125.00	1.21	0.38	24.76	6.52	23.42
	M4	125.88	18.14	153.00	1.32	0.44	24.96	6.50	24.67
常规种植	M5	102.92	18.14	127.00	1.21	0.44	26.57	6.50	23.95
	M6	101.34	11.13	121.00	1.19	0.38	22.98	6.34	22.23
	M7	122.32	12.83	135.00	1.24	0.36	26.58	6.45	23.58
	M8	119.94	13.89	144.00	1.30	0.38	25.56	6.45	25.15
秸秆覆盖	M9	142.51	24.30	197.00	1.52	0.51	25.96	6.41	31.65
	M10	102.92	20.05	126.00	1.25	0.41	25.60	6.38	23.48
	M11	118.76	16.44	143.00	1.32	0.42	25.16	6.25	24.91
	M12	104.50	32.81	126.00	1.16	0.45	25.97	6.23	22.04

由表 4-18 可知，秸秆旋混耕作方式下施用菌剂处理与对照比较土壤有机质提升了 1.58 g/kg，提升幅度达 7.23%。秸秆覆盖耕作方式下施用菌剂处理与对照比较降低了 6.74 g/kg，降低幅度达 21.30%，可能是因为秸秆旋混耕作方式下菌剂、秸秆和土壤得到了有效接触，遇到适宜的温度和水分条件，秸秆得到有效腐解提升了地力，而秸秆覆盖耕作方式菌剂直接喷施于秸秆表面，容易风干，且未与土壤充分接触，得不到适宜的条件，影响了菌剂的效果，故培肥效果不明显。在常规种植耕作方式下施用有机肥和菌剂处理（M8）可达到提升地力的效果，与对照（M5）比较土壤有机质提升了 1.2 g/kg，提升幅度达 5.01%，其他两种秸秆还田耕作方式下均未达到提升地力的效果，说明在常规种植耕作方式下可通过增施有机肥来提升地力。在秸秆旋混耕作方式下混施菌剂和有机肥可达到提升地力的效果，与对照比较土壤有机质提升了 2.83 g/kg，提升幅度达 12.96%。

表 4-19　秋收后不同耕作方式土壤养分情况

耕作方式	水解性氮（mg/kg）	有效磷（mg/kg）	速效钾（mg/kg）	全氮（g/kg）	全磷（g/kg）	全钾（g/kg）	pH	有机质（g/kg）
背景值	88.12	10.70	91.00	1.04	0.31	24.79	6.40	20.00
秸秆旋混	111.83 aA	18.09 abA	131.00 aA	1.23 aA	0.44 aA	24.97 aA	6.93 aA	21.54 aA
常规种植	111.63 aA	14.00 bA	131.75 aA	1.24 aA	0.39 aA	25.42 aA	6.44 bA	23.73 aA
秸秆覆盖	117.17 aA	23.40 aA	148.00 aA	1.31 aA	0.45 aA	25.67 aA	6.32 bA	25.52 aA

注：数据后不同小写字母表示差异显著（$P<0.05$），不同大写字母表示差异极显著（$P<0.01$）。

由表4-19可知，秸秆旋混较常规种植耕作方式土壤肥力指标除水解性氮提升0.18%、有效磷提升 29.21%、全磷提升 12.82%、pH 增加 7.61%外，其他指标均略有降低，可能是因为粉碎的秸秆进入土壤后，秸秆养分未得到有效释放，且此种耕作方式土壤扰动较大，加速了土壤自身养分的释放，研究人员将在后续的研究中重点关注此问题。秸秆覆盖较常规种植耕作方式土壤肥力指标除 pH 降低 1.83%外，其余均有很大的提升，其中水解性氮提升 4.96%、有效磷提升 67.14%、速效钾提升 12.33%、全氮提升 5.65%、全磷提升 15.35%、全钾提升 0.98%、有机质提升 7.54%，说明随着玉米生长，覆盖的秸秆经过腐解，养分得到有效释放，土壤肥力得到有效提升。

4. 不同耕作方式下土壤的固碳效应

为研究不同秸秆还田耕作模式下土壤的固碳能力，在作物生育期（6～10 月）对土壤有机碳（SOC）的变化及 CO_2-C 排放量进行测定，结果如表 4-20 所示。SOC 提升效果是秸秆覆盖＞常规种植＞秸秆旋混；而同时 CO_2-C 排放量则表现为秸秆旋混＞常规种植＞秸秆覆盖，秸秆覆盖的 SOC 变化量比常规种植提升 26.67%，秸秆旋混的 SOC 变化量比常规种植降低 17.14%，且差异非常显著。

表 4-20　不同耕作方式土壤有机碳及碳排放对比

耕作方式	原 SOC（kg/hm^2）	最终 SOC（kg/hm^2）	SOC 变化量（kg/hm^2）	CO_2-C 排放量（kg/hm^2）
常规种植	32 944.00	35 926.00	2 982.00	4 674.23
秸秆覆盖	35 755.60	39 532.80	3 777.20	4 402.79
秸秆旋混	28 655.60	31 126.40	2 470.80	6 812.94

秸秆覆盖条件下，由于秸秆的保水提墒作用，一方面提高了土壤微生物总体活性，促进土壤养分循环进而促进作物生长；另一方面加速了秸秆腐解，使土壤有机质增加、土壤固碳能力及透气性增强。而秸秆旋混处理增加了土壤的透气性，使土壤温度、含水量大幅降低，土壤微生物总体活性相应减弱，土壤养分循环较秸秆覆盖降低，且不利于秸秆腐解，故土壤固碳能力随之减弱。总体来说，通过综合比较分析，秸秆覆盖耕作模式既提升了土壤肥力，又减少了土壤温室气体的排放。

5. 不同耕作方式的经济效益分析

根据试验地实际情况，对各处理的成本和纯效益进行计算（表 4-21）。通过三种耕作方式纯效益的比较，纯效益平均值依次为：秸秆覆盖＞秸秆旋混＞常规种植，秸秆覆盖耕作方式比常规种植方式纯效益增加 2101.56 元/hm^2，增收幅度达 22.67%；秸秆旋混耕作方式比常规种植方式纯效益增加 825.58 元/hm^2，增收幅度达 8.90%，说明两种秸秆还田方式与常规种植方式比较，都具有较好的经济效益。

表 4-21　不同耕作方式的经济效益比较

耕作方式	处理	总支出（元/hm^2）								产量收入（元/hm^2）	纯效益（元/hm^2）
		整地（元/hm^2）	材料费（元/hm^2）					工费（元/hm^2）	水电费（元/hm^2）		
			种子	化肥	农药	有机肥	菌剂				
秸秆旋混	M1	1 000	720	2 250	300	0	0	1 600	1 500	15 110.06	7 740.06
	M2	1 000	720	2 250	300	340	0	1 600	1 500	18 711.73	11 001.73
	M3	1 000	720	2 250	300	0	350	1 600	1 500	20 103.79	12 383.79
	M4	1 000	720	2 250	300	340	350	1 600	1 500	17 321.16	9 261.16

续表

耕作方式	处理	总支出（元/hm²）								产量收入（元/hm²）	纯效益（元/hm²）
		整地（元/hm²）	材料费（元/hm²）					工费（元/hm²）	水电费（元/hm²）		
			种子	化肥	农药	有机肥	菌剂				
常规种植	M5	800	720	2 250	300	0	0	1 580	1 400	19 422.10	12 372.10
	M6	800	720	2 250	300	340	0	1580	1 400	12 820.81	5 430.81
	M7	800	720	2 250	300	0	0	1 580	1 400	18 850.5	11 800.50
	M8	800	720	2 250	300	340	0	1 580	1 400	14 871.04	7 481.04
秸秆覆盖	M9	600	720	2 250	300	0	0	1 500	1 300	18 370.24	11 700.24
	M10	600	720	2 250	300	340	0	1 500	1 300	17 317.42	10 307.42
	M11	600	720	2 250	300	0	350	1 500	1 300	19 130.35	12 110.35
	M12	600	720	2 250	300	340	350	1 500	1 300	17 637.18	10 277.18

三、玉米秸秆全量条带覆盖还田技术的应用

实施玉米秸秆全量条带覆盖还田是减少土壤风蚀、保持土壤墒情、提高表层土壤肥力的一项重要技术（石东峰和米国华，2018），同时能够实现玉米秸秆资源的有效利用。但此项技术在我国东北黑土区推广面积相对较小，其主要原因是未能与当地生产有机结合，且配套农机装备尚需完善。20 世纪 80 年代以来，美国等发达国家开展了秸秆覆盖条带耕作技术的研究，并研发了相关机械（Morrison，2002）。2013 年，中国农业大学从美国 Yetter 公司引进 2984 条耕机组件，并进行了组装配套（苏效坡，2015），从而将秸秆覆盖条带耕作技术引入国内。吉林省农业科学院参考其作业原理，在播种前进行秸秆归行作业，及时清理苗带，有效解决了秸秆全覆盖造成的播种时秸秆拖堆、堵塞问题，破解了春季耕层地温上升慢等难题。在此基础上，吉林省农业科学院根据吉林省中西部地区生产特点，优化集成了免耕（补水）播种、斜式深松、养分调控、化学除草、病虫害一体化防治与机械收获等一系列技术，构建了玉米秸秆全量条带覆盖还田技术模式，并通过指导规模经营主体大面积生产实证，大幅度提高了技术到位率。

从技术实施效果来看，本项技术模式实施后玉米产量均高于传统种植模式，但产量变化与区域气候条件、土壤质地、本底肥力密切相关。从成本投入来看，本技术模式的经营主体因机械作业规模化和耕整地技术优化而显著降低了农机成本，小农户劳动力得到解放，同时通过化肥合理减施和生产资料集中采购大幅降低了农资成本，最终表现为收益大幅提升。

调研发现，吉林省适于秸秆全覆盖免耕的地区较少，多数应以与当地生产相结合的少耕为主体，且多集中于中西部地区。吉林省东部地区由于春季低温冷凉、土壤黏重，现阶段来看并不宜采用秸秆覆盖和免耕作业。加之东北地区玉米连作制是保证国家粮食安全的刚性需求，其产生的秸秆资源量巨大，增加了秸秆覆盖还田后高质量播种的难度。韩晓增等（2009）认为，东北高产土壤需要通过秸秆与有机物料配施并结合深翻作业才能建立深厚的肥沃耕层。赵兰坡（2008）建议每 3 年深翻作业一次，以打破现行耕作制

形成的“波浪形”剖面构造。因此，适时进行深耕整地有利于改善深层土壤结构，进而提高土壤对水、肥、气、热的调控能力，在中西部地区，可考虑将玉米秸秆全量条带覆盖还田与深翻还田相结合，因地制宜，分区施策，实现优势互补，以获得最大培肥效果。

第四节　黑土地玉米秸秆全量粉耙还田技术

吉林省湿润冷凉区主要分布在东部的吉林市和延边朝鲜族自治州两个地区，区域内≥10℃活动积温2000～2500℃，降雨量在600 mm以上，气候湿润冷凉。土壤类型以白浆土和暗棕壤为主，耕层浅，有机质含量低。因此，吉林省东部玉米生产上存在着春季土壤温度低、湿度大和耕地质量下降等问题，限制了玉米产量水平的提升。

吉林省东部地区降雨充沛，植株能够获得较大的生物量。随着玉米生产技术的不断发展，种植密度不断加大，每年秋季产生大量的秸秆，如何有效地利用秸秆资源是目前亟须解决的重要问题之一。在此之前，吉林省在不同秸秆还田模式下已进行了一些研究，发现秸秆还田能够抑制土壤有机质下降（Liang et al.，2021），并可提高土壤的蓄水能力和水分利用效率（梁尧，2012）。由于吉林省东部地区年均降雨量较多，年均气温较低，寻求一种适宜这一地区的秸秆还田模式对有效利用秸秆资源、增加作物产量和提高土壤肥力有重要意义，同时，关于吉林省东部湿润冷凉区的不同秸秆还田模式对玉米的影响尚不明确，据此，对不同秸秆还田模式下吉林省东部湿润冷凉区的玉米生长发育、叶片光合特性、茎秆力学性状及产量形成进行了研究，旨在为吉林省东部湿润冷凉区的玉米秸秆还田管理措施提供理论依据。

一、玉米秸秆全量粉耙还田技术要点

针对吉林省湿润冷凉区玉米生产上存在的春季土壤温度低、湿度大和耕地质量下降等问题，吉林省农业科学院开展了以玉米秸秆全量粉耙还田为核心，优化集成秸秆粉碎、土壤深松、适时镇压、垄作精播等技术，形成了吉林省湿润冷凉区玉米秸秆全量粉耙还田技术模式。

玉米收获后，无论收获机对秸秆的粉碎效果如何，都要对秸秆进行二次粉碎，以便耙地时秸秆和土壤混拌均匀。在秸秆粉碎后进行深松，深松深度30 cm以上，打破犁底层，加深耕层，改善耕层土壤的理化性能。深松频次根据土壤状况而定，如果土壤物理性状较好，可以3年深松一次，如果土壤比较板结，则需要隔年深松一次。先用重耙耙地2次（深度20 cm左右），再用中耙耙地1次（深度15～20 cm）。耙地时作业方向要与耕向成大于30°的角，严禁顺耙。经过重耙和中耙后，大约1/3的秸秆露在土壤表面，其余2/3和土壤混合。耙地平整后，起垄机起垄，达到播种状态。由于湿润冷凉区低温、多湿，因此采用垄作更有利于增温、散墒。春季化冻10 cm后，用镇压器进行镇压，镇压强度一般为400～500 g/cm^2，使垄体上实下松。春季当土壤5 cm地温稳定通过8℃时进行播种，根据品种选择适宜种植密度。由于耕层土壤中秸秆较多，因此必须用镇压效果好的播种机进行播种，才能保证出苗质量。

二、不同秸秆还田方式对玉米生长发育及产量的影响

在吉林省敦化市沙河沿镇（北纬 43.44°，东经 128.39°）进行了不同秸秆还田模式对玉米生长发育及产量的影响研究，设置 4 个处理：秸秆离田（CK）、秸秆覆盖还田（T1）、秸秆深翻还田（T2）和秸秆粉耙还田（T3），所有秸秆的处理均在玉米收获后进行，CK 处理为人为清除秸秆离田，T1 处理是将粉碎的秸秆覆盖于地表，T2 处理是运用大功率机械将粉碎的秸秆翻埋于地下 20～30 cm 处，T3 处理是在秸秆粉碎覆盖在地表后，用重耙耙地 2 次，使秸秆和土壤混合均匀。

（一）不同秸秆还田方式对玉米生长发育的影响

图 4-22 是不同秸秆还田方式对玉米株高的影响，可以看出，株高在 V8、V12、R3 和 R4 期均呈 T3＞T2＞CK＞T1 的变化趋势，在 R1 期呈 T3＞CK＞T2＞T1 的变化趋势。在 V8 期，T1 处理的株高显著低于其他 3 个处理。在 V12 期，T1 处理的株高显著低于 T2、T3 处理。在 R1、R3 和 R4 期，4 个处理的株高间没有显著性差异。

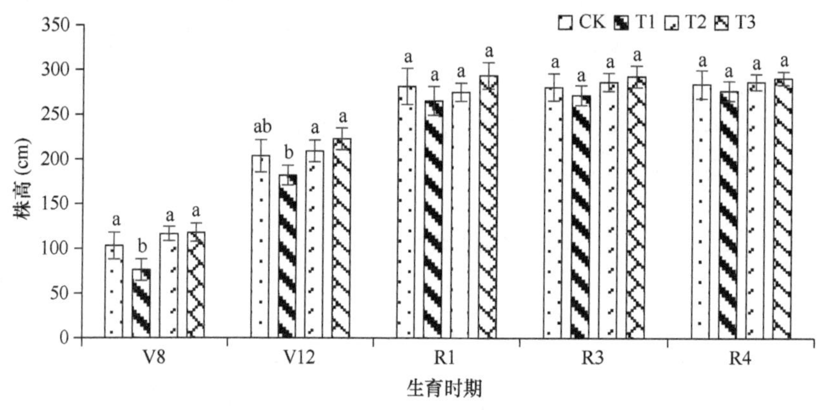

图 4-22　不同秸秆还田方式对湿润冷凉区玉米株高的影响

不同小写字母表示差异显著（$P<0.05$）。V8. 8 展叶期，V12. 12 展叶期，R1. 吐丝期，R3. 乳熟期，R4. 蜡熟期

叶面积指数（leaf area index，LAI）是衡量玉米群体叶片生长性状的重要指标，图 4-23 是不同秸秆还田方式对玉米 LAI 的影响，可以看出，在 V12、R1、R3 和 R4 期，LAI 均呈 T3＞T2＞CK＞T1 的变化趋势，在 V8 期呈 T2＞T3＞CK＞T1 的变化趋势。除 R4 期外，T2 与 T3 处理的 LAI 均显著高于 T1 处理，T3 处理在生育后期表现出较高的 LAI，说明 T3 处理有效地减缓了玉米生育后期叶片的衰老。

图 4-24 是不同秸秆还田方式对玉米植株干物质重的影响。干物质重在 V12、R1 和 R3 期均呈 T3＞T2＞CK＞T1 的变化趋势，在 V8 期呈 T3＞CK＞T2＞T1 的变化趋势。在 R3 期，T3 处理的植株干物质重显著高于 CK、T1 和 T2 处理，与 T3 处理相比，3 个处理分别下降了 17.46%、23.01%、13.51%。

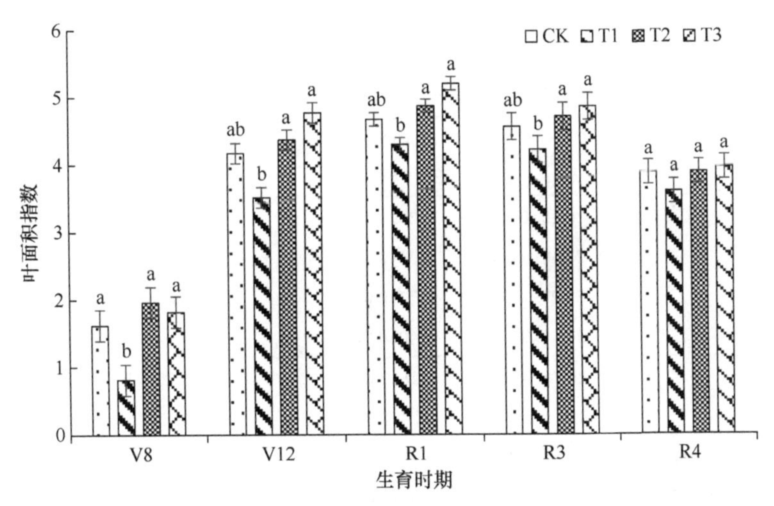

图 4-23　不同秸秆还田方式对湿润冷凉区玉米叶面积指数的影响

不同小写字母表示差异显著（P<0.05）。V8. 8 展叶期，V12. 12 展叶期，R1. 吐丝期，R3. 乳熟期，R4. 蜡熟期

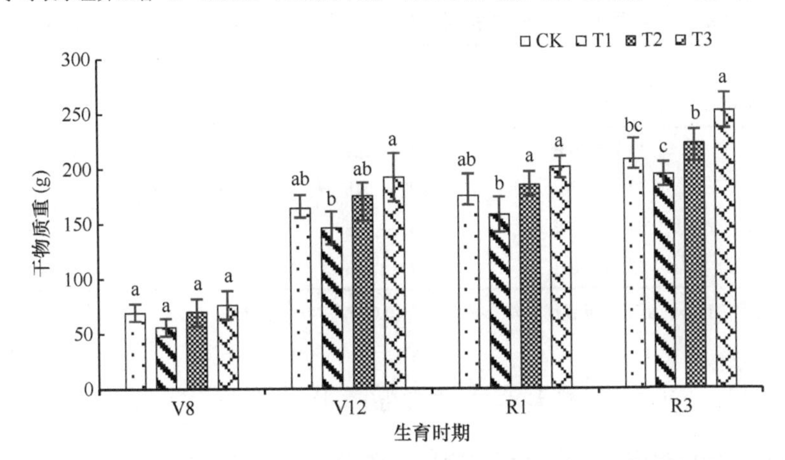

图 4-24　不同秸秆还田方式对湿润冷凉区玉米植株干物质重的影响

不同小写字母表示差异显著（P<0.05）。V8. 8 展叶期，V12. 12 展叶期，R1. 吐丝期，R3. 乳熟期

（二）不同秸秆还田方式对玉米叶片光合特性的影响

不同秸秆还田方式对玉米叶片光合特性的影响见表 4-22。在 V8 期，T1 处理的 P_n 和 C_i 显著低于 CK、T2 和 T3 处理，T3 处理的 G_s 显著高于 CK、T1 和 T2 处理，4 个处理的 T_r 间均无显著性差异。在 R1 期，T3 处理的 P_n、G_s、C_i 和 T_r 均显著高于 CK、T1 和 T2 处理，与 CK、T1 和 T2 处理相比，T3 处理的 P_n 增加了 20.19%、39.01%和 16.53%、G_s 增加了 23.08%、33.33%和 23.08%、C_i 增加了 10.20%、20.79%和 20.21%、T_r 增加了 26.52%、29.35%和 26.21%。

不同秸秆还田方式对玉米叶片叶绿素相对含量的影响见表 4-23。4 个处理的叶绿素相对含量在 V8、V12、R1 和 R3 期均呈 T3＞T2＞CK＞T1 的变化趋势。在 V8 与 R1 期，各处理间差异不显著。T3 处理叶绿素相对含量在 V12 期最高，与 CK、T1、T2 处理相比，T3 处理分别增加了 6.47%、18.40%、3.42%。在 R3 期，与 CK、T2、T3 处理相比，

T1 处理分别下降了 12.8%、15.8%、23.1%。

表 4-22　不同秸秆还田方式对湿润冷凉区玉米光合特性的影响

时期	处理	净光合速率 P_n [μmol CO_2/（m^2·s）]	气孔导度 G_s [mol/（m^2·s）]	胞间二氧化碳浓度 C_i（μmol/mol）	蒸腾速率 T_r [mol/（m^2·s）]
V8	CK	30.15±0.97a	0.28±0.02b	135.11±5.67a	4.95±0.16a
	T1	27.46±0.64b	0.24±0.02b	120.10±6.84b	4.76±0.26a
	T2	31.07±1.21a	0.27±0.04b	137.51±7.56a	4.97±0.28a
	T3	34.56±0.61a	0.40±0.01a	146.80±4.12a	5.46±0.31a
R1	CK	26.74±0.78b	0.26±0.03b	120.40±10.26b	4.11±0.54b
	T1	23.12±2.01b	0.24±0.05b	109.84±8.67b	4.02±0.72b
	T2	27.58±0.96b	0.26±0.01b	110.37±9.88b	4.12±0.21b
	T3	32.14±1.09a	0.32±0.07a	132.68±19.65a	5.20±0.96a

注：同列数据后带有不同小写字母者代表差异显著（P<0.05）。V8. 8 展叶期，R1. 吐丝期。

表 4-23　不同秸秆还田方式对湿润冷凉区玉米叶绿素相对含量的影响

处理	生育时期			
	V8	V12	R1	R3
CK	53.17±2.45a	66.47±3.56a	64.23±1.57a	61.37±2.45a
T1	52.73±3.24a	59.77±4.01b	61.30±2.36a	53.50±1.89b
T2	54.17±1.89a	68.43±2.15a	66.73±0.96a	63.57±1.07a
T3	55.73±1.02a	70.77±1.28a	67.37±1.25a	69.57±2.06a

注：同列数据后带有不同小写字母者代表差异显著（P<0.05）。V8. 8 展叶期，V12. 12 展叶期，R1. 吐丝期，R3. 乳熟期。

（三）不同秸秆还田方式对玉米茎秆力学性状的影响

穿刺强度和横折强度是判断茎秆强度的重要指标。由表 4-24 可知，穿刺强度呈 T3＞T2＞CK＞T1 的变化趋势，T3 处理玉米各节位的穿刺强度均显著高于 T1 和 CK 处理（除了第 3 节位 T3 和 CK 之间），第 5 和第 7 节位的穿刺强度均显著高于 T2 处理，分别提高了 22.20%和 37.29%，T2 与 T3 处理在其他节位的穿刺强度间均无显著差异。由表 4-25 可以看出，横折强度呈 T3＞T2＞CK＞T1 的变化趋势；T3 处理各节位的横折强度均显著高于 T1 处理；除第 7 节位外，T2 与 T3 处理间均无显著差异。

表 4-24　不同秸秆还田方式对湿润冷凉区玉米茎秆穿刺强度的影响　（单位：N/mm^2）

处理	节位						
	1	2	3	4	5	6	7
CK	50.90±3.45b	67.67±2.35b	64.67±1.25a	48.53±1.34b	47.50±1.07b	38.67±1.25b	31.47±0.56b
T1	50.03±2.98b	55.47±1.09b	47.60±1.96b	41.07±1.25b	40.47±1.05b	37.40±2.16b	27.40±0.49b
T2	96.87±1.68a	81.30±0.48a	67.20±1.54a	57.43±0.98ab	55.73±0.58b	51.73±2.36a	35.93±0.28b
T3	101.10±1.59a	74.50±0.98a	72.30±2.03a	69.07±2.07a	68.10±2.13a	56.90±1.84a	49.33±1.34a

注：同列数据后带有不同小写字母者代表差异显著（P<0.05）。

表 4-25　不同秸秆还田方式对湿润冷凉区玉米茎秆横折强度的影响　（单位：N）

处理	节位						
	1	2	3	4	5	6	7
CK	403.27±3.21a	329.90±3.79a	275.03±1.25a	251.17±3.25a	225.07±3.06a	134.37±1.58b	131.63±2.30b
T1	369.10±2.59b	227.27±2.60b	199.37±0.95b	171.83±1.09b	152.93±1.50b	121.87±1.07b	126.60±2.15b
T2	408.13±4.32a	348.80±3.28a	306.70±2.54a	265.87±1.96a	232.63±2.51a	199.57±1.25a	135.40±1.68b
T3	475.27±4.06a	353.47±1.95a	310.37±1.13a	270.37±2.98a	236.40±2.38a	202.10±2.06a	159.67±0.90a

注：同列数据后带有不同小写字母者代表差异显著（P<0.05）。

（四）不同秸秆还田方式对玉米产量及产量构成因素的影响

由表 4-26 可知，T2 处理的穗粒数显著低于 CK、T1 和 T3 处理。百粒重呈 T3>CK>T1>T2 的变化趋势，各处理的百粒重间无显著性差异。玉米产量呈 T3>T2>CK>T1 的变化趋势，T3 处理的产量显著高于 T1 处理，与 T1 处理相比，T3 处理的产量增加了 8.5%，CK、T1 和 T2 处理的产量间均无显著性差异。

表 4-26　不同秸秆还田方式对湿润冷凉区玉米产量及产量构成因素的影响

处理	穗粒数	百粒重（g）	产量（kg/hm^2）
CK	487.67±4.88a	29.20±1.07a	10 174.60±209.09ab
T1	500.05±5.21a	28.80±0.86a	10 083.07±267.26b
T2	409.33±4.67b	28.60±0.78a	10 290.33±191.71ab
T3	473.17±5.63a	29.60±0.46a	10 939.83±201.61a

注：同列数据后带有不同小写字母者代表差异显著（P<0.05）。

（五）小结

本研究对不同秸秆还田模式下玉米生长发育、产量形成、叶片光合特性及茎秆力学性状进行了研究。结果发现 T3 处理的玉米株高在各生育时期均高于 CK、T1 和 T2 处理；除 V8 期外，T3 处理的 LAI 在各生育时期均高于 CK、T1 和 T2 处理，其中，除 R4 期外，均显著高于 T1 处理；T3 处理的干物质重在 R1、R3 期均显著高于 T1 处理，这说明采用秸秆粉耙还田方式，有效地增加了吉林省东部湿润冷凉区玉米的株高，促进了玉米叶片的生长发育和植株的干物质积累，吉林省东部湿润冷凉区玉米生育期内平均温度较低、降雨量较高，对玉米的生长发育有一定影响，采用秸秆粉耙还田方式，可以有效散墒、降低土壤含水量、维持土壤温度，从而促进这一地区玉米的生长发育。

秸秆还田通过改善土壤结构、增加土壤肥力，为玉米的生长发育提供了良好的条件，有利于玉米产量的增加。本研究结果表明，玉米产量呈 T3>T2>CK>T1 的变化趋势，T3 处理的产量显著高于 T1 处理，百粒重呈 T3>CK>T1>T2 的变化趋势，这说明采用秸秆粉耙还田方式可有效增加玉米产量和百粒重，这与徐莹莹等（2018）的研究结果基本一致，秸秆粉碎进入土壤后可改善土壤结构、增加土壤孔隙度，同时还有利于玉米根系的生长发育，提高玉米吸收水分和养分的能力，最终促进玉米产量的增加。

叶片的光合特性是反映作物生长发育和产量形成的重要参考指标（展文洁等，2020），本研究结果表明，V8 期时，T1 处理的 P_n 和 C_i 均显著低于 CK、T2 和 T3 处理，T3 处理的 G_s 显著高于 CK、T1 和 T2 处理；R1 期时，T3 处理的 P_n、G_s、C_i 和 T_r 均显著高于 CK、T1 和 T2 处理。这说明采用秸秆粉耙还田方式可以有效维持玉米叶片正常的光合作用和叶片气孔的开闭能力，减少气孔的限制作用，由于吉林省东部湿润冷凉区夏季降雨量较大，可以满足玉米旺盛生长时的水分需求，秸秆粉耙还田方式可有效散墒，增加了土壤孔隙度，减少了因土壤水分过多而导致的生长发育变缓和土壤养分过度流失等问题。同时，本研究发现，4 个处理的叶绿素相对含量在 V8、V12、R1 和 R3 期均呈 T3＞T2＞CK＞T1 的变化趋势，在 V12 和 R3 期，T3 处理显著高于 T1 处理，采用 T3 处理的玉米叶片叶绿素相对含量在各生育时期均较高，有效促进了叶片的光合作用，这与钱凤魁等（2014）的研究结果基本一致，秸秆粉碎还田后，玉米叶片的叶绿素含量达到一定限度，对叶片的光合作用已不产生影响，T3 处理的叶绿素相对含量较高，可使玉米叶片更多地利用光能，减少因土壤水分过多而导致的光合作用和蒸腾作用下降，从而促进玉米产量的增加。

茎秆力学性状是判断作物倒伏的关键因素，第 3～7 节位的横折强度与穿刺强度在很大程度上影响着玉米的抗倒伏能力（孙宁等，2020）。本研究结果表明，不同秸秆还田模式下茎秆各节位穿刺强度和横折强度均呈 T3＞T2＞CK＞T1 的变化趋势，T3 处理玉米各节位的茎秆力学性状均显著高于 T1 和 CK 处理，且在第 5 和第 7 节位的穿刺强度与第 7 节位的横折强度均显著高于 T2 处理，这说明采用 T3 处理的秸秆还田模式，玉米茎秆强度较大，有利于玉米植株生育后期的生长发育。

采用秸秆粉耙还田模式（T3 处理），玉米在生长发育、产量形成、叶片光合特性及茎秆力学性状上均表现较优，适合在吉林省东部湿润冷凉区推广应用，该技术模式为吉林省东部湿润冷凉区玉米秸秆的有效利用和产量的稳定提升提供了重要的理论依据。

三、玉米秸秆全量粉耙还田技术的应用

吉林省东部湿润冷凉区黑土地在玉米生产上存在着春季土壤温度低、湿度大和耕地质量下降等问题，限制了玉米生产水平的提升。因此，吉林省东部湿润冷凉区黑土地保护与利用的核心任务是土壤增温散墒与玉米生产提质增效的协同。针对吉林省东部湿润冷凉区玉米生产上存在的问题，吉林省农业科学院开展了以玉米秸秆全量粉耙还田为核心，优化集成秸秆粉碎、土壤深松、适时镇压、垄作精播等技术，形成了吉林省东部湿润冷凉区玉米秸秆全量粉耙还田技术模式。秸秆粉耙还田使粉碎后的秸秆与土壤充分混合，一方面提高了土壤的孔隙度与通气性，有利于春季土壤增温散墒；另一方面促进了秸秆腐解，有助于提高土壤有机质含量，改善土壤理化性质，实现湿润冷凉区玉米秸秆全量还田、土壤肥力提升与玉米增产的协同。

吉林省敦化市属于典型的湿润冷凉区，土壤类型是白浆土和暗棕壤，春季土壤低温、冷凉，耕层质量差。为了解决上述问题，敦化市从 2014 年开始示范应用该项技术，调查发现，0～30 cm 耕层的土壤容重平均降低了 15.5%；在播种后一个月内，0～30 cm 耕层的土壤温度平均提高了 2.8℃，0～30 cm 耕层的土壤含水量平均降低了 5.8%，有利于

春季土壤的增温和散墒。秸秆粉耙还田在改善土壤物理性状的同时，也有效补充了土壤的养分，5 年的试验表明，与常规耕作相比，秸秆粉耙还田后 0～30 cm 耕层有机质含量增加了 18.8%、速效氮含量增加了 12.5%、速效钾含量增加了 18.6%。秸秆粉耙还田促进了根系的发育，根系干重比常规种植提高了 8.9%，气生根数量提高了 5.3%，在 2020 年的倒伏调查中，发现秸秆粉耙还田的植株比常规种植的植株平均减少倒伏 45.0%，秸秆粉耙还田模式显著提高了根系的抗倒伏能力。2020 年对秸秆粉耙还田玉米生产田进行测产，玉米产量较对照生产田增产 6.13%。

吉林省湿润冷凉区玉米秸秆全量粉耙还田技术模式进一步提高了农作物秸秆综合利用水平，为农民提供了一条提高玉米生产中水肥利用效率、节约种粮成本、增加种植效益的有效途径，有利于形成布局合理、多元利用的秸秆综合利用产业化格局，经济效益、社会效益显著，避免了秸秆的焚烧，减少了碳排放量，提高了土壤固氮率。同时，秸秆的全量还田还改善了土壤结构，提高了土壤质量，增加了微生物活性，减少了农残含量，维持了土壤的养分平衡，生态效益明显。

第五节　黑土地有机肥及其他有机物料高效施用技术

施用有机肥是提高土壤肥力的重要措施。有机肥施用后可显著提升土壤有机碳含量与养分供应能力。施入土壤中的有机肥，在增加土壤有机质含量的同时，还能够增加胶结物质含量（梁尧，2012），从而增加土壤粒径＞500 mm 稳定性大团聚体的含量，对土壤中大颗粒团聚体含量的增加作用明显。大量施用有机肥可以提高土壤团聚体的形成速度，增加土壤团聚体的稳定性（关松等，2017）。有机肥施用不仅能提高土壤中有机碳及腐殖质碳含量，而且能增加土壤各级团聚体中有机碳及腐殖质碳含量。另外，不同种类有机肥由于其组成和性质上的差异，施用后对土壤肥力的影响也不同。

一、不同畜禽粪便类有机物料施用对土壤肥力和玉米产量的影响

有机肥料能够提高土壤保水保肥能力，为作物生长发育所需水分和养分提供有效保障，与化学肥料相比（Andrews et al.，2004），其在提高耕作土壤中有机质含量和改善土壤有效养分方面有明显的优势，对农业的可持续发展有重要作用。

试验位于吉林省公主岭市郊的吉林省农业科学院有机培肥试验基地，试验起始于 2011 年，试验共设 6 个处理：①不施肥处理（CK）；②单施化肥处理（T1）；③化肥+鸡粪处理（T2），鸡粪施用量为 10 000 kg/hm^2；④化肥+猪粪处理（T3），猪粪施用量为 10 000 kg/hm^2；⑤化肥+牛粪处理（T4），牛粪施用量为 15 000 kg/hm^2；⑥化肥+堆腐肥处理（T5），堆腐肥施用量为 15 000 kg/hm^2。

（一）不同畜禽粪便类有机物料施用对土壤肥力的影响

试验数据表明，土壤有机质含量 CK 处理明显低于其他 5 个处理；4 种有机物料配合化肥施用的处理在 0～40 cm 各个土层中，有机质含量均高于 CK 处理（表 4-27）。土

壤有机质含量表现为T2＞T5＞T3＞T4＞T1＞CK，T2处理土壤有机质含量在0～40 cm的各个土层中均为最高。

表4-27　不同畜禽粪便类有机物料施用对土壤有机质含量的影响　（单位：g/kg）

土层深度（cm）	CK	T1	T2	T3	T4	T5
0～10	2.76±0.06a	2.84±0.08a	2.95±0.58a	2.94±0.20c	2.85±0.06b	2.96±0.07ab
10～20	2.77±0.04a	2.80±0.07b	2.86±0.11c	2.81±0.14bc	2.81±0.39bc	2.82±0.13d
20～30	2.33±0.24a	2.53±0.04b	2.75±0.20d	2.69±0.06cd	2.68±0.30cd	2.60±0.24bc
30～40	1.68±0.03a	1.74±0.04b	1.93±0.12c	1.90±0.06c	1.87±0.07c	1.92±0.22c

注：不同小写字母者代表差异显著（$P<0.05$）。

不同畜禽粪便类有机物料施用对土壤养分的影响如图4-25～图4-29所示。畜禽粪便类有机物料施入土壤后能够为当年作物提供良好的养分来源，在提升土壤基础养分含量的同时还能提高玉米产量。化肥配合鸡粪施用对于增加土壤全量以及速效养分含量的作用最佳，化肥配合堆腐肥次之，化肥配合猪粪与化肥配合牛粪的作用效果相对较差。

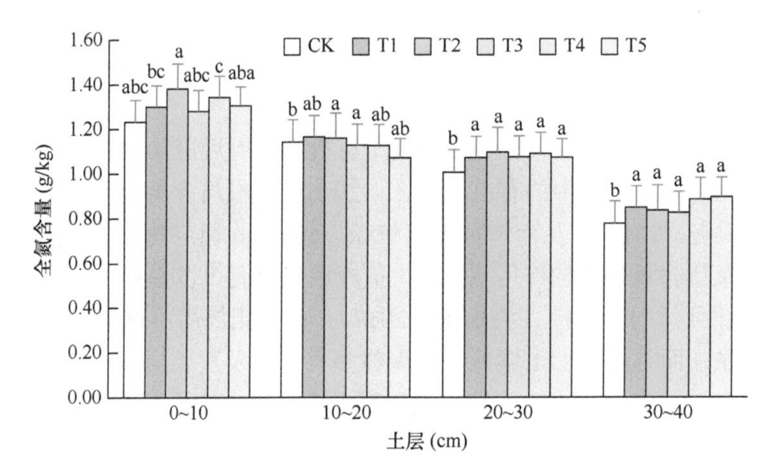

图4-25　不同畜禽粪便类有机物料施用对土壤全氮含量的影响
不同小写字母者代表差异显著（$P<0.05$）

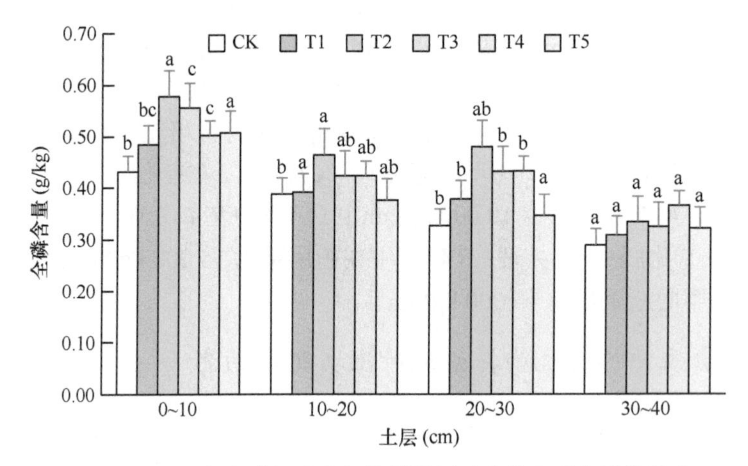

图4-26　不同畜禽粪便类有机物料施用对土壤全磷含量的影响
不同小写字母者代表差异显著（$P<0.05$）

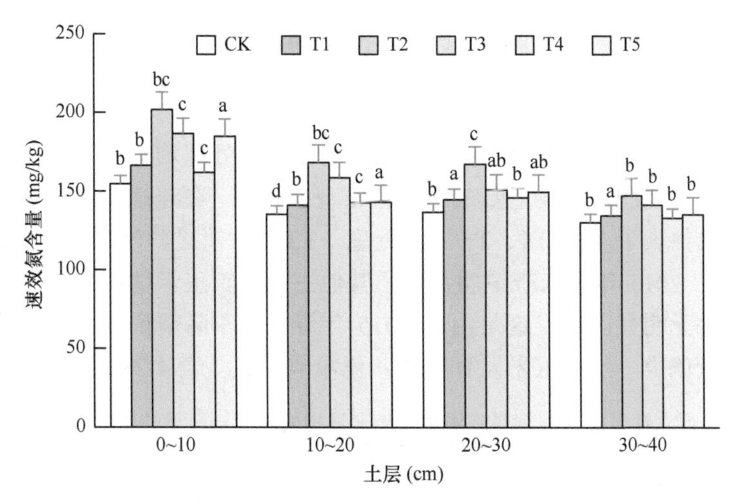

图 4-27　不同畜禽粪便类有机物料施用对土壤速效氮含量的影响

不同小写字母者代表差异显著（$P<0.05$）

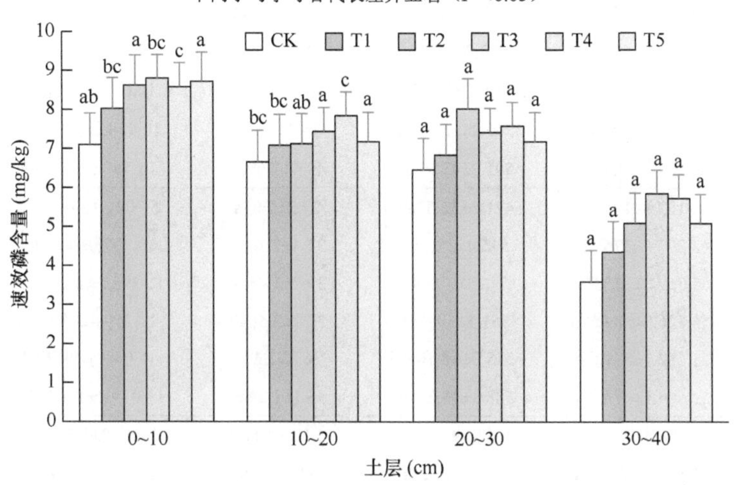

图 4-28　不同畜禽粪便类有机物料施用对土壤速效磷含量的影响

不同小写字母者代表差异显著（$P<0.05$）

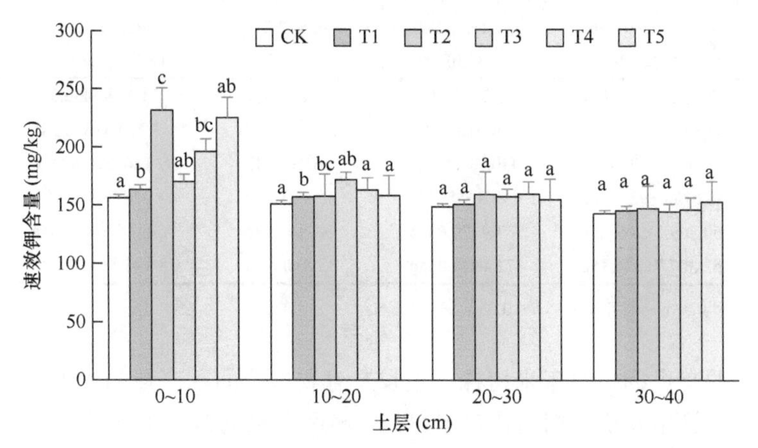

图 4-29　不同畜禽粪便类有机物料施用对土壤速效钾含量的影响

不同小写字母者代表差异显著（$P<0.05$）

（二）不同畜禽粪便类有机物料施用对玉米产量的影响

2012～2015 年，CK 处理的玉米产量连续下降。T2、T3、T4、T5 处理连续 4 年的走势与 CK 处理的产量走势大致趋势相同，相对于 CK 处理均有所增加，说明有机物料的施用与单一施用化肥对作物产量的影响在宏观上相似。在连续 4 年的玉米种植中，T2 处理的增产率始终大于 T3、T4、T5 三个处理。T3 处理次之，然后是 T5 处理，最后是 T4 处理。其中，2015 年玉米产量明显低于其他三年，除玉米穗粒数明显低于其他三年外，其他因子并无明显区别。这是由于 2015 年春夏两季降雨量偏大，有效积温降低，而拔节期降雨量偏少，造成玉米发育缓慢，穗粒数不足（表 4-28）。

表 4-28　不同畜禽粪便类有机物料施用对玉米产量构成因素与产量的影响（2012～2015 年）

年份	处理	收获穗数（万穗/hm^2）	穗粒数（粒）	百粒重（g）	产量（kg/hm^2）	增产（%）
2012	CK	51 025.6±1.15a	563.9±11.28a	37.1±1.22a	10 089.7±164.66a	–0.8
	T1	46 410.3±5.51a	590.7±13.60b	38.8±0.81ab	10 169.5±948.58a	—
	T2	50 512.8±1.53a	559.7±25.51a	39.0±0.50ab	10 698.3±845.93b	5.2
	T3	46 410.3±4.73a	595.0±31.84b	39.2±0.50ab	10 632.3±544.43a	4.6
	T4	47 179.5±9.71a	565.9±26.30ab	38.9±2.12b	10 454.2±532.54ab	2.8
	T5	45 897.4±9.71ab	591.3±42.01ab	40.4±1.69ab	10 561.6±858.40b	3.9
2013	CK	46 153.8±191.25a	471.2±32.52ab	27.2±2.01a	5 904.3±1 064.16a	–45.0
	T1	48 397.4±376.81a	595.4±38.71a	37.4±2.16ab	10 737.0±437.20a	—
	T2	55 769.2±772.02a	546.5±20.64a	39.7±1.46ab	11 398.2±2 177.63b	6.2
	T3	54 326.9±884.62a	561.5±39.46b	37.7±3.56ab	11 299.4±485.14a	5.2
	T4	51 282.1±839.64a	588.0±38.10ab	36.3±2.21b	11 040.6±90.13ab	2.8
	T5	52 564.1±679.91a	588.3±43.87ab	35.1±1.54ab	11 079.2±1 579.46b	3.2
2014	CK	55 897.4±708.81a	406.9±92.62ab	21.5±2.11a	5 762.0±1 383.42a	–50.6
	T1	54 871.8±888.23a	641.4±21.19a	33.5±0.39	11 663.0±744.08a	—
	T2	54 615.4±850.04a	625.1±15.00a	35.6±1.67ab	12 424.1±891.16ba	6.5
	T3	53 076.9±773.50a	620.1±16.70b	34.1±1.13b	12 191.9±585.88ab	4.5
	T4	53 589.7±802.56a	634.2±23.28ab	34.4±2.21b	11 926.2±1 356.19ab	2.3
	T5	54 359.0±769.23a	629.3±30.25b	35.5±1.66ab	12 149.1±832.75b	4.2
2015	CK	50 512.8±975.02a	399.2±39.75ab	27.8±1.33a	5 602.4±436.35a	–37.2
	T1	53 333.3±912.26ab	480.9±22.11a	34.0±1.27ab	8 919.4±896.24a	—
	T2	52 564.1±525.06ab	480.7±82.81a	36.2±1.51b	9 146.3±1188.98b	2.5
	T3	54 615.4±935.84ab	493.8±55.19b	35.4±0.72ab	9 018.7±1497.13a	1.1
	T4	50 769.2±769.23b	503.9±70.07ab	34.8±1.24b	8 993.9±1428.04ab	0.8
	T5	52 307.7±846.15a	472.4±38.80ab	35.8±0.62ab	8 994.8±1350.42b	0.8

注：不同小写字母者代表差异显著（$P<0.05$）。

不同种类的有机物料对玉米植株的生长发育和单位面积产量的增加有促进作用。通过对比连续 4 年施用有机物料玉米产量可知，施用有机物料玉米产量与不施肥玉米产量具有显著差异；施用鸡粪处理的玉米产量，在 2014 年和 2015 年间较其他处理玉米产量偏高；牛粪处理较其他三种处理玉米产量偏低，说明施用牛粪对玉米产量的提高效果没有施用鸡粪明显。2012 年为连续试验的第一年，当年增产效果最好的为鸡粪和猪粪，相对差一些的是牛粪和堆腐肥。说明鸡粪和猪粪对养分的释放速度相对于牛粪和堆腐肥要高一些。堆腐肥对玉米产量的提高是逐年增加的。说明堆腐肥施入土壤后，不仅可以增加速效养分的含量，提供给作物当年生长所需要的营养，同时能够增加土壤基础养分的含量，从根本上改善土壤的养分状况。

二、秸秆不同加工类有机物料施用对土壤肥力和玉米产量的影响

试验起始于 2010 年，试验共设 3 个处理：①化肥+黑炭处理（HT），黑炭施用量为 4923 kg/hm^2；②化肥+秸秆处理（JG），秸秆施用量为 8000 kg/hm^2；③化肥+堆腐肥处理（DF），堆腐肥施用量为 11 918 kg/hm^2。每个处理三次重复，随机区组排列，每个小区面积为 104 m^2（10.4 m×10 m）。化肥的施肥量为 N 225 kg/hm^2、P_2O_5 82.5 kg/hm^2、K_2O 82.5 kg/hm^2，玉米拔节后增施等碳量（3200 kg/hm^2）的黑炭、粉碎秸秆、堆腐肥。施肥方法：磷肥、钾肥和 40%的氮肥作为基肥施入，60%的氮肥在拔节期作为追肥施入。

（一）秸秆不同加工类有机物料施用对土壤肥力的影响

秸秆不同加工类有机物料施用后土壤有机质含量的变化如图 4-30 所示，土壤有机质含量随着土层的逐渐加深而减少。比较同一年内 0～40 cm 土层土壤有机质含量可以看出，DF、HT 和 JG 处理土壤有机质含量均高于 CK 处理。说明在化肥的基础上增施经加工的秸秆类有机物料可以增加土壤有机质含量。在 0～10 cm 土层，DF、HT 和 JG 相对于 CK 处理有机质含量分别增加 21%、25%和 7%；10～20 cm 土层 DF、HT 和 JG 相对于 CK 处理有机质含量分别增加 14%、12%和 3.6%；20～30 cm 土层 DF、HT 和 JG 相对于 CK 处理有机质含量分别增加 9%、18%和 5%；30～40 cm 土层 DF、HT 和 JG 相对于 CK 处理有机质含量分别增加 5.8%、5.5%和 4.3%；三种经加工的秸秆类有机物料增加土壤有机质含量的效果为 DF＞HT＞JG。

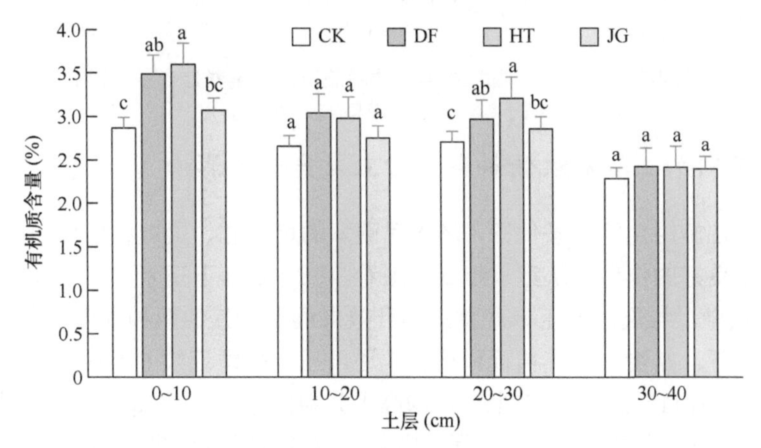

图 4-30　秸秆不同加工类有机物料施用对土壤有机质含量的影响

不同小写字母者代表差异显著（$P<0.05$）

秸秆不同加工类有机物料施用后土壤养分含量的变化如图 4-31 所示。三种有机物料能够增加土壤中全氮、全磷和全钾的含量；施入堆腐肥的土壤全氮含量明显高于黑炭和粉碎秸秆处理；粉碎秸秆在提升土壤全磷含量方面的效果优于黑炭和堆腐肥；三种有机物料对土壤全钾含量的影响差异不明显。粉碎秸秆、黑炭和堆腐肥都能有效地增加土壤中速效氮的含量，且效果显著。粉碎秸秆和堆腐肥在增加玉米植株各部位速效钾含量方面效果显著，黑炭则更多地作用于玉米植株对速效氮和速效磷的吸收。

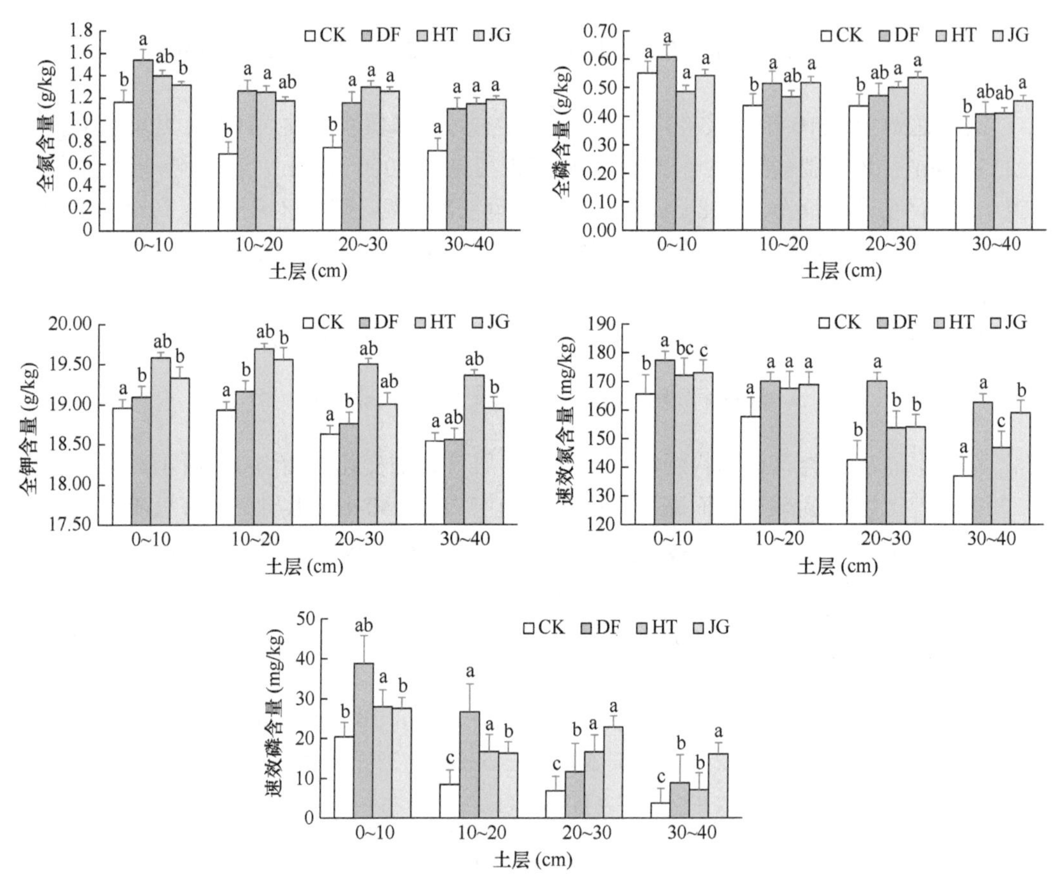

图 4-31　秸秆不同加工类有机物料施用对土壤养分含量的影响

不同小写字母者代表差异显著（$P<0.05$）

（二）秸秆不同加工类有机物料施用对玉米产量的影响

连续 5 年在施用化肥的条件下，施入等碳量的堆腐肥、黑炭和秸秆均对玉米产量的提高表现出了良好的作用。从第一年试验来看，三种处理下玉米产量差异不显著。而经过 5 年连续试验，堆腐肥对玉米产量的提升效果逐渐较其他两种处理明显。表 4-29 为相同试验条件下，黑炭、粉碎秸秆和堆腐肥还田三个处理连续 6 年内的玉米产量对比。

DF 处理在 2011～2012 年玉米产量均高于其他两个处理。2010 年 DF 处理、HT 处理及 JG 处理之间玉米产量差异不显著。由于 2010 年是开展试验的第一年，三种秸秆加工类有机物料对于玉米产量的影响差异性并没有完全表现出来。在之后的 4 年当中，其

表 4-29　秸秆不同加工类有机物料施用对玉米产量的影响（2010～2015 年）（单位：kg/hm^2）

处理	2010 年	2011 年	2012 年	2013 年	2014 年	2015 年
DF	8 667.34±227.7a	11 324.5±554.5a	12 309.3±127.5a	10 379.4±727.2a	11 337.73±695.15a	11 342.1±105.1a
HT	8 884.32±342.2a	10 646.0±499.4b	11 865.7±510.7a	11 008.5±126.2b	11 173.39±552.44b	11 349.2±134.9b
JG	8 799.48±193.7a	9 883.2±539.8c	12 519.2±668.1a	11 135.4±595.1a	11 179.25±139.71c	11 611.3±194.7c

注：不同小写字母者代表差异显著（P<0.05）。

差异性逐渐凸显。5 年玉米总产量 DF>HT>JG。除 2013～2015 年外，连续 5 年施用堆腐肥玉米产量逐年提升。HT 处理在 2011～2012 年、2014～2015 年玉米产量逐年提升，差异显著。说明连续多年施用黑炭对玉米产量具有明显的增加作用。而 JG 处理在 2012～2015 年玉米产量增加不显著。在试验时，有机物料采用的是等碳量的施入，但是随着天气的变化，粉碎秸秆的还田量会有一定的损失，而这个损失程度，在实际试验过程中是无法估量的，所以理论上采用的是等碳量施入，但在实际试验过程中，由于粉碎秸秆的损失量难以确定，实际上的施入碳量会有偏差。

三、生物炭及有机肥施用对土壤肥力和玉米产量的影响

试验设 5 个处理：①对照（C0）；②施生物炭（C1，15 000 kg/hm^2）；③施生物炭（C2，30 000 kg/hm^2）；④施生物炭（C3，60 000 kg/hm^2）；⑤施有机肥（OM，鸡粪，15 000 kg/hm^2）。2018 年播种前，将供试生物炭磨细过 1 mm 筛后一次性撒施于表层土壤，深翻 20 cm 使之与耕层土壤充分混匀。试验地施肥量为 675 kg/hm^2（复合肥 N：26%；P_2O_5：10%；K_2O：12%）。小区面积 30 m^2，各小区之间有两行的保护行，3 次重复。

（一）生物炭及有机肥施用对土壤肥力的影响

生物炭和有机肥施用对土壤 pH 及养分的影响如图 4-32 所示。结果表明，试验土壤 pH 为 3.88～6.10，施有机肥处理未增加土壤 pH，施生物炭处理可增加土壤 pH，并随施用量的增加而增加，施最高量生物炭 C3 处理土壤 pH 最高，较 C0 处理增加 1.4。施用有机肥和生物炭增加了土壤碱解氮和速效磷含量，且施用高量生物炭的土壤速效磷含量增加显著，其他处理增加均不显著。施用生物炭可显著增加土壤速效钾含量，C1、C2、C3 分别比 C0 处理增加 11.3%、18.6%、37.0%。施用有机肥可显著增加土壤有机质含量，比 C0 处理增加 10.4%，施用生物炭亦可显著增加土壤有机质含量，且随着施用量的增加增幅提高，最高增幅可达 82.2%。施用生物炭和有机肥显著增加了土壤全氮含量。

（二）生物炭及有机肥施用对玉米产量的影响

施用生物炭及有机肥对玉米产量的影响如图 4-33 所示。2018 年，与对照（C0）相比，C1 未增产，OM 处理增产 6.6%，但未达显著水平，C2 和 C3 处理显著增加了玉米产量，分别增产 24.3%和 15.0%。2019 年，与对照（C0）相比，C1 仍未显著增产，C2、C3 及 OM 处理显著增产，比 C0 分别增加 15.79%、26.42%和 13.68%。2020 年，与对照（C0）

相比，C2、C3 及 OM 处理均显著增加了玉米产量，但 C1 增产未达显著水平。总体上 C2、C3 显著增加了玉米产量，效果较好，但两者间玉米产量差异不显著，施生物炭 30 000 kg/hm^2 可显著增加玉米产量，继续增加生物炭施用量不再增产；施有机肥第一年增产不显著，第二、三年显著增产。

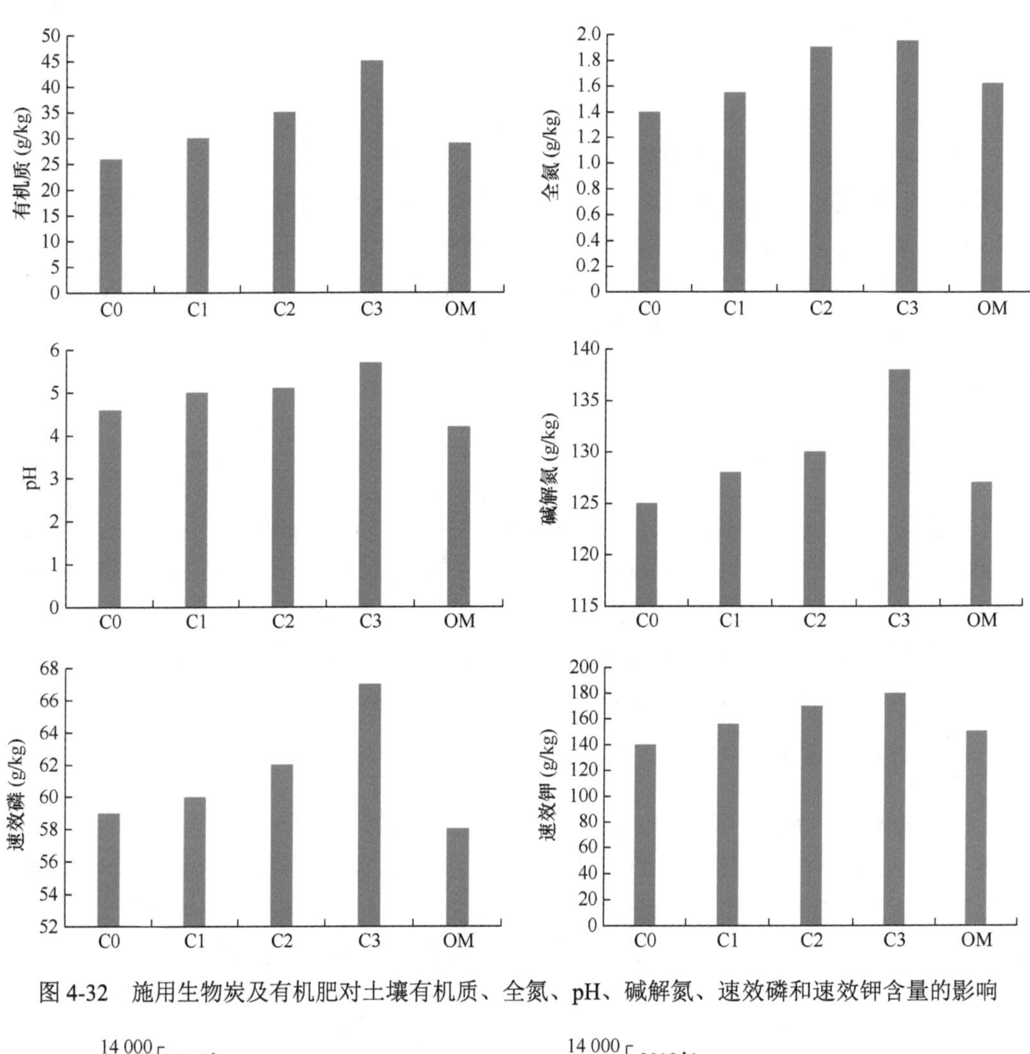

图 4-32　施用生物炭及有机肥对土壤有机质、全氮、pH、碱解氮、速效磷和速效钾含量的影响

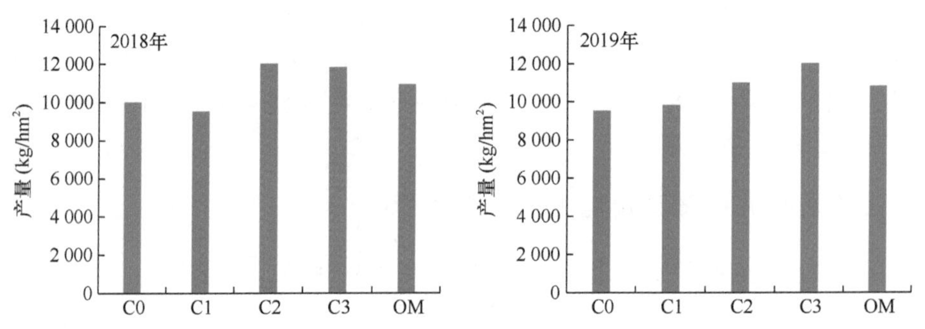

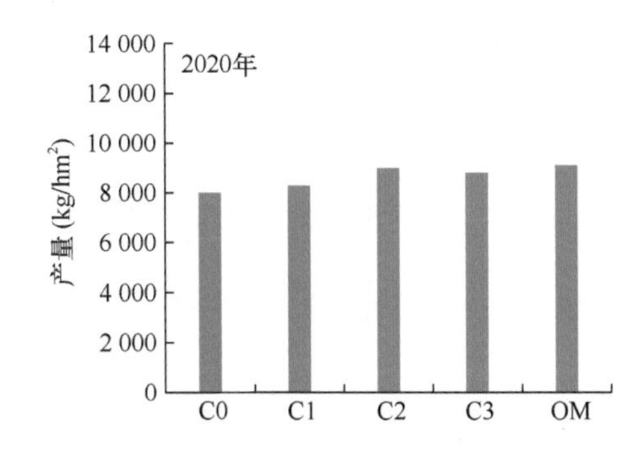

图 4-33　施用生物炭及有机肥对玉米产量的影响

参 考 文 献

蔡红光, 梁尧, 刘慧涛, 等. 2019. 东北地区玉米秸秆全量深翻还田耕种技术研究. 玉米科学, 27(5): 123-129.

崔婷婷, 窦森, 杨轶囡, 等. 2014. 秸秆深还对土壤腐殖质组成和胡敏酸结构特征的影响. 土壤学报, 51(4): 718-725.

丁文成, 李书田, 黄绍敏. 2016. 氮肥管理和秸秆腐熟剂对 ^{15}N 标记玉米秸秆氮有效性与去向的影响. 中国农业科学, 49(14): 2725-2736.

高洪军, 彭畅, 张秀芝, 等. 2011. 长期秸秆还田对黑土碳氮及玉米产量变化的影响. 玉米科学, 19(6): 105-107.

耿迪. 2016. 吉林省秸秆还田推广应用情况的调查分析. 长春: 吉林农业大学硕士学位论文: 20-21.

关松, 郭绮雯, 刘金华, 等. 2017. 添加玉米秸秆对黑土团聚体胡敏酸数量和质量的影响. 吉林农业大学报, 39(4): 437-444.

韩晓增, 邹文秀, 王凤仙, 等. 2009. 黑土肥沃耕层构建效益. 应用生态学报, 20(12): 2996-3002.

吉林省土壤肥料总站. 1998. 吉林土壤. 北京: 中国农业出版社.

李瑞平, 刘武仁, 郑金玉, 等. 2013. 种植方式对玉米单株叶片光合性能及产量的影响. 吉林农业科学, 38(3): 9-11.

李万良, 刘武仁. 2007. 玉米秸秆还田技术研究现状及发展趋势. 吉林农业科学, 32(3): 32-34.

李晓龙, 高聚林, 胡树平, 等. 2015. 不同深耕方式对土壤三相比及玉米根系构型的影响. 干旱地区农业研究, 33(4): 1-8.

梁尧. 2012. 有机培肥对黑土有机质消长及其组分与结构的影响. 哈尔滨: 中国科学院东北地理与农业生态研究所博士学位论文.

刘树伟, 纪程, 邹建文. 2019. 陆地生态系统碳氮过程对大气 CO_2 浓度升高的响应与反馈. 南京农业大学学报, 42(5): 781-786.

刘武仁, 刘凤成, 冯艳春, 等. 2004. 玉米秸秆还田技术研究与示范. 玉米科学, 12(专刊): 118-119.

吕开宇, 仇焕广, 白军飞, 等. 2013. 中国玉米秸秆直接还田的现状与发展. 中国人口资源与环境, 23(3): 171-176.

马忠明, 王平, 陈娟, 等. 2016. 适量有机肥与氮肥配施方可提高河西绿洲土壤肥力及作物生产效益. 植物营养与肥料学报, 22(5): 1298-1309.

钱凤魁, 王秋兵, 韩春兰, 等. 2014. 应对新一轮耕地质量等别更新评价的成果检验研究. 土壤通报, 45(1): 6-11.

任军, 边秀芝, 刘慧涛, 等. 2006. 吉林省玉米高产土壤与一般土壤肥力差异. 吉林农业科学, 31(3): 41-43.

申贵男, 袁媛, 艾士奇, 等. 2020. 东北粮食主产区秸秆和畜禽粪便资源化现状问卷调查及建议. 土壤与作物, 9(3): 296-303.
石东峰, 米国华. 2018. 玉米秸秆覆盖条耕技术及其应用. 土壤与作物, 7(3): 349-355.
苏效坡. 2015. 东北春玉米机械化施肥技术研究与示范. 北京: 中国农业大学硕士学位论文: 14-16.
孙凯, 刘振, 胡恒宇, 等. 2019. 有机培肥与轮耕方式对夏玉米田土壤碳氮和产量的影响. 作物学报, 45(3): 401-410.
孙宁, 边少锋, 孟祥盟, 等. 2020. 密植条件下春玉米茎叶性状对植物生长调节剂的响应. 东北农业科学, 45(6): 8-10.
田慎重, 王瑜, 李娜, 等. 2013. 耕作方式和秸秆还田对华北地区农田土壤水稳性团聚体分布及稳定性的影响. 生态学报, 33(22): 7116-7124.
汪可欣, 付强, 张中昊, 等. 2016. 秸秆覆盖与表土耕作对东北黑土根区土壤环境的影响. 农业机械学报, 47(3): 131-137.
王超, 涂志强, 郑铁志. 2019. 吉林省保护性耕作技术推广应用研究. 中国农机化学报, 40(10): 200-203.
王刚. 2019. 保护性耕作在东北地区的应用与推广. 农业开发与装备, (2): 74, 76.
王鸿斌, 陈丽梅, 赵兰坡, 等. 2009. 吉林玉米带现行耕作制度对黑土肥力退化的影响. 农业工程学报, 25(9): 301-305.
王如芳, 张吉旺, 董树亭, 等. 2011. 我国玉米主产区秸秆资源利用现状及其效应. 应用生态学报, 22(6): 1504-1510.
王小彬, 蔡典雄, 张镜清, 等. 2000. 旱地玉米秸秆还田对土壤肥力的影响. 中国农业科学, 33(4): 54-61.
王怡雯, 许浩, 茹淑华, 等. 2019. 有机肥连续施用对土壤剖面有机碳分布的影响及其与重金属的关系. 生态学杂志, 38(5): 1500-1507.
魏丹, 匡恩俊, 迟凤琴, 等. 2016. 东北黑土资源现状与保护策略. 黑龙江农业科学, 1: 158-161.
伍佳, 王忍, 吕广动, 等. 2019. 不同秸秆还田方式对水稻产量及土壤养分的影响. 华北农学报, 34(6): 177-183.
武红亮, 王士超, 槐圣昌, 等. 2018. 近 30 年来典型黑土肥力和生产力演变特征. 植物营养与肥料学报, 24(6): 1456-1464.
武晓森, 周晓琳, 曹凤明, 等. 2015. 不同施肥处理对玉米产量及土壤酶活性的影响. 中国土壤与肥料, (1): 44-49.
武志杰, 张海军, 许广山, 等. 2002. 玉米秸秆还田培肥土壤的效果. 应用生态学报, 13(5): 539-542.
解宏图, 杜海旺, 王影, 等. 2020. 玉米秸秆集行全量覆盖还田苗带条耕保护性耕作技术模式. 农业工程, 10(3): 24-26.
徐莹莹, 王俊河, 刘玉涛, 等. 2018. 秸秆不同还田方式对土壤物理性状、玉米产量的影响. 玉米科学, 26(5): 78-84.
闫孝贡, 刘剑钊, 张洪喜, 等. 2012. 吉林省春玉米大面积增产与资源增效限制因素评估. 吉林农业科学, 37(6): 9-11.
杨忠赞, 迟凤琴, 匡恩俊, 等. 2019. 有机肥替代对土壤理化性状及产量的综合评价. 华北农学报, 34(S1): 153-160.
于猛, 王利斌, 初小兵, 等. 2019. 长春市玉米秸秆归行种植技术试验应用效果分析. 农业开发与装备, (7): 142-143.
查燕, 武雪萍, 张会民, 等. 2015. 长期有机无机配施黑土土壤有机碳对农田基础地力提升的影响. 中国农业科学, 48(23): 4649-4659.
展文洁, 刘剑钊, 梁尧, 等. 2020. 耕层构建方式对土壤理化性状、玉米养分累积及根系形态的影响. 玉米科学, 28(6): 94-100.
张秀芝, 蔡红光, 闫孝贡, 等. 2014. 不同培肥方式下春玉米氮磷钾养分累积与分配特征. 水土保持学报, 28(5): 309-313.

张志毅, 熊桂云, 吴茂前, 等. 2020. 有机培肥与耕作方式对稻麦轮作土壤团聚体和有机碳组分的影响. 中国生态农业学报(中英文), 28(3): 405-412.

赵兰坡. 2008. 吉林玉米带黑土质量退化机理与防治技术研究. 长春: 吉林农业大学硕士学位论文.

赵亚丽, 郭海斌, 薛志伟, 等. 2015. 耕作方式与秸秆还田对土壤微生物数量、酶活性及作物产量的影响. 应用生态学报, 26(6): 1785-1792.

郑铁志, 刘玉梅, 孙睿, 等. 2018. 对东北玉米秸秆出路问题的几点看法. 农机科技推广, 1: 24-26.

朱献玳, 刘益同. 1982. 玉米根系吸收活力及其在土壤中分布的研究. 核农学报, 3: 17-22.

Andrews S S, Karlen D L, Cambardella C A. 2004. The soil management assessment framework. Soil Science Society of America Journal, 68: 1945-1962.

Antle J, Capalbo S, Mooney S, et al. 2002. Sensitivity of carbon sequestration costs to soil carbon rates. Environmental Pollution, 116: 413-422.

Frimpong K A, Asare-Bediako E, Amissah R, et al. 2017. Influence of compost on incidence and severity of okra mosaic disease and fruit yield and quality of two okra (*Abelmoschus esculentus* L. Moench) cultivars. International Journal of Plant and Soil Science, 16(1): 1-14.

Kumar S, Kadono A, Lal R, et al. 2012. Long-term no-till impacts on organic carbon and properties of two contrasting soils and corn yields in Ohio. Soil Science Society of American Journal, 76: 1798-1809.

Li X, Tang M, Zhang D, et al. 2014. Effects of sub-soiling on soil physical quality and corn yield. Transactions of the Chinese Society of Agricultural Engineering, 30(23): 65-69.

Liang Y, Al-Kaisi M, Yuan J C, et al. 2021. Effect of chemical fertilizer and straw-derived organic amendments on continuous maize yield, soil carbon sequestration and soil quality in a Chinese Mollisol. Agriculture, Ecosystems and Environment, 314: 1-10.

Mahajan G R, Das B, Manivannan S, et al. 2021. Soil and water conservation measures improve soil carbon sequestration and soil quality under cashews. International Journal of Sediment Research, 36(2): 190-206.

Morrison J E. 2002. Strip tillage for "No Till" row crop production. Applied Engineering in Agriculture, 18 (3): 277-284.

Shao X H, Zheng J W. 2014. Soil organic carbon, black carbon, and enzyme activity under long-term fertilization. Journal of Integrative Agriculture, 13(3): 517-524.

Xia L L, Wang S W, Yan X Y, et al. 2014. Effects of long-term straw incorporation on the net global warming potential and the net economic benefit in a rice-wheat cropping system in China. Agriculture, Ecosystems and Environment, 197: 118-127.

Yang H S, Feng J X, Zhai S L, et al. 2016. Long-term ditch-buried straw return alters soil water potential, temperature and microbial communities in a rice-wheat rotation system. Soil and Tillage Research, 163: 21-31.

Zuber S M, Behnke G D, Emerson D, et al. 2015. Crop rotation and tillage effects on soil physical and chemical properties in Illinois. Agronomy Journal, 107: 971-978.

第五章　黑土地玉米长期连作养分综合管理技术

玉米是黑土地重要的粮食作物之一，其产量高低直接影响我国的经济效益和粮食安全。玉米生长发育过程中，需要氮、磷、钾、镁、硫、铁、锰、硼、铜、锌、钼等多种元素，而土壤养分不足以支撑玉米对养分的需求，因此需要施用化肥，为玉米提供必要的养分，并维持土壤肥力，使之在确保粮食产量的同时降低化肥对环境的影响。

有效的养分管理包括选择合理的肥料用量、正确的施肥时间、合适的肥料种类、适宜的施肥位置。其目标是保证土壤养分供应与作物养分需求高度匹配，从而最大限度地提高作物产量和肥料利用率。鉴于此，本章在介绍了不同营养元素对玉米生长发育的调节效应，以及玉米养分需求规律的基础上，重点从肥料用量、滴灌水肥一体化技术、缓/控释肥施用技术等方面探讨了黑土地玉米养分综合管理技术，以期为黑土地玉米高产高效养分综合管理技术创新与应用提供参考。

第一节　黑土地玉米长期连作氮肥管理与根系及冠层调控

根系是玉米生长发育的基础，健壮的根系为玉米生长发育提供了充足的水分和养分，有利于产量潜力的发挥。作物根系干物质的量、根系活力与地上部绿叶面积、叶片光合速率、光合同化物转运分配、籽粒产量等关系密切，而根系形态同样显著影响作物对水分和养分的吸收，进而影响产量。玉米根系生长发育随环境和栽培措施的变化而变化，如施氮量和施氮时间均可对玉米根系生长发育产生显著影响（吴春胜等，2001）。根的生长与从地上部运输过来的光合产物之间存在重要的关系，根冠彼此之间影响着养分供需。技术措施首先影响玉米根系的生长特性，然后影响地上部的生长发育，玉米在吐丝前必须有一个强壮的根系才能获得高产（Liedge et al.，2001）。根冠比是反映作物地下根系与地上植株之间干物质积累与分配协调状况的重要指标，根冠比随着不同生育时期作物生长中心的转移而变化。

理想的群体冠层结构使叶面积指数尽早达到最佳状态，减少前期漏光损失，保证叶片能够接受足够的光照，同时又能维持较长的光合有效功能期（王锡平等，2005）。如何构建合理的冠层结构一直是作物高产高效及超高产研究领域的热点。玉米株型影响群体冠层结构，因为不同株型叶片空间结构不同，使得光照在冠层内的分布存在差异，光照分布的不同可以对叶片的形态、生理生化等指标造成显著影响，进而影响光合性能和产量（何冬冬等，2018）。科学的养分管理可改善光环境，使群体内不同层次的光照分布更合理，从而延缓叶片衰老。在农业生产中，氮素作为植物生长最重要的营养物质，也是应用最多的营养物质，直接参与作物的各种代谢活动，与作物产量形成密切相关。进入 21 世纪，玉米产量增加的 30%以上是由氮肥贡献的，氮肥种类、施用时期及施用量等不同氮肥运筹方式对玉米根系及冠层的影响各异。

一、不同氮肥类型对玉米根系及冠层的调控效应

试验于 2017～2018 年在吉林省公主岭市进行，采用单因素设计，共设 4 处理：①不施氮肥（CK）；②普通尿素（CU）；③硫包衣尿素（SCU）；④树脂包膜尿素（CRF）；各处理氮、磷、钾用量一致，分别为 200 kg/hm^2、80 kg/hm^2 和 100 kg/hm^2，所有肥料均在玉米播种前一次性基施。试验用氮肥包括普通尿素（含 N 46%）、硫包衣尿素（含 N 35%）、树脂包膜尿素（含 N 43%，控释期为 60 d），磷肥为重过磷酸钙（含 P_2O_5 46%），钾肥为氯化钾（含 K_2O 60%）。

（一）不同氮肥类型对玉米根系的调控效应

1. 不同氮肥类型对玉米根系干物质积累量的影响

两年的试验结果表明，玉米吐丝后不同深度土层根系干物质积累量大体表现为树脂包膜尿素（CRF）＞硫包衣尿素（SCU）＞普通尿素（CU）＞不施氮肥（CK），处理间差异可达显著水平（表 5-1）。吐丝后不同深度土层玉米根系干物质积累量的降低率 2 年均表现为 CK＞CU＞SCU＞CRF，其中，吐丝期到灌浆期，CK 处理 2 年平均根系干物质积累量的降低率分别较 CU、SCU、CRF 提高 20.8%、11.3%、25.9%（0～10 cm），2.5%、30.1%、39.4%（10～20 cm），25.3%、19.84%、33.9%（20～30 cm），15.0%、34.9%、64.0%（30～40 cm），7.1%、28.2%、28.5%（40～60 cm）；灌浆期到成熟期，CK 处理 2 年平均根系干物质积累量的降低率分别较 CU、SCU、CRF 提高 14.6%、24.1%、29.2%（0～10 cm），4.9%、32.5%、42.0%（10～20 cm），28.7%、23.2%、36.1%（20～30 cm），17.3%、37.4%、34.0%（30～40 cm），9.4%、20.8%、30.1%（40～60 cm）。可见，随着生育进程的推进，施用氮肥的玉米根系衰老速率要低于不施氮肥处理，而施用缓/控释氮肥的玉米根系衰老速率要低于施用普通尿素，且以树脂包膜尿素效果最优。

表 5-1　不同氮肥种类玉米根系干物质积累量的时空分布　　（单位：g）

年份	时期	处理	土层深度				
			0～10 cm	10～20 cm	20～30 cm	30～40 cm	40～60 cm
2017	吐丝期	CK	8.79 c	5.13 c	2.10 d	1.49 c	1.83 c
		CU	9.16 c	5.40 ab	1.98 c	1.13 d	1.75 c
		SCU	11.15 b	5.47 ab	2.51 b	1.86 b	2.44 b
		CRF	13.30 a	5.78 a	2.72 a	2.11 a	2.63 a
	灌浆期	CK	7.67 d	4.37 d	1.66 d	1.24 c	1.39 c
		CU	8.33 c	4.50 c	1.87 c	1.17 c	1.39 c
		SCU	9.90 b	4.95 a	2.02 b	1.57 b	1.74 b
		CRF	11.16 a	5.31 a	2.39 a	2.00 a	1.98 a
	成熟期	CK	6.54 d	3.61 b	1.21 d	0.98 c	0.94 c
		CU	7.49 c	3.59 b	1.76 b	1.21 b	1.03 b
		SCU	8.65 b	4.42 a	1.52 c	1.28 b	1.03 b
		CRF	9.02 a	4.83 a	2.06 a	1.88 a	1.32 a

续表

年份	时期	处理	土层深度				
			0～10 cm	10～20 cm	20～30 cm	30～40 cm	40～60 cm
2018	吐丝期	CK	8.97 c	5.31 c	2.28 c	1.67 c	2.01 c
		CU	9.41 c	5.65 b	2.23 c	1.38 d	2.00 c
		SCU	11.31 b	5.63 b	2.67 b	2.02 b	2.60 b
		CRF	13.47 a	5.95 a	2.89 a	2.28 a	2.80 a
	灌浆期	CK	7.80 d	4.50 c	1.79 d	1.37 c	1.48 c
		CU	8.44 c	4.61 c	1.99 c	1.39 c	1.51 c
		SCU	9.99 b	5.03 b	2.11 b	1.66 b	1.83 b
		CRF	11.25 a	5.40 a	2.48 a	2.09 a	2.07 a
	成熟期	CK	6.63 c	3.70 c	1.30 d	1.07 d	0.94 c
		CU	7.48 b	3.58 d	1.75 b	1.20 c	1.02 bc
		SCU	8.67 a	4.44 b	1.54 c	1.30 b	1.05 b
		CRF	9.04 a	4.85 a	2.08 a	1.90 a	1.34 a

注：CK：不施氮肥；CU：普通尿素；SCU：硫包衣尿素；CRF：树脂包膜尿素。同列数据后不同小写字母表示在 5% 水平上差异显著。

2. 不同氮肥类型对玉米根长的影响

不同氮肥类型处理对玉米根长影响的研究结果显示(图 5-1)，吐丝期 0～10 cm、10～20 cm 土层根长均表现为 CRF 处理最高，与其他处理呈显著差异；20～30 cm 土层，2017 年同样表现为 CRF 处理显著高于其他处理，而其他处理间无显著差异；2018 年，根长表现为 CU 处理最高，但与 SCU、CRF 处理无显著差异；而两年 30～60 cm 土层不同处理间玉米根长均无显著差异。灌浆期 0～10 cm、10～20 cm 土层根长表现为 CRF 处理最高，与 CU、SCU、CK 处理相比，两年平均分别提高了 17.6%、21.8%、20.3%（0～10 cm），18.08%、23.1%、44.8%（10～20 cm）；20～30 cm 土层，根长两年均表现为 SCU ＞CU＞CRF＞CK；而 CU、SCU 和 CRU 处理 30～60 cm 土层根长均无显著差异。成熟期 0～10 cm、10～20 cm 土层根长表现为 CRF 处理最高，与 CU、SCU、CK 相比，两年平均分别提高了 7.3%、11.4%、19.2%（0～10 cm），8.9%、13.0%、18.3%（10～20 cm）；而 CU、SCU 和 CRU 处理 20～60 cm 土层根长均无显著差异。

对不同氮肥处理的根长在不同土层的分配比例进行进一步分析，结果表明，随着土层深度的增加，根长分配比例下降，根长在不同土层的分配比例两年间有所差别，但不同处理间的变化趋势基本一致。从吐丝期开始，0～20 cm 土层根长分配比例表现为 CU 和 CK 高于 SCU 和 CRF，而 20 cm 土层以下表现为 SCU 和 CRF 高于 CU 和 CK，且随着土层深度的增加，根长比例 SCU、CRF 处理与 CU、CK 差异逐渐增大，即树脂包膜尿素和硫包衣尿素处理在深层土壤中分布更多的根系，两年研究结果基本一致。

3. 不同氮肥类型对根干重密度和根长密度的影响

作物生长发育和最终产量在很大程度上取决于根系在土壤剖面中的分布和分配，根的分布和延伸可以用根长密度、根表面积密度或根干重密度表示，根系具有较大的根长

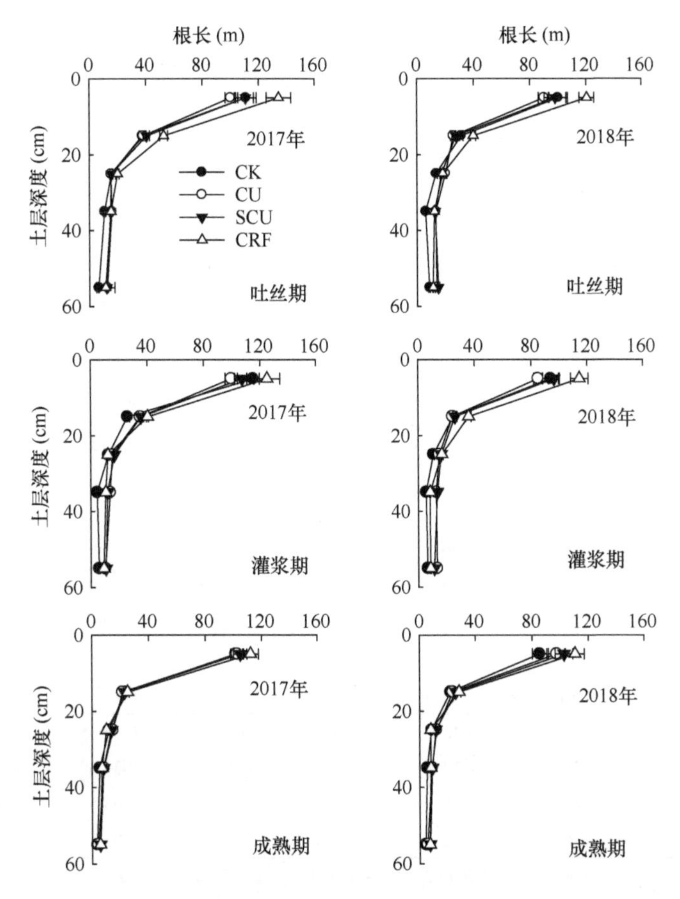

图 5-1　不同氮肥种类对玉米根长时空分布的影响

密度和较小的根干重密度更能增加养分的吸收能力。对不同土层深度根干重密度的分析表明（表 5-2），根干重密度在 0～10 cm 处最大，随着土层的加深根干重密度逐渐降低。不同生育期不同土层深度根干重密度均表现为 CRF＞SCU＞CU＞CK，处理间差异达显著水平。以吐丝期为例，CRF 比 SCU、CU、CK 两年平均分别提高了 9.4%、21.7%、49.3%（0～10 cm），11.2%、29.8%、47.6%（10～20 cm），14.3%、32.9%、70.8%（20～30 cm），16.1%、53.5%、84.1%（30～40 cm），22.4%、67.3%、91.4%（40～60 cm）。

不同土层的根长密度在吐丝期达到最大值，且随着土层深度的增加根长密度显著下降，不同深度土层根长密度大体表现为 CRF＞SCU＞CU＞CK，其中 CRF、SCU 几乎显著高于 CU 和 CK。此外，随着土层深度的增加，CRF、SCU 与 CU、CK 的差异逐渐增大。以灌浆期为例，各土层根长密度 CRF 比 SCU、SCU 比 CU、CU 比 CK 平均增幅分别为 7.7%、8.3%、16.4%（0～10 cm），13.7%、4.1%、48.5%（10～20 cm），7.1%、47.4%、26.7%（20～30 cm），23.8%、40.0%、66.7%（30～40 cm），44.4%、125.0%、101.0%（40～60 cm）。以上分析表明不同氮肥处理下玉米吐丝后根干重密度、根长密度分配比例在深土层表现出差距，灌浆期、成熟期 30～40 cm，40～60 cm 土层施用缓/控释肥的根干重密度与施普通尿素相比均显著提高，这对于玉米吸收深层土壤中的水分与养分、提高抗逆性、延缓生育后期根系衰老、提高玉米产量具有重要作用。

表 5-2　不同氮肥类型玉米根干重密度和根长密度的时空分布

年份	土层深度（cm）	处理	根干重密度（g/m³）			根长密度（cm/cm³）		
			吐丝期	灌浆期	成熟期	吐丝期	灌浆期	成熟期
2017	0～10	CK	873.44 d	694.99 d	635.32 d	0.71 c	0.74 d	0.65 d
		CU	1062.40 c	892.32 c	752.52 c	0.94 b	0.81 c	0.73 c
		SCU	1183.25 b	1076.12 b	885.40 b	0.92 b	0.89 b	0.87 b
		CRF	1250.89 a	1172.88 a	973.89 a	0.99 a	0.98 a	1.01 a
	10～20	CK	388.02 c	419.92 c	229.17 d	0.24 c	0.17 d	0.15 d
		CU	431.88 b	492.19 b	283.84 c	0.34 b	0.26 c	0.16 c
		SCU	514.10 a	532.34 a	372.91 b	0.33 b	0.29 b	0.19 b
		CRF	560.16 a	542.41 a	472.58 a	0.38 a	0.34 a	0.21 a
	20～30	CK	169.79 d	150.39 d	137.37 d	0.10 c	0.08 b	0.08 d
		CU	260.00 c	208.98 c	179.69 c	0.13 b	0.08 b	0.09 c
		SCU	296.42 b	257.88 b	251.39 b	0.13 b	0.14 a	0.11 b
		CRF	326.86 a	298.82 a	268.77 d	0.15 a	0.15 a	0.14 a
	30～40	CK	97.40 d	102.86 d	83.11 d	0.07 d	0.03 d	0.03 d
		CU	105.89 c	133.46 c	108.07 c	0.10 c	0.07 c	0.05 c
		SCU	151.91 b	156.72 b	139.13 b	0.12 b	0.10 b	0.07 b
		CRF	173.83 a	188.36 a	151.04 a	0.15 a	0.13 a	0.08 a
	40～60	CK	50.40 d	27.34 d	21.48 d	0.02 c	0.02 d	0.01 b
		CU	54.78 c	37.76 c	31.90 c	0.04 b	0.05 b	0.02 a
		SCU	72.31 b	51.41 b	46.43 b	0.05 a	0.04 c	0.03 a
		CRF	80.83 a	66.07 a	62.13 a	0.05 a	0.06 a	0.02 a
2018	0～10	CK	789.06 d	644.40 d	573.34 d	0.64 b	0.60 d	0.55 d
		CU	976.85 c	906.25 c	730.99 c	0.79 a	0.75 c	0.72 c
		SCU	1085.41 b	1030.85 b	836.06 b	0.81 a	0.80 b	0.85 b
		CRF	1231.66 a	1252.41 a	984.25 a	0.89 a	0.84 a	0.96 a
	10～20	CK	347.49 d	347.66 d	241.54 d	0.20 b	0.16 c	0.14 c
		CU	404.88 c	389.32 c	344.40 c	0.26 a	0.23 b	0.18 b
		SCU	462.27 b	451.08 b	390.33 b	0.23 a	0.22 b	0.22 a
		CRF	525.64 a	516.57 a	404.65 a	0.26 a	0.24 a	0.23 a
	20～30	CK	200.52 d	148.44 d	100.91 d	0.09 d	0.07 c	0.05 c
		CU	215.94 c	181.64 c	140.63 c	0.12 c	0.11 b	0.05 c
		SCU	257.05 b	248.76 b	236.46 b	0.14 b	0.14 a	0.10 b
		CRF	305.72 a	289.94 a	276.66 a	0.21 a	0.15 a	0.12 a
	30～40	CK	108.72 d	108.07 d	81.81 d	0.04 d	0.06 d	0.03 d
		CU	141.28 c	121.74 c	119.79 c	0.09 c	0.08 c	0.05 c
		SCU	174.96 b	186.57 b	149.08 b	0.10 b	0.11 b	0.07 b
		CRF	205.56 a	201.80 a	169.77 a	0.13 a	0.13 a	0.09 a
	40～60	CK	30.92 d	27.67 d	27.02 d	0.03 c	0.02 d	0.01 c
		CU	42.06 c	34.83 c	35.16 c	0.04 b	0.03 c	0.02 b
		SCU	60.12 b	55.97 b	51.41 b	0.06 a	0.05 b	0.03 a
		CRF	81.22 a	74.46 a	67.55 a	0.07 a	0.07 a	0.03 a

注：同列数据后不同小写字母表示在 5%水平上差异显著。

（二）不同氮肥类型对玉米冠层的调控效应

1. 不同氮肥类型对玉米产量的影响

与不施氮肥处理相比，各氮肥处理具有显著的增产效果，增幅分别为15.2%～37.7%（2017年）和27.5%～51.5%（2018年）。在相同施氮量下，各缓/控释氮肥处理玉米产量均显著高于普通尿素（CU）处理，其中树脂包膜尿素（CRF）处理增产幅度最大，较CU处理分别提高19.6%（2017年）和18.8%（2018年）。在产量构成因素中，除收获指数外，试验年份和氮肥类型均显著影响玉米穗粒数和百粒重，但试验年份和氮肥类型未达到显著的交互作用。2年试验结果表明，施氮显著增加了玉米穗粒数、百粒重和收获指数；缓/控释氮肥处理玉米穗粒数、百粒重和收获指数均高于CU处理，其中CRF处理提高幅度最大，较CU处理分别提高15.2%、7.0%、7.9%（2017年）和10.4%、7.4%、6.2%（2018年）（表5-3）。

表5-3　不同氮肥类型玉米产量及其构成因素、收获指数

年份	处理	产量（kg/hm^2）	穗粒数	百粒重（g）	收获指数
2017	CK	8 527.4 d	400.7 c	31.9 c	0.451 c
	CU	9 819.5 c	450.6 b	34.4 b	0.480 b
	SCU	11 033.6 b	500.9 a	36.2 a	0.499 a
	CRF	11 743.8 a	519.1 a	36.8 a	0.518 a
2018	CK	8 037.2 c	393.6 c	31.3 c	0.453 c
	CU	10 247.6 b	473.3 b	35.0 b	0.487 b
	SCU	11 502.5 a	515.9 a	36.8 a	0.499 a
	CRF	12 175.4 a	522.3 a	37.6 a	0.517 a
方差分析					
试验年份		**	*	*	NS
氮肥类型		**	**	**	
试验年份×氮肥类型		*	NS	NS	NS

注：同列数据后不同字母表示在5%水平上差异显著；NS、*和**分别表示无显著影响及在0.05和0.01水平上影响显著。

2. 不同氮肥类型对玉米叶面积指数（LAI）的影响

如图5-2所示，在整个生育期，不同氮肥类型处理的LAI均表现为树脂包膜尿素（CRF）＞硫包衣尿素（SCU）＞普通尿素（CU）＞不施氮肥（CK），其中拔节期，各处理间均无明显差异。大口期，CRF的LAI显著高于CU与CK，但CRF与SCU之间差异不显著。从开花期至成熟期，LAI在不同处理间的差异可达显著水平。其中吐丝期CRF的LAI比SCU、CU、CK平均分别提高了4.2%、8.5%、22.9%，灌浆期平均分别提高了8.5%、26.1%、30.2%，成熟期平均分别提高了39.1%、107.9%、208.3%。此外，吐丝期到灌浆期，CRF、SCU、CU、CK的LAI两年平均分别降低12.1%、15.6%、24.3%、23.6%，而灌浆期到成熟期，CRF、SCU、CU、CK的LAI两年平均分别降低60.1%、68.9%、75.8%、83.2%。由以上分析可知，缓/控释氮肥处理玉米生育期不仅有较高的LAI，而且生育中后期LAI高值持续期较长，以CRF处理效果最为明显。

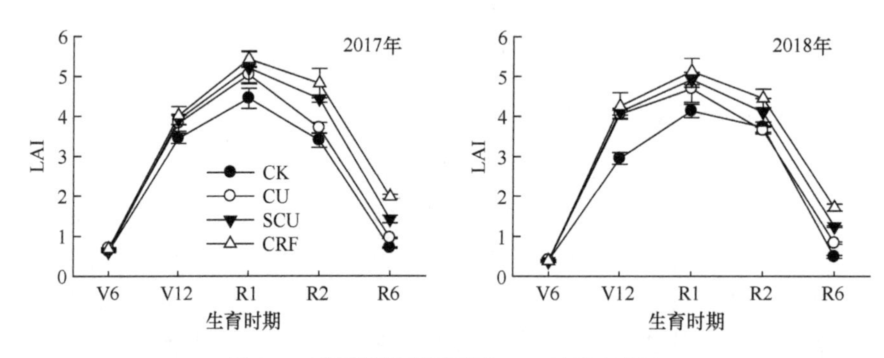

图 5-2 不同氮肥类型玉米 LAI 的动态变化

V6. 拔节期（也称 6 展叶期）；V12. 大口期（也称 12 展叶期）；R1. 吐丝期；R2. 灌浆期；R6. 成熟期

3. 不同氮肥类型对玉米叶片衰老特征的影响

不同氮肥处理吐丝后叶片的相对绿叶面积呈逐渐下降趋势（图 5-3），树脂包膜尿素（CRF）、硫包衣尿素（SCU）、普通尿素（CU）、不施氮肥（CK）处理玉米叶片的平均衰减速率分别为 0.98%、0.95%、1.17%和 1.32%，其中 CK 最高，CU 次之。成熟期 CRF、SCU 的相对绿叶面积显著高于 CU 和 CK；曲线方程拟合得出，最大衰减速率 CRF、SCU、CU 较 CK 平均分别降低 17.3%、16.5%、14.7%，绿叶最大衰减速率的天数 CRF、SCU、CU 较 CK 平均延长 16.6 d、9.8 d 和 3.7 d（表 5-4）。由此可见，上述缓/控释氮肥处理延缓了叶片衰老。

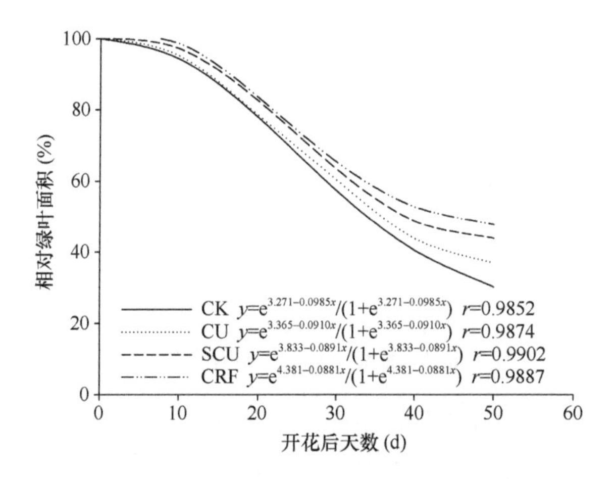

图 5-3 不同氮肥类型下玉米相对绿叶面积的动态变化

表 5-4 不同氮肥类型下玉米叶片衰老特征

处理	成熟期相对绿叶面积（%）	平均衰减速率（%）	最大衰减速率（%）	绿叶最大衰减速率的天数（d）
CK	32.20 d	1.32 a	2.66 a	33.2 d
CU	36.69 c	1.17 b	2.27 b	36.9 c
SCU	43.88 b	0.95 c	2.22 b	43.0 b
CRF	47.89 a	0.98 c	2.20 b	49.8 a

注：同列数据后不同小写字母表示在 5%水平上差异显著。

4. 不同氮肥类型对玉米吐丝后叶片色素含量的影响

作物绿叶面积减少缓慢、叶面积指数高值持续期长只是叶片衰老缓慢的外在表现，而影响叶片衰老速率的内在因素是叶绿素降解速率的大小。叶绿素是植物进行光合作用的主要色素，其浓度的高低直接反映作物叶片光合性能的强弱。作物在旺盛生长期所吸收的光能足以满足其自身的生理代谢需要，此时高叶绿素含量并不能代表高的光合速率，而吐丝后保持较高的叶绿素含量才有助于维持高的光合性能。两年的研究结果表明，花粒期叶片色素含量均随着生育进程的推进而降低。吐丝期，树脂包膜尿素（CRF）、硫包衣尿素（SCU）处理的叶绿素 a、叶绿素 b、叶绿素（a+b）、类胡萝卜素含量均较普通尿素（CU）和不施氮肥（CK）增加（表 5-5）。从吐丝后 30 d 开始，缓/控释氮肥处理的玉米叶片叶绿素降低幅度明显变小，表现为 CRF＜SCU＜CU＜CK。

表 5-5　不同氮肥类型玉米吐丝后叶片色素含量的变化　　（单位：mg/g）

光合色素	处理	2017 年				2018 年			
		R1	R1+15	R1+30	R1+45	R1	R1+15	R1+30	R1+45
叶绿素 a	CK	1.63 c	1.47 c	0.97 b	0.60 d	1.75 c	1.56 c	1.09 c	0.61 c
	CU	1.96 b	1.55 b	1.15 b	0.81 c	2.28 b	1.74 b	1.28 b	0.90 b
	SCU	2.55 a	1.74 b	1.46 a	1.13 b	2.67 a	1.93 a	1.66 a	1.28 a
	CRF	2.47 a	1.82 a	1.53 a	1.21 a	2.59 a	1.91 a	1.68 a	1.33 a
叶绿素 b	CK	0.55 c	0.42 c	0.30 d	0.26 d	0.62 c	0.47 c	0.36 c	0.30 c
	CU	0.69 b	0.53 b	0.43 c	0.39 c	0.77 b	0.55 b	0.46 b	0.38 b
	SCU	0.81 a	0.56 ab	0.46 b	0.42 b	0.85 a	0.62 a	0.58 a	0.48 a
	CRF	0.79 a	0.60 a	0.50 a	0.48 a	0.81 ab	0.61 a	0.58 a	0.51 a
叶绿素(a+b)	CK	2.18 c	1.89 d	1.27 c	1.07 c	2.37 c	2.03 c	1.45 c	1.11 c
	CU	2.65 b	2.08 c	1.48 b	1.34 b	3.05 b	2.29 b	1.74 b	1.34 b
	SCU	3.36 a	2.20 b	1.99 a	1.60 a	3.52 a	2.55 a	2.24 a	1.66 a
	CRF	3.26 a	2.42 a	1.96 a	1.61 a	3.40 a	2.52 ab	2.16 a	1.74 a
类胡萝卜素	CK	0.21 c	0.20 b	0.15 c	0.10 c	0.28 c	0.28 b	0.20 c	0.16 c
	CU	0.26 b	0.22 b	0.17 b	0.12 b	0.34 b	0.29 b	0.25 b	0.20 b
	SCU	0.33 a	0.26 a	0.22 a	0.15 a	0.39 a	0.33 a	0.29 a	0.23 a
	CRF	0.32 a	0.25 a	0.22 a	0.14 a	0.39 a	0.32 a	0.29 a	0.24 a

注：R1. 吐丝期，R1+15. 吐丝后 15 d；R1+30. 吐丝后 30 d；R1+45. 吐丝后 45 d；同列数据后不同小写字母表示在 5%水平上差异显著。

5. 不同氮肥类型对玉米干物质积累的影响

不同氮肥类型对玉米干物质积累的影响如图 5-4 所示，拔节期至大口期干物质积累量除不施氮肥（CK）显著低于其他处理外，其他氮肥处理之间差异不显著（$P>0.05$），但从吐丝期开始，树脂包膜尿素（CRF）和硫包衣尿素（SCU）处理干物质积累量均显著高于普通尿素（CU）（$P<0.05$），且随着生育进程的推进差距逐渐加大。吐丝期干物质积累量 CRF 比 SCU、CU 两年平均分别提高 6.0%、6.9%，灌浆期平均分别提高 7.7%、10.1%，成熟期平均分别提高 8.9%、13.4%。

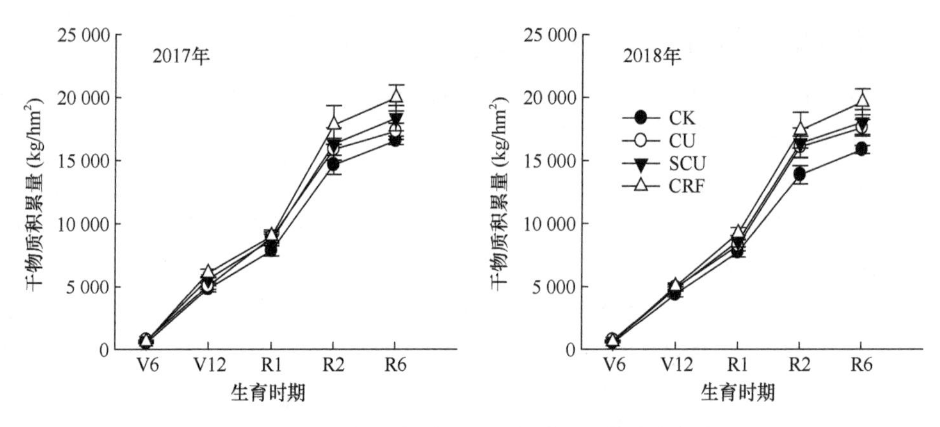

图 5-4　不同氮肥类型玉米干物质积累的动态变化

V6. 拔节期；V12. 大口期；R1. 吐丝期；R2. 灌浆期；R6. 成熟期

对玉米吐丝前后干物质积累量占总干物质积累量的比例进一步分析，结果表明（图 5-5），不同氮肥类型处理吐丝后干物质积累比例两年平均分别为 CRF 53.2%、SCU 50.0%、CU 48.1%、CK 47.3%，由此可见，缓/控释氮肥处理玉米吐丝后干物质积累比例要显著高于普通尿素处理。

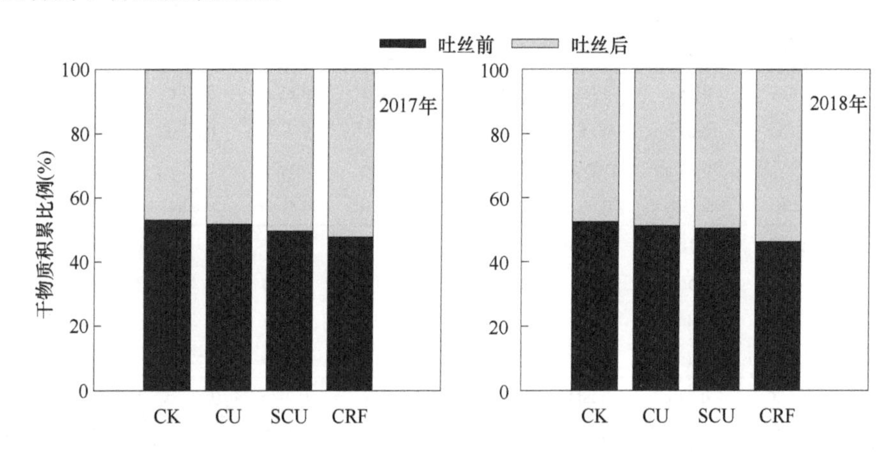

图 5-5　不同氮肥类型玉米吐丝前后干物质积累量占总干物质积累量的比例

6. 不同氮肥类型对玉米根冠比的影响

根的生长与从地上部运输过来的光合产物之间存在重要的关系，根冠彼此之间影响着养分供需。技术措施首先影响玉米根系的生长特性，然后影响地上部生长发育，玉米在吐丝前必须有一个强壮的根系才能获得高产。根冠比是反映作物地下根系与地上部之间干物质积累与分配协调状况的重要指标，根冠比随着不同生育时期作物生长中心的转移而变化。前人研究表明，随着施氮量的增加，玉米根冠比逐渐降低，在生长前期施氮，玉米的根冠比呈下降趋势，而在中后期施氮，玉米的根冠比呈上升趋势（李秧秧和刘文兆，2001）。而本研究中不同氮肥处理的根冠比显示（图 5-6），玉米根冠比随着生育进程的推进均呈下降趋势，拔节期根冠比表现为不施氮肥（CK）最高，树脂包膜尿素（CRF）次之，而 CU、SCU 和 CRF 处理吐丝期至成熟期根冠比无显著性差异。

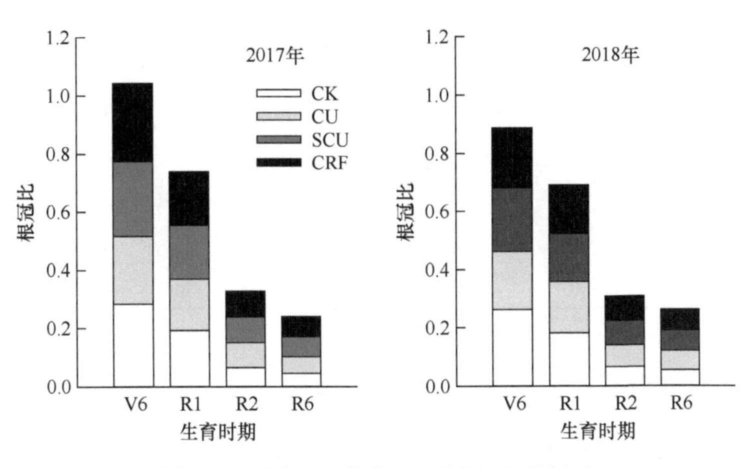

图 5-6　不同氮肥类型对玉米根冠比的影响

V6. 拔节期；R1. 吐丝期；R2. 灌浆期；R6. 成熟期

综上所述，与普通尿素相比，施用缓/控释氮肥显著提高了玉米生育后期根系干重和根长，增加了深土层中根干重密度及根长密度的分布比例，这对于玉米吸收深层土壤中的水分与养分、提高抗逆性、延缓生育后期根系衰老具有重要作用；施用缓/控释氮肥提高了玉米全生育期叶面积指数，延缓了叶片衰老，生育中后期叶面积指数高值持续期较长，延长了叶片光合作用时间，为籽粒灌浆期提供了充足的物质，从而实现了籽粒产量的提高，其中以树脂包膜尿素施用效果最好，与其他肥料相比，产量显著提高。

二、氮肥分次施用对玉米根系及冠层的调控效应

生产调研表明，东北地区玉米生产上近一半的农户对氮肥采取播前一次性基施的方式，即便追肥的农户大部分也选在拔节期前进行撒施追肥。而玉米生长前期对氮素的需求相对较低，只有约 10%的氮素被有效利用，剩余的氮素则通过硝酸盐淋溶、氧化亚氮排放和氨挥发等形式损失，致使生育中后期对氮素需求较高时土壤氮素供应不足，作物氮素需求与土壤氮素供应错位，植株早衰严重，影响了生育后期植株地上部叶片光合作用及地下部根系对氮素的吸收，导致玉米产量和氮肥利用率大大降低，同时造成大气和水污染以及土壤酸化等环境风险。因此，必须优化氮素管理以满足作物的需求和减少氮素损失。

为明确不同氮肥运筹（氮肥施用时期和施用比例）对玉米根系、冠层及产量的影响，在施 N 240 kg/hm^2 的基础上，共设置 5 个氮肥运筹处理：T2，全部氮肥于播种前施用；T3，氮肥在播种前和拔节期按 5∶5 比例施用；T4，氮肥在播种前、拔节期和大口期按 3∶5∶2 比例施用；T5，氮肥在播种前、拔节期和大口期按 2∶4∶4 比例施用；T6，氮肥在播种前、拔节期、大口期和吐丝期按 2∶2∶3∶3 比例施用；以不施氮肥为对照（T1）处理，共计 6 处理（表 5-6）。不同处理磷（P_2O_5）、钾（K_2O）用量一致，均为 100 kg/hm^2，于播种前一次性施入。供试品种为生产上大面积种植的玉米品种‘先玉 335’和‘郑单 958’。

表 5-6 氮肥施用时期及施用比例（%）

处理	播种前	拔节期	大口期	吐丝期
T1	0	0	0	0
T2	100	—	—	—
T3	50	50	—	—
T4	30	50	20	—
T5	20	40	40	—
T6	20	20	30	30

（一）氮肥分次施用对玉米根系的调控效应

根系伤流强度是根系活力的重要体现，其数量和成分能表征植物生长势、根系发达程度和根系生理活性（吴雅薇等，2017）。由于在田间条件下评估根系存在困难，研究根系伤流液有助于了解根系特性，根系伤流强度越大说明根系活力越强，根系对养分的吸收能力越强，对延缓叶片衰老和最终产量的形成具有重要作用（邓宏中等，2013）。

对氮肥分次施用玉米根系伤流强度的研究结果表明，两品种吐丝期及吐丝后 15 d 除不施氮肥玉米根系伤流强度显著降低外，其他氮肥运筹间无显著差异。从吐丝后 30 d 开始，氮肥分次施用根系伤流强度较氮肥一次性施用明显提高，且随着生育进程的推进氮肥施用次数越多根系伤流强度越高，虽然不同时期‘郑单 958’的根系伤流强度高于‘先玉 335’，但二者对不同氮肥运筹的响应趋势基本一致。吐丝后 40 d，氮肥于播种前、拔节期、大口期、吐丝期按 2∶2∶3∶3 的比例施入（T6），两品种平均分别比氮肥于播种前一次性施入（T2），播种前、拔节期按 1∶1 施入（T3），播种前、拔节期、大口期按 3∶5∶2 施入（T4），播种前、拔节期、大口期按 2∶4∶4 施入（T5）提高 77.5%、49.4%、32.1%、11.3%、8.6%，吐丝后 50 d 平均分别提高 127.0%、84.6%、38.8%、24.5%、12.6%（图 5-7）。不同氮肥运筹的根系伤流液中可溶性糖含量与根系伤流强度的变化趋势基本一致，均表现为氮肥分次施用高于氮肥一次性施用，且随着氮肥施用次数的增加可溶性糖含量呈增加趋势（图 5-8）。

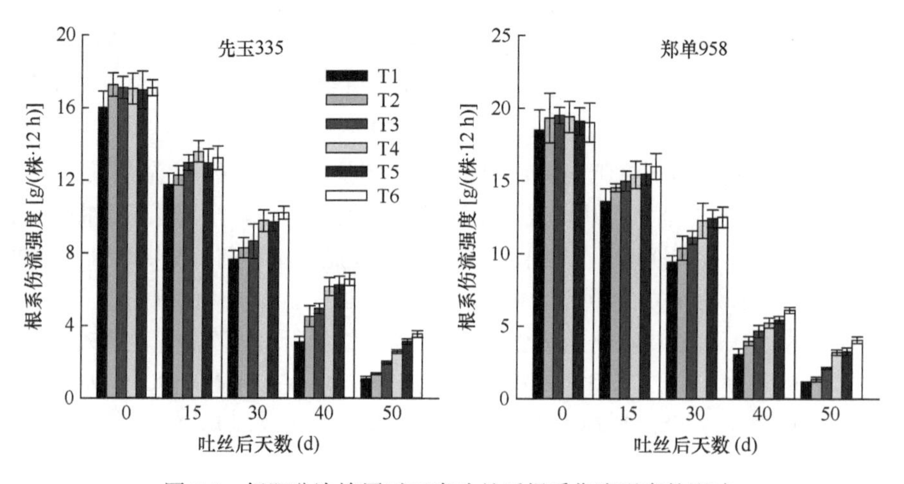

图 5-7 氮肥分次施用对玉米吐丝后根系伤流强度的影响

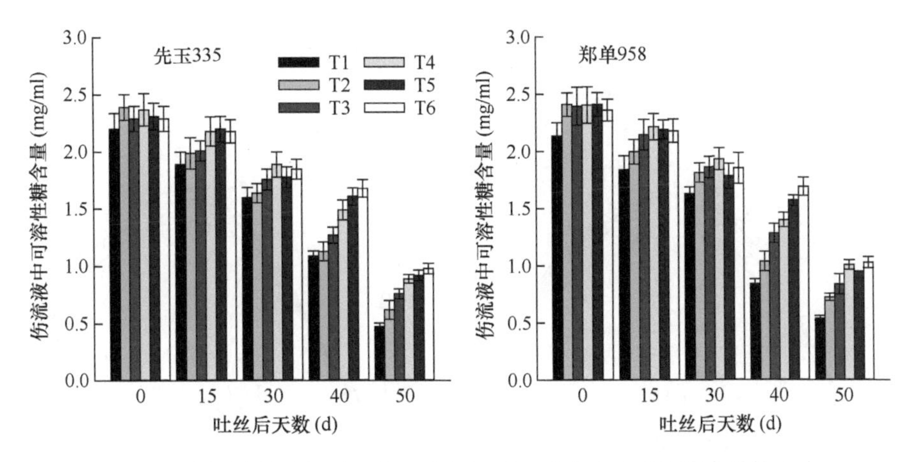

图 5-8 氮肥分次施用对玉米吐丝后根系伤流液中可溶性糖含量的影响

（二）氮肥分次施用对玉米冠层的调控效应

1. 氮肥分次施用对玉米产量的影响

由图 5-9 可以看出，施氮均显著提高玉米产量，氮肥分次施用的两个玉米品种产量均较氮肥一次性施用明显增加。‘先玉 335’在 T6 处理下产量达到最大，与其他处理差异达显著水平，比 T1、T2、T3、T4、T5 增产 50.0%、20.6%、14.0%、8.0%、5.3%；‘郑单 958’同样在 T6 处理下产量最高，但与 T4、T5 处理间无显著差异，比 T1、T2、T3 处理分别提高 54.4%、17.5%、7.0%。

2. 氮肥分次施用对玉米叶面积指数（LAI）的影响

不同氮肥运筹 LAI 均在吐丝期达到最大值，施氮显著提高了玉米 LAI，且分次施用氮肥 LAI 较一次性施用显著提高。开花期以前，T4、T5、T6 处理间 LAI 无显著差异，吐丝 20 d 以后，T6 处理 LAI 高于其他处理。其中，吐丝后 40 d，T6 较 T1、T2、T3、T4、T5 分别提高 27.4%、12.4%、8.9%、5.0%、3.9%（‘先玉 335’）和 20.7%、11.8%、4.9%、3.7%、3.9%（‘郑单 958’）；成熟期，T6 较 T1、T2、T3、T4、T5 分别提高 63.7%、29.1%、19.5%、14.2%、4.5%（‘先玉 335’）和 87.9%、29.0%、23.9%、15.9%、12.4%

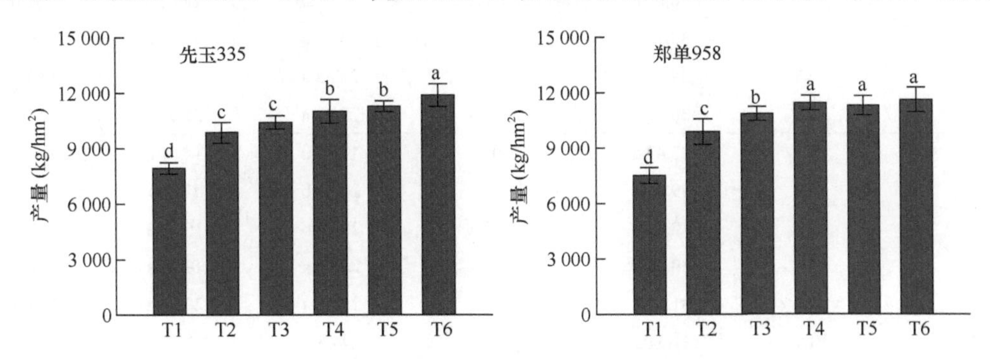

图 5-9 氮肥分次施用对玉米产量的影响

不同小写字母表示在 5%水平上差异显著

（‘郑单 958’）（图 5-10）。可见，分次施氮延长了 LAI 高值持续期、延缓了叶片衰老，其中以吐丝后施氮的效果最明显。

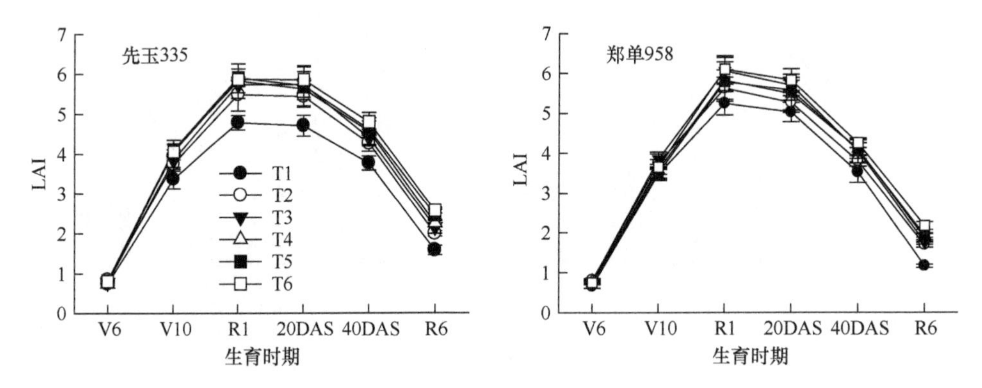

图 5-10　氮肥分次施用对玉米叶面积指数（LAI）的影响

V6. 6 展叶期；V10. 10 展叶期；R1. 吐丝期；20DAS. 吐丝后 20 d；40DAS. 吐丝后 40 d；R6. 成熟期

3. 氮肥分次施用对玉米叶片净光合速率的影响

施氮显著提高了玉米叶片净光合速率（P_n）。氮肥分次施用与氮肥一次性施用相比，吐丝后 P_n 显著提高，吐丝期及吐丝后 30 d T3、T4、T5、T6 处理间无显著差异，吐丝后 40 d 开始，T6 处理 P_n 要高于其他处理。吐丝后 40 d，‘先玉 335’ T6 处理比 T3、T4、T5 分别提高 11.5%、8.7%、2.8%，‘郑单 958’ T6 处理比 T3、T4、T5 分别提高 12.6%、11.9%、6.0%；吐丝后 50 d，‘先玉 335’ T6 处理比 T3、T4、T5 分别提高 16.9%、15.0%、8.1%，‘郑单 958’ T6 处理比 T3、T4、T5 分别提高 18.2%、11.8%、6.5%（表 5-7）。

表 5-7　氮肥分次施用对花后叶片净光合速率的影响　[单位：μmol CO_2/(m^2·s)]

品种	处理	吐丝后天数（d）				
		0	15	30	40	50
先玉 335	T1	22.30 c	21.81 c	15.99 c	13.16 b	9.28 d
	T2	26.97 b	24.49 b	21.65b	18.02 a	11.84 c
	T3	30.07 a	26.66 ab	23.36 ab	18.91 a	13.52 b
	T4	30.17 a	27.88 a	24.35 a	19.40 a	13.75 ab
	T5	29.41 a	28.93 a	25.38 a	20.51 a	14.63 a
	T6	30.55 a	28.37 a	25.72 a	21.09 a	15.81 a
郑单 958	T1	23.47 c	23.03 c	17.57 c	14.61 c	10.06 c
	T2	29.41 a	24.68 b	21.44 b	17.96b	13.62 b
	T3	32.53 a	27.47 a	20.56 b	19.19 a	13.53 b
	T4	30.25 a	29.26 a	24.68 a	19.31 a	14.30 ab
	T5	31.54 a	30.78 a	25.54 a	20.38 a	15.01 a
	T6	31.34 a	29.98 a	24.65 a	21.60 a	15.99 a

注：同列数据后不同小写字母表示在 5%水平上差异显著。

4. 氮肥分次施用对玉米叶片叶绿素荧光参数的影响

施氮处理吐丝后PSII实际光化学效率（*Φ*PSII）、PSII最大光化学效率（Fv/Fm）均较不施氮处理明显提高，且分次施用氮肥的*Φ*PSII、Fv/Fm较一次性施用有所提高，氮肥分次施用次数越多，生育后期叶绿素荧光参数值越高，两品种变化趋势基本一致。吐丝后40 d，T6处理两品种*Φ*PSII较T1、T2、T3、T4、T5平均分别提高40.0%、19.5%、8.8%、6.5%、4.3%，Fv/Fm平均分别提高32.4%、22.5%、16.7%、11.4%、6.6%；吐丝后50 d，T6处理两品种*Φ*PSII较T1、T2、T3、T4、T5平均分别提高58.3%、40.7%、18.6%、14.5%、8.6%，Fv/Fm平均分别提高56.0%、50.1%、38.3%、18.2%、14.1%（表5-8）。

表5-8　氮肥分次施用对花后叶片叶绿素荧光参数的影响

品种	处理	PSII实际光化学效率（*Φ*PSII）					PSII最大光化学效率（Fv/Fm）				
		吐丝后0 d	吐丝后15 d	吐丝后30 d	吐丝后40 d	吐丝后50 d	吐丝后0 d	吐丝后15 d	吐丝后30 d	吐丝后40 d	吐丝后50 d
先玉335	T1	0.74 a	0.63 b	0.61 a	0.35 c	0.24 d	0.70 a	0.62 a	0.51 b	0.37 c	0.25 c
	T2	0.77 a	0.65 ba	0.63 a	0.41 b	0.27 c	0.73 a	0.63 a	0.52 a	0.40 c	0.26 c
	T3	0.77 a	0.67 a	0.62 a	0.45ab	0.32 b	0.73 a	0.63 a	0.56 a	0.42 b	0.28 c
	T4	0.80 a	0.67 a	0.62 a	0.46ab	0.32 b	0.73 a	0.64 a	0.55 a	0.44ab	0.33 b
	T5	0.76 a	0.69 a	0.65 a	0.47 a	0.35 a	0.74 a	0.66 a	0.55ab	0.46 a	0.35 b
	T6	0.78 a	0.71 a	0.63 a	0.49 a	0.38 a	0.76 a	0.68 a	0.59 a	0.49 a	0.39 a
郑单958	T1	0.82 a	0.79 a	0.70 a	0.58 b	0.45 b	0.81 a	0.77 a	0.73 a	0.56 c	0.43 c
	T2	0.83 a	0.82 a	0.72 a	0.62 b	0.48 b	0.82 a	0.81 a	0.74 a	0.63 b	0.45 c
	T3	0.82 a	0.77 a	0.71 a	0.62 b	0.53ab	0.82 a	0.80 a	0.74 a	0.65ab	0.50 b
	T4	0.88 a	0.80 a	0.71 a	0.63ab	0.55 a	0.83 a	0.82 a	0.74 a	0.66ab	0.58 a
	T5	0.84 a	0.81 a	0.72 a	0.66ab	0.55 a	0.83 a	0.82 a	0.76 a	0.67 a	0.57 a
	T6	0.84 a	0.82 a	0.72 a	0.67 a	0.57 a	0.84 a	0.83 a	0.76 a	0.69 a	0.59 a

注：同列数据后不同小写字母表示在5%水平上差异显著。

综上所述，与氮肥一次性施用相比，氮肥分次施用显著提高了灌浆期根系活力，且随着生育进程的推进，氮肥施用次数越多根系活力越强；分次施氮延长了LAI高值持续期，延缓了叶片衰老，显著提高了生育后期玉米叶片的光合能力，表现为吐丝后较高的P_n、*Φ*PSII、Fv/Fm值，最终实现了产量的显著提高。其中氮肥分别于播种前、拔节期、大口期、吐丝后10 d 4个时期按2∶2∶3∶3施用效果最好。

第二节　黑土地玉米生长发育与大量营养元素的关系

氮、磷、钾养分是作物生长发育过程中必不可少的营养元素。其中氮是植物体中蛋白质、核酸、磷酸等许多辅助因子以及植物次级代谢物的主要组成成分，对光合器官的建成具有重要作用（孔丽丽等，2021；潘圣刚等，2010）；磷是植物体内许多重要有机化合物的组成成分，参与植株体内养分的转化、分解和合成（侯云鹏等，2019）；而钾在光合作用、光合产物运转、气孔运动调节、品质和抗逆性提高等方面发挥着重要作用（Hu et al.，2016；Hou et al.，2021）。三者对作物生长发育的贡献同等重要，且三者在作物体内的作用并非孤立，而是通过有机物的合成与转化相互联系。

作物缺氮会影响叶绿素的合成，使叶片变黄出现早衰，导致产量降低（隽英华等，2015），但是过量施用氮肥会造成植株徒长、营养生长过盛而影响生殖生长等，并对环境造成一定的污染（侯云鹏等，2018）。缺磷会导致作物叶片小，并呈紫绿色或紫红色，叶尖干枯，进而变成暗褐色（林郑和等，2010）。但当磷肥过量施用时，会促使作物呼吸作用过于旺盛，消耗的干物质大于积累的干物质，造成繁殖器官提前发育，产量降低。施钾可提高作物抗性（侯云鹏等，2020），提高产量和改进品质（王群等，2021）。但钾肥过量施用会使作物对钾素奢侈吸收，破坏植物体内养分平衡。可见氮、磷、钾肥供应过量或不足均不利于作物生长发育。因此，阐明玉米生长发育对不同氮、磷、钾肥用量的响应特征，对推动东北地区玉米科学施肥和养分资源高效利用具有重要意义。

本研究于2019～2020年在东北中部玉米主产区开展田间试验，以‘富民985’为供试品种，设置不同氮肥（N0、N70、N140、N210、N280和N350，施氮量分别为0 kg/hm^2、70 kg/hm^2、140 kg/hm^2、210 kg/hm^2、280 kg/hm^{2}和350 kg/hm^2）、磷肥（P0、P30、P60、P90、P120和P150，施磷量分别为0 kg/hm^2、30 kg/hm^2、60 kg/hm^2、90 kg/hm^2、120 kg/hm^{2}和150 kg/hm^2）、钾肥（K0、K30、K60、K90、K120和K150，施钾量分别为0 kg/hm^2、30 kg/hm^2、60 kg/hm^2、90 kg/hm^2、120 kg/hm^{2}和150 kg/hm^2）用量处理，分析不同氮肥、磷肥、钾肥用量对玉米生长发育的影响。

一、氮

（一）不同氮肥用量对玉米根系生长发育的影响

1. 根干重

不同氮肥用量下玉米根干重均表现为随生育进程的推进呈先增加后降低的趋势，其中以灌浆期最高（图5-11）。与N0处理相比，各施氮处理显著提高了玉米各生育时期根干重，其中大口期增幅分别为7.7%～42.5%（2019年）和37.0%～65.0%（2020年），吐丝期增幅分别为11.8%～43.1%（2019年）和7.0%～35.9%（2020年），灌浆期增幅分别为18.8%～55.1%（2019年）和15.3%～45.8%（2020年），乳熟期增幅分别为28.8%～

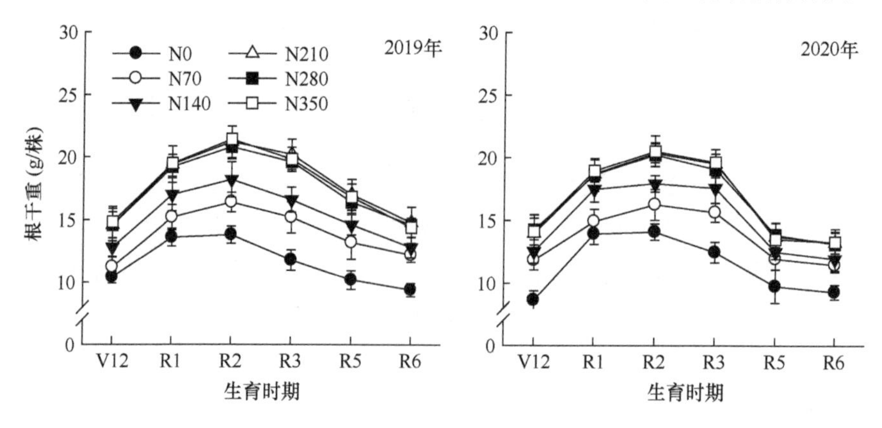

图5-11　不同施氮处理的玉米根干重

V12. 大口期；R1. 吐丝期；R2. 灌浆期；R3. 乳熟期；R5. 蜡熟期；R6. 成熟期

67.8%（2019 年）和 25.3%～57.7%（2020 年），蜡熟期增幅分别为 29.4%～66.7%（2019 年）和 22.3%～41.7%（2020 年），成熟期增幅分别为 29.8%～57.4%（2019 年）和 23.2%～42.5%（2020 年）。在不同施氮处理中，玉米各生育时期根干重均随施氮量的增加呈增加趋势，但当施氮量超过 210 kg/hm^2 后，玉米根干重增幅不再显著（P>0.05）。

2. 总根长

不同氮肥用量下玉米总根长均表现为随生育进程的推进呈先增加后降低的趋势，其中以吐丝期最高（图 5-12）。与 N0 处理相比，施氮各处理显著提高了玉米各生育时期的总根长。其中大口期增幅分别为 11.3%～31.2%（2019 年）和 8.1%～27.2%（2020 年），吐丝期增幅分别为 4.9%～28.1%（2019 年）和 3.3%～25.9%（2020 年），灌浆期增幅分别为 5.4%～17.0%（2019 年）和 10.3%～30.8%（2020 年），乳熟期增幅分别为 7.4%～19.5%（2019 年）和 3.7%～25.5%（2020 年），蜡熟期增幅分别为 10.3%～22.9%（2019 年）和 4.2%～20.4%（2020 年），成熟期增幅分别为 15.0%～29.7%（2019 年）和 7.3%～26.0%（2020 年）。在不同施氮处理中，玉米各生育时期总根长均随施氮量的增加呈增加趋势，但当施氮量超过 210 kg/hm^2 后，玉米总根长增幅不再显著（P>0.05）。

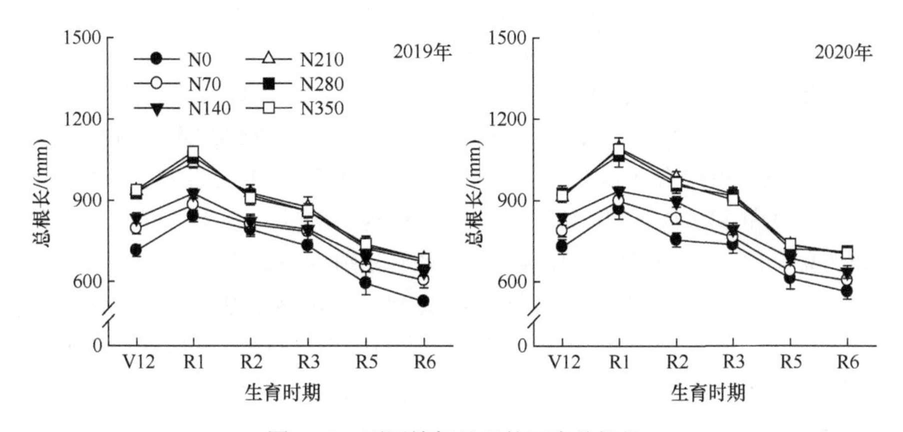

图 5-12　不同施氮处理的玉米总根长

V12. 大口期；R1. 吐丝期；R2. 灌浆期；R3. 乳熟期；R5. 蜡熟期；R6. 成熟期

3. 根表面积

不同氮肥用量下玉米根表面积均表现为随生育进程的推进呈先增加后降低的趋势，其中以吐丝期最高（图 5-13）。与 N0 处理相比，各施氮处理显著提高了玉米各生育时期根表面积，其中大口期增幅分别为 9.5%～33.3%（2019 年）和 12.1%～43.2%（2020 年），吐丝期增幅分别为 6.8%～27.0%（2019 年）和 5.4%～26.1%（2020 年），灌浆期增幅分别为 8.8%～27.9%（2019 年）和 4.2%～25.0%（2020 年），乳熟期增幅分别为 12.9%～32.3%（2019 年）和 5.3%～25.6%（2020 年），蜡熟期增幅分别为 10.2%～36.7%（2019 年）和 14.2%～39.3%（2020 年），成熟期增幅分别为 17.1%～43.9%（2019 年）和 7.1%～33.8%（2020 年）。在不同施氮处理中，玉米各生育时期根表面积均随施氮量的增加呈增加趋势，但当施氮量超过 210 kg/hm^2 后，玉米根表面积增幅不再显著（P>0.05）。

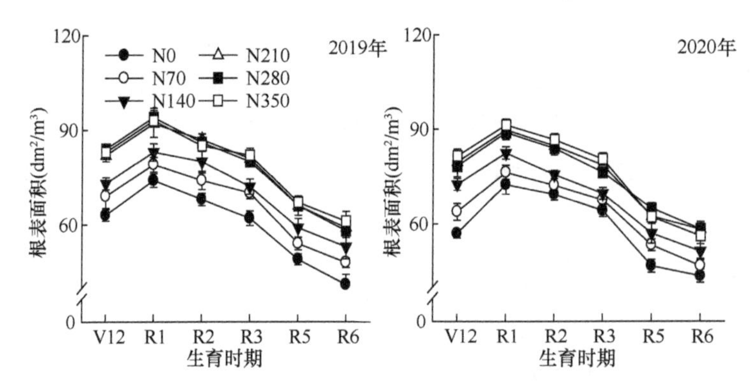

图 5-13　不同施氮处理的玉米根表面积

V12. 大口期；R1. 吐丝期；R2. 灌浆期；R3. 乳熟期；R5. 蜡熟期；R6. 成熟期

4. 根系活力

TTC 法利用氯化三苯基四氮唑（TTC）作为氢受体，通过观察根系的着色情况来评估脱氢酶的活性，从而反映根系活力。不同施氮水平下玉米根系 TTC 还原总量均表现为随生育进程的推进呈先增加后降低的趋势，其中以灌浆期最高（图 5-14），与 N0 处理相比，施氮显著提高了玉米各生育时期根系 TTC 还原总量，其中大口期增幅分别为 12.2%～42.1%（2019 年）和 11.2%～33.3%（2020 年），吐丝期增幅分别为 25.6%～55.0%（2019 年）和 12.8%～33.5%（2020 年），灌浆期增幅分别为 29.7%～62.1%（2019 年）和 17.6%～37.1%（2020 年），乳熟期增幅分别为 32.9%～75.8%（2019 年）和 25.3%～57.7%（2020 年），蜡熟期增幅分别为 32.9%～75.8%（2019 年）和 7.5%～36.3%（2020 年），成熟期增幅分别为 33.9%～70.4%（2019 年）和 10.3%～35.8%（2020 年）。在不同施氮处理中，玉米各生育时期根系 TTC 还原总量均随施氮量的增加呈增加趋势，但当施氮量超过 210 kg/hm^2 后，玉米根系 TTC 还原总量增幅不再显著（$P>0.05$）。

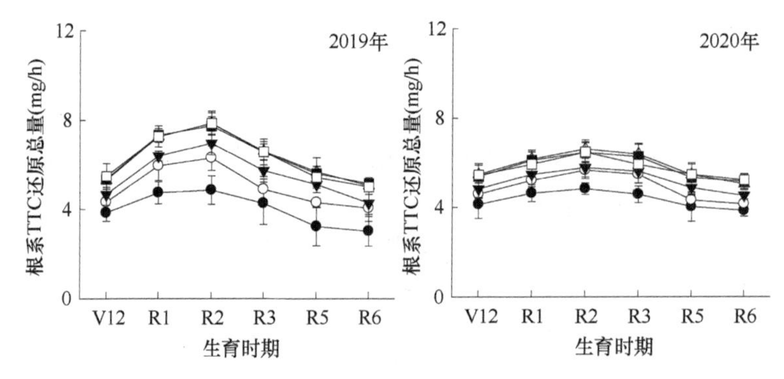

图 5-14　不同施氮处理的玉米根系 TTC 还原总量

V12. 大口期；R1. 吐丝期；R2. 灌浆期；R3. 乳熟期；R5. 蜡熟期；R6. 成熟期

（二）氮素养分对玉米干物质积累特征与转运的影响

1. 玉米干物质积累特征

（1）干物质积累量

玉米苗期至拔节期，各处理玉米干物质积累量增加缓慢，拔节期至灌浆期，各处理玉米群体干物质积累量快速增加，灌浆期至成熟期增加缓慢，并在成熟期达到峰值（图5-15）。与N0处理相比，不同施氮处理玉米各生育期干物质积累量均显著提高（$P<0.05$）。苗期至开花期，干物质积累量随施氮量的增加而增加，以施氮量350 kg/hm^{2}处理最高；灌浆期至成熟期则表现为随施氮量的增加呈先增加后降低的趋势，以N210处理最高。说明过量施氮有利于生育前期干物质生产，而适宜的施氮量可使玉米生育中后期保持较高的干物质积累速率，提高吐丝期至成熟期的干物质积累量。

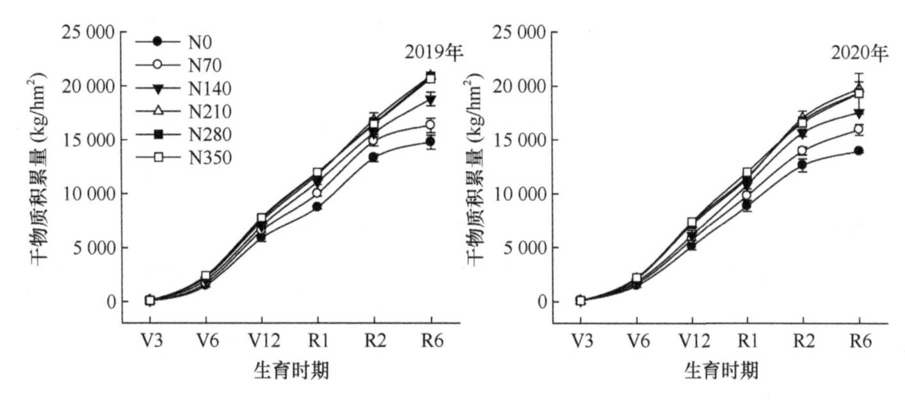

图 5-15　不同施氮处理玉米各生育阶段干物质积累量

V3. 苗期；V6. 拔节期；V12. 大口期；R1. 吐丝期；R2. 灌浆期；R6. 成熟期

施氮处理对干物质最大增长速率和平均增长速率影响显著，对最大增长速率出现天数影响不显著；年份对干物质最大增长速率、最大增长速率出现天数影响不显著，对平均增长速率影响显著；施氮处理和年份的交互作用对干物质平均增长速率影响显著（表5-9）。不同施氮处理干物质积累可用逻辑斯谛回归方程较好地拟合（R^2=0.991～0.998）。通过逻辑斯谛回归方程对不同施氮处理进行解析，发现与不施氮处理相比，施氮显著提高了干物质最大增长速率和平均增长速率（$P<0.05$），提高幅度分别为5.4%～20.0%、10.1%～40.2%（2019年）和8.9%～25.7%、13.9%～42.7%（2020年）。在不同施氮处理中，干物质最大增长速率和平均增长速率在施氮量0～210 kg/hm^{2}内随施氮量的增加而增加，当施氮量增加至280 kg/hm^{2}时，干物质最大增长速率和干物质平均增长速率呈下降趋势。从干物质最大增长速率出现天数来看，不同施氮处理间无显著性差异（$P>0.05$）。

（2）干物质积累比例

不同施氮水平下玉米吐丝前后干物质积累量占整个植株干物质积累总量的比例如图5-16所示。与N0处理相比，施氮处理玉米吐丝后干物质积累比例的提高幅度均达显著水平（$P<0.05$），提高幅度分别为5.0%～11.9%（2019年）和5.9%～14.8%（2020年）。在不同施氮处理中，随着氮肥用量的增加，吐丝期至成熟期干物质积累量占整个植株干

物质积累总量的比例呈先增加后降低的趋势，其中以 N210 处理吐丝期至成熟期干物质积累比例最高。

表 5-9　不同施氮处理玉米干物质增长速率的逻辑斯谛方程回归分析

年份	处理	回归方程	R^2	最大增长速率[kg/（d·hm^2）]	最大增长速率出现天数（d）	平均增长速率[kg/（d·hm^2）]
2019	N0	Y=14 696.906/（1+$e^{154.114-0.069t}$）	0.993	253.5 e	73.0 a	101.4 d
	N70	Y=16 188.341/（1+$e^{174.069-0.066t}$）	0.991	267.1 d	78.2 a	111.6 c
	N140	Y=18 365.540/（1+$e^{119.853-0.062t}$）	0.994	284.7 c	77.2 a	126.7 b
	N210	Y=20 625.029/（1+$e^{93.423-0.059t}$）	0.996	304.2 a	76.9 a	142.2 a
	N280	Y=20 402.719/（1+$e^{86.502-0.058t}$）	0.995	295.8 ab	76.9 a	140.7 a
	N350	Y=20 208.081/（1+$e^{84.744-0.058t}$）	0.998	293.0 b	76.5 a	139.4 a
2020	N0	Y=13 911.408/（1+$e^{174.058-0.067t}$）	0.996	233.0 e	77.0 a	93.4 d
	N70	Y=15 860.516/（1+$e^{141.342-0.064t}$）	0.995	253.8 d	77.4 a	106.4 c
	N140	Y=17 536.975/（1+$e^{150.037-0.061t}$）	0.998	267.4 c	82.1 a	117.7 b
	N210	Y=19 855.974/（1+$e^{108.190-0.059t}$）	0.992	292.9 a	79.4 a	133.3 a
	N280	Y=19 336.870/（1+$e^{110.800-0.060t}$）	0.994	290.1 ab	78.5 a	129.8 a
	N350	Y=19 091.775/（1+$e^{114.387-0.060t}$）	0.996	281.6 b	80.3 a	128.1 a
方差分析						
年份				NS	NS	*
施氮处理				*	NS	*
年份×施氮处理				NS	NS	*

注：同列数据后不同小写字母表示在 5%水平上差异显著；NS、*和**分别表示无显著影响及在 0.05 和 0.01 水平上影响显著。

2. 不同施氮处理玉米籽粒干物质来源

年份对干物质转运量和吐丝后光合产物输入籽粒量影响显著，对干物质转运对籽粒贡献率和吐丝后光合产物输入对籽粒贡献率影响不显著；施氮处理对干物质转运量、干物质转运对籽粒贡献率和吐丝后光合产物输入籽粒量影响显著，而对吐丝后光合产物输入对籽粒贡献率影响不显著，施氮处理和年份对干物质转运量和吐丝后光合产物输入籽粒量表现出显著的交互作用（表 5-10）。与不施氮肥处理相比，施氮各处理显著提高了干物质转运量、干物质转运对籽粒贡献率和吐丝后光合产物输入籽粒量，提高幅度依次为 12.9%～115.7%、7.8%～35.7%、11.5%～46.7%（2019 年）和 35.2%～139.5%、9.3%～38.0%、16.5%～49.0%（2020 年）。在不同施氮处理中，在施氮量 0～210 kg/hm^2 内干物质转运量、干物质转运对籽粒贡献率和吐丝后光合产物输入籽粒量随施氮量的增加而增加，当施氮量超过这一范围时，干物质转运量、干物质转运对籽粒贡献率和吐丝后光合产物输入籽粒量呈下降趋势。而不同施氮处理吐丝后光合产物输入对籽粒贡献率间无显著差异（P>0.05）。

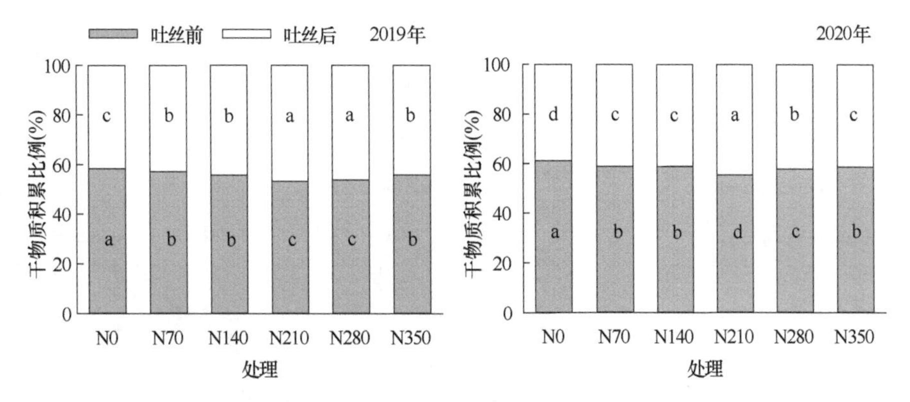

图 5-16　不同施氮处理玉米吐丝前后干物质积累量占整个植株干物质积累总量的比例

不同小写字母表示在 5%水平上差异显著

表 5-10　不同施氮处理玉米籽粒干物质来源

年份	处理	干物质转运		吐丝后光合产物输入籽粒量	
		转运量（kg/hm²）	对籽粒贡献率（%）	输入量（kg/hm²）	对籽粒贡献率（%）
2019	N0	782.6 d	11.5 d	6020.7 d	88.5 a
	N70	883.7 c	13.6 b	6711.6 c	86.4 a
	N140	1215.0 b	13.7 b	7553.0 b	86.3 a
	N210	1687.7 a	15.6 a	8829.7 a	84.4 a
	N280	1524.2 a	14.3 ab	8761.5 a	85.7 a
	N350	1255.5 b	12.4 c	8503.2 a	87.6 a
2020	N0	606.9 e	10.8 d	5588.7 d	89.2 a
	N70	820.7 d	11.8 c	6512.0 c	88.2 a
	N140	1021.0 c	13.1 b	7111.6 b	86.9 a
	N210	1453.6 a	14.9 a	8328.0 a	85.1 a
	N280	1340.8 a	14.6 a	8253.4 a	85.4 a
	N350	1232.0 ab	14.2 ab	8188.9 a	85.8 a
方差分析					
年份		*	NS	*	NS
施氮处理		**	**	**	NS
施氮处理×年份		*	NS	*	NS

注：同列数据后不同小写字母表示在 5%水平上差异显著；NS、*和**分别表示无显著影响及在 0.05 和 0.01 水平上影响显著。

（三）氮素养分对玉米氮素积累特征与转运的影响

1. 氮素积累特征

（1）氮素积累量

不同处理氮素积累量随玉米生育时期的推进呈逐渐增加的趋势（图 5-17）。与 N0 处理相比，除苗期外，氮肥各处理显著提高了玉米各生育期氮素积累量（$P<0.05$）。在不同施氮处理中，植株氮素积累量在玉米拔节期至吐丝期随施氮量的增加而增加，以

N350 处理最高；灌浆期至成熟期氮素积累量则表现为随施氮量的增加先增加后降低，以 N210 处理最高。说明过量施氮有利于生育前期氮素积累，而适宜的施氮量可使玉米生育中后期保持较高的氮素积累速率，提高吐丝期至成熟期氮素积累量。

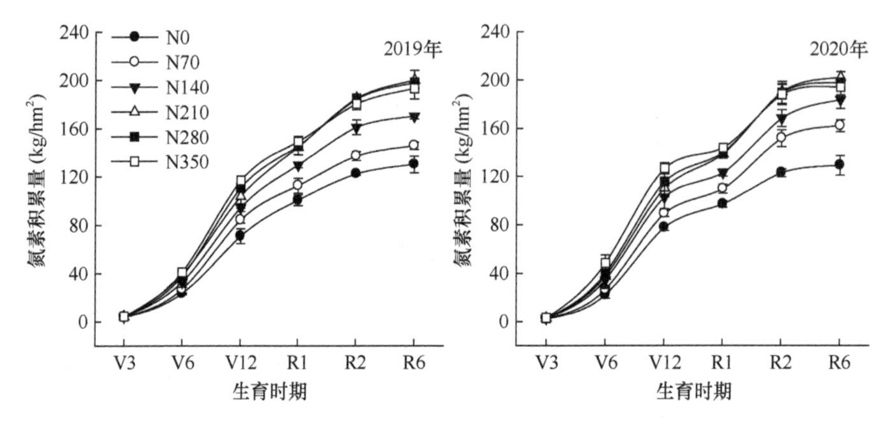

图 5-17　不同施氮处理玉米各生育阶段氮素积累量

V3. 苗期；V6. 拔节期；V12. 大口期；R1. 吐丝期；R2. 灌浆期；R6. 成熟期

（2）氮素积累比例

不同氮肥用量下玉米吐丝前后氮素积累量占整个植株氮素积累总量的比例表明（图 5-18），与 N0 处理相比，施氮各处理玉米吐丝后氮素积累比例的提高幅度均达显著水平（$P<0.05$），提高幅度分别为 11.1%～35.6%（2019 年）和 7.5%～29.3%（2020 年）。在不同施氮处理中，随着施氮量的增加，玉米吐丝期至成熟期氮素积累量占整个植株氮素积累总量的比例呈先增加后降低的趋势，其中以 N210 处理吐丝期至成熟期氮素积累比例最高。

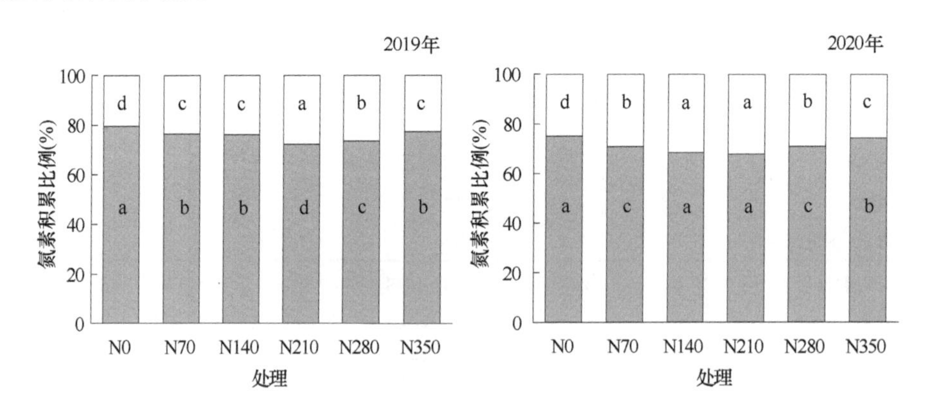

图 5-18　不同施氮处理玉米吐丝前后氮素积累量占整个植株氮素积累总量的比例

不同小写字母表示在 5%水平上差异显著

2. 氮素转运

与不施氮肥处理（N0）相比，施氮各处理显著提高了氮素转运量（$P<0.05$，表 5-11），提高幅度分别为 12.7%～36.7%（2019 年）和 20.5%～43.9%（2020 年）。随着氮肥用量

的增加，氮素转运量呈先增加后降低的趋势，其中以 N210 处理玉米氮素转运量最高。氮素转运贡献率表现为随氮肥用量的增加呈先降低后增加的趋势，积累氮素贡献率则表现为随氮肥用量的增加先增加后降低，其最高值出现在 N210 处理。但不同施氮处理间氮素转运率的差异未达显著水平（$P>0.05$）。

表 5-11　不同施氮处理玉米氮素转运特征

处理	2019 年				2020 年			
	转运量（kg/hm^2）	转运率（%）	氮素转运贡献率（%）	积累氮素贡献率（%）	转运量（kg/hm^2）	转运率（%）	氮素转运贡献率（%）	积累氮素贡献率（%）
N0	47.2 d	43.4 a	64.1 a	35.9 c	45.3 d	48.3 a	64.8 a	35.2 d
N70	53.2 c	47.9 a	62.2 ab	37.8 bc	54.6 c	49.6 a	60.2 b	39.8 c
N140	59.8 b	46.8 a	60.4 b	39.6 b	58.1 b	48.9 a	57.2 c	42.8 b
N210	64.5 a	48.9 a	55.6 c	44.4 a	64.2 a	50.2 a	52.1 d	47.9 a
N280	62.7 a	47.2 a	55.8 c	44.2 a	63.2 a	51.0 a	52.8 d	47.2 a
N350	63.5 a	45.4 a	59.9 b	40.1 b	65.2 a	47.9 a	56.6 c	43.4 b

注：同列数据后不同小写字母表示在 5%水平上差异显著。

（四）氮素养分对玉米光合特性的影响

1. 穗位叶净光合速率（P_n）

玉米吐丝后随着生育进程的推进，各处理穗位叶净光合速率均持续下降，前期下降相对缓慢，后期下降加快，至成熟期降至最低（图 5-19）。与 N0 处理相比，施氮各处理玉米开花后各阶段穗位叶净光合速率的提高幅度均达显著水平（$P<0.05$）。在不同施氮处理中，玉米各生育时期穗位叶净光合速率均随氮肥用量的增加呈增加趋势，但当氮肥用量超过 210 kg/hm^2 后，玉米穗位叶净光合速率增幅不再显著（$P>0.05$）。

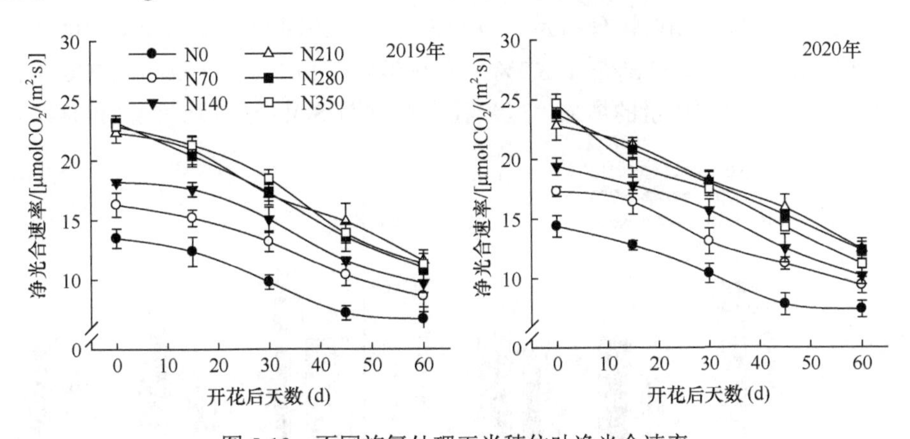

图 5-19　不同施氮处理玉米穗位叶净光合速率

2. 穗位叶叶绿素含量

玉米吐丝后随着生育进程的推进，各处理穗位叶叶绿素含量均持续下降（图 5-20）。

与 N0 处理相比，施氮各处理玉米吐丝后各阶段穗位叶叶绿素含量的提高幅度均达显著水平（$P<0.05$）。在施氮量 0～210 kg/hm^2 条件下，叶绿素含量随着氮肥用量的增加呈增加趋势，但当氮肥用量超过 210 kg/hm^2 后，玉米穗位叶叶绿素含量增幅不再显著（$P>0.05$）。

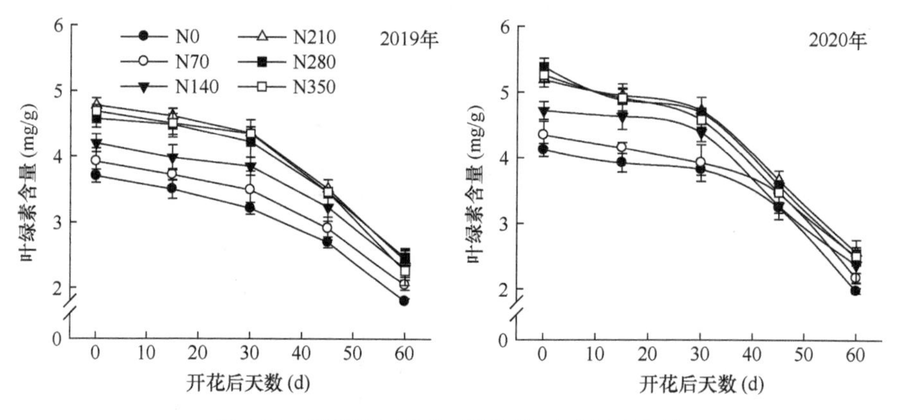

图 5-20　不同施氮处理玉米穗位叶叶绿素含量

（五）氮素养分对玉米叶片衰老的影响

1. 施氮对玉米穗位叶 SOD 活性的影响

SOD（超氧化物歧化酶）是生物体内重要的保护酶之一，其活性高低标志着植物细胞自身抗衰老能力的强弱。SOD 的主要功能是催化超氧化物阴离子自由基发生歧化反应生成 H_2O_2 和 O_2，从而避免氧自由基对细胞的损害。不同施氮水平下 SOD 活性在生育后期均表现出相同的变化趋势，各处理 SOD 在玉米灌浆期最高，乳熟期最低，蜡熟期有所提高（图 5-21）。与 N0 处理相比，施氮各处理显著提高了玉米灌浆期、乳熟期和蜡熟期 SOD 活性（$P<0.05$），其中灌浆期增幅分别为 7.7%～71.8%（2019 年）和 12.7%～62.3%（2020 年），乳熟期增幅分别为 11.0%～98.2%（2019 年）和 20.4%～109.3%（2020 年），蜡熟期增幅分别为 29.3%～133.3%（2019 年）和 17.2%～110.8%（2020 年）。在不同施氮处理中，随氮肥用量的增加，玉米各生育时期 SOD 活性均呈增加趋势，当氮肥

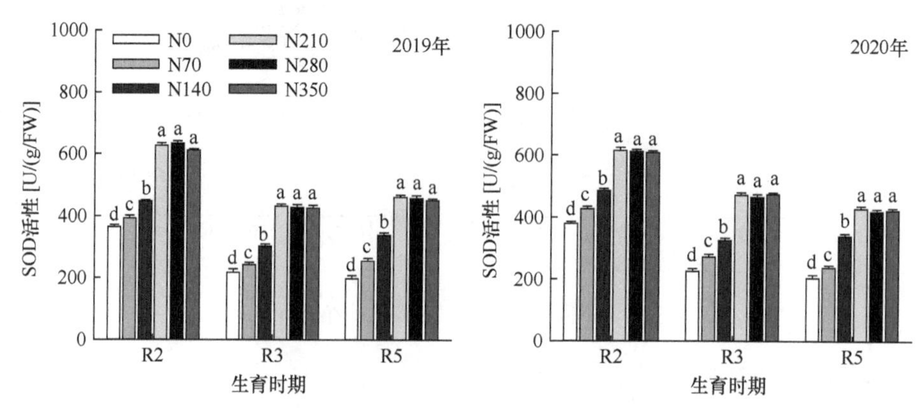

图 5-21　不同施氮处理玉米各生育期穗位叶 SOD 活性动态变化

不同字母表示在 5%水平上差异显著；R2. 灌浆期；R3. 乳熟期；R5. 蜡熟期

用量超过 210 kg/hm^{2}后，SOD 活性增幅不再显著。说明氮素供应不足不利于 SOD 的合成，叶片活性氧自由基的清除能力减弱，衰老加速；适量的氮素能提高保护酶的活性，增强叶肉细胞对活性氧自由基的清除能力，有效控制膜脂过氧化水平，最大限度维持了细胞的稳定性，延缓了衰老进程。

2. 不同氮肥用量对玉米穗位叶 POD 活性的影响

POD（过氧化物酶）可以清除植物体内的 H_2O_2，是植物体内重要的活性氧清除系统之一，它与 SOD 协同作用维持体内活性氧代谢平衡。随着玉米的衰老，POD 又参与叶绿素的分解，因此 POD 与植株的衰老密切相关。不同施氮处理玉米穗位叶 POD 活性表现为从灌浆期到乳熟期略有升高，到蜡熟期快速下降的趋势（图 5-22）。与 N0 处理相比，施氮各处理显著提高了玉米灌浆期、乳熟期和蜡熟期 POD 活性（$P<0.05$），其中灌浆期增幅分别为 20.4%～55.8%（2019 年）和 10.5%～51.4%（2020 年），乳熟期增幅分别为 14.7%～45.7%（2019 年）和 10.0%～48.6%（2020 年），蜡熟期增幅分别为 11.0%～47.4%（2019 年）和 12.3%～53.1%（2020 年）。不同施氮处理间，灌浆期和乳熟期 POD 活性均表现为随氮肥用量的增加而增加，当施氮量超过 210 kg/hm^{2}后，POD 活性提高幅度不再显著（$P>0.05$）。

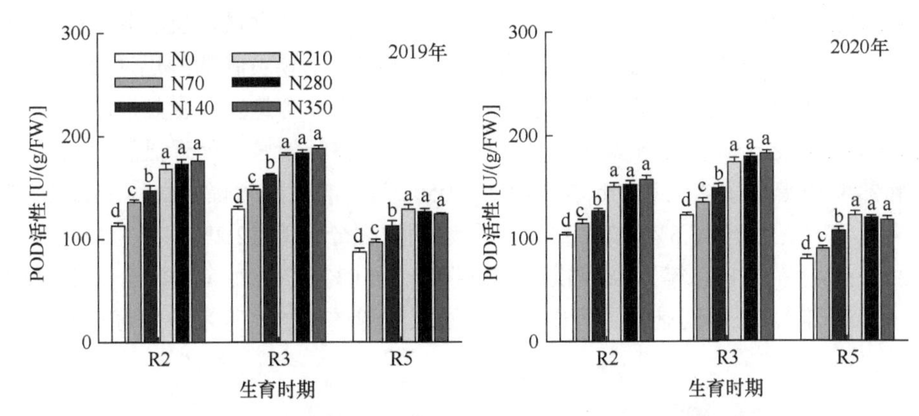

图 5-22　不同施氮处理玉米各生育期穗位叶 POD 活性动态变化

不同字母表示在 5%水平上差异显著；R2. 灌浆期；R3. 乳熟期；R5. 蜡熟期

3. 不同施氮量对玉米穗位叶 MDA 含量的影响

MDA（丙二醛）含量是反映细胞膜脂过氧化程度的重要指标。MDA 既是过氧化产物，又可与细胞内多种成分发生反应，使十多种酶和膜系统遭受严重损伤，其含量的大幅度升高标志着植株快速转向衰老。从图 5-23 可知，各处理玉米穗位叶 MDA 含量随生育期的不断推进呈上升趋势，表明在玉米生育后期，随着叶片的发育，衰老程度逐渐加深，膜脂过氧化程度加剧，叶片中 MDA 含量也随之增加。与 N0 处理相比，施氮各处理显著降低了玉米灌浆期、乳熟期和蜡熟期穗位叶 MDA 含量（$P<0.05$），其中灌浆期降幅分别为 6.4%～34.7%（2019 年）和 3.7%～29.6%（2020 年），乳熟期降幅分别为 4.3%～28.0%（2019 年）和 4.1%～34.8%（2020 年），蜡熟期降幅分别为 7.3%～25.8%（2019 年）和 7.0%～28.4%（2020 年）。说明不施氮肥使玉米穗位叶中活性氧累积量增大，膜

脂过氧化程度高，加快玉米的衰老。在不同施氮处理中，穗位叶 MDA 含量随氮肥用量的增加呈下降趋势。

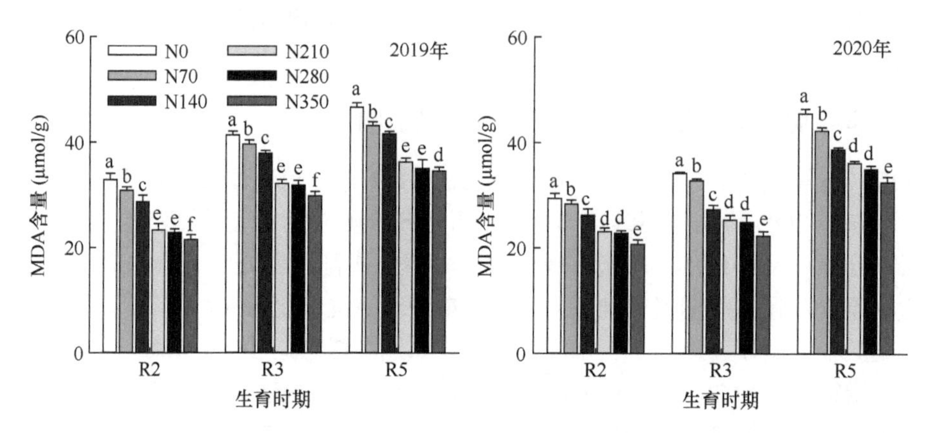

图 5-23　不同施氮处理玉米各生育期穗位叶 MDA 含量动态变化

不同字母表示在 5%水平上差异显著；R2. 灌浆期；R3. 乳熟期；R5. 蜡熟期

4. 不同施氮量对玉米穗位叶 Pro 含量的影响

玉米叶片中 Pro（可溶性蛋白）主要是一些酶蛋白，其含量是反映叶片酶蛋白功能变化的指标之一。随着叶片的老化，这种对光合作用有重要贡献的酶迅速被分解，这是老化过程中叶片光合机能迅速减退的重要原因。因此 Pro 含量变化也是反映叶片功能及衰老的可靠指标之一。由图 5-24 可知，与 N0 处理相比，施氮各处理显著提高了玉米灌浆期、乳熟期和蜡熟期穗位叶 Pro 含量（$P<0.05$），其中灌浆期增幅分别为 18.2%～73.4%（2019 年）和 13.5%～46.6%（2020 年），乳熟期增幅分别为 12.2%～48.8%（2019 年）和 11.2%～56.9%（2020 年），蜡熟期增幅分别为 16.0%～78.3%（2019 年）和 22.1%～71.4%（2020 年）。在不同施氮处理中，随着氮肥用量的增加，玉米各生育期 Pro 含量均呈增加趋势。

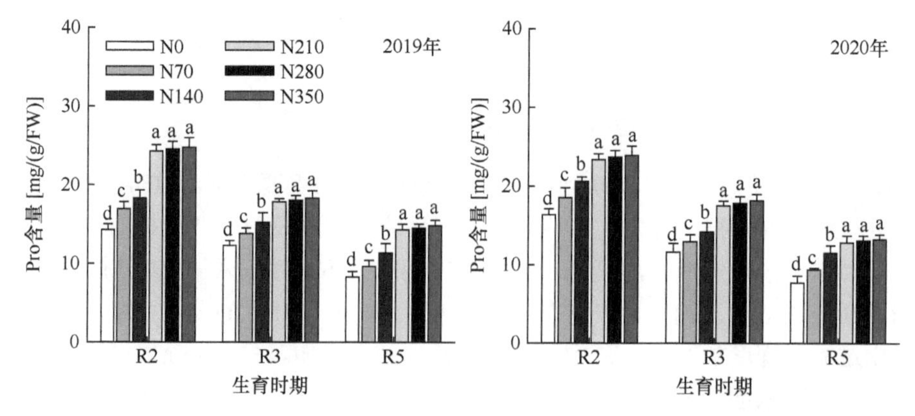

图 5-24　不同施氮处理玉米各生育期穗位叶 Pro 含量动态变化

不同字母表示在 5%水平上差异显著；R2. 灌浆期；R3. 乳熟期；R5. 蜡熟期

5. 穗位叶衰老指标之间的相关性

相关分析表明（表 5-12），穗位叶 SOD 活性、POD 活性、Pro 含量均与 MDA 含量极显著负相关，说明以上指标能很好地反映穗位叶衰老情况。氮素供应不足会导致玉米生育后期穗位叶 SOD 活性、POD 活性和 Pro 含量呈降低趋势，导致氧自由基的积累，使 MDA 含量急剧增加，致使玉米叶片衰老加剧。

表 5-12　不同氮肥用量下玉米穗位叶衰老指标间的相关性

指标	SOD 活性	POD 活性	Pro 含量	MDA 含量
SOD 活性	1	0.748**	0.821**	−0.694**
POD 活性		1	0.833**	−0.793**
Pro 含量			1	−0.893**
MDA 含量				1

注：**P<0.01。

（六）氮素养分对玉米产量及其构成因素的影响

年份和施氮处理对玉米产量影响显著，对收获指数影响不显著；而两因素对产量表现出显著的交互作用（表 5-13）。与 N0 处理相比，施氮各处理玉米产量显著增加（P<0.05），且在施氮量 0～210 kg/hm^2 内，玉米产量随施氮量的增加显著增加，当施氮量增加至 280 kg/hm^2 时，玉米产量呈下降趋势，但差异未达显著水平（P>0.05）。

表 5-13　不同施氮处理玉米产量及其构成因素、收获指数

年份	处理	产量（kg/hm^2）	穗数（穗/hm^2）	穗粒数	百粒重（g）	收获指数
2019	N0	7 910 d	73 791 a	422.3 d	26.8 c	0.49 a
	N70	9 497 c	73 544 a	459.1 c	27.7 bc	0.51 a
	N140	10 895 b	73 123 a	519.6 b	29.6 ab	0.51 a
	N210	12 028 a	73 790 a	549.9 a	30.9 a	0.49 a
	N280	11 926 ab	73 724 a	535.6 ab	30.8 a	0.52 a
	N350	11 595 ab	73 954 a	532.1 ab	30.2 a	0.48 a
2020	N0	7 203 d	73 791 a	370.4 d	27.3 d	0.49 a
	N70	8 693 c	73 544 a	382.2 c	30.4 b	0.51 a
	N140	9 789 b	73 123 a	432.5 b	31.6 ab	0.51 a
	N210	11 156 a	73 790 a	455.2 a	33.7 a	0.50 a
	N280	10 974 a	73 724 a	451.0 a	32.9 ab	0.50 a
	N350	10 453 a	73 954 a	447.5 a	31.7 ab	0.50 a
方差分析						
年份		*	NS	*	NS	NS
施氮处理		**	NS	*	*	NS
施氮处理×年份		*	NS	*	NS	NS

注：同列数据后不同字母表示在 5%水平上差异显著；NS、*和**分别表示无显著影响及在 0.05 和 0.01 水平上影响显著。

产量构成因素的分析结果表明，施氮处理对穗粒数和百粒重影响显著，对穗数影响不显著；年份对穗粒数影响显著，对穗数和百粒重影响均不显著，而施氮处理和年份仅对穗粒数表现出显著的交互作用。与 N0 处理相比，施氮处理显著提高了玉米穗粒数和百粒重，且随氮肥用量的增加呈先增加后降低的趋势，其中以施氮量 210 kg/hm^2 处理玉米穗粒数和百粒重最高。而不同施氮处理玉米收获穗数无显著性差异（$P>0.05$）。

综上所述，施用氮肥可显著促进根系发育（根干重、根长、根表面积、根系活力），提高根系对养分的吸收和传输能力，促进玉米对氮素的吸收，增加叶片叶绿素含量，提高叶片光合速率，延缓叶片光合功能的衰退进程，进而提高玉米干物质生产能力，提高玉米产量。但当氮肥超过一定用量后，会对玉米生长发育产生负效应，导致玉米产量下降。

二、磷

（一）磷素养分对玉米干物质积累特征与转运的影响

1. 玉米干物质积累特征

（1）干物质积累量

玉米苗期至拔节期，各处理玉米群体干物质积累量增加缓慢，拔节期至灌浆期，各处理玉米群体干物质积累量快速增加，灌浆期至成熟期增加缓慢，并在成熟期达到峰值（图 5-25）。与 P0 处理相比，施磷各处理玉米各生育期干物质积累量均显著提高（$P<0.05$）。在不同施磷处理中，苗期至吐丝期，干物质积累量随磷肥用量的增加而增加，以施磷量 150 kg/hm^2 处理最高；灌浆期至成熟期则表现为随磷肥用量的增加呈先增加后降低的趋势，以 P90 处理最高。说明过量施磷有利于生育前期干物质生产，而适宜的磷肥用量可使玉米生育中后期保持较高的干物质积累速率，提高吐丝期至成熟期干物质积累量。

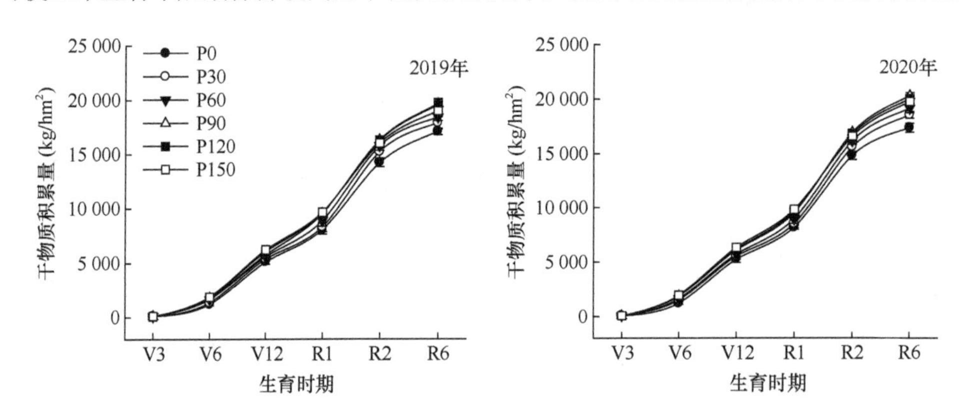

图 5-25　不同施磷处理玉米各生育阶段干物质积累量

V3. 苗期；V6. 拔节期；V12. 大口期；R1. 吐丝期；R2. 灌浆期；R6. 成熟期

（2）干物质积累比例

不同施磷水平下玉米吐丝前后干物质积累量占整个植株干物质积累总量的比例表明（图 5-26），与 P0 处理相比，施磷各处理玉米吐丝后干物质积累比例的提高幅度均达显著水平（$P<0.05$），提高幅度分别为5.2%～11.6%（2019年）和6.5%～13.9%（2020年）。在不同施磷处理中，随着磷肥用量的增加，吐丝期至成熟期干物质积累量占整个植株干物质积累总量的比例呈先增加后降低的趋势，其中以P90处理（2019年）和P60处理（2020年）吐丝期至成熟期干物质积累比例最高。

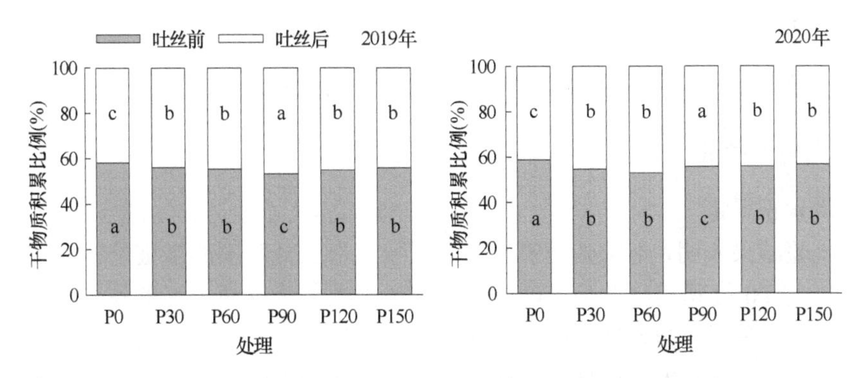

图5-26　不同施磷处理玉米吐丝前后干物质积累量占整个植株干物质积累总量的比例

不同字母表示在5%水平上差异显著

2. 不同施磷处理玉米籽粒干物质来源

年份和施磷处理对干物质转运量和吐丝后光合产物输入籽粒量影响显著，干物质转运对籽粒贡献率和吐丝后光合产物输入对籽粒贡献率影响不显著；而两因素对干物质转运量和吐丝后光合产物输入籽粒量表现出显著的交互作用（表5-14）。与P0处理相比，施磷各处理显著提高了干物质转运量和吐丝后光合产物输入籽粒量，较P0处理分别提

表5-14　不同施磷处理玉米籽粒干物质来源

年份	处理	干物质转运		吐丝后光合产物输入籽粒量	
		转运量（kg/hm²）	对籽粒贡献率（%）	输入量（kg/hm²）	对籽粒贡献率（%）
2019	P0	892 d	11.0 a	7232 d	89.0 a
	P30	989 c	11.2 a	7857 c	88.8 a
	P60	1102 b	11.5 a	8467 b	88.5 a
	P90	1206 a	11.7 a	9129 a	88.3 a
	P120	1196 a	11.8 a	8945 ab	88.2 a
	P150	1028 c	10.7 a	8623 b	89.3 a
2020	P0	926 d	10.7 a	7698 d	89.3 a
	P30	1028 c	11.1 a	8261 c	88.9 a
	P60	1142 b	11.8 a	8552 b	88.2 a
	P90	1288 a	12.3 a	9226 a	87.7 a
	P120	1267 a	12.4 a	8963 ab	87.6 a
	P150	1054 c	10.8 a	8688 b	89.2 a
方差分析					
年份		*	NS	*	NS
施磷处理		**	NS	**	NS
施磷处理×年份		*	NS	*	NS

注：同列数据后不同字母表示在5%水平上差异显著；NS、*和**分别表示无显著影响及在0.05和0.01水平上影响显著。

高了 10.9%～35.2%、8.6%～26.2%（2019 年）和 11.0%～39.1%、7.3%～19.8%（2020 年）。其中在磷肥用量 0～90 kg/hm^2 内干物质转运量和吐丝后光合产物输入籽粒量随施磷量的增加而增加，当施磷量超过这一范围，干物质转运量和吐丝后光合产物输入籽粒量呈下降趋势。而干物质转运对籽粒贡献率和吐丝后光合产物输入对籽粒贡献率在不同施磷处理间无显著差异（$P>0.05$）。

（二）磷素养分对玉米磷素积累特征与转运的影响

1. 磷素积累特征

（1）磷素积累量

两年试验结果表明，不同处理磷素积累量随玉米生育时期的推进呈逐渐增加的趋势（图 5-27）。与 P0 处理相比，除苗期外，施磷各处理显著提高了玉米各生育期磷素积累量（$P<0.05$）。在不同施磷处理中，植株磷素积累量在玉米拔节期至吐丝期随磷肥用量的增加而增加，以 P150 处理最高；灌浆期至成熟期磷素积累量则表现为随磷肥用量的增加先增加后降低，以 P90 处理最高。说明过量施磷有利于生育前期磷素积累，而适宜的磷肥用量可使玉米生育中后期保持较高的磷素积累速率，提高玉米吐丝期至成熟期磷素积累量。

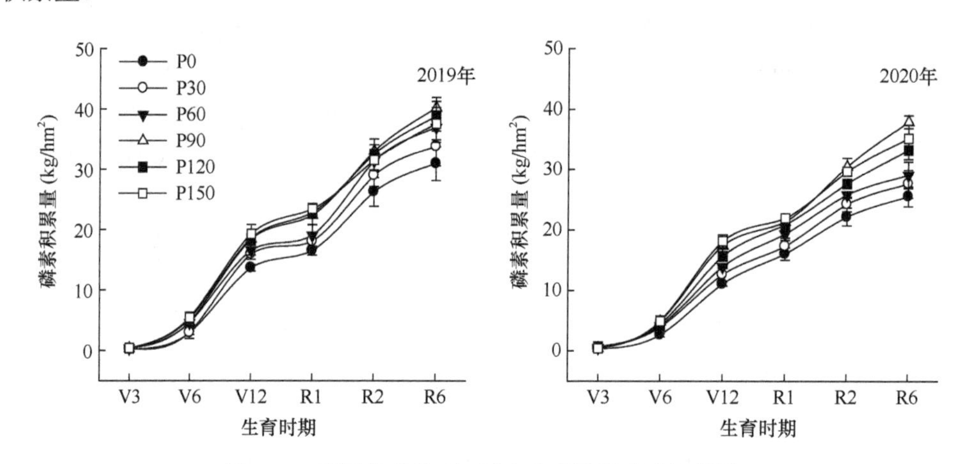

图 5-27 不同施磷处理玉米各生育阶段磷素积累量

V3. 苗期；V6. 拔节期；V12. 大口期；R1. 吐丝期；R2. 灌浆期；R6. 成熟期

（2）磷素积累比例

两年不同施磷水平下玉米吐丝前后磷素积累量占整个植株磷素积累总量的比例表明（图 5-28），与 P0 处理相比，施磷各处理玉米吐丝后磷素积累比例的提高幅度均达显著水平（$P<0.05$），提高幅度分别为 12.6%～46.2%（2019 年）和 16.9%～24.2%（2020 年）。在不同施磷处理中，随磷肥用量的增加，吐丝期至成熟期磷素积累量占整个植株磷素积累总量的比例呈先增加后降低的趋势，其中以 P90 处理玉米吐丝期至成熟期磷素积累比例最高。

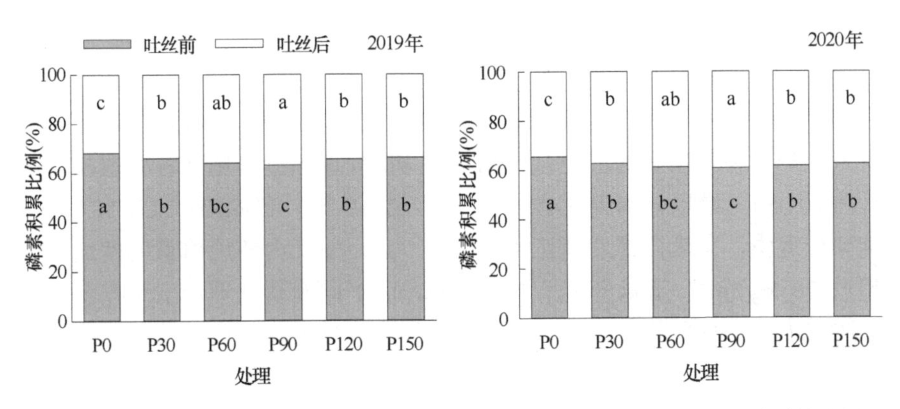

图 5-28　不同施磷处理玉米吐丝前后磷素积累量占整个植株磷素积累总量的比例

不同字母表示在 5%水平上差异显著

2. 磷素转运

两年试验结果表明，年份与施磷处理显著影响磷素转运量和籽粒吸磷量，对磷素转运率和磷素转运贡献率影响不显著，施磷处理与年份对磷素转运量和籽粒吸磷量表现出显著的交互作用（表 5-15）。与 P0 处理相比，施磷各处理显著提高了磷素转运量和籽粒吸磷量（$P<0.05$），提高幅度分别为 17.8%～49.5%、10.0%～30.3%（2019 年）和 14.3%～50.0%、13.2%～32.8%（2020 年）。在不同施磷处理中，磷素转运量和籽粒吸磷量在磷肥用量 30～90 kg/hm^2 内随磷肥用量的增加而增加，当磷肥用量超过 90 kg/hm^2 后，磷素转运量和籽粒吸磷量呈下降趋势。而不同施磷处理间玉米磷素转运率和磷素转运贡献率无显著差异（$P>0.05$）。

表 5-15　不同施磷处理玉米磷素转运

年份	处理	磷素转运量（kg/hm^2）	磷素转运率（%）	籽粒吸磷量（kg/hm^2）	磷素转运贡献率（%）
2019	P0	10.1 d	72.1 a	22.1 d	45.7 a
	P30	11.9 c	70.8 a	24.3 c	49.0 a
	P60	13.6 b	73.2 a	25.9 c	52.5 a
	P90	15.1 a	71.5 a	28.8 a	52.4 a
	P120	14.6 ab	72.2 a	28.1 ab	52.0 a
	P150	14.0 b	73.3 a	27.4 b	51.1 a
2020	P0	9.8 d	72.5 a	23.5 d	41.7 a
	P30	11.2 c	76.3 a	26.6 c	42.1 a
	P60	13.2 b	73.2 a	28.3 b	46.6 a
	P90	14.7 a	74.1 a	31.2 a	47.5 a
	P120	14.5 a	76.2 a	30.5 ab	47.1 a
	P150	13.9 ab	75.5 a	29.8 b	46.5 a
方差分析					
年份		*	NS	*	NS
施磷处理		**	NS	**	NS
施磷处理×年份		*	NS	*	NS

注：同列数据后不同字母表示在 5%水平上差异显著；NS、*和**分别表示无显著影响及在 0.05 和 0.01 水平上影响显著。

（三）磷素养分对玉米产量及其构成因素的影响

由表 5-16 可知，年份与施磷处理对玉米产量影响显著，对收获指数影响不显著；两因素对玉米产量表现出显著的交互作用。与 P0 处理相比，施磷各处理显著提高了玉米产量（P<0.05），增幅分别为 5.4%～15.6%（2019 年）和 6.5%～17.3%（2020 年）。在不同施磷处理中，玉米产量在磷肥用量 30～90 kg/hm^2 内随施磷量的增加而增加，当施磷量超过 90 kg/hm^2，玉米产量呈下降趋势。而不同施磷处理间玉米收获指数无显著性差异（P>0.05）。由产量构成因素结果可知，施磷处理与年份显著影响百粒重和穗粒数，但两因素未表现出显著的交互作用。与 P0 处理相比，施磷提高了玉米百粒重和穗粒数，提高幅度依次为 5.4%～16.8%、5.3%～9.4%（2019 年）和 6.3%～16.4%、5.8%～13.4%（2020 年），并随磷肥用量的增加先增加后降低，均以施磷量 90 kg/hm^2 处理最高。

表 5-16　不同施磷处理玉米产量及其构成因素、收获指数

年份	处理	产量（kg/hm^2）	收获指数（%）	百粒重（g）	穗粒数
2019	P0	9 801 d	49.8 a	29.8 d	502.2 c
	P30	10 329 c	50.4 a	31.4 c	528.8 b
	P60	10 988 b	49.9 a	32.6 b	536.4 ab
	P90	11 326 a	51.2 a	34.8 a	549.2 a
	P120	11 298 a	49.8 a	34.6 a	547.6 a
	P150	11 125 ab	51.3 a	33.5 b	541.1 ab
2020	P0	10 029 d	50.6 a	30.4 c	503.9 c
	P30	10 683 c	50.9 a	32.3 b	533.3 b
	P60	11 282 b	49.6 a	33.1 ab	554.8 ab
	P90	11 767 a	51.1 a	35.4 a	571.5 a
	P120	11 653 a	49.8 a	34.9 a	565.3 a
	P150	11 267 b	50.4 a	33.9 ab	553.1 ab
方差分析					
年份		**	NS	**	**
施磷处理		**	NS	*	*
施磷处理×年份		*	NS	NS	NS

注：同列数据后不同字母表示在 5%水平上差异显著；NS、*和**分别表示无显著影响及在 0.05 和 0.01 水平上影响显著。

综上所述，施用磷肥可促进玉米对磷素的吸收，提高玉米整个生育期物质生产能力，同时可促进玉米营养器官磷素和干物质向籽粒的转运，并可提高玉米及吐丝后磷素和干物质积累比例，进而增加玉米穗粒数和百粒重，提高玉米产量。然而磷肥用量并非越高越好，磷肥用量过高，会使玉米营养建成期养分代谢过旺，不利于玉米生育后期对磷素的吸收和物质生产，并且使玉米营养器官的磷素和干物质向籽粒的转运减少，导致玉米产量下降。

三、钾

（一）钾素养分对玉米干物质积累特征与转运的影响

1. 玉米干物质积累特征

（1）干物质积累量

两年试验结果表明，玉米苗期至拔节期，各处理玉米干物质积累量增加缓慢，拔节期至灌浆期，各处理玉米干物质积累量快速增加，灌浆期至成熟期增加缓慢，并在成熟期达到峰值（图 5-29）。与 K0 处理相比，施钾各处理玉米各生育期干物质积累量均显著提高（$P<0.05$），并随钾肥用量的增加而增加，以施钾量 150 kg/hm^2 处理最高。

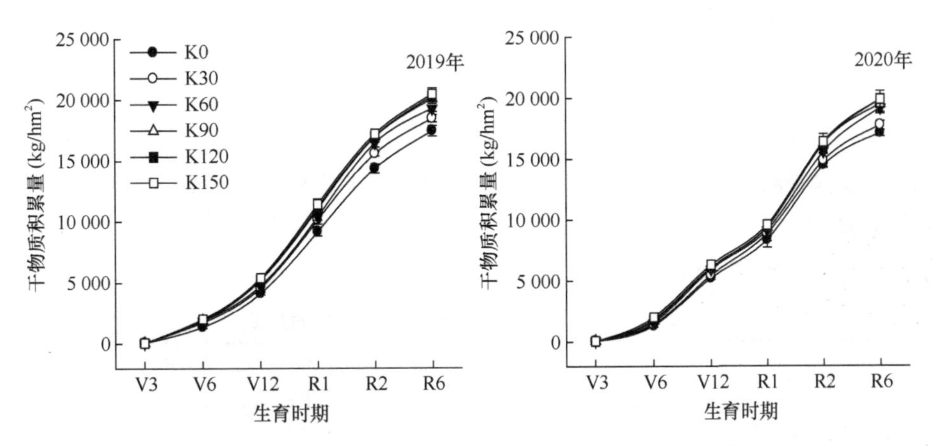

图 5-29　不同施钾处理玉米各生育阶段干物质积累量

V3. 苗期；V6. 拔节期；V12. 大口期；R1. 吐丝期；R2. 灌浆期；R6. 成熟期

（2）干物质积累比例

两年不同钾肥用量下玉米吐丝前后干物质积累量占整个植株干物质积累总量的比例表明（图 5-30），与 K0 处理相比，施钾各处理玉米吐丝后干物质积累比例的提高幅度均达显著水平（$P<0.05$），提高幅度分别为 5.0%～11.9%（2019 年）和 5.9%～14.8%

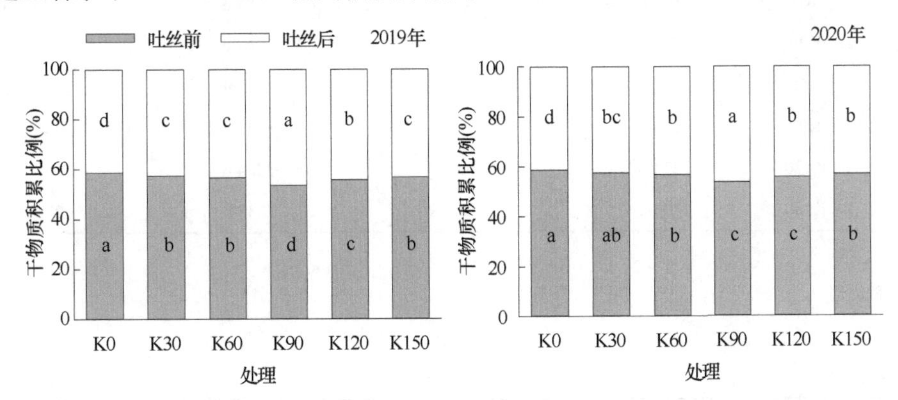

图 5-30　不同施钾处理玉米吐丝前后干物质积累量占整个植株干物质积累总量的比例

不同字母表示在 5%水平上差异显著

（2020 年）。在不同施钾处理中，随着钾肥用量的增加，玉米吐丝期至成熟期干物质积累量占整个植株干物质积累总量的比例呈先增加后降低的趋势，其中以 K90 处理玉米吐丝期至成熟期干物质积累比例最高。

2. 不同施钾处理玉米籽粒干物质来源

施钾处理对干物质转运量、干物质转运对籽粒贡献率和吐丝后光合产物输入籽粒量影响显著，而对吐丝后光合产物输入对籽粒贡献率影响不显著；年份对干物质转运量和吐丝后光合产物输入籽粒量影响显著，对干物质转运对籽粒贡献率和吐丝后光合产物输入对籽粒贡献率影响不显著；施钾处理和年份对干物质转运量和吐丝后光合产物输入籽粒量表现出显著的交互作用（表 5-17）。与 K0 处理相比，施钾显著提高了干物质转运量、干物质转运对籽粒贡献率和吐丝后光合产物输入籽粒量，较不施钾肥处理分别提高 29.1%～86.9%、16.4%～31.8%、7.7%～35.8%（2019 年）和 19.5%～73.1%、8.6%～36.2%、8.6%～21.5%（2020 年）。在不同施钾处理中，在施钾量 0～90 kg/hm^2 内干物质转运量、干物质转运对籽粒贡献率和吐丝后光合产物输入籽粒量随施钾量的增加而增加，当施钾量超过这一范围时，干物质转运量、干物质转运对籽粒贡献率和吐丝后光合产物输入籽粒量呈下降趋势。而不同施钾处理吐丝后光合产物输入对籽粒贡献率间无显著差异（$P>0.05$）。

表 5-17 不同施钾处理玉米籽粒干物质来源

年份	处理	干物质转运		吐丝后光合产物输入籽粒量	
		转运量（kg/hm^2）	对籽粒贡献率（%）	输入量（kg/hm^2）	对籽粒贡献率（%）
2019	K0	839 d	11.0 d	6797 e	89.0 a
	K30	1083 c	12.9 c	7321 d	87.1 a
	K60	1267 b	13.4 b	8166 c	86.6 a
	K90	1568 a	14.5 a	9229 a	85.5 a
	K120	1439 ab	13.5 b	9197 ab	86.5 a
	K150	1298 b	12.8 c	8806 b	87.2 a
2020	K0	785 e	10.5 e	6687 d	89.5 a
	K30	938 d	11.4 d	7262 c	88.6 a
	K60	1167 c	13.0 b	7811 ab	87.0 a
	K90	1359 a	14.3 a	8128 a	85.7 a
	K120	1234 b	13.6 ab	7864 b	86.4 a
	K150	1106 c	12.8 c	7538 b	87.2 a
方差分析					
施钾处理		**	**	**	NS
年份		*	NS	*	NS
施钾处理×年份		*	NS	*	NS

注：同列数据后不同字母表示在 5%水平上差异显著；NS、*和**分别表示无显著影响及在 0.05 和 0.01 水平上影响显著。

（二）钾素养分对玉米钾素积累特征与转运的影响

1. 钾素积累特征

（1）钾素积累量

不同处理钾素积累量随玉米生育时期的推进呈逐渐增加趋势（图 5-31）。与 K0 处理相比，除苗期外，施钾各处理显著提高了玉米各生育期钾素积累量（P<0.05）。在不同施钾处理中，苗期至吐丝期钾素积累量以 K150 处理最高，成熟期则以 K120 处理最高。

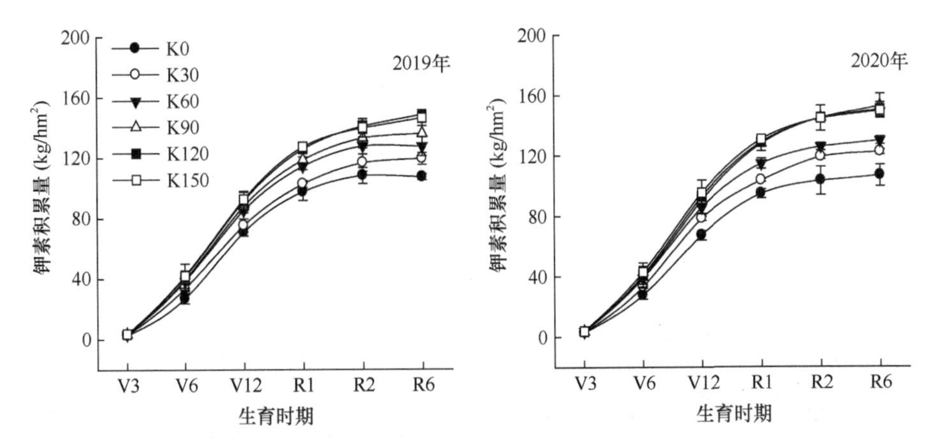

图 5-31 不同施钾处理玉米各生育阶段钾素积累量

V3. 苗期；V6. 拔节期；V12. 大口期；R1. 吐丝期；R2. 灌浆期；R6. 成熟期

（2）钾素积累比例

两年不同钾肥用量下玉米吐丝前后钾素积累量占整个植株钾素积累总量的比例表明（图 5-32），与 K0 处理相比，施钾各处理玉米吐丝后钾素积累比例的提高幅度均达显著水平（P<0.05），提高幅度分别为 12.6%～46.2%（2019 年）和 16.9%～24.2%（2020 年）。在不同施钾处理中，随着钾肥用量的增加，吐丝期至成熟期钾素积累量占整个植株钾素积累总量的比例呈先增加后降低的趋势，以 K90 处理吐丝期至成熟期钾素积累比例最高。

2. 钾素转运

施钾处理与年份显著影响钾素转运量、钾素转运率和籽粒吸钾量，对钾素转运贡献率影响不显著；施钾处理与年份对钾素转运量、钾素转运率和籽粒吸钾量表现出显著的交互作用（表 5-18）。与 K0 处理相比，施钾各处理显著提高了钾素转运量、钾素转运率和籽粒吸钾量（P<0.05），提高幅度分别为 23.2%～82.1%、17.0%～61.7%、26.3%～63.1%（2019 年）和 12.8%～59.6%、9.3%～39.5%、10.1%～43.5%（2020 年）。在不同施钾处理中，钾素转运量、钾素转运率及籽粒吸钾量在施钾量 30～90 kg/hm^2 内随钾肥用量的增加而增加，当钾肥用量超过 90 kg/hm^2，钾素转运量、钾素转运率及籽粒吸钾量呈下降趋势。而不同施钾处理间玉米钾素转运贡献率无显著差异（P>0.05）。

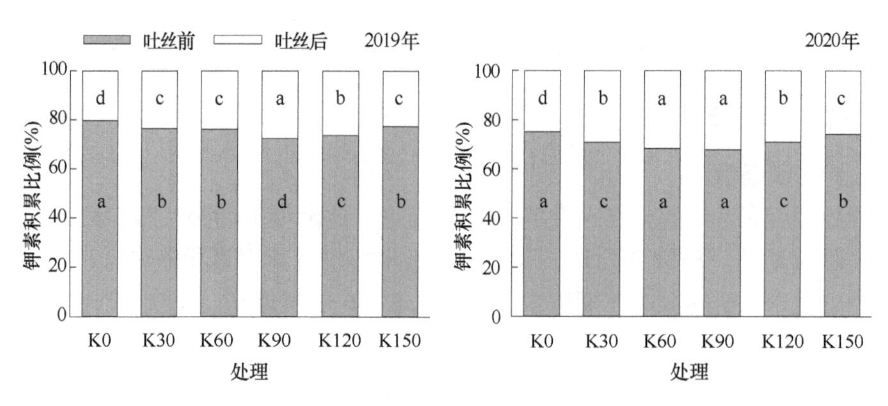

图 5-32 不同施钾处理玉米吐丝前后钾素积累量占整个植株钾素积累总量的比例

不同字母表示在 5%水平上差异显著

表 5-18 不同施钾处理玉米钾素转运

年份	处理	钾素转运量（kg/hm^2）	钾素转运率（%）	籽粒吸钾量（kg/hm^2）	钾素转运贡献率（%）
2019	K0	5.6 d	4.7 d	29.3 d	19.1 a
	K30	6.9 c	5.5 c	37.0 c	18.9 a
	K60	8.7 b	6.5 b	42.4 b	20.6 a
	K90	10.2 a	7.6 a	47.8 a	21.3 a
	K120	9.0 ab	6.7 ab	45.3 ab	19.9 a
	K150	8.5 b	6.2 ab	41.1 b	20.7 a
2020	K0	4.7 c	4.3 c	31.7 c	14.9 a
	K30	5.3 b	4.7 b	34.9 b	15.9 a
	K60	5.7 b	4.8 b	36.3 b	15.8 a
	K90	7.5 a	6.0 a	45.5 a	16.9 a
	K120	6.7 a	5.2 ab	39.5 ab	17.1 a
	K150	6.2 ab	4.8 b	36.5 b	17.4 a
方差分析					
年份		**	*	*	NS
施钾处理		**	**	**	NS
年份×施钾处理		*	*	*	NS

注：同列数据后不同字母表示在 5%水平上差异显著；NS、*和**分别表示无显著影响及在 0.05 和 0.01 水平上影响显著。

（三）钾素养分对玉米产量及其构成因素的影响

施钾处理与试验年份显著影响玉米产量，对收获指数影响不显著；施钾处理与试验年份对玉米产量表现出显著的交互作用（表 5-19）。与 K0 处理相比，施钾处理显著增加了玉米产量（$P<0.05$），增产幅度分别为 9.1%～25.2%（2019 年）和 9.3%～19.9%（2020 年）。在不同施钾处理中，玉米产量在钾肥用量 30～90 kg/hm^2 内随施钾量的增加而增加，当钾肥用量超过 90 kg/hm^2 时，玉米产量呈下降趋势。而不同施钾处理玉米收获指数无显著性差异（$P>0.05$）。由产量构成因素结果可知，施钾处理与试验年份显著影响百粒重和穗粒数，但施钾处理与试验年份未表现出显著的交互作用。与 K0 处理相比，施钾各处理提高了玉米百粒重和穗粒数，提高幅度分别为 2.4%～7.6%、1.5%～7.5%（2019 年）和 5.5%～8.8%、3.6%～11.2%（2020 年），且随施量钾的增加先增加后降低，以施钾量 90 kg/hm^2 处理最高。

表 5-19　不同施钾处理玉米产量及其构成因素、收获指数

年份	处理	产量（kg/hm^2）	收获指数（%）	百粒重（g）	穗粒数
2019	K0	9 588 d	49.8 a	28.9 b	505.9 c
	K30	10 458 c	51.1 a	29.6 ab	513.7 b
	K60	11 270 b	49.7 a	30.1 a	520.5 b
	K90	12 002 a	50.3 a	31.1 a	543.8 a
	K120	11 878 a	49.7 a	30.8 a	539.6 a
	K150	11 824 a	50.2 a	30.9 a	537.4 a
2020	K0	9 401 d	49.9 a	27.3 b	497.6 c
	K30	10 275 c	50.3 a	28.8 ab	515.5 b
	K60	10 666 b	49.9 a	29.1 a	528.4 b
	K90	11 270 a	50.3 a	29.6 a	553.1 a
	K120	11 230 a	49.9 a	29.4 a	547.9 a
	K150	11 168 a	50.4 a	29.7 a	545.2 a
方差分析					
年份		**	NS	*	*
施钾处理		**	NS	**	**
年份×施钾处理		*	NS	NS	NS

注：同列数据后不同字母表示在 5%水平上差异显著；NS、*和**分别表示无显著影响及在 0.05 和 0.01 水平上影响显著。

综上所述，施用钾肥可促进玉米对钾素的吸收，提高玉米整个生育期干物质生产能力，同时可促进玉米营养器官钾素和干物质向籽粒的转运，并可提高玉米吐丝后钾素和干物质积累比例，进而增加玉米穗粒数和百粒重，提高玉米产量。然而钾肥用量并非越高越好，钾肥用量过高，会使玉米营养建成期养分代谢过旺，不利于玉米生育后期对钾素的吸收和干物质生产，并且使玉米营养器官钾素和干物质向籽粒的转运减少，导致玉米产量下降。

第三节　黑土地玉米生长发育与中微量营养元素的关系

随着农业科学的发展，除氮、磷、钾三大营养元素之外，中微量元素的研究也已成为热点之一。随着作物产量的不断提高，土壤的中微量元素供应开始出现相对不足，甚至可能成为作物进一步增产的限制因子，增施适量中微量元素肥料，可平衡植物体内养分吸收，达到明显的增产增收和改善品质的效果。

锌是植物体内 300 多种酶的组成成分，不但作为细胞壁等结构的成分，还大量参与了植物体内关键的生理过程（Cakmak，2000；Marschner，2012）。锌在作物生长早期可以促进种子萌发（杨海霞和李涛，2008），在提高农作物抗旱和抗热方面也具有重要作用（Peck and McDonald，2010）。

镁是植物必需的营养元素之一，作为叶绿素组分与多种酶的活化剂，参与植物的光合作用及植物体内糖类、蛋白质、脂肪等的代谢。镁还可显著增加根系生物量，提高根冠比，对玉米后期生长发育有着积极的意义。

硅是作物生长发育的有益元素。研究发现，硅不仅可引起作物生理生化性质的变化，进而影响作物生长发育，还可以通过影响植物的生态环境而提高植物抗逆性（Pooyan et al.，2015）。适量施硅能促进玉米根系生长、增加茎粗和茎秆强度、缩短节间长、降低穗位高，从而增强植株抗倒伏能力（张磊等，2011）。

硫是植物生长发育必需的基本元素之一，占植物干重的 0.1%～1%（Marschner，1995）。硫是构成作物蛋白质、氨基酸的主要成分，是酶化反应活性中心的必需元素，硫还参与光合作用、呼吸作用、氮素和碳水化合物的代谢（张秋芳，2001），并且对植物的生长调节、解毒、防卫和抗逆等过程起到一定的作用（Singh，1995）。研究证明，硫营养可以减轻干旱对玉米造成的膜伤害（曲东，2004），而且对提高玉米产量具有促进作用（Reneau，1983）。施用硫肥，可使土壤 pH 降低，还可以提高土壤中其他营养成分的有效性（Soliman et al.，1992）。

本研究通过连续 4 年的秸秆全量还田下中微量元素田间试验，分析了锌、镁、硅、硫养分对玉米生长发育的影响机制。

一、锌

试验采用裂区设计，其中主处理为秸秆处理，分别为 J——秸秆还田（12 t/hm^2）和 W——秸秆离田；副处理为锌肥施用处理，分别为 Z0（锌肥施用量 0 kg/hm^2）、Z4（锌肥施用量 40 kg/hm^2）；以无肥处理（CK）为对照。

（一）秸秆还田配施锌肥对玉米产量及其构成因素的影响

与 CK 相比，秸秆还田处理和秸秆离田处理，施用锌肥均可显著提高玉米的千粒重和穗粒数，进而显著提高玉米产量（表 5-20）。其中秸秆离田条件下，WZ4 处理玉米产量比 WZ0 处理增加 14.1%，秸秆还田条件下 JZ4 处理玉米产量比 JZ0 处理增加 17.3%，说明秸秆还田可以进一步提高施锌的增产效果。在等量施锌条件下，秸秆还田处理玉米产量高于秸秆离田处理，其中 JZ0 处理玉米产量比 WZ0 处理增加 7.3%，JZ4 处理玉米

表 5-20 不同处理玉米产量及其构成因素

处理	千粒重（g）	穗粒数	产量（kg/hm^2）	比 CK 增产量（kg/hm^2）	比 CK 增产率(%)
CK	275.6 e	560 d	7 464 e		
WZ0	308.4 d	585 c	9 379 d	1 915	25.7
WZ4	333.0 b	593 b	10 699 b	3 235	43.3
JZ0	325.2 c	595 b	10 068 c	2 604	34.9
JZ4	347.7 a	615 a	11 809 a	4 345	58.2

注：表中同列数据后不同字母表示差异显著（P<0.05）。

产量比 WZ4 处理增加 10.4%。WZ4 处理玉米产量比 JZ0 处理增加 6.3%。JZ4 处理玉米产量达到最高，为 11 809 kg/hm^2，相比于 WZ0 增产 25.9%，也高于其他处理，说明秸秆还田与锌肥配施存在一定的交互作用。各处理玉米增产量和增产率也呈现出与玉米产量相同的变化趋势。

（二）秸秆还田配施锌肥对玉米干物质积累与分配的影响

1. 不同生育时期玉米干物质积累

玉米干物质积累量随着生育时期的推移而逐渐增加，至成熟期达到最大（图 5-33）。在拔节期前各处理的干物质积累量差异并不明显，在拔节期以后干物质积累量增加迅速，各处理之间的差异也迅速加大，到灌浆期以后各处理之间的差异趋于稳定。至成熟期，在无秸秆还田条件下，施锌处理 WZ4 的干物质积累量比不施锌处理 WZ0 提高 11.5%；在秸秆还田条件下，JZ4 处理的干物质积累量比 JZ0 处理提高 14.1%，说明锌肥的施用促进了玉米干物质的积累。在无锌肥施入的情况下，JZ0 处理的干物质积累量比 WZ0 处理增加 8.2%；在锌肥施入的情况下，JZ4 处理的干物质积累量比 WZ4 处理增加 10.6%。单秸秆还田与单施锌肥处理相比，WZ4 处理的干物质积累量比 JZ0 处理增加 3.1%。

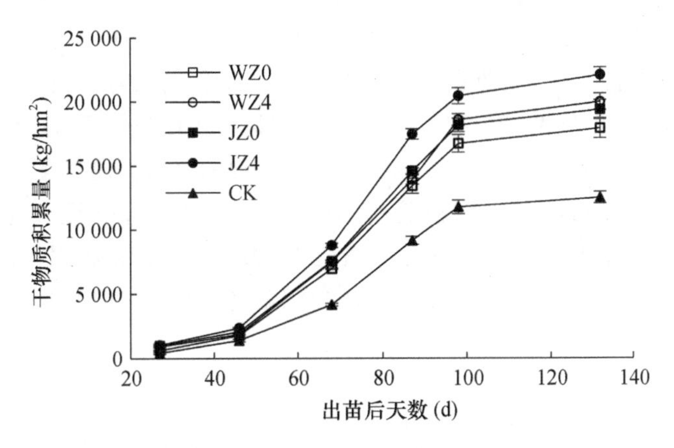

图 5-33　不同处理玉米干物质积累量

干物质积累量总体表现为 JZ4＞WZ4＞JZ0＞WZ0＞CK。CK 处理干物质积累量最低，至成熟期为 12 508 kg/hm^2；JZ4 处理的干物质积累量最高，为 22 077 kg/hm^2。秸秆还田配合锌肥施用可获得最高的干物质积累量。

2. 玉米不同器官干物质分配

成熟期玉米不同器官之间，总体表现为籽粒的干物质积累量明显高于叶、茎、穗，各处理籽粒的干物质分配比例最高，达 52.4%～57.6%；穗的干物质积累量最低，占总干物质积累量的 7.9%～11.6%（图 5-34）。秸秆离田条件下，施锌后籽粒和穗的干物质积累量显著高于不施锌处理（$P<0.05$）；秸秆还田条件下，施锌处理所有器官干物质积累量均显著高于不施锌处理（$P<0.05$）。施锌配合秸秆还田处理（JZ4）与无锌肥秸秆离田处理（WZ0）相比，叶、茎、穗及籽粒干物质积累量分别提高 23.4%、14.7%、28.2%

和 25.9%。CK 处理籽粒干物质积累量最低，但籽粒干物质分配比例最高，而叶、茎、穗的干物质分配比例最低，说明在养分缺乏的情况下，玉米将更多的干物质分配给了籽粒。

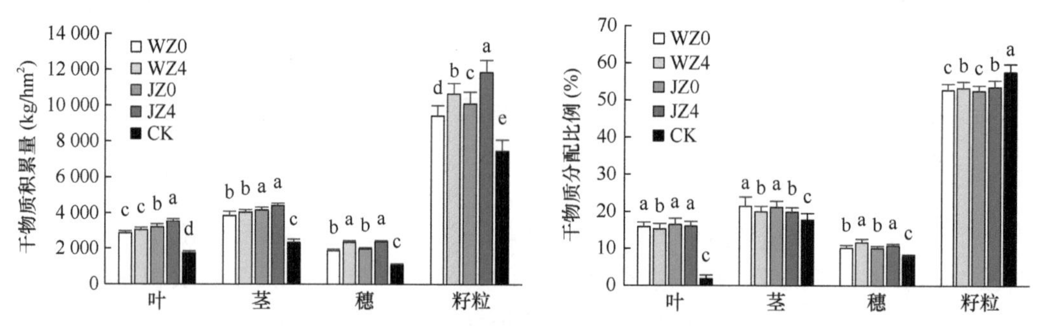

图 5-34　成熟期玉米各器官干物质积累量及干物质分配比例

不同字母表示在 5%水平上差异显著

（三）秸秆还田配施锌肥对玉米锌素积累的影响

不同处理下玉米锌素积累量随生育期的推移逐渐增加。其中 CK 的锌素积累量最低，且在整个生育期增长较为平缓，在出苗后第 132 天（成熟期）CK 锌素积累量为 242.7 g/hm^2，与其他各处理差异显著；锌素积累量最高的为 JZ4 处理，达到 519.4 g/hm^2（图 5-35）。施锌可以显著增加玉米在不同生育期的锌素积累量，在秸秆离田时，成熟期施锌处理 WZ4 锌素积累量比不施锌处理 WZ0 增加了 18.3%；在秸秆还田条件下，JZ4 处理锌素积累量比 JZ0 处理增加了 23.4%，说明施用锌肥可以促进锌的吸收，施锌配合秸秆还田则可进一步促进锌的吸收、积累。在无锌肥施用的情况下，成熟期秸秆还田处理 JZ0 锌素积累量比 WZ0 处理增加了 6.7%；在施锌肥的情况下，JZ4 处理锌素积累量比 WZ4 处理增加了 11.3%；说明秸秆还田可以增加玉米的锌素积累量，且施锌时秸秆还田增加效果更加明显。

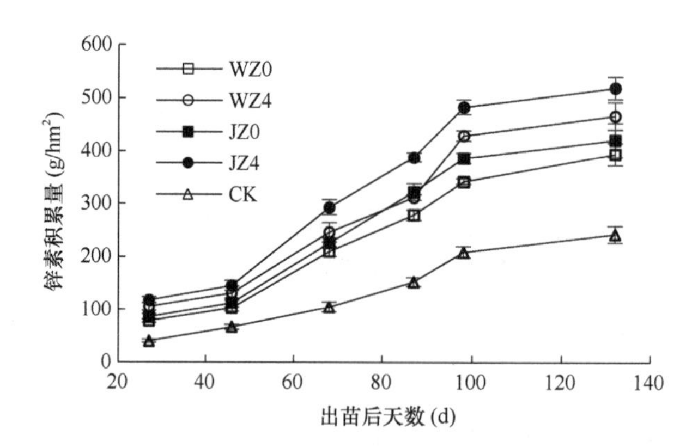

图 5-35　不同处理玉米锌素的积累动态变化

综上所述，在秸秆还田条件下配施锌肥能促进玉米产量的提高、整个生育期干物质的积累，以及干物质向籽粒的转移。

二、镁

试验采用裂区设计，其中主处理为秸秆处理，分别为 J——秸秆还田（12 t/hm^2）和 W——秸秆离田；副处理为镁肥施用处理，分别为 M0（镁肥施用量 0 kg/hm^2）、M1（镁肥施用量 5 kg/hm^2）、M2（镁肥施用量 10 kg/hm^2）、M3（镁肥施用量 15 kg/hm^2）、M4（镁肥施用量 20 kg/hm^2），相当于含 Mg 10%的七水硫酸镁 0 kg/hm^2、50 kg/hm^2、100 kg/hm^2、150 kg/hm^2、200 kg/hm^2；设置秸秆还田不施肥处理（JCK）和秸秆离田不施肥处理（CK）为对照。

（一）秸秆还田配施镁肥对玉米产量的影响

无论是秸秆还田处理还是秸秆离田处理，施用镁肥时，玉米产量均随着镁肥施用量的增加而呈现逐渐增加的趋势（图 5-36）。较低镁肥施用量处理与无镁肥的常规化肥处理之间的玉米产量无明显差异，但随着镁肥施用量的增加，产量差异达到显著水平。在秸秆离田处理中，WM3 达到最高产量水平 11 652 kg/hm^2，WM4 产量也达到 11 651 kg/hm^2，与 WM3 处理产量无显著差异，WM3 比 WM0 处理增产 4.1%。在秸秆还田条件下，不同秸秆还田处理玉米产量整体高于秸秆离田处理，但 JCK 处理产量比 CK 处理玉米产量低 9.4%，可能由于单纯秸秆还田会进一步消耗土壤中的氮素，从而与植物出现“争氮”的现象，使养分更加缺乏，从而导致产量比不施肥处理进一步降低，这也说明大量秸秆还田时要配施一定量的氮肥。在秸秆还田条件下，JM4 处理达到所有处理中的最高产量 12 221 kg/hm^2，比 JCK 处理增产 14.4%，比 JM0 处理增产 9.2%，而同样施镁量秸秆离田的 WM4 处理比 CK 处理增产 9.0%，比 WM0 处理增产 4.0%，说明在同样施用镁肥的条件下，配合秸秆还田可以进一步提高镁肥增产效果。

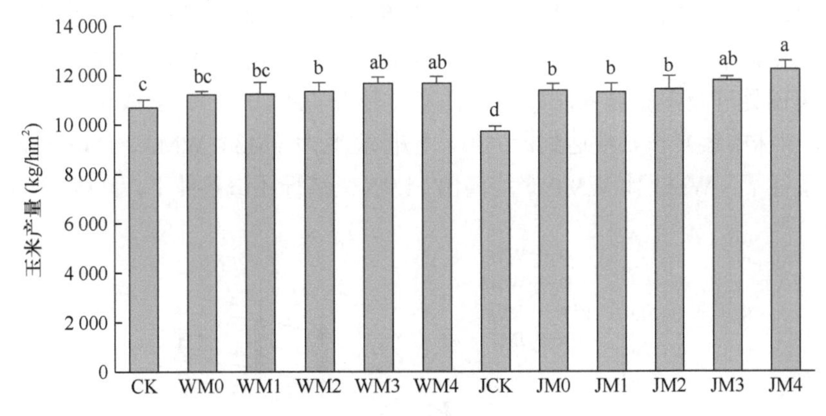

图 5-36　秸秆还田下施镁对玉米产量的影响

不同字母表示差异显著（$P<0.05$）

（二）秸秆还田配施镁肥对玉米干物质积累的影响

各处理玉米干物质积累量的变化趋势基本相同，均呈“S”形曲线，前期干物质积累缓慢，拔节后（出苗后 40 天）干物质迅速积累，乳熟期（出苗后 109 天）干物质积累又逐渐变缓（图 5-37），说明养分对玉米生长的影响主要表现在量级上，而对玉米生长趋势，即“S”形生长曲线不会产生影响。不同施肥处理玉米干物质积累量均高于不施肥处理，且差异主要开始于喇叭口期（出苗后 59 天）以后，在拔节前各处理的干物质积累量差异并不明显，在喇叭口期以后，差异迅速拉大，到乳熟期以后各处理之间的差异趋于稳定。干物质积累量随着镁肥施用量的增加而呈增加趋势。至成熟期（出苗后 130 天），施镁处理（WM3）的干物质积累量比不施镁处理（WM0）增加 4.5%，比 CK 增加 15.9%。说明镁肥的施用促进了玉米干物质的吸收、积累。

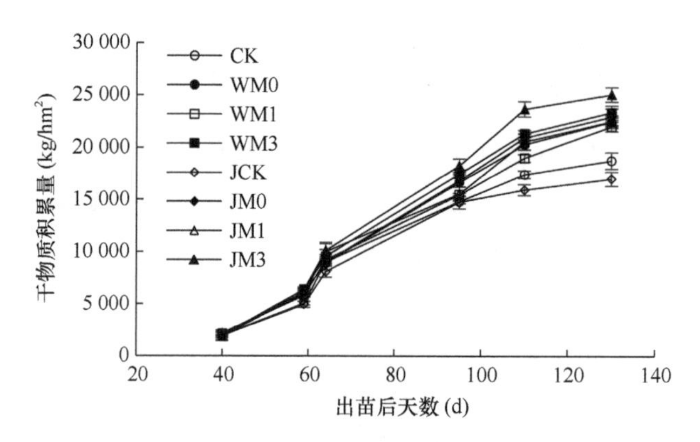

图 5-37　秸秆还田下施镁对玉米干物质积累量的影响

（三）秸秆还田配施镁肥对玉米镁素吸收、积累与分配的影响

1. 玉米植株镁素积累量

玉米植株镁素积累量随着生育期的进程逐渐增加，且呈现拔节期（出苗后 40 天）开始增加较快，至灌浆期（出苗后 95 天）后积累变缓的趋势（图 5-38）。在拔节期，各个处理之间的差异不显著，抽雄期（出苗后 64 天）之后，秸秆还田处理的镁素积累量明显高于秸秆离田处理及单独施镁肥处理，且差异显著（P<0.05），至成熟期（出苗后 130 天），玉米植株中镁素积累量达到最大值，整体表现为 JM3＞WM3＞JM0＞WM0。其中秸秆离田条件下，WM3 比 WM0 平均高出 11.9%；秸秆还田条件下，JM3 比 JM0 平均高

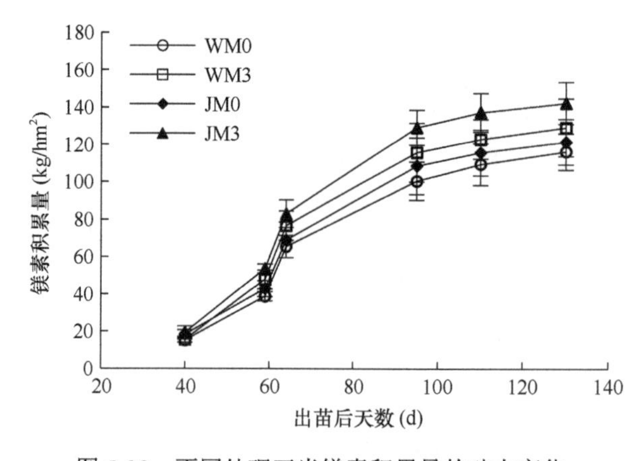

图 5-38　不同处理玉米镁素积累量的动态变化

出 18.6%，且差异显著（$P<0.05$），JM0 处理比 WM0 处理平均高出 4.2%，JM3 比 WM3 平均高出 10.4%，即在相同的施镁肥条件下，秸秆还田处理的植株镁素积累量高于秸秆离田处理，秸秆还田配施镁肥处理 JM3 比常规 WM0 高出 23.6%。表明秸秆还田配施镁肥可显著增加玉米植株镁素积累量。

2. 玉米不同生育期的镁素积累量

总的来说，玉米各阶段镁素积累量呈现先增加后减少的趋势。在 VT～R2 期，植株镁素积累量先缓慢增长后迅速上升。此后，随着玉米生育期的推进，镁素积累量逐渐减少。在 VT～R2 期镁素积累量最大。生育前期（VE～VT）的镁素积累量高于生育后期（VT～R6）的镁素积累量，并且生育前期的三个生长阶段均表现为 WM3 处理的镁素积累量高于 WM0 处理的镁素积累量。在 VT～R2 生长阶段，镁素积累量达到最大值，此时施镁肥处理 WM3 比 WM0 处理高 10.9%。对不同生育期玉米在 JM3 和 WM3 处理下的镁素积累量比较表明，JM3 处理的镁素积累量比 WM3 处理高 18.8%，比 WM0 处理高 31.7%（表 5-21）。

表 5-21　玉米不同生育期的镁素积累量　（单位：kg/hm^2）

处理	VE～V6	V6～V12	V12～VT	VT～R2	R2～R3	R3～R6	生育前期	生育后期
WM0	15.39 a	23.48 b	26.26 b	35.44 c	8.06 a	6.78 a	65.13 c	50.28 b
WM3	18.62 a	28.89 ab	29.24 a	39.29 b	7.69 a	5.45 a	76.75 b	52.43 b
JM0	17.53 a	24.88 b	26.62 ab	39.39 b	7.12 a	3.69 a	69.03 c	50.20 b
JM3	18.73 a	34.84 a	29.32 a	46.69 a	8.47 a	4.56 a	82.89 a	59.72 a
变异来源								
镁肥	*	**	**	**	NS	NS	***	*
秸秆	NS	*	*	**	NS	NS	***	**
镁肥×秸秆	NS	NS	NS	**	NS	NS	NS	*

注：表中数据是平均值（n=3），同列数据后不同字母表示在 5%水平上差异显著。NS、*和**分别表示无显著影响及在 0.05 和 0.01 水平上影响显著。

随着玉米生育期的推进，玉米镁素积累速率呈现出先缓慢增长，至 V12～VT 期达到最大值，之后又逐渐降低的趋势。整体上，生育前期（VE～VT）的镁素积累速率大于生育后期（VT～R6）。对于不同处理而言，在玉米整个生命周期，施镁肥处理 WM3 的平均镁素积累速率比 WM0 处理高 11.6%。JM3 处理的玉米镁素积累速率比 WM3 处理高 10.5%，比 WM0 处理高 23.4%（表 5-22）。

表 5-22　玉米不同生育期的镁素积累速率　[单位：$kg/(hm^2·d)$]

处理	VE～V6	V6～V12	V12～VT	VT～R2	R2～R3	R3～R6	生育前期	生育后期
WM0	0.38 a	1.24 c	2.92 b	1.36 c	0.50 a	0.34 a	0.96 b	0.81 a
WM3	0.47 a	1.52 b	3.25 a	1.51 b	0.48 a	0.27 a	1.13 a	0.85 a
JM0	0.44 a	1.31 bc	2.96 b	1.51 b	0.32 b	0.33 a	1.02 b	0.83 a
JM3	0.47 a	1.83 a	3.26 a	1.8 a	0.53 a	0.23 a	1.22 a	0.96 a

续表

处理	VE～V6	V6～V12	V12～VT	VT～R2	R2～R3	R3～R6	生育前期	生育后期
变异来源								
镁肥	*	**	**	**	NS	**	**	NS
秸秆	NS	**	**	**	NS	*	**	NS
镁肥×秸秆	NS	NS	NS	NS	*	NS	NS	NS

注：数据是平均值（n=3），同列数据后不同字母表示在 5%水平上差异显著。NS、*和**分别表示无显著影响及在 0.05 和 0.01 水平上影响显著。

3. 玉米不同生育期各器官的镁素积累量

玉米叶片镁素积累量从 V6 期（出苗后 40 天）到 V12 期（出苗后 59 天）缓慢增加，从 V12 期到 VT 期（出苗后 64 天）迅速增加，在 VT～R2 阶段，镁素积累量增加比较平稳，从 R2 期到 R6 期逐渐减少；在所有的处理中，镁素积累量的最大值在 R2 期，与不施镁肥相比，施镁处理增加了 17.0%。同样，JM3 处理的镁素积累量分别比 WM3 和 WM0 处理高 9.7%和 28.4%（图 5-39a）。玉米茎中镁素积累量从 V12 期到 R2 期逐渐增加，随后，在 R2（出苗后 95 天）～R3（出苗后 109 天）阶段，镁素积累量逐渐下降。在所有的处理中，镁素最大积累量均出现在 R2 期，此时与 WM0 处理相比，WM3 处理的镁素积累量增加 12.0%；JM3 处理的镁素积累量比 WM3 处理高 13.7%，比 WM0 处理高 27.3%（图 5-39b）。随着玉米生育期的延长，玉米穗中镁素积累量不断增加，起初，镁素积累量在 VT～R2 阶段缓慢增加，从 R2 期到 R6 期，镁素积累量迅速增加，至成熟期达到最大值，此时，WM3 处理的镁素积累量比 WM0 处理高 18.4%；JM3 处理的镁素积累量最高，分别比 WM3 和 WM0 处理平均高 11.5%和 32.1%（图 5-39c）。结果表明，秸秆还田施用镁肥比秸秆离田施用镁肥产生的镁素积累量显著增加，且处理间的差异有统计学意义。籽粒中的镁素积累量在玉米生育期不断增加，至成熟期达到最大值；对于同一时期不同处理而言，JM3 处理的镁素积累量明显高于其他 3 个处理；在成熟期，WM3 处理的玉米镁素积累量比 WM0 处理高 11.7%；JM3 处理的镁素积累量分别比 WM3 和 WM0 处理高 10.9%和 23.0%，说明秸秆还田施用镁肥有利于提高玉米籽粒中镁的含量（图 5-39d）。

4. 玉米镁素转化与分配特征

玉米籽粒中的养分积累主要来自营养器官的养分转运，秸秆还田条件下配施镁肥显著影响营养器官镁素的转运量、转运率及对籽粒的贡献率。由表 5-23 可以看出，不同处理各器官镁素转运量、转运率、对籽粒的贡献率均为叶＞茎，且各处理间差异显著。由表 5-23 可以看出，施镁均显著增加了茎、叶中的镁素转运量，其中 WM3 比 WM0 总转运量高 21.7%，JM3 比 JM0 总转运量高 28.3%，同一施镁条件下，JM3 转运量比 WM3 高 16.7%，表明秸秆还田处理的镁素转运量普遍高于秸秆离田处理，而 JM3 转运量比 WM0 增加了 41.9%，表明秸秆还田配施镁肥可显著提高镁素转运量。茎中镁素转运率各处理间受到镁肥与秸秆的显著影响，存在显著的差异性（P＜0.05），各处理间比较，

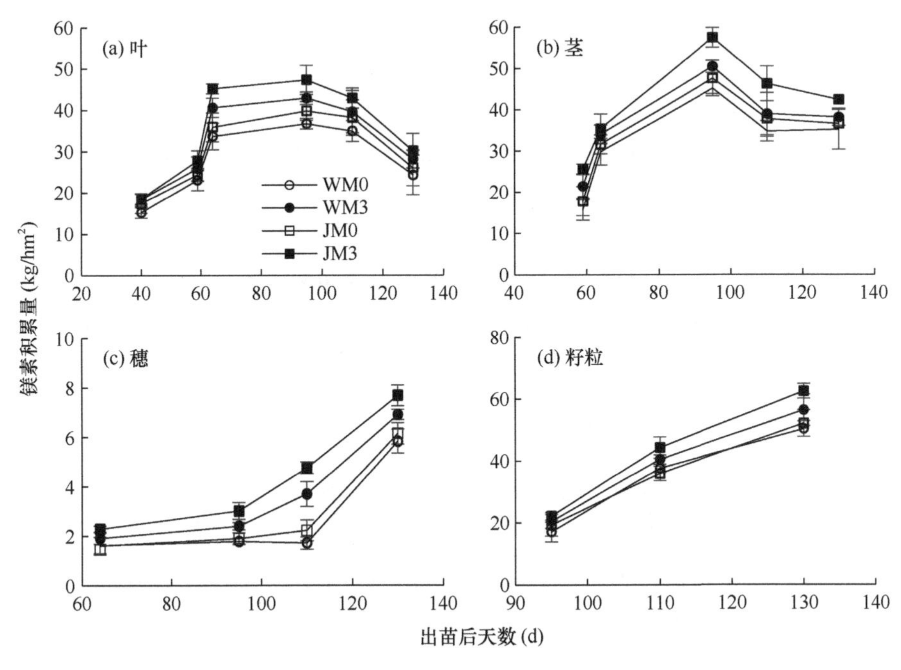

图 5-39　不同处理玉米各器官镁素积累量的动态变化

竖线表示每个处理数据的标准误差

总体上 JM3 处理镁素转运率最高，分别比 WM0、WM3 处理高 17.3%、4.6%，WM3 比 WM0 增加了 12.2%。与镁素转运率一致，处理间叶片和茎中镁素对籽粒的贡献率也存在显著差异，总体上 WM3 比 WM0 平均提高 18.0%，JM3 处理最高，分别比 WM3、WM0 提高 10.9%、30.9%（表 5-23）。

表 5-23　不同处理植株镁素转运特征

处理	转运量（kg/hm^2）			转运率（%）			对籽粒的贡献率（%）		
	叶	茎	总	叶	茎	总	叶	茎	总
WM0	12.46d	9.98d	22.44d	30.58b	22.26d	52.84d	21.30a	19.82a	41.12a
WM3	14.90b	12.40b	27.30b	34.59a	24.68b	59.27b	26.48b	22.04b	48.52c
JM0	13.53c	11.29c	24.82c	31.77b	23.77c	55.54c	23.64a	21.85b	45.49b
JM3	16.98a	14.87a	31.85a	35.93a	26.04a	61.97a	27.21c	26.61c	53.82d
变异系数									
镁肥	***	***	***	NS	***	***	***	***	***
秸秆	**	***	***	NS	***	*	NS	**	NS
镁肥×秸秆	***	***	***	***	***	***	***	***	***

注：同列数据后不同字母表示在 5%水平上差异显著。NS、***、**和*分别表示无显著影响及在 0.001、0.01 和 0.05 水平上影响显著。

三、硅

试验采用裂区设计，其中主处理为秸秆处理，分别为J——秸秆还田（12 t/hm^2）和W——秸秆离田；副处理为5个硅肥施用处理，分别为Si0（硅肥施用量0 kg/hm^2）、Si1（硅肥施用量15 kg/hm^2）、Si2（硅肥施用量30 kg/hm^2）、Si3（硅肥施用量45 kg/hm^2）、Si4（硅肥施用量60 kg/hm^2），相当于含硅25%的硅肥0 kg/hm^2、60 kg/hm^2、120 kg/hm^2、180 kg/hm^2、240 kg/hm^2；设置秸秆还田不施肥处理（JCK）和秸秆离田不施肥处理（CK）为对照。

（一）秸秆还田配施硅肥对玉米产量的影响

秸秆离田时，在较低硅肥施用量条件下，玉米产量与无硅肥的常规化肥处理差异不显著，但随着硅肥施用量的进一步增加，玉米产量差异逐渐达到显著水平，秸秆离田条件下，WSi4达到最高产量水平（11888 kg/hm^2），比单纯施用化肥的WSi0处理增产6.4%，比CK增产11.3%（图5-40）。

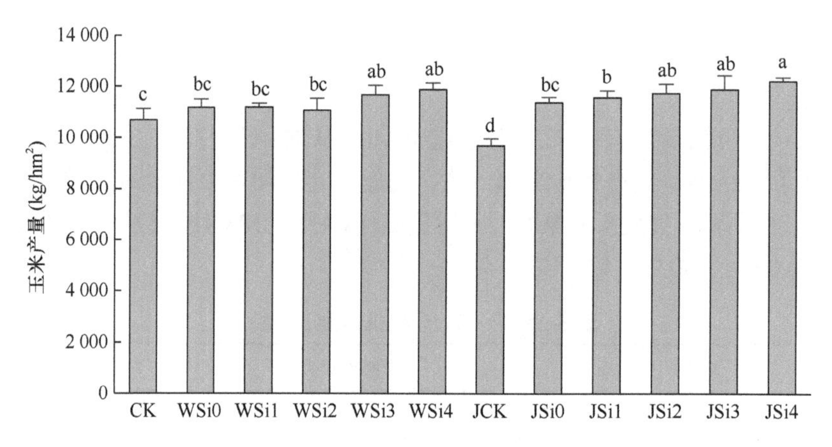

图5-40 秸秆还田下施硅对玉米产量的影响

不同字母表示差异显著（$P<0.05$）

在秸秆还田条件下，不同秸秆还田处理玉米产量整体高于秸秆离田处理，只有不施肥处理除外，不施肥只施秸秆的JCK处理玉米产量低于秸秆离田不施肥的CK处理，可能是由于单纯秸秆还田会进一步消耗土壤中的氮素，使养分缺乏变得更加严重，因而导致产量比不施肥处理进一步降低，也说明了大量秸秆还田时配施一定硅肥的重要性。秸秆还田条件下，JSi4处理达到最高产量12 217 kg/hm^2，比CK处理增产14.4%，比单纯化肥WSi0处理增产9.1%，而同样施硅量无秸秆还田的WSi4比CK处理增产11.2%，说明在同样施用硅肥的条件下，秸秆还田可以进一步提高增产幅度。

（二）秸秆还田配施硅肥对玉米干物质积累的影响

不同处理玉米干物质积累量的变化趋势基本一致，表现为前期增长缓慢，拔节期

（出苗后 40 天）后迅速增长，乳熟期（出苗后 109 天）后增长逐渐变缓，呈“S”形曲线（图 5-41）。拔节期前各处理之间的干物质积累量差异并不明显，在喇叭口期（出苗后 59 天）以后，干物质积累量迅速增加的同时，各处理之间的差异也迅速拉大，到乳熟期以后各处理间差异趋于稳定。说明不同处理对玉米干物质积累的影响主要表现在数量上，而对总体生长趋势无本质影响。对比不同施硅处理，施硅处理的干物质积累量均高于不施硅处理，且呈现随硅肥施用量的增加而增加的趋势。至成熟期（出苗后 130 天），各处理的干物质积累量差异达到最大，其中高施硅处理 WSi3 比低施硅处理 WSi1 干物质积累量增加 6.4%，比不施硅处理 WSi0 增加 8.2%，比 CK 增加 20.1%。说明硅肥的施用对玉米干物质的吸收、积累有明显的促进作用。施用硅肥配合秸秆还田时，各处理的干物质积累量比无秸秆还田处理整体略有增加，同样表现为随着硅肥施用量的增加而增加的趋势。JSi3 处理干物质积累量达到最高（25 242 kg/hm^2），秸秆还田条件下，施硅肥处理 JSi3 比不施硅处理 JSi0 干物质积累量增加 10.1%，比 CK 增加 25.0%，而无秸秆还田时，施硅肥处理 WSi3 比不施硅处理 WSi0 干物质积累量增加 8.2%，比 CK 增加 20.1%。说明秸秆还田条件下，施硅对干物质增加的效果得到进一步增强。综上所述，施用硅肥对玉米干物质积累有明显的促进作用，秸秆还田也有促进干物质积累的作用，秸秆还田配合硅肥施用可获得最高的干物质积累量，且比单施硅肥增加的效果要好。

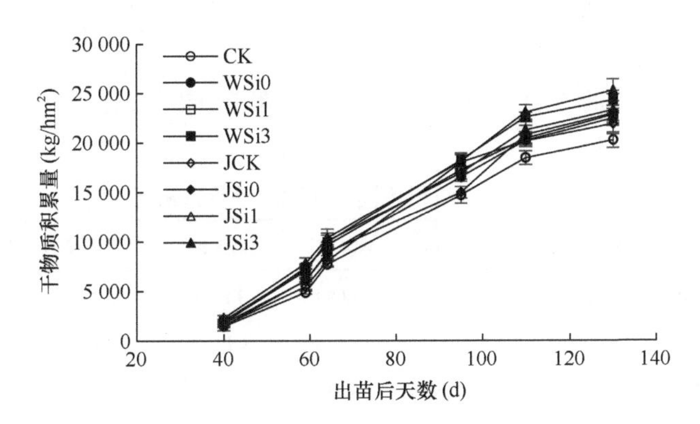

图 5-41　秸秆还田下施硅对玉米干物质积累量的影响

（三）秸秆还田配施硅肥对玉米硅素吸收、积累与分配的影响

1. 玉米整株硅素积累量

各处理硅素积累量均表现出相同的变化趋势，V6 期（出苗后 40 天）、V12 期（出苗后 59 天）和 VT 期（出苗后 64 天）较低，从 VT 期开始迅速增加，至 R6 期达到最大值（图 5-42）。不同处理之间玉米植株硅素积累量具有显著的差异性，在成熟期施硅处理 WSi3 比 WSi0 处理高 44.4%，秸秆还田下 JSi3 处理明显高于 WSi3 处理，高 6.93%，比较所有处理，玉米在 JSi3 处理下植株硅素积累量最大。

2. 玉米不同生育期的硅素积累量

结果表明，不同处理的玉米生育期硅素积累量的总体变化趋势是相似的，初期硅素积累量稳定，随着玉米生育期的延长，硅素积累量呈快速增长趋势。在 VT～R2 阶段，各处理的硅素积累最明显。在 R2 期以后，硅素积累量迅速减少。不同处理间硅素积累量不同，WSi3 处理在整个生育期的硅素积累量远大于 WSi0，在 VT～R2 阶段达到最大值，此时 WSi3 处理的硅素积累量比 WSi0 处理增加了 8.6%。通过比较 JSi3 和 WSi3 处理来观察秸秆的施用效果，结果表明，JSi3 处理的硅素积累量在玉米各生育期均高于 WSi3 处理。在 VT～R2 阶段，JSi3 处理比 WSi3 处理提高 24.8%。将玉米发育的两个主要生长阶段联系起来，结果表明，生殖期比营养期吸收更多的硅（表 5-24）。施硅显著增加了玉米 V6～V12、R2～R3、R3～R6、营养期和生殖期的硅素积累量，但是，肥料与秸秆互作对不同玉米生育期硅素积累量的影响差异不显著（表 5-24）。

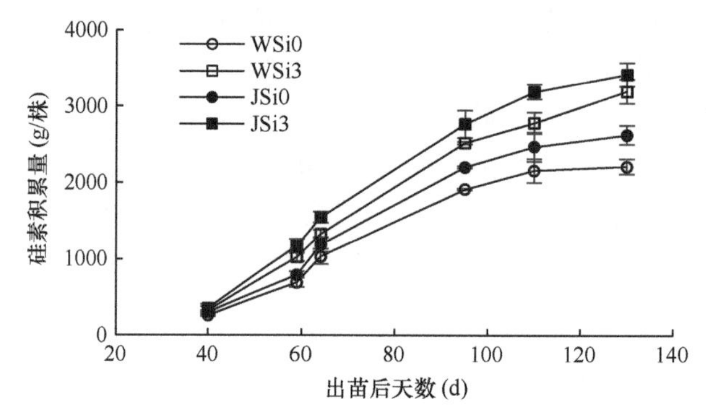

图 5-42　不同处理玉米硅素积累量的动态变化

表 5-24　玉米不同生育期的硅素积累量　　（单位：mg/株）

处理	VE～V6	V6～V12	V12～VT	VT～R2	R2～R3	R3～R6	生育前期	生育后期
WSi0	5.31 a	6.25 a	8.12 c	17.64 b	4.52 b	1.05 b	19.68 c	23.21 c
WSi3	6.10 a	7.02 a	14.29 ab	19.15 b	8.39 ab	5.14 ab	27.41 ab	32.68 b
JSi0	5.77 a	6.97 a	10.60 bc	18.62 b	5.04 b	2.88 ab	23.34 bc	26.54 c
JSi3	6.99 a	8.62 a	16.11 a	23.90 a	11.27 a	6.65 a	31.72 a	41.82 a
变异来源								
硅肥	NS	**	NS	NS	**	**	**	**
秸秆	NS	NS	NS	NS	NS	NS	**	**
硅肥×秸秆	NS	NS	NS	NS	NS	NS	**	**

注：同列数据后不同字母表示在 5%水平上差异显著。NS、***、**和*分别表示无显著影响及在 0.001、0.01 和 0.05 水平上影响显著。

由表 5-25 可知，硅肥施用对玉米 V6～V12、R2～R3、R3～R6 时期硅素积累速率具有显著影响，秸秆对硅素积累速率无显著影响。V6 期以前，各处理的硅素积累速率较小，各处理间无显著性差异，V6 期之后，硅素积累速率显著提升，到 R2 期达到高峰，随后下降。施用硅肥处理（WSi3 和 JSi3）生育前期的平均速率和生育后期的平均速率显著高于不施硅肥处理。

表 5-25　玉米不同生育期的硅素积累速率　　［单位：mg/(株·d)］

处理	VE～V6	V6～V12	V12～VT	VT～R2	R2～R3	R3～R6	生育前期的平均速率	生育后期的平均速率
WSi0	0.142 a	0.427 b	0.690 c	0.678 b	0.315 c	0.052 c	0.27c	0.40 c
WSi3	0.186 a	0.752 a	0.845 ab	0.919 a	0.524 b	0.257 b	0.41 b	0.62 ab
JSi0	0.169 a	0.505 b	0.774 bc	0.716 b	0.342 c	0.264 b	0.32 c	0.49 b
JSi3	0.199 a	0.847 a	0.958 a	0.990 a	0.704 a	0.272 a	0.45 a	0.70 a
变异来源								
硅肥	NS	**	NS	NS	**	**	**	**
秸秆	NS	NS	NS	NS	NS	NS	**	**
硅肥×秸秆	NS	NS	NS	NS	NS	NS	**	**

注：同列数据后不同字母表示在 5%水平上差异显著。NS、***、**和*分别表示无显著影响及在 0.001、0.01 和 0.05 水平上影响显著。

3. 玉米不同生育期各器官的硅素积累量

JSi3、WSi3、JSi0 和 WSi0 处理的玉米叶片中硅素积累量均表现出相同的变化趋势，在玉米生长的前三个阶段 V6（出苗后 40 天）、V12（出苗后 59 天）和 VT 期（出苗后 64 天）硅素积累量的增加趋势较缓慢，从 VT 到 R2（出苗后 95 天）阶段，硅素积累量增加速度提高，至 R2 期达到最大值，之后呈下降趋势；R2 期的 WSi3 处理较 WSi0 处理提高 27.2%，JSi3 处理比 WSi3 处理提高了 21.4%（图 5-43a）。由图 5-43b 可以看出，各处理的硅素积累量随玉米生育期的推进先缓慢增加，然后快速增加，之后呈减少趋势；不同处理之间玉米茎对硅素的吸收整体表现为 JSi3＞WSi3＞JSi0＞WSi0，各处理间具有显著差异，在灌浆期玉米茎中硅素积累量达到最大，其中 JSi3 处理最大，比 WSi3 处理平均增加 10.7%，比 JSi0 与 WSi0 处理分别平均增加 43.7%、79.2%。随着玉米生育期的推进，玉米穗中硅素积累量逐渐增加，灌浆期之前增加缓慢，灌浆期之后增加迅速；不同处理之间秸秆还田条件下配施硅肥显著高于无秸秆还田，且各处理间差异显著；在成熟期，穗部的硅素积累量以 JSi3 处理最高，其较 JSi0、WSi0 处理分别增加 34.0%、37.1%，其次为 WSi3 处理，较 JSi3 处理低 6.3%，较 WSi0 处理增加了 28.5%（图 5-43c）。籽粒中的硅素积累量在所有处理中都表现出相似的变化趋势，随着生育期的推进，硅素积累量逐渐增加，在成熟期达到最大值，此时，WSi3 处理比 WSi0 处理高 46.5%，JSi3 处理的硅素积累量比 WSi0 处理高 50.3%，比 WSi3 处理高 2.6%，说明秸秆还田条件下配施硅肥有利于提高玉米籽粒中的硅素积累量（图 5-43d）。

4. 玉米硅素转化与分配特征

由表 5-26 可知，整体而言，玉米叶和茎中的硅素转运量、转运率及对籽粒的贡献率均呈现 JSi3＜WSi3＜JSi0＜WSi0 的趋势，其中叶的硅素转运量、转运率及对籽粒的贡献率明显大于茎。施用硅肥可显著降低叶、茎中的硅素转运量，其中秸秆离田下 WSi3 处理总硅素转运量比 WSi0 处理低 31.5%，秸秆还田下 JSi3 处理总硅素转运量比 WSi3 处理低 38.9%。施用硅肥可显著降低叶中硅素转运率，但茎中的硅素转运率无影响，秸秆离田下 WSi3 处理总硅素转运率比 WSi0 处理低 24.7%，秸秆还田下 JSi3 处理总硅素转运率比 WSi3 处理低 31.5%。施用硅肥可显著降低叶、茎对籽粒的贡献率，其中秸秆离田下WSi3处理比WSi0处理降低33.4%，秸秆还田下，JSi3处理比JSi0处理降低59.3%。同一硅肥处理下，秸秆还田处理 JSi3 较秸秆离田处理 WSi3 硅素对籽粒贡献率降低43.3%。

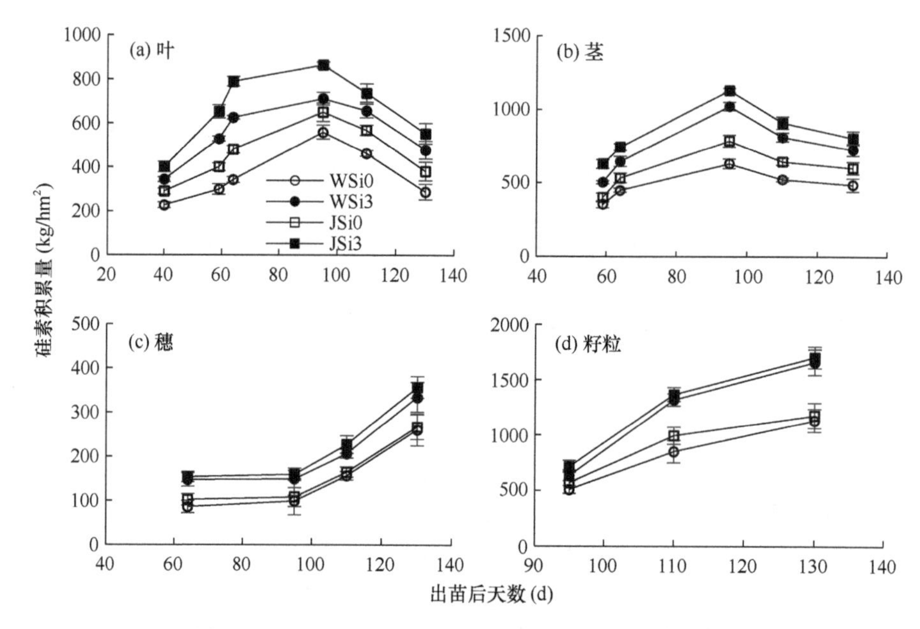

图 5-43　不同处理玉米各器官硅素积累量的动态变化

表 5-26　不同处理玉米植株硅素转运特征

处理	转运量（kg/hm^2）			转运率（%）			对籽粒的贡献率（%）		
	叶	茎	合计	叶	茎	合计	叶	茎	合计
WSi0	6.47 a	4.93 a	11.4 a	48.8 a	25.4 a	74.2 a	24.26 a	17.99 a	42.25 a
WSi3	4.70 b	3.11 b	7.81 b	33.0 c	22.9 a	55.9 b	14.23 b	13.90 b	28.13 c
JSi0	5.43 ab	3.76 ab	9.19 b	41.7 b	23.8 a	65.5 a	23.18 a	16.02 ab	39.20 b
JSi3	2.24 c	2.53 b	4.77 c	16.8 d	21.5 a	38.3 c	6.63 c	9.31 c	15.94 d
变异系数									
硅肥	NS	**	NS	NS	NS	NS	**	NS	NS
秸秆	NS	NS	NS	NS	NS	**	**	NS	**
硅肥×秸秆	NS	NS	NS	NS	NS	NS	**	NS	**

注：同列数据后不同字母表示在 5%水平上差异显著。NS、***、**和*分别表示无显著影响及在 0.001、0.01 和 0.05 水平上影响显著。

四、硫

试验采用裂区设计，其中主处理为秸秆处理，分别为 J——秸秆还田（12 t/hm^2）和 W——秸秆离田；副处理为施硫（S）（施硫量为纯 S 60 kg/hm^2）和不施硫（0）两个水平，以不施任何肥料处理为对照（CK），共包括 CK、W0、WS、J0、JS 五个处理。

（一）秸秆还田配施硫肥对玉米产量及其构成因素的影响

由表 5-27 可知，施用硫肥提高了玉米的千粒重和穗粒数，其中对穗粒数的提高更显著，从而提高了玉米的产量。各处理玉米产量表现为 JS＞WS＞J0＞W0＞CK。在秸秆离田条件下，WS 处理比 W0 处理的产量提高 11.7%；秸秆还田条件下，JS 处理比 J0 处理的产量增加 12.0%，说明施用硫肥可以起到增产的效果。同一施硫肥条件下，秸秆还田处理 JS 比秸秆离田处理 WS 的玉米产量提高 7.7%；不施用硫肥条件下，秸秆还田处理 J0 比秸秆离田处理 W0 的玉米产量增加了 7.5%。秸秆与硫肥对产量无显著交互效应。秸秆还田主要通过两种方式影响玉米生长发育：一是玉米秸秆中含有丰富的有机质、氮、磷、钾和中微量元素等养分，玉米秸秆通过腐解直接释放营养物质供给作物生长发育；二是秸秆还田后，能够促进微生物大量繁殖，改善土壤微生物环境和理化特性，间接促进玉米生长，从而起到增产作用。试验结果说明秸秆还田配施硫肥可以显著提高玉米产量。

表 5-27　秸秆还田配施硫肥对玉米产量及其构成因素的影响

处理	千粒重（g）	穗粒数	产量（kg/hm^2）	比 CK 增产量（kg/hm^2）	比 CK 增产率（%）
CK	319.4 d	379.8 e	8 257 d	—	—
W0	329.1 cd	467.1 d	10 523 c	2 266 c	27.4 c
WS	343.6 b	482.2 c	11 754.a	3 497 b	42.4 b
J0	336.1 bc	505.7 b	11 307 b	3 050 b	36.9 b
JS	367.7 a	549.1 a	12 663 a	4 406 a	53.4 a
			方差分析		
秸秆	0.013*	0.000*	0.001*	—	—
硫肥	0.002*	0.000*	0.000*	—	—
秸秆×硫肥	0.120	0.001*	0.696	—	—

注：同列数据后不同小写字母表示差异显著，*表示在 0.05 水平影响显著。

（二）秸秆还田配施硫肥对玉米硫素积累的影响

随着生育期的延长，玉米植株中硫素积累量持续增加，至成熟期硫素积累量达到最大值，在灌浆期（出苗后 113 天）前硫素积累迅速，灌浆期至成熟期硫素积累相对缓慢（图 5-44）。其中 CK 处理硫素积累量最低，且在整个生育期硫素积累量增长曲线较为平缓，最大硫素积累量为 14.5 kg/hm^2，与其他 4 个处理存在显著差异。硫素积累量在 JS 处理达到最大值，为 34.2 kg/hm^2，各处理硫素积累量整体表现为 JS＞WS＞J0＞W0＞CK。在秸秆还田条件下，施用硫肥处理 JS 比不施硫肥处理 J0 硫素积累量提高 35.1%；在秸秆不还田条件下，施用硫肥处理 WS 比不施硫肥处理 W0 硫素积累量提高 37.1%，且差异显著，说明施用硫肥可以促进植物对硫素的积累。在施用硫肥的条件下，秸秆还田处理 JS 比秸秆不还田处理 WS 硫素积累量提高 11.4%；在不施硫肥的条件下，秸秆还田处理 J0 比秸秆不还田处理 W0 硫素积累量提高 13.0%，说明秸秆还田也具有促进植株对硫素吸收、积累的作用。秸秆还田配施硫肥处理 JS 比秸秆不还田无硫肥处理 W0 的硫素积累量提高 52.7%。秸秆还田既能释放各种大、中、微量元素，又能提高土壤对水、肥、气、热的供应和协调能力，从而促进作物对养分的吸收与积累。说明秸秆还田配施硫肥可以进一步促进植株对硫素的积累。

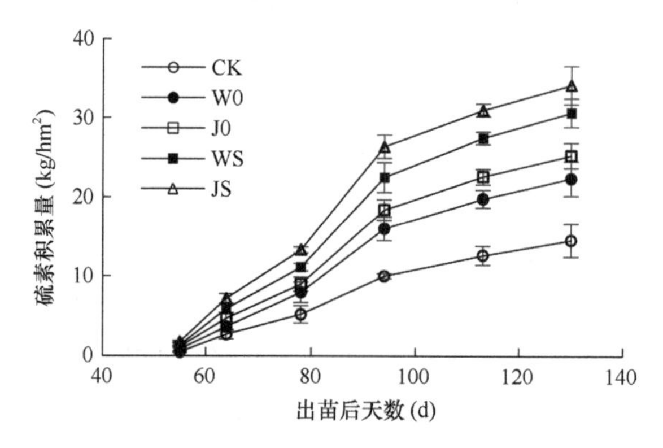

图 5-44　不同时期玉米硫素积累量

（三）秸秆还田配施硫肥对玉米营养器官硫素转运的影响

不同处理在茎秆硫素转运量上差异显著（表 5-28）；在叶片的硫素转运量上，施硫处理 JS 和 WS 与其他处理差异显著。不同处理之间硫素总转运量表现为 JS＞WS＞J0＞W0＞CK。其中 JS 处理硫素总转运量达到最高，为 15.29 kg/hm^2，比 W0 处理提高 74.5%，说明秸秆还田配施硫肥提高了玉米营养器官中硫素向籽粒的转运量。在转运率上，JS 处理的茎秆、叶片及总转运率都高于其他处理，JS 处理的茎秆硫素转运率与其他处理差异显著，但叶片和总转运率在不同处理间差异不显著。在硫素转运量对籽粒贡献率上，不同处理间的贡献率与转运量规律基本一致，其中 JS 处理总贡献率为所有处理中最高的，达到 64.43%，比 WS、J0、W0 及 CK 处理分别提高 9.1%、11.5%、17.3% 和 18.6%。

表 5-28　秸秆还田配施硫肥对成熟期玉米植株硫素转运特征的影响

处理	转运量（kg/hm^2）			转运率（%）			对籽粒贡献率（%）		
	茎秆	叶片	合计	茎秆	叶片	合计	茎秆	叶片	合计
CK	2.60e	2.84c	5.44e	62.72c	59.78a	122.50a	25.94c	28.38b	54.32b
W0	5.82d	2.94c	8.76d	70.32b	51.29a	121.61a	36.47b	18.47ab	54.94b
J0	6.68c	3.78c	10.46c	73.26b	53.99a	127.25a	36.90b	20.87ab	57.77ab
WS	7.72b	5.04b	12.76b	69.47b	58.58a	128.05a	35.70ab	23.33a	59.03ab
JS	9.06a	6.23a	15.29a	69.61a	59.58a	129.19a	38.18a	26.25a	64.43a

注：同列数据后不同小写字母表示在 5%水平上差异显著。

综上所述，施用硫肥能够促进玉米的硫素积累，本研究中施用硫肥比不施硫肥的硫素积累量平均提高 36.1%。玉米植株中各器官硫素积累量整体表现为籽粒＞叶片＞茎秆＞穗。施硫提高了植株各器官中的硫素含量，并促进营养器官中硫素向籽粒转运，提高了转运硫素对籽粒中硫素的贡献率。秸秆还田配施硫肥能够进一步促进玉米的硫素积累以及植株营养器官硫素向籽粒的转运，并最终提高玉米产量。

第四节　黑土地雨养区化肥减施增效技术

化肥作为粮食的“粮食”（张福锁，2017），在提高玉米产量方面发挥着重要作用，然而在玉米生产中，人们为了追求高产，普遍存在着重氮磷、轻钾、养分投入不平衡、田间管理粗放等现象，忽略了施肥对土壤环境的影响（侯云鹏等，2021），不仅导致玉米产量的增产幅度和肥料利用率降低，还使土壤剖面氮、磷、钾养分积累显著增加或降低，导致土壤质量退化、肥力不均衡和环境污染（如水体富营养化、温室气体排放和土壤酸化）等一系列问题。因此，合理地进行养分管理，在确保粮食产量的同时，降低化肥对环境的影响显得尤为重要。本研究基于在黑土地雨养区进行的定位试验，探索了不同氮、磷、钾肥运筹模式对玉米生长发育和土壤养分变化的综合影响，并建立了黑土地雨养区分次续补式施肥技术和缓/控释氮肥一次性施用技术模式，以期为东北地区玉米科学、可持续、高效施肥技术创新与应用提供科学依据和技术支持。

一、黑土地玉米养分需求规律

（一）不同产量水平下玉米养分积累量、吸收速率与分配比例

玉米物质生产是产量形成的基础，而玉米物质生产能力与其体内养分状态关系密切。因此，了解玉米各生育时期的养分吸收动态、养分积累量及转运与分配特征，是指导玉米养分精准管理、实现作物高产和资源高效利用，以及减少环境污染的理论基础。通过掌握玉米总养分的需求量以及养分动态吸收规律，可以实现对总养分的控制以及在玉米关键生育期进行分期调控，对实现玉米高产高效具有重要意义。

多年开展的田间试验结果表明，在 10 000 kg/hm^2、12 000 kg/hm^2 和 15 000 kg/hm^2 的产量水平下，玉米植株氮素积累量平均分别为 203 kg/hm^2、230 kg/hm^2、289 kg/hm^2，磷素积累量平均分别为34.4 kg/hm^2、41.8 kg/hm^2、47.5 kg/hm^2，钾素积累量平均分别为 171 kg/hm^2、191 kg/hm^2、214 kg/hm^2（图 5-45a、d、g）。从养分吸收规律来看，玉米不同生育阶段对氮、磷、钾养分的吸收量和比例均有差异，一般苗期生长缓慢，吸收强度低，氮、磷、钾吸收量最少，分别占全生育期总吸收量的 3.7%～6.0%、3.4%～3.9%和 1.9%～2.3%。随着时间的推移，植株对营养元素的吸收逐渐增加，出苗后 30～90 d 生长明显加快，56.4%～76.5%的氮、55.7%～73.4%的磷和 81.4%～86.7%的钾都是在这个阶段被吸收的。出苗后 90～150 d 营养元素的吸收逐渐减弱。

由不同产量层次下养分吸收速率可知（图 5-45b、e、h），玉米氮、磷、钾的吸收速率随着生育进程的推进均呈单峰曲线变化趋势。其最大吸收速率和平均吸收速率均随产量水平的提高呈增加趋势，其中在 10 000 kg/hm^2 产量水平下氮、磷、钾的最大吸收速率分别为 49.0 mg/（株·d）、7.3 mg/（株·d）和 59.2 mg/（株·d），平均吸收速率分别为 18.9mg/（株·d）、1.9 mg/（株·d）和 16.0 mg/（株·d）；12 000 kg/hm^2 产量水平下氮、磷、钾的最大吸收速率分别为 59.2 mg/（株·d）、8.5 mg/（株·d）和 63.0 mg/（株·d），平均吸收速

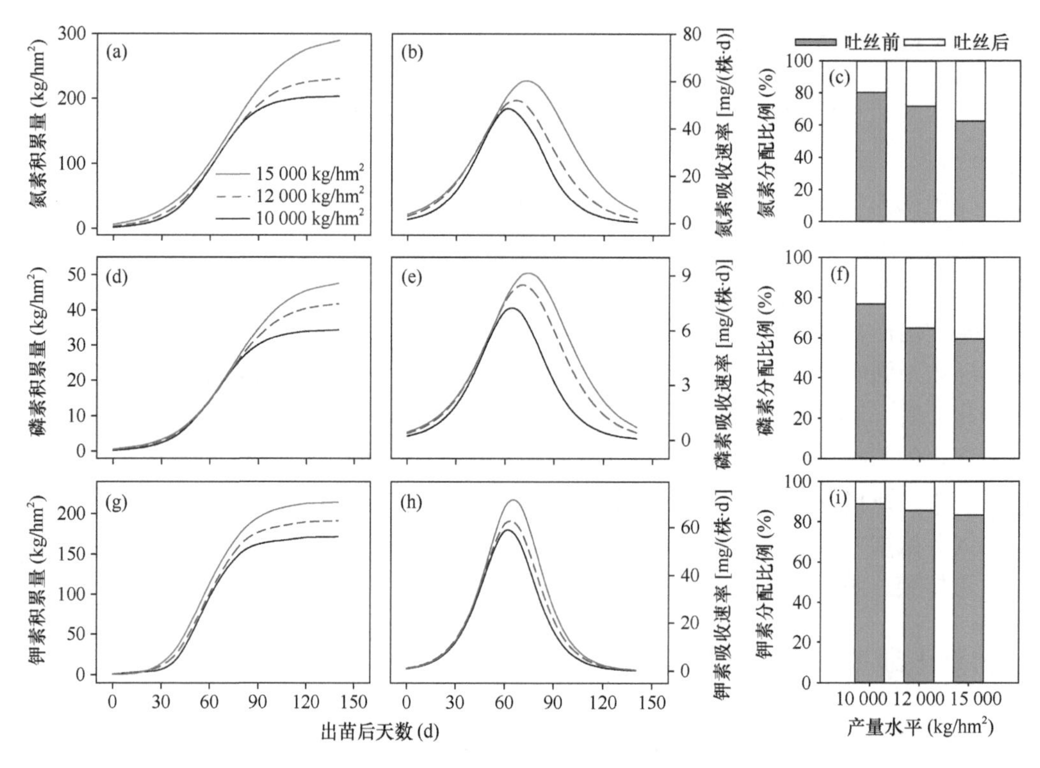

图 5-45 不同产量水平下玉米养分积累量、吸收速率与分配比例

率分别为 22.8 mg/（株·d）、2.6 mg/（株·d）和 20.1 mg/（株·d）；15 000 kg/hm^2 产量水平下氮、磷、钾的最大吸收速率分别为 60.3 mg/（株·d）、2.9 mg/（株·d）和 71.9 mg/（株·d），平均吸收速率分别为 29.2 mg/（株·d）、2.9 mg/（株·d）和 22.7 mg/（株·d），此外，氮、磷、钾的最大吸收速率出现天数表现为随产量水平的增加而滞后，其中氮素最大吸收速率在 10 000 kg/hm^2、12000 kg/hm^2 和 15 000 kg/hm^2 下出现天数分别为出苗后 62 d、65 d 和 72 d 前后，磷素最大吸收速率在 10 000 kg/hm^2、12 000 kg/hm^2 和 15 000 kg/hm^2 下出现天数分别为出苗后 64 d、71 d 和 74 d 前后，钾素最大吸收速率在 10 000 kg/hm^2、12 000 kg/hm^2 和 15 000 kg/hm^2 下出现天数分别为出苗后 58 d、63 d 和 65 d 前后。

总体来看，该地区玉米吐丝后对氮、磷的需求量分别为全生育期需求量的 20%～38% 和 23%～40%，而钾的需求量较低，仅为 11.1%～16.7%（图 5-45c、f、i）。因此，在高产水平下，在一定程度上维持吐丝后土壤氮和磷的持续供应非常重要。

（二）玉米不同器官氮、磷、钾分配特征

由玉米在不同生育时期各器官中氮、磷、钾分配比例可知（图 5-46），在玉米营养生长阶段，氮、磷、钾在叶片中的分配比例最高，其次为茎秆。随着生育进程的推进，生长中心发生转移，吐丝后，玉米进入生殖生长阶段，氮、磷、钾由叶片、茎秆转移至雌穗。在灌浆期，氮、磷、钾在雌穗中的分配量分别占全株总量的 38.2%、36.2%和 9.9%，然后玉米则以籽粒建成为中心，至成熟期籽粒中氮、磷总量分别占全株总量的 61.3%和 72.1%。籽粒成为容纳氮、磷最多的器官，而钾主要集中在营养体中。

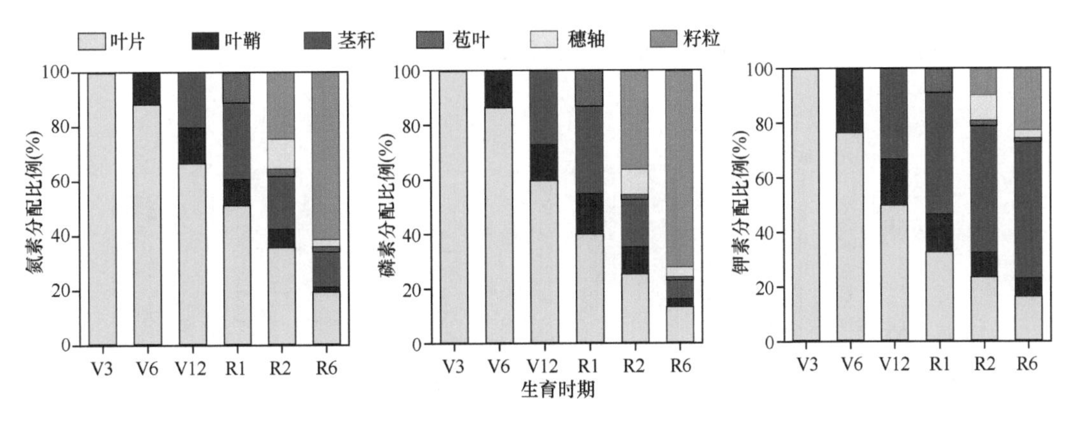

图 5-46　不同生育时期玉米各器官养分所占比例

V3. 苗期；V6. 拔节期；V12. 大口期；R1. 吐丝期；R2. 灌浆期；R6. 成熟期

二、分次续补式施肥技术

（一）氮肥适宜用量

试验于 2018～2021 年在吉林省公主岭市刘房子街道进行，共设为 6 个氮肥用量处理，分别为 0 kg/hm^2（N0）、70 kg/hm^2（N70）、140 kg/hm^2（N140）、210 kg/hm^2（N210）、280 kg/hm^2（N280）和 350 kg/hm^2（N350）；各处理磷肥与钾肥用量相同，分别为 80 kg/hm^2 和 120 kg/hm^2。施肥方法为 40%的氮肥和全部磷肥、钾肥作为基肥于播种前施入，60%的氮肥于拔节期进行追施。氮肥、磷肥、钾肥分别使用尿素（N 46%）、重过磷酸钙（P_2O_5 46%）和氯化钾（K_2O 60%）。

1. 不同施氮处理玉米产量

与不施氮肥处理（N0）相比，施氮处理均具有显著的增产效果（图 5-47；$P<0.05$），提高幅度依次为 6.5%～36.6%（2018 年）、16.4%～47.0%（2019 年）、76.5%～190.3%（2020 年）和 106.5%～258.2%（2021 年）。在不同施氮处理中，玉米产量在施氮量 70～210 kg/hm^2 内随着施氮量的增加而增加，当施氮量超过这一范围时，玉米产量不再提高或呈下降趋势，但差异未达显著水平（$P>0.05$）。

回归分析表明（图 5-48），线性加平台模型很好地模拟了施氮量和玉米产量之间的关系（R^2=0.8298～0.9395）。依据该方程求得 2018 年、2019 年、2020 年和 2021 年玉米最高产量所需的施氮量依次为 209.7 kg/hm^2、204.9 kg/hm^2、203.5 kg/hm^2 和 200.1 kg/hm^2。以理论最高产量氮肥用量的 95%作为置信区间，计算出 2018～2021 年玉米最高产量氮肥施用范围为 190～220 kg/hm^2。

2. 不同施氮处理玉米氮素利用效率

玉米氮素吸收利用率和氮肥偏生产力均随施氮量的增加呈下降趋势（图 5-49）。当氮肥用量由 70 kg/hm^2 提高至 350 kg/hm^2 时，氮素吸收利用率和氮肥偏生产力分别由 56.2%和 119.2 kg/kg 下降至 25.0%和 33.8 kg/kg；而氮素农学利用率则随氮肥用量的增加呈先增加后降低的趋势，其中以 N210 处理最高，为 23.6 kg/kg。

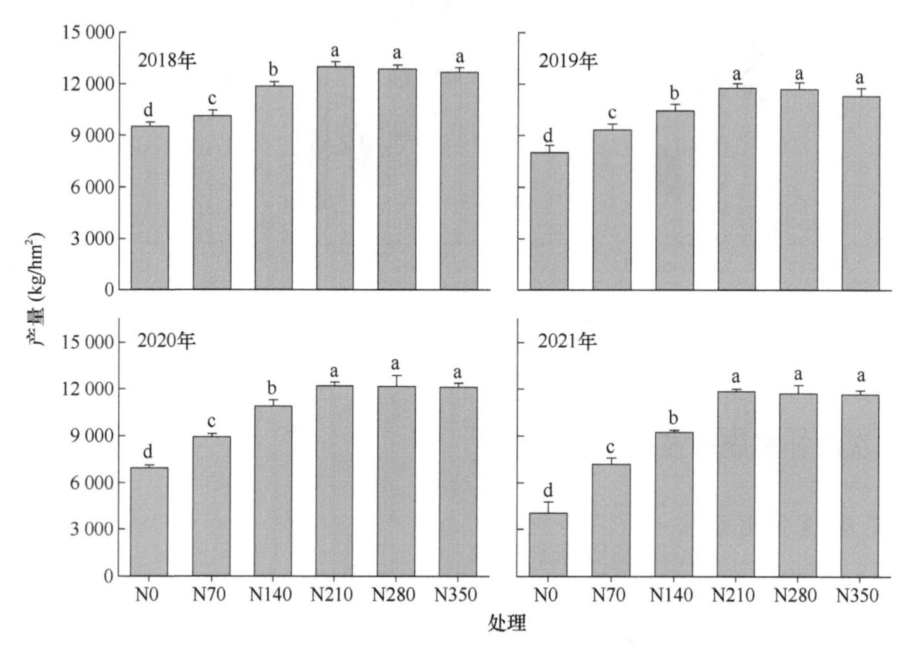

图 5-47 不同施氮处理玉米产量（2018～2021 年）

不同字母表示在 5%水平上差异显著

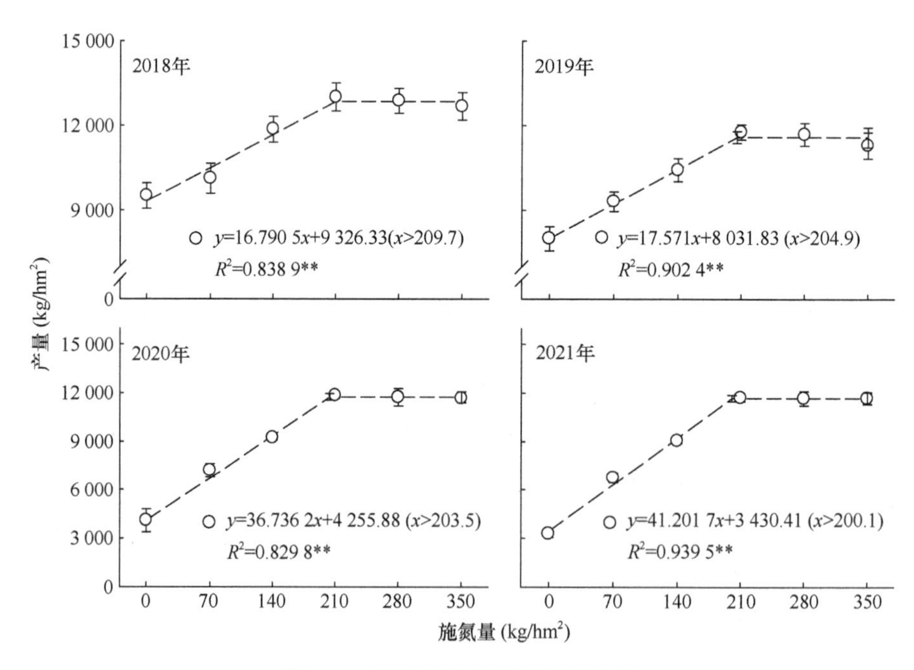

图 5-48 玉米产量对施氮量的反应

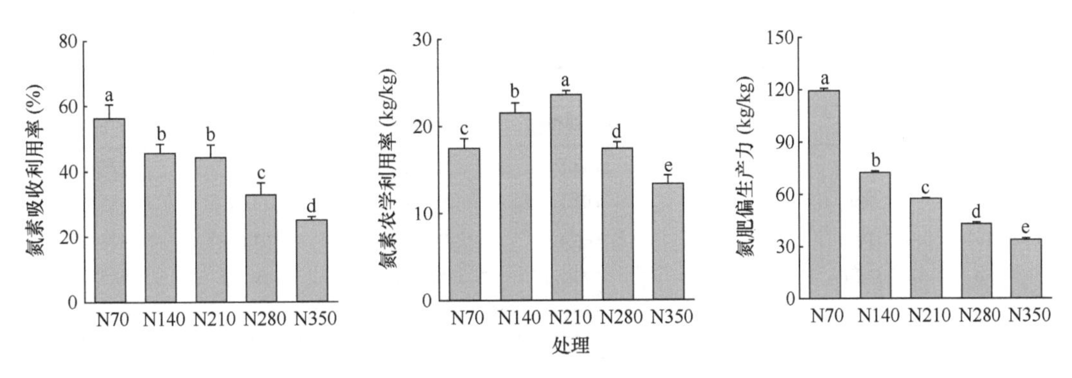

图 5-49　不同施氮处理玉米氮素利用效率

不同字母表示在 5%水平上差异显著

3. 不同施氮处理土壤无机氮含量

耕层 0～20 cm 土壤无机氮含量最高，随着土层深度的增加，土壤无机氮含量呈下降趋势（图 5-50）；与不施氮肥处理相比，施氮显著提高了 0～120 cm 土壤无机氮含量。在不同施氮处理中，0～120 cm 土壤无机氮含量随施氮量的增加而显著增加。

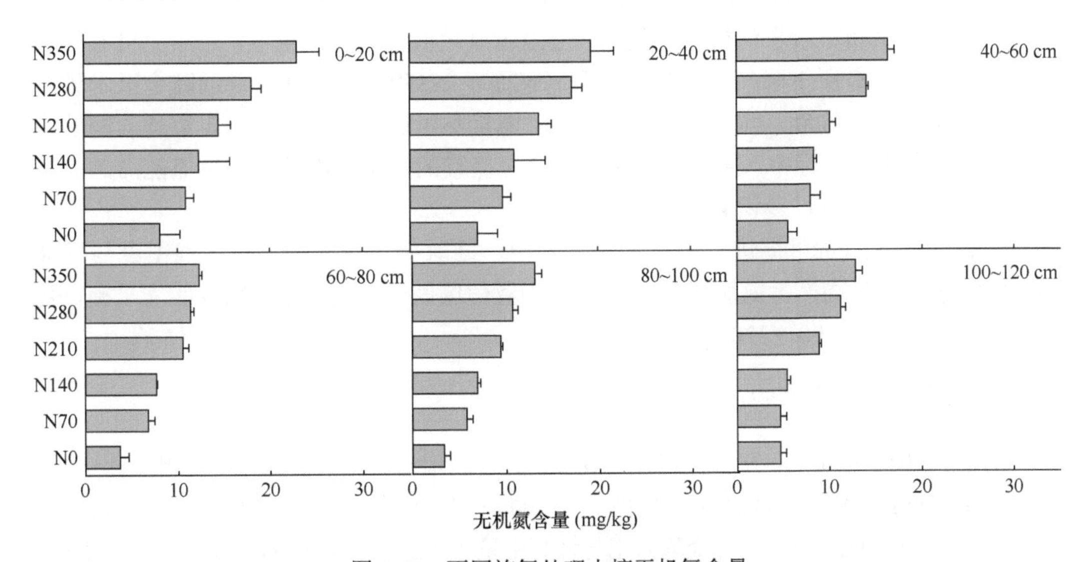

图 5-50　不同施氮处理土壤无机氮含量

4. 不同施氮处理土壤氮素表观平衡

作物氮素携出量在施氮量 70～210 kg/hm^2 内显著增加，当施氮量增加至 280 kg/hm^2 后，作物氮素携出量呈下降趋势，而无机氮残留量和氮素表观损失量随施氮量的增加而显著增加（表 5-29）。可见过量施氮不仅不能显著增加玉米吸氮量，反而会显著增加土壤剖面无机氮残留量和损失量。N70 处理和 N140 处理虽然无机氮残留量和氮素表观损失量较低，但由于氮素供应不足，作物氮素携出量大于施氮量，导致无机氮残留量明显低于起始无机氮量，N210 处理由于作物氮素携出量与氮素总输入量相近，因此无机氮残留量与起始无机氮量相近。

表 5-29 不同施氮处理土壤氮素表观平衡（2018～2021 年） （单位：kg/hm^2）

处理	氮素输入			氮素输出		
	施氮量	起始无机氮量	净矿化氮量	作物氮素携出量	无机氮残留量	氮素表观损失量
N70	280	692.7 e	143.8 c	555.8 c	432.3 e	128.4 e
N140	560	736.5 d	162.1 b	658.7 b	516.3 d	283.6 d
N210	840	895.4 c	166.4 b	799.5 a	577.8 c	524.5 c
N280	1120	963.2 b	175.2 a	792.2 a	698.3 b	767.9 b
N350	1 400	1 027.9 a	177.6 a	775.4 a	805.9 a	1024.2 a

注：同列数据后不同字母表示在 5%水平上差异显著。

综上所述，施氮可显著提高玉米产量，并随氮肥用量增加呈先增加后降低的趋势，符合“报酬递减”原理。依据线性加平台计算得出，2018 年、2019 年、2020 年和 2021 年玉米最高产量所需的氮肥用量分别为 209.7 kg/hm^2、204.9 kg/hm^2、203.5 kg/hm^2、200.1 kg/hm^2；氮素吸收利用率和氮肥偏生产力均表现为随氮肥用量增加呈递减趋势，而氮素农学利用率则表现为随氮肥用量的增加先增加后下降的趋势。氮素平衡计算结果表明，各施氮处理中以 N210 处理无机氮残留量和试验起始时相近，而低施氮量处理（N70、N140）虽然无机氮残留量和氮素表观损失量较低，但因施氮量低于玉米吸氮量，土壤无机氮残留量较试验起始时有所下降，高施氮量处理（N280、N350）由于施氮量远高于玉米吸氮量，土壤氮素大量盈余。可见，施入土壤中的氮素不可避免地会产生一定数量的积累或损失，因此在生产实际中，施氮应在满足作物对氮素的需求和维持土壤供氮能力的前提下，尽量控制无机氮过多积累与损失。

适宜的氮肥用量可促进玉米氮素吸收利用，同时能降低土壤无机氮残留量与损失量。将玉米理论最高产量氮肥用量的 95%作为置信区间，并结合土壤氮素收支平衡，合理施氮量应控制在 190～220 kg/hm^2。

（二）磷肥适宜用量

试验于 2018～2021 年在吉林省公主岭市刘房子街道进行，共设为 6 个磷肥用量处理，分别为 0 kg/hm^2（P0）、30 kg/hm^2（P30）、60 kg/hm^2（P60）、90 kg/hm^2（P90）、120 kg/hm^2（P120）和 150 kg/hm^2（P150）；各处理氮肥与钾肥用量相同，分别为 210 kg/hm^2 和 120 kg/hm^2。施肥方法为 40%的氮肥和全部磷肥、钾肥作为基肥于播种前施入，60%的氮肥于拔节期进行追施。氮肥、磷肥、钾肥分别使用尿素（N 46%）、重过磷酸钙（P_2O_5 46%）和氯化钾（K_2O 60%）。

1. 不同施磷处理玉米产量

与不施磷肥处理（P0）相比，施磷处理具有显著的增产效果（图 5-51；$P<0.05$），提高幅度依次为 8.2%～22.8%（2018 年）、9.3%～19.9%（2019 年）、8.4%～21.8%（2020 年）和 2.3%～14.1%（2021 年）。在不同施磷处理中，玉米产量在施磷量 30～90 kg/hm^2 内随着施磷量的增加而增加，当施磷量超过这一范围时，玉米产量呈下降趋势。

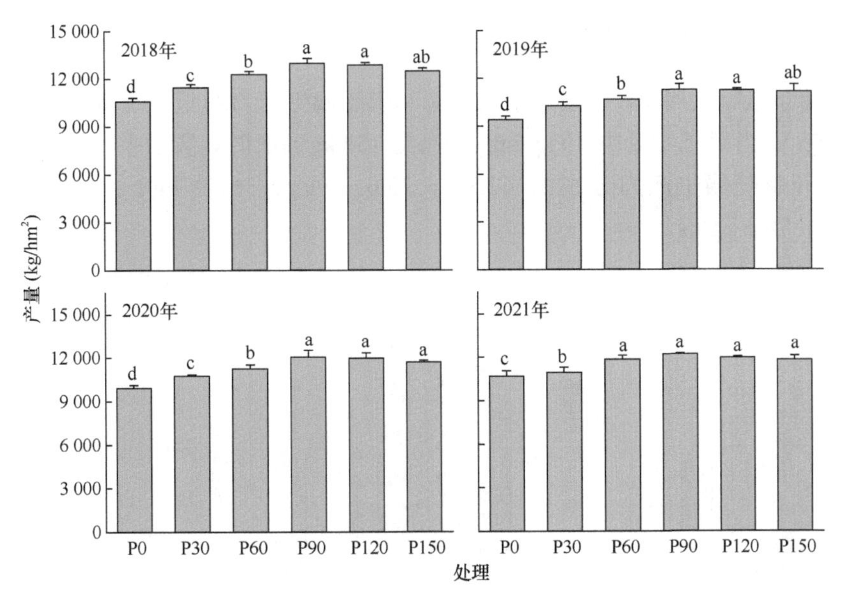

图 5-51　不同施磷处理玉米产量

不同字母表示在 5%水平上差异显著

回归分析表明（图 5-52），一元二次回归方程很好地模拟了施磷量和玉米产量之间的关系（R^2=0.9145～0.9884）。依据该方程求得 2018 年、2019 年、2020 年和 2021 年玉米最高产量所需的施磷量分别为 79.8 kg/hm^2、76.7 kg/hm^2、76.6 kg/hm^2 和 78.7 kg/hm^2。将玉米理论最高产量磷肥用量的 95%作为置信区间，计算出 2018～2021 年玉米最高产量磷肥施用范围为 73～84 kg/hm^2。

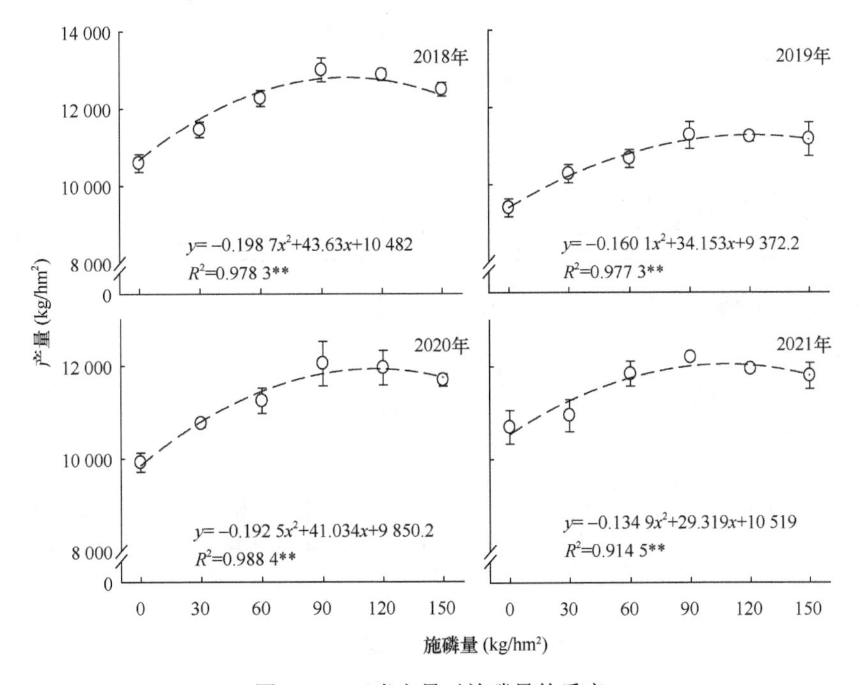

图 5-52　玉米产量对施磷量的反应

2. 不同施磷处理玉米磷素利用效率

玉米磷素吸收利用率、磷素农学利用率和磷肥偏生产力均随施磷量的增加呈下降趋势（图 5-53）。当磷肥用量由 30 kg/hm^2 提高至 150 kg/hm^2 时，磷素吸收利用率、磷素农学利用率和磷肥偏生产力分别由 42.1%、23.0 kg/kg、361.9 kg/kg 下降至 15.2%、11.1 kg/kg、78.6 kg/kg。

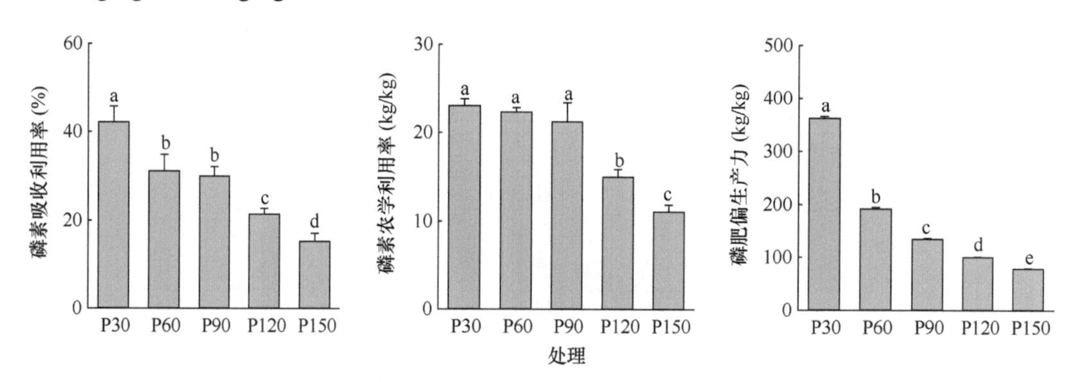

图 5-53 不同施磷处理土壤磷素利用效率

3. 不同施磷处理土壤有效磷含量

除 2018 年外，磷肥用量对土壤有效磷含量影响显著（图 5-54）。在同等年份中，土壤有效磷含量随磷肥用量的增加而增加。与试验起始时相比，P0、P30 和 P60 处理有效磷含量均有所下降，磷肥用量增加至 90 kg/hm^2，土壤有效磷含量与初始值相近。

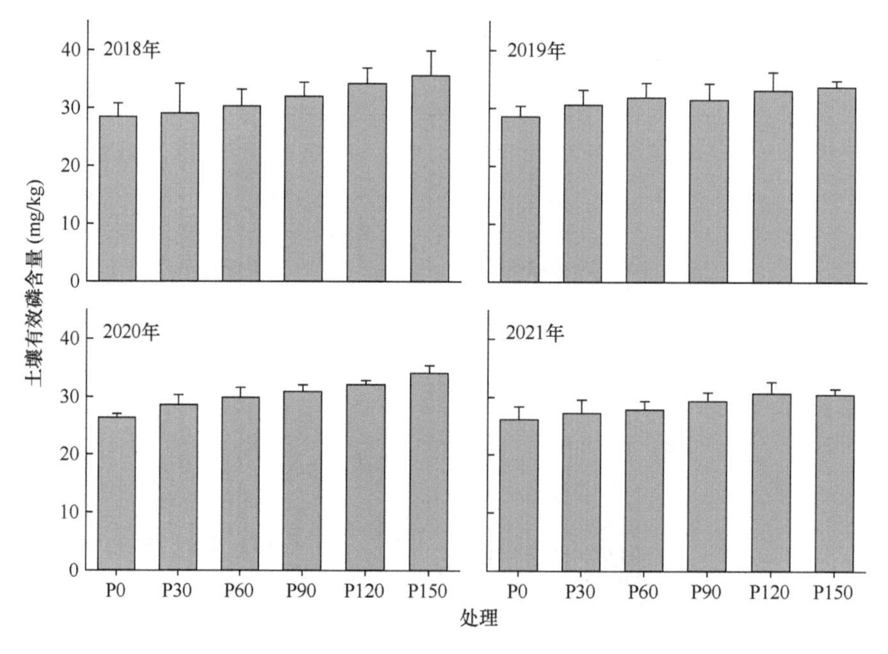

图 5-54 不同施磷处理土壤有效磷含量

4. 不同施磷处理土壤磷素表观平衡

不同施磷处理土壤磷素表观平衡结果表明（表 5-30），在施磷量 0～90 kg/hm^2 内作物磷素携出量随施磷量的增加而增加，当施磷量增加至 120 kg/hm^2 时，作物磷素携出量呈下降趋势。土壤磷素表观盈亏量随着施磷量的增加而下降，其中施磷量 30～90 kg/hm^2 内，土壤磷素为亏缺状态，当施磷量增加至 120 kg/hm^2，土壤磷素呈盈余状态。

表 5-30　不同施磷处理土壤磷素表观平衡（2018～2021 年）

施肥处理	磷肥用量（kg/hm^2）	作物磷素携出量（kg/hm^2）	磷素表观盈亏量（kg/hm^2）	平衡系数	实际平衡率（%）
P0	0	252.2 e	–252.2	0.00	–100.0 f
P30	120	302.7 d	–182.7	0.40	–60.4 e
P60	240	326.8 c	–86.8	0.73	–26.6 d
P90	360	363.1 a	–0.1	1.00	–3.1 c
P120	480	354.9 ab	125.1	1.35	35.2 b
P150	600	343.6	256.4	1.75	74.6

注：同列数据后不同字母表示在 5%水平上差异显著。

施磷可显著提高玉米产量，但是玉米产量随磷肥用量的增加呈先增加后降低的趋势，符合“报酬递减”原理。依据线性加平台计算得出，2018 年、2019 年、2020 年和 2021 年玉米最高产量所需的磷肥用量分别为 79.8 kg/hm^2、76.7 kg/hm^2、76.6 kg/hm^2 和 78.7 kg/hm^2。磷素吸收利用率、磷素农学利用率和磷肥偏生产力均表现为随磷肥用量增加而递减的趋势。土壤有效磷含量随施磷量的增加呈增加趋势，其中 P90 处理与试验起始时土壤有效磷含量相近。土壤磷素收支平衡结果表明，在施磷量 0～90 kg/hm^2 内，土壤磷素为亏缺状态，当施磷量增加至 120 kg/hm^2，磷素呈盈余状态。

综上所述，适宜的磷肥用量可促进玉米磷素吸收、利用，同时能降低土壤磷素残留。以玉米理论最高产量磷肥用量的 95%作为置信区间，并结合土壤磷素收支平衡，合理施磷量应控制在 73～90 kg/hm^2。

（三）钾肥适宜用量

试验于 1993～2021 年在吉林省公主岭市刘房子街道刘房子村（43°34′51.9″N，124°53′55.4″E）进行，该地土壤类型为黑土，质地为中壤，试验开始前（1993 年）0～20 cm 耕层土壤养分状况为：全氮含量 1.3 g/kg，有机质含量 22.2 g/kg，速效氮含量 128.9 mg/kg，速效磷含量 101.2 mg/kg，速效钾含量 158.6 mg/kg，缓效钾含量 1065.4 mg/kg，全钾含量 22.6 g/kg，pH 6.5。试验在施用 N 225 kg/hm^2、P_2O_5 113 kg/hm^2 的基础上，设 3 个钾肥（K_2O）用量处理，分别为 0 kg/hm^2、113 kg/hm^2 和 225 kg/hm^2（分别以 K0、K1、K2 来表示）。施肥方法为 1/4 的氮肥与全部磷肥、钾肥于播种前基施，3/4 的氮肥在玉米拔节期作追肥施用。氮肥、磷肥、钾肥分别使用尿素（N 46%）、重过磷酸钙（P_2O_5 46%）和氯化钾（K_2O 60%）。

1. 不同施钾处理玉米产量

由不同施钾处理 1993～2021 年玉米产量和增产率结果（图 5-55）可知，与 K0 处理相比，第 1 季和第 2 季玉米施用钾肥没有表现出显著的增产效果（$P>0.05$），经过 2 个连作周期后，施钾处理表现出显著的增产效果（$P<0.05$）。1995～2021 年玉米增产率为 5.4%～25.6%，平均增产率为 13.4%。K1 与 K2 处理相比，在 28 年间，K1 处理只有 4 季玉米产量（1993 年、1994 年、2000 年和 2003 年）低于 K2 处理，其余 24 季玉米产量均高于 K2 处理，平均增产率为 2.2%，差异未达显著水平（$P>0.05$）。

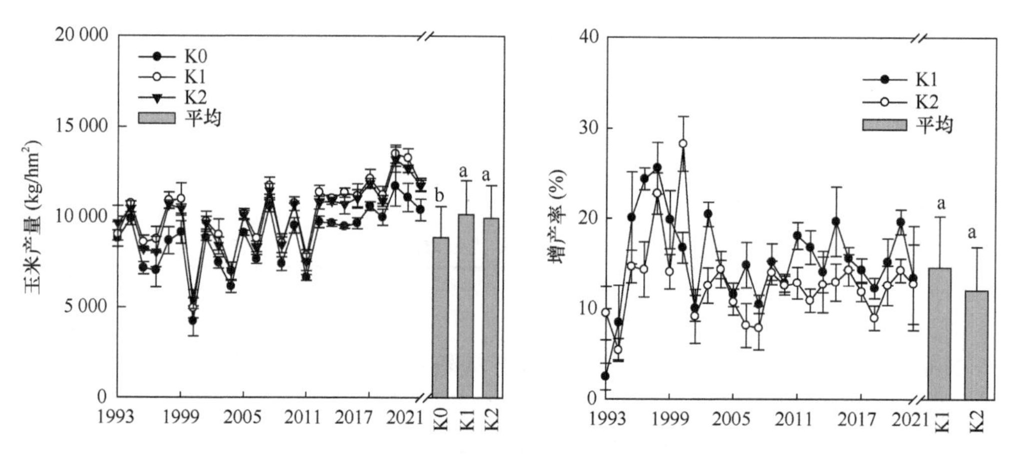

图 5-55　不同施钾处理玉米产量和增产率（1993～2021 年）

不同字母表示在 5%水平上差异显著

2. 长期施用钾肥对玉米养分吸收的影响

与不施钾肥处理相比，1993～2021 年施钾处理氮、磷、钾的积累量分别提高了 1.5%～46.2%、4.0%～47.1%和 8.1%～58.9%，平均增幅分别为 17.3%～19.4%、18.6%～24.4%和 23.7%～34.6%，差异均达显著水平（图 5-56；$P<0.05$）。说明施钾对玉米氮、磷、钾的吸收具有促进作用。在不同施钾量处理中，氮、磷的积累量以 K1 处理最高，而钾素积累量以 K2 处理最高，但两处理间氮、磷、钾的积累量差异未达显著水平（$P>0.05$）。

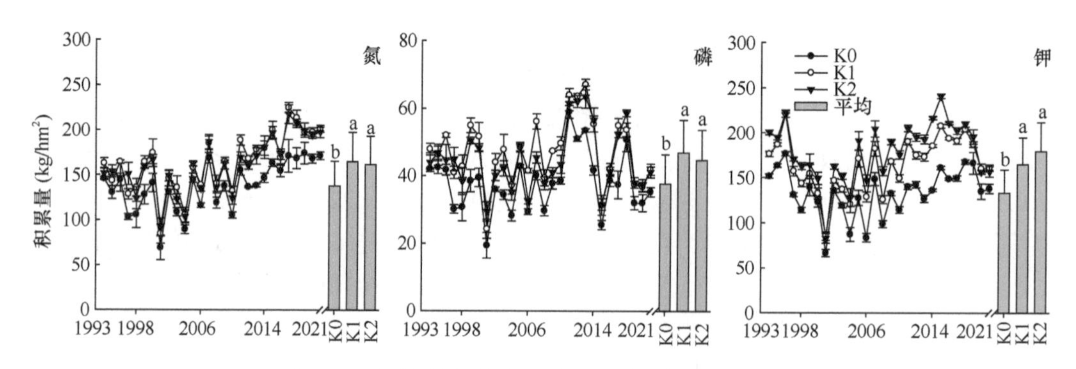

图 5-56　不同施钾处理玉米氮、磷、钾的积累量

不同字母表示在 5%水平上差异显著

3. 长期施用钾肥对玉米钾素利用效率的影响

由不同施钾处理玉米钾素利用效率结果（图 5-57）可知，K1 处理钾素吸收利用率、钾素农学利用率和钾肥偏生产力均显著高于 K2 处理（P<0.05），提高幅度分别为 7.3 个百分点、6.8 kg/kg 和 33.6 kg/kg。

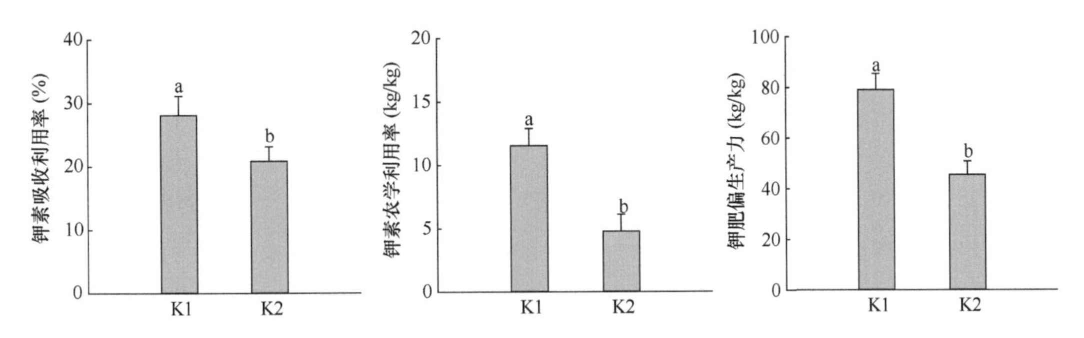

图 5-57　不同施钾处理玉米钾素利用效率（1993～2021 年）

不同字母表示在 5%水平上差异显著

4. 长期施用钾肥对土壤钾素含量的影响

与不施钾肥处理（K0）相比，施钾处理提高了 0～20 cm 和 20～40 cm 土壤速效钾、缓效钾和全钾含量（图 5-58）。其中 0～20 cm 土壤速效钾、缓效钾和全钾含量提高幅度依次为 29.1%～94.6%、19.2%～40.2%和 14.6%～19.2%；20～40 cm 土壤速效钾、缓效钾和全钾含量提高幅度依次为 11.5%～22.4%、11.1%～17.0%和 6.5%～9.4%。与试验起始时（EB）相比，28 季不施钾肥（K0）处理土壤钾素出现明显耗竭，0～20 cm 土壤速效钾、缓效钾和全钾含量较试验起始依次下降 29.5%、19.6%和 14.3%，差异均达显著水平（P<0.05）；与试验起始时相比，K1 处理土壤速效钾、缓效钾和全钾含量下降幅度依次为 9.0%、4.2%和 1.9%，差异均未达显著水平（P>0.05）；与试验起始时相比，K2 处理土壤速效钾、缓效钾和全钾含量均有所提高，提高幅度依次为 37.2%、12.7%和 2.1%，其中土壤速效钾和缓效钾含量提高幅度达显著水平（P<0.05）。

5. 不同施钾处理土壤钾素表观平衡

由不同施钾处理土壤钾素表观平衡结果看出（图 5-59），在钾的输出项中，K0、K1 和 K2 处理钾素吸收量随钾肥用量的增加而增加，K0、K1 和 K2 处理的 29 季钾素吸收总量依次为 3865.7 kg/hm^2、4781.4 kg/hm^2 和 5203.0 kg/hm^2。K0 和 K1 处理钾素表观平衡均表现为亏缺状态，亏缺总量分别为 3865.7 kg/hm^2 和 1504.4 kg/hm^2，而 K2 处理钾素表观平衡表现为盈余状态，盈余总量为 1321.8 kg/hm^2。可见，K0 和 K1 处理玉米年携钾量明显高于钾投入量，致使土壤钾素逐渐耗竭。而 K2 处理施钾量远高于作物携钾量，使土壤钾素呈明显的盈余状态。

综上，与不施钾肥处理相比，长期施钾可显著提高玉米产量（P<0.05），且玉米产量随施钾量的增加先增加后降低，其中以施钾量 113 kg/hm^2 处理玉米产量最高，当施钾量增加至 225 kg/hm^2 时，玉米产量呈下降趋势。由此可见，钾肥用量并不是越多越好，

适宜的钾肥用量才是玉米高产稳产的关键。

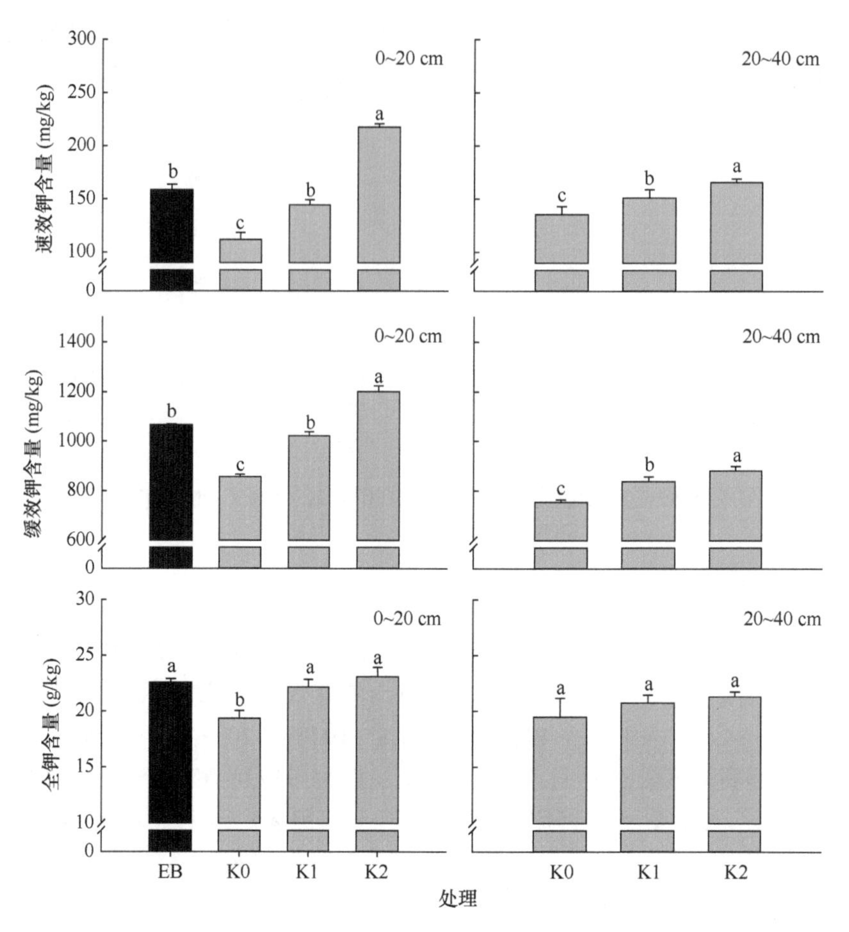

图 5-58 不同施钾处理土壤速效钾、缓效钾和全钾含量

不同字母表示在 5%水平上差异显著

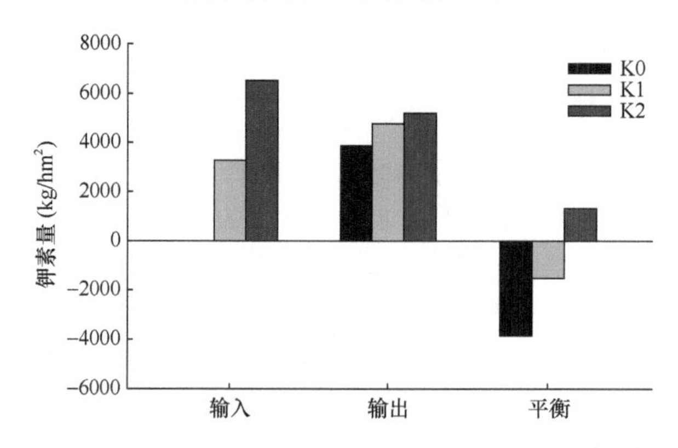

图 5-59 不同施钾处理土壤钾素表观平衡（1993～2021 年）

长期施钾可增加玉米氮、磷、钾的吸收总量，与不施钾肥处理相比，1993～2021 年施钾处理氮、磷、钾的积累量依次提高了 1.5%～46.2%、4.0%～47.1%和 8.1%～58.9%，

而施钾量 113 kg/hm^2 处理和 225 kg/hm^2 处理间氮、磷、钾的积累量差异不显著（P>0.05）。但由于施钾量 225 kg/hm^2 处理钾肥用量过多，该处理玉米钾素吸收利用率、钾素农学利用率和钾肥偏生产力等均显著低于施钾量 113 kg/hm^2 处理。

土壤钾素表观收支平衡结果表明，钾肥的投入增加使作物从土壤及肥料中带走的钾素呈增加趋势，而不施钾肥和施钾量 113 kg/hm^2 处理土壤钾素均出现不同程度的表观亏缺，施钾量 225 kg/hm^2 处理则表现为盈余状态。但结合土壤钾素变化情况分析，虽然施钾量 113 kg/hm^2 处理钾素表观收支平衡呈现亏缺状态，但与试验起始时相比，施钾量 113 kg/hm^2 处理土壤速效钾含量、缓效钾含量和全钾含量下降幅度较小，且获得的玉米产量最高；而施钾量 225 kg/hm^2 处理虽然土壤钾素表观收支平衡表现为盈余状态，土壤速效钾含量、缓效钾含量较试验起始时也大幅升高，但玉米产量和钾素利用效率低于施钾量 113 kg/hm^2 处理。

综合以上分析，长期施钾可显著提高玉米产量，但当钾肥用量超过玉米对钾素的需求时，不仅不会增加玉米产量，反而会使土壤钾素出现大幅盈余。因此，从节省资源的角度来看，在玉米生产中，并不一定需要投入化学钾肥来维持土壤钾素平衡，可以通过增施有机肥或秸秆还田配合钾肥施用等措施补充移走的钾素。

（四）氮肥适宜施用时期与比例

试验于 2015～2016 年在吉林省公主岭市进行。采用单因素随机区组设计，在施氮总量一致（210 kg/hm^2）的条件下，设 4 种氮肥运筹模式：N1（100%基肥）、N2（50%基肥+50%拔节肥）、N3（30%基肥+50%拔节肥+20%开花肥）、N4（20%基肥+30%拔节肥+30%开花肥+20%灌浆肥）；另设不施氮肥处理，记为 N0；所有处理施磷肥（P_2O_5）80 kg/hm^2，施钾肥（K_2O）90 kg/hm^2，均在玉米播种前作基肥一次性条施。氮肥、磷肥、钾肥分别为尿素（含 N 46.4%）、重过磷酸钙（含 P_2O_5 46.0%）、氯化钾（含 K_2O 60.0%）。

1. 氮肥后移对玉米产量与氮素利用效率的影响

试验年份和施氮处理均显著影响玉米产量，且试验年份和施氮处理表现出显著的交互作用（表 5-31）。与不施氮肥处理（N0）相比，不同施氮处理显著提高了玉米产量（P<0.05），增产幅度分别为 27.0%～51.8%（2015 年）和 37.9%～69.4%（2016 年）。在相同施氮量下，氮肥后移各处理（N2、N3、N4）玉米产量均显著高于 100%基肥处理（N1；P<0.05）。其中 N3 处理增产幅度最高，较 100%基肥处理（N1）分别提高 19.5%（2015 年）和 22.9%（2016 年），其后依次为 N4 和 N2 处理。

表 5-31 还表明，除氮收获指数（NHI）外，试验年份和施氮处理均显著影响吸氮总量、氮素吸收利用率（NRE）、氮素农学利用率（NAE）、氮肥偏生产力（NPFP）和氮素生理利用率（NPE），其中对吸氮总量、氮素农学利用率和生理利用率表现出显著的交互作用。与不施氮肥处理相比，施氮显著提高了吸氮总量（P<0.05），提高幅度分别为 43.4%～67.0%（2015 年）和 50.4%～82.5%（2016 年），其中以 N3 处理吸氮总量最高，后依次为 N4 和 N2 处理。在相同施氮量下，氮肥后移各处理（N2、N3、N4）氮素吸收利用率、氮素农学利用率、氮肥偏生产力和氮素生理利用率均显著高于 100%基肥

处理（N1）处理（$P<0.05$），提高幅度依次为 35.8%～49.6%、46.1%～92.2%、9.8%～19.5%、9.4%～24.8%（2015 年）和 42.8%～64.2%、51.1%～83.0%、14.3%～22.9%、6.8%～11.7%（2016 年），其中以 N3 处理提高幅度最大，后依次为 N4 和 N2 处理；此外，不同施氮处理氮收获指数无显著差异（$P>0.05$）。

表 5-31　不同施氮处理玉米产量和氮素利用效率

年份	处理	产量（kg/hm^2）	吸氮总量（kg/hm^2）	NHI（%）	NRE（%）	NAE（kg/kg）	NPFP（kg/kg）	NPE（kg/kg）
2015	N0	7 949 d	118.6 d	59.6 b	—	—	—	—
	N1	10 094 c	170.1 c	63.5 a	24.6 b	10.2 c	48.1 b	41.5 c
	N2	11 087 b	188.7 b	65.3 a	33.4 a	14.9 b	52.8 a	45.4 b
	N3	12 065 a	198.1 a	65.8 a	36.8 a	19.6 a	57.5 a	51.8 a
	N4	11 589 ab	190.0 ab	65.0 a	35.8 a	17.3 a	55.2 a	51.0 a
2016	N0	7 466 d	113.2 d	59.7 b	—	—	—	—
	N1	10 296 c	170.2 c	62.2 a	27.1 c	13.5 b	49.0 b	49.7 b
	N2	11 751 b	194.4 b	64.2 a	38.7 b	20.4 a	56.0 a	53.1 a
	N3	12 650 a	206.6 a	65.5 a	44.5 a	24.7 a	60.2 a	55.5 a
	N4	11 986 b	197.4 ab	64.7 a	41.0 ab	21.5 a	57.1 a	54.2 a
方差分析								
年份		*	*	NS	*	**	**	**
施氮处理		**	**	**	**	**	**	**
年份×施氮处理		*	*	NS	NS	*	NS	**

注：同列数据后不同字母表示在 5%水平上差异显著；NS、*和**分别表示无显著影响及在 0.05 和 0.01 水平上影响显著。

2. 氮肥后移对玉米生育期土壤无机氮含量的影响

玉米整个生育期内 0～20 cm 和 20～40 cm 土壤无机氮含量均随生育进程的推进呈先降低后升高的趋势（图 5-60）。在相同的施氮处理条件下，0～20 cm 土壤无机氮含量均高于 20～40 cm 土壤。与不施氮肥处理（N0）相比，4 个施氮处理两年苗期、拔节期、大口期、吐丝期、灌浆期和成熟期 0～20 cm 土壤无机氮含量平均值分别增加 107.8%、125.7%、131.3%、158.9%、123.5%、87.5%（2015 年）和 166.2%、142.4%、148.7%、88.2%、106.5%、92.7%（2016 年），20～40 cm 土壤无机氮含量分别增加 106.0%、75.4%、70.6%、145.7%、69.5%、79.2%（2015 年）和 106.7%、117.8%、85.6%、72.1%、36.4%、81.9%（2016 年），差异均达显著水平（$P<0.05$）；在相同施氮量下，0～20 cm 和 20～40 cm 土壤无机氮含量在玉米苗期至大口期以 100%基肥处理（N1）最高，开花期至成熟期则以氮肥后移各处理（N2、N3、N4）较高，其中吐丝期以 N2 处理最高，灌浆期以 N3 处理最高，成熟期以 N4 处理最高。

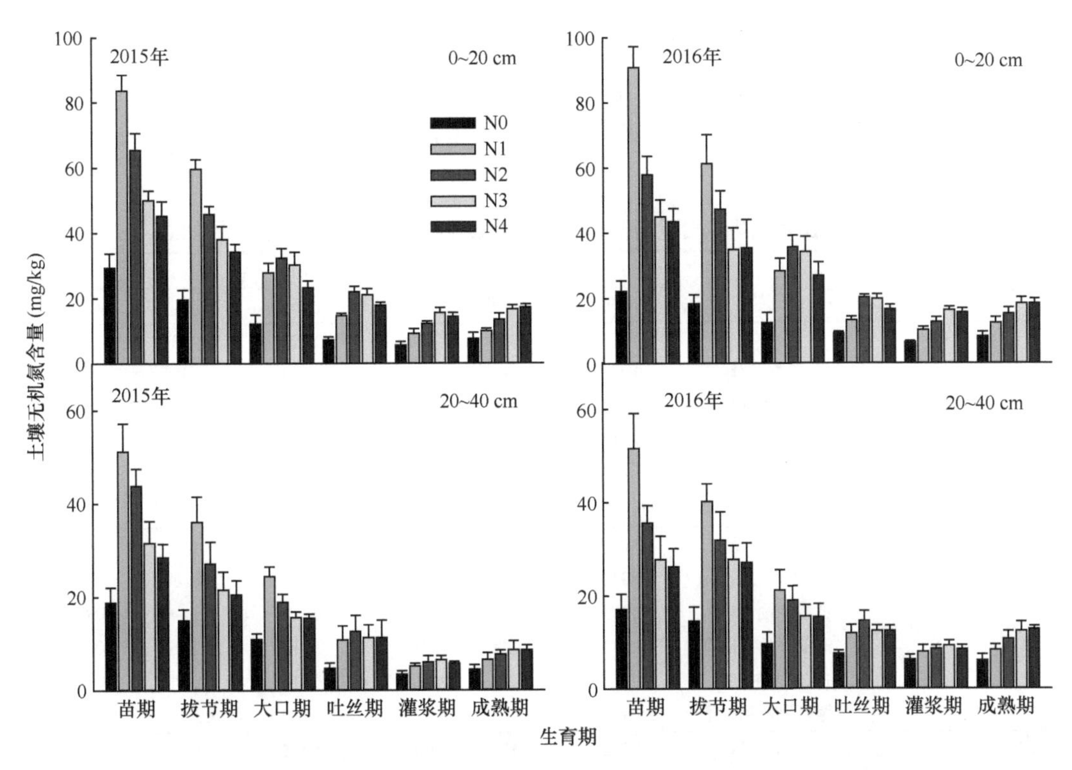

图 5-60　不同施氮处理玉米生育期 0～20 cm 与 20～40 cm 土壤无机氮含量动态变化

相关分析表明（表 5-32），不同施氮处理玉米产量、吸氮总量与玉米不同生育期 0～20 cm 和 20～40 cm 土壤无机氮含量间均表现为正相关性，其中玉米产量、吸氮总量与 0～20 cm 土壤无机氮含量的相关系数大体高于 20～40 cm 土层。除苗期和拔节期外，其他生育期 0～20 cm 和 20～40 cm 土壤无机氮含量与玉米产量和吸氮总量的相关性均达显著或极显著水平，且随生育进程的推进相关性增大，在吐丝期至灌浆期达到最高。不同施氮处理氮素吸收利用率、氮素农学利用率、氮肥偏生产力和氮素生理利用率与玉米苗期至拔节期 0～20 cm 和 20～40 cm 土壤无机氮含量呈显著或极显著负相关关系，与吐丝期至成熟期土壤无机氮含量呈显著或极显著正相关关系，并与吐丝期至灌浆期土壤无机氮含量相关性最高。不同施氮处理氮素吸收利用率、氮素农学利用率、氮肥偏生产力和氮素生理利用率与 0～20 cm 土壤无机氮含量的相关系数大都高于 20～40 cm 土壤。

3. 氮肥后移对玉米收获后土壤剖面无机氮含量的影响

不同施氮处理土壤无机氮含量均表现为随土层深度的增加而呈下降趋势（图 5-61）；与不施氮肥处理（N0）相比，各施氮处理土壤无机氮含量提高幅度均达显著水平（$P<0.05$）。在相同施氮量下，氮肥后移各处理（N2、N3、N4）0～20 cm 和 20～40 cm 土壤无机氮含量高于 100%基肥处理（N1），提高幅度依次为 35.0%～72.5%、16.1%～31.7%（2015 年）和 23.3%～49.2%、28.9%～54.2%（2016 年），差异均达显著水平（$P<0.05$）。其中以 N4 处理土壤无机氮含量最高，后依次为 N3 和 N2 处理；而 100%基肥处理（N1）40～60 cm、60～80 cm 和 80～100 cm 土壤无机氮含量则高于氮肥后移各处理（N2、N3、

N4），提高幅度依次为 2.2%～3.5%、4.8%～29.4%、22.2%～51.1%（2015 年）和 14.2%～26.2%、6.9%～22.0%、9.8%～27.4%（2016 年）；而氮肥后移各处理中，N2 处理 40～100 cm 土壤无机氮含量最高，后依次为 N3 和 N4 处理，但三处理间无显著性差异（$P>0.05$）。

表 5-32　土壤无机氮含量与玉米产量、氮素吸收、氮素利用效率的相关性

年份	项目		土壤无机氮含量					
			苗期	拔节期	大口期	吐丝期	灌浆期	成熟期
2015	0～20 cm	玉米产量	0.313	0.384	0.726**	0.920**	0.905**	0.895**
		吸氮总量	0.430	0.484	0.832**	0.931**	0.909**	0.841**
		氮素吸收利用率	−0.891**	−0.883**	−0.180	0.893**	0.833**	0.801**
		氮素农学利用率	−0.916**	−0.887**	−0.370	0.820**	0.900**	0.859**
		氮肥偏生产力	−0.856**	−0.854**	−0.131	0.923**	0.839**	0.805**
		氮素生理利用率	−0.918**	−0.899**	−0.245	0.882**	0.892**	0.817**
	20～40 cm	玉米产量	0.209	0.271	0.524*	0.870**	0.802**	0.753**
		吸氮总量	0.310	0.415	0.664*	0.895**	0.816**	0.789**
		氮素吸收利用率	−0.899**	−0.802**	0.324	0.675*	0.664*	0.607*
		氮素农学利用率	−0.873**	−0.799**	0.236	0.786**	0.626*	0.593*
		氮肥偏生产力	−0.832**	−0.792**	0.437	0.682*	0.690*	0.641*
		氮素生理利用率	−0.890**	−0.823**	0.207	0.691*	0.647*	0.594*
2016	0～20 cm	玉米产量	0.292	0.321	0.801**	0.905**	0.860**	0.831**
		吸氮总量	0.352	0.419	0.855**	0.893**	0.912**	0.874**
		氮素吸收利用率	−0.886**	−0.793**	0.310	0.709**	0.748**	0.687*
		氮素农学利用率	−0.970**	−0.821**	0.313	0.732**	0.878**	0.782**
		氮肥偏生产力	−0.901**	−0.854**	0.231	0.781**	0.864**	0.709**
		氮素生理利用率	−0.842**	−0.776**	0.109	0.727**	0.844**	0.597*
	20～40 cm	玉米产量	0.286	0.464	0.596*	0.765**	0.738**	0.704**
		吸氮总量	0.328	0.476	0.582*	0.768**	0.798**	0.768**
		氮素吸收利用率	−0.776**	−0.746**	−0.496	0.726**	0.777**	0.613*
		氮素农学利用率	−0.845**	−0.758**	−0.568	0.656*	0.766**	0.623*
		氮肥偏生产力	−0.787**	−0.735**	−0.505	0.731**	0.672*	0.618*
		氮素生理利用率	−0.706*	−0.697*	−0.311	0.682*	0.778**	0.758**

注：*、**分别表示在 0.05 和 0.01 水平上显著相关。

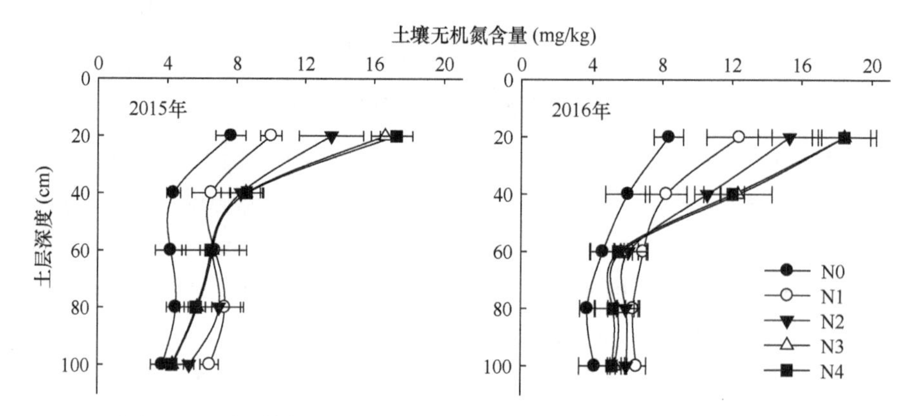

图 5-61　不同施氮处理玉米收获后 0～100 cm 土壤剖面无机氮含量

4. 氮肥后移对玉米生长季氮素平衡的影响

试验年份和施氮处理显著影响作物氮素携出量、无机氮残留量和氮素表观损失量，且试验年份和施氮处理表现出显著的交互作用（表 5-33）。在氮素输入项中，以施氮量为主，占氮素输入项的 53.3%（2015 年）和 53.7%（2016 年），其次为起始无机氮量和净矿化氮量，在氮素输出项中，以作物氮素携出量为主，占氮素输出项的 43.2%～64.4%（2015 年）和 43.5%～62.4%（2016 年）；在相同施氮量下，氮肥后移各处理（N2、N3、N4）作物氮素携出量和无机氮残留量均高于 100%基肥处理（N1），提高幅度依次为 10.9%～16.5%、6.9%～12.0%（2015 年）和 14.2%～21.4%、7.1%～14.5%（2016 年），差异均达到显著水平（$P<0.05$）。而氮肥后移各处理（N2、N3、N4）氮素表观损失量显著低于 100%基肥处理（N1；$P<0.05$），降低幅度分别为 20.0%～30.6%（2015 年）和 27.4%～44.8%（2016 年）；而在不同氮肥后移处理中，氮素表观损失量以 N3 处理最低，后依次为 N4 和 N2 处理。

表 5-33 不同施氮处理 0～100 cm 剖面土壤氮素表观平衡 （单位：kg/hm^2）

年份	处理	氮素输入			氮素输出		
		施氮量	起始无机氮量	净矿化氮量	作物氮素携出量	无机氮残留量	氮素表观损失量
2015	N0	0	107.4	76.8	118.6 d	65.6 c	0.0
	N1	210	107.4	76.8	170.1 c	97.5 b	126.6 a
	N2	210	107.4	76.8	188.7 ab	104.2 a	101.3 b
	N3	210	107.4	76.8	198.1 a	108.2 a	87.9 d
	N4	210	107.4	76.8	190.0 ab	109.2 a	95.0 c
2016	N0	0	118.8	62.5	113.2 d	68.1 c	0.0
	N1	210	118.8	62.5	170.2 c	105.6 b	115.5 a
	N2	210	118.8	62.5	194.4 b	113.1 a	83.8 b
	N3	210	118.8	62.5	206.6 a	120.9 a	63.8 d
	N4	210	118.8	62.5	197.4 ab	118.6 a	75.3 c
方差分析							
年份			—	—	*	**	**
施氮处理			—	—	**	**	**
年份×施氮处理			—	—	*	**	**

注：同列数据后不同字母表示在 5%水平上差异显著；*、**分别表示在 0.05 和 0.01 水平上影响显著。

综上，施氮显著增加了玉米产量，在相同施氮量下，氮肥后移使玉米产量和氮素利用效率均显著提高。土壤无机氮含量因施氮时期及比例不同而异，氮肥后移使玉米开花期至成熟期 0～40 cm 土壤无机氮含量得到提高，并降低了玉米收获后土壤深层（40～100 cm）无机氮含量。在氮素表观平衡中，相同施氮量下，氮肥后移显著降低了氮素表观损失量。在不同氮肥后移模式中，以 30%基肥+50%拔节肥+20%开花肥运筹模式对玉米产量与氮素吸收利用的提高、维持土壤氮素平衡等最佳。综上所述，在总施氮量 210 kg/hm^2 条件下，30%基肥+50%拔节肥+20%开花肥为该区域较好的氮肥运筹模式。

三、缓/控释氮肥一次性施用技术

（一）缓/控释氮肥品种筛选

试验于2014～2015年在吉林省公主岭市进行，采用单因素设计，共设6处理：①不施氮肥（CK）；②普通尿素（CU）；③硫包衣尿素（SCU）；④树脂包膜尿素（CRF）；⑤稳定性尿素（SU）；⑥脲甲醛（UF）。各处理氮、磷、钾用量一致，分别为200 kg/hm^2、80 kg/hm^{2}和100 kg/hm^2，所有肥料均在玉米播种前一次性基施。试验用氮肥包括普通尿素（含N 46%）、硫包衣尿素（含N 35%）、树脂包膜尿素（含N 43%，控释期为60 d）、稳定性尿素（含N 46%）、脲甲醛（含N 38%），磷肥为重过磷酸钙（P_2O_5 46%），钾肥为氯化钾（K_2O 60%）。

1. 不同施氮处理玉米产量及其构成因素

试验年份和施肥处理显著影响玉米产量，且年份和施肥处理表现出显著的交互作用（表5-34）。与不施氮肥处理相比，各施氮处理具有显著的增产效果，增幅分别为15.2%～37.7%（2014年）和27.5%～51.5%（2015年）。在不同施氮处理中，各缓/控释氮肥处理玉米产量均显著高于CU处理，其中CRF处理增产幅度最大，较CU处理分别提高19.6%（2014年）和18.8%（2015年），后依次为SU、SCU和UF。在产量构成因素中，试验年份和施肥处理显著影响玉米穗粒数和千粒重，但试验年份和施肥处理未表现出显著的交互作用。两年试验结果表明，施氮显著增加了玉米穗粒数、千粒重和收获指数；各缓/控释氮肥处理玉米穗粒数、千粒重和收获指数均高于CU处理，其中CRF处理提高幅度最大，较CU处理依次提高15.2%、7.1%、7.9%（2014年）和10.4%、7.4%、6.2%（2015年）。

表5-34　不同氮肥处理玉米产量及其构成因素、收获指数

年份	处理	产量（kg/hm^2）	穗粒数	千粒重（g）	收获指数（%）
2014	CK	8 527 d	400.7 c	318.6 c	45.1 c
	CU	9 819 c	450.6 b	343.5 b	48.0 b
	SCU	11 033 b	500.9 a	362.4 a	49.9 ab
	CRF	11 743 a	519.1 a	367.8 a	51.8 a
	SU	11 284 ab	510.2 a	363.1 a	50.6 ab
	UF	10 756 b	498.8 a	358.5 a	49.5 ab
2015	CK	8 037 d	393.6 c	310.8 c	45.3 c
	CU	10 247 c	473.3 b	350.1 b	48.7 b
	SCU	11 502 ab	515.9 a	368.3 a	49.9 ab
	CRF	12 175 a	522.3 a	376.1 a	51.7 a
	SU	11 847 a	519.3 a	374.6 a	50.3 ab
	UF	11 308 b	510.7 a	366.1 a	49.6 ab
方差分析					
年份		**	*	*	NS
施肥处理		**	**	**	**
年份×施肥处理		*	NS	NS	NS

注：同列数据后不同字母表示在5%水平上差异显著；NS、*和**分别表示无显著影响及在0.05和0.01水平上影响显著。

2. 不同施氮处理玉米氮素积累量及氮素利用效率

除玉米苗期和拔节期外，其他各生育期氮素积累量均受试验年份和施肥处理的显著影响，其中年份和施肥处理对吐丝期至成熟期氮素积累量表现出显著的交互作用（表 5-35）。与不施氮肥处理相比，施氮处理显著提高了玉米各生育期氮素积累量。在不同施氮处理中，苗期各施氮处理氮素积累量差异不显著，拔节期、大口期和吐丝期 CU 处理氮素积累量均高于各缓/控释氮肥处理，提高幅度依次为 13.6%～23.6%、3.3%～12.6%、2.9%～16.3%（2014 年）和 10.7%～29.3%、7.2%～16.3%、5.6%～16.0%（2015 年）；灌浆期至成熟期，CU 处理氮素积累量则低于各缓/控释氮肥处理。在不同缓/控释氮肥处理中，灌浆期和成熟期氮素积累量以 CRF 处理最高，较 CU 处理依次提高 8.2%、17.8%（2014 年）和 9.2%、15.5%（2015 年），后依次为 SU、SCU 和 UF。

表 5-35 还表明，试验年份和施肥处理显著影响玉米氮素利用效率，但试验年份和施肥处理未表现出显著的交互作用。在不同施氮处理中，各缓/控释氮肥处理氮素吸收利用率（NRE）、氮素农学利用率（NAE）和氮肥偏生产力（NPFP）均显著高于 CU 处理，提高幅度依次为 44.8%～72.6%、70.8%～147.7%、9.6%～19.6%（2014 年）和 29.2%～48.0%、47.7%～86.5%、10.4%～18.9%（2015 年）。其中 CRF 处理氮素吸收利用率、氮素农学利用率和氮肥偏生产力最高，后依次为 SU、SCU 和 UF。

表 5-35　不同施氮处理玉米氮素吸收动态变化和利用率

年份	处理	氮素积累量（kg/hm^2）						NRE（%）	NAE（kg/kg）	NPFP（kg/kg）
		苗期	拔节期	大口期	吐丝期	灌浆期	成熟期			
2014	CK	2.5 b	25.9 d	63.0 d	94.3 c	109.7 d	124.3 d	—	—	—
	CU	3.0 a	40.9 a	91.8 a	118.7 a	149.9 c	164.5 c	20.1 c	6.5 c	49.1 c
	SCU	2.9 a	36.0 b	88.9 ab	115.3 a	157.5 ab	183.1 b	29.4 b	12.5 b	55.2 b
	CRF	2.9 a	34.5 bc	85.5 bc	111.8 ab	162.2 a	193.7 a	34.7 a	16.1 a	58.7 a
	SU	2.9 a	34.8 bc	82.7 c	107.0 b	158.8 a	187.9 ab	31.8 ab	13.8 ab	56.4 ab
	UF	3.0 a	33.1 c	81.5 c	102.1 b	153.3 bc	182.5 b	29.1 b	11.1 b	53.8 b
2015	CK	2.7 b	24.1 c	59.4 d	88.7 d	108.9 d	116.0 d	—	—	—
	CU	3.2 a	43.3 a	99.2 a	126.8 a	154.7 c	171.4 c	27.7 c	11.1 c	51.2 b
	SCU	3.1 a	39.1 ab	92.5 b	120.1 ab	160.9 bc	189.1 b	36.6 b	17.3 b	57.5 a
	CRF	3.0 a	35.5 b	89.7 bc	116.9 b	168.9 a	197.9 a	41.0 a	20.7 a	60.9 a
	SU	3.1 a	33.8 b	88.2 bc	114.8 bc	163.2 ab	194.6 ab	39.3 a	19.1 ab	59.2 a
	UF	3.2 a	33.5 b	85.3 c	109.3 c	159.5 bc	187.5 b	35.8 b	16.4 b	56.5 a
方差分析										
年份		NS	NS	**	**	**	*	**	**	**
施肥处理		**	**	**	**	**	**	**	**	**
年份×施肥处理		NS	NS	NS	*	*	*	NS	NS	NS

注：同列数据后不同字母表示在 5%水平上差异显著；NS、*和**分别表示无显著影响及在 0.05 和 0.01 水平上影响显著。

3. 不同施氮处理玉米生长季土壤无机氮含量动态变化

随着玉米生育期的推移，各处理 0～30 cm 土层土壤无机氮含量整体表现为先降低后小幅上升的趋势，其中玉米苗期土壤无机氮含量最高，随后开始下降，至大口期和吐丝期开始接近最低点，灌浆期达到最低，成熟期有所回升（图 5-62）。与不施氮肥处理相比，施氮处理显著提高了玉米各生育期土壤无机氮含量，其中 CU 处理苗期至大口期土壤无机氮含量显著高于各缓/控释氮肥处理，吐丝期至成熟期，无机氮含量则低于各缓/控释氮肥处理；在不同缓/控释氮肥处理中，玉米苗期至大口期土壤无机氮含量以 SCU 处理最高，后依次为 CRF、SU 和 UF；吐丝期至灌浆期土壤无机氮含量以 CRF 最高，后依次为 SU、UF 和 SCU；成熟期土壤无机氮含量以 UF 最高，后依次为 SU、CRF 和 SCU。

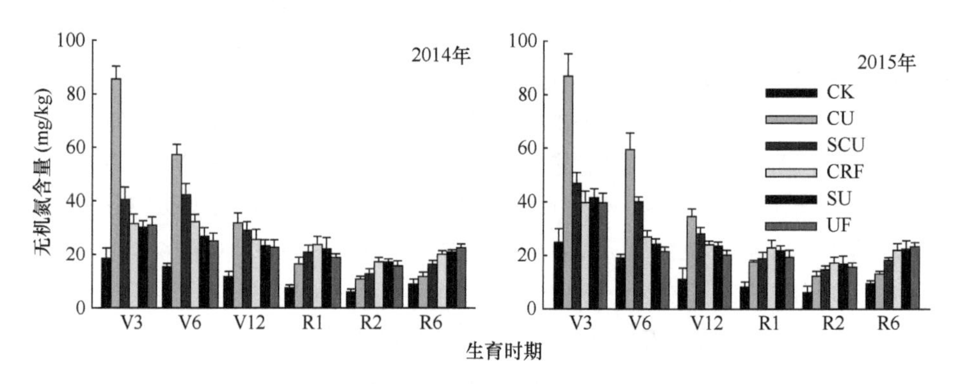

图 5-62　2014 年和 2015 年不同施氮处理玉米生长季 0～30 cm 土壤无机氮含量的动态变化
V3. 苗期；V6. 拔节期；V12. 大口期；R1. 吐丝期；R2. 灌浆期；R6. 成熟期

相关分析表明（表 5-36），不同施氮处理玉米氮素总积累量、产量与玉米各生育期土壤无机氮含量的相关系数分别为 0.115～0.900、0.062～0.888（2014 年）和 0.174～0.904、0.082～0.843（2015 年），除苗期和拔节期外，其他生育期土壤无机氮含量与玉米氮素总积累量和产量间的相关性均达到显著或极显著水平，并随生育进程的推进相关性先增大后减少，其中土壤无机氮含量与玉米氮素总积累量和产量的相关系数最大值均出现在玉米吐丝期。氮素吸收利用率、氮素农学利用率和氮肥偏生产力与玉米各生育期土壤无机氮含量的相关系数分别为–0.873～0.766、–0.768～0.638、–0.815～0.672（2014 年）和–0.834～0.668、–0.793～0.695、–0.815～0.687（2015 年），其中，氮素吸收利用率、氮素农学利用率和氮肥偏生产力与玉米苗期至大口期土壤无机氮含量呈显著或极显著负相关关系，与吐丝期至成熟期土壤无机氮含量呈显著或极显著正相关关系；土壤无机氮含量与氮素吸收利用率、氮素农学利用率和氮肥偏生产力相关系数的最大值均出现在吐丝期。

4. 不同施氮处理玉米收获后土壤剖面无机氮含量变化

耕层（0～30 cm）土壤无机氮含量最高，随着土层深度增加，土壤无机氮含量在 0～130 cm 土层呈下降趋势，130～180 cm 变化规律不明显（图 5-63）。与不施氮肥处理相比，施氮提高了 0～180 cm 土壤无机氮含量，其中各缓/控释氮肥处理 0～30 cm 土壤无机氮含量显著高于 CU 处理，30～180 cm 土壤无机氮含量则低于 CU 处理；在不同缓/控释氮肥处理中，0～30 cm 土壤无机氮含量以 UF 处理最高，后依次为 SU、CRF 和 SCU，而不同缓/控释氮肥处理 30～180 cm 土壤无机氮含量无明显差异。

表 5-36　玉米产量、氮素总积累量、氮素利用效率与不同生育期土壤无机氮含量的相关性

年份	项目	土壤无机氮含量					
		苗期	拔节期	大口期	吐丝期	灌浆期	成熟期
2014	氮素总积累量	0.115	0.326	0.610**	0.900**	0.891**	0.870**
	产量	0.062	0.179	0.476*	0.888**	0.869**	0.823**
	氮素吸收利用率	–0.873**	–0.730**	–0.634*	0.766**	0.718**	0.692**
	氮素农学利用率	–0.768**	–0.663**	–0.574*	0.638*	0.591*	0.567*
	氮肥偏生产力	–0.815**	–0.639**	–0.542*	0.672**	0.659**	0.623*
2015	氮素总积累量	0.174	0.224	0.527*	0.904**	0.824**	0.791**
	产量	0.082	0.119	0.491*	0.843**	0.803**	0.786**
	氮素吸收利用率	–0.834**	–0.806**	–0.596*	0.668**	0.593*	0.585*
	氮素农学利用率	–0.793**	–0.724**	–0.565*	0.695**	0.631*	0.615*
	氮肥偏生产力	–0.815**	–0.770**	–0.552*	0.687**	0.623*	0.531*

注：*、**分别表示在 0.05 和 0.01 水平上显著相关。

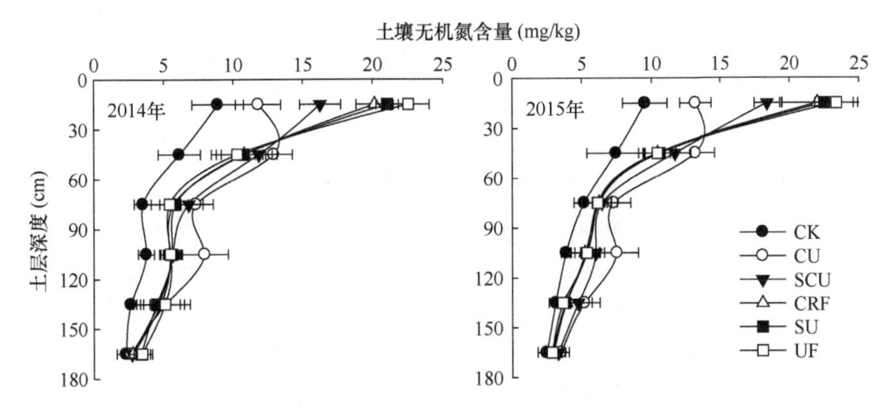

图 5-63　2014 年和 2015 年不同施氮处理玉米收获后 0～180 cm 土壤无机氮含量变化

5. 不同施氮处理玉米生长季氮素平衡

由于玉米根系在 0～90 cm 土体所占比例达 95%以上，因此 90 cm 土层可作为玉米根系吸收养分主要层来评估玉米对氮肥的利用状况。玉米收获期氮素表观平衡结果（表 5-37）表明，试验年份和施肥处理显著影响作物氮素携出量、无机氮残留量和氮素表观损失量，其中试验年份和施肥处理对作物氮素携出量表现出显著的交互作用。表 5-37

表 5-37　不同施氮处理 0～90 cm 剖面土壤氮素表观平衡　（单位：kg/hm²）

年份	处理	氮素输入			氮素输出		
		施氮量	起始无机氮量	净矿化氮量	作物氮素携出量	无机氮残留量	氮素表观损失量
2014	CK	0	142.4	55.5	124.3 d	73.6 c	0
	CU	200	142.4	55.5	164.5 c	129.1 b	104.3 a
	SCU	200	142.4	55.5	183.1 b	139.1 a	75.7 b
	CRF	200	142.4	55.5	193.7 a	144.6 a	59.6 c
	SU	200	142.4	55.5	187.9 ab	148.2 a	61.8 c
	UF	200	142.4	55.5	182.5 b	150.2 a	65.2 c

续表

年份	处理	氮素输入			氮素输出		
		施氮量	起始无机氮量	净矿化氮量	作物氮素携出量	无机氮残留量	氮素表观损失量
2015	CK	0	152.5	52.0	116.0d	88.5 c	0
	CU	200	152.5	52.0	171.4 c	136.4 b	96.7 a
	SCU	200	152.5	52.0	189.1 b	146.2 a	69.2 b
	CRF	200	152.5	52.0	197.9 a	153.8 a	52.8 c
	SU	200	152.5	52.0	194.6 ab	155.7 a	54.2 c
	UF	200	152.5	52.0	187.5 b	158.5 a	58.5 c
方差分析							
年份		—	—	—	*	**	*
施肥处理		—	—	—	**	**	**
年份×施肥处理		—	—	—	*	NS	NS

注：同列数据后不同字母表示在5%水平上差异显著；NS、*和**分别表示无显著影响及在0.05和0.01水平上影响显著。

还表明，在氮素输入项中以施入氮肥为主，占施氮处理氮素输入总量的50.3%（2014年）和49.4%（2015年），而土壤起始无机氮量和氮素净矿化氮量占氮肥输入总量的比例较小，分别为35.8%、13.9%（2014年）和37.7%、12.9%（2015年）。在氮素输出项中以作物氮素携出量带走氮素为主，占氮素输出总量的41.3%～62.8%（2014年）和42.4%～56.7%（2015年）。在不同施氮处理中，各缓/控释氮肥处理作物氮素携出量和无机氮残留量显著高于CU处理，提高幅度依次为10.9%～17.8%、7.7%～16.3%（2014年）和9.4%～15.5%、7.2%～16.2%（2015年）；而氮素表观损失量显著低于CU处理，降低幅度依次为27.4%～42.9%（2014年）和28.4%～45.4%（2015年）；表明缓/控释氮肥处理通过显著提高玉米氮素吸收和土壤无机氮残留，减少氮的淋溶损失。在不同缓/控释氮肥处理中，氮素表观损失量以CRF处理最低，后依次为SU、UF和SCU。

综上所述，与CU相比，缓/控释氮肥显著提高了玉米产量、玉米生育后期氮素吸收和氮素利用效率，且均以CRF处理表现最好。缓/控释氮肥在显著提高玉米生育后期土壤耕层无机氮含量的同时，降低了玉米成熟期氮素向深层土壤的淋失。在土壤-作物系统的氮素平衡中，与CU相比，缓/控释氮肥显著降低了土壤氮素损失量，其中CRF氮素表观损失量最低。综上所述，CRF在降低土壤氮素损失、提高玉米产量及氮素吸收利用等方面较其他缓/控释氮肥效果更好。

（二）缓/控释氮肥与普通尿素适宜配施比例

试验于2018～2020年在吉林省公主岭市进行，在2015～2016年度研究确定高产玉米氮肥用量210 kg/hm^{2}的基础上，设6种普通尿素与缓/控释氮肥掺混比例，分别为10∶0（PU100%）、8∶2（CRN20%）、6∶4（CRN40%）、4∶6（CRN60%）、2∶8（CRN80%）、0∶10（CRN100%），并以不施氮肥处理为对照（N0），共计7个处理。所有试验处理的磷、钾肥用量相同，分别为80 kg/hm^{2}和90 kg/hm^2。供试肥料分别为普通尿素（46% N）、重过磷酸钙（46% P_2O_5）、氯化钾（60% K_2O）和缓/控释氮肥（43% N），缓/控释氮肥为树脂包膜尿素（为水溶性聚合物包膜的控释尿素，氮素释放曲线为“S”

形，释放期约为 60 d）。氮、磷、钾肥全部于玉米播种前一次性基施。

1. 玉米产量及其构成因素

试验年份对玉米产量和穗粒数影响显著，对百粒重影响不显著，施氮处理对玉米产量、穗粒数和百粒重均影响显著，且这两个因素对玉米产量和穗粒数的互作效应达到了显著水平（表 5-38）。3 年中不同施氮处理间产量差异性表现一致。与 N0 处理相比，3 年施用氮肥均具有显著的增产效果（P<0.05），增幅分别为 18.9%～39.3%（2018 年）、38.8%～63.9%（2019 年）和 52.3%～77.7%（2020 年），三年平均增幅为 36.7%～60.3%。造成产量差异的原因是施氮处理穗粒数和百粒重基本显著高于不施氮处理（P<0.05），三年平均提高幅度分别为 31.8%～41.1%和 6.3%～15.3%。在不同施氮处理中，缓/控释氮肥与普通尿素掺混各处理玉米产量、穗粒数和百粒重均高于 PU100%处理，并随缓/控释氮肥比重的增加呈现先增加后减少的趋势，其中以 CRN60%处理最高，三年平均产量较 PU100%处理提高了 17.3%。可见，适宜的缓/控释氮肥与普通尿素掺混比例可提高玉米穗粒数和百粒重，使玉米获得高产。

表 5-38　不同处理玉米产量与产量构成因素

年份	处理	穗粒数	百粒重（g）	产量（kg/hm^2）	比 N0 增产率（%）
2018	N0	436.3 f	28.6 d	8 082 e	
	PU100%	529.6 e	29.3 cd	9 607 d	18.9
	CRN20%	536.7 d	30.0 bc	10 163 c	25.7
	CRN40%	560.2 b	31.2 ab	10 876 b	34.6
	CRN60%	566.0 a	31.9 a	11 256 a	39.3
	CRN80%	561.3 b	31.5 a	11 086 ab	37.2
	CRN100%	546.3 c	31.0 ab	10 609 b	31.3
2019	N0	424.2 e	27.1 d	7 127 e	
	PU100%	537.0 d	29.7 cd	9 894 d	38.8
	CRN20%	551.6 c	29.8 cd	10 475 c	47.0
	CRN40%	571.3 ab	30.4 bc	11 297 ab	58.5
	CRN60%	581.7 a	32.3 a	11 679 a	63.9
	CRN80%	576.7 ab	31.3 ab	11 393 a	59.9
	CRN100%	567.7 b	30.3 bc	11 022 b	54.7
2020	N0	357.7 f	26.2 d	5 926 e	
	PU100%	527.3 e	28.0 c	9 028 d	52.3
	CRN20%	539.7 d	28.8 bc	9 559 c	61.3
	CRN40%	551.7 bc	29.3 ab	10 124 ab	70.8
	CRN60%	559.3 a	30.2 a	10 531 a	77.7
	CRN80%	553.7 b	29.7 ab	10 339 a	74.5
	CRN100%	546.3 c	29.0 bc	9 907 b	67.2
	方差分析				
	年份	**	NS	**	—
	施氮处理	**	**	**	—
	年份×施氮处理	*	NS	**	—

注：同列数据后不同字母表示在 5%水平上差异显著；NS、*和**分别表示无显著影响及在 0.05 和 0.01 水平上影响显著。

2. 氮素吸收

不同处理氮素积累量均随玉米生育时期的推进呈逐渐增加趋势（图 5-64）。与 N0 处理相比，除苗期外，施氮各处理极显著提高了玉米各生育期氮素积累量（$P<0.001$）。在不同施氮处理中，PU100%处理玉米拔节期至吐丝期氮素积累量高于缓/控释氮肥与普通尿素掺混各处理，而灌浆期至成熟期则相反。说明 PU100%处理虽然促进了玉米生育前期氮素积累，但在玉米生育中后期脱氮现象明显，使氮素积累量下降。缓/控释氮肥与普通尿素掺混各处理中，在玉米拔节期至吐丝期氮素积累量随缓/控释氮肥比重的增加而下降；而在玉米灌浆期至成熟期则表现为随缓/控释氮肥比重的增加呈现先增加后降低的趋势，其中以 CRN60%处理最高，后依次为 CRN80%、CRN40%、CRN100%、CRN20%处理。

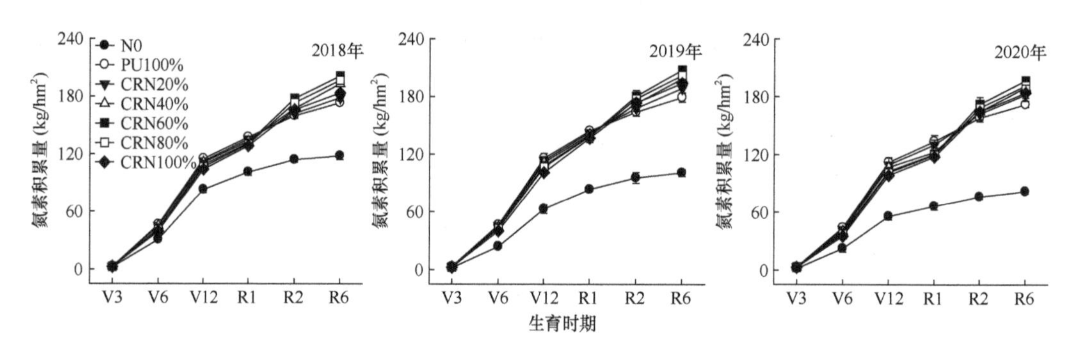

图 5-64 不同处理氮素积累动态

V3. 苗期；V6. 拔节期；V12. 大口期；R1. 吐丝期；R2. 灌浆期；R6. 成熟期

3. 氮素利用效率

试验年份和施氮处理极显著影响玉米氮素吸收利用率、氮素农学利用率和氮肥偏生产力，且试验年份和施氮处理表现出显著的交互作用（图 5-65）。与 PU100%处理相比，缓/控释氮肥与普通尿素掺混各处理氮素吸收利用率、氮素农学利用率和氮肥偏生产力的增幅均达显著水平（$P<0.05$），并随缓/控释氮肥比重的增加呈现先增加后降低的趋势，其中以 CRN60%处理氮素吸收利用率、氮素农学利用率和氮肥偏生产力最高，3 年累计氮素吸收利用率、氮素农学利用率和氮肥偏生产力较 PU100%处理分别提高 36.1%、52.4%和 14.8%。

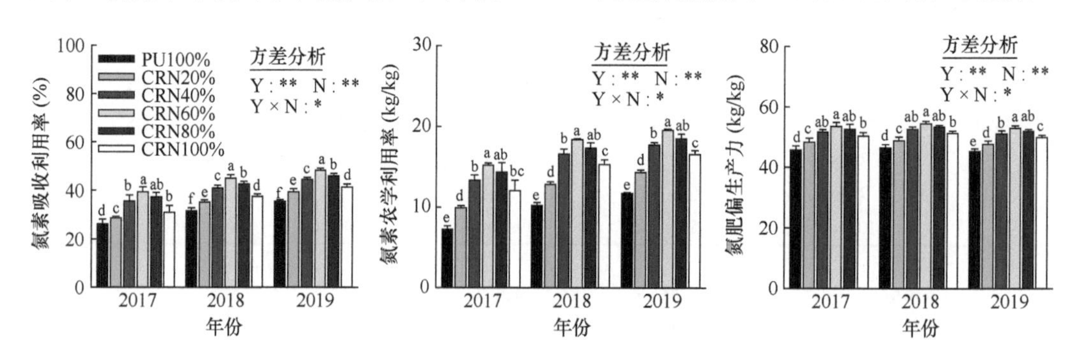

图 5-65 不同施肥处理氮素利用效率

不同字母表示在 5%水平上差异显著；Y 表示年份，N 表示施氮处理，$^{*}P<0.05$，$^{**}P<0.01$

4. 氮素平衡

土壤-植物系统的氮素表观平衡结果表明（表 5-39），在氮素输入中，施氮量所占比例最高，占总氮素输入的 62.4%；在氮素输出项中，以作物氮素携出量为主，占总氮素输出的 51.9%（PU100%）～59.9%（CRN60%）。与 PU100%处理相比，缓/控释氮肥与普通尿素掺混各处理不仅提高了作物氮素携出量，而且增加了土壤无机氮残留量，提高幅度分别为 4.7%～15.4%和 4.9%～15.6%，分别以 CRN60%和 CRN100%处理提高的幅度最高。同时，缓/控释氮肥与普通尿素掺混各处理还较 PU100%处理显著降低了氮素表观损失量（$P<0.05$），并随缓/控释氮肥比重的增加呈先降低后增加的趋势，其中以 CRN60%处理氮素表观损失量降幅最低，较 PU100%降低 28.8%。说明缓/控释氮肥与普通尿素掺混可显著提高玉米氮素吸收和土壤无机氮残留，进而减少氮素的损失；而适宜的掺混比例可进一步减少氮素损失。

表 5-39　不同施氮处理下玉米收获后 0～100 cm 土壤无机氮含量　（单位：kg/hm^2）

项目	PU100%	CRN20%	CRN40%	CRN60%	CRN80%	CRN100%
播种前土壤无机氮量（kg/hm^2）	191.8	191.8	191.8	191.8	191.8	191.8
矿化氮量（kg/hm^2）	188.1	188.1	188.1	188.1	188.1	188.1
施氮量（kg/hm^2）	630.0	630.0	630.0	630.0	630.0	630.0
作物氮素携出量（kg/hm^2）	524.3 d	549.2 c	580.8 b	605.2 a	589.8 b	576.7 b
土壤无机氮残留量（kg/hm^2）	172.7 d	181.2 c	187.0 bc	188.3 b	196.8 a	199.6 a
氮素表观损失量（kg/hm^2）	304.2 a	277.0 b	242.1 c	216.5 d	223.3 cd	233.6 c

注：同列数据后不同字母表示在 5%水平上差异显著。

综上所述，与单施普通尿素相比，通过缓/控释氮肥与普通尿素配合施用，发挥两种肥料不同时期的释放特性，可在维持土壤前期供氮能力的基础上提高玉米生育后期土壤无机氮供应能力，提高土壤氮素供应与玉米生育期的氮素需求匹配程度，促进玉米氮素吸收，进而显著提高玉米产量和氮素利用效率，并减少氮素损失。缓/控释氮肥掺混比例为 60%时对提高玉米产量、氮素利用效率和减少土壤氮素损失等效果最佳。

第五节　黑土地灌溉区基于滴灌水肥一体化的减肥增效技术

东北半干旱区土壤瘠薄、降雨少且分布不均，导致玉米产量显著低于东北平均产量水平。然而，该区域过量施肥在玉米种植系统中非常普遍，特别是氮肥用量远超过作物的吸收能力和需求，并且以基肥形式一次性施入，使土壤氮素供应与作物氮素需求错位，同时，在灌溉方式上也按照“丰水高产”的理论采用大水漫灌模式进行，这种生产方式造成严重的灌溉水和氮素损失，也导致水肥利用效率低下。一些报告表明，过大的灌溉量和施氮量会刺激硝酸盐（NO_3^--N）在土壤中积累，破坏地表和地下水资源，导致饮用水富营养化。如何提高水肥资源利用率和玉米产量，已成为该地区农业可持续发展亟须解决的关键问题。

近年来，膜下滴灌作为一种新型的综合农业技术被引入东北半干旱区，它结合了地膜覆盖和滴灌的技术优势，其中地膜覆盖可减少水分的蒸发和侵蚀，提高土壤温度，而滴灌是在低压下缓慢、均匀地将水和养分施用于土壤和植物，最大限度地减少地表径流和深层渗滤，从而提高玉米产量和水肥利用效率。尽管膜下滴灌在东北半干旱地区广泛使用，但在实践中，农民经常根据传统田间管理经验过量施氮，导致资源利用效率低下、浪费严重、生产成本和环境污染增加，不利于农业的可持续发展。因此明确在覆膜滴灌条件下适宜的氮肥策略，可最大限度地提高作物养分吸收率，并可减少氮素流失。本研究在东北半干旱区滴灌水肥一体化条件下，探索了不同氮肥、磷肥、钾肥运筹模式对玉米生长发育和土壤养分变化的综合影响，并建立了黑土地灌溉区滴灌续补式施肥技术模式，以期为东北半干旱区玉米科学、可持续、高效施肥技术创新与应用提供科学依据和技术支持。

一、基于滴灌水肥一体化的氮肥、磷肥、钾肥适宜用量

（一）氮肥适宜用量

试验于 2015～2016 年在吉林省乾安县进行，共设置 0 kg/hm^2、70 kg/hm^2、140 kg/hm^2、210 kg/hm^2、280 kg/hm^2 和 350 kg/hm^2 6 个施氮处理，分别用 N0、N70、N140、N210、N280 和 N350 表示。不同施氮处理磷肥（P_2O_5）、钾肥（K_2O）用量相同，分别为 80 kg/hm^2 和 100 kg/hm^2。氮肥按基肥∶拔节期∶大口期∶抽雄期∶灌浆期=20%∶30%∶20%∶20%∶10%的比例施用，追施氮肥随水滴施，磷肥与钾肥均在播种前一次性基施。试验用氮肥为尿素（N 46%），磷肥为重过磷酸钙（P_2O_5 46%），钾肥为氯化钾（K_2O 60%）。

1. 玉米产量及其构成因素

试验年份对玉米产量和穗粒数影响显著，对千粒重和收获指数影响不显著，施氮处理对玉米产量、穗粒数和千粒重均影响显著，对收获指数影响不显著，而这两个因素对玉米产量的互作效应达到了显著水平（表 5-40）。与不施氮肥处理相比，施氮处理在 2015 年和 2016 年分别增产 17.9%～45.3%和 17.8%～52.1%，差异均达显著水平（P<0.05）。造成产量差异的原因是施氮处理穗粒数和千粒重均显著高于不施氮肥（N0）处理，其中 2015 年和 2016 年穗粒数提高幅度分别为 7.8%～20.6%和 5.3%～18.0%，千粒重提高幅度分别为 10.1%～22.8%和 10.7%～22.0%。在不同施氮处理中，玉米产量、穗粒数和千粒重在施氮量 70～210 kg/hm^2 内随着施氮量的增加而增加，当施氮量超过这一范围时，各处理间玉米产量、穗粒数和千粒重无显著差异；此外，不同施氮处理收获指数无显著差异，说明施氮并不影响同化物在营养器官和生殖器官间的分配规律。

线性加平台模型很好地模拟了施氮量和玉米产量之间的关系（图 5-66；R^2=0.8492**，2015 年；R^2=0.8061**，2016 年）。依据该方程求得 2015 年和 2016 年最高玉米产量所需要的施氮量分别为 195.1 kg/hm^2 和 201.0 kg/hm^2，相对应的玉米产量分别为 11 934.67 kg/hm^2 和 12 245.89 kg/hm^2。

表 5-40　不同施氮处理玉米产量、收获指数与产量构成因素

年份	处理	产量（kg/hm²）	穗粒数（No.）	千粒重（g）	收获指数
2015	N0	8 316 d	438.2 c	273.7 c	0.49 a
	N70	9 807 c	472.3 b	301.3 b	0.52 a
	N140	10 861 b	503.7 ab	315.2 b	0.52 a
	N210	12 080 a	528.4 a	336.1 a	0.53 a
	N280	11 959 a	525.6 a	333.6 a	0.52 a
	N350	11 765 a	518.9 a	324.9 a	0.50 a
2016	N0	8 153 d	457.2 c	280.4 c	0.50 a
	N70	9 608 c	481.6 b	310.5 b	0.51 a
	N140	10 996 b	515.8 ab	321.6 b	0.53 a
	N210	12 403 a	539.6 a	342.2 a	0.53 a
	N280	12 333 a	534.1 a	337.5 a	0.52 a
	N350	12 002 a	526.5 a	330.8 a	0.52 a
方差分析					
年份		*	*	NS	NS
施氮处理		**	*	*	NS
年份×施氮处理		*	NS	NS	NS

注：同列数据后不同字母表示在5%水平上差异显著；NS、*和**分别表示无显著影响及在0.05和0.01水平上影响显著。

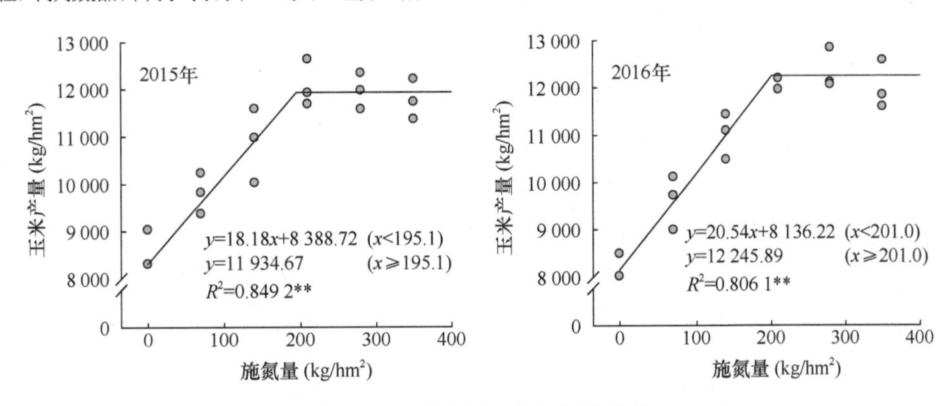

图 5-66　玉米产量与施氮量的关系

2. 氮素吸收及利用效率

玉米苗期至拔节期，各处理玉米氮素积累量增加缓慢，拔节期至灌浆期迅速增加，灌浆期至成熟期增加缓慢，并在成熟期达到峰值（表 5-41）。在不同施氮处理中，苗期至抽雄期，氮素积累量随施氮量的增加而增加，以 N350 处理最高；灌浆期至成熟期发生变化，施氮量在 70～210 kg/hm² 内氮素积累量随施氮量的增加而显著增加，当施氮量超过这一范围时，氮素积累量下降，但处理间差异不显著。说明氮肥供应过量易促进玉米营养生长阶段氮素的积累，但不利于生殖生长阶段氮素的积累，而适宜的氮肥用量可以持续增加玉米氮素积累量，并使其最终在成熟期达到最大值。

表 5-41 还表明，玉米氮素吸收利用率（NRE）、氮素农学利用率（NAE）和氮肥偏生产力（NPFP）均表现为随施氮量增加而下降。氮肥用量从 70 kg/hm² 增加至 350 kg/hm²，2015 年和 2016 年氮素吸收利用率分别从 50.8%和 63.6%下降至 21.8%和 24.0%，氮素农

学利用率分别从 21.3 kg/kg 和 20.8 kg/kg 下降至 9.9 kg/kg 和 11.0 kg/kg，氮肥偏生产力分别从 140.1 kg/kg 和 137.3 kg/kg 下降至 33.6 kg/kg 和 34.3 kg/kg。

表 5-41 不同施氮处理玉米氮素吸收动态变化和利用率

年份	处理	氮素积累量（kg/hm^2）						NRE（%）	NAE（kg/kg）	NPFP（kg/kg）
		苗期	拔节期	大口期	抽雄期	灌浆期	成熟期			
2015	N0	2.6 c	28.0 d	79.9 d	105.6 d	117.5 d	125.5 d	—	—	—
	N70	3.0 b	34.6 c	94.8 c	117.9 c	148.6 c	161.1 c	50.8 a	21.3 a	140.1 a
	N140	3.2 ab	40.4 b	102.5 b	128.8 b	169.2 b	179.5 b	38.5 b	18.2 b	77.6 b
	N210	3.4 a	44.5 a	112.8 a	144.5 a	187.8 a	204.5 a	37.6 c	17.9 b	57.5 c
	N280	3.4 a	45.9 a	116.7 a	151.1 a	185.8 a	202.2 a	27.4 d	13.0 c	42.7 d
	N350	3.5 a	47.6 a	118.8 a	155.0 a	181.1 a	201.8 a	21.8 e	9.9 d	33.6 e
2016	N0	2.9 c	25.5 d	73.8 d	104.1 d	124.8 d	121.6 d	—	—	—
	N70	3.4 b	32.0 c	85.2 c	118.3 c	150.4 c	166.2 c	63.6 a	20.8 a	137.3 a
	N140	3.6 a	38.5 b	97.3 b	134.9 b	178.2 b	189.8 b	48.7 b	20.3 a	78.5 b
	N210	3.6 a	44.0 a	117.5 a	144.2 a	193.4 a	210.4 a	42.3 c	20.2 a	59.1 c
	N280	3.7 a	44.3 a	120.2 a	147.4 a	190.3 a	209.7 a	31.5 d	14.9 b	44.0 d
	N350	3.7 a	45.6 a	123.4 a	149.1 a	189.2 a	205.6 a	24.0 e	11.0 c	34.3 e

注：同列数据后不同字母表示在 5%水平上差异显著。

3. 土壤剖面无机氮含量

耕层 0～20 cm 土壤硝态氮（NO_3^--N）和铵态氮（NH_4^+-N）含量最高，随着土层深度的增加，土壤硝态氮在 0～140 cm 土层呈下降趋势，140～200 cm 土层变化规律不明显；土壤铵态氮在 0～100 cm 土层呈下降趋势，100～200 cm 土层变化规律不明显（图 5-67）。与不施氮肥处理相比，施氮提高了 0～200 cm 土壤硝态氮和铵态氮含量，在不同施氮处理中，0～40 cm 土壤硝态氮含量在施氮量 70～210 kg/hm^2 内随施氮量的增加而显著增加，当施氮量超过这一范围时，土壤硝态氮含量的增加幅度不再显著，40～200 cm 土壤硝态氮含量在施氮量 140～210 kg/hm^2 内无显著差异，当施氮量增加至 280 kg/hm^2 后，硝态氮含量显著增加；0～60 cm 土壤铵态氮含量在施氮量 70～210 kg/hm^2 内随施氮量的增加而显著增加，当施氮量增加至 280 kg/hm^2 后，土壤铵态氮含量的提高幅度不再显著，而不同施氮处理 60～200 cm 土壤铵态氮含量无显著差异。由此可见，不同施氮量下土壤剖面硝态氮和铵态氮含量表现不同，施氮对 0～200 cm 土壤硝态氮含量的影响较为明显，而对土壤铵态氮含量的影响主要集中在 0～60 cm 土层，对 60 cm 以下土层影响较小。

4. 土壤氮素平衡

由于玉米根系吸收养分的主要层次为 0～100 cm，100 cm 以下根重比例不足 1%，因此土壤无机氮所在层次定义为 0～100 cm 深度，即作物根系吸收养分的主要层，用其来评估玉米对氮肥的利用状况。玉米收获期氮素平衡结果（表 5-42）表明，无机氮残留量和氮素表观损失量随着施氮量的增加而显著增加，而作物氮素携出量表现不同，当施氮量超过 210 kg/hm^2 后，各处理间无显著差异。说明过量施氮不仅不能继续增加作物氮素携出量，反而会显著增加土壤无机氮残留量和氮素表观损失量。N70 处理和 N140 处理虽然无机氮残留量和氮素表观损失量较低，但由于施氮量低于作物氮素携出量，因此土壤无机氮残留量低于起始无机氮量，当施氮量增加至 210 kg/hm^2，土壤无机氮残留量与起始无机氮量相近，而施氮量增加至 280 kg/hm^2 后，土壤无机氮残留量显著高于起始无机氮量。此外，无机氮残留量是氮盈余的主要部分，但随着施氮量的增加，氮素表观损失量占氮盈余的比例显著增加。

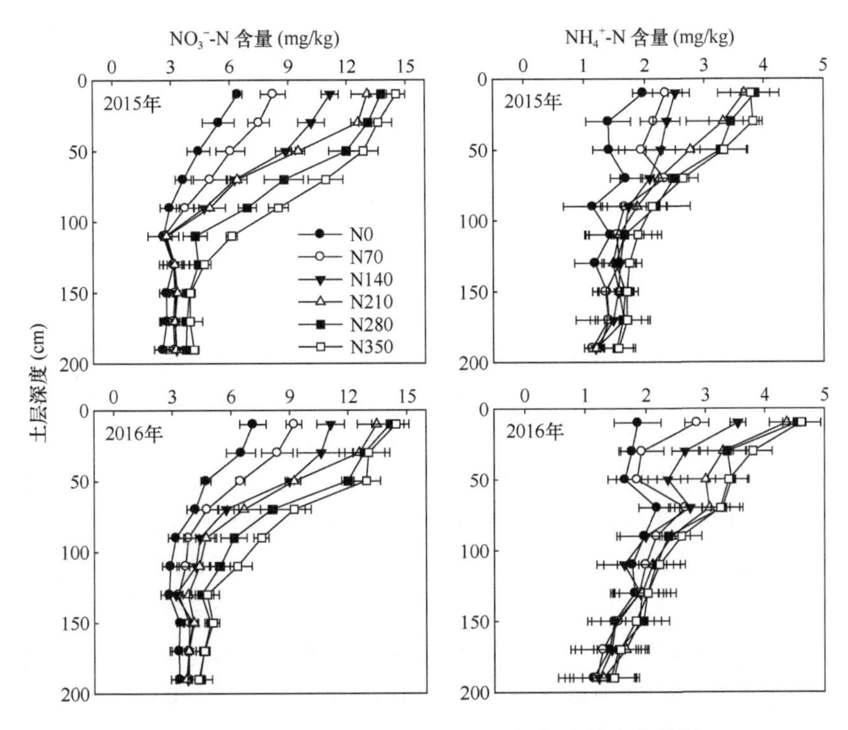

图 5-67　不同施氮处理土壤剖面无机氮含量变化特征

表 5-42　玉米整个生育期氮素平衡

年份	处理	氮素输入（kg/hm^2）				氮素输出（kg/hm^2）		
		施氮量	起始无机氮量	净矿化氮量	总输入	作物氮素携出量	无机氮残留量	氮素表观损失量
2015	N0	0	145.9	58.0	203.9 f	125.5 d	78.4 f	0
	N70	70	145.9	58.0	273.9 e	161.1 c	103.8 e	9.1 e
	N140	140	145.9	58.0	343.9 d	179.5 b	133.9 d	30.5 d
	N210	210	145.9	58.0	413.9 c	204.5 a	156.7 c	52.7 c
	N280	280	145.9	58.0	483.9 b	202.2 a	186.1 b	95.6 b
	N350	350	145.9	58.0	553.9 a	201.8 a	207.8 a	144.3 a
2016	N0	0	158.3	53.5	211.8 f	121.6 d	90.2 f	0
	N70	70	158.3	53.5	281.8 e	166.2 c	113.0 e	2.6 e
	N140	140	158.3	53.5	351.8 d	189.8 b	141.9 d	20.1 d
	N210	210	158.3	53.5	421.8 c	210.4 a	162.3 c	49.1 c
	N280	280	158.3	53.5	491.8 b	209.7 a	186.3 b	95.8 b
	N350	350	158.3	53.5	561.8 a	205.6 a	203.9 a	152.3 a

注：同列数据后不同字母表示在 5%水平上差异显著。

综合分析不同施氮量对玉米产量、氮素吸收利用的影响，并考虑土壤无机氮分布特征及土壤无机氮残留量和氮素表观损失量带来的环境风险，可以得出，在吉林省西部半干旱区滴灌施肥条件下，玉米合理施氮量应控制在 195～210 kg/hm^2。

（二）磷肥适宜用量

试验于 2015～2017 年在吉林省乾安县进行，共设置 6 个磷肥（P_2O_5）用量（0 kg/hm^2、40 kg/hm^2、70 kg/hm^2、100 kg/hm^2、130 kg/hm^2、160 kg/hm^2），分别用 P0、P40、P70、P100、P130 和 P160 表示。不同施磷处理氮肥（N）、钾肥（K_2O）用量相同，分别为 210 kg/hm^2 和 90 kg/hm^2。氮肥按 20%基肥+30%拔节肥+20%大喇叭口肥+20%抽雄肥+10%灌浆肥比例施用，磷肥按 40%基肥+60%大喇叭口肥比例施用，钾肥按 60%基肥+40%大喇叭口肥比例施用，试验用氮肥、磷肥、钾肥分别为尿素（N 46%）、磷酸（P_2O_5 85%）和氯化钾（K_2O 60%）。

1. 玉米产量及其构成因素

施磷处理对玉米产量、穗粒数、百粒重和收获指数影响显著，对玉米穗数影响不显著，年份对玉米产量、穗粒数和百粒重影响显著，对收获指数和穗数影响不显著，施磷处理与年份两因素间的交互效应仅对产量影响显著（表 5-43）。相比于不施磷肥处理，施磷处理玉米产量增幅依次为 9.0%～20.6%（2015 年）、6.2%～21.2%（2016 年）和 12.9%～30.3%（2017 年），3 年平均增幅为 9.4%～24.0%，差异均达显著水平（$P<0.05$）。造成产量差异的原因是施磷处理玉米穗粒数、百粒重与收获指数均高于不施磷肥处理，其中玉米穗粒数 3 年平均增幅为 4.5%～9.3%，百粒重 3 年平均增幅为 6.4%～13.3%，收获指数 3 年平均增幅为 2.8%～7.7%。而施磷对玉米穗数无明显影响。在不同磷肥用量条件下，玉米产量随磷肥用量的增加先升高后降低，以 P100 处理产量最高，当磷肥用量增加至 130 kg/hm^2 和 160 kg/hm^2 时，玉米产量呈下降趋势，P130 和 P160 处理 3 年平均玉米产量较最高玉米产量处理（P100）分别下降了 1.6%和 4.8%，其中 P160 处理降幅达显著水平（$P<0.05$）。

2. 磷素利用效率

施磷处理与年份对磷素吸收利用率、磷素农学利用率和磷肥偏生产力有极显著影响，而施磷处理与年份两因素间的交互效应不显著（图 5-68）。在同一年份时，玉米磷素吸收利用率、磷素农学利用率在磷肥用量 40～100 kg/hm^2 内差异不显著（$P>0.05$），当磷肥用量增加至 130 kg/hm^2 和 160 kg/hm^2 时，磷素吸收利用率和磷素农学利用率呈显著下降趋势（$P<0.05$），而磷肥偏生产力则表现为随磷肥用量的增加显著下降；在相同磷肥用量下，玉米磷素吸收利用率和磷素农学利用率随试验年限的延长均有增加的趋势。

3. 土壤有效磷含量

施磷处理对 0～20 cm 和 20～40 cm 土壤有效磷含量有极显著影响，而年份对土壤

表 5-43　不同施磷处理玉米产量、收获指数及其构成因素

年份	处理	产量（kg/hm²）	收获指数（%）	穗数	穗粒数	百粒重（g）
2015	P0	10 131 d	48.35 b	72 000 a	485.3 d	32.1 c
	P40	11 041 c	49.82 ab	71 667 a	512.2 c	34.4 b
	P70	11 737 b	51.13 a	72 000 a	523.5 abc	35.3 ab
	P100	12 221 a	52.04 a	72 667 a	536.9 a	36.3 a
	P130	12 035 ab	51.03 a	72 333 a	533.0 ab	36.0 a
	P160	11 676 b	50.85 a	73 000 a	517.5 bc	34.8 b
2016	P0	10 992 d	47.35 b	72 111 a	508.3 c	33.8 c
	P40	11 675 c	49.58 ab	72 889 a	526.9 b	34.7 bc
	P70	12 671 b	51.11 a	72 333 a	538.2 ab	36.3 a
	P100	13 321 a	51.53 a	73 556 a	543.7 a	37.0 a
	P130	13 178 a	51.28 a	73 667 a	542.3 a	36.2 a
	P160	12 595 b	50.07 a	73 333 a	535.6 ab	35.9 ab
2017	P0	9 889 d	49.52 b	72 222 a	489.8 e	31.4 e
	P40	11 164 c	49.88 b	72 778 a	510.2 d	34.3 d
	P70	12 141 b	51.07 ab	72 667 a	519.3 cd	35.1 cd
	P100	12 883 a	52.85 a	72 556 a	539.9 a	36.8 a
	P130	12 585 ab	51.04 ab	73 000 a	532.8 ab	36.3 ab
	P160	12 306 b	50.09 b	72 556 a	526.8 bc	35.6 bc
方差分析						
年份		**	NS	NS	**	**
施磷处理		**	**	NS	**	**
年份×施磷处理		*	NS	NS	NS	NS

注：同列数据后不同字母表示在5%水平上差异显著；NS、*和**分别表示无显著影响及在0.05和0.01水平上影响显著。

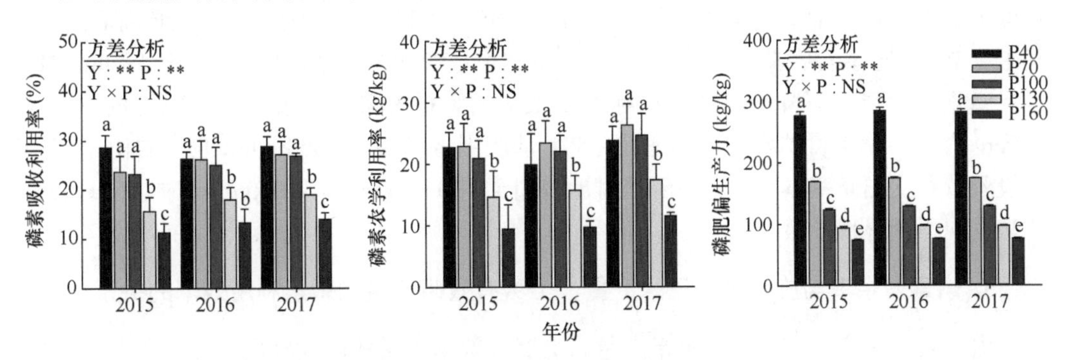

图 5-68　不同施磷处理磷素利用效率

不同字母表示在5%水平上差异显著；Y 表示年份，P 表示施磷处理，*$P<0.05$，**$P<0.01$

有效磷含量影响不显著，施磷处理与年份两因素间的交互效应不显著（图 5-69）。在同一年份，0～20 cm 和 20～40 cm 土壤有效磷含量随磷肥用量的增加而增加；与试验起始时土壤有效磷含量（0～20 cm：35.86 mg/kg；20～40 cm：28.10 mg/kg）相比，不施磷肥处理（P0）和低磷肥用量处理（P40、P70）土壤有效磷含量均呈下降趋势，截至 2017 年玉米收获后，P0、P40 和 P70 处理土壤有效磷含量较初始值分别降低了 19.3%、15.7%、7.8%（0～20 cm）和 12.8%、3.5%、2.2%（20～40 cm），磷肥用量增加至 100 kg/hm²（P100）

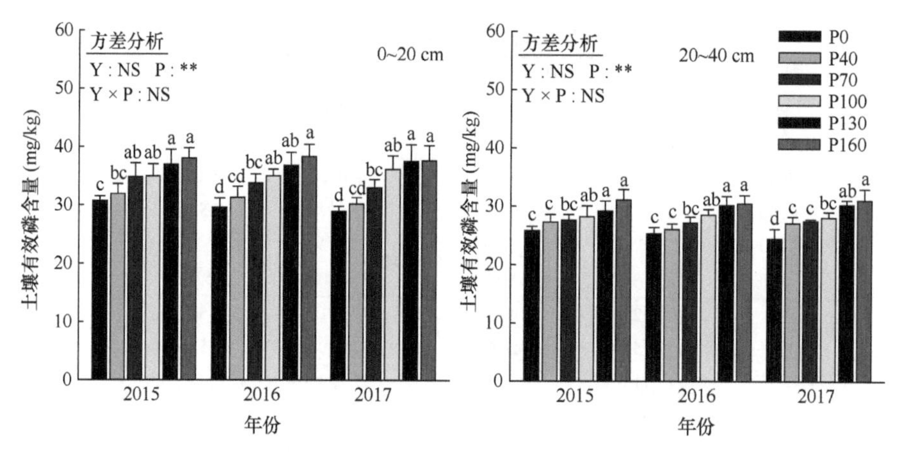

图 5-69 不同施磷处理 0～20 cm 和 20～40 cm 土壤有效磷含量

不同字母表示在 5%水平上差异显著；Y 表示年份，P 表示施磷处理，$^{**}P<0.01$

时，土壤有效磷含量与初始值基本保持平衡，当磷肥用量增加至 130 kg/hm^2 和 160 kg/hm^2 时，土壤有效磷含量较初始值表现出增加的趋势，P130 和 P160 处理土壤有效磷含量提高幅度分别为 4.8%、5.1%（0～20 cm）和 7.6%、10.6%（20～40 cm）。

4. 土壤磷素表观平衡

根据连作周期内磷肥投入量和作物磷素吸收带走量确定农田土壤磷素表观平衡可知（表 5-44），施磷处理与年份对玉米磷素积累量、土壤磷素盈亏量和磷素盈余率均有显著影响，且施磷处理及年份两因素间的交互效应显著。与不施磷肥处理相比，施磷处理玉米磷素积累量增幅均达显著水平（$P<0.05$），并随磷肥用量的增加先升高后降低，其中以 P100 处理玉米磷素积累量最高，当磷肥用量增加至 130 kg/hm^2 和 160 kg/hm^2 时，玉米磷素积累量呈下降趋势；而年际农田土壤磷素盈亏量和盈余率在磷肥用量 0～70 kg/hm^2 内随磷肥用量的增加呈现递减趋势，磷肥用量增加至 100 kg/hm^2 时，农田土壤磷素投入量和支出量基本平衡，当磷肥用量增加至 130 kg/hm^2 和 160 kg/hm^2 时，农田土壤磷素表观平衡呈现盈余状态。

5. 磷素盈余率与施磷量、玉米产量、土壤有效磷含量和磷素利用效率的关系

由磷素盈余率与施磷量、玉米产量、土壤有效磷含量和磷素利用效率的回归分析结果可知（图 5-70），磷素盈余率与施磷量呈极显著线性相关关系（$P<0.01$，R^2=0.985）；与玉米产量呈极显著二次相关关系（$P<0.01$，R^2=0.721）；与 0～20 cm 和 20～40 cm 土壤有效磷含量呈极显著线性相关关系（0～20 cm：$P<0.01$，R^2=0.715；20～40 cm：$P<0.01$，R^2=0.707）；与磷素吸收利用率呈极显著线性相关关系（$P<0.01$，R^2=0.859）；与磷素农学利用率呈极显著二次相关关系（$P<0.01$，R^2=0.696）；与磷肥偏生产力呈极显著指数相关关系（$P<0.01$，R^2=0.944）。将回归方程联立并通过内插法计算，当磷素盈余率为 0 时，磷肥用量为 92.4 kg/hm^2，玉米产量为 12 497 kg/hm^2，0～20 cm 和 20～40 cm 土壤有效磷含量分别为 34.6 mg/kg 和 28.4 mg/kg，磷素吸收利用率为 24.1%，磷素农学利用率为 21.9 kg/kg，磷肥偏生产力为 146.1 kg/kg；计算所得的理论玉米产量、

土壤有效磷含量和磷素利用效率与实际最高产量处理（P100）相近。以理论磷素盈余率为 0 时施磷量的 95%作为置信区间，求得施磷范围为 88～97 kg/hm^2。

表 5-44　不同施磷处理土壤磷素表观平衡

年份	处理	施磷量（kg/hm^2）	磷素积累量（P_2O_5 g/hm^2）	磷素盈亏量（kg/hm^2）	磷素盈余率（%）
2015	P0	0	68.3 e	−68.3 f	−100.0 f
	P40	40	79.8 d	−39.8 e	−49.8 e
	P70	70	84.8 c	−14.8 d	−17.5 d
	P100	100	91.5 a	8.5 c	9.4 c
	P130	130	88.7 ab	41.3 b	46.7 b
	P160	160	86.3 bc	73.7 a	85.4 a
2016	P0	0	72.0 d	−72.0 f	−100.0 f
	P40	40	84.9 c	−44.9 e	−52.9 e
	P70	70	95.4 b	−25.4 d	−26.6 d
	P100	100	102.1 a	−2.1 c	−2.0 c
	P130	130	101.7 a	28.3 b	27.9 b
	P160	160	99.8 ab	60.2 a	60.4 a
2017	P0	0	67.2 e	−67.2 f	−100.0 f
	P40	40	80.8 d	−40.8 e	−50.5 e
	P70	70	87.6 c	−17.6 d	−20.0 d
	P100	100	97.7 a	2.3 c	2.4 c
	P130	130	94.5 ab	35.5 b	37.7 b
	P160	160	91.7 bc	68.3 a	74.5 a
方差分析					
年份	—	—	**	**	**
施磷处理	—	—	**	**	**
年份×施磷处理	—	—	*	*	**

注：同列数据后不同字母表示在 5%水平上差异显著；*、**分别表示在 0.05 和 0.01 水平上影响显著。

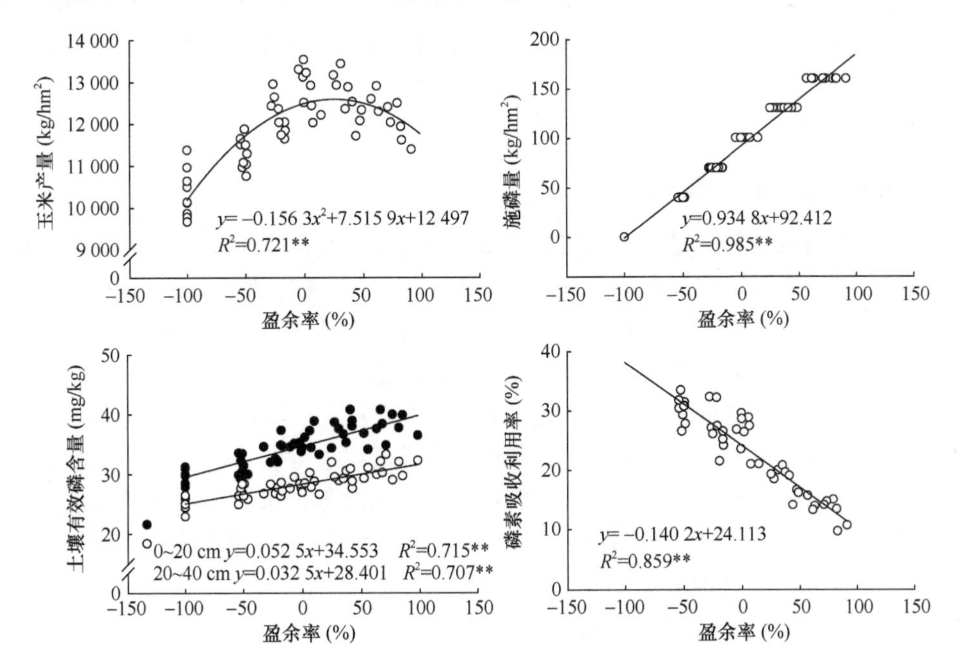

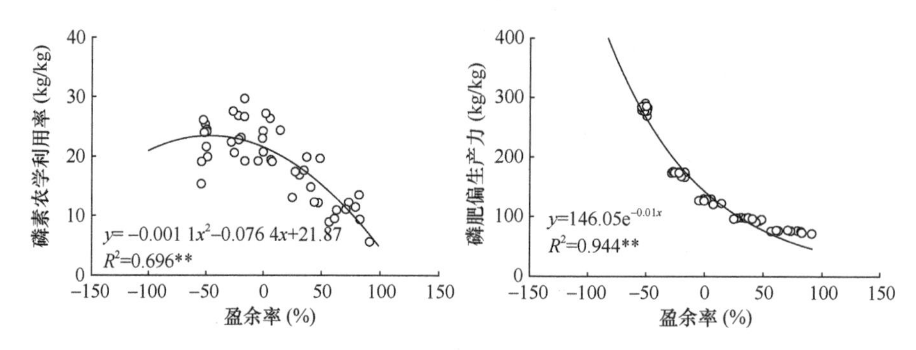

图 5-70　磷素盈余率与施磷量、玉米产量、土壤有效磷含量和磷素吸收利用效率的关系

综上所述，在覆膜滴灌条件下，与不施磷肥处理相比，施磷对玉米具有显著的增产效果，并随施磷量的增加呈先升高后降低的趋势，其中以 P100 处理玉米产量最高；磷素吸收利用率和磷肥偏生产力均随施磷量的增加而下降，磷素农学利用率随施磷量的增加先升高后降低。与不施磷肥处理相比，随施磷量和施磷年限的增加，0～40 cm 土壤有效磷含量呈增加趋势，其中 P100 处理土壤有效磷含量与试验起始时土壤有效磷含量相近。在农田土壤磷素表观平衡中，磷肥用量为 92.4 kg/hm^2 时，农田磷素投入量和支出量基本平衡，以理论磷素盈余率为 0 时施磷量的 95%作为置信区间，得出最佳施磷范围为 88～97 kg/hm^2。

（三）钾肥适宜用量

试验于 2014～2015 年在吉林省乾安县进行，共设 6 个施钾（K_2O）水平（0 kg/hm^2、30 kg/hm^2、60 kg/hm^2、90 kg/hm^2、120 kg/hm^2、150 kg/hm^2），分别用 K0、K30、K60、K90、K120 和 K150 表示。氮肥按 20%基肥+30%拔节肥+20%大口肥+20%吐丝肥+10%灌浆肥比例施用，磷肥按 40%基肥+60%拔节肥比例施用，钾肥按 60%基肥+40%拔节肥比例施用。供试氮肥为尿素（N 46%），磷肥为磷酸一铵（N 12%，P_2O_5 61%），钾肥为氯化钾（K_2O 60%）。

1. 玉米产量及其构成因素

施钾处理与试验年份显著影响玉米产量，对收获指数影响不显著，且施钾处理与试验年份对玉米产量表现出显著的交互作用（表 5-45）。与不施钾肥处理（K0）相比，施钾处理显著增加了玉米产量（$P<0.05$），增产幅度分别为 7.0%～19.9%（2014 年）和 5.2%～16.7%（2015 年）。在不同施钾量下，玉米产量在施钾量 30～90 kg/hm^2 内随施钾量的增加而增加，当施钾量超过 90 kg/hm^2，玉米产量呈下降趋势。而不同施钾处理玉米收获指数无显著差异（$P>0.05$）。由产量构成因素结果可知（表 5-45），施钾处理与试验年份显著影响百粒重和穗粒数，但施钾处理与试验年份未表现出显著的交互作用。与不施钾肥处理（K0）相比，施钾提高了玉米百粒重和穗粒数，提高幅度分别为 5.2%～13.6%、2.0%～6.3%（2014 年）和 2.5%～10.6%、1.1%～5.7%（2015 年），且随施钾量的增加先增加后降低，以施钾量 90 kg/hm^2 处理最高。

表 5-45　不同施钾处理玉米产量、收获指数及产量构成因素

年份	处理	产量（kg/hm²）	收获指数（%）	百粒重（g）	穗粒数
2014	K0	10 562 c	50.3 a	28.6 b	513.8 c
	K30	11 302 b	50.7 a	30.1 a	524.3 bc
	K60	12 172 a	51.3 a	31.9 a	539.6 ab
	K90	12 662 a	51.6 a	32.5 a	546.4 a
	K120	12 595 a	51.8 a	32.2 a	541.7 ab
	K150	12 156 a	51.5 a	32.1 a	534.5 ab
2015	K0	10 240 d	50.5 a	28.3 c	510.2 c
	K30	10 776 c	51.4 a	29.0 b	515.9 bc
	K60	11 392 b	51.1 a	30.1 ab	529.7 ab
	K90	11 949 a	51.8 a	31.3 a	539.2 a
	K120	11 784 a	51.5 a	31.2 a	537.4 a
	K150	11 589 ab	51.5 a	30.7 a	530.1 ab
方差分析					
年份		**	NS	*	*
施钾处理		**	NS	**	**
年份×施钾处理		*	NS	NS	NS

注：同列数据后不同字母表示在5%水平上差异显著；NS、*和**分别表示无显著影响及在0.05和0.01水平上影响显著。

二次曲线 $y=ax^2+bx+c$ 很好地模拟了玉米产量与施钾量的关系（图 5-71；R^2=0.9795，2014 年；R^2=0.9652，2015 年），结合当年钾肥（K_2O：4.95 元/kg）和玉米价格（1.6 元/kg），分别求得玉米最高产量和最佳经济施钾量，并以理论最高产量和最佳经济施钾量的 95%作为置信区间，计算出最高产量钾肥用量和最佳经济施钾量范围，其中最高产量钾肥用量分别为 105.7 kg/hm²（2014 年）和 111.5 kg/hm²（2015 年），最佳经济施钾量分别为 97.7 kg/hm²（2014 年）和 100.0 kg/hm²（2015 年）。若采用最佳经济施钾量，可在产量基本不降低的条件下（为最高产量的 99%），节约钾肥 7.6%（2014 年）和 10.3%（2015 年）。

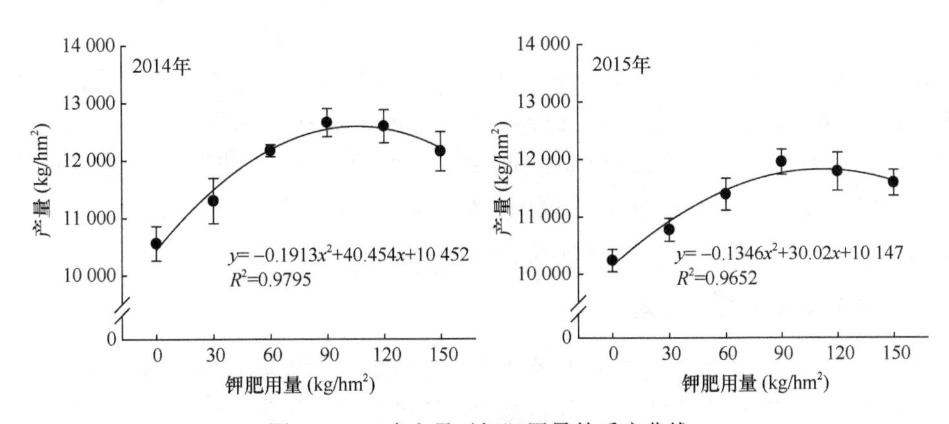

图 5-71　玉米产量对钾肥用量的反应曲线

2. 钾素利用效率

施钾处理与试验年份对钾素吸收利用率、钾素农学利用率和钾肥偏生产力有极显著影

响，施钾处理与年份对钾素吸收利用率、钾素农学利用率和钾肥偏生产力表现出显著的交互作用（图 5-72）。在同一年份时，随着施钾量的增加，钾素吸收利用率和钾肥偏生产力均呈下降趋势，而钾素农学利用率随施钾量的增加呈先增加后降低的趋势，以 K60 处理最高。

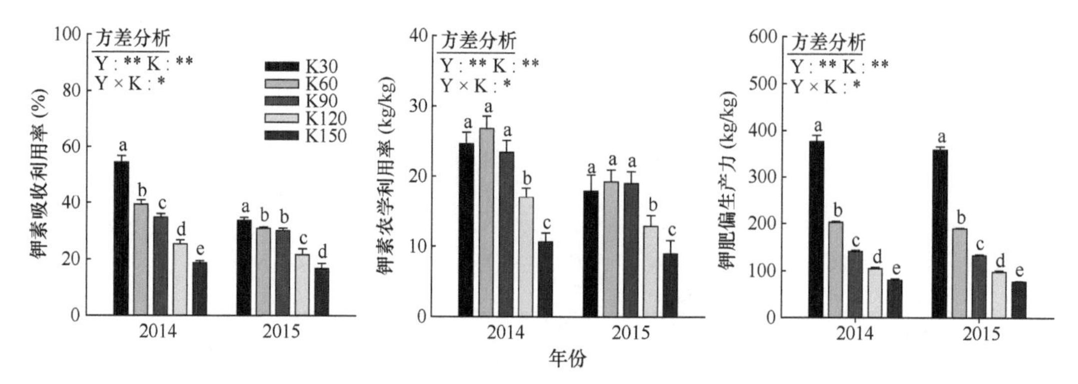

图 5-72　不同施钾处理钾素利用效率

不同字母表示在 5%水平上差异显著；Y 表示年份，K 表示施钾处理，$^*P<0.05$，$^{**}P<0.01$

综上所述，在覆膜滴灌条件下，施钾具有显著的增产效果，并且玉米产量随施钾量的增加先增加后降低，其中以施钾量 90 kg/hm^2 处理玉米产量最高。钾素吸收利用率和钾肥偏生产力均随施钾量的增加而下降，钾素农学利用率随施钾量的增加先增加后降低。因此，综合考虑不同施钾量条件下玉米产量、钾素利用效率等因素，在吉林省半干旱区覆膜滴灌条件下，适宜的钾肥用量应控制在 90～105 kg/hm^2。

二、基于滴灌水肥一体化的氮肥、磷肥、钾肥适宜施用时期与比例

（一）氮肥适宜施用时期与比例

试验于 2016～2017 年在吉林省乾安县进行，采用单因素设计，在前期研究确定的玉米覆膜滴灌最优施氮量（210 kg/hm^2）基础上，设计 4 种氮肥运筹比例：①100%基肥，记为 N1；②50%基肥+50%拔节肥，记为 N2；③30%基肥+50%拔节肥+10%大口肥+10%开花肥，记为 N3；④20%基肥+30%拔节肥+20%大口肥+20%开花肥+10%灌浆肥，记为 N4；另设不施氮处理，记为 N0；不同施氮处理磷肥（P_2O_5）、钾肥（K_2O）用量一致，分别为 80 kg/hm^2 和 100 kg/hm^2，均在播种前作基肥条施。

1. 玉米产量及其构成因素

试验年份和施氮处理显著影响玉米产量，且试验年份和施氮处理表现出显著的交互作用（表 5-46）。与 N0 处理相比，各施氮处理增产效果达显著水平（$P<0.05$），增产幅度分别为 22.8%～50.4%（2016 年）和 21.0%～63.8%（2017 年）。在相同施氮量下，氮肥后移各处理（N2、N3、N4）玉米产量均显著高于 100%基肥处理（N1；$P<0.05$），其中 N4 处理增产幅度最高，较 N1 处理分别提高 22.4%（2016 年）和 35.3%（2017 年），

表 5-46　不同施氮处理玉米产量、收获指数及产量构成因素

年份	处理	产量（kg/hm^2）	穗粒数	千粒重（g）	收获指数（%）
2016	N0	8 239 d	451.6 d	274.8 d	49.7 c
	N1	10 118 c	493.3 c	303.5 c	50.2 bc
	N2	11 316 b	514.8 b	318.7 b	51.9 abc
	N3	12 002 a	528.8 a	332.4 ab	52.6 ab
	N4	12 389 a	537.8 a	339.8 a	52.8 a
2017	N0	8 063 e	442.5 e	278.3 e	48.5 d
	N1	9 760 d	471.4 d	295.6 d	49.4 cd
	N2	11 918 c	530.4 c	326.8 c	51.1 bc
	N3	12 775 b	549.2 b	339.4 b	52.8 ab
	N4	13 206 a	565.6 a	353.7 a	53.5 a
方差分析					
施氮处理		**	*	**	NS
年份		**	**	**	**
施氮处理×年份		**	**	**	NS

注：同列数据后不同字母表示在 5%水平上差异显著；NS、*和**分别表示无显著影响及在 0.05 和 0.01 水平上影响显著。

后依次为 N3 和 N2 处理。在产量构成因素中，试验年份和施氮处理显著影响穗粒数和千粒重，且试验年份和施氮处理表现出显著的交互作用。两年的试验结果表明，施氮提高了玉米穗粒数、千粒重和收获指数，其中玉米穗粒数、千粒重差异达显著水平（$P<0.05$），而氮肥后移各处理（N2、N3、N4）玉米穗粒数、千粒重和收获指数均高于 100%基肥处理（N1），并以 N4 处理提高幅度最大，玉米穗粒数、千粒重和收获指数较 N1 处理依次提高 9.0%、12.0%、5.2%（2016 年）和 20.0%、19.7%、8.3%（2017 年），后依次为 N3 和 N2 处理。

2. 不同施氮处理对玉米氮素积累量及氮素利用效率的影响

除苗期和拔节期外，试验年份和施氮处理显著影响玉米其他各生育期氮素积累量，其中试验年份和施氮处理对玉米吐丝期至成熟期氮素积累量表现出显著的交互作用（表 5-47）。与不施氮肥处理（N0）相比，除苗期外，其他生育期施氮处理提高了玉米氮素积累量。在相同施氮量下，苗期各施氮处理氮素积累量差异不明显；拔节期至大口期氮素积累量以 100%基肥处理（N1）最高，较氮肥后移各处理（N2、N3、N4）依次提高 7.8%～16.4%、4.8%～9.5%（2016 年）和 11.3%～24.2%、4.1%～14.6%（2017 年）；吐丝期至成熟期，氮肥后移各处理（N2、N3、N4）氮素积累量高于 100%基肥处理（N1），提高幅度依次为 5.4%～10.2%、14.6%～20.9%、14.8%～23.6%（2016 年）和 11.0%～15.2%、20.9%～26.2%、24.9%～35.1%（2017 年），其中以 N4 处理玉米吐丝期至成熟期氮素积累量最高，后依次为 N3 和 N2 处理。

表 5-47　不同施氮处理玉米氮素积累动态变化和氮素利用效率

年份	处理	氮素积累量（kg/hm²）						NRE（%）	NAE（kg/kg）	NPFP（kg/kg）
		苗期	拔节期	大口期	吐丝期	灌浆期	成熟期			
2016	N0	3.1	32.0	70.4	102.0	116.2	118.4	—	—	—
	N1	3.0	51.0	110.8	133.2	146.1	165.1	22.3 c	8.9 c	48.2 b
	N2	3.2	47.3	105.7	140.4	167.5	189.5	33.9 b	14.7 b	53.9 a
	N3	3.2	45.4	103.6	144.3	172.8	198.9	38.3 a	17.9 a	57.2 a
	N4	3.1	43.8	101.2	146.8	176.6	204.1	40.8 a	19.8 a	59.0 a
2017	N0	3.5	27.9	75.0	97.7	112.5	115.1	—	—	—
	N1	3.7	52.3	113.8	132.3	143.1	157.6	20.2 c	8.1 c	46.5 c
	N2	3.7	47.0	109.3	146.9	173.0	196.9	39.0 b	18.4 b	56.8 b
	N3	3.7	42.7	104.7	149.1	179.1	208.0	44.3 a	22.4 a	60.8 a
	N4	3.7	42.1	99.3	152.4	180.6	212.9	46.6 a	24.5 a	62.9 a
方差分析										
施氮处理		**	NS	*	*	*	*	**	**	**
年份		NS	**	**	**	**	**	**	**	**
施氮处理×年份		NS	NS	NS	*	*	**	**	**	**

注：同列数据后不同字母表示在 5%水平上差异显著；NS、*和**分别表示无显著影响及在 0.05 和 0.01 水平上影响显著。

表 5-47 还表明，试验年份和施氮处理显著影响玉米氮素利用效率，且试验年份和施氮处理表现出显著的交互作用。在相同施氮量下，氮肥后移各处理（N2、N3、N4）氮素吸收利用率（NRE）、氮素农学利用率（NAE）和氮肥偏生产力（NPFP）均显著高于 100%基肥处理（N1；$P<0.05$），提高幅度依次为 52.0%～83.0%、65.2%～122.5%、11.8%～22.4%（2016 年）和 93.1%～130.7%、127.2%～202.5%、22.2%～35.3%（2017 年），其中 N4 处理氮素吸收利用率、氮素农学利用率和氮肥偏生产力最高，后依次为 N3 和 N2 处理。

3. 不同施氮处理对玉米生长季土壤无机氮动态变化的影响

两年玉米生育期内 0～20 cm 土壤无机氮含量变化趋势一致，均表现玉米苗期无机氮含量最高，然后随生育进程推进逐渐下降，在灌浆期达到最低，成熟期有所回升（图 5-73）。与不施氮肥处理（N0）相比，施氮处理显著提高了玉米各生育时期土壤无机氮含量（$P<0.05$），在相同施氮量下，100%基肥处理（N1）土壤无机氮含量在玉米苗期至拔节期最高，大口期至成熟期则以氮肥后移各处理（N2、N3、N4）最高，其中大口期土壤无机氮含量以 N2 处理最高，后依次为 N3 和 N4 处理，吐丝期至成熟期土壤无机氮含量以 N4 处理最高，后依次为 N3 和 N2 处理。

相关分析结果表明（表 5-48），不同施氮处理玉米各生育期土壤无机氮含量与玉米产量、总吸氮量的相关系数分别为 0.175～0.926、0.269～0.962（2016 年）和 0.139～0.912、0.226～0.873（2017 年）。除苗期和拔节期外，其他生育期土壤无机氮含量与玉米产量和总吸氮量的相关性均达极显著水平，其中土壤无机氮含量与玉米产量和总吸氮量的相关系数最大值均出现在玉米吐丝期。不同施氮处理玉米各生育期土壤无机氮含量与氮素吸

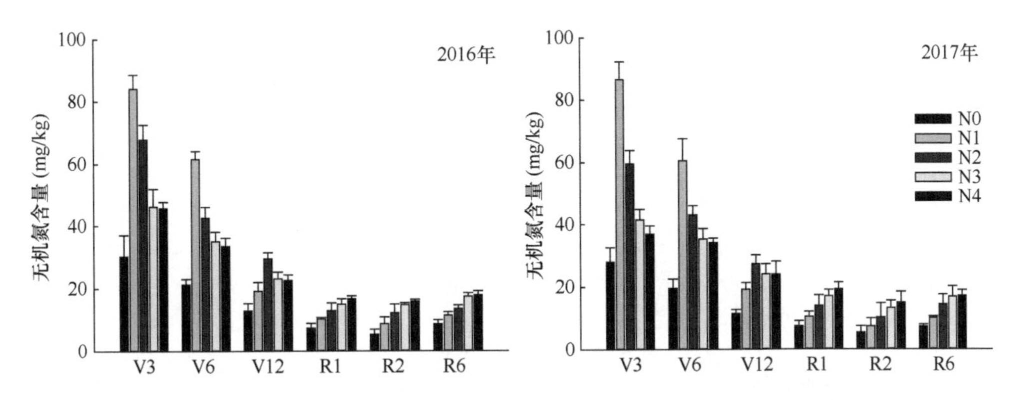

图 5-73 不同施氮处理玉米生长季 0～20 cm 土壤无机氮含量动态变化

V3. 苗期；V6. 拔节期；V12. 大口期；R1. 吐丝期；R2. 灌浆期；R6. 成熟期

表 5-48 不同生育时期土壤无机氮含量与玉米产量、总吸氮量和氮素利用效率的相关性

年份	项目	土壤无机氮含量					
		苗期	拔节期	大口期	吐丝期	灌浆期	成熟期
2016	产量	0.175	0.261	0.703**	0.926**	0.919**	0.857**
	总吸氮量	0.269	0.277	0.757**	0.962**	0.914**	0.832**
	氮素吸收利用率	–0.943**	–0.932**	0.333	0.924**	0.828**	0.808**
	氮素农学利用率	–0.913**	–0.885**	0.231	0.894**	0.879**	0.839**
	氮肥偏生产力	–0.928**	–0.912**	0.228	0.900**	0.868**	0.853**
2017	产量	0.139	0.378	0.806**	0.912**	0.883**	0.836**
	总吸氮量	0.226	0.365	0.856**	0.873**	0.863**	0.781**
	氮素吸收利用率	–0.926**	–0.886**	0.521	0.801**	0.751**	0.737**
	氮素农学利用率	–0.938**	–0.853**	0.472	0.850**	0.839**	0.795**
	氮肥偏生产力	–0.971**	–0.937**	0.511	0.838**	0.787**	0.754**

注：**表示在 0.01 水平上显著相关。

收利用率、氮素农学利用率和氮肥偏生产力间相关系数分别为–0.943～0.924、–0.913～0.894、–0.928～0.900（2016 年）和–0.926～0.801、–0.938～0.850、–0.971～0.838（2017 年），其中氮素吸收利用率、氮素农学利用率和氮肥偏生产力与玉米苗期至拔节期土壤无机氮含量呈极显著负相关关系，与吐丝期至成熟期土壤无机氮含量呈极显著正相关关系，并以吐丝期土壤无机氮含量与氮素吸收利用率、氮素农学利用率和氮肥偏生产力的相关系数最大。

4. 不同施氮处理对玉米收获后 0～100 cm 土壤剖面无机氮含量的影响

0～20 cm 耕层土壤无机氮含量最高，并随土层深度的增加呈逐渐下降趋势（图 5-74）；与不施氮肥处理（N0）相比，施氮处理显著提高了 0～100 cm 土壤无机氮含量（$P<0.05$）。在相同施氮量下，氮肥后移各处理（N2、N3、N4）0～20 cm 和 20～40 cm 土层无机氮含量较高，较 100%基肥处理（N1）依次提高 19.1%～56.3%、23.0%～56.6%（2016 年）和 42.8%～70.8%、21.0%～65.9%（2017 年），其中以 N4 处理土壤无机氮含

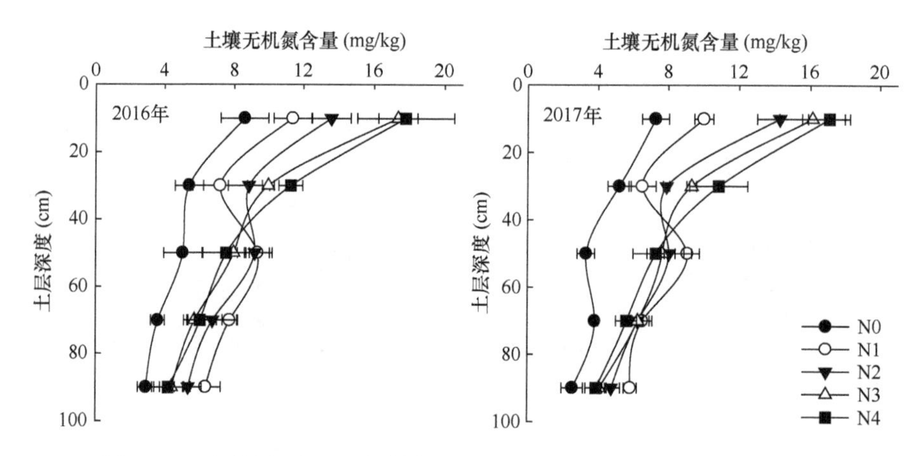

图 5-74　不同施氮处理玉米收获后 0～100 cm 土壤无机氮含量动态变化

量最高，后依次为 N3 和 N2 处理；40～60 cm、60～80 cm 和 80～100 cm 土壤无机氮含量则以 100%基肥处理（N1）最高，较氮肥后移各处理（N2、N3、N4）依次提高 1.8%～23.9%、14.4%～35.9%、18.5%～44.3%（2016 年）和 12.9%～24.4%、4.1%～16.1%、22.6%～49.9%（2017 年）；而氮肥后移各处理 40～100 cm 土壤无机氮含量无明显差异。

5. 不同施氮处理土壤氮素平衡

试验年份和施氮处理显著影响作物氮素携出量、无机氮残留量和氮素表观损失量，且试验年份和施氮处理表现出显著的交互作用（表 5-49）。在氮素输入项中，以施氮量所占比例最高，分别占施氮处理氮素输入项的 53.0%（2016 年）和 54.8%（2017 年），在氮素输出项中，以作物氮素携出量为主，分别占氮素输出项的 41.6%～63.5%（2016 年）和 41.1%～66.3%（2017 年）。在相同施氮量下，氮肥后移各处理（N2、N3、N4）作物氮素携出量和无机氮残留量均高于 100%基肥处理（N1），提高幅度依次为 14.8%～23.6%、3.4%～9.6%（2016 年）和 24.9%～35.1%、7.5%～15.6%（2017 年），其中作物氮素携出量差异明显；表明通过氮肥后移和分次施入，显著提高了作物氮素携出量和土壤无机氮残留量，进而减少了氮素损失；而在氮肥后移各处理中，氮素表观损失量以 N4 处理最低，后依次为 N3 和 N2 处理。

综上所述，在覆膜滴灌模式下，氮肥后移可提高玉米吐丝期至成熟期氮素积累量，并可显著提高氮素利用效率。氮肥后移通过优化玉米穗粒数和千粒重，显著提高了玉米产量，并且在提高玉米吐丝期至成熟期土壤耕层无机氮含量的同时，降低了玉米成熟期氮素向深层土壤的淋失。在土壤-作物系统的氮素平衡中，氮肥后移在提高作物氮素携出量和土壤无机氮残留量的同时，显著降低了土壤氮素损失量，其中 20%基肥+30%拔节肥+20%大口肥+20%开花肥+10%灌浆肥处理在提高玉米产量、氮素利用效率和减少土壤氮素损失等方面效果最佳，因此，该模式为东北半干旱区覆膜滴灌条件下最佳氮肥运筹模式。

表 5-49　不同施氮处理 0～100 cm 剖面土壤氮素平衡

年份	处理	氮素输入（kg/hm^2）			氮素输出（kg/hm^2）		
		施氮量	起始无机氮量	净矿化氮量	作物氮素携出量	无机氮残留量	氮素表观损失量
2016	N0	0	119.3	67.2	118.4	68.2	0.0
	N1	210	119.3	67.2	165.1	113.0	118.4
	N2	210	119.3	67.2	189.5	116.8	90.3
	N3	210	119.3	67.2	198.9	120.2	77.5
	N4	210	119.3	67.2	204.1	123.9	68.6
2017	N0	0	116.1	57.0	115.1	58.6	0.0
	N1	210	116.1	57.0	157.6	101.6	124.4
	N2	210	116.1	57.0	196.9	109.2	77.6
	N3	210	116.1	57.0	208.0	114.4	61.2
	N4	210	116.1	57.0	212.9	117.4	53.6
方差分析							
施氮处理		—	—	—	*	**	*
年份		—	—	—	**	**	**
施氮处理×年份		—	—	—	**	*	*

注：同列数据后不同字母表示在 5%水平上差异显著；NS、*和**分别表示无显著影响及在 0.05 和 0.01 水平上影响显著。

（二）磷肥适宜施用时期与比例

试验于 2014～2015 年在吉林省乾安县进行，在玉米覆膜滴灌施肥高产施磷量 90 kg/hm^2 的基础上，设计 4 种磷肥运筹比例：①100%基肥（P1）；②40%基肥+60%拔节肥（P2）；③40%基肥+40%拔节肥+20%大喇叭口肥（P3）；④40%基肥+20%拔节肥+20%大喇叭口肥+20%开花肥（P4）；另设不施磷处理（P0）。不同施磷处理氮肥（N）、钾肥（K_2O）用量分别为 210 kg/hm^2 和 100 kg/hm^2，其中，氮肥按 20%基肥+30%拔节肥+20%大喇叭口肥+20%抽雄肥+10%灌浆肥比例施用，钾肥按 60%基肥+40%拔节肥比例施用。

1. 玉米产量及其构成因素

试验年份和施磷处理显著影响玉米产量，且试验年份和施磷处理表现出显著的交互作用（表 5-50）。两年的试验结果表明，与不施磷肥处理（P0）相比，各施磷处理增产效果达显著水平（$P<0.05$），增产幅度分别为 17.7%～28.2%（2014 年）和 20.2%～29.0%（2015 年）。在相同施磷量下，磷肥后移各处理（P2、P3、P4）玉米产量均高于 100%基肥处理（P1），提高幅度分别为 3.3%～8.9%（2014 年）和 3.7%～7.4%（2015 年），其中以 P4 处理玉米产量最高，后依次为 P3 和 P2 处理。在产量构成因素中，施磷处理显著影响玉米穗粒数和百粒重，对玉米穗数和收获指数影响不显著，而试验年份对穗数、穗粒数、百粒重和收获指数影响均不显著，且试验年份与施磷处理对玉米穗数、穗粒数、百粒重和收获指数均未表现出显著的交互作用。施磷提高了玉米穗粒数、百粒重和收获指数，其中玉米穗粒数、百粒重差异达显著水平（$P<0.05$），磷肥后移各处理（P2、P3、

P4）玉米穗粒数、百粒重和收获指数均高于100%基肥处理（P1），提高幅度依次为1.7%～4.7%、2.6%～5.1%、1.5%～3.6%（2014年）和2.8%～4.0%、1.6%～3.2%、2.1%～4.3%（2015年），其中以P4玉米穗粒数、百粒重和收获指数最高，后依次为P3和P2处理。

表5-50　不同施磷处理玉米产量、收获指数及产量构成因素

年份	处理	穗数	穗粒数	百粒重（g）	产量（kg/hm^2）	收获指数（%）
2014	P0	72 027 a	500.4 b	28.3 b	10 263 c	49.82 a
	P1	72 531 a	537.1 a	31.3 a	12 079 b	50.29 a
	P2	72 508 a	546.2 a	32.1 a	12 473 ab	51.03 a
	P3	71 946 a	552.1 a	32.4 a	12 936 a	51.68 a
	P4	71 545 a	562.6 a	32.9 a	13 154 a	52.12 a
2015	P0	72 121 a	498.7 b	27.6 b	9 870 c	49.35 a
	P1	72 172 a	526.4 a	31.3 a	11 861 b	50.18 a
	P2	72 469 a	541.1 a	31.8 a	12 303 ab	51.22 a
	P3	71 966 a	545.2 a	31.9 a	12 415 ab	51.93 a
	P4	72 627 a	547.3 a	32.3 a	12 736 a	52.34 a
方差分析						
年份		NS	NS	NS	**	NS
施磷处理		NS	*	**	**	NS
年份×施磷处理		NS	NS	NS	*	NS

注：同列数据后不同字母表示在5%水平上差异显著；NS、*和**分别表示无显著影响及在0.05和0.01水平上影响显著。

2. 不同施磷处理干物质积累特性

（1）干物质积累量

施磷处理玉米吐丝期、灌浆期和成熟期干物质积累量均显著高于不施磷肥处理（图5-75；$P<0.05$），提高幅度依次为5.8%～10.6%、12.0%～21.0%、12.8%～19.2%（2014年）和7.5%～9.6%、9.8%～20.4%、12.5%～19.9%（2015年）。在相同施磷量条件下，玉米吐丝期干物质积累量以100%基施处理（P1）最高，较分次施磷各处理（P2、P3、P4）干物质积累量分别提高1.3%～4.5%（2014年）和1.2%～1.9%（2015年），差异未达显著水平（$P>0.05$）；玉米灌浆期至成熟期，分次施磷各处理（P2、P3、P4）干物质积累量高于100%基施处理（P1），提高幅度依次为3.5%～8.0%、2.6%～5.7%（2014年）和7.7%～9.7%、1.5%～6.5%（2015年），其中以P4处理玉米灌浆期至成熟期干物质积累量最高，后依次为P3和P2处理。

（2）干物质积累比例

由不同施磷处理玉米吐丝前后干物质积累量占整个植株干物质积累总量的比例可以看出（图5-76），与不施磷肥处理（图5-76；P0）相比，施磷处理显著提高了玉米吐丝后干物质积累量占整个植株干物质积累总量的比例（$P<0.05$），提高幅度分别为20.8%～50.2%（2014年）和36.3%～68.6%（2015年）。在相同施磷量下，分次施磷处理（P2、P3、P4）玉米吐丝后干物质积累比例均高于100%基肥处理（P1），提高幅度

分别为 10.9%～24.3%（2014 年）和 9.9%～23.7%（2015 年），其中 2014 年以 P3 处理玉米吐丝后干物质积累比例最高，后依次为 P4 和 P2 处理，2015 年以 P4 处理玉米吐丝后干物质积累比例最高，后依次为 P3 和 P2 处理。

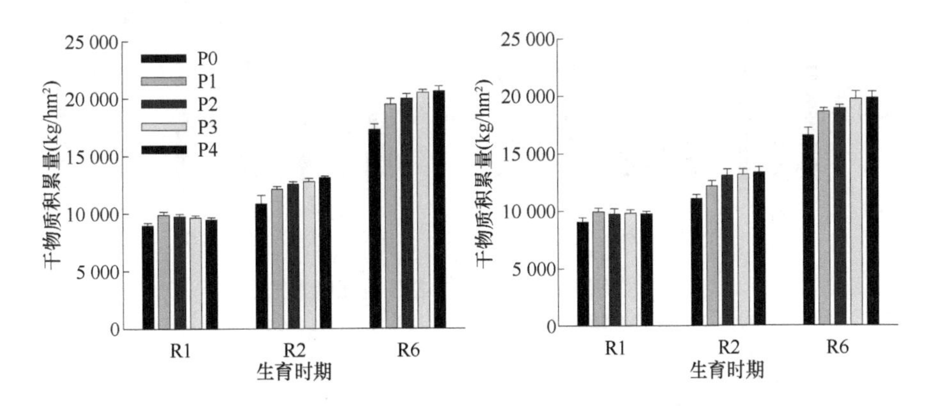

图 5-75　不同施磷处理玉米各生育期干物质积累量

R1. 吐丝期；R2. 灌浆期；R6. 成熟期。方柱上不同字母表示相同时期不同处理间差异达 0.05 显著水平

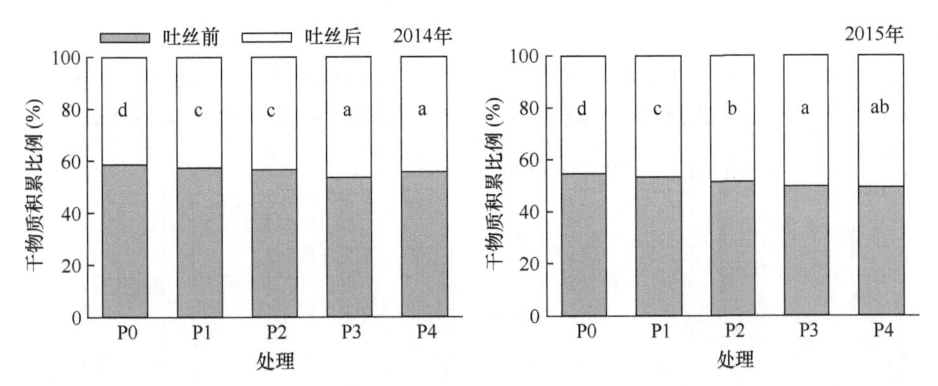

图 5-76　不同施磷处理玉米吐丝前后干物质积累量占整个植株干物质积累总量的比例

不同字母表示在 5%水平上差异显著

3. 不同施磷处理玉米各生育期磷素积累特征

（1）磷素积累量

施磷处理玉米吐丝期、灌浆期和成熟期磷素积累量均显著高于不施磷肥处理（图 5-77；$P<0.05$），提高幅度依次为 14.0%～19.6%、22.3%～40.8%、29.2%～39.0%（2014 年）和 10.2%～17.0%、33.9%～55.8%、32.2%～40.8%（2015 年）。在相同施磷量下，玉米吐丝期磷素积累量以 100%基施处理（P1）最高，较分次施磷各处理（P2、P3、P4）分别提高 1.4%～4.9%（2014 年）和 3.0%～6.2%（2015 年），差异未达显著水平（$P>0.05$）；玉米灌浆期至成熟期，分次施磷各处理（P2、P3、P4）磷素积累量高于 100%基施处理（P1），提高幅度依次为 2.8%～15.2%、3.9%～7.5%（2014 年）和 6.4%～16.3%、1.3%～6.5%（2015 年），其中以 P4 处理最高，后依次为 P3 和 P2 处理。

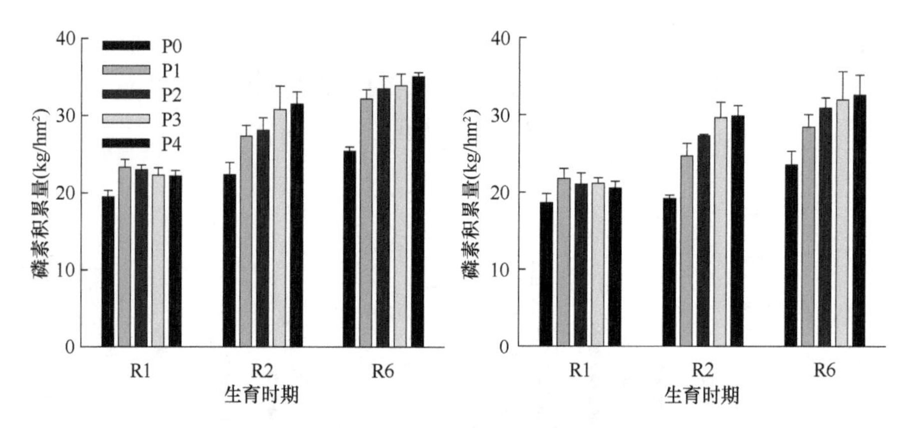

图 5-77 不同施磷处理玉米各生育期磷素积累量

R1. 吐丝期；R2. 灌浆期；R6. 成熟期。不同字母表示在 5%水平上差异显著

（2）磷素积累比例

与不施磷肥处理（P0）相比，施磷处理显著提高了玉米吐丝后磷素积累量占整个植株磷素积累总量的比例（图 5-78，$P<0.05$），提高幅度分别为 20.8%～50.2%（2014 年）和 36.3%～68.6%（2015 年）。在相同施磷量下，分次施磷处理（P2、P3、P4）在玉米吐丝后磷素积累比例均高于 100%基肥处理（P1），提高幅度分别为 10.9%～24.3%（2014 年）和 9.9%～23.7%（2015 年），其中以 P4 处理最高，后依次为 P3 和 P2 处理。

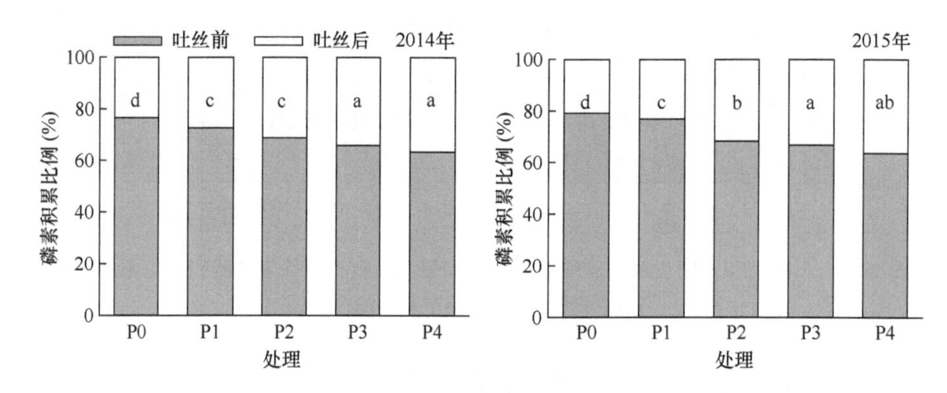

图 5-78 不同施磷处理玉米吐丝前后磷素积累量占整个植株磷素积累总量的比例

不同字母表示在 5%水平上差异显著

4. 不同施磷处理玉米植株体内磷素转运特性

施磷处理对磷素转运量影响显著，对磷素转运率、转运磷素对籽粒贡献率和积累磷素对籽粒贡献率影响不显著，年份对磷素转运量、磷素转运率、转运磷素对籽粒贡献率和积累磷素对籽粒贡献率影响显著，而施磷处理和年份仅对磷素转运量表现出显著的交互作用（表 5-51）。与不施磷肥处理（P0）相比，施磷提高了磷素转运量、磷素转运率、积累磷素对籽粒贡献率，提高幅度依次为 19.0%～36.2%、4.2%～13.9%、14.7%～37.5%（2014 年）和 15.8%～28.1%、4.7%～9.6%、23.2%～49.6%（2015 年），却显著降低了转运磷素对籽粒贡献率，降低幅度分别为 8.8%～22.3%（2014 年）和 12.0%～25.6%（2015

年）。在相同施磷量下，100%基施处理（P1）磷素转运量、磷素转运率和转运磷素对籽粒贡献率均高于分次施磷处理（P2、P3、P4），提高幅度依次为 8.2%～14.5%、7.1%～9.3%、5.9%～17.5%（2014 年）和 3.5%～10.6%、0.3%～4.7%、6.4%～18.4%（2015 年），但分次施磷处理（P2、P3、P4）积累磷素对籽粒贡献率高于 100%基施处理（P1），提高幅度分别为 7.5%～19.9%（2014 年）和 8.3%～21.4%（2015 年），其中以 P4 处理积累磷素对籽粒贡献率最高，后依次为 P3 和 P2 处理。

表 5-51　不同施磷处理玉米植株体内磷素转运特性

年份	处理	磷素转运量（kg/hm^2）	磷素转运率（%）	转运磷素对籽粒贡献率（%）	积累磷素对籽粒贡献率（%）
2014	P0	11.6 b	59.7 b	62.7 a	37.3 c
	P1	15.8 a	68.0 a	57.2 b	42.8 b
	P2	14.6 a	63.5 b	54.0 b	46.0 ab
	P3	14.0 a	62.8 b	50.9 c	49.1 a
	P4	13.8 a	62.2 b	48.7 c	51.3 a
2015	P0	11.4 b	61.2 b	65.9 a	34.1 c
	P1	14.6 a	67.1 a	58.0 b	42.0 b
	P2	14.1 a	66.9 a	54.5 bc	45.5 b
	P3	13.7 a	64.8 b	52.2 c	47.8 ab
	P4	13.2 a	64.1 b	49.0 c	51.0 a
方差分析					
年份		**	**	**	**
施磷处理		*	NS	NS	NS
年份×施磷处理		*	NS	NS	NS

注：同列数据后不同字母表示在 5%水平上差异显著；NS、*和**分别表示无显著影响及在 0.05 和 0.01 水平上影响显著。

5. 不同施磷处理磷素利用效率

施磷处理对玉米磷素吸收利用率、磷素农学利用率和磷肥偏生产力影响极显著，年份对磷素吸收利用率、磷素农学利用率和磷肥偏生产力影响不显著，而施磷处理和年份对磷素吸收利用率、磷素农学利用率和磷肥偏生产力的影响均表现出显著的交互作用（图 5-79）。在相同施磷量下，分次施磷处理（P2、P3、P4）磷素吸收利用率、磷素农学利用率和磷肥偏生产力均高于 100%基施处理（P1），提高幅度依次为 3.8%～18.1%、21.7%～59.2%、3.3%～8.9%（2014 年）和 5.5%～26.5%、22.2%～43.9%、3.7%～7.4%（2015 年），其中以 P4 处理最高，后依次为 P3 和 P2 处理。

综上所述，吉林省半干旱区覆膜滴灌条件下，与一次性基施磷肥相比，磷肥分次后移可提高玉米灌浆期至成熟期磷素积累量和吐丝后积累磷素对籽粒贡献率，并可显著提高磷素利用效率；同时，磷肥分次后移通过提高玉米穗粒数和百粒重，显著提高了玉米产量，其中磷肥按 40%基肥+20%拔节肥+20%大口肥+20%开花肥方式施用在提高玉米产量、开花后干物质积累和磷素吸收利用效率等方面效果最佳。因此，在总施磷量 90 kg/hm^2 时，40%基肥+20%拔节肥+20%大口肥+20%开花肥为该区域覆膜滴灌条件下最佳磷肥施用模式。

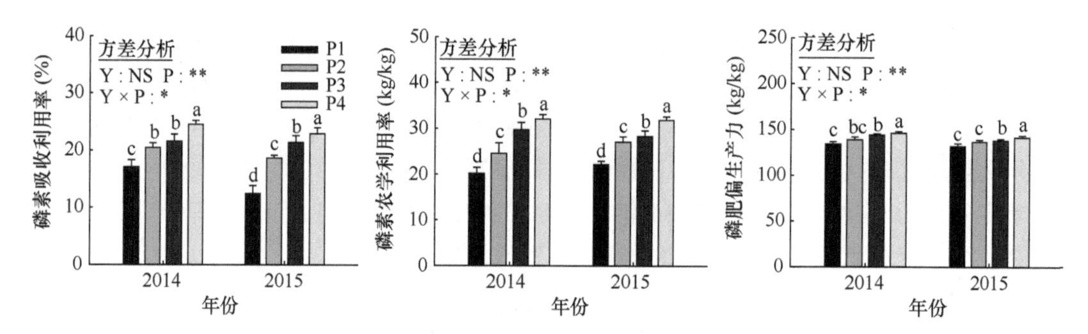

图 5-79　不同施磷处理磷素利用效率

不同字母表示在 5%水平上差异显著；Y 表示年份，P 表示施磷处理，*P<0.05，**P<0.01

（三）钾肥适宜施用时期与比例

试验于 2015～2016 年在吉林省乾安县进行，试验共设 5 个钾肥处理：①不施钾肥（K0），②基肥=100%（K1），③基肥：拔节肥=50%：50%（K2），④基肥：拔节肥：大口肥=50%：30%：20%（K3），⑤基肥：拔节肥：大口肥：开花肥=50%：20%：15%：15%（K4）；施钾各处理的 K_2O 用量均为 90 kg/hm^2，试验各处理 N、P_2O_5 用量相同，分别为 200 kg/hm^2 和 100 kg/hm^2，其中氮肥施用方法为基肥：拔节肥：大口肥：开花肥：灌浆肥=30%：30%：20%：10%：10%，磷肥施用方法为基肥：拔节肥：大口肥：开花肥=40%：20%：20%：20%，试验用氮肥为尿素（N 46%），磷肥为磷酸一铵（N 12%、P_2O_5 61%），钾肥为氯化钾（K_2O 60%）。

1. 玉米产量与钾素利用效率

施钾各处理玉米产量显著高于不施钾处理（表 5-52），在不同钾肥运筹模式中，K2、K3 和 K4 处理玉米产量均高于钾肥一次性基施（K1）处理，两年增产幅度分别为 3.7%～7.7%（2015 年）和 2.8%～9.1%（2016 年），其中 K3 处理玉米产量最高，与 K1 处理差异达显著水平（P<0.05，表 5-52）。可见，相对于一次性基施钾肥，钾肥分次施用可以显著增加玉米产量，并且将钾肥按照基肥 50%+拔节期 30%+大口期 20%的比例施用，更有利于玉米产量的进一步提高。

表 5-52　不同施钾处理玉米产量与钾素利用效率

年份	处理	产量（kg/hm^2）	钾素农学利用率（kg/kg）	钾肥偏生产力（kg/kg）	钾素吸收利用率（%）
2015	K0	10 188 d	—	—	—
	K1	12 039 c	20.6 c	133.8 c	25.1 b
	K2	12 563 ab	26.4 ab	139.6 ab	27.0 ab
	K3	12 961 a	30.8 a	144.0 a	35.4 a
	K4	12 484 bc	25.5 bc	138.7 bc	25.6 b
2016	K0	10 421 c	—	—	—
	K1	12 021 b	17.8 b	133.6 b	27.6 b
	K2	12 665 ab	24.9 ab	140.7 ab	29.4 ab
	K3	13 120 a	30.0 a	145.8 a	37.8 a
	K4	12 359 ab	21.5 ab	137.3 ab	28.1 ab

注：同列数据后不同字母表示在 5%水平上差异显著。

钾素利用效率结果表明，K2、K3 和 K4 处理钾素吸收利用率、钾素农学利用率和钾肥偏生产力均高于 K1 处理，两年钾素吸收利用率分别提高 2.0%～41.0%（2015 年）和 1.8%～37.0%（2016 年），钾素农学利用率提高幅度分别为 23.8%～49.5%（2015 年）和 20.8%～68.5%（2016 年），钾肥偏生产力提高幅度分别为 3.7%～7.6%（2015 年）和 2.8%～9.1%（2016 年），其中以 K3 处理钾素吸收利用率、钾素农学利用率和钾肥偏生产力最高，并与 K1 处理差异达显著水平（$P<0.05$）。

2. 玉米地上部干物质积累

随着玉米生育进程的推移，玉米地上部干物质积累量逐渐增加，施钾各处理干物质积累量均显著高于不施钾肥处理（图 5-80）。施钾处理年际间玉米干物质积累趋势大致相同，不同钾肥运筹模式对玉米各生育期的干物质积累量有重要影响，2015～2016 年拔节期至成熟期 K2、K3、K4 处理的干物质积累量均高于 K1 处理，其中以 K3 处理最高。可见，在覆膜滴灌条件下，合理的钾肥运筹模式可以显著提高玉米地上部干物质积累量，从而对玉米产量形成产生重要的促进作用。

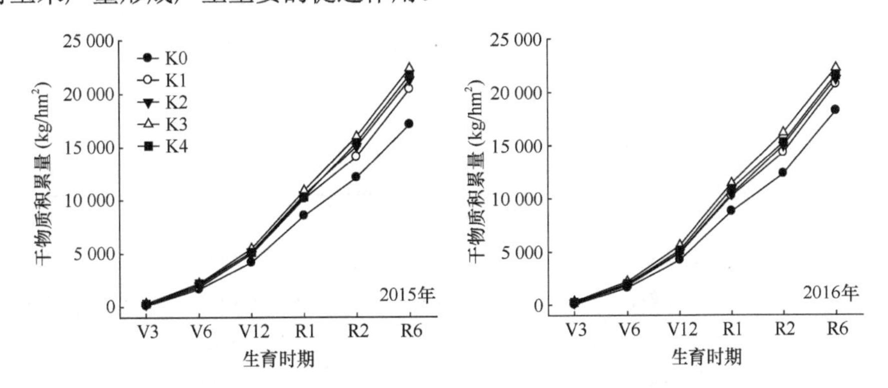

图 5-80　不同施钾处理玉米地上部干物质积累动态

V3. 苗期；V6. 拔节期；V12. 大口期；R1. 吐丝期；R2. 灌浆期；R6. 成熟期

3. 玉米地上部钾素积累

不同钾肥处理玉米地上部钾素积累动态与干物质积累动态趋势一致，施钾各处理玉米钾素积累量显著高于 K0 处理（图 5-81）。苗期各处理的钾素积累量无差异，拔节期至吐丝期钾素积累量呈快速上升趋势，随后至成熟期呈缓慢增长趋势，在不同施钾处理中，K2、K3 和 K4 处理拔节期至成熟期处理钾素积累量均高于 K1 处理，其中以 K3 处理提高幅度最大。

4. 钾素转运特征

施钾各处理钾素转运量和钾素转运率均高于不施钾肥处理（表 5-53），2015 年分别提高 25.6%～48.0%和 6.8%～20.1%，2016 年分别提高 21.7%～29.7%和 10.7%～17.7%，以 K3 处理的钾素转运量和钾素转运率最高，说明合理的钾肥运筹模式能更有效地提升玉米植株吸收和利用钾素的吸收利用能力，还可以促进玉米吐丝期钾素向籽粒转运，使籽粒养分含量显著提高。

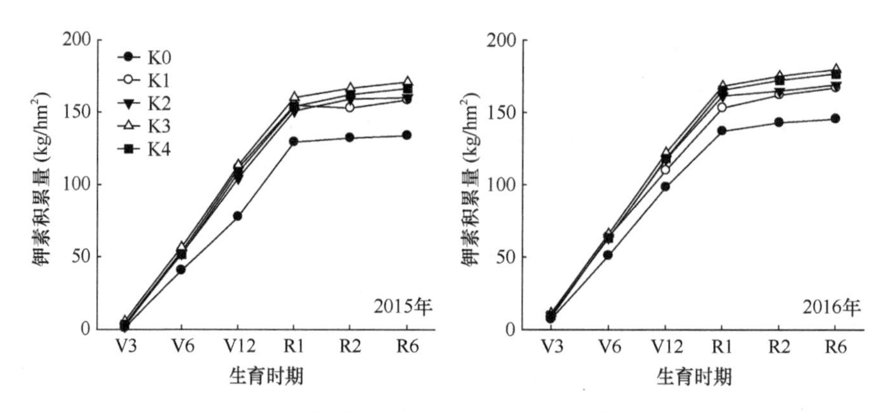

图 5-81 不同施钾处理玉米地上部钾素积累动态

V3. 苗期；V6. 拔节期；V12. 大口期；R1. 吐丝期；R2. 灌浆期；R6. 成熟期

表 5-53 不同施钾处理钾素转运特征

年份	处理	钾素转运量（kg/hm^2）	钾素转运率（%）	钾素转运贡献率（%）
2015	K0	38.3 c	29.4 b	80.5 a
	K1	50.5 ab	31.6 a	82.5 a
	K2	50.8 ab	33.1 a	81.3 a
	K3	56.7 a	35.3 a	83.1 a
	K4	48.1 b	31.4 ab	83.0 a
2016	K0	49.2 c	35.5 ab	74.7 a
	K1	60.3 ab	39.8 ab	79.1 a
	K2	60.4 ab	39.4 ab	74.6 a
	K3	63.8 a	41.8 a	78.2 a
	K4	59.9 b	39.3 ab	80.5 a

注：同列数据后不同字母表示在5%水平上差异显著。

综上所述，在吉林省半干旱区覆膜滴灌条件下，与一次性基施钾肥相比，钾肥分次后移可提高玉米生育后期干物质积累量与钾素积累量，并可显著提高玉米产量和钾素利用效率；其中钾肥按50%基肥+30%拔节肥+20%大口肥方式施用在提高玉米产量、吐丝后干物质积累量和钾素吸收利用效率等方面效果最佳。因此，在总施钾量90 kg/hm^2时，50%基肥+30%拔节肥+20%大口肥为该区域覆膜滴灌条件下最佳钾肥施用模式。

参考文献

邓宏中，李鑫，徐克章，等. 2013. 不同年代大豆品种根系伤流液中可溶性糖含量的变化及与叶片光合的关系. 华南农业大学学报, 34(2): 197-202.

何冬冬，杨恒山，张玉芹. 2018. 扩行距、缩株距对春玉米冠层结构及产量的影响. 中国生态农业学报, 26(3): 397-408.

侯云鹏，孔丽丽，李前，等. 2018. 滴灌施氮对春玉米氮素吸收、土壤无机氮含量及氮素平衡的影响. 水土保持学报, 32(1): 238-245.

侯云鹏，孔丽丽，徐新朋，等. 2021. 基于养分专家系统推荐施肥在东北玉米上的长期综合效应. 农业工程学报, 37(19): 129-138.
侯云鹏, 刘志全, 尹彩侠, 等. 2020. 长期秸秆还田下基于东北水稻高产和钾素平衡的钾肥用量研究. 植物营养与肥料学报, 26(11): 2020-2031.
侯云鹏, 王立春, 李前, 等. 2019. 覆膜滴灌条件下基于玉米产量和土壤磷素平衡的磷肥适用量研究. 中国农业科学, 52(20): 3573-3584.
隽英华, 孙文涛, 韩晓日, 等. 2015. 春玉米功能叶片生理特征及产量对施氮的响应. 核农学报, 29(2): 391-396.
孔丽丽, 侯云鹏, 尹彩侠, 等. 2021. 秸秆还田下寒地水稻实现高产高氮肥利用率的氮肥运筹模式. 植物营养与肥料学报, 27(7): 1282-1293.
李秧秧, 刘文兆. 2001. 土壤水分与氮肥对玉米根系生长的影响. 中国生态农业学报, 9(1): 13-15.
林郑和, 陈荣冰, 郭少平, 等. 2010. 植物对缺磷的生理适应机制研究进展. 作物杂志, (5): 5-9.
潘圣刚, 黄胜奇, 曹凑贵, 等. 2010. 氮肥运筹对水稻养分吸收特性及稻米品质的影响. 农业环境科学学报, 29(5): 1000-1005.
曲东, 邵丽丽, 王保莉, 等. 2004. 干旱胁迫下硫对玉米叶绿素及MDA含量的影响. 干旱地区农业研究, 2(22): 91-94.
王群, 薛军, 张国强, 等. 2021. 覆膜滴灌条件下灌溉量和种植密度对玉米茎秆抗倒能力的影响. 玉米科学, 29(2): 124-130.
王锡平, 郭焱, 李保国, 等. 2005. 玉米冠层内太阳直接辐射三维空间分布的模拟. 生态学报, 25(1): 7-12.
吴春胜, 宋日, 李健毅, 等. 2001. 栽培措施对玉米根系生长状况影响. 玉米科学, 9(2): 56-58.
吴雅薇, 李强, 豆攀, 等. 2017. 低氮胁迫对不同耐低氮玉米品种苗期伤流液性状及根系活力的影响, 植物营养与肥料学报, 23(2): 278-288.
杨海霞, 李涛. 2008. 含锌废水对小麦种子萌发和幼苗生长的影响. 环境科学与管理, (4): 52-55.
张福锁. 2017. 科学认识化肥的作用. 中国农技推广, 33(1): 16-19.
张磊, 王玉峰, 陈雪丽, 等. 2011. 硅钙肥在玉米上的应用效果研究. 黑龙江农业科学, (7): 48-50.
张秋芳. 2001. 作物硫素营养的生理作用及其胁迫研究. 江西农业大学学报, 23(5): 136-139.
Cakmak I. 2000. Possible roles of zinc in protecting plant cells from damage by reactive oxygen species. New Phytologist, 146(2): 185-205.
Hou Y P, Xu X P, Kong L L, et al. 2021. The combination of straw return and appropriate K fertilizer amounts enhances both soil health and rice yield in Northeast China. Agronomy Journal, 113: 5424-5435.
Hu W, Zhao W Q, Yang J S, et al. 2016. Relationship between potassium fertilization and nitrogen metabolism in the leaf subtending the cotton (*Gossypium hirsutum* L.) boll during the boll development stage. Plant Physiology and Biochemistry, 101: 113-123.
Liedge N S M, Richner W. 2001. Relation between maize (*Zea mays* L.) leaf area and root density observed with minirhizotrons. European Journal of Agronomy, 15(2): 131-141.
Marschner H. 1995. Mineral Nutrition of Higher Plants. 2nd ed. London: Academic Press: 523-528.
Marschner P. 2012. Mineral Nutrition of Higher Plants. 3rd ed. London: Academic Press.
Peck A W, McDonald G K. 2010. Adequate zinc nutrition alleviates the adverse effects of heat stress in bread wheat. Plant and Soil, 337(1-2): 355-374.
Pooyan M, Ahmad A, Hamid Reza S, et al. 2015. Silicon affects transcellular and apoplastic uptake of some nutrients in plants. Pedosphere, 25(2): 192-201.
Reneau R B, J Mlary. 1983. Corn response to sulfur application in coastal plain soil. Agron, 75(6): 1036-1040.
Singh M V. 1995. A review of the sulphur research activities of the ICAR-AICRP micro-and secondary nutrients project. Sulphur in Agriculture, 19(3): 35-46.
Soliman M F, Kostandi S F, Van Beusichem M L. 1992. Influence of sulfur and nitrogen fertilizer on the uptake of iron, manganese, and zinc by corn plants grown in calcareous soil. Commun Soil Sci Plant Anal, 23(11-12): 1289-1300.

第六章　黑土地不同生态类型区玉米高产高效技术模式构建

在黑土地上分布着不同的生态类型区，包括湿润区、半湿润区和半干旱区，由于环境因素的影响，这些生态类型区的玉米生产中存在着不同的问题，这些问题影响着这些区域玉米生产技术水平的提高。本章介绍了基于气候条件、耕地质量等在黑土地湿润区、半湿润区和半干旱区建立的玉米高产高效技术模式，并进行了田间实证，通过这些技术模式的构建，实现了黑土地多种生态类型区农业的可持续发展与资源的高效利用。

第一节　黑土地湿润区高产高效技术模式及实证

黑土地湿润区农田根据地形分为大坡度坡耕地（坡度≥8°）、小坡度坡耕地（坡度<8°）和平地，湿润区农田类型主要由小坡度坡耕地和平地组成，它们属同一耕地类型，可采用相同的玉米栽培技术模式。在大坡度坡耕地上，由于大型农机具使用受限和水土流失严重，必须采用针对大坡度坡耕地特点的独有技术模式。黑土地湿润区根据积温可分为冷凉地区和高寒地区，绝大多数农田处于冷凉地区，但很多高海拔山区的农田则处于高寒地区。积温的限制严重阻碍了高寒地区玉米的生产能力。

在黑土地湿润区玉米生产上存在着低温、多湿、寡照、水土流失、耕地质量下降等问题，针对这些问题，“十三五”期间，吉林省农业科学院联合湿润区的相关科研单位、农业推广部门和农业企业，以提高玉米产量、生产效率和资源利用效率为主攻目标，通过集成坡耕地垄侧防蚀固土、玉米秸秆还田、覆盖作物高效管理、地膜覆盖增温等关键技术，在黑土地湿润区集成了分别针对大坡度坡耕地、小坡度坡耕地和平地、高寒地区农田的 3 种玉米高产高效技术模式，并进行了实证。这些技术模式的构建，为实现农业可持续发展和资源高效利用提供了技术支撑。

一、湿润区大坡度坡耕地玉米垄侧保土耕种技术模式及实证

针对黑土地湿润区大坡度坡耕地（坡度≥8°）极易产生水土流失和耕层变差的问题，由吉林省农业科学院牵头的研究团队集成了以垄侧少耕栽培、秸秆还田、秋季深松等关键技术为核心的黑土地湿润区大坡度坡耕地玉米垄侧保土耕种技术体系。通过等高耕作，可防止水流携带大量耕层土壤顺垄而下。通过垄侧少耕栽培，对垄的一侧进行耕作，另一侧当年处于闲置状态，使垄与垄之间形成阻水埂，减缓径流对耕层的水蚀，防止农田水土流失。通过秸秆还田和秋季深松，可改善农田土壤结构，提高土壤质量。

（一）试验设计

试验地点设在吉林省敦化市沙河沿镇（43°43′03″N，128°41′45″E），耕地坡度为10°，设计了4个处理：①垄侧少耕栽培+深松+秸秆还田（T1）；②垄侧少耕栽培+深松+秸秆离田（T2）；③垄侧少耕栽培+不深松+秸秆还田（T3）；④垄侧少耕栽培+不深松+秸秆离田（CK）。试验田面积3200 m^2，每个处理800 m^2。

坡耕地采取等高垄作的方式，坡度较大的地块地形复杂，因此，垄侧栽培采用手扶拖拉机带动的扣半犁进行单行扣半，采用滚动播种器进行播种，种植密度8.5万株/hm^2。秋季玉米收获后，采用小型拖拉机进行行间深松（深松深度30 cm以上）。秸秆离田处理于人工收获玉米后进行，人工搬运秸秆离田。秸秆还田处理在玉米收获后进行粉碎，均匀抛撒在田间进行还田。其他管理同一般生产田。

调查各关键生育时期玉米单株干物质的量、土壤容重及紧实度、土壤含水量和叶片SPAD值[叶片叶绿素含量的相对值，通过使用叶绿素仪测量叶片在两种波长（650 nm和940 nm）下的透光系数来确定]等指标，秋季常规测产。

（二）结果与分析

1. 不同处理对单株干物质的量的影响

从图6-1可以看出，深松处理玉米在不同时期的单株干物质的量均高于其他处理。成熟期（R6）T1、T3处理的玉米单株干物质的量均较CK有显著增加，增加幅度分别为9.24%、8.54%，说明深松有助于提高玉米单株干物质的量，而秸秆还田则有助于提高生育后期的干物质的量。

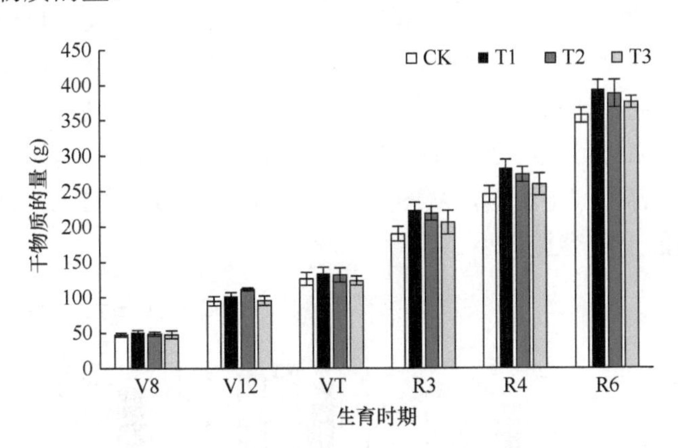

图6-1　不同处理对单株玉米干物质的量的影响

2. 不同处理对叶片SPAD值的影响

SPAD值常用来表示叶绿素相对含量。叶绿素降解是叶片在衰老过程中最明显的现象，长期被用来反映叶片的衰老程度。叶绿素含量降低得越快，表明叶片衰老得越快。从表6-1可以看出，T2与CK处理的显著性P=0.163，大于0.05，差异不显著。T1与CK处理的显著性P=0.044，小于0.05，差异显著。T3与CK处理的显著性P=0.478，大于 0.05，差异不显著。结果表明，与 CK 处理相比，只有 T1 处理方式的叶绿素含量有明显增加。因此，几种处理对叶绿素含量的影响不大。

表 6-1 不同处理的叶片 SPAD 值 LSD（最小显著差数）多重比较

处理	(J) V2	均差值	标准误	显著性	95%置信区间	
					下限	上限
CK	T1	−6.4	2.8	0.044**	−12.9	0.1
	T2	−4.3	2.8	0.163*	−10.8	2.2
	T3	2.1	2.8	0.478*	−4.4	8.6
T1	CK	6.4	2.8	0.044*	−0.1	12.8
	T2	2.0	2.8	0.491*	−4.5	8.5
	T3	8.5	2.8	0.017*	2.0	14.9
T2	CK	4.3	2.8	0.163*	−2.2	10.8
	T1	−2.0	2.8	0.491*	−8.5	4.5
	T3	6.4	2.8	0.052*	−0.1	12.9
T3	CK	−2.1	2.8	0.478*	−8.5	4.4
	T1	−8.5	2.8	0.017**	−14.9	−1.9
	T2	−6.4	2.8	0.052*	−12.9	0.1

注：*表示差异不显著。**表示在 0.05 水平上差异显著。

3. 不同处理对土壤容重和紧实度的影响

图 6-2 表明，各处理的土壤容重均随着耕层深度的增加而增加，在不同耕层深度，CK 的土壤容重高于其他处理，而且在 10～20 cm 和 20～30 cm 耕层差异显著。在 0～10 cm 耕层，T1 处理的土壤容重最小，T3 处理次之，表明秸秆还田是降低土壤容重的主要因素。在 10～20 cm 耕层，各处理的土壤容重相比 0～10 cm 耕层均有所增加，其中 CK 的增加幅度最大，各处理呈 CK＞T2＞T3＞T1 的变化趋势。由于深松是秋天收获后在玉米行间进行的，且本模式是垄侧栽培技术，扣半时将一条垄的一半扣到另一条垄的垄肩上，因此，深松对 10～20 cm 耕层土壤容重的影响不大，但达到 20～30 cm 耕层时，深松会对土壤容重产生影响，从图 6-2 中可以看出，CK 的土壤容重极显著高于其他处理，T1 处理的土壤容重最小。

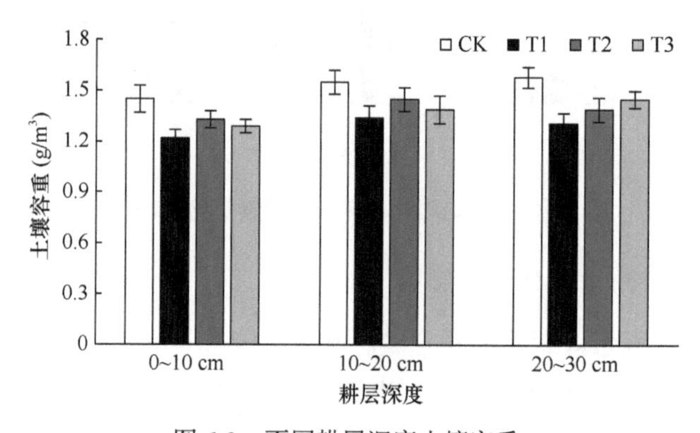

图 6-2 不同耕层深度土壤容重

玉米收获前不同处理的土壤紧实度见表 6-2，结果表明，在 5 cm 处，不同处理间的土壤紧实度差异不显著；在 10 cm、15 cm 和 20 cm 处，CK 和 T3 处理的土壤紧实度均显著高于其他 2 个处理。在 25 cm、30 cm、35 cm 和 40 cm 处，CK 处理的土壤紧实度均高于其他处理，T1 处理的土壤紧实度低于 T3 处理，表明在耕层 25 cm 以下，深松是影响土壤紧实度的主导因素。

表 6-2　土壤紧实度　（单位：kg/cm^2）

耕层深度	T1	T2	T3	CK
5 cm	3.3a	3.8a	3.2a	3.8a
10 cm	4.3b	4.5b	6.0a	6.2a
15 cm	5.6c	6.8b	7.6a	7.9a
20 cm	7.9b	8.2b	12.6a	12.5a
25 cm	20.4b	18.9c	22.3b	28.7a
30 cm	30.4a	32.6a	34.6a	35.9a
35 cm	33.6c	37.3a	35.3b	39.2a
40 cm	42.6a	43.5a	43.2a	43.9a

注：同一行数据后带有不同小写字母者表示在 0.05 水平下差异显著。

4. 不同处理对土壤含水量的影响

在苗期和吐丝期，分别在耕层 0～10 cm、10～20 cm、20～30 cm 取土，烘干测量土壤含水量。从图 6-3 可以看出，在苗期，T3 处理不同深度的土壤含水量均为最低，两个深松处理在不同耕层深度的土壤含水量都较高，表明秋季深松有利于储蓄冬季雪水，提高了耕层的土壤含水量。T1 处理的土壤含水量虽然在 0～10 cm 耕层较低，但是在 10～20 cm 和 20～30 cm 耕层均达到最高。不同耕层深度的土壤含水量在吐丝期呈现出与苗期不一样的变化（图 6-4）。在 0～10 cm 耕层，CK 的土壤含水量最高，T3 处理次之，表明深松有利于吐丝期浅耕层土壤水分的下渗，这种差异在 10～20 cm 耕层差异不大，但是到了 20～30 cm 耕层，T1 处理的土壤含水量最低，其次是 T3 处理，CK 处理土壤含水量最高，表明在 20～30 cm 耕层，秸秆还田和深松都有利于吐丝期土壤含水量的降低。

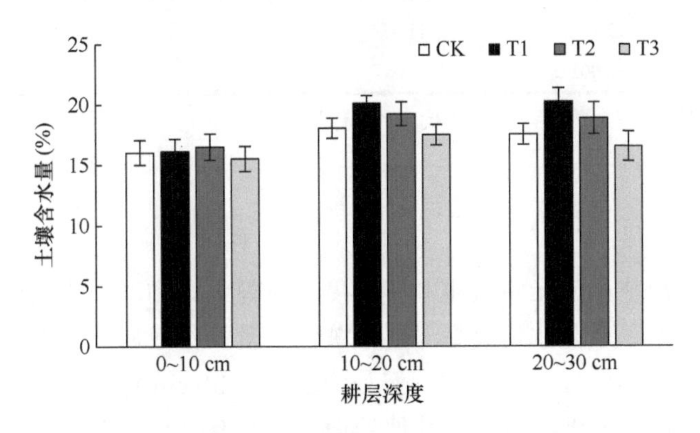

图 6-3　苗期不同耕层深度土壤含水量

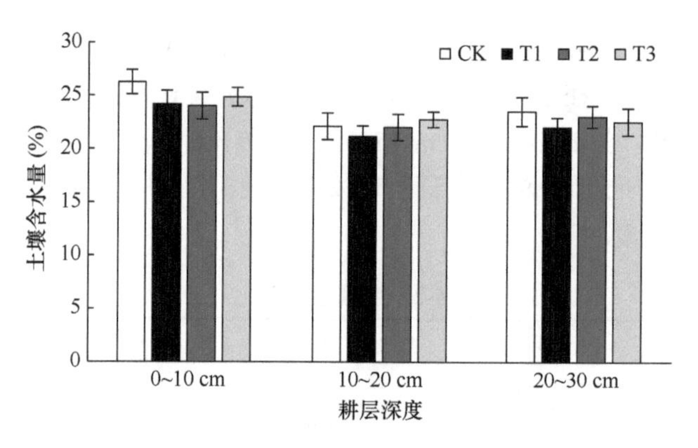

图 6-4 吐丝期不同耕层深度土壤含水量

5. 不同处理对玉米产量的影响

测产结果表明（表 6-3），T1 处理的玉米产量显著高于其他处理，呈 T1＞CK＞T2＞T3 的变化趋势，在秸秆还田条件下，深松处理最高，而不深松处理最低，说明在坡耕地垄侧保土耕种技术模式中，如在秸秆还田条件下进行，秋季深松是必须要实施的一项耕作措施。

表 6-3 不同处理玉米产量情况

处理	重复	产量（kg/hm^2）	平均产量（kg/hm^2）	产量名次	百粒重（g）	平均百粒重（g）
T1	1	11 501.3	12 003.1a	1	28.1	30.2
	2	12 047.0			27.9	
	3	12 460.9			34.7	
T2	1	11 084.4	11 661.1b	3	28.7	28.7
	2	10 892.0			26.0	
	3	13 006.9			31.3	
T3	1	10 817.7	11 233.6b	4	26.6	27.1
	2	12 126.4			27.6	
	3	10 756.7			27.1	
CK	1	11 118.8	11 754.7b	2	25.9	26.6
	2	12 144.0			27.4	
	3	12 001.2			26.6	

注：同一列数据后带有不同小写字母者表示在 0.05 水平下差异显著。

（三）结论

深松降低了下部耕层的土壤容重和紧实度，改善土壤物理结构的效果较为显著。秋季深松可更好地储蓄冬季降水，提高深层土壤含水量，还有利于雨季浅耕层土壤水分下渗，这种差异在 10～20 cm 耕层不大，但是到了 20～30 cm 耕层，这种差异十分显著。本试验中，深松处理的玉米产量高于其他处理，进一步说明了在坡耕地垄侧保土耕种技术中采用深松的必要性。

秸秆还田能提高土壤有机质含量，增加土壤养分，但本研究中秸秆还田主要是改善了土壤结构，使耕层土壤物理性状更加有利于作物生长。

综上所述，“垄侧少耕栽培+深松+秸秆还田”是湿润区大坡度坡耕地玉米垄侧保土耕种技术体系的最优化组合。

（四）技术模式内容

1）粉碎秸秆。秋季收获后，用秸秆粉碎还田机进行秸秆粉碎，秸秆长度小于 10 cm，粉碎得越细越好。

2）秋季深松。秸秆粉碎后，用深松机在行间进行深松，深松深度大于 30 cm。

3）施入基肥。翌年春季扣半播种前，在垄沟施入基肥。采用人工施肥器或小型拖拉机进行施肥。

4）扣半成垄。一般用手扶拖拉机配备翻转犁或者直接用微耕机进行扣半成垄，同时镇压、平整新垄，敲碎大的土块。

5）播种。利用手提式播种器或者滚动式播种器均可。

6）封闭除草。播种后马上喷施酰胺类除草剂进行封闭除草。

7）苗期管理。去除小苗、弱苗、病株，提高整齐度。

8）追肥。在拔节期用小型拖拉机进行田间追肥，坡度较大、拖拉机无法进地的田块采用人工追肥。

9）病虫害防治。在玉米生长期间，及时喷施药物防治病虫害。

10）收获。采用小型收获机或者人工收获。

模式内容与生产实际结合，制作成如下模式图（图 6-5）。

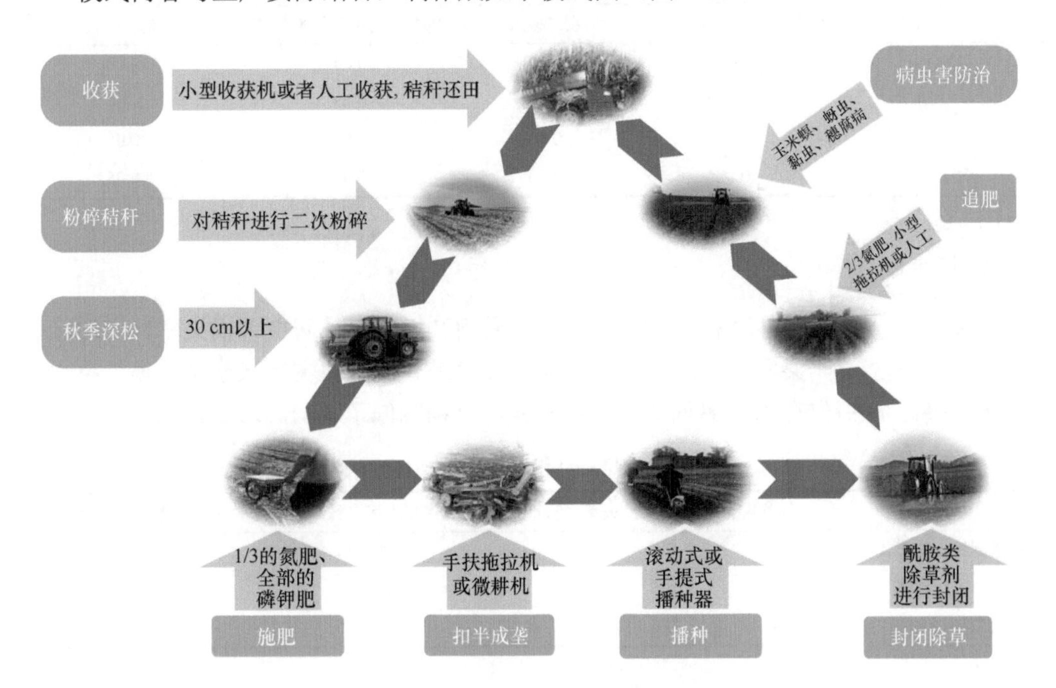

图 6-5　玉米垄侧保土耕种技术模式图

（五）技术模式实证

由吉林省农业科学院牵头的研究团队以垄侧少耕栽培、秸秆还田、秋季深松等关键技术为核心，集成了黑土地湿润区大坡度坡耕地玉米垄侧保土耕种技术模式，同时对比研究了湿润区大坡度坡耕地玉米垄侧保土耕种技术模式和农户模式的玉米产量、光热资源利用率、气象灾害（暴雨）损失率、病虫害损失率、产后储存损失率、生产效率和效益等指标，对技术模式进行了全方位的实证研究。

1. 玉米产量

对黑土地湿润区大坡度坡耕地玉米垄侧保土耕种技术模式和农户模式的玉米产量进行分析，3 年的测产结果表明，垄侧保土耕种技术模式下玉米产量达到 11 878.6 kg/hm^2，农户模式下玉米产量为 10 161.3 kg/hm^2，垄侧保土耕种模式比农户模式的产量提高 16.9%。

2. 光热资源利用率

提高农作物产量的核心是采取综合措施提升光热资源利用率。本研究通过观测两种模式的光辐射量、地温和气温，计算了两种模式的光能利用率和热量利用效率（表 6-4），结果发现，垄侧保土耕种技术模式在苗期、拔节期、抽雄期—吐丝期、灌浆期的光能利用率分别较农户模式高 16.7%、16.7%、17.5%、20%，热量利用效率分别较农户模式高 33.3%、25.0%、20.0%、20.0%。

表 6-4 垄侧保土耕种技术模式与农户模式的光能利用率和热量利用效率

生育时期	光能利用率（%）		热量利用效率（%）	
	垄侧保土耕种技术模式	农户模式	垄侧保土耕种技术模式	农户模式
苗期	0.35	0.30	0.04	0.03
拔节期	0.35	0.30	0.05	0.04
抽雄期—吐丝期	0.47	0.40	0.06	0.05
灌浆期	0.48	0.40	0.06	0.05

3. 损失率

本研究调查统计了两种模式的气象灾害（暴雨）损失率、病虫害损失率、产后储存损失率（表 6-5），结果发现，湿垄侧保土耕种技术模式的气象灾害（暴雨）损失率、病虫害损失率、产后储存损失率均低于农户模式，分别降低了 3.6%、3.9%和 5.6%。

表 6-5 垄侧保土耕种技术模式与农户模式的损失率

模式	气象灾害（暴雨）损失率（%）	病虫害损失率（%）	产后储存损失率（%）
垄侧保土耕种模式	5.3	7.3	8.4
农户模式	5.5	7.6	8.9
较农户模式降低率（%）	3.6	3.9	5.6

4. 生产效率和效益

基于两种模式的投入和产出指标，运用 DEA-Tobit 模型比较了两种模式的生产效率（表 6-6），结果表明，垄侧保土耕种技术模式较农户模式的生产效率提升了 24.6%。对两种模式的投入和产出进行统计分析，比较不同模式的生产效益情况，结果表明，垄侧保土耕种技术模式生产效益达到 8878.7 元/hm^2，较农户模式（7964.2 元/hm^2）节本增效 11.5%。

表 6-6　垄侧保土耕种技术模式与农户模式的生产效率

效率值（m）区间	垄侧保土耕种技术模式			农户模式		
	平均效率	数量个数	比例	平均效率	数量个数	比例
$0 \leqslant m < 0.4$（无效率程度严重）	0.4	3	0.06	0.37	1	0.01
$0.4 \leqslant m < 0.7$（无效率程度中等）	0.6	30	0.59	0.59	74	0.56
$0.7 \leqslant m \leqslant 1$（无效率程度轻微）	0.9	18	0.35	0.87	58	0.44
平均值	0.8			0.65		

5. 小结

秋季深松可以更好地储蓄冬季降水，提高深层土壤含水量，还有利于雨季浅耕层土壤水分的下渗；秸秆还田能提高土壤有机质含量，增加土壤养分，但是，黑土地湿润区大坡度坡耕地玉米垄侧保土耕种技术模式中的秸秆还田主要用于改善土壤结构，使耕层的物理性状更加有利于作物生长，同时提高土壤养分含量。垄侧保土耕种技术模式在实现高产的同时也实现了高效。

二、湿润区主要农田玉米抗逆增碳栽培技术模式及实证

黑土地湿润区农田以平地和小坡度坡耕地（坡度<8°）为主，可以实现大型拖拉机的田间作业；这些农田在玉米生产上面临着低温、多湿、土壤质量下降、氮肥施用过量、水土流失等诸多问题。秸秆还田有增加土壤有机质含量、提高土壤肥力、改善土壤结构、提高土壤保水蓄水能力的效果。覆盖作物是一种有利于用地和养地相结合的绿色生态栽培方法，即在目标作物的生长后期，在其行间或株间播种另外一种作物（称为覆盖作物）。覆盖作物可以使目标作物增产、改善土壤性状、减少水蚀、提高土壤微生物和酶的活性，对于改善农田生态环境效果颇佳。因此，本研究针对平地和小坡度坡耕地，采用秸秆还田结合覆盖作物的方式来实现土壤增碳和抗逆，选出最优的秸秆还田和覆盖作物的结合方式，集成湿润区主要农田玉米抗逆增碳栽培技术模式并进行示范推广，这对于高效利用水土资源、实现农业可持续发展、保障国家粮食安全具有重要意义。

（一）试验设计

试验设在吉林省延边朝鲜族自治州西部敦化市沙河沿镇（43°43′03″N，128°41′45″E），

试验地年均日照时数 2240 h，年平均温度–2～9℃，极端最高气温 36℃，极端最低气温–38℃，2019 年和 2020 年 5～10 月降雨量分别为 535.5 mm 和 693.3 mm、积温分别为 2765.6℃和 2722.4℃，海拔 520 m，试验田的平均坡度为 5°。2019 年播种前土壤耕层的肥力状况见表 6-7。

表 6-7 播种前土壤耕层的肥力状况

全氮（g/kg）	全磷（g/kg）	全钾（g/kg）	水解性氮（mg/kg）	速效磷（mg/kg）	速效钾（mg/kg）	pH	有机质（g/kg）
1.7	1.1	19.3	170.3	43.4	129	5.7	33.5

试验于 2019～2020 年进行，以玉米品种‘先锋 38P05’（生育期为 110～112 d，选育单位为铁岭先锋种子研究有限公司）为材料，设计 4 个处理（表 6-8），采用大区对比方式，长 39 m，宽 18 m，各区面积为 702 m^2。玉米播种方式为机械播种，覆盖作物为人工行间撒播。4 个处理的玉米种植密度均为 7.8 万株/hm^2。玉米在 2019 年 5 月 8 日、2020 年 5 月 7 日进行播种，10 月 10 日收获测产。覆盖作物在 8 月初播种。试验只在玉米播种前施基肥，施肥量为施纯氮 180 kg/hm^2、磷 90 kg/hm^2、钾 75 kg/hm^2，全程无灌溉。

调查田间玉米出苗率、株高、叶面积指数、叶片 SPAD 值、单株干物质的量、茎秆力学性状，以及土壤温度、土壤容重、径流量和泥沙量、土壤养分含量等指标，秋季进行常规测产。

表 6-8 试验处理

处理	组合
CK	秸秆离田
T1	秸秆覆盖还田×覆盖作物
T2	秸秆深翻还田×覆盖作物
T3	秸秆粉耙还田×覆盖作物

（二）结果与分析

1. 不同抗逆增碳方式对玉米出苗率的影响

由图 6-6 可见，T1、T2 和 T3 的出苗率均高于 CK，整体呈 T3＞T2＞T1＞CK 的变化趋势，与 CK 相比，T1、T2 和 T3 的出苗率分别增加了 9.3%、11.9%和 17.0%，其中，T3 增幅最大。在黑土地湿润区，通过秸秆还田和覆盖作物来进行抗逆增碳并不影响出苗。

2. 不同抗逆增碳方式对玉米株高和叶面积指数的影响

从图 6-7 可以看出，不同抗逆增碳方式苗期玉米株高有差异，整体呈 T3＞T2＞T1＞CK 的变化趋势，与 CK 处理相比，T1、T2 和 T3 处理分别平均增加了 3.02%、4.93%和 5.91%。不同抗逆增碳方式的玉米株高在拔节期差异显著，2019 年呈 T3＞CK＞T2＞T1 的变化趋势；2020 年呈 T3＞T2＞CK＞T1 的变化趋势，与 CK 处理相比，T1 处理平均降低了 4.01%，T3 处理平均增加了 6.73%。不同抗逆增碳方式在玉米抽雄期的株高呈 T3＞T2＞T1＞CK 的变化趋势，T1、T2 和 T3 处理分别较 CK 提高了 2.4%、3.3%和 6.9%。由此可见，T3 处理在整个生育期都提高了株高。

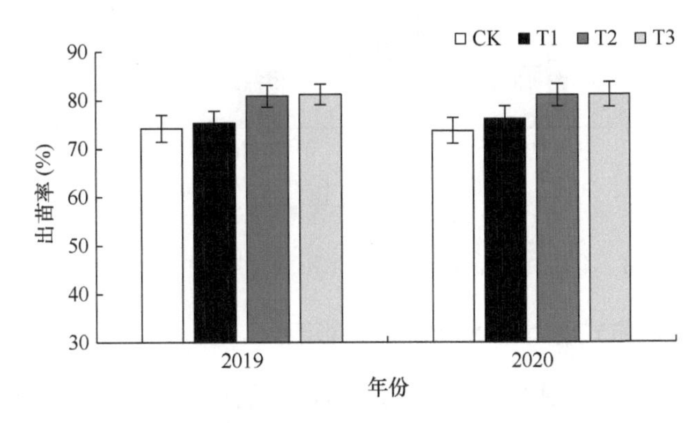

图 6-6　不同抗逆增碳方式的玉米出苗率

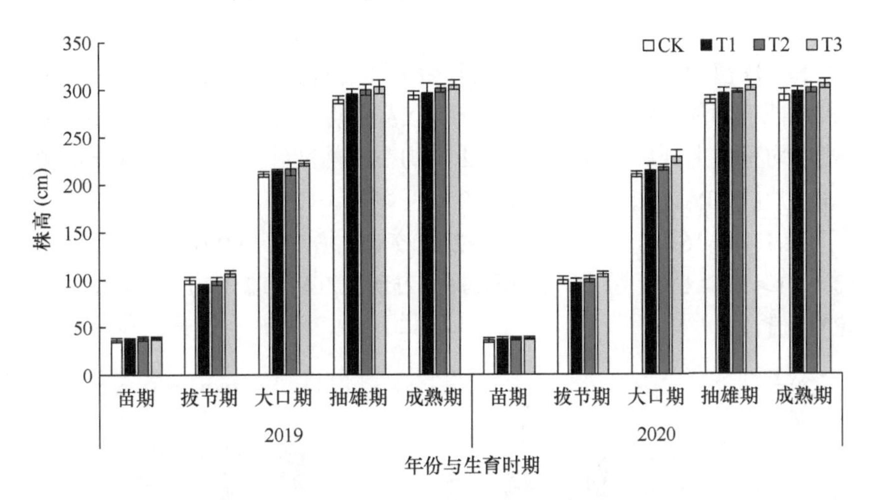

图 6-7　不同抗逆增碳方式对玉米株高的影响

由图 6-8 可以看出，2 年试验中不同抗逆增碳方式在玉米拔节期叶面积指数大小顺序均为 T3＞T2＞T1＞CK，2 年试验的 T3 处理比 CK 分别增加了 18.4%和 21.9%，且与其他方式差异显著，T2 和 T1 分别较 CK 平均显著增加了 4.4%和 1.8%。2019 年开花期叶面积指数大小顺序为 T3＞T2＞T1＞CK，2020 年开花期叶面积指数大小顺序为 T3＞T2＞CK＞T1，2 年试验不同抗逆增碳方式的影响结果大致相同。其中 2 年试验的 T3 处理的叶面积指数比 CK 分别增加 11.7%和 23.9%，且两处理间差异显著（$P<0.05$）；2019 年 T2 和 T1 处理较 CK 的增加幅度不大，分别为 5.0%和 5.0%，差异不显著（$P>0.05$）；2020 年 T3 和 T2 处理较 CK 分别增加了 23.1%和 25.3%，且差异显著（$P<0.05$）。综上，T3 抗逆增碳方式的玉米叶面积指数最为合理。

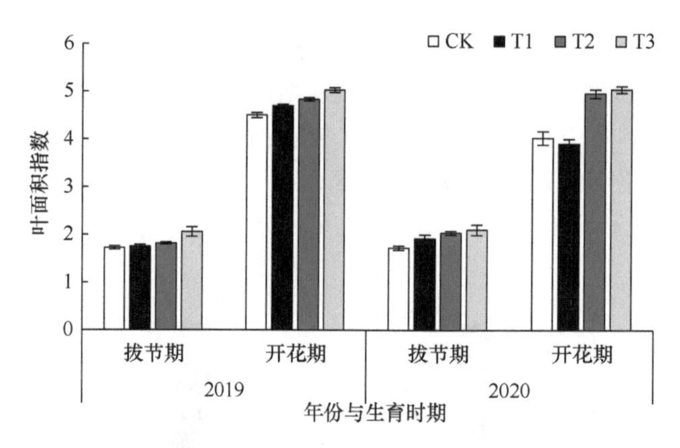

图 6-8　不同抗逆增碳方式对玉米不同时期叶面积指数的影响

3. 不同抗逆增碳方式对叶片 SPAD 值的影响

对不同处理的 SPAD 值进行比较（图 6-9），可以看出，2019 年和 2020 年，与 CK 相比，不同抗逆增碳方式均增加了玉米不同生育期的叶片 SPAD 值。苗期至大口期，各处理叶片 SPAD 值随生育期推进呈先增加后平缓的趋势。2019 年大口期至成熟期，T1 与 T2 处理的叶片 SPAD 值随生育期推进呈先上升后下降的趋势，而 T3 处理呈先平稳增加至吐丝期再至成熟期下降的趋势。2020 年大口期至成熟期，只有 CK 随生育期推进呈下降趋势，其余处理均呈先上升后下降的趋势。2 年均在成熟期叶片 SPAD 值差异最明显；2019 年不同处理叶片的 SPAD 值大小顺序为 T3＞T1＞T2＞CK，2019 年 T3 和 T1 分别较 CK 显著增加了 28.1%和 16.3%（$P<0.05$），T2 则较 CK 增加了 5.0%，差异不显著；2020 年顺序为 T3＞T1＞T2＞CK。综上，2 年试验均表现出 T1、T2 和 T3 可以有效地增加作物的叶片 SPAD 值。

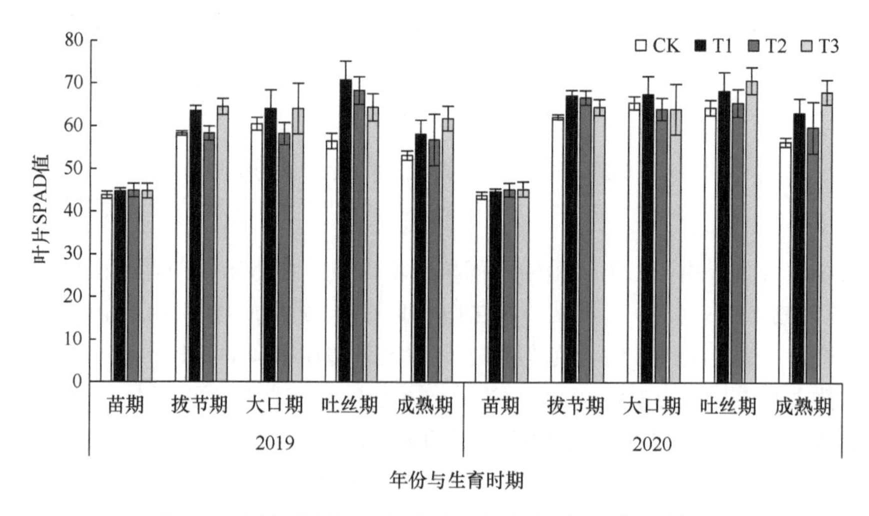

图 6-9　不同抗逆增碳方式对玉米叶片 SPAD 值的影响

4. 不同抗逆增碳方式对玉米单株干物质的量的影响

对不同抗逆增碳方式对玉米开花期和成熟期单株干物质的量的影响进行比较研究

（图 6-10），试验结果表明，2019 年开花期单株干物质的量大小顺序为 T2＞T3＞CK＞T1，2020 年开花期单株干物质的量顺序为 T3＞T2＞T1＞CK。2019 年成熟期单株干物质的量顺序为 T2＞T3＞T1＞CK，2020 年成熟期单株干物质的量顺序为 T3＞T1＞T2＞CK，各个器官所占比例大小排序为：籽粒＞茎＞叶＞轴。

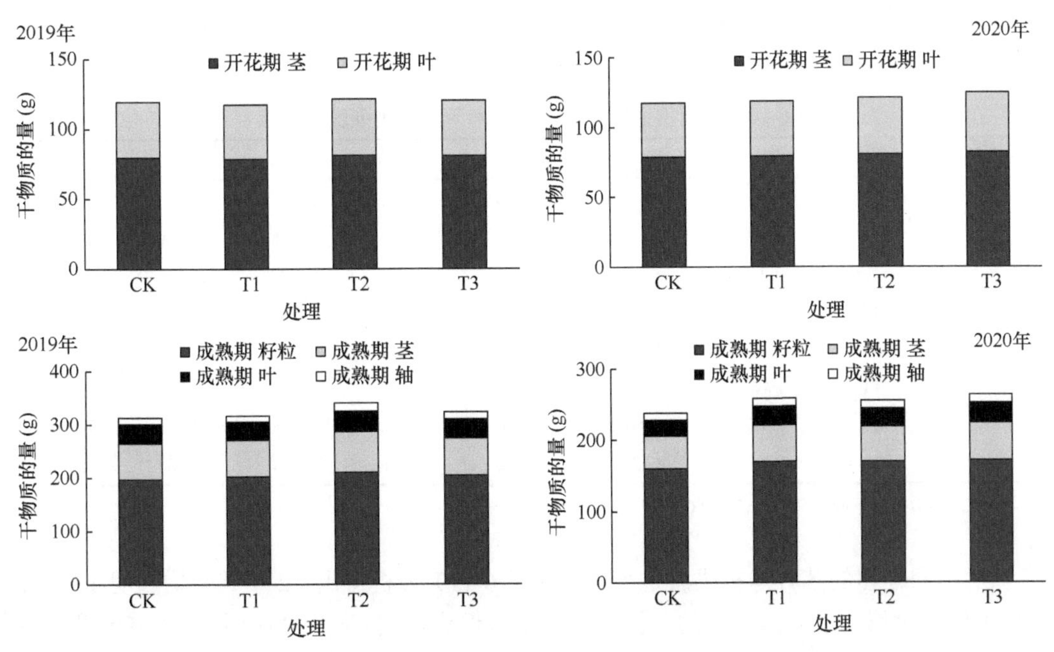

图 6-10 不同抗逆增碳方式对玉米开花期和成熟期单株干物质的量的影响

2 年试验不同抗逆增碳方式下玉米叶片干物质均有输出，从表 6-9 可以看出，T2 和 T3 处理叶片干物质转运率和叶片中干物质对产量的贡献（即叶片贡献率）均大于 T1 和 CK 处理，CK 的叶片贡献率较小；T1 处理的叶片干物质转运量较小，叶片贡献率也不高，平均贡献率小于 1%；2 年试验中均是 T2 处理的叶片干物质转运率和叶片贡献率最大，分别达到了平均 16.7%和 3.8%。这样看来，不同抗逆增碳方式的叶片贡献率大小不同，2 年试验的叶片贡献率趋势相同，顺序为 T2＞T3＞T1＞CK，不同抗逆增碳方式叶片贡献率较小，平均在 5%以下。其中，T2 处理有利于促进玉米叶片中干物质的转运和提高叶片中干物质对产量的贡献，T3 处理的作用稍低于 T2 处理。

表 6-9 不同抗逆增碳方式对干物质转运及产量贡献的影响

年份	处理	茎鞘干物质转运量（g/株）	叶片干物质转运量（g/株）	茎鞘干物质转运率（%）	叶片干物质转运率（%）	茎鞘贡献率（%）	叶片贡献率(%)	花后干物质积累贡献率（%）
2019	CK	−9.97b	−0.51b	−14.78b	−1.15b	−5.72b	−0.31b	100.00a
	T1	−16.36a	1.48b	−23.93a	3.23b	−8.85a	0.85b	99.36ab
	T2	−14.56ab	6.78a	−16.56b	15.69a	−6.68b	3.29a	95.86b
	T3	−14.09ab	2.79b	−16.59b	6.91b	−6.63b	2.21ab	98.43ab
2020	CK	−10.85b	0.84b	−15.57b	0.28b	−4.88b	0.07b	99.89a
	T1	−15.87ab	2.28b	−18.68b	6.76b	−7.56a	−1.22b	98.87a
	T2	−15.66ab	5.49a	−17.76b	17.67a	−6.96ab	4.23a	99.87a
	T3	−17.29a	3.67b	−24.87a	5.67b	−7.06ab	3.58ab	98.88a

注：同列数据后不同小写字母表示 0.05 水平差异显著。

5. 不同抗逆增碳方式对玉米节间穿刺强度和弯折强度的影响

对不同处理的茎秆穿刺强度进行比较（表 6-10），分析得出，2 年试验均表现出 T3 与 CK 第一节和第二节的穿刺强度有显著差异（$P<0.05$），T3、T2 和 T1 较 CK 第一节与第二节的穿刺强度平均增加了 21.4%、24.2%和 21.5%，且 T3 与其他抗逆增碳处理无明显差异。

表 6-10　不同抗逆增碳方式对玉米节间穿刺强度的影响　（单位：N）

年份	处理	第一节	第二节	第三节	第四节	第五节	第六节	第七节
2019	CK	53.10b	41.30b	36.60a	34.80a	26.37a	16.03a	11.10a
	T1	59.20ab	49.13a	36.77a	36.63a	31.23a	20.57ab	14.87a
	T2	67.80a	49.93a	38.56a	31.07a	33.07a	26.87a	19.23a
	T3	65.97a	59.10a	49.30a	44.23a	38.97a	29.40a	15.93a
2020	CK	52.50b	40.80b	35.50b	32.20a	28.80a	18.80b	10.80a
	T1	57.60ab	42.80b	34.56b	33.40a	30.60a	19.20b	12.60a
	T2	59.90a	44.60ab	37.80ab	36.50a	31.20a	22.60a	16.20a
	T3	62.20a	49.20a	42.50a	35.90a	32.20a	24.80a	15.90a

注：同列数据后不同小写字母表示 0.05 水平差异显著。

对不同处理的茎秆弯折强度进行比较（表 6-11）分析得出，2 年试验均表明 T3、T2 和 T1 处理对第一节至第七节的茎秆弯折强度有促进作用，其中 2019 年第一节至第五节 T3 与 CK 有显著差异，2020 年第二节和第四节 T3 与 CK 有显著差异，而不同抗逆增碳方式之间无明显差异。T3 较 CK 处理平均增加了 27.4%～47.2%。

表 6-11　不同抗逆增碳方式对玉米节间弯折强度的影响　（单位：N）

年份	处理	弯折强度						
		第一节	第二节	第三节	第四节	第五节	第六节	第七节
2019	CK	309.33b	266.67b	200.87b	167.37b	148.23b	133.63a	94.33b
	T1	467.93ab	377.93ab	265.00ab	230.87ab	185.97a	145.60a	97.40ab
	T2	486.23ab	387.07a	316.10a	229.90ab	204.77a	163.27a	115.53a
	T3	520.30a	384.17a	337.33a	272.63a	231.53a	167.03a	116.77a
2020	CK	336.80a	306.60b	198.80a	186.20b	143.60a	128.60a	88.60a
	T1	390.60a	318.90b	263.20a	218.20b	186.80a	157.00a	91.50a
	T2	410.70a	356.60ab	305.20a	282.00a	205.60a	167.80a	105.60a
	T3	430.80a	420.20a	327.60a	266.60a	226.80a	166.40a	99.80a

6. 不同抗逆增碳方式对耕层土壤温度的影响

不同抗逆增碳方式对耕层土壤温度的影响如图 6-11 所示，结果表明，全生育期内不同抗逆增碳方式土壤温度变化趋势总体一致。总体上看，播种前后 T3 的土壤温度处于较高水平，有利于种子萌发。出苗期至拔节期为土壤温度上升阶段，T2 的土壤温度高于其他处理，说明从种子发芽到拔节期 T2 的土壤温度有利于玉米的生长，T3 次之。

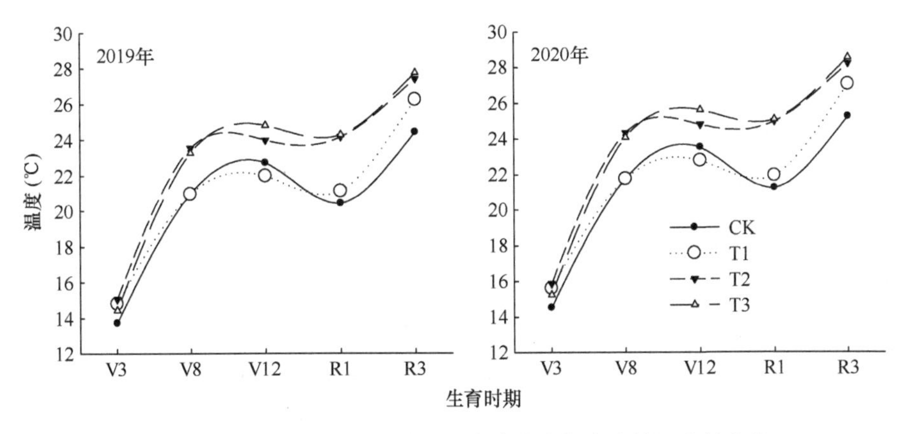

图 6-11　不同抗逆增碳方式下玉米全生育期内土壤温度的变化

V3 为出苗期，V8 为拔节期，V12 为大口期，R1 为吐丝期，R3 为乳熟期

7. 不同抗逆增碳方式对土壤容重的影响

从表 6-12 可以看出，2019 年，在 0～10 cm、10～20 cm 和 20～30 cm 土层，T3、T2、T1 播种前土壤容重较 CK 处理分别降低 5.7%、2.1%、7.1%，5.8%、11.7%、11.7%和 4.4%、8.9%、8.9%；T3、T2、T1 收获后土壤容重较 CK 分别降低 10.6%、3.5%、0.7%，3.9%、3.9%、2.6%和 12.4%、16.8%、0.1%。2020 年，在 0～10 cm、10～20 cm 和 20～30 cm 土层，T3、T2、T1 播种前土壤容重较 CK 分别降低 4.3%、0.7%、1.4%，8.6%、10.5%、9.2%和 5.7%、8.9%、5.7%；T3、T2、T1 收获后土壤容重较 CK 分别降低 5.8%、7.2%、1.4%，6.6%、7.9%、2.0%和 11.2%、12.4%、3.1%。在大部分时期土壤容重大小顺序为 T3＜T2＜T1＜CK，其中 T2 处理在 0～10 cm 与 CK 处理差异不显著，是因为秸

表 6-12　不同处理方式对土壤容重的影响　　（单位：g/cm^3）

年份	时期	处理	土壤容重		
			0～10 cm	10～20 cm	20～30 cm
2019	播种前	CK	1.41±0.08a	1.54±0.12a	1.58±0.05a
		T1	1.31±0.07b	1.36±0.07c	1.44±0.04c
		T2	1.38±0.09a	1.36±0.09b	1.44±0.07c
		T3	1.33±0.07b	1.45±0.05b	1.51±0.09b
2020	播种前	CK	1.38±0.11a	1.52±0.08a	1.57±0.05a
		T1	1.36±0.08a	1.38±0.12b	1.48±0.10b
		T2	1.37±0.07a	1.36±0.09b	1.43±0.07c
		T3	1.32±0.09b	1.39±0.07b	1.48±0.05b
2019	收获后	CK	1.42±0.04a	1.55±0.06a	1.61±0.05a
		T1	1.41±0.08a	1.51±0.03a	1.61±0.13a
		T2	1.37±0.09a	1.49±0.13b	1.34±0.04b
		T3	1.27±0.07b	1.49±0.11b	1.41±0.15b
2020	收获后	CK	1.39±0.09a	1.51±0.03a	1.61±0.02a
		T1	1.37±0.04a	1.48±0.09a	1.56±0.12a
		T2	1.29±0.08b	1.39±0.07b	1.41±0.06b
		T3	1.31±0.06b	1.41±0.06b	1.43±0.14b

注：同列数据后不同小写字母表示 0.05 水平差异显著。

秆深翻还田会使下层容重较大的土壤上移，导致上层土壤容重变化不明显。

综上，播种前不同抗逆增碳方式 0～30 cm 土层土壤容重显著降低，且 10～30 cm 土层以 T2 处理效果较好，在收获后 T2、T3 处理显著降低了 0～30 cm 土层土壤容重。

8. 不同抗逆增碳方式土壤中氮素的动态变化

通过减少侵蚀和径流，覆盖作物可降低由沉积物、营养物质和农业化学物质造成的非点源污染。因为硝态氮是最容易移动的养分，不被阴离子土壤胶体吸附，所以当土壤中含有足够的硝态氮，且根际下的水发生渗透时，硝态氮即随着渗透水在根际中自由移动，并淋溶到地下水中。覆盖作物通过吸收土壤中过多的氮素，可防止土壤中氮素淋溶而污染地下水。

试验表明，在黑土地湿润区，玉米行间的覆盖作物在 8 月下旬播种最为适宜。10 月玉米收获后，覆盖作物可以继续生长，吸收硝态氮为自己生长提供养分，消耗部分土壤水分，减少了硝态氮的淋溶；同时，覆盖作物深而广的根系，可以从深层土壤中吸收大量的氮素，同样减少了氮素的淋溶。本试验中，在春季测量了不同抗逆增碳方式下土壤的基础地力，在行间种植覆盖作物的三个处理，在秋季收获后土壤中的水解性氮的减少量显著高于 CK（表 6-13），表明覆盖作物可以从土壤中吸收大量的游离态氮，减少氮素的淋溶，从而减少氮素对环境的污染。

表 6-13　土壤基础肥力与收获后土壤养分含量

处理		pH	有机质（g/kg）	全氮（g/kg）	全磷（g/kg）	全钾（g/kg）	水解性氮（mg/kg）	有效磷（mg/kg）	速效钾（mg/kg）
CK	播种前	5.9	46.9	2.6	1.3	19.5	209.9	51.9	90
	秋后	5.6	47.0	2.4	1.0	21.7	204.2	32.8	146
T1	播种前	6.3	40.4	2.5	1.3	19.5	227.7	78.0	91
	秋后	5.7	46.9	2.4	1.4	22.6	200.7	69.8	219
T2	播种前	6.2	48.9	2.3	1.1	19.5	199.9	58.9	101
	秋后	5.7	39.7	2.1	1.1	21.5	166.2	38.4	151
T3	播种前	6.1	42.2	2.3	1.2	19.5	205.9	53.6	98
	秋后	5.6	46.2	2.4	1.3	22.1	178.1	59.6	225

9. 不同抗逆增碳方式对径流量和泥沙量的影响

针对小坡度坡耕地，在 8～10 月测量了不同抗逆增碳方式的径流量和泥沙量，由图 6-12 可知，T1、T2、T3 的径流量和泥沙量在各个月份均显著低于 CK，在 8～10 月径流量平均分别减少 33.6%、47.3%和 56.9%，泥沙量平均分别减少 43.9%、23.5%和 35.7%，表明覆盖作物有利于减少水土流失。不同处理在 8 月的径流量和泥沙量的差异主要在于秸秆还田降低了土壤容重，改善了土壤结构，雨水容易下渗，进而减少了径流量和泥沙量。在不同的还田方式下，T3 的径流量和泥沙量最低，水土保持的效果最好。T1 的径流量高于其他两种秸秆还田方式，但是 T1 的泥沙量大部分低于 T2，表明秸秆覆盖降低了水流搬运土壤的能力，从而减少了泥沙量，但是效果不如秸秆粉耙还田。覆盖作物在 8 月下旬播种，很快就能形成群体，发挥群体结构的作用。覆盖作物通过改善土壤孔隙结构，增加了土壤吸水储水的能力，延长了降水的入渗时间，增加了地表水的入渗量，稳定了根系附近土壤团粒结构，减少了土壤表层径流量。同时覆盖作物通过叶片、茎秆和根系的阻挡，降低了水流的速度和水流搬运土壤的能力。

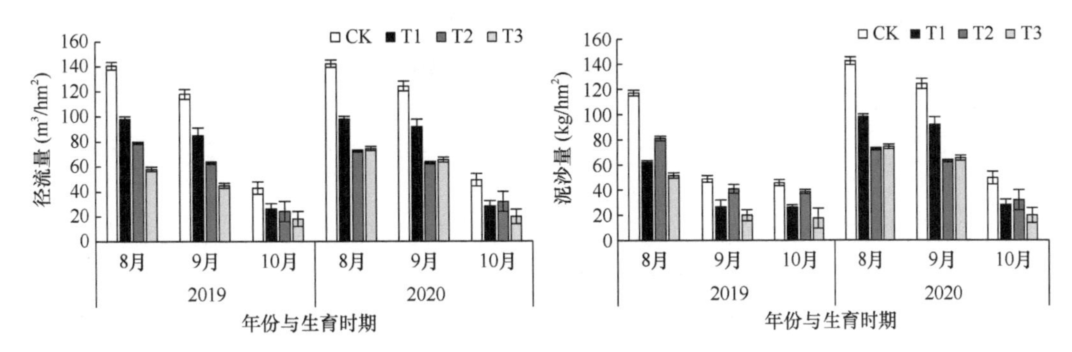

图 6-12　不同抗逆增碳方式对径流量和泥沙量的影响

10. 不同抗逆增碳方式对玉米产量及产量构成因素的影响

从图 6-13 可以看出，不同抗逆增碳方式对玉米产量及产量构成因素的影响不一致。不同抗逆增碳方式对有效穗数和穗粒数的影响差异不显著；不同抗逆增碳方式的玉米千粒重均大于 CK，大小顺序为 T3＞T2＞T1＞CK。不同抗逆增碳方式之间玉米产量差异显著，T3、T2、T1 的产量都显著大于 CK，T3 和 T2 的产量较高，但二者差异不显著。结果表明，不同抗逆增碳方式增加了千粒重，从而增加了玉米产量。

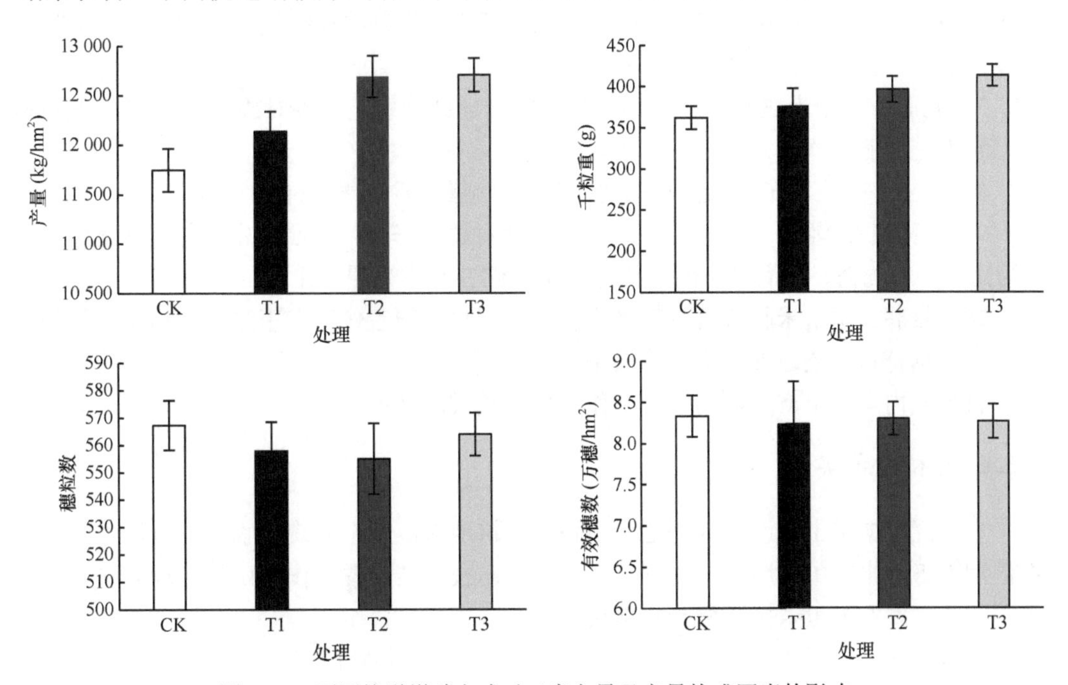

图 6-13　不同抗逆增碳方式对玉米产量及产量构成因素的影响

（三）结论

“秸秆粉耙还田×覆盖作物”的处理最适用于黑土地湿润区平地和小坡度坡耕地，是玉米抗逆增碳方式的最佳选择。为此，吉林省农业科学院研究团队集成了以秸秆粉耙还田、覆盖作物高效管理等关键技术为主体的黑土地湿润区主要农田玉米抗逆增碳栽培技术模式。

（四）技术模式内容

1）秸秆粉碎。玉米收获后，无论收获机对秸秆的粉碎效果如何，都要对秸秆进行二次粉碎，以便耙地时秸秆和土壤混拌均匀。

2）隔年深松。隔年深松一次，深度 35 cm 以上，打破犁底层，加深耕层，改善耕层土壤的理化性状。

3）三次耙地。先用重耙耙地两次（深度 20 cm 左右），再用中耙耙地一次（深度 15～20 cm）。耙地时作业方向要与耕向成大于 30°的角，严禁顺耙。经过重耙和中耙后，大约 1/3 的秸秆露在土壤表面，其余 2/3 和土壤混合。

4）起垄。耙地平整后，起垄机起垄，达到播种状态。由于湿润区低温、多湿，因此采用垄作更有利于增温、散墒。

5）镇压。春季化冻 10 cm，用镇压器进行镇压，使垄体上实下松。

6）播种。春季当土壤 5 cm 地温稳定通过 8℃时进行播种，根据品种选择适宜种植密度。由于耕层土壤中秸秆较多，所以必须用镇压效果好的播种机进行播种，才能保证出苗质量。

7）施肥。根据土壤肥力和目标产量确定合理施肥量，播种时施基肥一次，在玉米拔节期追施氮肥一次。

8）病虫害防治。在玉米生长期间，及时喷施药物防治病虫害。

9）播种覆盖作物。8 月下旬在玉米行间播种覆盖作物，按照禾本科与豆科植物 1∶1 的比例进行混播，湿润区一般选择黑麦草和红三叶作为覆盖作物。

10）收获。用玉米收获机收玉米果穗或者籽粒。覆盖作物在玉米收获后继续生长，最后随着秸秆粉耙还田混入土壤耕层中。

将模式内容与生产实际结合，制作成如下模式图（图 6-14）。

（五）技术模式实证

本研究根据黑土地湿润区平地和小坡度坡耕地农田生态系统面临的亟待治理问题，在湿润区玉米生产中采用玉米秸秆全量粉耙还田技术结合覆盖作物田间管理方法，形成了湿润区主要农田玉米抗逆增碳栽培技术模式。

对本模式进行了实证研究，调查、分析了湿润区主要农田玉米抗逆增碳栽培技术模式和农户模式的玉米产量、光热资源利用率、气象灾害（暴雨）损失率、病虫害损失率、产后储存损失率、生产效率和效益等指标，旨在为湿润区主要农田玉米抗逆增碳栽培技术模式的进一步示范推广提供理论支持。

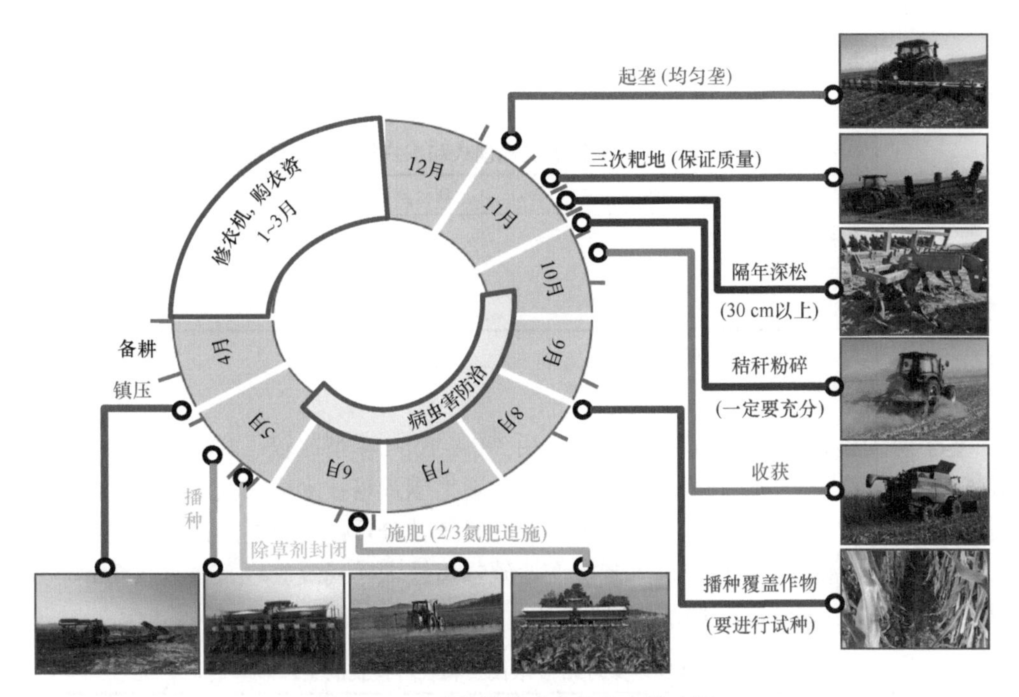

图 6-14　玉米抗逆增碳栽培技术模式图

1. 玉米产量

对湿润区主要农田玉米抗逆增碳栽培技术模式和农户模式的玉米产量进行分析，3 年的测产结果表明，抗逆增碳栽培技术模式玉米产量达到 12 095.7 kg/hm^2，比农户模式（11 786.4 kg/hm^2）的玉米产量提高 2.6%。

2. 光热资源利用率

本研究通过观测两种模式的光辐射量、地温和气温，计算了两种模式的光能利用率和热量利用效率（表 6-14），结果发现，抗逆增碳栽培技术模式在苗期、拔节期、抽雄期—吐丝期、灌浆期的光能利用率分别较农户模式高 14.3%、15.6%、18.2%、15.9%，热量利用效率分别较农户模式高 18.8%、17.1%、18.4%、20.8%。

表 6-14　抗逆增碳栽培技术模式和农户模式的光能利用率和热量利用效率

生育时期	光能利用率（%）		热量利用效率（%）	
	抗逆增碳栽培技术模式	农户模式	抗逆增碳栽培技术模式	农户模式
苗期	0.16	0.14	0.038	0.032
拔节期	0.37	0.32	0.048	0.041
抽雄期—吐丝期	0.39	0.33	0.058	0.049
灌浆期	0.51	0.44	0.058	0.048

3. 损失率

调查统计了两种模式的气象灾害（暴雨）损失率、病虫害损失率、产后储存损失率（表 6-15），结果发现，湿润区主要农田玉米抗逆增碳栽培技术模式的气象灾害（暴雨）

损失率、病虫害损失率、产后储存损失率均低于农户模式，较农户模式分别降低了3.4%、4.0%和5.7%。

表 6-15 抗逆增碳栽培技术模式和农户模式的损失率

模式	气象灾害（暴雨）损失率（%）	病虫害损失率（%）	产后储存损失率（%）
抗逆增碳栽培技术模式	5.6	7.2	8.3
农户模式	5.8	7.5	8.8
较农户模式降低（%）	3.4	4.0	5.7

4. 生产效率和效益

基于两种模式的投入和产出指标，运用DEA-Tobit模型比较了两种模式的生产效率（表6-16），结果表明，湿润区主要农田玉米抗逆增碳栽培技术模式较农户模式的生产效率提升了21.9%。对两种模式的投入和产出进行统计分析，比较不同模式的生产效益情况，结果表明，湿润区主要农田玉米抗逆增碳栽培技术模式效益达8878.7元/hm^2，较农户模式节本633.1元/hm^2，增产936.2 kg/hm^2，共计增产增效9.2%。

表 6-16 抗逆增碳栽培技术模式和农户模式的生产效率

效率值（m）区间	抗逆增碳栽培技术模式			农户模式		
	平均效率	数量个数	比例	平均效率	数量个数	比例
$0 \leqslant m < 0.4$（无效率程度严重）	0.3	3	0.06	0.3	1	0.01
$0.4 \leqslant m < 0.7$（无效率程度中等）	0.5	30	0.59	0.5	74	0.56
$0.7 \leqslant m \leqslant 1$（无效率程度轻微）	0.9	18	0.35	0.8	58	0.44
平均值	0.7			0.6		

5. 小结

黑土地湿润区主要农田玉米抗逆增碳栽培技术模式在光热资源利用率、气象灾害（暴雨）损失率、病虫害损失率、产后储存损失率、生产效率和效益等方面均优于农户模式，在实现高产的同时也实现了高效。

三、湿润区高寒地区玉米地膜覆盖抗逆丰产增效技术模式及实证

黑土地湿润区的高寒地区在玉米生产上受温、光资源不足影响，种植的玉米品种多为早熟品种，低温、冷凉、多湿、寡照是限制玉米产量提高的主要因素。本研究通过环保地膜覆盖和筛选适宜玉米品种的方式，优化了玉米的群体结构，弥补了温、光资源不足。覆膜后改善了玉米生长的微生态环境，提高了土壤温度，比露地种植提早播种，促进了玉米种子早萌发，并且由于现代科技的发展，可降解环保地膜已经问世，不造成环境污染，实现了地膜覆盖的环境友好效果，同时配套机械化操作技术，集成了以环保地膜覆盖增温保水保肥、玉米品种优化及构建丰产群体等关键技术为主的高寒地区玉米地膜覆盖抗逆丰产增效技术模式并进行了实证。

（一）试验设计

在黑土地湿润区的高寒地区吉林省安图县松江镇（42°54′86″N，128°42′31″E）进行了技术集成模式优化试验和实证研究，设置了以下 8 个处理。

技术集成模式 1（M1）：大垄＋降解透明地膜覆盖＋中熟品种。

技术集成模式 2（M2）：大垄＋普通透明地膜覆盖＋中熟品种。

技术集成模式 3（M3）：大垄＋普通黑色地膜覆盖＋中熟品种。

技术集成模式 4（M4）：大垄＋降解透明地膜覆盖＋早熟品种。

技术集成模式 5（M5）：大垄＋普通透明地膜覆盖＋早熟品种。

技术集成模式 6（M6）：大垄＋普通黑色地膜覆盖＋早熟品种。

技术集成模式 7（M7）：大垄＋无地膜覆盖＋早熟品种。

技术对照模式 8（CK）：常规垄作＋无地膜覆盖＋早熟品种。

玉米品种：早熟品种‘隆平 702’，中熟品种‘大德 216’。

调查项目：玉米生长指标、叶片净光合速率、叶片叶绿素含量、干物质积累量、产量，以及土壤活动温度、土壤温度。

（二）结果与分析

1. 不同技术集成模式对玉米产量的影响

2019 年，对不同技术集成模式的玉米进行测产（表 6-17），可以看出，地膜覆盖可使玉米产量提高 15.9%～35.7%，M1 和 M2 产量增加显著，分别比对照（CK）产量提高了 35.7%和 32.4%。

表 6-17 不同技术集成模式下玉米产量

模式代号	技术集成模式	平均亩产（kg）	比对照（CK）增产（%）
M1	大垄＋降解透明地膜覆盖＋中熟品种‘大德 216’	799.7	35.7
M2	大垄＋普通透明地膜覆盖＋中熟品种‘大德 216’	780.2	32.4
M3	大垄＋普通黑色地膜覆盖＋中熟品种‘大德 216’	693.6	17.7
M4	大垄＋降解透明地膜覆盖＋早熟品种‘隆平 702’	748.4	27.0
M5	大垄＋普通透明地膜覆盖＋早熟品种‘隆平 702’	735.0	24.7
M6	大垄＋普通黑色地膜覆盖＋早熟品种‘隆平 702’	682.6	15.9
M7	大垄＋无地膜覆盖＋早熟品种‘隆平 702’	588.4	–0.1
CK	常规垄作＋无地膜覆盖＋早熟品种‘隆平 702’	589.2	—

2. 不同技术集成模式对玉米植株地上部生物量的影响

比较不同技术集成模式下玉米拔节期植株地上部生物量（表 6-18），可以看出，地膜覆盖可使玉米拔节期植株地上部生物量提高 7.7%～47.0%，M1 和 M2 地上部生物量增加显著，分别比对照（CK）地上部生物量提高 47.0%和 45.4%。

表 6-18　不同技术集成模式下玉米拔节期植株地上部生物量

模式代号	技术集成模式	生物量（g/株）	比对照（CK）增加（%）
M1	大垄+降解透明地膜覆盖+中熟品种‘大德 216’	26.9	47.0
M2	大垄+普通透明地膜覆盖+中熟品种‘大德 216’	26.6	45.4
M3	大垄+普通黑色地膜覆盖+中熟品种‘大德 216’	20.6	12.6
M4	大垄+降解透明地膜覆盖+早熟品种‘隆平 702’	24.5	33.9
M5	大垄+普通透明地膜覆盖+早熟品种‘隆平 702’	25.8	41.0
M6	大垄+普通黑色地膜覆盖+早熟品种‘隆平 702’	19.7	7.7
M7	大垄+无地膜覆盖+早熟品种‘隆平 702’	17.7	–3.3
CK	常规垄作+无地膜覆盖+早熟品种‘隆平 702’	18.3	—

3. 不同技术集成模式对玉米株高和茎粗的影响

比较不同技术集成模式下拔节期玉米株高（表 6-19），可以看出，地膜覆盖拔节期玉米株高比对照株高增加 14.6%～69.5%，M1 和 M2 株高增加显著，分别比对照（CK）株高提高 69.5%和 63.0%。

表 6-19　不同技术集成模式拔节期玉米株高

模式代号	技术集成模式	株高（cm）	比对照（CK）增加（%）
M1	大垄+降解透明地膜覆盖+中熟品种‘大德 216’	125.4	69.5
M2	大垄+普通透明地膜覆盖+中熟品种‘大德 216’	120.6	63.0
M3	大垄+普通黑色地膜覆盖+中熟品种‘大德 216’	84.8	14.6
M4	大垄+降解透明地膜覆盖+早熟品种‘隆平 702’	112.7	52.3
M5	大垄+普通透明地膜覆盖+早熟品种‘隆平 702’	114.0	54.1
M6	大垄+普通黑色地膜覆盖+早熟品种‘隆平 702’	99.6	34.6
M7	大垄+无地膜覆盖+早熟品种‘隆平 702’	70.7	–4.5
CK	常规垄作+无地膜覆盖+早熟品种‘隆平 702’	74.0	—

比较不同技术集成模式下拔节期玉米茎粗（表 6-20），可以看出，地膜覆盖拔节期玉米茎粗比对照茎粗增加 7.7%～15.4%，M1 和 M2 茎粗增加显著，均比对照（CK）玉米茎粗增加了 15.4%。

表 6-20　不同技术模式拔节期玉米茎粗

模式代号	技术集成模式	茎粗（cm）	比对照（CK）增加（%）
M1	大垄+降解透明地膜覆盖+中熟品种‘大德 216’	3.0	15.4
M2	大垄+普通透明地膜覆盖+中熟品种‘大德 216’	3.0	15.4
M3	大垄+普通黑色地膜覆盖+中熟品种‘大德 216’	2.8	7.7
M4	大垄+降解透明地膜覆盖+早熟品种‘隆平 702’	2.9	11.5
M5	大垄+普通透明地膜覆盖+早熟品种‘隆平 702’	2.9	11.5
M6	大垄+普通黑色地膜覆盖+早熟品种‘隆平 702’	2.8	7.7
M7	大垄+无地膜覆盖+早熟品种‘隆平 702’	2.7	3.8
CK	常规垄作+无地膜覆盖+早熟品种‘隆平 702’	2.6	—

4. 不同技术集成模式对玉米叶片净光合速率的影响

比较不同技术集成模式下拔节期玉米叶片净光合速率（表 6-21），可以看出，地膜覆盖拔节期玉米叶片净光合速率比对照（CK）提高了 7.8%～15.3%，M1 和 M2 叶片净光合速率提高显著，分别比对照叶片提高了 15.3%和 13.8%。

表 6-21　不同技术集成模式拔节期玉米叶片净光合速率

模式代号	技术集成模式	净光合速率[μmol CO_2/（m^2·s）]	比对照（CK）增减（%）
M1	大垄＋降解透明地膜覆盖＋中熟品种‘大德 216’	38.4	15.3
M2	大垄＋普通透明地膜覆盖＋中熟品种‘大德 216’	37.9	13.8
M3	大垄＋普通黑色地膜覆盖＋中熟品种‘大德 216’	36.3	9.0
M4	大垄＋降解透明地膜覆盖＋早熟品种‘隆平 702’	36.9	10.8
M5	大垄＋普通透明地膜覆盖＋早熟品种‘隆平 702’	36.7	10.2
M6	大垄＋普通黑色地膜覆盖＋早熟品种‘隆平 702’	35.9	7.8
M7	大垄＋无地膜覆盖＋早熟品种‘隆平 702’	36.1	8.4
CK	常规垄作＋无地膜覆盖＋早熟品种‘隆平 702’	33.3	—

5. 不同技术集成模式对叶片叶绿素含量的影响

比较不同技术集成模式下拔节期玉米叶片叶绿素含量（表 6-22），可以看出，地膜覆盖拔节期玉米叶片叶绿素含量比对照（CK）提高了 2.4%～15.0%，M1 和 M2 叶片叶绿素含量分别比对照（CK）提高 10.7%和 9.6%。

表 6-22　不同技术集成模式拔节期玉米叶片叶绿素含量

模式代号	技术集成模式	叶绿素含量（SPAD 值）	比对照（CK）增减（%）
M1	大垄＋降解透明地膜覆盖＋中熟品种‘大德 216’	68.1	10.7
M2	大垄＋普通透明地膜覆盖＋中熟品种‘大德 216’	67.4	9.6
M3	大垄＋普通黑色地膜覆盖＋中熟品种‘大德 216’	63.0	2.4
M4	大垄＋降解透明地膜覆盖＋早熟品种‘隆平 702’	70.7	15.0
M5	大垄＋普通透明地膜覆盖＋早熟品种‘隆平 702’	69.2	12.5
M6	大垄＋普通黑色地膜覆盖＋早熟品种‘隆平 702’	67.5	9.8
M7	大垄＋无地膜覆盖＋早熟品种‘隆平 702’	62.2	1.1
CK	常规垄作＋无地膜覆盖＋早熟品种‘隆平 702’	61.5	—

6. 不同技术集成模式对耕层土壤活动积温的影响

本研究调查了 3 种地膜覆盖条件下不同耕层土壤活动积温的变化（表 6-23），可以看出，不可降解透明地膜覆盖（B）增温效果最佳，可降解透明地膜覆盖（K）次之，黑色地膜覆盖（H）最差。K、B、H 处理与无地膜覆盖（CK）相比，5 cm 耕层土壤活动积温分别增加了 369.4℃·d、457.1℃·d 和 260.0℃·d，10 cm 耕层土壤活动积温分别增加了 318.3℃·d、405.3℃·d 和 229.2℃·d，15 cm 耕层土壤活动积温分别增加了 319.6℃·d、395.9℃·d 和 264.4℃·d，20 cm 耕层土壤活动积温分别增加了 266.6℃·d、332.8℃·d 和 219.6℃·d。

表 6-23 不同地膜覆盖下玉米全生育期耕层土壤活动积温变化（2019 年）（单位：℃·d）

耕层深度（cm）	K	B	H	CK
5	2682.0	2769.7	2572.6	2312.6
10	2585.9	2672.9	2496.8	2267.6
15	2450.6	2526.9	2395.4	2131.0
20	2346.1	2412.3	2299.1	2079.5

表 6-24 为可降解透明地膜覆盖（K）和无地膜覆盖（CK）处理 2020 年耕层在温度记录期间内的土壤活动积温，可以看出，土壤活动积温随耕层加深而降低，K 处理耕层土壤活动积温均高于 CK 处理。在 5 cm、10 cm、15 cm 和 20 cm 耕层，K 处理的土壤活动积温比 CK 分别提高了 14.1%、10.8%、9.3%和 9.4%，K 处理的耕层平均土壤活动积温与 CK 相比提高了 10.9%。可降解透明地膜覆盖处理有效提高了耕层土壤活动积温，有利于玉米各个生育期的生长发育及产量形成。

表 6-24 覆膜条件下耕层土壤活动积温（2020 年） （单位：℃·d）

耕层深度（cm）	K	CK
5	2699.5	2366.5
10	2588.9	2336.1
15	2509.5	2295.7
20	2467.8	2255.2
平均活动积温	2566.4	2313.4

7. 不同技术集成模式对耕层土壤温度的影响

各处理玉米生长发育前期 5～20 cm 耕层土壤温度日变化如图 6-15 所示。3 种覆膜和裸地处理在 5～20 cm 不同耕层土壤温度日变化趋势基本一致，各处理温度高低依次为 B＞K＞H＞CK；在 5 cm 耕层，不同处理均从 7 时开始，气温逐渐上升，直至 14 时左右，此时 3 种覆膜处理与裸地对照处理温度差异较明显，B 和 K 处理增温幅度较高，最高温度分别高出 CK 处理 11.3℃和 10.5℃，H 处理增温幅度较低，最高温度仅较 CK 处理高出 3.5℃。14 时之后温度开始下降，持续至次日 5 时。降温至次日 0 时，不同处理之间温度差异开始不明显，0～5 时不同处理之间最大温差仅为 1.4℃，此阶段 3 种覆膜处理并未表现出较好的增温效果，这是由于地下 5 cm 处耕层较浅，受空气温度影响较大。

由于耕层内土壤温度自上而下传导，10 cm、15 cm、20 cm 耕层土壤温度上升随耕层深度加深而逐渐推迟，各处理之间温度逐渐相近。几个覆膜处理在 10 cm 和 15 cm 耕层土壤温度分别在 9 时和 10 时左右开始上升，分别在 15 时和 17 时左右达到最高，之后逐渐下降。3 种覆膜处理与裸地对照处理在 20 cm 耕层土壤温度日变化有所不同，各个处理基本都从 9 时开始升温，3 种覆膜处理在 20 时左右温度达到最高，而裸地对照处理在 17 时温度达到最高，B、K、H 3 种覆膜处理最高温度分别高出 CK 处理 2.6℃、4℃和 1.4℃。在温度下降阶段的 0 时至 7 时，覆膜处理对土壤的增温效果较明显，B、K 和 H 3 种覆膜处理地温分别比裸地处理高 2.0～3.1℃、1.8～2.6℃和 1.3～1.9℃，表明在气温较低时，覆膜具有显著的增温效应。

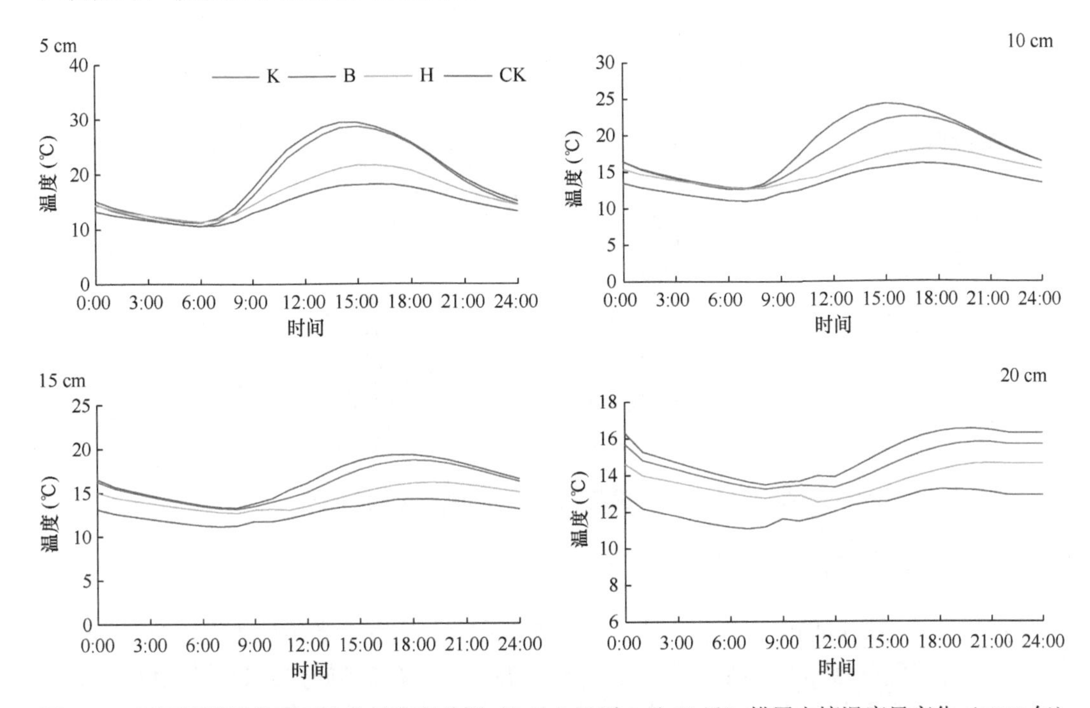

图 6-15　不同地膜覆盖下玉米生长发育前期（5 月 8 日到 6 月 25 日）耕层土壤温度日变化（2019 年）

K. 可降解透明地膜覆盖；B. 不可降解透明地膜覆盖；H. 黑色地膜覆盖；CK. 无地膜覆盖

（三）结论

在黑土地湿润区的高寒地区玉米生产上应用降解透明地膜能够改善玉米的农艺性状和光合特性，比对照产量提高 35.7%。综合分析表明，大垄耕作＋降解透明地膜覆盖＋中熟品种＋配套机械化操作技术模式效果最佳，对这个模式进行示范推广是最佳选择。

（四）技术模式内容

1）选择地势较平坦且适合地膜覆盖的地块，进行秋翻秋耙，或春翻春耙，春季适时打大垄，大垄行距 125～130 cm。

2）适时播种，播种时间一般较常规播种早 5～7 d。

3）施基肥和种肥、打除草剂、覆膜、膜上播种、膜上覆土一体机操作。

4）根据地力进行测土配方施肥，70%的氮肥、全部的磷肥和钾肥作基肥和种肥施用，剩余 30%的氮肥在拔节中期作追肥施用。

5）覆膜除草剂用量减到常规用量的 50%。

6）采用精量播种、大垄双行种植方式，大垄上 2 行距离 40 cm。

7）用可降解环保地膜。

8）田间管理与常规相同。

将模式内容与生产实际结合，制作成如下模式图（图 6-16）。

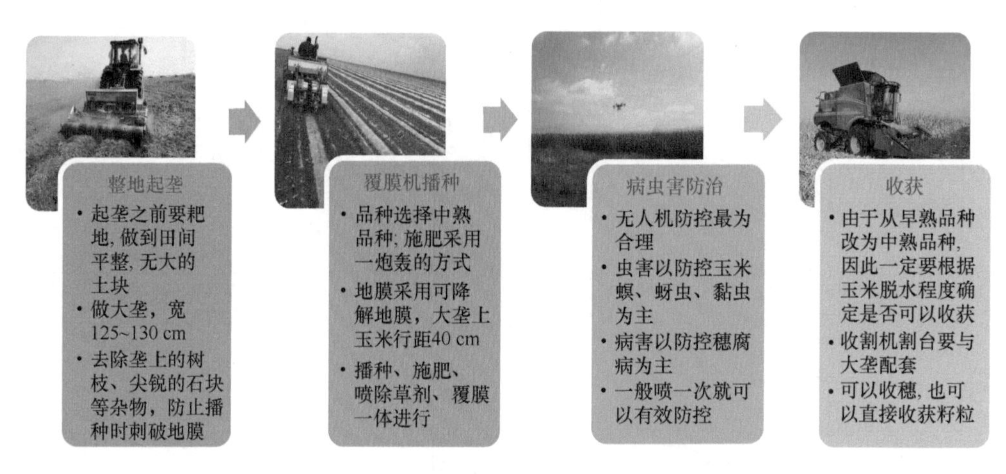

图 6-16　玉米地膜覆盖抗逆丰产增效技术模式图

（五）技术模式实证

在黑土地湿润区的高寒地区，通过环保地膜覆盖、适宜玉米品种选择以及群体结构优化，形成了高寒地区玉米地膜覆盖抗逆丰产增效技术模式，同时与农户模式进行比较，对玉米产量、光热资源利用率、气象灾害（暴雨）损失率、病虫害损失率、产后储存损失率、生产效率和效益等指标进行调查，为该模式的进一步示范推广提供理论支持。

1. 玉米产量

高寒地区玉米地膜覆盖抗逆丰产增效技术模式的产量为 11 995.5 kg/hm^2，农户模式的产量为 8838.0 kg/hm^2，两者存在显著差异，地膜覆盖抗逆丰产增效技术模式与农户模式相比，产量增加 3157.5 kg/hm^2，产量提高 35.7%。

2. 光热资源利用率

通过观测两种模式的光辐射量、地温和气温，计算了两种生产模式的光能利用率和热量利用效率，结果表明，地膜覆盖抗逆丰产增效技术模式的光能利用率为 0.7%，农户模式的光能利用率为 0.5%，地膜覆盖抗逆丰产增效技术模式比农户模式提高 40.0%；地膜覆盖抗逆丰产增效技术模式的热量利用效率为 0.46%，农户模式为 0.37%，地膜覆盖抗逆丰产增效技术模式较农户模式提高 24%。

3. 损失率

表 6-25 表明，地膜覆盖抗逆丰产增效技术模式的气象灾害（暴雨）损失率、病虫

害损失率、产后储存损失率均低于农户模式，分别降低了 7.3%、7.4%和 6.1%。

表 6-25　地膜覆盖抗逆丰产增效技术模式和农户模式的损失率

损失率	地膜覆盖抗逆丰产增效技术模式	农户模式	较农户模式降低（%）
气象灾害（暴雨）损失率（%）	5.1	5.5	7.3
病虫害损失率（%）	6.3	6.8	7.4
产后储存损失率（%）	6.2	6.6	6.1

4. 生产效率和效益

基于两种种植模式的投入和产出指标，运用 DEA-Tobit 模型比较了两种种植模式的生产效率（表 6-26），结果表明，高寒地区玉米地膜覆盖抗逆丰产增效技术模式较农户模式的生产效率提升了 22.8%。

表 6-26　地膜覆盖抗逆丰产增效技术模式和农户模式的生产效率

效率值区间（%）	地膜覆盖抗逆丰产增效技术模式			农户模式		
	平均效率（%）	取样点数（个）	占总取样点数比例（%）	平均效率（%）	取样点数（个）	占总取样点数比例（%）
0.0～40（无效率程度严重）	37.9	3	4.3	37.6	1	0.9
40.1～70（无效率程度中等）	66.2	21	30.4	58.7	77	71.3
70.1～100（无效率程度轻微）	91.1	45	65.2	86.1	30	27.8
平均值	81.2			66.1		

对两种种植模式的投入和产出进行统计分析，比较了不同模式生产效益情况，结果表明，地膜覆盖抗逆丰产增效技术模式的生产效益为 8386.8 元/hm^2，农户模式的生产效益为 6966.8 元/hm^2，地膜覆盖抗逆丰产增效技术模式较农户模式实现节本增效约 20.4%。

5. 小结

高寒地区玉米地膜覆盖抗逆丰产增效技术模式，通过覆盖环保地膜、选择适宜玉米品种以及优化群体结构，解决了该地区光热资源不足的问题，促进了作物生长发育，大幅提高了玉米单产，实现了玉米高产高效。

第二节　黑土地半湿润区高产高效技术模式及实证

黑土是一种极其珍贵的稀有耕地资源，不仅支撑着粮食安全，也保障着区域生态安全。但近年来由于持续高强度利用、用养失调、肥力失衡、土壤退化严重，以及秸秆资源不合理利用，黑土耕地地力持续下降、环境污染问题较为突出（鞠正山，2016；刘旭等，2019）。为保障国家粮食安全，党中央、国务院明确提出要加快实施“藏粮于地、藏粮于技”战略，保障黑土资源安全，巩固提升粮食生产能力（刘忆莹等，2019）。在农业发达国家，早已重视用地与养地结合（Gala Liang et al.，2010；Thomas and Gerogios，2019；Chris，2011）。以美国为例，经过几十年的研究与探索，其玉米带已经形成了以机械化为载体，将合理耕作、秸秆还田、轮作、病虫害防治等技术高度集成的现代化农业生产体系（Andrei et al.，2020；Mahdi and David，2020；Liben et al.，2020）。针对黑土退化、地力下降等问题，王鸿斌等（2009）围绕种植模式优化、耕种制度改革等从“体质”和“体型”上对土壤肥力进行了研究。现行大多技术模式均未涉及整个种植链条，在大范围推广时其技术效果得不到完全发挥。

在东北玉米生产中，单项技术的推广应用较多，技术集成度不够、应用到位率不高，基于不同生态资源禀赋及生产特征的玉米集约化规模化丰产增效技术一直是政府有关部门、科技人员和农民所关注的重点领域。吉林省农业科学院的研究人员构建了基于玉米秸秆直接还田的耕种技术模式（蔡红光等，2019）。

一、半湿润区玉米秸秆全量深翻还田地力提升耕种技术模式及实证

根据吉林省中南部生态区域特征，吉林省农业科学院以秸秆全量深翻还田技术为核心，集成精播保苗、病虫害防控、养分高效管理、机械收获等关键技术，构建了玉米秸秆全量深翻还田地力提升耕种技术模式，并依托规模经营主体进行实证，以期为构建具有区域特色的玉米丰产增效技术体系，并进行大面积示范推广提供技术支撑。

（一）试验设计

试验地位于吉林省公主岭市吉林省农业科学院试验田（43°29′55″N，124°48′43″E），该地区属于温带大陆性季风气候，冬季寒冷、夏季高温多雨，雨热同季，年均降水量 600 mm，年均气温 5.6℃，年无霜期 125～140 d，有效积温 2600～3000℃。试验区土壤类型为黑土。试验起始于 2011 年，试验前该区域土壤基本理化性质如下。0～20 cm 土层：有机碳含量 15.1 g/kg、全氮含量 1.56 g/kg、全磷含量 0.54 g/kg、全钾含量 18.0 g/kg、pH 6.20；20～40 cm 土层：有机碳含量 11.9 g/kg、全氮含量 1.34 g/kg、全磷含量 0.41 g/kg、全钾含量 17.5 g/kg、pH 6.21。试验设两个处理：①常规耕作——无秸秆还田（CK），玉米收获后采用人工方式将秸秆割出，采用旋耕机灭茬整地，翌年春季免耕播种机施肥播种；②秸秆全量深翻还田（SIR），玉米机械收获的同时将秸秆粉碎、切断后平铺于地表，采用液压翻转犁进行翻耕作业，翻耕深度≥30 cm，采用联合整地机耙压整地，翌年春季采用免耕播种机平播。每个处理三次重复，各小区面积为 702 m^2。各处理年均化肥施用量分别为 N 200 kg/hm^2、P_2O_5 90 kg/hm^2、K_2O 75 kg/hm^2，磷肥、钾肥和 40%的氮肥以基肥施入，60%的氮肥在玉米拔节期追肥施入。玉米种植方式为连作，种植密度为 6 万株/hm^2。每年于 4 月下旬播种，10 月上旬收获。其他环节同田间常规管理。

（二）结果与分析

1. 玉米秸秆全量深翻还田对玉米产量与肥料利用效率的影响

2013～2017 年 5 年间（图 6-17），秸秆全量深翻还田处理下玉米出苗率与常规耕作处理较为接近。但秸秆全量深翻还田的玉米产量均高于常规耕作处理，秸秆全量深翻还田和常规耕作处理下玉米平均产量分别为 11 871 kg/hm^2 和 10 656 kg/hm^2，前者比后者

高 11.4%。

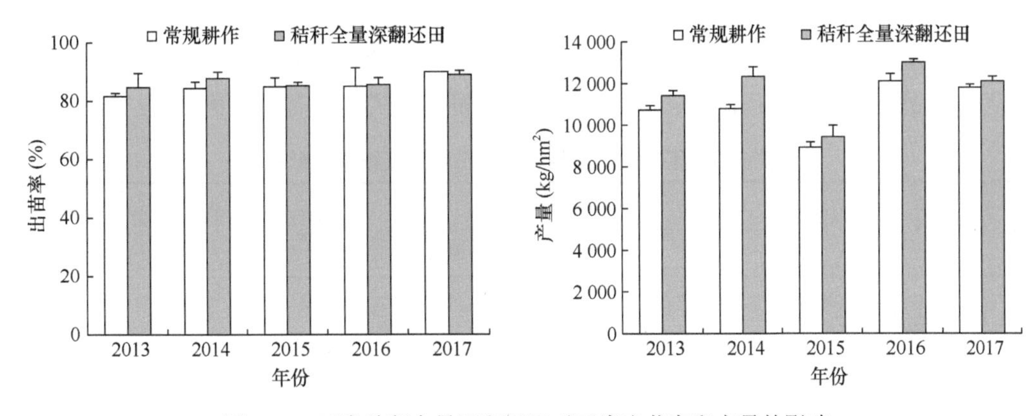

图 6-17　玉米秸秆全量深翻还田对玉米出苗率和产量的影响

实施秸秆全量深翻还田后，氮、磷、钾肥料利用效率较常规耕作有了大幅提高（表 6-27），2013～2017 年 5 年间，氮、磷、钾肥偏生产力较常规耕作分别提升了 32.2%、37.7%、29.6%。

表 6-27　玉米秸秆全量深翻还田对氮、磷、钾肥偏生产力的影响　（单位：kg/kg）

耕种模式	N	P_2O_5	K_2O	$N+P_2O_5+K_2O$
常规耕作	43.8	105.1	105.1	23.9
秸秆全量深翻还田	57.9	144.7	136.2	29.4

2. 玉米秸秆全量深翻还田对土壤养分含量的影响

秸秆全量深翻还田耕作体系在改善土壤结构的同时，也有效补充了土壤养分，并改善了土壤的酸碱度（表 6-28）。经过 5 年秸秆全量深翻还田处理后 0～20 cm 与 20～40 cm 土层土壤有机质、全氮、速效氮、速效磷与速效钾的含量均有所增加，亚耕层（20～40 cm）土壤养分含量的增加幅度更为明显。与常规耕作相比，秸秆全量深翻还田处理后 20～40 cm 土层土壤有机质含量增加了 20.1%、速效氮含量增加了 12.2%、速效钾含量增加了 20.1%。

表 6-28　玉米秸秆全量深翻还田对土壤养分含量的影响

耕种模式	土层（cm）	有机质（g/kg）	全氮（g/kg）	速效氮（mg/kg）	速效磷（mg/kg）	速效钾（mg/kg）
常规耕作	0～20	28.46±1.43	1.49±0.03	175.84±3.56	35.20±1.70	159.22±6.76
	20～40	25.75±0.34	1.36±0.043	164.64±4.50	19.44±2.29	136.26±1.74
秸秆全量深翻还田	0～20	31.15±0.74	1.52±0.10	204.12±15.00	37.41±1.94	173.82±12.73
	20～40	30.95±1.08	1.46±0.064	184.80±9.84	22.62±2.18	163.71±2.63

3. 玉米秸秆全量深翻还田对土壤结构的影响

与常规耕作方式相比，秸秆全量深翻还田耕种体系对土壤结构的影响较为明显（表

6-29），使 0～20 cm 土层的土壤固相与液相比例分别降低 22.5%和 17.8%，气相比例增加 134%，使 20～40 cm 土层的土壤固相与液相比例分别降低 20.6%和 4.3%，气相比例增加 479%。随之，土壤容重表现为显著下降，土壤含水量明显增加。土壤耕层厚度增加至 30～35 cm。这表明玉米秸秆全量深翻还田耕种模式能够有效改善土壤结构。

表 6-29　玉米秸秆全量深翻还田对土壤结构的影响

耕种模式	土层（cm）	三相比（%）			土壤容重（g/cm³）	土壤含水量（%）	耕层厚度（cm）
		气相	液相	固相			
常规耕作	0～20	13.48±3.74	30.19±2.24	56.34±1.50	1.56±0.10	19.99±0.52	15～20
	20～40	3.01±0.16	33.82±0.85	63.17±0.69	1.66±0.02	20.29±0.24	
秸秆全量深翻还田	0～20	31.54±2.96	24.81±1.50	43.64±4.46	1.39±0.06	21.17±1.28	30～35
	20～40	17.44±10.56	32.38±6.48	50.19±4.08	1.54±0.04	22.55±1.80	

（三）结论

由于我国人多地少的基本国情，东北黑土地必须在保护的同时还要进行高效的利用。东北地区玉米秸秆资源十分丰富，年均收集量超过 1.7 亿 t。结合东北地区的生产实际，实施秸秆全量还田是解决黑土肥力退化问题的主要途径，但实施秸秆全量还田需要在保证玉米稳产高产的前提下进行（梁卫等，2016；王立春等，2018）。蔡红光等（2016）针对东北寒区玉米秸秆还田腐解慢、保苗率差等问题，提出了玉米秸秆全量深翻还田技术，与常规耕作相比，实施该技术后可有效改善土壤结构、补充土壤养分。

（四）技术模式内容

1）玉米进入成熟期后，采用大型收获机进行收获，同时将玉米秸秆粉碎（长度＜10 cm），并均匀抛撒于田间。

2）采用栅栏式液压翻转犁进行深翻作业，翻耕深度 30～35 cm，将秸秆翻埋至 20～30 cm 土层，旋耕耙平，达到播种状态。

3）翌年春季当土壤 5 cm 地温稳定通过 8℃、土壤耕层含水量在 20%左右时，采用平播播种，播种后及时重镇压，镇压强度为 400～800 g/cm^2。

4）采用该种模式推荐玉米种植密度为低肥力地块 5.5 万～6.0 万株/hm^2、高肥力地块 6.0 万～7.0 万株/hm^2。

5）根据土壤肥力和目标产量确定合理施肥量，化肥养分投入总量为 N 180～200 kg/hm^2、P_2O_5 50～80 kg/hm^2、K_2O 60～90 kg/hm^2，化肥施用方法为 40%的氮肥与全部的磷、钾肥作基肥深施（10～15 cm），追肥用高秆作物施肥机在玉米大口期追施 60%的氮肥。

将模式内容与生产实际结合，制作成如下模式图（图 6-18）。

图 6-18　玉米秸秆全量深翻还田地力提升耕种技术模式图

（五）技术模式实证

1. 玉米产量

为在较大尺度上解析玉米秸秆全量深翻还田地力提升耕种技术模式的产量表现和水肥资源利用效率。本研究于 2018～2019 年在吉林省公主岭市和伊通满族自治县两地 18 个规模经营主体中开展技术模式实证示范，与农户模式对比，所有示范区实施玉米秸秆全量深翻还田地力提升耕种技术模式后均表现出明显的增产趋势（表 6-30），平均增产幅度为 7.8%，其中，伊通增产幅度较大，为 6.8%～11.9%，公主岭增产幅度次之，为 4.5%～11.0%。

表 6-30　秸秆全量深翻还田地力提升耕种技术模式和农户模式实证的玉米产量表现

（单位：kg/hm^2）

地区	处理	2018 年				2019 年			
		产量变幅（kg/hm^2）	平均值（kg/hm^2）	增产（%）	变异度（%）	产量变幅（kg/hm^2）	平均值（kg/hm^2）	增产（%）	变异度（%）
公主岭	Opt	10 800～11500	11 080	7.7	2.1	11 100～11 700	11 395	7.3	1.8
	Tra	9 800～11 000	10 285	—	4.2	10 000～11 200	10 615	—	3.9
伊通	Opt	10 000～11 000	10 440	8.0	3.7	10 350～11 350	10 770	8.1	3.6
	Tra	9 100～10 300	9 670	—	4.7	9 250～10 500	9 965	—	6.3

注：Opt 表示玉米秸秆全量深翻还田地力提升耕种技术模式，Tra 表示农户模式。本章下同。

2. 化肥生产效率和水分生产效率

玉米秸秆全量深翻还田地力提升耕种技术模式实施后，随着公主岭市和伊通满族自治县两地玉米产量水平的进一步提升，化肥生产效率和水分生产效率较农户模式也有了大幅提高（表 6-31），平均提高 7.2%。其中公主岭示范区的化肥生产效率和水分生产效率较农户模式均提高 7.0%，伊通示范区的化肥生产效率和水分生产效率较农户模式均提高 7.4%。这表明采用玉米秸秆全量深翻还田地力提升耕种技术模式实现了玉米产量和水肥资源利用效率协同提高。

表 6-31　秸秆全量深翻还田地力提升耕种技术模式和农户模式下的水肥资源利用效率

地区	处理	2018 年		2019 年	
		化肥生产效率（kg/kg）	水分生产效率（kg/mm）	化肥生产效率（kg/kg）	水分生产效率（kg/mm）
公主岭	Opt	26.25	18.52	28.75	19.00
	Tra	24.36	17.19	26.78	17.70
伊通	Opt	24.69	14.60	29.97	10.92
	Tra	22.87	13.52	27.72	10.11

注：化肥生产效率（kg/kg）=产量/投入总养分，水分生产效率（kg/mm）=产量/降水量。

3. 基于规模经营主体的效益分析

对规模经营主体示范区及普通农户田间生产作业跟踪调研结果表明，与普通农户相比，规模经营主体农资采用集中采购，成本下降约 600 元/hm^2，进行田间实操的作业成本减少 1400 元/hm^2 左右，其减少部分主要来自播种施肥和机械收获两部分，而秸秆全量深翻还田作业成本与普通农户传统耕整地费用大体相同。将土地流转费用去除后，净利润相差 2000 元/hm^2 左右，较普通农户增加 14.8%。其中公主岭示范区净利润增加约 13.0%，伊通示范区净利润增加 17.5%（表 6-32）。

表 6-32　规模经营主体和普通农户模式成本核算

项目	公主岭		伊通	
	规模经营主体	普通农户	规模经营主体	普通农户
一、机械作业（元/hm^2）				
施肥、播种	400～500	900～1 200	400～500	800～1 000
除草	50～80	150～200	50～80	150～200
病虫害防治	100～160	200	120～150	200
机械收获	350～500	1 000～1 200	400～500	1 100～1 200
秸秆全量深翻还田	600～800	—	700～800	—
其他耕整地	—	500～800	—	500～800
合计	1 500～2 040	2 250～3 600	1 670～2 030	2 750～3 400
二、农资投入（元/hm^2）				
化肥	2 200～2 750	2 500～2 990	2 125～2 500	2 250～3 000
种子	500～700	800～960	500～700	800～960
农药	200～300	150～250	200～300	150～250
雇工	120～230	600～900	100～210	500～800
合计	3 020～3 980	4 050～5 100	3 125～3 710	3 700～5 010
三、土地流转（元/hm^2）	10 000	—	7 500	—
四、项目补贴（元/hm^2）				
秸秆还田作业补贴	1 500	—	1 500	—
其他农业补贴	—	3 500	—	3 500
合计	1 500	3 500	1 500	3 500
五、玉米单产（kg/hm^2）	11 080～11 395	10 285～10 615	10 440～10 770	9 670～9 965
六、净利润（元/hm^2）	5 991～6 924	13 907～15 213	8 197～8 746	13 027～14 456

注：雇工包含家庭用工；玉米价格按 1.8 元/kg 计；土地流转按均值计算；此表中未考虑购买农机及其损耗部分。

4. 小结

与农民习惯耕种技术对比，所有规模经营主体技术示范区均表现出明显的增产趋势，平均增产 7.8%，化肥生产效率和水分生产效率平均提高 7.2%，同时由于在施肥、播种和机械收获环节机械作业成本较农民习惯耕种技术降低 1280～1560 元/hm^2，所以增加了 2000 元/hm^2 左右的纯收益。这表明，玉米秸秆全量深翻还田地力提升耕种技术模式以秸秆全量深翻还田为核心，将养分调控、平播播种、田间除草、病虫害防治、机械收获等多项技术集成实施，通过对全种植链的优化，实现了培肥、增产、增收等多重效益。但在实施本项技术模式时尚有部分事项需要注意：一是玉米种植区农田土壤至少 35 cm 表土层内无砂石、盐碱等障碍层，适合机械化作业；二是基于不同区域的土壤、气候条件及产量目标需要适时调整肥料的用量，尤其是氮肥的施用量；三是本项技术模式多适用于面积较大的连片农田规模化作业，小农户分散实施尚存在一定难度。

二、半湿润区玉米秸秆全量覆盖还田节本增效技术模式及实证

为有效防止黑土资源流失，欧美等地自 20 世纪 60 年代开始大面积实施保护性耕作技术，该技术在全球 70 多个国家和地区的玉米、小麦和大豆等作物种植中得到了推广和应用（高焕文等，2008），保护性耕作技术已成为发达国家可持续农业的主导技术之一（高旺盛，2007）。研究表明，保护性耕作通过土壤轮耕和多元化覆盖技术可以有效减少水土流失，维持与提升土壤生产力，改善农田生态系统功能，实现作物稳产增效（Kahlon et al.，2013）。当前，在我国东北地区，以免耕和秸秆覆盖为技术核心，部分地区结合深松的保护性耕作技术已初步建立并开始逐步示范与推广（王超等，2019；于猛等，2019；王刚，2019）。由于东北地区生态环境较为复杂，对以玉米秸秆覆盖还田技术为核心的耕作技术模式实证与综合效益评价仍亟待完善与补充。吉林省地处东北黑土区腹地，玉米种植区有鲜明的生态特征与区域划分。本研究基于前期调研，在吉林省中部和西部地区选择具有区域代表性、规模较大的新型农业经营主体，开展了以玉米秸秆覆盖归行还田技术为核心的耕种技术模式大面积实证与示范。在秸秆覆盖归行还田技术的基础上，吉林省农业科学院根据区域生产特点，兼顾稳产丰产与节本增效，优化集成包括播种、施肥、除草、病虫害防治、机械收获等生产全过程的配套技术，形成标准化技术模式，同时，以传统耕作模式为对照，从生产效率、经济效益与生态环境效益等方面对技术模式的综合效果进行评价，以期为加快推广以秸秆全量还田为核心的新型耕种技术体系提供科学依据。

（一）试验设计

试验地位于吉林省公主岭市吉林省农业科学院试验田（43°29′55″N，124°48′43″E），该地区属于温带大陆性季风气候，冬季寒冷、夏季高温多雨，雨热同季，年均降水量 600 mm，年均气温 5.6℃，年无霜期 125～140 d，有效积温 2600～3000℃。试验区土壤类型为黑土。试验起始于 2011 年，试验前该区域土壤基本理化性质如下。0～20 cm 土层：有机碳含量 15.1 g/kg、全氮含量 1.56 g/kg、全磷含量 0.54 g/kg、全钾含量 18.0 g/kg、pH 6.20；

20～40 cm 土层：有机碳含量 11.9 g/kg、全氮含量 1.34 g/kg、全磷含量 0.41 g/kg、全钾含量 17.5 g/kg、pH 6.21。试验设两个处理：①常规耕作——无秸秆还田（CK），玉米收获后采用人工方式将秸秆割出，采用旋耕机灭茬整地，翌年春季免耕播种机施肥播种；②秸秆全量覆盖还田（SMR），采用玉米收获机收获的同时将秸秆粉碎、切断后均匀平铺于地表，翌年春季采用免耕播种机平播。每个处理三次重复，各小区面积为 702 m^2。各处理年均化肥施用量分别为 N 200 kg/hm^2、P_2O_5 90 kg/hm^2、K_2O 75 kg/hm^2，磷肥、钾肥和 40%的氮肥以基肥施入，60%的氮肥在玉米拔节期追施。

（二）结果与分析

1. 秸秆全量覆盖还田对玉米出苗率的影响

2013～2021 年田间定位试验结果表明（图 6-19），与常规耕作相比，秸秆全量覆盖还田处理玉米出苗率的降低幅度为 1.3%～9.9%。

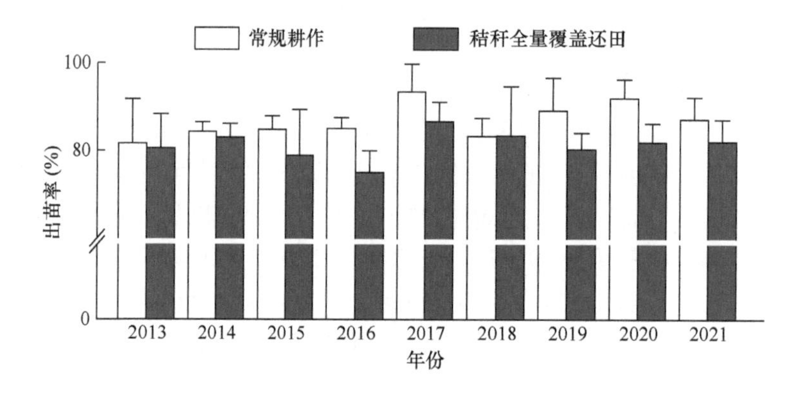

图 6-19　秸秆全量覆盖还田对玉米出苗率的影响

2. 秸秆全量覆盖还田对土壤温度的影响

以东北中部黑土区多年定位试验为例（图 6-20，图 6-21），2018 年 4 月 26 日至 5 月 30 日，与常规耕作相比，免耕全量覆盖还田下 5 cm、10 cm、15 cm 和 20 cm 处土壤温度的降幅分别为 1.81～3.67℃、0.25～1.75℃、0.45～1.64℃和 0.67～2.02℃。2019 年 4 月 26 日至 5 月 30 日，与常规耕作相比，秸秆全量覆盖还田在 5 cm、10 cm、15 cm 和 20 cm 处土壤温度的降幅分别为 0.48～3.27℃、0.15～5.40℃、0.35～4.50℃和 0.67～4.83℃。2018 年 4 月 20 日至 5 月 30 日的降雨量和日均温分别为 55.0 mm 和 16.96℃，2019 年在此期间的降雨量和日均温分别为 84.1 mm 和 17.11℃。受降雨量的影响，与常规耕作相比，2019 年秸秆全量覆盖还田处理下土壤温度的降幅更加明显。

3. 秸秆全量覆盖还田对土壤有机碳含量、容重、有机碳储量、固碳量及固碳速率的影响

如表 6-33 所示，与 CK 相比，秸秆全量覆盖还田处理显著增加了 0～10 cm 土层有机碳含量，增幅为 22.4%，对其他土层有机碳含量的影响不显著。从土壤有机碳的剖面

分布特征来看，随着土层的加深，CK 和秸秆全量覆盖还田处理下有机碳含量均呈现逐渐降低的趋势。随着土层深度的增加，各处理土壤容重均呈现出先增加后下降再增加的变化趋势。与试验初期（2011 年）相比，各处理 0～40 cm 土层土壤有机碳储量、固碳量与固碳速率均表现为 SMR＞CK。

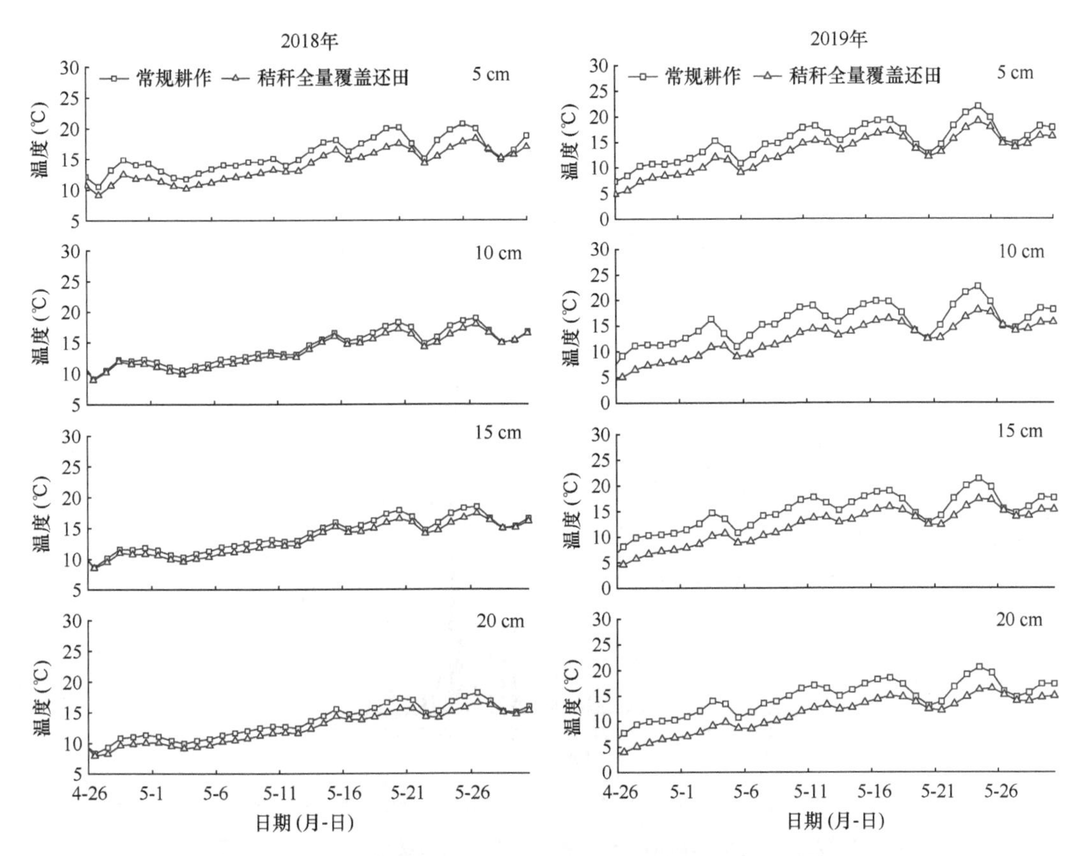

图 6-20　秸秆全量覆盖还田对土壤温度的影响（东北地区中部）

4. 秸秆全量覆盖还田对土壤水稳性团聚体分布及稳定性的影响

水稳性团聚体的分布及其稳定性的变化见表 6-34。2～0.25 mm 与 0.25～0.053 mm 粒级是团聚体的主体，分别占 44.71%～50.52%和 21.65%～35.17%。与 CK 相比，秸秆全量覆盖还田（SMR）处理增加了 0～20 cm 土层＞2 mm 和 2～0.25 mm 团聚体比例，降低了 0.25～0.053 mm 和＜0.053mm 团聚体比例，从而使大团聚体（＞0.25 mm）的平均重量直径（MWD）得以显著提高；秸秆全量覆盖还田处理显著增加了 30～40 cm 土层 2～0.25 mm 团聚体比例，使得该土层大团聚体的平均重量直径（MWD）得以显著增加，且 CK 与秸秆全量覆盖还田处理间差异达到显著水平。

秸秆全量覆盖还田方式显著改变了各粒级团聚体在土壤剖面的分布特征（表 6-34）。例如，CK 处理下 0～10 cm 和 30～40 cm 土层＞2 mm 团聚体比例显著高于其他土层，秸秆全量覆盖还田处理＞2 mm 团聚体比例随着土层深度的增加逐渐降低。从大团聚体（＞0.25 mm）在土壤剖面的分布特征来看，CK 处理下 20～30 cm 土层大团聚体比例显著低

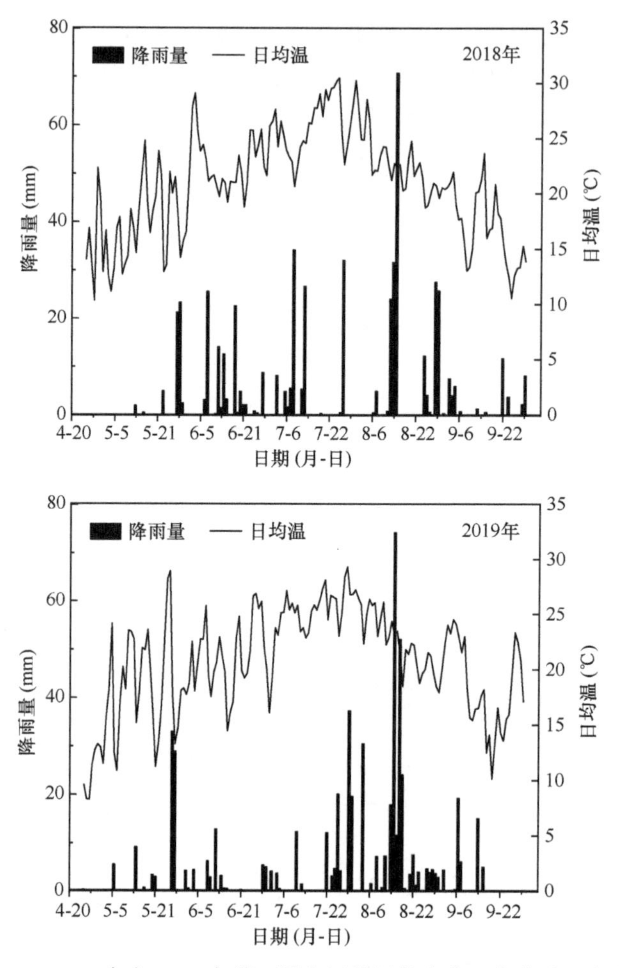

图 6-21　2018 年与 2019 年降雨量与日均温的变化（东北地区中部）

表 6-33　秸秆全量覆盖还田对土壤有机碳含量、容重、有机碳储量、固碳量及固碳速率的影响

项目	土层（cm）	试验初期	CK	秸秆全量覆盖还田（SMR）
有机碳含量（g/kg）	0～10	15.13±0.45	15.43±0.30bA	18.88±1.21aA
	10～20		14.79±0.75bAB	16.68±1.06abB
	20～30	11.87±0.75	12.75±0.70bC	14.69±1.30bB
	30～40		11.04±1.00bC	12.19±1.85abC
容重（g/cm^3）	0～10	1.40±0.04	1.31±0.03bB	1.39±0.03aA
	10～20		1.49±0.03aA	1.45±0.06aA
	20～30	1.43±0.05	1.37±0.02aB	1.37±0.02aA
	30～40		1.45±0.03aA	1.44±0.03aA
有机碳储量（mg/hm^2）	0～10	42.37±1.17	20.0±0.39cB	26.2±1.68aA
	10～20		22.5±0.48aA	24.2±1.53aAB
	20～30	33.94±2.15	17.5±0.96bC	20.1±1.16bBC
	30～40		16.3±1.45bC	17.6±2.66abC
固碳量（mg/hm^2）	0～20	—	0.48	8.07
	20～40	—	−0.20	4.64
固碳速率[$mg/(hm^2·a)$]	0～20	—	0.08	1.34
	20～40	—	−0.03	0.77

注：表中数据为平均值±标准差，同行数值后不同小写字母表示同一土层不同处理间差异显著（P<0.05），同列数值后不同大写字母表示同一处理不同土层间差异显著（P<0.05）；“—”表示无数据。

表 6-34 秸秆全量覆盖还田对水稳性土壤团聚体分布及稳定性的影响

土层（cm）	处理	各粒级团聚体分布比例（%）					MWD
		>2 mm	2～0.25 mm	0.25～0.053 mm	<0.053 mm	>0.25 mm	
0～10	CK	9.17±1.97bA	44.90±2.25bB	32.19±1.37aB	13.74±1.12aA	54.07±1.84bA	0.74±0.03bA
	SMR	17.13±2.15aA	50.52±1.63aA	21.65±0.45bC	10.70±1.60bB	67.65±1.93aA	0.95±0.04aA
10～20	CK	6.07±1.44cB	48.18±2.56aA	32.10±1.67aB	13.65±2.52aA	54.26±2.19bA	0.72±0.03bA
	SMR	12.94±2.14bB	49.59±3.01aA	26.88±0.42bB	10.59±1.12bB	62.53±1.49aA	0.86±0.02aB
20～30	CK	6.15±1.04bB	44.71±5.80aB	35.17±2.10aA	13.97±2.05aA	50.86±2.00bB	0.69±0.06bA
	SMR	5.11±1.74bC	46.00±4.23aA	33.68±1.72aA	15.22±0.88aA	51.11±2.49bB	0.68±0.01bC
30～40	CK	7.24±1.21aAB	48.20±0.51bA	30.38±1.29aB	14.18±1.15aA	55.44±1.71bA	0.74±0.03bA
	SMR	4.60±1.29aC	49.76±4.38abA	28.16±2.77aB	17.48±0.91aA	54.36±4.32bB	0.70±0.04bC

注：表中数据为平均值±标准差，同列数值后不同小写字母表示同一土层同一粒级不同处理间差异显著（$P<0.05$），同列数值后不同大写字母表示同一粒级同一处理不同土层间差异显著（$P<0.05$）。

于其他土层，秸秆全量覆盖还田处理 0～20 cm 土层大团聚体比例显著高于 20～40 cm 土层。CK 与秸秆全量覆盖还田处理下 20～30 cm 土层平均重量直径（MWD）低于其他土层。

（三）结论

与常规耕作相比，秸秆全量覆盖还田处理显著增加了 0～10 cm 土层土壤有机碳含量，对 10～30 cm 土层有机碳含量的影响不显著，其原因主要在于，一方面免耕减少了土壤扰动，降低了土壤有机碳的矿化；另一方面秸秆还田增加了碳的投入，提高了土壤有机碳的含量水平（Gala Liang et al.，2010；梁尧等，2016）。秸秆全量覆盖还田有助于 0～10 cm 土层土壤有机碳的积累。秸秆全量覆盖还田比对照显著增加了 0～20 cm 土层大团聚体的比例与团聚体的稳定性，但对 20～40 cm 土层团聚体稳定性的影响并不显著，表明秸秆全量覆盖还田积极改善了耕层土壤结构，这与前人研究结果一致（Kan et al.，2020；Modak et al.，2020）。

（四）技术模式内容

1）秸秆归行。春季播种前，采用秸秆归行机将覆盖于播种行地表的秸秆进行归行处理，归集到 80～90 cm 的秸秆行，清理出 40 cm 宽的播种带，使其达到待播种状态。

2）适时播种。在春季 4 月下旬至 5 月上旬适宜播种期内，采用免耕补水播种机在已清理好的播种带上一次性完成播种、补水、施肥、镇压等作业，进行平播种植；依据土壤墒情调节补水用量，一般为 1.2～1.8 t/hm^2。中部土壤墒情较好的地区可不用补水。

3）养分调控。以缓/控释肥作为基肥，养分投入量为 N 140～180 kg/hm^2、P_2O_5 80～100 kg/hm^2、K_2O 70～90 kg/hm^2、$ZnSO_4$ 15 kg/hm^2，在播种时将基肥深施于 15～20 cm。种肥选用速效性肥料，养分投入量为 N 5～15 kg/hm^2、P_2O_5 10～15 kg/hm^2，采用侧深施方式，将种肥施于种侧下 3～5 cm。在大口期，采用高地隙追肥机追施尿素，追 N 150～

160 kg/hm^2，追肥深度 10～15 cm。

4）化学除草。出苗后喷洒化学除草剂除草，每亩采用 4%烟嘧磺隆悬乳剂 100 ml＋38%莠去津悬浮剂 400 ml＋58% 2, 4-滴丁酯 20 ml 或 20%硝磺草酮悬浮剂 50 g＋4%烟嘧磺隆悬乳剂 100 ml。

5）苗期深松。在玉米 3 至 4 展叶期时，采用偏柱式双翼深松铲对秸秆行进行斜向深松，深松深度≥30 cm，通过性良好，应确保深松铲位置准确，避免压苗、伤苗及过度扰动根系处土壤。

6）无人机病虫害防治。利用无人机进行玉米螟、黏虫、大斑病混合防治。在 6 月下旬玉米喇叭口期前，混合使用丙环唑•嘧菌酯、吡唑醚菌酯、嘧菌酯等杀菌剂和氯虫苯甲酰胺类杀虫剂，使用无人机进行超低容量喷雾，按常规剂量减施 30%使用。

7）机械收获。使用玉米收割机适时晚收。玉米生理成熟后 7～15 d，籽粒含水率以 20%～25%为最佳收获期，田间损失率≤5%，杂质率≤3%，破损率≤5%。收获玉米的同时将玉米秸秆粉碎（长度≤20 cm），并均匀铺撒于地表；根据地区差异，可选择在秋季进行归行作业。

将模式内容与生产实际结合，制作成如下模式图（图 6-22）。

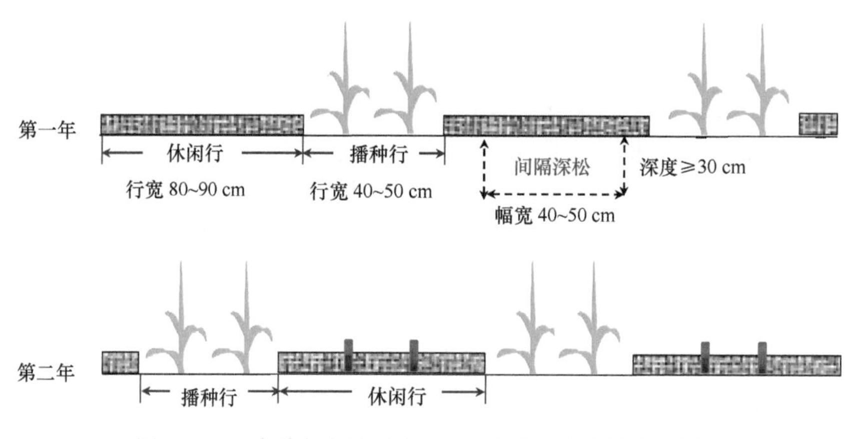

图 6-22 玉米秸秆全量覆盖还田节本增效技术模式示意图

（五）技术模式实证

1. 玉米产量

为在较大尺度上解析玉米秸秆全量覆盖还田节本增效技术模式的玉米产量表现和水肥资源利用效率（表 6-35），本研究于 2018～2019 年在吉林省中部的农安县、梨树县 7 个规模经营主体中开展了技术模式实证。在中部地区，与农民习惯对比，以农安县增产幅度最大，两年增产分别为 6.43%和 5.24%，梨树县示范区与农民习惯产量基本持平，表明本技术模式在以砂壤土为主的农安县增产潜力较大，而在以黑土、黑钙土肥力较高的梨树县在降雨充足的情况下，增产潜力不高，但节肥效果明显。

表 6-35　不同技术模式下玉米产量实证（2018～2019 年）

地点	处理	2018 年				2019 年			
		产量变幅（kg/hm²）	平均值（kg/hm²）	增产幅度（%）	变异度（%）	产量变幅（kg/hm²）	平均值（kg/hm²）	增产幅度（%）	变异度（%）
农安县	示范区	8 630～12 500	10 757	6.43	11.5	8 770～12 500	10 877	5.24	11.1
	农户	8 260～11 800	10 107		11.4	8 550～12 100	10 335		10.7
梨树县	示范区	10 927～12 475	11 588	2.55	5.9	10 360～12 195	11 299	0.32	6.8
	农户	10 345～12 250	11 300		6.4	10 450～11 856	11 263		5.1

2. 水肥资源利用效率

在玉米秸秆全量覆盖还田节本增效技术模式下，随玉米产量水平的进一步提升，化肥生产效率和水分生产效率较农户习惯也有了大幅提高（表 6-36）。其中，2018 年农安县、梨树县、白城市、双辽市示范区的化肥生产效率和水分生产效率较农户习惯分别提高了 15.1%～29.2%和 2.4%～6.4%，2019 年分别提高了 14.7%～27.8%和 0.3%～5.6%，这表明采用玉米秸秆全量覆盖还田节本增效技术模式实现了玉米产量和水肥资源利用效率的协同提高，且在施肥量较高的地区，其水肥资源利用效率提升幅度更为突出。

表 6-36　不同技术模式下水肥资源利用效率

地区	处理	2018 年		2019 年	
		化肥生产效率（kg/kg）	水分生产效率（kg/mm）	化肥生产效率（kg/kg）	水分生产效率（kg/mm）
农安县	示范区	25.61	23.90	25.90	21.75
	农户	19.82	22.46	20.26	20.67
梨树县	示范区	27.59	23.19	26.90	18.41
	农户	23.54	22.62	23.46	18.35
白城市	示范区	21.64	20.52	25.90	24.56
	农户	18.54	19.79	21.80	23.26
双辽市	示范区	20.76	19.43	25.32	18.89
	农户	18.03	18.98	21.83	18.33

3. 土壤肥力

本研究吉林省中部农安县、梨树县选取采用玉米秸秆全量覆盖还田节本增效技术模式 4 年以上的规模经营主体，对其 0～20 cm 土壤肥力指标进行比对分析（表 6-37）。结果表明，与普通农户模式相比，示范区 0～20 cm 土壤有机质、全氮、速效氮、速效磷、速效钾平均含量分别增加 24.4%、21.7%、10.2%、5.2%、12.3%，除速效磷含量以外，其他两种模式之间的差异均达到显著水平。土壤容重亦有降幅，但幅度不大；土壤含水量平均增加 30.0%，耕层保水蓄水效果明显。此外，不同土壤层次其土壤肥力指标改善程度有所不同，0～5 cm 土壤有机质及氮、磷、钾等养分含量增加幅度最大，最高达 33.3%；随着土壤深度的增加，各指标增加幅度逐渐下降，至 10～20 cm 土壤有机质等养分含量平均增幅降至 10.5%。

表 6-37　不同技术模式下土壤部分肥力指标（中部地区）

处理	土壤层次（cm）	有机质（g/kg）	全氮（g/kg）	速效氮（mg/kg）	速效磷（mg/kg）	速效钾（mg/kg）	土壤容重（g/cm^3）	土壤含水量（%）
示范区	0～5	27.6	1.81	137.7	14.8	270.6	1.14	20.5
	5～10	25.8	1.66	129.2	16.7	203.2	1.13	19.8
	10～20	21.5	1.23	105.4	10.9	146.5	1.40	25.9
	平均值	25.0	1.57	124.1	14.1	206.8	1.22	22.1
农户	0～5	20.7	1.39	144.3	12.9	214.3	1.17	17.0
	5～10	21.0	1.37	103.2	17.1	196.0	1.16	17.7
	10～20	18.7	1.10	90.3	10.3	142.2	1.50	16.2
	平均值	20.1	1.29	112.6	13.4	184.2	1.28	17.0

4. 土壤温室气体排放

将两种技术模式下 2018～2019 年两年间玉米整个生命周期的温室气体排放量和排放强度均值列于表 6-38。结果表明，中部地区表现为示范区的温室气体总排放量和总排放强度低于农户。在中部地区，农安县和梨树县示范区的温室气体总排放量分别为 3293 kg CO_2 eq/hm^2 和 3474 kg CO_2 eq/hm^2，温室气体总排放量中的 23.9%来自氮肥施用过程，53.7%来自氮肥生产和运输过程，22.4%来自磷肥、钾肥和农药等生产和运输过程中的排放及田间耕作过程中机械燃油的排放等；与农户模式相比，示范区的温室气体排放量平均降低了 10.9%，温室气体排放强度降低了 18.9%，这表明玉米秸秆全量覆盖还田节本增效技术模式可以明显降低单位面积的环境效应。

表 6-38　不同技术模式下温室气体排放量和排放强度

地区	处理	温室气体排放量（kg CO_2 eq/hm^2）				温室气体排放强度（kg CO_2 eq/Mg）			
		氮肥施用过程	氮肥生产和运输过程	其他来源	总排放量	氮肥施用过程	氮肥生产和运输过程	其他来源	总排放强度
农安县	示范区	778	1758	757	3293	66	150	64	280
	农户	992	2020	817	3829	94	192	78	364
梨树县	示范区	843	1874	757	3474	73	162	65	300
	农户	899	1965	801	3665	80	174	71	325

5. 基于规模经营主体的经济效益分析

对规模经营主体及普通农户田间生产作业跟踪调研的结果表明（表 6-39），与普通农户相比，规模经营主体的农资集中采购，且对施肥量进行合理调控，成本下降约 1000 元/hm^2，田间作业成本减少 800 元/hm^2 左右，其减少部分主要来自机械收获和耕整地两部分，秸秆全量覆盖还田的主要农机操作为秸秆归行，省去了机械灭茬起垄等传统作业流程。与普通农户比较，将土地流转费用去除后，中部地区净利润相差 3000～4000 元/hm^2，较普通农户增收 23%左右。

综合来看，采用本技术模式的经营主体和普通农户比较，机械作业规模化和整地技术调整是降低农机成本的主要因素，肥料合理减施和生产资料集中采购是农资成本下降的主要因素，政策性补贴额外增加部分收益，最终表现为收益的大幅提升。

6. 小结

从技术实施效果来看，本项技术模式实施后玉米产量均高于传统种植模式，但产量变化与区域气候条件、土壤质地、土壤本底肥力密切相关。在中部半湿润区，土壤质地为砂壤土、土壤有机质含量相对较低的农安县示范区，两年间玉米产量增幅均大于 5%，而以黑土、黑钙土为主要土壤类型、土壤有机质含量较高的梨树县示范区，两年间玉米产量增幅不足 3%。由于在技术模式实施过程中采用了化肥减量调控与定量补水，因此，各示范区的化肥生产效率和水分生产效率均有大幅度提高。从成本投入来看，本技术模式的经营主体因机械作业规模化和耕整地技术优化而显著降低了农机成本，小农户劳动力得到解放，同时通过化肥合理减施和生产资料集中采购大幅降低了农资成本，最终表现为收益大幅提升。结合示范区技术实施后对土壤基础肥力的提升及对降低温室气体排放强度的积极作用，说明本项技术模式在吉林省中部的实施过程中取得了节本增效、农民增收和环境友好的多赢效果。实证结果进一步佐证了实施秸秆覆盖还田必须要与当地生产相结合，并将其纳入到整个生产过程进行综合考量，才能同步实现多目标收益。

表 6-39　不同技术模式成本核算

项目		规模经营主体	普通农户
一、机械作业（元/hm^2）			
	施肥、播种	500～600	600～800
	除草	50～80	150～200
	病虫害防治	100～160	200
	机械收获	350～500	700～800
	秸秆覆盖还田	200～300	—
	其他耕整地	—	500～800
	合计	1 200～1 640	2 150～2 800
二、农资投入（元/hm^2）			
	化肥	2 400～3 000	2 700～3 400
	种子	500～700	700～900
	农药	200～300	150～250
	雇工	150～250	600～800
	合计	3 250～4 250	4 150～5 350
三、土地流转（元/hm^2）		7 000～8 000	—
四、项目补贴（元/hm^2）			
	秸秆还田作业补贴	450～600	—
	其他农业补贴	2 500～3 000	2 500～3 000
	合计	2 950～3 600	2 500～3 000
五、玉米平均单产（kg/hm^2）		11 199～11 749	10 532～11 263
六、净利润（元/hm^2）		9 218～13 298	13 307～16 973

注：雇工包含家庭用工，玉米价格按 1.8 元/kg 计，此表中未考虑购买农机及其折旧部分。

第三节 黑土地半干旱区高产高效技术模式及实证

黑土地半干旱区包括吉林省西部、辽宁省西北部、黑龙江省西南部和内蒙古东部广大地区，为 42°N～50°N，117°E～125°E，玉米常年播种面积 1 亿多亩，占全国总耕地面积的 1/18 以上，是我国重要的粮食产区。受干旱气候、土壤资源和生产条件等制约，该区域粮食产量年际间稳定性较差，单产常年徘徊在 6000 kg/hm^2 左右，是我国目前最具粮食增产潜力的地区。东北半干旱区为大陆性季风气候，春季干旱多风，夏季高温干热；≥10℃的积温 2800～3000℃，年无霜期 130～150 d，年降雨量 300～500 mm，亩均水资源占有量少于全国平均水平，属中度缺水地区。干旱缺水、土壤瘠薄、水肥利用效率低是该区域农业生产中的主要限制因素，这里的农田耕层浅、理化性质差、有机质含量低，春季干旱发生频率高，耕层土壤水分蒸发快，含水量低，严重影响作物播种出苗，限制了作物产量进一步稳定提高。如何提高耕地质量、解决好农田科学用水问题、提高农田水肥利用效率、提高播种质量，已成为当地农业生产和农业科研的重中之重。针对这些问题，吉林省农业科学院通过多年技术攻关研究，创建了玉米滴灌水肥一体化高产高效技术模式、玉米免耕补水播种保苗丰产增效技术模式和玉米秸秆覆盖免耕丰产技术模式，并在生产上示范应用，实现了土壤肥力提升、水肥资源高效利用、玉米产量和效益显著提高，取得了良好的技术效果。

一、半干旱区玉米滴灌水肥一体化高产高效技术模式及实证

针对东北半干旱区土壤有机质含量下降、水肥利用效率低、玉米品种繁杂、种植密度不合理、播种覆膜技术落后等问题，吉林省农业科学院以提高玉米产量、生产效率、资源利用效率为主攻目标，以地力提升与水肥一体化（膜下滴灌或浅埋滴灌）为核心，集成秸秆全量深翻还田和分次续补式施肥等关键技术，形成了半干旱区地力提升与水肥一体化玉米高产高效栽培技术模式，实现了水肥资源高效利用、玉米产量和效益显著提高。

（一）试验设计

试验于 2018～2020 年在吉林省乾安县父字村进行。在玉米滴灌水肥一体化高产高效技术模式的基础上逐个析出因子，分别为品种、种植密度、耕作方式和养分管理。试验采用不完全因子设计，随机区组排列，共计 5 处理（表 6-40）。

玉米滴灌水肥一体化高产高效技术模式中的耐密品种为‘富民 985’，种植密度为 7.5 万株/hm^2，耕作方式采用秸秆深翻还田，施入养分总量为 N∶P_2O_5∶K_2O = 220 kg/hm^2∶80 kg/hm^2∶90 kg/hm^2，其中氮肥施用方法为 20%基肥+30%拔节肥+20%大口肥+20%开花肥+10%灌浆肥，磷肥施用方法为 40%基肥+20%拔节肥+20%大口肥+20%开花肥，钾肥施用方法为 50%基肥+30%拔节肥+20%大口肥。农民模式选用常规品种‘宏兴 528’，种植密度为 5.5 万株/hm^2，养分总量为 N∶P_2O_5∶K_2O = 255 kg/hm^2∶98 kg/hm^2∶

111 kg/hm^2，施肥方法为 60%的氮肥和全部磷肥、钾肥作基肥于播种前施入，40%的氮肥于拔节期施入。调查玉米开花期和成熟期干物质积累量、氮素浓度等指标，秋季进行常规测产。

表 6-40　基于玉米滴灌水肥一体化高产高效技术模式的试验因子表

处理	试验因子			
	品种	种植密度（万株/hm^2）	耕作方式	养分管理
高产高效	耐密品种	7.5	秸秆深翻还田	优化施肥
品种	常规品种	7.5	秸秆深翻还田	优化施肥
种植密度	耐密品种	5.5	秸秆深翻还田	优化施肥
耕作方式	耐密品种	7.5	旋耕灭茬	优化施肥
养分管理	耐密品种	7.5	秸秆深翻还田	农民习惯

（二）结果与分析

1. 不同栽培措施对玉米产量的影响

试验年份和处理均显著影响玉米产量，且两因素的交互作用达显著水平（表 6-41）。与高产高效处理相比，其他处理的玉米产量均表现为下降趋势，降幅分别为3.3%～19.8%（2018 年）、5.5%～16.1%（2019 年）和 3.4%～12.4%（2020 年），3 年平均降幅为 4.1%～16.1%。除耕作方式外，其他析出因子处理间差异均达显著水平（P＜0.05）。在不同析出因子处理中，以种植密度处理玉米产量降幅最高，后依次为养分管理、品种和耕作方式。

表 6-41　不同栽培措施对玉米产量的影响　　（单位：kg/hm^2）

处理	产量			
	2018 年	2019 年	2020 年	平均
高产高效	12 926	12 741	12 589	12 752 a
品种	12 088	11 892	11 639	11 873 b
种植密度	10 369	10 689	11 023	10 694 d
耕作方式	12 497	12 035	12 164	12 232 ab
养分管理	11 036	11 264	11 435	11 245 c
方差分析				
处理（T）	*			
年份（Y）	**			
处理×年份（T×Y）	**			

注：同列数据后不同字母表示在 5%水平上差异显著。*和**分别表示在 0.05 和 0.01 水平上影响显著。

2. 不同栽培措施对玉米产量的贡献分析

由图 6-23 可知，在高产高效的基础上，各析出因子处理中不同因子对玉米产量均有所贡献，从 3 年平均贡献率来看，主要栽培措施对产量贡献的优先序为种植密度、养分管理、品种和耕作方式。可见，种植密度和养分管理是限制玉米产量最关键的因子，对产量的贡献率分别为 16.1%和 11.8%，其次是品种和耕作方式，对产量的贡献率分别为 6.9%和 4.1%。

3. 不同栽培措施对玉米干物质积累量的影响

由图 6-24 可知，与高产高效处理相比，各析出因子处理均降低了玉米开花前后干物质积累量。除耕作方式外，其他析出因子处理干物质积累量降幅均达到显著水平（$P<0.05$）。在不同析出因子处理中，种植密度处理开花前后干物质积累量降幅最高，其后依次为养分管理、品种和耕作方式。

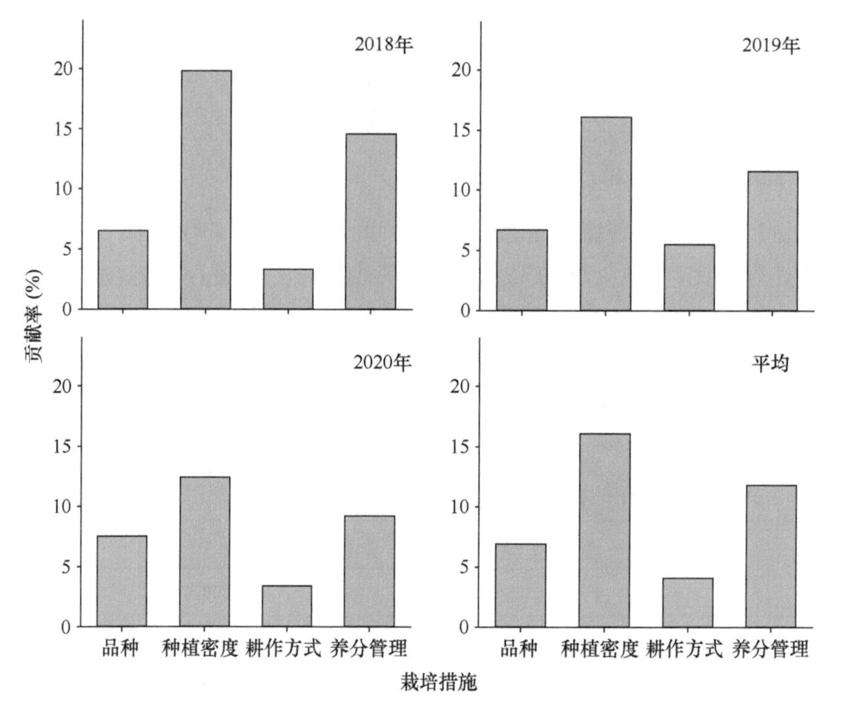

图 6-23　不同栽培措施对玉米产量的贡献率

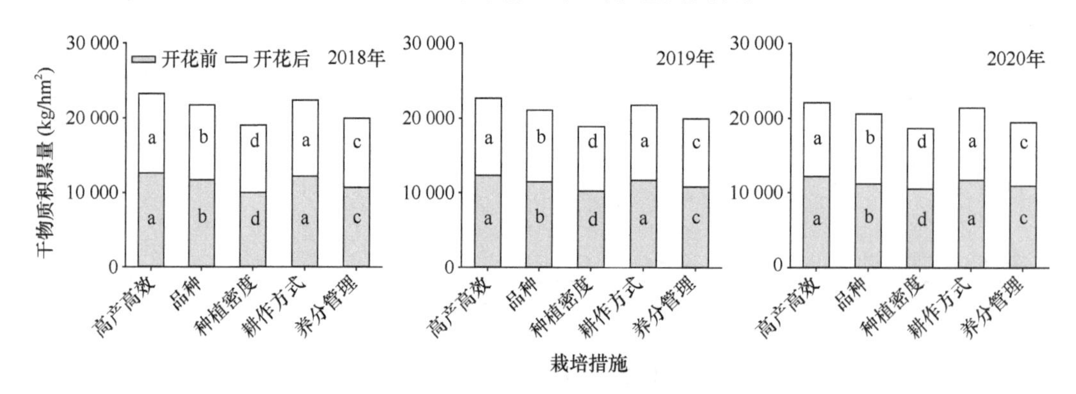

图 6-24　不同栽培措施对玉米干物质积累量的影响

不同小写字母表示不同处理间差异显著（$P<0.05$）

4. 不同栽培措施对玉米干物质转运的影响

析出因子处理均显著影响干物质转运量、开花后干物质积累量、干物质转运对籽粒贡献率和开花后干物质积累对籽粒贡献率；年份对干物质转运量和开花后干物质积累量影响显著，对干物质转运对籽粒贡献率和开花后干物质积累对籽粒贡献率影响不显著；析出因子处理和年份对干物质转运量和开花后干物质积累量表现出显著的交互作用（表6-42）。与高产高效处理相比，各析出因子处理降低了干物质转运量和开花后干物质积累量，其中干物质转运量降幅分别为4.8%～26.1%（2018年）、2.2%～22.8%（2019年）和6.1%～22.2%（2020年），开花后干物质积累量降幅分别为4.1%～15.9%（2018年）、2.6%～16.4%（2019年）和2.2%～18.1%（2020年），3年平均降幅分别为11.0%～39.1%和7.3%～19.8%。在不同析出因子处理中，种植密度处理干物质转运量和开花后干物质积累量降幅最高，其他依次为养分管理、品种和耕作方式。而不同析出因子处理间干物质转运对籽粒贡献率和开花后干物质积累对籽粒贡献率无显著差异（$P>0.05$）。

表6-42　不同栽培措施对玉米干物质转运的影响

年份	处理	干物质转运		开花后干物质积累	
		转运量（kg/hm^2）	对籽粒贡献率（%）	积累量（kg/hm^2）	对籽粒贡献率（%）
2018	高产高效	1 438a	15.2 a	10 688	84.8 a
	品种	1 288 b	14.3 a	10 035	85.7 a
	种植密度	1 062 d	14.7 a	8 994	85.3 a
	耕作方式	1 369 ab	14.6 a	10 247	85.4 a
	养分管理	1 148 c	15.8 a	9 298	84.2 a
2019	高产高效	1 326 a	14.3 a	10 364	85.7 a
	品种	1 204 b	14.8 a	9 629	85.2 a
	种植密度	1 024 c	14.2 a	8 663	85.8 a
	耕作方式	1 297 a	14.1 a	10 098	85.9 a
	养分管理	1 098 c	15.4 a	9 164	84.6 a
2020	高产高效	1 297a	17.8 a	9 938	82.2 a
	品种	1 169 b	16.1 a	9 393	83.9 a
	种植密度	1 009 c	17.4 a	8 139	82.6 a
	耕作方式	1 218 a	16.7 a	9 724	83.3 a
	养分管理	1 062 c	15.9 a	8 561	84.1 a
方差分析					
处理（T）		**	**	**	**
年份（Y）		*	NS	*	NS
处理×年份（T×Y）		*	NS	*	NS

注：同列数据后不同小写字母表示在0.05水平上差异显著。NS、*和**分别表示无显著影响及在0.05和0.01水平上影响显著。

5. 不同栽培措施对氮素利用效率的影响

本研究中，析出因子处理对氮素生产效率和氮肥偏生产力影响显著，对氮收获指数影响不显著；年份对氮肥偏生产力影响显著，对氮素生产效率和氮收获指数的影响均未达显著水平；而析出因子处理和年份仅对氮肥偏生产力表现出显著的交互作用（表 6-43）。与高产高效处理相比，各析出因子处理均降低了氮素生产效率和氮肥偏生产力，其中氮素生产效率的降幅分别为 2.1%～9.4%（2018 年）、4.3%～9.2%（2019 年）和 2.9%～7.3%（2020 年），氮肥偏生产力的降幅分别为 3.4%～26.4%（2018 年）、5.5%～23.7%（2019 年）和 3.3%～21.7%（2020 年）。除耕作方式外，其他各析出因子的降幅均达显著水平（P<0.05）。在不同析出因子处理中，养分管理处理氮素生产效率和氮肥偏生产力降幅最高，后依次为种植密度、品种和耕作方式。不同析出因子处理间氮收获指数均无显著差异（P>0.05）。

表 6-43　不同栽培措施对玉米氮素利用效率的影响

年份	处理	氮肥投入量（kg/hm^2）	氮素生产效率（kg/kg）	氮收获指数	氮肥偏生产力（kg/kg）
2018	高产高效	220	60.5 a	0.72 a	58.8 a
	品种	220	58.3 b	0.73 a	54.9 b
	种植密度	220	56.8 b	0.72 a	47.1 c
	耕作方式	220	59.2 a	0.73a	56.8 ab
	养分管理	255	54.8 c	0.71 a	43.3 d
2019	高产高效	220	60.7 a	0.72 a	57.9 a
	品种	220	57.3 b	0.71 a	54.1 b
	种植密度	220	56.1 b	0.72 a	48.6 c
	耕作方式	220	58.1 ab	0.71 a	54.7 ab
	养分管理	255	55.1 b	0.71 a	44.2 d
2020	高产高效	220	61.6 a	0.73 a	57.2 a
	品种	220	58.6 b	0.74 a	52.9 b
	种植密度	220	57.8 b	0.73 a	50.1 c
	耕作方式	220	59.8 ab	0.75 a	55.3 ab
	养分管理	255	57.1 b	0.73 a	44.8 d
方差分析					
处理（T）			**	NS	**
年份（Y）			NS	NS	*
处理×年份（T×Y）			NS	NS	*

注：同列数据后不同小写字母表示在 0.05 水平上差异显著。NS、*和**分别表示无显著影响及在 0.05 和 0.01 水平上影响显著。

6. 小结

综上所述，影响滴灌水肥一体化条件下玉米产量提升的主要技术性限制因子有种植密度、养分管理、品种和耕作方式 4 个栽培因子。这些因子主要通过影响干物质转运量和玉米开花后干物质积累量而影响玉米产量。4 个主要栽培措施对玉米产量贡献的优先序为种植密度＞养分管理＞品种＞耕作方式。因此基于玉米滴灌水肥一体化高产高效技术模式需要选择耐密品种，增加种植密度提高玉米生物量，并在此基础上优化养分管理措施，增加玉米干物质转运量和氮素生产效率，以实现玉米高产高效。值得注意的是，虽然耕作方式（秸秆深翻还田）对玉米产量的贡献率较小，但该措施可改善土壤结构，增加土壤有机质含量，并可降低化肥用量，是一项具有长期效应的技术措施。

综上，黑土地半干旱区以滴灌水肥一体化为核心，集成耐密品种、增加种植密度、优化养分管理和秸秆深翻还田等关键技术，形成了半干旱区玉米滴灌水肥一体化高产高效技术模式，实现了地力提升、水肥资源高效利用、高产高效。

（三）技术模式内容

1. 秸秆还田

（1）机收粉碎

采用大功率联合收获机，在收获玉米的同时粉碎秸秆，或用秸秆还田机进一步粉碎，粉碎长度≤20 cm，均匀覆盖于地表。

（2）喷施秸秆腐解剂

为促进秸秆的腐解，在粉碎的秸秆上，均匀喷施秸秆腐熟剂，施用量按产品说明。

（3）秸秆翻埋

采用栅栏式液压翻转犁（配套拖拉机＞140 hp）进行深翻作业，翻耕深度≥30 cm，将秸秆翻埋至 20～30 cm 的土层中，秸秆翻埋最好在秋季进行。

（4）碎土重镇压

采用动力驱动耙或施耕机进行碎土、平整、重镇压，防止失墒和风蚀。

2. 播种

（1）品种选择

选择适宜黑土地半干旱区玉米生产的耐密抗倒、高产优质、综合性状优良的玉米品种。

（2）种植密度

低肥力地块适宜种植密度为 7.0 万～7.5 万株/hm^2，高肥力地块适宜种植密度为 7.5 万～8.0 万株/hm^2。

（3）种植方式

1）浅埋滴灌种植方式：选择能将滴灌带埋入土壤中的播种机播种，一次完成施基肥、开沟、放管、埋土、播种作业。将滴灌带铺设在窄行内，滴灌带上覆土 2～3 cm。最佳行宽比为窄行 40～50 cm、宽行 80～90 cm，播种后需立即接好滴灌管道，及时滴出苗水，确保苗全、苗齐、苗壮。

2）膜下滴灌种植方式：选择覆膜播种一体机，一次性完成喷施除草剂、铺滴灌带、覆地膜、膜上播种、苗带覆土、适度镇压作业。

3. 化学除草

浅埋滴灌方式采用苗后除草，除草剂为烟嘧磺隆 45 g（a.i.[①]）/hm^2 +硝磺草酮 90 g（a.i.）/hm^2+莠去津 285 g（a.i.）/hm^2+0.1%植物油助剂。

① a.i.表示农药有效成分。

4. 水肥一体化管理

（1）水分管理

遵循自然降雨为主、补水灌溉为辅。自然降雨与滴灌补水相结合，灌水次数与灌水量依据玉米需水规律、土壤墒情及降雨情况确定。实行总量控制、分期调控，保证灌溉定额与玉米生育期内降雨量总和达到 500～550 mm。

（2）养分管理

采用基施与滴施相结合，有机肥及非水溶性肥料基施，水溶性肥料分次随水滴施。磷肥、钾肥以基施为主，滴施为辅；氮肥以滴施为主，基施为辅。实行总量控制、分期调控，氮（N）200～240 kg/hm^2、磷（P_2O_5）70～90 kg/hm^2、钾（K_2O）80～100 kg/hm^2，追肥随水施 4 次。其中氮肥施用方法为 20%基肥+30%拔节肥+20%大口肥+20%开花肥+10%灌浆肥，磷肥施用方法为 40%基肥+20%拔节肥+20%大口肥+20%开花肥，钾肥施用方法为 50%基肥+30%拔节肥+20%大口肥。

所有的追施肥料均应使用滴灌专用肥，采用旁通施肥罐施入。每次灌水结束前 2 h 开始滴施肥料，施肥结束后，继续滴清水 20～30 min，将滴灌管道中的肥液冲净。在降雨频繁的时期，每次滴灌施肥时间应在 30～50 min。施肥期间要及时检查，确保电源、电压、田间滴头滴水正常。

5. 主要病虫害防治

（1）防治黏虫

6 月中旬至 8 月上旬，在百株玉米有黏虫 3 头以上时，用 4.5%高效氯氰菊酯乳液 800 倍液喷雾，把黏虫消灭在 3 龄之前。

（2）防治玉米螟

生物防治：用赤眼蜂防治玉米螟，在 7 月上旬至中旬玉米螟卵孵化之前第一次释放赤眼蜂（10.5 万头/hm^2），5～7 d 后再释放第二次（12.0 万头/hm^2）。

化学防治：根据玉米螟测报结果，可选 40%氯虫 • 噻虫嗪水分散粒剂或 20%氯虫苯甲酰胺悬浮剂等防治。

（3）防治玉米大斑病、小斑病

在喇叭口期、发病初期，用 10%苯醚甲环唑、20%丙环唑•嘧菌酯、50%异菌脲或 70%代森锰锌等杀菌剂喷雾，间隔 7～10 d，连续施药 2～3 次。后期大斑病和小斑病发生可使用高秆作物喷药机喷施。

6. 机械收获

采用玉米收获机，在玉米生理成熟后籽粒含水率＜28%时进行收获，最佳籽粒含水率以 20%～25%为宜，此时田间损失率≤5%，杂质率≤3%，破碎率≤5%。

（四）技术模式实证

2018～2020 年在吉林省西部半干旱区代表性农田上设立 28 个试验点，各点试验均设 5 个处理：①滴灌水肥一体化养分优化管理处理（肥料用量根据土壤基础肥力和目标产量确定；OPT）；②农民习惯施肥处理（依据实地调查农户确定，FP）；③在养分优化管理模式的基础上减施氮肥（OPT-N）；④在养分优化管理模式的基础上减施磷肥（OPT-P）；⑤在养分优化管理模式的基础上减施钾肥（OPT-K）。不同施肥处理模式的种植密度、肥料施用时期与比例见表 6-44。试验用氮肥、磷肥、钾肥分别采用尿素（N 46%）、磷酸一铵（P_2O_5 63%，N 12%）和氯化钾（K_2O 60%）。

表 6-44 不同栽培模式下玉米种植密度、肥料施用时期与比例

处理	种植密度（株/hm^2）	N-P_2O_5-K_2O 施用比例（%）					
		基肥	拔节期	大口期	开花期	灌浆期	乳熟期
FP	55 000～65 000	70-100-100	30-0-0	—	—	—	—
OPT	70 000～75 000	20-40-50	30-20-30	20-20-20	20-20-0	10-0-0	—

1. 不同施肥处理施肥量比较

由不同施肥处理氮肥、磷肥、钾肥用量结果（表 6-45）可知，与 FP 处理相比，OPT 处理氮肥、磷肥、钾肥用量无论最小值、最大值还是平均值均有所下降。其中氮肥、磷肥、钾肥用量平均值降幅分别为 16.2%、18.9%、11.4%，肥料总量降低了 15.6%，差异达显著水平（$P<0.05$）。

表 6-45 不同施肥处理氮、磷、钾投入量比较 （单位：kg/hm^2）

处理	养分	最小值	最大值	平均值
OPT	N	185.0	218.0	212.6
	P_2O_5	60.0	111.0	79.6
	K_2O	63.0	127.0	97.9
FP	N	227.0	280.0	253.7
	P_2O_5	90.0	166.0	98.2
	K_2O	84.0	144.0	110.5

2. 不同施肥处理玉米产量与净收入比较

不同施肥处理玉米产量分布结果表明（图 6-25），OPT 处理的玉米产量无论是最高值、最低值、平均值还是中值均显著高于 FP 处理（$P<0.05$），平均产量较 FP 处理提高 8.5%。与 OPT 处理相比，OPT-N 处理玉米产量下降了 48.3%，OPT-P 处理下降了 20.0%，OPT-K 处理下降了 15.2%，表明氮是玉米产量的第一限制因子，其次为磷，对产量影响最小的限制因子为钾。

由不同施肥处理玉米净收入分布结果可知，OPT 处理净收入无论是最高值、最低值、平均值还是中值均明显高于 FP 处理，平均值较 FP 处理提高 11.9%，差异达显著水平（$P<0.05$）。可见，养分优化管理模式在提高玉米产量的同时，还减少了肥料投入成本，使经济效益得到提高。

3. 不同施肥处理玉米养分吸收

玉米成熟期养分积累量（图 6-26）表明，OPT 处理氮、磷、钾积累总量无论最高值、

最低值、平均值还是中值均明显高于 FP 处理，其中氮素积累量平均值较 FP 处理提高 9.4%，磷素积累量平均值较 FP 处理提高 9.6%，钾素积累量平均值较 FP 处理提高 6.1%。说明养分优化管理模式氮肥、磷肥、钾肥用量较为合理。而农民习惯施肥由于肥料供应过量、比例不合理和施肥方法不当等，土壤养分不能满足玉米生长发育的需求，使氮、磷、钾养分积累减少。由此可见，与 FP 处理相比，养分优化管理模式氮、磷、钾养分运筹方式更为合理，不仅可以减少氮肥损失，还能更好地促进玉米植株对氮、磷、钾等养分的吸收。

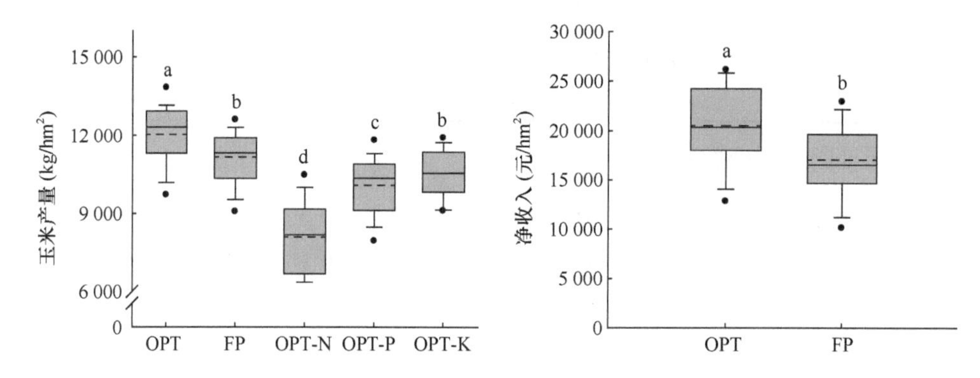

图 6-25　不同施肥处理玉米产量和净收入比较

中间虚线和实线分别代表平均值和中值，方框上下边缘分别代表上下 25%，上下帽子分别代表 90%和 10%的数值，实心圆圈分别代表 95%和 5%的数；不同小写字母表示处理间差异显著（$P<0.05$）

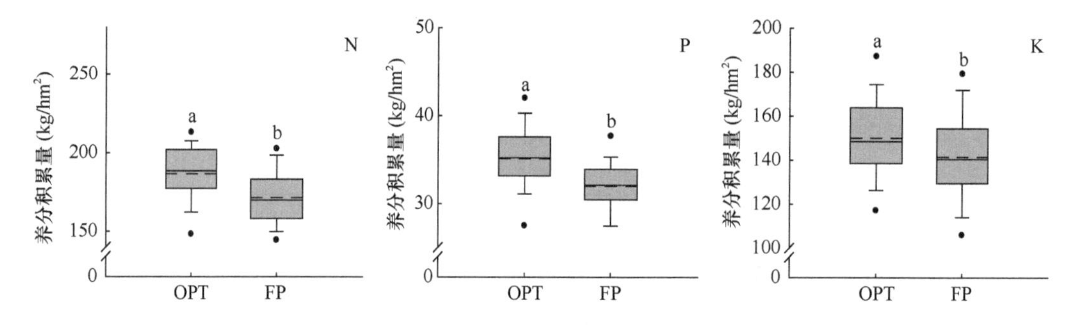

图 6-26　不同施肥处理养分积累量比较

中间虚线和实线分别代表平均值和中值，方框上下边缘分别代表上下 25%，上下帽子分别代表 90%和 10%的数值，实心圆圈分别代表 95%和 5%的数；不同小写字母表示处理间差异显著（$P<0.05$）

4. 不同施肥处理对玉米肥料利用效率的影响

不同施肥处理肥料利用效率结果（图 6-27）表明，与农民习惯施肥处理相比，OPT 处理氮肥、磷肥、钾肥的吸收利用率和农学利用率差异均达到显著水平（$P<0.05$），其中氮肥、磷肥、钾肥的吸收利用率分别提高 16.7 个百分点、11.4 个百分点和 12.1 个百分点，氮肥、磷肥、钾肥的农学利用率分别提高 9.1 kg/kg、15.8 kg/kg 和 10.5 kg/kg。

5. 结论

在东北玉米连作体系下，基于滴灌水肥一体化养分优化管理技术较农户技术显著提高了玉米氮、磷、钾积累总量，进而提高了玉米产量和肥料利用效率。因此，通过适宜增密，优化氮肥、磷肥、钾肥用量及分期调控等管理措施，以保证玉米整个生育期尤其是后期对氮、磷、钾养分的供应，可实现玉米高产与肥料利用效率协同提高。

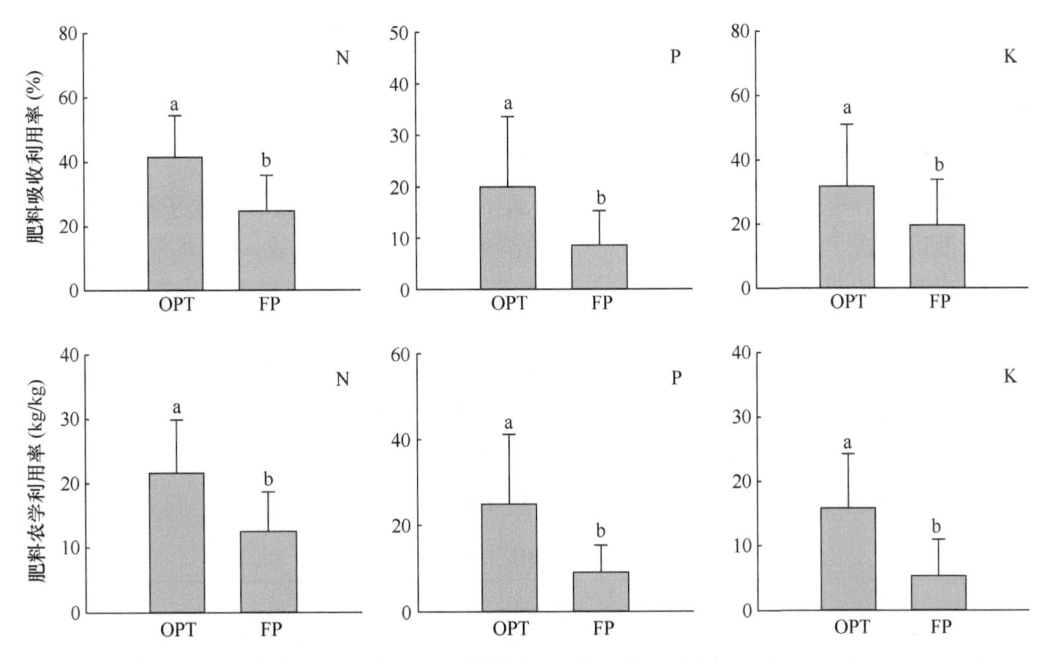

图 6-27　不同施肥处理肥料吸收利用率和农学利用率

不同小写字母表示处理间差异显著（$P<0.05$）

二、半干旱区玉米免耕补水播种保苗丰产增效技术模式及实证

近年来，玉米机械化免耕播种技术在东北地区发展较快，深受广大农户的欢迎。在东北中东部的半湿润区和湿润区，春季土壤墒情较好，免耕播种不会影响玉米出苗，但是在西部的半干旱区，春季土壤表面蒸发强度大，耕层含水量低，玉米免耕播种出苗率低、整齐度差等问题突出。对此，吉林省农业科学院开展了有针对性的试验研究，并在机械化抗旱免耕补水保苗播种设备、关键技术和水、土协同调控保苗理论上取得了突破性进展，研发的 BMZFS 系列产品填补了国内免耕补水装置的空白，建立了以免耕补水播种保苗为核心的丰产增效技术模式，通过补水播种、水土调控，改善了土壤环境，提高了播种质量，有效地解决了春季干旱对玉米播种出苗生产的影响。

（一）试验设计

试验设在吉林省乾安县赞字乡父字村，采用元素叠加法和对比法，设计 5 个处理：处理 1（T1）——免耕播种（CK）；处理 2（T2）——免耕补水播种；处理 3（T3）——免耕补水播种＋秸秆覆盖还田；处理 4（T4）——免耕补水播种＋秸秆覆盖还田＋雨前深松；处理 5（T5）——免耕补水播种＋2 年秸秆覆盖还田+1 年秸秆全量深翻还田。采用大区设计，顺次排列，每个大区 8 垄，垄宽 0.65 m，垄长 300 m，面积 1560 m^2。

试验处理 2～处理 5，免耕补水播种的补水量为 2.0 t/hm^2；试验处理 4，雨前深松的深度为25～30 cm，时间为6月下旬；试验处理5，2018年秋季玉米收获后进行秸秆深翻还田，深翻深度30 cm。供试玉米品种为‘富民985’，种植密度为6.75万株/hm^2。

调查土壤理化性状、养分状况、电导率、pH、出苗率及产量构成等。

（二）结果与分析

1. 不同处理对玉米出苗率的影响

补水播种对玉米出苗有着重要的影响（表6-46），免耕补水播种增加了种床含水量，为种子萌发创造了适宜的土壤墒情，玉米出苗率显著提高，T2 比 T1 提高了 4.32%～15.88%，越是干旱年份表现得越明显，即使在2019～2020年春季土壤墒情较好的情况下，免耕补水依然起到了一定的保苗作用，出苗率提高了 4.32%～6.98%。秸秆覆盖还田与雨前深松措施的应用对玉米出苗率也有一定影响，T3 比 T2 玉米出苗率提高了 1.2 个百分点，T4 比 T2 玉米出苗率提高了 1.5 个百分点。秋季玉米秸秆深翻还田对第2年玉米出苗有一定影响，2019年T5比T2玉米出苗率降低了0.9个百分点，可能是由于第1年秸秆深翻还田造成了土壤失墒，影响了第2年玉米播种出苗。

表6-46　不同处理玉米出苗率（%）

处理	出苗率			
	2018年	2019年	2020年	平均
T1	80.6 b	87.4 c	90.2 b	86.1 b
T2	93.4 a	93.5ab	94.1 a	93.7 a
T3	94.6 a	94.4ab	95.6 a	94.9 a
T4	93.2 a	96.1 a	96.3 a	95.2 a
T5	94.3 a	92.6 b	95.4 a	94.1 a
方差分析				
处理（T）	**			
年份（Y）	NS			
处理×年份（T×Y）	NS			

注：NS、*和**分别表示无显著影响及在0.05和0.01水平上影响显著。

从试验各处理的出苗情况可以看出，秸秆覆盖还田减少了农田土壤水分蒸发、雨前深松蓄存了更多的夏季雨水，对春季玉米出苗起到了一定作用，但效果远不如免耕补水播种处理玉米出苗效果好，免耕补水增加土壤含水量更直接，有利于种子萌发，玉米出苗率显著提高，这对于半干旱区大面积推广免耕播种具有重要意义。

2. 不同处理对土壤物理性状的影响

秸秆还田与深松等技术的应用，改善了土壤物理性状（图6-28～图6-30）。试验第3年，5～10 cm、15～20 cm、25～30 cm环刀测试数据显示，与T1处理相比，T2、T3、T4处理变化不明显，T5处理土壤硬度降低明显，0～30 cm土层的土壤硬度平均降低2.39 kg/cm^2；各处理土壤容重有所降低，其中以T5处理降低最多，0～30 cm土层的土壤容重平均降低 0.13 g/cm^3；土壤三相比改善明显，T2～T5 处理土壤固相均有所降低，土壤气相+土壤液相增加，其中以 T4、T5 处理变化较明显，土壤气相增加了 3.51～4.12 个百分点。通过深松、秸秆深翻还田技术措施，可打破犁底层，使土壤硬度降低、容重下降、三相比改善、亚耕层通气透水性能变好，能够解决连续免耕农田土壤板结问题。

3. 不同处理对土壤养分的影响

秸秆覆盖还田与秸秆深翻还田增加了土壤中养分含量。试验第 3 年测试土壤速效养分数据（图 6-31，图 6-32），结果表明，与 T1 处理相比，T2～T5 处理 0～20 cm 耕层土壤速效氮含量增加 0.15～4.03 mg/kg、速效磷含量增加 0.03～0.47 mg/kg、速效钾含量增加 0.8～5.89 mg/kg；20～40 cm 耕层土壤速效氮含量增加 0.05～3.86 mg/kg、速效磷含量增加 2.16～3.02 mg/kg、速效钾含量增加 0.15～0.45 mg/kg；0～20 cm 耕层土壤有机质含量增加 0.18～0.68 g/kg，20～40 cm 耕层土壤有机质含量增加 0.04～0.58 g/kg，以 T5 处理效果最好。秸秆覆盖还田与秸秆深翻还田使土壤养分含量增加，土壤肥力提升明显。

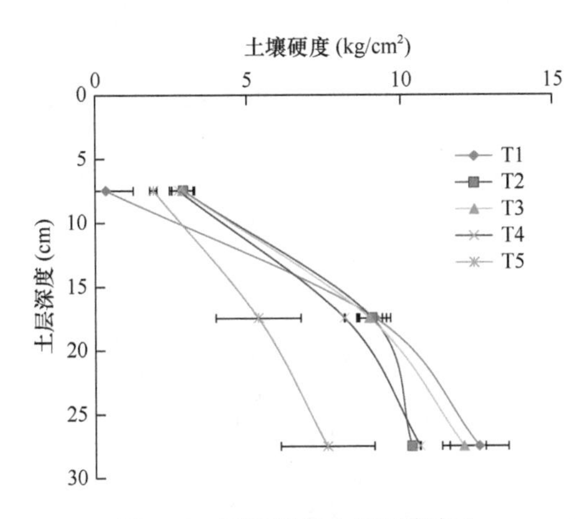

图 6-28　不同处理土壤硬度变化

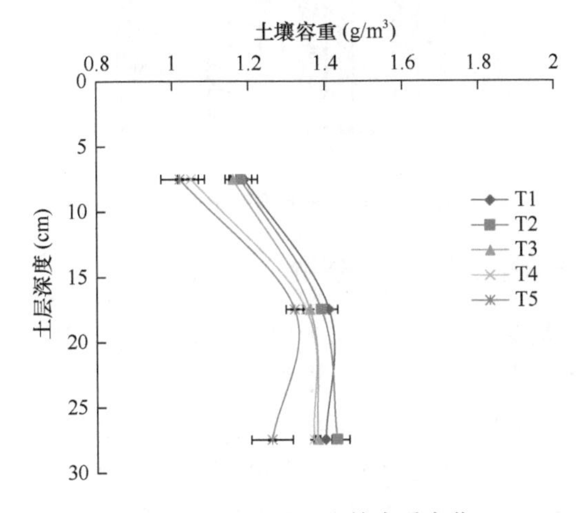

图 6-29　不同处理土壤容重变化

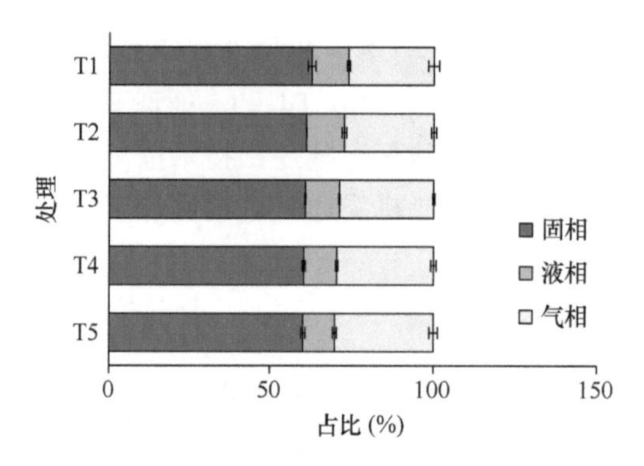

图 6-30　不同处理土壤三相比变化

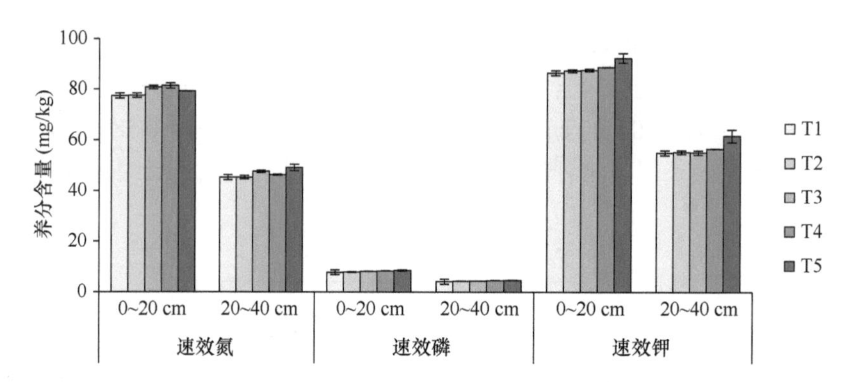

图 6-31　不同处理土壤速效养分含量变化

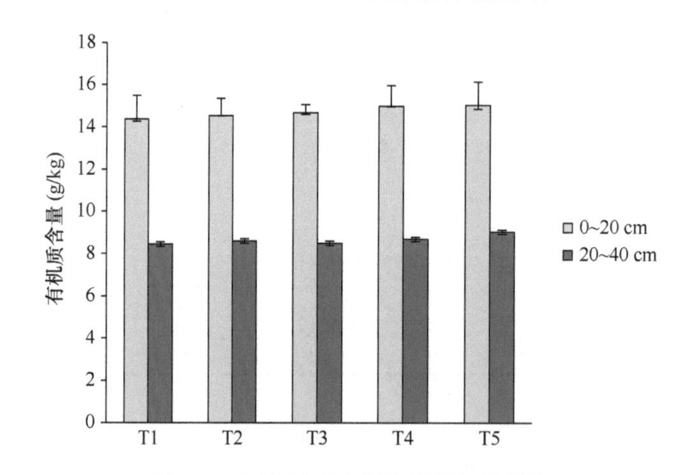

图 6-32　不同处理土壤有机质含量变化

4. 不同处理对土壤含盐量与 pH 的影响

半干旱区气温高、蒸发量大，土壤缺少雨水淋洗及不合理施肥致使盐分在土壤表层聚集，土壤含盐量（可用电导率表示，电导率与土壤含盐量存在着密切的正相关关系，电导率越高，表示土壤含盐量越高）与土壤 pH 较高，危害农作物生长。秸秆还田有利于降低土壤含盐量与土壤 pH。试验结果表明（图 6-33，图 6-34），与 T1 处理相比，T3～T4 处理 5～10 cm 耕层土壤电导率降低 1.14%～5.11%，土壤 pH 下降 0.03～0.04；15～20 cm

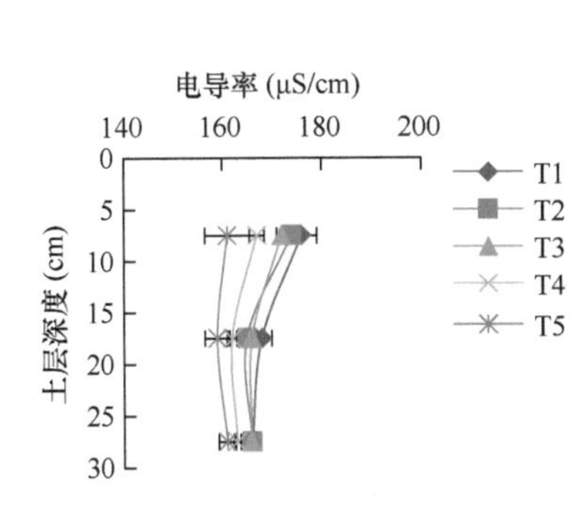

图 6-33　不同处理土壤盐分变化

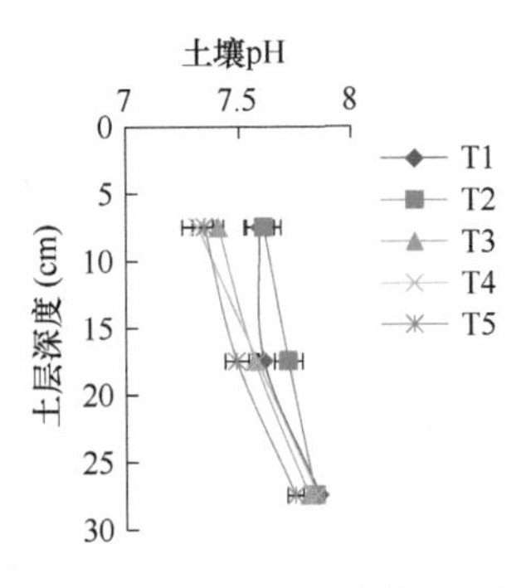

图 6-34　不同处理土壤 pH 变化

耕层土壤电导率降低 1.19%～3.57%，土壤 pH 下降 0.03～0.04；25～30 cm 耕层土壤电导率降低 0.00～1.81%，土壤 pH 下降 0.01～0.05。与 T1 处理相比，T5 处理 5～10 cm 土壤电导率下降 8.52%，土壤 pH 下降 0.27；15～20 cm 耕层土壤电导率下降 5.36%，土壤 pH 下降 0.27；25～30 cm 耕层土壤电导率下降 3.01%，土壤 pH 下降 0.11。秸秆深翻还田效果好于秸秆覆盖还田处理，秸秆还田减轻了盐碱对作物的危害，对促进半干旱区大面积碱性农田作物生长具有重要意义。

5. 不同处理对玉米产量的影响

从三年平均产量来看（表 6-47），试验处理叠加因素效应表现为增产趋势，增加幅度为 5.57%～7.30%。各年份各处理均与对照的差异达显著水平（$P<0.05$），T2～T5 的玉米产量尽管有所增加，但 T2～T5 处理间没有达到显著差异，年份（Y）和处理×年份（T×Y）两因素的交互作用对玉米产量的影响不显著。玉米产量结果为 T5＞T4＞T3＞T2＞T1，其中，以 T5 处理产量最高，平均值达到 9846 kg/hm^2，比对照提高了 7.30%。

表 6-47　不同处理玉米产量　　（单位：kg/hm^2）

处理	产量			
	2018 年	2019 年	2020 年	平均
T1	8 777 b	9 281 b	9 470 b	9 176 b
T2	9 510 a	9 780 a	9 772 a	9 687 a
T3	9 664 a	9 844 a	9 886 a	9 798 a
T4	9 634 a	9 909 a	9 949 a	9 831 a
T5	9 616 a	9 823 a	10 100 a	9 846 a
方差分析				
处理（T）	**			
年份（Y）	NS			
处理×年份（T×Y）	NS			

注：NS、*和**分别表示无显著影响及在 0.05 和 0.01 水平上影响显著。

6. 小结

免耕补水播种是半干旱区免耕播种的进一步发展，通过补水播种、湿润土壤，使种子处于适宜萌发条件，可有效解决作物受干旱影响而出苗率低、整齐度差等问题，是半干旱区免耕播种保苗的重要技术。本研究利用元素叠加法与对比法，分析了免耕补水播种、秸秆还田、深松技术的应用效果，筛选出“免耕补水播种＋秸秆覆盖还田＋雨前深松”与“免耕补水播种＋2 年秸秆覆盖还田+1 年秸秆全量深翻还田”2 种模式适宜半干旱地区农业生产。

（三）技术模式内容

吉林省农业科学院以免耕补水播种为核心，优化集成平衡施肥、深松蓄水、秸秆覆盖还田和病虫草害绿色防控等技术，构建了半干旱区玉米免耕补水播种保苗丰产增效技术模式，其技术要点如下。

1. 免耕补水播种

采用机械化免耕补水播种方式进行作业，一次性完成播种带清理、种床调控、侧深施基肥、窄沟精播、控量补水、口肥水施、挤压覆土等农艺要求。

（1）播种带清理

利用破茬圆盘刀切断秸秆及其残茬和杂草等地表覆盖物，用拨草轮拨开切断的秸秆及其残茬和杂草，清理出 20 cm 左右宽度的播种带。

（2）种床调控

中度干旱年份春播，可在免耕播种机前梁上安装深度可调的清茬分土装置，将根茬和干土层剥离，降低种床，形成土壤墒情较好的凹槽播种带，再开沟补水播种。

（3）侧深施基肥

将肥料施入种子侧 6～10 cm，深度 8～12 cm，随着施肥量的增加，侧向和深度距离增加。

（4）窄沟精播

采用滚动式双圆盘开沟器开沟，开沟宽度 3～5 cm，深度 4～6 cm，播种深度 3～5 cm，株距均匀，漏播率≤3%。

（5）控量补水

调整开沟深度与宽度，确保补水量达到 1.5～3.0 m^3/hm^2，保水性能好的壤土用低量，保水性能差的沙土用高量。调控补水流量和流速，防止种子漂移，种子漂移率应≤5%。

（6）口肥水施

将水溶性肥料和增效助剂等溶入水箱中，作口肥随水施入，使口肥、水、种子同床。

（7）挤压覆土

采用“V”形镇压器挤压覆土，覆土要均匀严密，调整挤压强调，适宜挤压强度 250～350 g/cm^2。

2. 平衡施肥

氮（N）总量控制在 160～200 kg/hm^2，磷（P_2O_5）总量控制在 70～90 kg/hm^2，钾（K_2O）总量控制在 80～100 kg/hm^2，土壤肥力好的耕地用上限，土壤肥力差的耕地用下限。1/4 的氮肥与全部的磷肥、钾肥作基肥，3/4 的氮肥在玉米拔节期追施。

3. 深松蓄水

雨季来临前垄沟深松 25～30 cm，结合深松垄沟深追肥，入土深度≥10 cm。

4. 科学灌溉

根据土壤墒情确定灌溉量。

5. 病虫草害绿色防控

利用烟嘧磺隆 45 g（a.i.）/hm^2 +硝磺草酮 90 g（a.i.）/hm^2+莠去津 285 g（a.i.）/hm^2 进行苗后除草。利用生物方法与化学药剂防治玉米螟。

6. 秸秆覆盖还田

玉米成熟后，机械化收获，秸秆全量覆盖还田，有条件的可在第三年实行秸秆全量深翻还田。

（四）技术模式实证

2018～2020 年，本研究在黑土地半干旱区进行了大面积示范实证，详细记录了各规模经营主体及普通农户整地、施肥、播种、植保和收获等生产过程，从生产效率、水分利用效率、肥料偏生产力、经济效益等方面分析了技术模式的应用效果。

1. 生产效率

抗旱播种是半干旱区主要的农业生产方式，以坐水播种为主，随着免耕播种技术的快速发展，传统的坐水播种面积逐年减少。免耕补水播种是半干旱区免耕播种的进一步发展，通过补水播种、湿润土壤，使种子处于适宜萌发条件，可有效解决作物受干旱影响而出苗率低、整齐度差等问题。

免耕补水播种，大幅度提高了生产效率，免耕补水播种的播种效率为 3 hm^2/（人·d），是传统坐水播种[播种效率 0.6 hm^2/（人·d）]的 5 倍（表 6-48）。

表 6-48　免耕补水播种与传统坐水播种的生产效率比较

处理	播种用工（人）	播种面积（hm^2/d）	播种效率[hm^2/（人·d）]	播种效率提高倍数
免耕补水播种	2	6	3	5
传统坐水播种	2	1.2	0.6	—

2. 水分利用效率

在黑土地半干旱区农业生态条件下，采用免耕补水播种、雨季前深松蓄水、秸秆覆盖减蒸保墒等技术措施，有效地提高了农田水分利用效率。

免耕补水播种大幅度提高了水分利用效率，比免耕播种（对照）提高了 16.73%，比传统坐水播种提高了 2.00%，节约了水资源（表 6-49）。

表 6-49 免耕补水播种与传统坐水播种、免耕播种的水分利用效率比较

处理	单产（kg/hm^2）	生育期降水量（mm）	补灌量（m^3/hm^2）	水分利用效率[kg/（$mm \cdot hm^2$）]
免耕补水播种	9585	408.7	2	23.44
传统坐水播种	9602	408.7	90	22.98
免耕播种（对照）	8205	408.7	0	20.08

3. 肥料偏生产力

免耕补水播种大幅度提高了肥料偏生产力，示范区肥料偏生产力比免耕播种（对照）提高了 16.83%（表 6-50）。

表 6-50 免耕补水播种与免耕播种的肥料偏生产力比较

处理	单产（kg/hm^2）	肥料投入量（kg/hm^2）				偏生产力（kg/kg）	提高（%）
		N	P_2O_5	K_2O	总养分		
免耕补水播种	9585	185	75	95	355	27.00	16.83
免耕播种（对照）	8205	185	75	95	355	23.11	—

4. 经济效益

从表 6-51 可以看出，免耕补水播种的玉米平均单产 9585 kg/hm^2，比常规免耕播种（8205 kg/hm^2）增加 1380 kg/hm^2，增产 16.82%，增收 2700 元/hm^2。免耕补水播种与传统坐水播种相比，二者玉米产量相当，仅差 17 kg/hm^2，但是免耕补水播种节约了生产成本，播种用工节省 320 元/hm^2，用水成本节省 176 元/hm^2，经济效益反而增加了 462 元/hm^2。从试验示范数据来看，玉米免耕补水播种保苗丰产增效技术模式节本增效显著，适宜在半干旱区进行大面积推广。

5. 结论

耕地质量、播种质量和合理水肥供应是半干旱区作物获得稳产高产的基础。黑土地半干旱区面积大，春旱发生程度重，耕层土壤含水量低，免耕播种质量差，出苗率低，限制了作物产量进一步稳定提高。玉米免耕补水播种保苗丰产增效技术模式的应用，有效地解决了半干旱区春季干旱免耕播种对玉米出苗的影响，提高了播种质量，玉米出苗率提高了 7.6%～9.1%，耕层理化性质改善；大幅度提高了生产效率，是传统坐水播种

表 6-51　免耕补水播种的节本增效情况

处理	成本（元/hm^2）			单产（kg/hm^2）	产量效益（元/hm^2）	经济效益（元/hm^2）	经济效益比对照增加（元/hm^2）
	播种用工	播种用水	其他				
免耕播种（对照）	24	0	6 000	8 205	16 410	10 386	—
传统坐水播种	400	180	6 000	9 602	19 204	12 624	2 238
免耕补水播种	80	4	6 000	9 585	19 170	13 086	2 700

注：玉米价格按 2.00 元/kg，春季播种用工按 240 元/hm^2，用水按 2 元/t 计算。

作业效率的 5 倍，为规模化抗旱播种提供了强有力的技术支撑；大幅度节约了水资源，水分利用效率比免耕播种（对照）提高了 16.73%；肥料偏生产力比免耕播种（对照）提高了 16.83%，增加经济效益 2700 元/hm^2。玉米免耕补水播种保苗丰产增效技术模式的应用，大幅度提高了生产效率、水肥资源利用效率和玉米产量，经济、社会和生态效益显著，技术适应性强，应用前景广阔，为农业高质量发展提供了强有力的技术支撑。

三、半干旱区玉米秸秆覆盖免耕丰产技术模式及实证

黑土地半干旱区农田土壤类型以风沙土和黑钙土为主，主要位于松嫩平原的西部，是我国典型的旱作农业区，同时也是脆弱带农业区。该区属于典型的大陆性季风气候，年均降水量不足 400 mm，大部分降水主要集中在 7～8 月，春旱和伏旱严重，素有十年九春旱之说（安思危，2021）。由于春季风沙大，加上长期农业耕作，耕层土壤风蚀严重，土壤质量严重下降，有机质含量降低显著（大部分在 2%以下），因此该区农田也被称为风沙瘠薄农田。土壤贫瘠和干旱少雨的限制，对该区域粮食产量增加产生了严重的影响（Sui et al.，2012）。半干旱区农民曾经长期采用“坐水种”的方式进行抗旱播种，这种方式确实能解决春旱保苗难的问题，但是由于用水量大、效率低、成本高，现在大部分农民摒弃了这种播种方式，还是采用等雨播种和先播种后等雨两种方式进行玉米生产。这种“靠天吃饭”的传统种植方式严重影响了保苗率，进而造成玉米减产，农民种植效益低下。

秸秆还田是农业农村部主推的重大农业技术之一。其中秸秆覆盖还田的主旨是培肥地力、抗旱保墒（Zhang et al.，2016）。但现在秸秆覆盖还田有明显的缺点需要克服：一是秸秆覆盖还田情况下，春季播种时极容易将玉米种子播种在秸秆上，造成出苗率低而减产；二是由于秸秆的覆盖，不容易耕整地，不管是人力整地还是农业机械整地，都非常困难，增加了整地成本。因此，在此背景下，吉林省农业科学院以秸秆覆盖还田和免耕播种技术为核心，集成现有耕整地栽培技术，构建了半干旱区玉米秸秆覆盖免耕丰产技术模式，该技术模式能够解决半干旱区存在的降水少和土壤贫瘠问题（蔡红光等，2019）。该技术模式具有秸秆还田提升地力、旋扫归行优化整地播种、免耕覆盖抗旱保苗，苗壮土肥提高产量等优势，对于半干旱区玉米抗旱增产、提高土壤地力、增加种植效益、实现农业可持续发展具有重要意义。

（一）试验设计

试验于 2018～2019 年在吉林省白城市洮北区青山镇生产村（45°69′N，122°86′E）进行，试验田为玉米连作区，属于温带大陆性季风气候，年均降水量 399.9 mm，其中作物生长季 5～9 月降水量为 355.6 mm，年平均气温 5.2℃，≥10℃活动积温平均为 2996.2℃·d，年无霜期平均为 144 d，年平均日照时数为 2915 h（栾天浩等，2020）。2018 年初耕层土壤养分状况见表 6-52。

表 6-52　2018 年初耕层土壤的养分状况

pH	有机质（g/kg）	全氮（g/kg）	全磷（g/kg）	全钾（g/kg）	碱解氮（mg/kg）	有效磷（mg/kg）	速效钾（mg/kg）
6.40	20.0	1.04	0.31	24.79	88.12	10.7	91.0

设置常规种植（秸秆离田，CK）、秸秆覆盖还田（J1）、秸秆旋混还田（J2）三个处理。以玉米品种‘翔玉 998’为材料，每个处理小区面积为 400 m^2，每个处理设置 3 个重复。种植密度 7.0 万株/hm^2，一次性深施复合肥 750 kg/hm^2，每年 5 月初播种。所有处理田间管理同当地生产，成熟期测产。

调查田间土壤含水量、土壤容重、土壤养分含量等指标，秋季进行常规测产。

（二）结果与分析

1. 土壤容重

由图 6-35 可知，三种耕作方式土壤容重的排序为秸秆覆盖还田＞常规种植＞秸秆旋混还田，因为秸秆覆盖还田耕作方式在整地时动土较少，土壤较紧实，所以土壤容重较高；而秸秆旋混还田耕作方式整地时，粉碎的秸秆旋混在土壤中，大大降低了土壤紧实度，土壤容重较低，进而促进了根系的生长与下扎，同时也有利于土壤水分的储存。

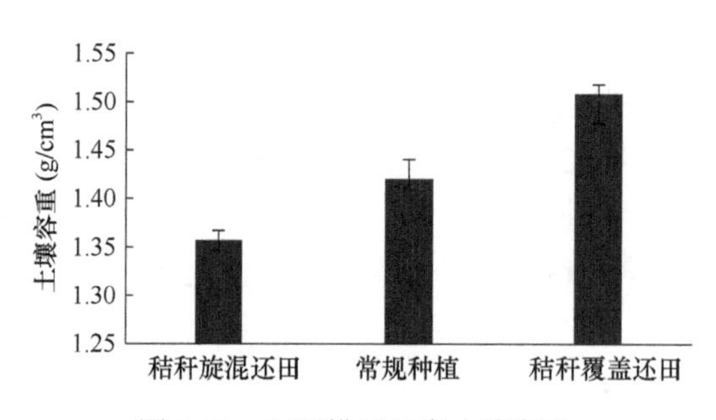

图 6-35　不同耕层深度土壤容重

2. 土壤含水量

由图 6-36 可知，各处理土壤含水量随土层加深而增加。在 0～10 cm 土层中，秸秆覆盖还田和秸秆旋混还田较常规种植分别提高了 13.32%和 8.66%；在 10～20 cm 土层中，秸秆覆盖还田和秸秆旋混还田较常规种植分别提高了 9.45%和 16.18%；在 20～30 cm 土层中，秸秆覆盖还田、秸秆旋混还田较常规种植分别提高了 5.74%和 16.05%。表明秸秆覆盖还田能够有效地保持表土土壤含水量，可能是由于秸秆覆盖在土壤表层，表层土壤温度提升缓慢，导致水分蒸发较慢。秸秆旋混还田由于土壤加入了秸秆，表层孔隙度加大，切断了土壤毛细管，对土壤下层保墒作用明显。

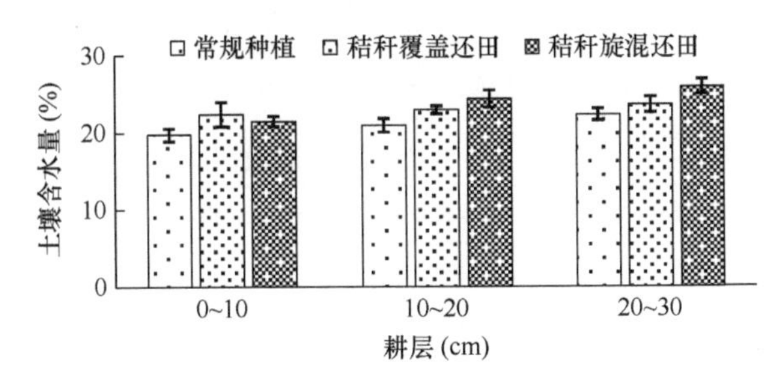

图 6-36　不同耕层深度土壤含水量

3. 土壤养分含量

选择评价土壤肥力的重要指标，测定、分析、比较不同处理玉米生育期土壤养分含量变化及土壤肥力提升情况。由表 6-53 可知，秸秆旋混还田较常规种植耕作方式土壤肥力指标除有效磷提升 29.21%外，其他指标提升不明显，可能是因为粉碎的秸秆进入土壤后，秸秆养分未得到有效释放，并且由于旋耕对土壤扰动较大，降雨加速了耕层土壤其他养分的淋溶，而相对来说，磷在土壤中的存在形态比较稳定。秸秆覆盖还田较常规种植耕作方式土壤肥力指标均有很大的提升，其中碱解氮提升 4.96%、有效磷提升 67.14%、速效钾提升 12.33%、全氮提升 5.65%、全磷提升 15.38%、全钾提升 0.98%、有机质提升 7.54%，说明随着玉米生长，覆盖的秸秆在腐解的过程中能够增加土壤含水量、酶活性和微生物数量，激活土壤中氮、磷和钾养分，进而提高速效性养分含量，促进秸秆还田土壤养分积累。

表 6-53　秋收后不同耕作方式下土壤养分情况

耕作方式	碱解氮（mg/kg）	有效磷（mg/kg）	速效钾（mg/kg）	全氮（g/kg）	全磷（g/kg）	全钾（g/kg）	有机质（g/kg）
常规种植	111.63 a	14.00 b	131.75 a	1.24 a	0.39 a	25.42 a	23.73 a
秸秆覆盖还田	117.17 a	23.40 a	148.00 a	1.31 a	0.45 a	25.67 a	25.52 a
秸秆旋混还田	111.83 a	18.09 ab	131.00 a	1.23 a	0.44 a	24.97 a	21.54 a

注：同列数据后不同小写字母表示差异显著（$P<0.05$）。

4. 固碳效应

为研究不同秸秆还田耕作方式下土壤的固碳能力，在玉米生育期（6～10 月）对土壤有机碳（SOC）变化及土壤碳排放量进行测定估算，结果如表 6-54 所示。从土壤有机碳含量提升来看，秸秆覆盖还田耕作方式＞常规种植耕作方式＞秸秆旋混还田耕作方式；碳排放量则表现为秸秆旋混还田耕作方式＞常规种植耕作方式＞秸秆覆盖还田耕作方式；秸秆覆盖还田耕作方式的土壤固碳量比常规种植提升 26.67%，秸秆旋混还田耕作方式的固碳量比常规种植降低 17.14%，且差异显著。在秸秆覆盖条件下，一方面，其保水提墒作用既提高了土壤微生物总体活性又加速了秸秆腐解，从而促进土壤养分循环进而促进作物生长，使土壤有机质含量增加、土壤固碳能力增强；另一方面，秸秆覆盖与免耕相结合的耕作方式，减少了对土壤的扰动，避免了土壤多次干湿交替，从而减少了碳排放。秸秆旋混还田处理增加了土壤通气度的同时，使土壤温度、含水量大幅降低，土壤微生物总体活性也相应减弱，土壤养分循环较秸秆覆盖还田降低，且不利于秸秆腐解，故土壤固碳能力也随之减弱。总体来说，通过综合比较分析，与常规种植方式相比，秸秆覆盖还田耕作方式既提升了土壤肥力，又减少了土壤温室气体排放。

表 6-54　不同耕作方式土壤有机碳及碳排放量对比

耕作方式	原土壤有机碳（kg/hm^2）	最终土壤有机碳（kg/hm^2）	固碳量（kg/hm^2）	碳排放量（kg/hm^2）
常规种植	32 944.00 b	35 926.00 b	2 982.00 b	4 674.23 b
秸秆覆盖还田	35 755.60 a	39 532.80 a	3 777.20 a	4 402.79 b
秸秆旋混还田	28 655.60 c	31 126.40 c	2 470.80 c	6 812.94 a

注：同列数据后不同小写字母表示差异显著（$P<0.05$）。

5. 产量及产量构成因素

由表 6-55 可知，三种耕作方式的玉米产量及产量构成因素互有差异，但总体差异不显著，产量为秸秆覆盖还田＞秸秆旋混还田＞常规种植，秸秆覆盖还田耕作方式比常规种植耕作方式产量增加 927.25 kg/hm^2，增产幅度达 9.84%；秸秆旋混还田耕作方式比常规种植耕作方式产量增加 754.61 kg/hm^2，增产幅度达 8.01%，说明两种秸秆还田方式与常规种植耕作方式比较，具有较好的增产效果，秸秆覆盖还田耕作方式减少了水分散失，使得玉米生长过程中水分充足，长势旺盛，玉米发育较好，更有利于产量增加。

表 6-55　各处理玉米产量及产量构成因素比较

耕作方式	百粒重（g）	穗粒数（粒）	出籽率（%）	水分含量（%）	产量（kg/hm^2）
常规种植	36.03 a	601 a	84.27 b	18.64 a	9 423.49 a
秸秆覆盖还田	35.67 a	583 a	86.33 a	18.43 a	10 350.74 a
秸秆旋混还田	35.06 a	590 a	84.26 b	18.78 a	10 178.10 a

注：数据为 2018～2019 年综合分析结果，同列后不同小写字母表示差异显著（$P<0.05$）。

6. 小结

在黑土地半干旱区玉米生产上应用秸秆覆盖免耕丰产技术模式能够提高地力、促进土壤养分循环，进而提升土壤固碳能力；提高耕层土壤水分和调节玉米的农艺性状，比对照产量提高 9.84%。综合分析表明，秸秆覆盖＋免耕播种＋旋扫归行＋配套机械化操作技术模式效果最佳，适宜在黑土地半干旱区示范推广。

（三）技术模式内容

（1）抗旱品种筛选

通过品种筛选试验，从主栽品种中确定抗旱丰产的玉米品种。

（2）旋扫归行

4 月下旬用秸秆归行机对秸秆归行，露出苗带，用苗带碎土机进行苗带碎土（或者条带深松）。

（3）适宜密度筛选

通过密度筛选试验，筛选出丰产的适宜种植密度。

（4）宽窄行免耕（补水）播种

在正常春季降雨条件下，于5月进行宽窄行（80 cm×40 cm）免耕播种及施肥作业，一次性深施复合肥（N∶P∶K=28∶12∶14）750 kg/hm^2。

（5）秸秆快速腐解激发剂使用

6月中旬在秸秆集中带表面喷洒秸秆快速腐解激发剂25 kg/hm^2，快速激发微生物对秸秆的腐解效应。

（6）病虫草害防治

玉米大斑病、小斑病和玉米螟的防治严格按照《玉米大、小斑病和玉米螟防治技术规范 第1部分：玉米大斑病》（GB/T 23391.1—2009）、《玉米大、小斑病和玉米螟防治技术规范 第2部分：玉米小斑病》（GB/T 23391.2—2009）、《玉米大、小斑病和玉米螟防治技术规范 第3部分：玉米螟》（GB/T 23391.3—2009）规定的技术措施进行防治。出苗后，在玉米3～5叶期喷施除草剂防治杂草。

（7）机械收获、秸秆粉碎覆盖

在10月上旬开始用联合收获机收玉米，粉碎秸秆10 cm左右覆盖地表。

（8）碳、氮调控

秸秆还田后，撒施尿素225 kg/hm^{2}左右，经过秋天风吹和冬春融雪后，尿素融入土壤耕层调节碳氮比。

（9）其他

其他田间管理与常规相同。

（四）技术模式实证

在黑土地半干旱区，本研究通过秸秆覆盖免耕播种、选择水高效玉米品种以及优化群体结构，构建了半干旱区玉米秸秆覆盖免耕丰产技术模式，同时与农户模式进行比较，对玉米产量、水分利用效率、土壤有机质含量、经济效益等指标进行调查分析，为该模式的进一步示范推广提供理论支持。

1. 玉米产量

从图6-37可以看出，半干旱区玉米秸秆覆盖免耕丰产技术模式有显著的增产作用。秸秆覆盖免耕丰产技术模式玉米产量为10 350.74 kg/hm^2，农户模式的产量为9432.49 kg/hm^2，与农户模式相比，秸秆覆盖丰产免耕技术模式产量增加927.25 kg/hm^2，产量提高9.84%。

2. 水分利用效率

测定玉米生长季节、播种前和收获时的耕层含水量，计算出不同时期的土壤含水量，通过公式WUE=Y/ET计算水分利用效率，式中，WUE为水分利用效率、Y为玉米经济产量、ET 为单位体积（m^3）水分所产生的经济产量。由于秸秆覆盖有显著的保墒作用，可以节约玉米生育期所必需的灌溉用水（本研究中秸秆覆盖免耕丰产技术模式比农户模式节约 200 m^3/hm^2），因此水分利用效率高于农户模式。如图 6-38 所示，玉米秸秆覆盖免耕丰产技术模式的水分利用效率为 2.37 kg/m^3，比农户模式提高 15.61%。

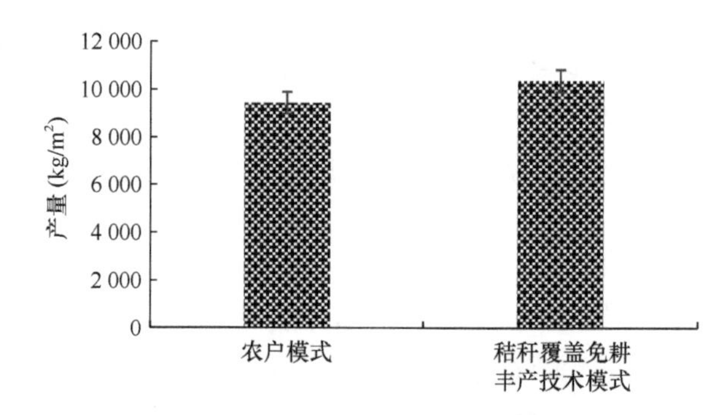

图 6-37　秸秆覆盖免耕丰产技术模式和农户模式的玉米产量比较

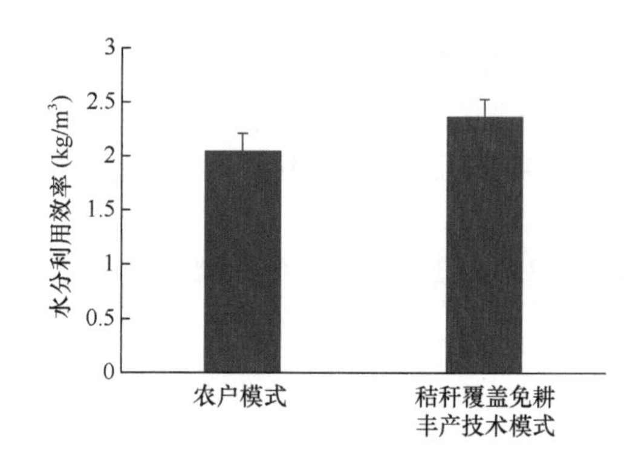

图 6-38　秸秆覆盖免耕丰产技术模式和农户模式的水分利用效率比较

3. 土壤有机质含量

秸秆还田以后，土壤有机质受耕作方式和秸秆还田量影响显著（张叶叶等，2021），因此，秸秆作为外来新鲜有机质加入土壤后，土壤有机质含量必然随之变化。如图 6-39 所示，通过 2 年验证试验后，2019 年秋天测定秸秆覆盖免耕丰产技术模式土壤有机质含量为

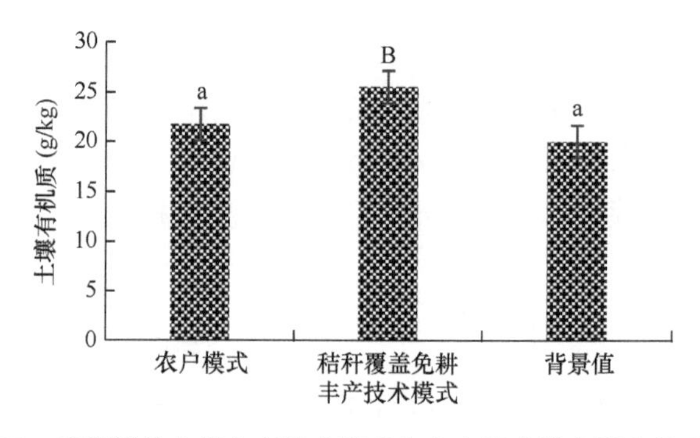

图 6-39　秸秆覆盖免耕丰产技术模式和农户模式的土壤有机质比较

小写字母表示差异显著（$P<0.05$），大写字母表示差异极显著（$P<0.01$）

25.52 g/kg，比农户模式增加 0.38 个百分点；比 2 年前的土壤有机质背景值提高 0.55 个百分点。方差分析显示，秸秆覆盖免耕丰产技术模式有机质含量与农户模式和土壤有机质背景值均达到极显著差异（$P<0.01$），农户模式土壤有机质含量和背景值之间差异不显著（$P>0.05$）。

4. 经济效益

根据实际情况，对两种技术模式的种植成本和纯效益进行计算（表 6-56）。结果表明，纯效益平均值为秸秆覆盖免耕丰产技术模式＞农户模式，玉米价格按照 1.75 元/kg 计算，秸秆覆盖免耕丰产技术模式比农户模式纯效益增加 2002.69 元/hm^2，增收幅度达 21.21%，说明秸秆覆盖免耕丰产技术模式比农户模式具有更高的经济效益。

表 6-56　秸秆覆盖免耕丰产技术模式和农户模式的经济效益比较

种植模式	总支出（元/hm^2）						产量收入（元/hm^2）	纯效益（元/hm^2）
	整地（元/hm^2）	材料费（元/hm^2）			人工费（元/hm^2）	水电费（元/hm^2）		
		种子	化肥	农药				
农户模式	800	720	2 250	300	1 580	1 400	16 491.11	9 441.11
秸秆覆盖免耕丰产技术模式	600	720	2 250	300	1 500	1 300	18 113.80	11 443.80

5. 结论

黑土地半干旱区玉米生产中，通过秸秆覆盖免耕播种、选择水高效玉米品种以及优化群体结构，增加了耕地表层土壤水分含量，提高了黑钙土质量，促进了作物生长发育，提高了玉米产量，增加了玉米种植效益，有利于半干旱区农业的可持续发展。

参 考 文 献

安思危. 2021. 耕作与秸秆还田方式对玉米根际土壤特性及产量的影响. 大庆: 黑龙江八一农垦大学硕士学位论文.

蔡红光, 梁尧, 刘慧涛, 等. 2019. 东北地区玉米秸秆全量深翻还田耕种技术研究. 玉米科学, 27(5): 123-129.

蔡红光, 梁尧, 闫孝贡, 等. 2016. 东北黑土区秸秆不同还田方式下玉米产量及养分累积特征. 玉米科学, 24(5): 68-74.

高焕文, 李洪文, 李问盈. 2008. 保护性耕作的发展. 农业机械学报, 39(9): 43-48.

高旺盛. 2007. 论保护性耕作技术的基本原理与发展趋势. 中国农业科学, 40(12): 2702-2708.

鞠正山. 2016. 重视黑土资源保护，强化黑土退化防治. 国土资源情报, (2): 22-25.

梁卫, 袁静超, 张洪喜, 等. 2016. 东北地区玉米秸秆还田培肥机理及相关技术研究进展. 东北农业科学, 41(2): 44-49.

梁尧, 蔡红光, 闫孝贡, 等. 2016. 玉米秸秆不同还田方式对黑土肥力特征的影响. 玉米科学, 24(6): 68-74.

刘旭, 李双异, 彭畅, 等. 2019. 深松和秸秆深还对黑土有机碳及其活性组分的影响. 土壤通报, 50(3): 602-608.

刘忆莹, 裴久渤, 汪景宽. 2019. 东北典型黑土区耕地有机质与pH的空间分布规律及其相互关系. 农业资源与环境学报, 36(6): 738-743.

栾天浩, 刘云强, 高阳, 等. 2020, 不同秸秆还田方式对玉米产量及土壤理化性质的影响. 东北农业科学, 45(6): 64-67, 77.

任军, 边秀芝, 刘慧涛, 等. 吉林省玉米高产土壤与一般土壤肥力差异. 吉林农业科学, 31(3): 41-43, 61.

王超, 涂志强, 郑铁志. 2019. 吉林省保护性耕作技术推广应用研究. 中国农机化学报, 40(10): 200-203.

王刚. 2019. 保护性耕作在东北地区的应用与推广. 农业开发与装备, (2): 74, 76.

王鸿斌, 陈丽梅, 赵兰坡, 等. 2009. 吉林玉米带先行耕作制度对黑土肥力退化的影响. 农业工程学报, 25(9): 301-305.

王立春, 王永军, 边少锋, 等. 2018. 吉林省玉米高产高效绿色发展的理论与实践. 吉林农业大学学报, 40(4): 383-392.

解宏图, 杜海旺, 王影, 等. 2020. 玉米秸秆集行全量覆盖还田苗带条耕保护性耕作技术模式. 农业工程, 10(3): 24-26.

于猛, 王利斌, 初小兵, 等. 2019. 长春市玉米秸秆归行种植技术试验应用效果分析. 农业开发与装备, (7): 142-143.

张叶叶, 莫非, 韩娟, 等. 2021. 秸秆还田下土壤有机质激发效应研究进展. 土壤学报, 58(6): 1381-1392.

郑铁志, 刘玉梅, 孙睿, 等. 2018. 对东北玉米秸秆出路问题的几点看法. 农机科技推广, 1: 24-26.

Andrei A, Brian N, Bryan B. 2020. Soil conservation practices for insect pest management in highly disturbed agroecosystems – a review. Entomologia Experimentalis et Applicata, 168(1): 7-27.

Chris D. 2011. Considerations in establishing a health risk management system for effluent irrigation in modern agriculture. Israel Journal of Plant Sciences, 59: 125-137.

Gala Liang A Z, Yang X M, Zhang X P, et al. 2010. Short-term impacts of no tillage on aggregate-associated C in black soil of northeast China. Agricultural Sciences in China, 9(1): 93-100.

Kahlon M S, Lal R, Ann-Varughese M. 2013. Twenty-two years of tillage and mulching impacts on soil physical characteristics and carbon sequestration in Central Ohio. Soil and Tillage Research, 126: 151-158.

Kan Z R, Ma S T, Liu Q Y, et al. 2020. Carbon sequestration and mineralization in soil aggregates under long-term conservation tillage in the North China Plain. Catena, 188: 104428.

Liben F M, Wortmann C S, Tirfessa A. 2020. Geospatial modeling of conservation tillage and nitrogen timing effects on yield and soil properties. Agricultural Systems, 177(3): 102720.

Mahdi M A K, David K M. 2020. Quantifying soil carbon change in a long - term tillage and crop rotation study across Iowa landscapes. Soil Science Society of America Journal, 84(1): 182-202.

Modak K, Biswas D R, Ghosh A, et al. 2020. Zero tillage awo nd residue retention impact on soil aggregation and carbon stabilization within aggregates in subtropical Indian. Soil and Tillage Research, 202: 104649.

Piazza G, Pellegrino E, Moscatelli M C, et al. 2020. Long-term conservation tillage and nitrogen fertilization effects on soil aggregate distribution, nutrient stocks and enzymatic activities in bulk soil and occluded microaggregates. Soil and Tillage Research, 196: 1-13.

Sui Y Y, Jiao X G, Liu X B, et al. 2012. Water-stable aggregates and their organic carbon distribution after five years of chemical fertilizer and manure treatments on eroded farmland of Chinese Mollisols. Canadian Journal of Soil Science, 92(3): 551-557.

Thomas K, Gerogios M. 2019. Economic, agronomic, and environmental benefits from the adoption of precision agriculture technologies: a systematic review. International Journal of Agricultural and Environmental Information Systems, 10(1): 40-56.

Zhang P, Chen X L, Wei T, et al. 2016. Effects of straw incorporation on the soil nutrient contents, enzyme activities, and crop yield in a semiarid region of China. Soil and Tillage Research, 160: 65-72.